Mobile Arbeitsmaschinen

Henning Jürgen Meyer

Mobile Arbeitsmaschinen

In Landwirtschaft, Bauwesen, Forstwirtschaft, Kommunaltechnik und Logistik

Springer Vieweg

Henning Jürgen Meyer
Technische Universität Berlin
Berlin, Deutschland

ISBN 978-3-662-72252-7 ISBN 978-3-662-72251-0 (eBook)
https://doi.org/10.1007/978-3-662-72251-0

Die Deutsche Nationalbibliothek verzeichnet diese Publikation in der DeutschenNationalbibliografie; detaillierte bibliografische Daten sind im Internet über https://portal.dnb.de abrufbar.

Planung/Lektorat: Stella Ponstingl
Springer Vieweg ist ein Imprint der eingetragenen Gesellschaft Springer-Verlag GmbH, DE und ist ein Teil von Springer Nature.
Die Anschrift der Gesellschaft ist: Heidelberger Platz 3, 14197 Berlin, Germany

Vorwort

Mobile Arbeitsmaschinen üben seit jeher eine besondere Faszination aus. Ob Traktoren, Landmaschinen oder Baumaschinen – sie begeistern nicht nur kleine Kinder, die mit Spielzeugmodellen die Welt der großen Maschinen nachahmen, sondern auch Erwachsene, die weite Wege zu Trecker-Treffs oder Messen auf sich nehmen oder leidenschaftlich historische und moderne Exemplare sammeln. Doch worin liegt diese Anziehungskraft?

Die Antworten sind so vielfältig wie die Maschinen selbst. Für mich persönlich begann die Begeisterung auf dem elterlichen Bauernhof, wo ich früh mit diesen beeindruckenden Helfern in Berührung kam: Ich durfte mit ihnen arbeiten, sie benutzen und reparieren, wenn einmal etwas nicht mehr funktionierte. Dabei stellte ich fest, dass mobile Arbeitsmaschinen nicht nur technisch faszinierend sind, sondern sie erfüllen immer einen konkreten Nutzen: Sie erleichtern uns Arbeiten, die sonst mühevoll von Hand verrichtet werden müssten, und tragen maßgeblich dazu bei, unsere Grundbedürfnisse nach Nahrung und Wohnung zu sichern. Hinter ihrer robusten Erscheinung verbergen sich stetig weiterentwickelte Innovationen, die Technik und Fortschritt verbinden.

Der erste praktische Kontakt mit diesen Maschinen weckte in mir den Wunsch, mich wissenschaftlich mit ihnen auseinanderzusetzen. Besonders prägend waren dabei meine Lehrer Prof. H. J. Matthies und Prof. H. H. Harms an der Technischen Universität Braunschweig. Prof. Harms gab mir die Möglichkeit, mich vertieft mit der Landtechnik zu beschäftigen – ein Impuls, der meinen weiteren Weg entscheidend beeinflusste. Nach einer bereichernden Zeit in der Baumaschinenindustrie darf ich nun seit über zwei Jahrzehnten als Hochschullehrer an der TU Berlin Studierenden die spannende Welt der mobilen Arbeitsmaschinen näherbringen.

Ein Buch zu diesem Thema zu verfassen, ist eine Herausforderung. Es gibt bereits zahlreiche Bildbände, die die Maschinen anschaulich beschreiben, sowie spezifische Fachbücher zu den integrierten Technologien. Dieses Buch verfolgt das Ziel, interessierten Menschen grundlegende Kenntnisse zu vermitteln: Wie sind mobile Arbeitsmaschinen aufgebaut? Welche Komponenten und Technologien kommen zum Einsatz? Und wie sieht das Umfeld aus, in dem sie agieren? Die Balance zwischen fachlicher Tiefe und verständlicher Breite zu finden, war dabei eine besondere Aufgabe. Der gewählte didaktische

Ansatz erklärt die wesentlichen Grundlagen und gibt Hinweise auf weiterführende Literatur, um den Einstieg in die Materie zu erleichtern.

Mein besonderer Dank gilt allen, die dieses Buch möglich gemacht haben. Besonders danken möchte ich Prof. Dr.-Ing. Daniel Wiest, Dr.-Ing. Jan Krüger und Dr.-Ing. Dirk-Niklas Müller, deren fachlicher Rat und sorgfältige Korrekturen maßgeblich zum Gelingen dieses Buches beigetragen haben.

Mein besonderer Dank gilt meiner Frau Kerstin sowie meinen Töchtern Sônia und Fiona. Ohne ihre beständige Motivation und den mir eingeräumten Freiraum wäre die Verwirklichung dieses Buches nicht möglich gewesen.

Möge dieses Buch den Interessierten die Faszination für mobile Arbeitsmaschinen vermitteln und zum vertieften Verständnis dieser unverzichtbaren Technologien beitragen.

Henning Jürgen Meyer

Competing Interests Der/die Autor*in hat keine für den Inhalt dieses Manuskripts relevanten Interessenkonflikte.

Verwendete Symbole

Kapitel 3

Symbol	Bedeutung	Physikalische Einheit
$A_{q,\ elektrisch}$	Querschnittsfläche einer elektrischen Leitung	mm^2
$A_{q,\ hydraulisch}$	Querschnittsfläche einer hydraulischen Leitung	mm^2
$A_{q,\ mechanisch}$	Querschnittsfläche einer mechanischen Getriebewelle	mm^2
$P_{elektrisch}$	Elektrische Leistung	W
$P_{hydraulisch}$	Hydraulische Leistung	W
$P_{aufwand}$ d	Verlustleistung	W
$P_{mechanisch}$	Mechanische Leistung	W
$P_{nutzbar}$	Nutzleistung am Systemausgang	W
Q_{ab}	Abgeführte Wärmemenge	J
Q_{zu}	Zugeführte Wärmemenge	J
T_{max}	Maximale Temperatur	K
T_{min}	Minimale Temperatur	K
V_h	Hubraum	m^3
V_c	Kompressionsraum	m^3
W_B	Arbeitsinhalt des zugeführten Brennstoffs	
$W_{aufwand}$	In das System eingebrachte Energie	J
W_e	Effektiv verfügbare Energie	
W_i	Indizierte Arbeit	
$W_{nutzbar}$	Nutzenergie	J
η_G	Gütegrad	
η_{GHP}	Wirkungsgrad im Hochdruckprozess	
η_{GLW}	Wirkungsgrad im Niederdruckprozess	
$\eta_{aktuell}$	Aktueller Wirkungsgrad	
η_{gew}	Gewichteter Wirkungsgrad	
η_i	Innere Wirkungsgrad	
η_m	Mechanische Wirkungsgrad	
η_{mi}	Mittlerer Wirkungsgrad	
η_{sys}	Systemwirkungsgrad	
η_{thv}	Thermische Wirkungsgrad	

Symbol	Bedeutung	Physikalische Einheit
η_{zyk}	Zykluswirkungsgrad	
ϵ	Verdichtungsverhältnis	

Kapitel 4

Symbol	Bedeutung	Physikalische Einheit
B	Magnetische Flußdichte des Magnetfeldes	T
f	Frequenz	1/s
F	Kraft	N
I	Stromstärke	A
l	Länge	m
M	Drehmoment	N·m
n_s	Drehfeldrehzahl	1/min
p	Polpaarzahl	
P	Leistung	W
P_{VCu}	Stromwärmeverluste	W
P_{VFe}	Ummagnetisierungsverluste	W
P_{VM}	Mechanische Verluste	W
r	Radius	m
R	Elektrischer Widerstand	Ω
ω	Winkelgeschwindigkeit	Rad/s

Kapitel 5

Symbol	Bedeutung	Physikalische Einheit
$\vec{a}_k$	Beschleunigung des Getriebegliedes k	m/s^2
$\vec{v}_k$	Geschwindigkeit des Getriebegliedes k	m/s
$C_{M\,dyn}$	Dynamischer Momentenkennwert	
C_v	Geschwindigkeitskennwert	
$C_{M\,stat}$	Statischer Momentenkennwert	
C_a	Beschleunigungskennwert	
C_j	Ruckkennwert	
F_s	Kräfte am Steg	N
P_K	Kupplungsleistung	W
P_{VD}	Dichtungsverluste	W
P_{VL0}	Lagerleerlaufverluste	W
P_{VLP}	Lagerverluste	W

Symbol	Bedeutung	Physikalische Einheit
P_{VX}	Verluste sonstiger Bauteile	W
P_{VZ0}	lastunabhängige Leerlaufverlusten der Verzahnung	W
P_{VZG}	Verlustleistung des Zahnradgetriebes	W
P_{VZP}	lastabhängige Verluste der Verzahnung	W
P_W	Wälzleistung	W
P_{an}	Antriebsleistung	W
f_0	Freiheitsgrad eines Elementenpaares	
f_{id}	Identischer Freiheitsgrad	
f_{ik}	Normiertes Bewegungsgesetz	
i_{max}	Maximale Getriebeübersetzung	
i_{min}	Minimale Getriebeübersetzung	
l_i	Länge des Getriebegliedes i	m
l_{max}	Länge des längsten Gliedes	m
l_{min}	Länge des kürzesten Gliedes	m
$m_{Relativpol}$	Anzahl der Relativpole	
n_{ab}	Drehzahl des getriebenen Rades	1/min
n_{an}	Drehzahl des treibenden Rades	1/min
n_s	Drehzahl der Stegwelle	1/min
r_p	Radius des Planetenrades	m
z_1	Zähnezahl des Rades 1	
z_2	Zähnezahl des Rades 2	
μ_r	Reibbeiwert	
ω_{ab}	Winkelgeschwindigkeit des angetriebenen Rades	rad/s
ω_{an}	Winkelgeschwindigkeit des treibenden Rades	rad/s
r	Radius	m
φ	Antriebswinkel	°
F	Kraft	N
F	Freiheitsgrad eines Getriebes	
M	Drehmoment	N·m
P	Leistung	W
i	Übersetzung	
n	Anzahl der Getriebeglieder	
s	Passive Bindung	
β	Umschlingungswinkel	
ζ	Verlustgrad	
η	Wirkungsgrad	
μ	Wandlung eines Getriebes	
ρ	Übersetzungsbereich	
φ	Stufensprung	
ψ	Abtriebswinkel	°

Kapitel 6

Symbol	Bedeutung	Physikalische Einheit
p	Druck	N/mm^2; bar; Pa
F_i	Kraft; i ist ein Zählindex	N
A_i	Fläche; i ist ein Zählindex	mm^2
x_i	Weg; i ist ein Zählindex	mm
V_i	Volumen, i ist ein Zählindex	m^3
$\overset{\circ}{x}_1$	Geschwindigkeit; i ist ein Zählindex	m/s
P	Leistung	W
Q_i	Volumenstrom; i ist ein Zählindex	l/min; mm^3/s
n_i	Umdrehungen; i ist ein Zählindex	1/min
d	Durchmesser	mm
M_i	Drehmoment; i ist ein Zählindex	N·m
m	Masse	kg
ρ	Dichte	kg/m^3
v_i	Geschwindigkeit; i ist ein Zählindex	m/s
h_i	Höhe; i ist ein Zählindex	m
R_H	Hydraulischer Widerstand	Ns/m^5; $Pa{\cdot}s/m^3$
C_H	Hydraulische Kapazität	m^5/N; m^3/Pa
E_{Fl}	Kompressionsmodul	N/m^2; Pa
L_H	Hydraulischer Induktivität	Ns^2/m^5; $Pa{\cdot}s^2/m^3$
u	Elektrischer Spannung	V
i	Elektrischer Strom	A
ω	Winkelgeschwindigkeit	rad/s

Kapitel 7

Symbol	Bedeutung	Physikalische Einheit
M	Drehmoment	N·m
F_T	Triebkraft	N
r	Radius	m
F_G	Gewichtskraft	N
f	Hebelarm der rollenden Reibung	m
ρ	Rollwiderstandsbeiwert	
F_B	Bodenkraft	N
F_R	Rollwiderstandskraft	N
κ	Triebkraftbeiwert	
σ	Schlupf	
s_{theor}	Theoretischer Weg bei einer Umdrehung des Rades	m
s_{zur}	Zurückgelegter Weg bei einer Umdrehung des Rades	m

Symbol	Bedeutung	Physikalische Einheit
v_{theor}	Theoretische Geschwindigkeit bei einer Umdrehung des Rades	m/s
v_{zur}	Tatsächliche Geschwindigkeit bei einer Umdrehung des Rades	m/s
$\eta_{Laufwerk}$	Laufwerkwirkungsgrad	

Kapitel 8

Symbol	Bedeutung	Physikalische Einheit
M	Drehmoment	N·m

Kapitel 9

Symbol	Bedeutung	Physikalische Einheit
M	Drehmoment	N·m

Kapitel 10

Symbol	Bedeutung	Physikalische Einheit
a	Momentanwert der Beschleunigung	m/s^2
a_{wt}	Effektivwert der frequenzbewerteten Beschleunigung	m/s^2
a_{wv}	Schwingungsgesamtwert	m/s^2
k_x, k_y, k_z	Dimensionslose Korrekturfaktoren für die x-, y- und z-Richtung für Beurteilungsgrößen	
L	Schaldruckpegel	
p_0	Schalldruck der menschlichen Wahrnehmungsschwelle	N/m^2
p_0	Effektive Schalldruck	N/m^2

Kapitel 12

Symbol	Bedeutung	Physikalische Einheit
D	Vergleichswert für die Deichselkraft zwischen Zugfahrzeug und Anhänger	N; kN
g	Erdbeschleunigung	m/s^2
m_T	Technisch zulässige Gesamtmasse des Traktors	t
m_A	Masse des Anhängers	t

Inhaltsverzeichnis

Abkürzungsverzeichnis

ADC	Analog/Digital-Umsetzer
AD-Wandler	Analog Digital Wandler
BAT	Biologische Arbeitsstoff-Toleranz
Btl	Biomass to Liquid
CAN	Controller Area Network
CPU	Central Prossesor Unit
CRS	Common-Rail-System
CSMA	Carrier Sense Multiple Access
CVT	Continuously Variable Transmission
D	Differenzielles Regelverhalten
DI	Direkter Kraftstoffeinspritzung
DMS	Dehnmessstreifen
DOC	Dieseloxidationskatalysator
DSP	Digitale Signal Prozessoren
EDC	Elektronischen Dieselregelung
EEPROM	Electrically Erasable PROM
EHR	Elektronische Hubwerksregelung
EPROM	Erasable PROM
EWR	Europäischen Wirtschaftsraumes
FAME	Fettsäurenmethylester
FAO	Food and Agriculture Organization
GPS	Global Positioning System
HEES	Hydraulic Oil Environmental Ester Synthetic
HEPG	Hydraulic Oil Environmental Polyglycole
HETG	Hydraulic Oil Environmental Triglycerid
HVO	Hydro-treated Vegetable Oil
I	Integrales Regelverhalten
I/O	Ein- und Ausgabe
IDI	Indirekter Kraftstoffeinspritzung
KI	Künstliche Intelligenz

LBS	Landwirtschaftliche BUS-System
LIDAR	Light Detection And Ranging
LOHET	Linear-Output-Hall-Effect-Transducer
LVDT	Linear-Variable-Differenzial-Transformer
MAK	Maximalen Arbeitsplatzkonzentrationen
MOZ	Motor-Oktanzahl
NCDT	Non-Contacting-Displacement-Transducers
NIR	Near-infrared
NTC	Negative Temperature Coefficient
ODS	Object Detection System
OSI	Open Systems Interconnection
P	Proportionales Regelverhalten
PD	System Pumpe-Düse
PDU	Protocol Data Unit
PLD	System Pumpe-Leitung-Düse
PME	Palmölmethylester
PROM	Programmable ROM
PSM	Permanenterregte Synchronmaschine
PTC	Positive Temperature Coefficient
RAM	Random Access Memory
RME	Rapsmethylester
ROM	Read Only Memory
ROZ	Research-Oktanzahl
RTK	Real Time Kinematic
SAP	Service Access Point
SCR	Selektive Katalytische Reduktion
SPS	Speicherprogrammierbare Steuerungen
TDMA	Time Division Multiple Access
ToF	Time-of-Flight
WDT	Watch Dog Timer

Einleitung 1

Inhaltsverzeichnis

Die Nutzung von Werkzeugen ist ein charakteristisches Merkmal der menschlichen Spezies, wobei die Geschichte der Menschheit eng mit der Entwicklung von Werkstoffen, Werkzeugen und technologischen Innovationen verknüpft ist. So bestanden die ersten Werkzeuge der Menschheitsgeschichte aus in der Natur vorkommenden Materialien wie Steinen, Holz, Knochen und Naturfasern, die mit einfachen Techniken bearbeitet wurden, um Klingen, Pfeilspitzen oder Nadeln herzustellen. Menschen entwickeln Werkzeuge und Techniken, um die Lebensbedingungen zu verbessern und um besser an verschiedene Herausforderungen angepasst zu sein. Durch Werkzeuge können körperliche Fähigkeiten erweitert, Aufgaben effizienter erledigt und Probleme gelöst werden, die mit bloßen Händen nicht zu bewältigen wären. Techniken ermöglichen es, Wissen weiterzugeben, Prozesse zu optimieren und innovative Lösungen für komplexe Probleme zu finden. Diese Entwicklungen spiegeln auch das Streben nach Fortschritt wider und helfen Menschen, sich an veränderte Umgebungen anzupassen, Ressourcen effektiver zu nutzen und letztlich die Lebensqualität zu steigern.

Im Laufe der Zeit hat insbesondere die Entwicklung und der Einsatz mobiler Arbeitsmaschinen die Art und Weise, wie wir Landwirtschaft betreiben, Bauprojekte durchführen, Wälder bewirtschaften und kommunale Aufgaben erledigen, grundlegend verändert. Diese

H. J. Meyer, *Mobile Arbeitsmaschinen*,
https://doi.org/10.1007/978-3-662-72251-0_1

Maschinen sind das Ergebnis jahrzehntelanger technologischer Innovationen und haben die Effizienz, Produktivität und Sicherheit in verschiedenen Branchen erheblich gesteigert.

Heute sind Landmaschinen, Baumaschinen, Forstmaschinen und Kommunalmaschinen wesentliche Werkzeuge, die es ermöglichen, große Flächen zu bewirtschaften, komplexe Bauprojekte zu realisieren, nachhaltige Forstwirtschaft zu betreiben und kommunale Dienstleistungen effizient zu erbringen. Durch die Mechanisierung und Automatisierung dieser Maschinen wurde nicht nur die körperliche Belastung der Menschen reduziert, sondern auch die Präzision und Geschwindigkeit der ausgeführten Arbeiten erhöht.

1.1 Historische Entwicklung

In der Jungsteinzeit begannen die Menschen mit Ackerbau und Viehzucht, was die Entwicklung spezialisierter Werkzeuge erforderte, um den Boden zu bearbeiten, Pflanzen zu pflegen, zu ernten und die Ernte weiterzuverarbeiten. Bereits damals wurden grundlegende Verfahren entwickelt, die auch heute noch in der Landtechnik Anwendung finden, wie das Schneiden, Dreschen und Windsichten von Getreide.

Die ersten Maschinen im modernen Sinne wurden erst spät in der Menschheitsgeschichte entwickelt. Die Römer kannten bereits eine Art Mähwagen. Bis weit ins 20. Jahrhundert hinein war die begrenzte Verfügbarkeit von Energie ein einschränkender Faktor für den Betrieb von Maschinen. Erst mit der Erfindung der Dampfmaschine und ihrer Integration in Fahrzeuge wurde der mobile Einsatz von Maschinen möglich. In der Landwirtschaft waren es insbesondere die Dampfpflüge, die einen bedeutenden Fortschritt darstellten. Ein Dampfpflug ist ein Maschinenpflug, der durch Dampfkraft angetrieben wird. Diese Technologie wurde Mitte des 19. Jahrhunderts entwickelt und war ein bedeutender Schritt in der Mechanisierung der Landwirtschaft, die zuvor ausschließlich auf tierische oder menschliche Muskelkraft angewiesen war. Der englische Ingenieur John Fowler spielte eine zentrale Rolle bei der Entwicklung des Dampfpflugs. In den 1850er-Jahren entwickelte er das sogenannte Zweimaschinensystem, bei dem zwei Lokomobile an den Feldrändern positioniert wurden. Jedes Lokomobil zog den Pflug abwechselnd über das Feld, was die Effizienz der Bodenbearbeitung erheblich steigerte.

Max Eyth, ein deutscher Ingenieur, trug ebenfalls wesentlich zur Weiterentwicklung des Dampfpflugs bei. Er verbesserte die Seilspul-Vorrichtung, die den horizontalen Einbau der Winde ermöglichte, und brachte weitere Innovationen in die Dampfpflugtechnik ein. Eyth arbeitete eng mit Fowler zusammen und half dabei, die Technologie weltweit bekannt zu machen. Diese Entwicklungen führten zu einer erheblichen Steigerung der Effizienz in der Landwirtschaft und legten den Grundstein für die moderne Agrartechnik [5].

Eine zentrale Rolle in der Entwicklung der mobilen Arbeitsmaschinen nehmen Traktoren ein. Die Geschichte des Traktors beginnt mit der Entwicklung von Dampfmaschinen im 19. Jahrhundert, die als erste Antriebssysteme für landwirtschaftliche Arbeiten dienten. Mit der Einführung des Verbrennungsmotors in den frühen 20. Jahrhunderts erlebte der Traktor eine Revolution, die zu einer breiten Akzeptanz und Nutzung führte. Der Fordson-

Traktor, der 1917 auf den Markt kam, war der erste Traktor mit Blockchassis-Design und Großproduktion, was die Produktivität und den Arbeitskomfort erheblich steigerte. In den folgenden Jahrzehnten entwickelte sich der Traktor weiter, wobei verschiedene Antriebssysteme wie Hinterrad- und Allradantrieb populär wurden. Technologische Fortschritte führten zu einer Vielzahl von Traktormodellen, die für unterschiedliche landwirtschaftliche Anwendungen optimiert sind. Die Einführung von hydraulischen Systemen und elektrischen Steuerungen verbesserte die Effizienz und Benutzerfreundlichkeit der Traktoren. Die Traktoren wurden zunehmend multifunktional. Das ermöglichte es, eine Vielzahl von landwirtschaftlichen Geräten anzuschließen und verschiedene Aufgaben mit einem einzigen Fahrzeug zu erledigen. In den letzten Jahren hat die Digitalisierung Einzug gehalten, wodurch Traktoren vernetzt und automatisiert werden sowie zunehmend autonom arbeiten können, was die Effizienz und Präzision in der Landwirtschaft weiter erhöht. Insgesamt zeigt die Geschichte des Traktors eine kontinuierliche Entwicklung hin zu leistungsfähigeren, vielseitigeren und technologisch fortschrittlicheren Maschinen, die eine Schlüsselrolle in der modernen Landwirtschaft spielen [4].

Die historische Entwicklung von Baumaschinen ist eng mit den Fortschritten in der Technik und den sich wandelnden Anforderungen der Bauindustrie verknüpft. Bereits in der Antike wurden einfache Werkzeuge und Maschinen eingesetzt, um Bauprojekte zu realisieren. Die Römer nutzten beispielsweise Kräne und Hebevorrichtungen, um schwere Lasten zu bewegen und beeindruckende Bauwerke wie Aquädukte und Amphitheater zu errichten.

Mit der industriellen Revolution im 18. und 19. Jahrhundert erlebte die Baumaschinentechnik einen bedeutenden Aufschwung – ähnlich wie bei den Landmaschinen. Die Erfindung der Dampfmaschine ermöglichte auch hier den Einsatz von dampfbetriebenen Maschinen, die die Effizienz und Geschwindigkeit von Bauprojekten erheblich steigerten. Dampfbetriebene Schaufelkettenbagger und Kräne wurden beispielsweise beim Bau von Wasserstraßen und Eisenbahnen eingesetzt.

Im 20. Jahrhundert führte die Weiterentwicklung der Verbrennungsmotoren und die Einführung von Elektrizität zu weiteren Innovationen im Bereich der Baumaschinen. Dies ermöglichte die Entwicklung von leistungsstarken und vielseitigen Maschinen wie Baggern, Bulldozern, Planierraupen und Betonmischern. Diese Maschinen revolutionierten die Bauindustrie, indem sie die Arbeitskraft reduzierten und die Produktivität erhöhten [1].

In den letzten Jahrzehnten hat die Digitalisierung und Automatisierung die Baumaschinentechnik weiter vorangetrieben. Moderne Baumaschinen sind mit fortschrittlichen Steuerungssystemen, Sensoren und GPS-Technologie ausgestattet, die eine präzise und effiziente Durchführung von Bauprojekten ermöglichen. Darüber hinaus wird zunehmend auf umweltfreundliche Technologien gesetzt, um den Energieverbrauch und die Emissionen zu reduzieren.

Die historische Entwicklung von Baumaschinen zeigt, wie technologische Innovationen die Bauindustrie transformiert haben und weiterhin transformieren. Von den einfachen Werkzeugen der Antike bis hin zu den hochmodernen Maschinen der Gegenwart haben

Baumaschinen eine entscheidende Rolle bei der Realisierung von Bauprojekten und der Gestaltung unserer gebauten Umwelt gespielt.

1.2 Wirtschaftliche Bedeutung

Die Landmaschinenindustrie und die Baumaschinenindustrie spielen beide eine bedeutende Rolle in der Volkswirtschaft Deutschlands und Europas. Die Landmaschinenindustrie ist ein bedeutender Sektor innerhalb des deutschen Maschinenbaus. Im Jahr 2023 betrug der Umsatz der Landtechnikindustrie in Deutschland rund 16 Mrd. EUR. Die Branche trägt etwa 6,8 % zum gesamten Maschinenbauumsatz bei und ist somit ein wichtiger Bestandteil der Agrarwirtschaft. Führende deutsche Hersteller wie Agco, Claas, Deutz-Fahr und John Deere sind international bekannt und tragen zur starken Exportleistung der Branche bei [6].

Die Baumaschinenindustrie ist ein Teilbereich des Maschinenbaus und umfasst Bergbau-, Bau- und Baustoffmaschinen. Im Jahr 2023 war der Umsatz der Branche Bergbau-, Bau- und Baustoffmaschinen mit ebenfalls rund 16 Mrd. EUR ähnlich groß wie der der Landmaschinenindustrie [7]. Kennzeichnend für die Branchen ist, zum einen die hohe internationale Ausrichtung, die sehr hohe Technologiestufe, die die Maschinen aufweisen und die Innovationsfähigkeit.

1.3 Inhalt des Buches

Mobile Arbeitsmaschinen vereinen Arbeitsfunktionen mit Mobilität, was zu einer besonderen Komplexität führt. Dieses Fachbuch hat das Ziel, wesentliche Grundlagen über den Aufbau mobiler Arbeitsmaschinen vorzustellen und einen umfassenden Überblick über die verschiedenen Maschinentypen und ihre Anwendungen zu geben.

Aufgrund der immensen Vielfalt an Maschinen und Anwendungen sowie der Komplexität der technischen Lösungen ist es unmöglich, jedes Detail in einem Buch wie diesem umfassend zu behandeln. Dies wird besonders deutlich, wenn man die umfangreichen Handbücher zur Kraftfahrzeugtechnik oder zum Verbrennungsmotor betrachtet, die zusammen über 2000 Seiten umfassen und dabei nur zwei Komponenten mobiler Arbeitsmaschinen abdecken, [2, 3].

Darüber hinaus ist die Innovationskraft in diesen Branchen außergewöhnlich hoch, und die technologische Entwicklung schreitet extrem schnell voran. Was heute als modern gilt, kann morgen bereits veraltet sein. Aus diesem Grund konzentriert sich dieses Buch auf die Grundlagen mobiler Arbeitsmaschinen und geht dabei folgenden zentralen Fragen nach:

- Was sind mobile Arbeitsmaschinen?
- Aus welchen Komponenten bestehen sie?
- Was zeichnet diese Maschinen aus?

- Was ist bei der Entwicklung dieser Maschinen zu beachten?
- In welchem Umfeld werden diese Maschinen eingesetzt?
- Welchen Einfluss hat das Umfeld auf die Maschinen?

Durch die Beantwortung dieser Fragen soll ein fundiertes Verständnis der grundlegenden Prinzipien und Konzepte mobiler Arbeitsmaschinen vermittelt werden, das als Basis für weiterführende Studien und Anwendungen dient.

Zu Beginn des Buches behandelt Kap. 2 die Definition und den grundlegenden Aufbau mobiler Arbeitsmaschinen, einschließlich ihrer Mobilität und Funktionalität. Es wird erläutert, dass mobile Arbeitsmaschinen nicht ortsgebunden sind und eine integrierte Energieversorgung für ihre Arbeitsfunktionen besitzen. Zudem werden verschiedene Baugruppen wie Fahrwerk, Rahmen und Systeme zur Realisierung der Arbeitsfunktionen beschrieben.

In Kap. 3 wird die Antriebstechnik und die damit verbundenen Komponenten wie Energiespeicher, Energiewandler, Getriebe und Leistungsübertragung detailliert behandelt. Es wird aufgezeigt, wie verschiedene Kraftstoffe, einschließlich Ottokraftstoffe, Diesel sowie pflanzenbasierte und synthetische Kraftstoffe, zur Energiespeicherung und -bereitstellung beitragen. Des Weiteren wird die Umwandlung chemischer Energie in elektrische Energie, die Rolle von Primär- und Sekundärelementen sowie die Bedeutung von Traktionsbatterien erörtert. Abschließend wird die Energiewandlung durch Verbrennungsmotoren, deren Bauarten, Betriebscharakteristiken, Effizienz und Emissionskontrolle diskutiert.

Kap. 4 befasst sich mit elektrischen Antrieben in mobilen Arbeitsmaschinen. Elektrische Maschinen werden in mobilen Arbeitsmaschinen sehr vielfältig eingesetzt. Dominierend sind rotatorische Antriebe, z. B. als Fahrantrieb. In diesem Kapitel werden verschiedene Aspekte elektrischer Antriebe beleuchtet. Zunächst werden die Schutzarten erörtert, die notwendig sind, um die Antriebe vor Umwelteinflüssen zu schützen. Anschließend werden die Nennbetriebsarten, Erwärmung und Kühlung behandelt, welche die Leistung und Lebensdauer der Maschinen beeinflussen. Die verschiedenen Motorarten, wie Gleichstrommotoren, Drehstrommotoren, Synchronmotoren und Drehstromlinearmotoren, werden hinsichtlich ihrer Funktionsweise und Anwendungsbereiche vorgestellt. Schrittmotoren werden aufgrund ihrer präzisen Steuerungsmöglichkeiten gesondert betrachtet. Abschließend wird auf die Verluste eingegangen, die bei der Energieumwandlung auftreten können.

In Kap. 5 werden verschiedenste mechanische Systeme betrachtet. Von besonderer Bedeutung sind hier Getriebe, die wiederum aus verschiedenen Subsystemen wie Lager, Wellen, Dichtungen und Kupplungen bestehen. Unter Getriebe sind technische Systeme zum Umformen oder Übertragen von Bewegungen und Kräften zu verstehen. Es werden die wichtigsten Arten, die in mobilen Arbeitsmaschinen zu finden sind, und die zugehörigen theoretischen Grundlagen beschrieben.

Gegenstand des Kap. 6 sind hydrostatische Systeme und Getriebe. Diese wandeln mechanische Energie in hydraulische Energie um und zurück. Die Hauptkomponenten eines hydrostatischen Getriebes setzen sich aus Pumpen, Ventilen, Motoren und Hydraulikzylindern zusammen. Die wesentlichen Aspekte der Integration hydraulischer Systeme in mobilen Arbeitsmaschinen werden in diesem Kapitel behandelt.

Kap. 7 behandelt das Thema der Fahrwerke mobiler Arbeitsmaschinen, wobei insbesondere die Kraftübertragung zwischen Rad und Boden sowie die verschiedenen Bauarten von Reifen im Fokus stehen. Die Komplexität der Interaktion zwischen den verschiedenen Parametern, wie Bodentragfähigkeit, Reifenart und -konstruktion, wird erläutert. Zudem werden die unterschiedlichen Lenkungsarten und deren Funktionsweise vorgestellt, um ein umfassendes Verständnis für die Dynamik und Effizienz von Fahrwerken zu vermitteln.

Kap. 8 behandelt die mechanische Verfahrenstechnik und Fertigungsverfahren, die sich auf die Umwandlung und Verarbeitung von Stoffsystemen durch mechanische Einwirkungen konzentrieren. Es werden vier Hauptkategorien von Grundoperationen der mechanischen Verfahrenstechnik beschrieben: Klassieren, Sortieren, Zerkleinern und Fügen, die jeweils spezifische Verfahren zur Trennung, Bearbeitung und Verbindung von Materialien umfassen. Eine andere Systematik ist die der Fertigungsverfahren. Sie umfassen alle technischen und handwerklichen Prozesse zur Herstellung geometrisch bestimmter Werkstücke mit vorgegebenen Maßen und Eigenschaften.

Gegenstand des 9. Kapitels sind mechatronische Systeme, die entscheidend für die Funktionalität und Arbeitsqualität mobiler Arbeitsmaschinen sind, da viele Aufgaben nur mechatronisch gelöst werden können. Sie entlasten das Maschinenpersonal von steuerungs- und regelungstechnischen Aufgaben und ermöglichen eine effiziente Durchführung komplexer Arbeitsprozesse. Zudem unterstützen sie die Prozesssteuerung, –überwachung und das Datenmanagement, was die Sicherheit und Effizienz der Maschinen erhöhen. In diesem Kapitel werden auch die wesentlichen Komponenten mechatronischer Systeme, wie Sensoren und Aktoren, beschrieben und die Automatisierung und Robotik behandelt.

Kap. 10 behandelt die Herausforderungen und Prinzipien der Mensch-Maschine-Interaktion in mobilen Arbeitsmaschinen, die aufgrund variierender Umweltbedingungen und Materialeigenschaften nur bedingt auf industrielle Produktionstechniken übertragbar sind. Es wird betont, dass eine menschengerechte Arbeitsgestaltung notwendig ist, um die Belastungen für den Menschen zu minimieren und die Effizienz zu maximieren. Zudem werden verschiedene Gestaltungsprinzipien vorgestellt, die die Sicherheit, Flexibilität und Fehlerkontrolle in der Nutzung mobiler Arbeitsmaschinen fördern sollen.

Traktoren werden als Schlüsselmaschinen auf landwirtschaftlichen Betrieben in Kap. 11 vorgestellt. Als universell einsetzbare Maschinen können sie für die verschiedensten Arbeiten eingesetzt werden. Neben Transportarbeiten, bei denen sie als reine Zugmaschinen arbeiten, treiben sie angekoppelte Arbeitsgeräte an. In diesem Abschnitt werden die Bauformen von Traktoren sowie deren grundsätzlicher Aufbau vorgestellt. Weiterhin wird die Antriebstechnik und das Traktormanagement behandelt.

Kap. 12 zeigt die Vielfalt an Landmaschinen, die in Mitteleuropa für den Anbau von Getreide und Hackfrüchten sowie die Ernte von Halmgut eingesetzt werden. Die Darstellung orientiert sich dabei am landwirtschaftlichen Produktionsprozess von Pflanzen, der aus der Bodenbearbeitung, der Bestellung, der Düngung, dem Pflanzenschutz und der Ernte besteht.

In Kap. 13 werden die Erdbaumaschinen und Straßenbaumaschinen vorgestellt, die für verschiedene Bauprozesse unerlässlich sind. Baumaschinen sind Maschinen und Geräte, die im Bauwesen zum Gewinnen, Aufbereiten, Herstellen und Verarbeiten von Baustoffen, zum Transportieren und Fördern von Bau- und Bauhilfsstoffen sowie zum Herstellen und Instandhalten von Bauwerken aller Art eingesetzt werden.

Für die Bewirtschaftung der Wälder werden spezielle Forstmaschinen benötigt, die in Kap. 14 vorgestellt werden. Die Einteilung der Forstmaschinen erfolgt in verschiedene Gruppen, die jeweils spezifische Aufgaben in der Forstwirtschaft erfüllen. Dazu gehören Rückeschlepper für die Holzbringung, Harvester für das Fällen und Aufarbeiten von Bäumen sowie Maschinen für die Bodenbearbeitung und Kulturpflege.

Kommunalmaschinen werden in Kap. 15 beschrieben. Sie sind mobile Arbeitsmaschinen, die speziell für den Einsatz im kommunalen Bereich konzipiert sind. Es wird in dem Kapitel erläutert, wie diese Maschinen, oft modifizierte Land- und Baumaschinen, für Aufgaben im kommunalen Bereich aufgebaut sind.

Im letzten Kap. 16 werden Flurförderzeuge behandelt, die in verschiedenen Bereichen wie Industrie, Warentransport und Medizin eingesetzt werden, um Güter zu befördern, zu heben und zu lagern.

Literatur

1. Bachmann O, Cohrs HH, Whiteman T (1997) Faszination Baumaschinen – Krantechnik von der Antike zur Neuzeit
2. van Basshuysen R, Schäfer F (2015) Handbuch Verbrennungsmotor: Grundlagen, Komponenten, Systeme, Perspektiven, 7., vollst. überarb. und erw. Aufl. Springer Vieweg, Wiesbaden
3. Braess H-H, Seiffert U (2013) Vieweg Handbuch Kraftfahrzeugtechnik, 7., aktualisierte Auflage. Springer Vieweg, Wiesbaden
4. Renius KT (2020) Fundamentals of Tractor Design. Springer International Publishing, Cham
5. Theißen G, Eyth M (2006) Max Eyth: Landtechnik-Pionier und Dichter der Tat; zum 100. Todestag des Gründers der DLG. Landwirtschaftsverl, Münster
6. Landmaschinen: Umsatzanteil am Maschinenbau bis 2023. In: Statista. https://de.statista.com/statistik/daten/studie/1237637/umfrage/landmaschinen-umsatzanteil-maschinenbau/. Accessed 11 Jan 2025
7. Themenseite: Baumaschinenindustrie. In: Statista. https://de.statista.com/themen/2433/baumaschinenindustrie/. Accessed 11 Jan 2025

Grundlagen und Aufbau mobiler Arbeitsmaschinen 2

Inhaltsverzeichnis

2.1 Begriffserklärung

Ein wesentliches Kennzeichen für menschliches Handeln ist die Nutzung von Werkzeugen, Geräten und Maschinen. Im Laufe der Entwicklung der Menschheit wurden die Aufgaben und damit auch die Hilfsmittel immer komplizierter. Diese Hilfsmittel können auch als Maschinen bezeichnet werden. Abb. 2.1 zeigt eine Struktur des Maschinenwesens. Eine besondere Gruppe sind mobile Arbeitsmaschinen.

Was sind mobile Arbeitsmaschinen?

Die Assoziationen, die mit dem Begriff mobile Arbeitsmaschinen verbunden werden, sind sehr unterschiedlich. Manche Menschen verbinden mit dem Begriff Traktoren, Mähdrescher oder Feldhäcksler. Andere Personen verstehen darunter Radlader, Bagger oder Asphaltfertiger. Wieder jemand anderes verbindet mit dem Begriff Rasenmäher und Kettensägen. Trotz aller Unterschiede haben die Maschinen einiges gemeinsam, das sie als mobile Arbeitsmaschinen auszeichnet:

1. Sie werden zur Erledigung bestimmter Arbeitsfunktionen eingesetzt

Traktoren dienen zum Ziehen schwerer Lasten, wie einem Pflug oder einem Grubber. Ein anderes Beispiel sind Mähdrescher. Sie vereinen eine Vielzahl unterschiedlicher mechanischer Arbeitsfunktionen und Verfahrenstechniken, die zum Ernten, Dreschen und Reinigen von Getreide notwendig sind. Radlader und Bagger werden zum Umschlagen

H. J. Meyer, *Mobile Arbeitsmaschinen*,
https://doi.org/10.1007/978-3-662-72251-0_2

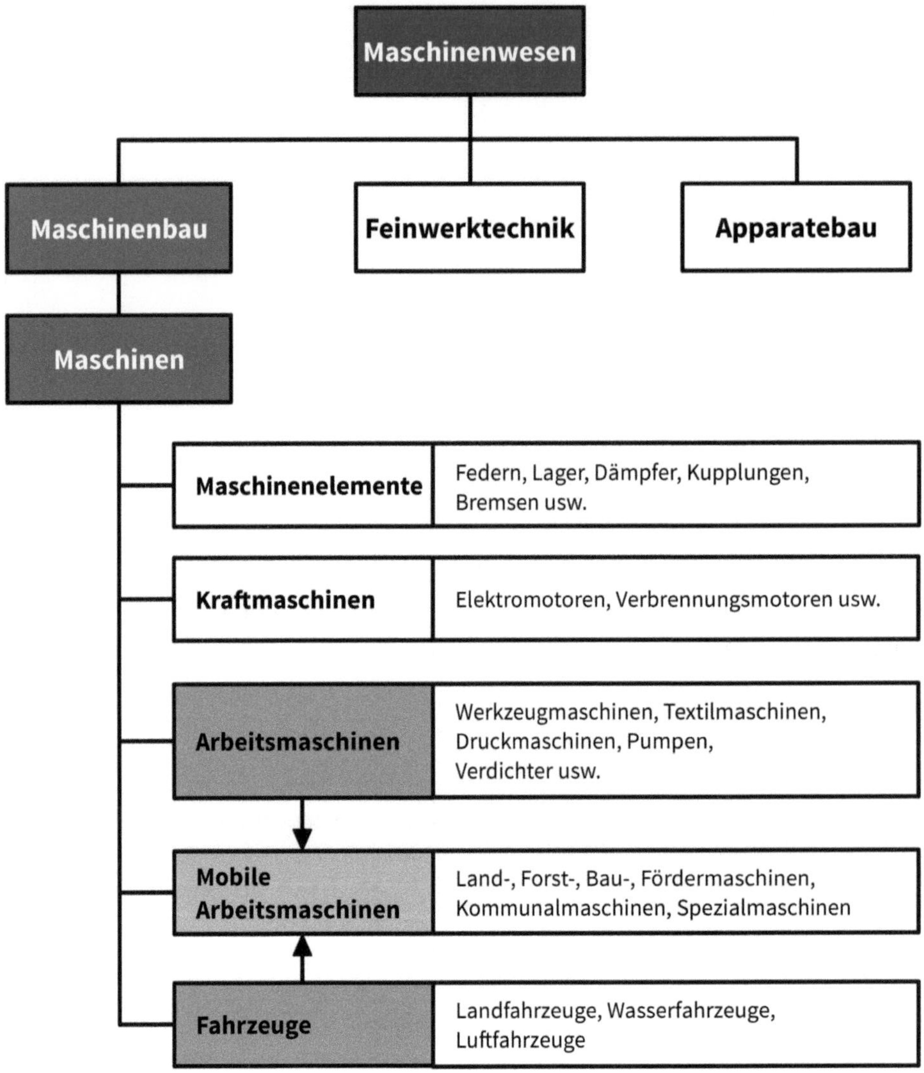

Abb. 2.1 Einordnung mobiler Arbeitsmaschinen in das Maschinenwesen

von Baumaterialien eingesetzt. Ein Asphaltfertiger dient zum Einbau von Asphalt im Straßenbau. Rasenmäher sind eher kleine Arbeitsmaschinen zum Mähen, und Kettensägen sind Arbeitsmaschinen zum Fällen von Bäumen, die bei Betrieb vom Menschen getragen werden müssen.

2. Die Energieversorgung zum Antrieb ist in der Maschine integriert

In den genannten Maschinen wird ein Antrieb mit einer Energieversorgung für die Arbeitsfunktion benötigt. Diese kann sehr unterschiedlich sein. Z. B. kommen bei Traktoren, Radladern oder Asphaltfertigern Verbrennungsmotoren zum Einsatz, die in Verbindung mit einem Getriebe die Arbeitsorgane antreiben. Bei Rasenmähern oder Kettensägen kommen auch elektrische Antriebe zum Einsatz.

3. Die Maschinen werden zur Verrichtung der Arbeitsfunktion bewegt
   Im Gegensatz zu einer festinstallierten Werkzeugmaschine oder Anlage ist die Bewegung der Maschine eine zentrale Funktion, sei es das Ziehen einer Last beim Traktor oder der Einbau von Asphalt durch einen Asphaltfertiger.

Trotz der Gemeinsamkeiten unterscheiden sich die Maschinen sehr – z. B. in der Größe, Komplexität oder der Art der Fortbewegung. Auch ist es schwierig, eine allgemeine Definition des Begriffs „mobile Arbeitsmaschinen" zu identifizieren. Im Allgemeinen werden mit dem Begriff Maschinen aus den Maschinenbaubereichen Land-, Forst-, Gartenbau-, Förder-, Erdbau-, Straßenbau- und Kommunalmaschinen verbunden. Aber in allen diesen Bereichen kommen wiederum Maschinen zum Einsatz, die stationär arbeiten und daher z. B. nicht das Kriterium der Mobilität erfüllen.

Aus diesem Grund soll für dieses Buch eine Definition des Begriffs „mobile Arbeitsmaschinen" entwickelt und verwendet werden.

Ein Ansatz für die Definition des Begriffs orientiert sich an dem Artikel 2 der Maschinenrichtlinie 2006/42/EG [4]. Dort heißt es:

> „...a) „Maschine"
> — eine mit einem anderen Antriebssystem als der unmittelbar eingesetzten menschlichen oder tierischen Kraft ausgestattete oder dafür vorgesehene Gesamtheit miteinander verbundener Teile oder Vorrichtungen, von denen mindestens eines bzw. eine beweglich ist und die für eine bestimmte Anwendung zusammengefügt sind...."

Eine alleinige Verwendung der Maschinenrichtlinie 2006/42/EG ist aber ungeeignet, da diese auch stationäre Maschinen berücksichtigt. Eine umfassende Aufzählung von mobilen Arbeitsmaschinen findet sich im § 2 Begriffsbestimmungen in der Fahrzeug-Zulassungsordnung. In dieser Verordnung werden die einzelnen Arten von Fahrzeugen definiert, die zu mobilen Arbeitsmaschinen gezählt werden können [5]:

> „...14. Zugmaschinen: Kraftfahrzeuge, die nach ihrer Bauart überwiegend zum Ziehen von Anhängern geeignet sind; ...
> ...16. Land- oder fortwirtschaftliche Zugmaschinen: Kraftfahrzeuge, deren Funktion im Wesentlichen in der Erzeugung einer Zugkraft besteht und die besonders zum Ziehen, Schieben, Tragen und zum Antrieb von auswechselbaren Geräten für land- oder forstwirtschaftliche Arbeiten oder zum Ziehen von Anhängern in land- oder forstwirtschaftlichen Betrieben bestimmt und geeignet sind, auch wenn sie zum Transport von Lasten im Zusammenhang mit land- oder forstwirtschaftlichen Arbeiten eingerichtet oder mit Beifahrersitzen ausgestattet sind;...
> ...17. selbstfahrende Arbeitsmaschinen...
> ...18. Stapler...
> ...19. Sattelanhänger...

> …land- oder forstwirtschaftliche Arbeitsgeräte: Geräte zum Einsatz in der Land- und Forstwirtschaft, die dazu bestimmt sind, von einer Zugmaschine gezogen zu werden und die die Funktion der Zugmaschine verändern oder erweitern; sie können auch mit einer Ladeplattform ausgestattet sein, die für die Aufnahme der zur Ausführung der Arbeiten erforderlichen Geräte und Vorrichtungen oder die für die zeitweilige Lagerung der bei der Arbeit erzeugten und benötigten Materialien konstruiert und gebaut ist; unter den Begriff fallen auch Fahrzeuge, die dazu bestimmt sind von einer Zugmaschine gezogen zu werden und dauerhaft mit einem Gerät ausgerüstet oder für die Bearbeitung von Materialien ausgelegt sind, wenn das Verhältnis zwischen der technisch zulässigen Gesamtmasse und der Leermasse dieses Fahrzeugs weniger als 3,0 beträgt;…“

Die zitierten Fahrzeugarten können als mobile Arbeitsmaschinen verstanden werden. Aber ähnlich wie in der Maschinenrichtlinie werden in der Fahrzeug-Zulassungsordnung auch andere Fahrzeuge genannt, die keine mobilen Arbeitsmaschinen sind.

Die skizzierte Problematik der allgemein verbindlichen Definition des Begriffs mobile Arbeitsmaschinen führt dazu, dass verschiedene Definitionen entwickelt worden sind, wie die von Lang [2], Martinus [3] oder Geimer [1]. Die Schwierigkeit der Definition besteht darin, eindeutige bestimmende Merkmale festzulegen.

Lang definiert mobile Arbeitsmaschinen folgendermaßen, [2]:

> „Mobile Arbeitsmaschinen sind Arbeitsmaschinen, die nicht stationär arbeiten, also der Einsatzort durch eigenen oder fremden Antrieb gewechselt werden kann und deren Energieverwendung ebenfalls nicht stationär ist. Mobile Arbeitsmaschinen sind ferner Fahrzeuge, zu deren Aufgaben neben der reinen Fahrt die Verrichtung von Arbeitsprozessen zählt.“

Martinus nennt z. B. folgende Kriterien für eine mobile Arbeitsmaschine, [3]:

> „
>
> - Die Erledigung eines Arbeitsprozesses steht im Vordergrund ihrer Funktionalität.
> - Die eigenständige Fortbewegung ist direkte Voraussetzung ihrer Hauptfunktion(en), entweder als Teilprozess der Hauptfunktionalität (z. B. Vorschub eines Straßenfertigers) oder als Nebenfunktion (z. B. Traktor mit Güllepumpe: stationärer Betrieb mit Möglichkeit zur Transportfahrt).
> - Die Mobilität der Maschine darf nicht an festgelegte Bahnen, wie z. B. Schienensysteme, Induktionsschleifen, etc., gebunden sein, d. h. das Arbeitsumfeld der Maschine ist dynamisch veränderbar und frei wählbar. Es unterliegt in der Regel wechselnden Umwelteinflüssen.“

Nach dieser Definition zählen z. B. Bagger, die auf Schienen fahren, nicht zu mobilen Arbeitsmaschinen. Die gleiche Maschine als Zweiwegefahrzeug ausgerüstet würde aber als mobile Arbeitsmaschine verstanden werden. Geimer verändert die Definition, [1]:

> „Mobile Arbeitsmaschinen haben die Aufgabe der Verrichtung eines Arbeitsprozesses; sie verfügen dazu über einen Fahr- und Arbeitsantrieb mit signifikanten Energieanteilen in beiden Antrieben.“

Aus dieser Definition ist zu folgern, dass mobile Arbeitsmaschinen in jedem Fall einen Fahrantrieb besitzen. Auch hier gibt es Unschärfen. Kartoffelroder gibt es als gezogene und als selbstfahrende Maschinen. Bei gezogenen Maschinen übernimmt ein Traktor die Fahrantriebsfunktion und die Energiebereitstellung, während die Funktionen der Ernte der Kartoffeln von der Maschine übernommen werden. Bei selbstfahrenden Kartoffelrodern werden die Funktionen der Kartoffelernte um die Fahrfunktion erweitert. Die Integration von komplexen Arbeitsfunktionen in ein mobiles Maschinensystem erfüllen aber beide. An den genannten Beispielen wird die Problematik deutlich. Jede Definition macht für den jeweiligen Betrachtungsschwerpunkt Sinn und ist berechtigt.

In diesem Buch wird daher eine allgemeinere Definition für den Begriff mobile Arbeitsmaschinen Maschinen verwendet, die sich an der von Lang orientiert, [2]:

► Mobile Arbeitsmaschinen sind Maschinen, deren zentrale Aufgabe die nicht ortsgebundene Verrichtung einer oder mehrerer Arbeitsfunktionen ist. Sie besitzen eine ortsungebundene Energieversorgung für den Antrieb der Arbeitsfunktionen und einer möglichen Fahrfunktion.

Diese Definition berücksichtigt die im Allgemeinen mit mobilen Arbeitsmaschinen assoziierten Begriffe:

- Mobilität der Maschine
- Energiespeicherung und –versorgung für die Arbeitsfunktionen, wozu auch die Fahrfunktion zählt, ist in die Maschine integriert
- Vorrichtungen sowie Mess-, Steuer- und Regelungssysteme zur Realisierung der Arbeitsfunktionen sind in der Maschine integriert

Nach dieser Definition wären also die genannten Varianten in den Beispielen Bagger und Kartoffelroder mobile Arbeitsmaschinen. Die genannte Problematik der Unschärfe bleibt aber weiterhin bestehen. Sie ist nur auf eine andere Ebene verlagert und für die Inhalte sowie für die Struktur des Buches nicht problematisch.

Abb. 2.2 zeigt eine Strukturierung der mobilen Arbeitsmaschinen, bei der diese in zwei Gruppen unterschieden werden:

- Selbstfahrende Maschinen mit einer aktiven Bewegungs- bzw. Fahrfunktion
- Nichtselbstfahrende Maschinen mit einer passiven Bewegungs- bzw. Fahrfunktion

Das wesentliche Merkmal der selbstfahrenden Maschinen ist, dass diese ein eigenes Fahrwerk und einen eigenen Fahrantrieb besitzen. Zu diesen zählen z. B. Traktoren, selbstfahrende Ernte- und Straßenbaumaschinen. Für die Konzeption dieser Maschinen sind dann ein eigener Energiespeicher, Energiewandler, die die Energie des Energiespeichers in mechanische Fahrantriebsenergie wandeln, Getriebe und Steuerungs- bzw. Regelungskomponenten für die Fahrbewegung notwendig. Die nichtselbstfahrenden Ma-

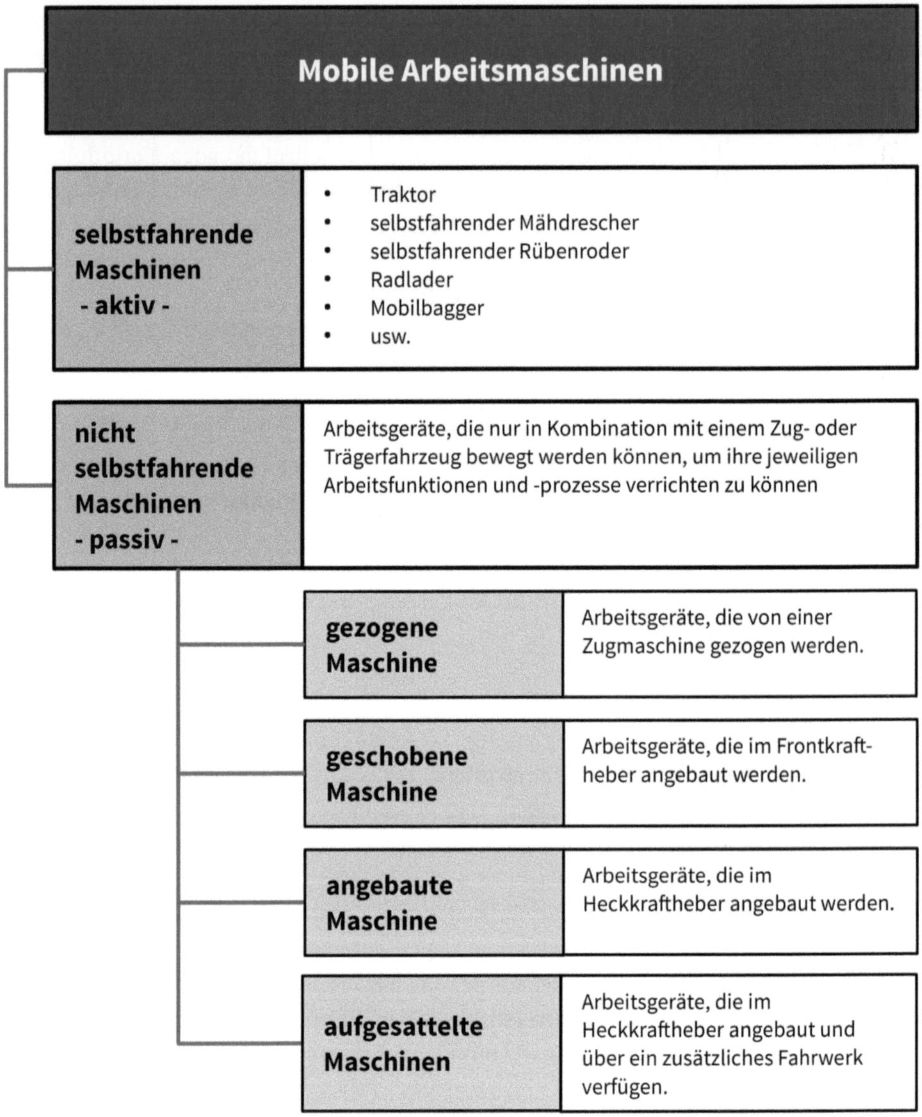

Abb. 2.2 Einteilung mobiler Arbeitsmaschinen hinsichtlich ihrer Mobilität. Nach Lang [2]

schinen können auf diese Komponenten verzichten und damit einfacher aufgebaut werden. Diese Maschinen benötigen in jedem Fall ein Trägerfahrzeug, an das die Maschine auf verschiedene Arten montiert werden kann. Gezogene Maschinen werden über eine Anhängekupplung mit dem Zugfahrzeug gekoppelt. Typische Beispiele sind Anhängespritzen, Transportanhänger oder gezogene Erntemaschinen. Geschobene Maschinen sind vorwiegend Maschinen, die im Frontkraftheber von Traktoren angebaut werden. Beispiele sind Frontmähwerke, Kehrbesen oder auch Planierschilder bei Raupen. Angebaute und aufgesattelte Maschinen werden in der Regel im Heck eines Traktors im Heckkraftheber montiert. Die aufgesattelten Maschinen unterscheiden sich von den angebauten dadurch, dass bei diesen die Verbindung zwischen Trägerfahrzeug und Maschine mindestens einen Freiheitsgrad hat.

2.2 Grundaufbau

Nach der oben genannten Definition mobiler Arbeitsmaschinen ist die nicht ortsgebundene Verrichtung einer Arbeit die zentrale Aufgabe. Die notwendige Mobilität der Maschine stellt besondere Anforderungen an den Aufbau und die Gestaltung mobiler Arbeitsmaschinen. Diese sind im Einzelnen:

- es muss eine Energieversorgung auf der Maschine installiert bzw. vorhanden sein
- die Maschinen können sich aktiv (selbstfahrend) oder passiv (gezogen) bewegen
- es wird Energie für die Arbeitsvorrichtung und für den evtl. vorhandenen Fahrantrieb benötigt
- es muss ein Fahrwerk (Räder- oder Kettenfahrwerk) für die Aufnahme der Energieversorgung und der Arbeitsvorrichtung vorhanden sein
- es müssen alle Komponenten des Maschinensystems (Getriebe, Sensoren, Aktoren usw.) in das Fahrzeug integrierbar sein

Aus diesen Anforderungen ergibt sich der elementare Grundaufbau mobiler Arbeitsmaschinen Abb. 2.3:

1. Fahrwerk mit Rädern oder Ketten

Ein Fahrwerk ist nur bei bestimmten Arbeitsmaschinen notwendig. Abb. 2.3 zeigt eine Einteilung mobiler Arbeitsmaschinen hinsichtlich ihrer Mobilität, d. h. ob sie selbstfahrend sind oder nur in Kombination mit einem Zug- oder Trägerfahrzeug bewegt werden können. Selbstfahrende Arbeitsmaschinen besitzen in jedem Fall ein solches, so z. B. Traktoren, Radlader oder Mobilbagger. Ebenfalls besitzen gezogene und aufgesattelte Arbeitsmaschinen ein Fahrwerk. Einzig bei angebauten Maschinen wird auf ein besonderes Fahrwerk verzichtet. Die Funktion des Fahrwerkes besteht in erster Linie in der Kraftübertragung der Arbeitsmaschinen auf den Untergrund. Diese Kräfte sind zum einen die Gewichtskräfte der Arbeitsmaschine und deren Beladung, die Kräfte zur Führung der Maschine wie Lenkkräfte und die Traktionskräfte. Je nach Bodenverhältnissen und Einsatzgebieten kommen unterschiedliche Fahrwerke zum Einsatz. In vielen Fällen werden Räderfahrwerke aufgrund ihrer ökonomischen und technischen Vorzüge verwendet. Besondere Bodenverhältnisse, die große Aufstandsflächen für einen geringen Kontaktflächendruck zwischen Maschine und Boden erfordern, sind das Anwendungsgebiet von Raupenfahrwerken. Diese bestehen entweder aus Stahlkettenlaufwerken oder Gummibandlaufwerken. Arbeitsmaschinen, die quasi stationär arbeiten, wie große Bagger in

Energiebereitstellung	Energiewandlung	Arbeitsfunktionen	Arbeitsplatz
• Batterie • Verbrennungsmotor • Brennstoffzelle • ...	• Getriebe • hydrostatische Getriebe • ...	• Schneidwerk • Dreschwerk • Häckselaggregat • Frontlader • ..	• Kabine • Sitze • Arbeitsplattform • Cockpit
• Energiespeicher • Wandlung der Primärenergie z. B. in mechanische oder hydraulische Energie	• Energieverteilung • Energieanpassung	• Umwandlung der Energie in Arbeitsfunktionen, wie Schneiden oder Trennen	• Mensch-Maschine-Interaktion • Schutz der mit der Maschine arbeitenden Personen

Rahmen / Chassis
• Leiterrahmen • Hilfsrahmen • Selbsttragende Struktur • ...
• Aufnahme und Tragen der Maschinenkomponenten • Mechanische Schnittstelle bzw. Koppelstelle zu anderen Maschinen

Fahrwerk
• Räderfahrwerk • Raupenfahrwerk • Rad-Raupenfahrwerkkombinationen • Schreitwerk • ...
• Verbindung des Rahmens mit dem Boden • Lenkung • Federung

Abb. 2.3 Grundsätzlicher Aufbau mobiler Arbeitsmaschinen

Tagebauen, besitzen aufgrund der untergeordneten Bedeutung der Fahrfunktion ein Schreitfahrwerk. Besondere Schreitfahrwerke sind auch in Maschinen zu finden, die in sehr bergigem oder unwegsamem Gelände eingesetzt werden.

2. Rahmen

Der Rahmen ist im Prinzip das Rückgrat der Maschine. An diesen werden alle Baugruppen montiert. In vielen Maschinen ist der Rahmen ein Rohr-, Gitter- oder Leiterrahmen und stellt eine eigenständige Baugruppe dar. Bei vielen Traktoren werden aber auch der Motor und das Getriebe in der Blockbauweise als tragende Komponenten ausgelegt, sodass auf einen eigenen Rahmen verzichtet werden kann.

3. Energiebereitstellung z. B. aus Verbrennungsmotor, Brennstoffzelle, Elektromotor mit Akkumulator

Eines der besonderen Merkmale von mobilen Arbeitsmaschinen ist die Notwendigkeit der Speicherung von Energie für die Arbeitsprozesse und für die Fahrfunktion auf bzw. in der Maschine gespeichert werden muss, um die Ortsungebundenheit sicherstellen zu können. Zurzeit haben Kraftstoffe die höchste Energiedichte in Form von chemischer Energie. Durch Verbrennungskraftmaschinen wird diese in mechanische Energie gewandelt. Eine hohe Energiedichte des Energiespeichers ist für mobile Arbeitsmaschinen sehr entscheidend. Bei einer geringen Energiedichte wird übermäßig viel störendes und sich meistens negativ auswirkendes Gewicht transportiert und Bauraum benötigt. Besonders bei Maschinen, deren Arbeitsfunktionen viel Energie benötigen, sind ausreichend große Energiespeicher notwendig, um z. B. mit der Maschine 10 oder 12 h ununterbrochen arbeiten zu können. Da in mobilen Arbeitsmaschinen auch elektrische Energie benötigt wird, werden auch Speicher für elektrische Energie in mobilen Arbeitsmaschinen integriert, z. B. als Batterie zum Betrieb des Anlassers für Verbrennungsmotoren oder als Pufferbatterie für Automatisierungsaufgaben. Zurzeit kommen auch Maschinen in Sonderanwendungen zum Einsatz, die die benötigte Energie über ein Kabel erhalten, z. B. bei Maschinen, die in Tunneln arbeiten. Es ist davon auszugehen, dass bessere elektrische Energiespeicher mit höherer Leistungsdichte und Energiekapazität den Einsatz elektrischer Antriebe in mobilen Arbeitsmaschinen fördern.

4. Energiewandlung – z. B. Getriebe, hydrostatisches Getriebe

In der Regel erfordern die Arbeitsfunktionen und Fahrfunktion eine Anpassung der Energie an die jeweilige Aufgabe. Hierfür werden Getriebe unterschiedlichster Art eingesetzt, z. B. Zahnradgetriebe zur Anpassung der Fahrzeuggeschwindigkeit, hydrostatische Getriebe für den Antrieb von Hydraulikzylindern oder –motoren oder elektrische Getriebe für den Antrieb elektrischer Stellantriebe.

5. Systeme zur Realisierung der Arbeitsfunktionen

Die Systeme zur Realisierung der Arbeitsfunktionen bilden den eigentlichen Kern der Arbeitsmaschine. Hier gibt es eine sehr große Bandbreite an Systemen für die verschiedensten Aufgaben mit unterschiedlicher Komplexität. In den letzten Jahrzehnten wurden mehr und mehr Funktionen automatisiert und mithilfe von mechatronischen Systemen realisiert. Die hierfür benötigten Sensoren und Aktoren müssen in den Maschinen besonders gestaltet sein, damit sie den schwierigen Belastungen standhalten, die sich aus Staub, Feuchtigkeit, Temperatur oder Vibration ergeben.

6. Arbeitsplatz für die fahrzeugführende Person und eventuell weitere Personen, die manuelle Tätigkeiten auf der Maschine erledigen

Mit den und auf den Maschinen arbeiten Menschen. Hierfür werden ergonomische Arbeitsplätze benötigt, die auch eine ausreichende Sicherheit gewährleisten. Es werden z. B. Schutzeinrichtungen verwendet, die Menschen vor herunterfallenden Objekten schützen. Andere Vorrichtungen gewährleisten die sichere Bewegung der Maschine, ohne dass sie sich überschlägt oder die eingeschlagene Fahrspur unbeabsichtigt verlässt. Letztendlich müssen aber auch die Menschen vor den negativen Folgen der Emissionen der Maschine und der Arbeitsprozesse geschützt werden. Als Beispiele werden hier Vibrationsbelastungen genannt.

Literatur

1. Geimer M, Pohlandt C (2014) Grundlagen mobiler Arbeitsmaschinen. KIT Scientific Publishing, Karlsruhe
2. Lang T (2002) Mechatronik für mobile Arbeitsmaschinen am Beispiel eines Dreipunktkrafthebers. Shaker, Aachen
3. Martinus MA (2004) Funktionale Sicherheit von mechatronischen Systemen bei mobilen Arbeitsmaschinen. Technischen Universität München
4. RICHTLINIE 2006/42/EG des Europäischen Parlaments und des Rates vom 17. Mai 2006 über Maschinen und zur Änderung der Richtlinie 95/16/EG (Neufassung)
5. FZV – Verordnung über die Zulassung von Fahrzeugen zum Straßenverkehr. https://www.gesetze-im-internet.de/fzv_2023/BJNR0C70B0023.html. Accessed 08 Feb 2026

Antriebstechnik 3

Inhaltsverzeichnis

H. J. Meyer, *Mobile Arbeitsmaschinen*,
https://doi.org/10.1007/978-3-662-72251-0_3

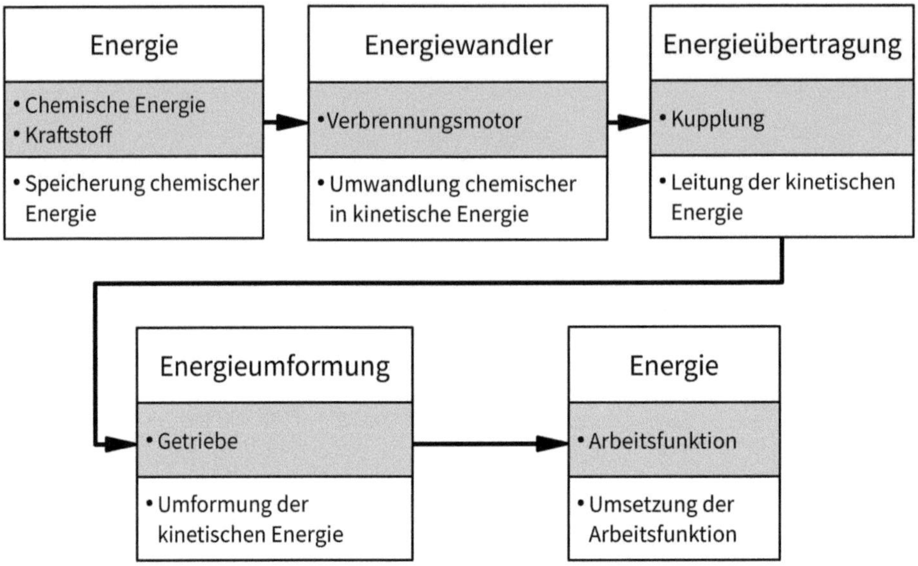

Abb. 3.1 Prinzipieller Aufbau eines Antriebsstrangs in mobilen Arbeitsmaschinen mit Verbrennungsmotor

Mobile Arbeitsmaschinen benötigen zur Erfüllung ihrer Arbeitsfunktionen Antriebe. Energie muss hierzu aus einem Speicher in kinetische Energie gewandelt werden, da in der Regel die Arbeitsfunktionen Bewegungen sind, wie das Anheben des Baggerauslegers bei einem Bagger oder auch die Fahrbewegung der Maschine selbst.

Abb. 3.1 zeigt den grundsätzlichen Aufbau eines Antriebsstrangs in mobilen Maschinen. Für die Realisierung von Arbeitsfunktionen, die in der Regel Bewegungen von Maschinenkomponenten sind, wird Energie benötigt. In mobilen Arbeitsmaschinen muss in den meisten Fällen ein Energiespeicher vorhanden sein, in dem die Energie zum Antrieb der Arbeitsfunktionen und des Fahrantriebs gespeichert ist. Zurzeit sind dies Kraftstoffe, z. B. Dieselkraftstoff. Die Verwendung von Wasserstoff in verschiedenen Formen kann in Zukunft an Bedeutung gewinnen. Zunehmend kommen aber auch andere Speicher zur Anwendung, wie Akkumulatoren oder Batterien. Für die Wandlung der chemischen Energie in kinetische bzw. mechanische Energie werden Energiewandler verwendet. Diese Funktion übernehmen z. B. Verbrennungsmotoren. Diese wandeln durch den Verbrennungsprozess die im Kraftstoff enthaltene Energie in eine kinetische um. Verbrennungsmotoren liefern die kinetische Energie in Form einer Drehbewegung. Diese kinetische Energie muss geschaltet und transportiert werden. Wird die Energie nicht umgeformt, d. h., dass z. B. das Drehmoment und die Drehzahl nicht verändert werden, übernehmen Kupplungen und Wellen die Aufgabe. In hydraulischen Systemen wird die Energie mittels eines Ölstroms über Leitungen transportiert. Da in der Regel die Form der kinetischen Energie nicht der Arbeitsfunktion entspricht, muss die Energie noch umgeformt werden. Das heißt, die Leistungsgrößen Drehmoment und Drehzahl werden mithilfe von Getrieben so verändert, wie es die Arbeits- oder Fahrfunktion erfordern. Am Ausgang des Antriebsstrangs steht dann die kinetische Energie in der gewünschten Form zur Verfügung.

Bei selbstfahrenden mobilen Arbeitsmaschinen wird der Energievorrat mitgeführt. Bei mobilen, an ein Trägerfahrzeug gekoppelten Arbeitsmaschinen wird die Energie vom Trägerfahrzeug bereitgestellt. In einigen Fällen besitzt aber das gekoppelte Gerät auch einen eigenen Energievorrat mit einem entsprechenden Energiewandler.

Im Folgenden werden die einzelnen Elemente Energiespeicher, Energiewandler, Energieumformer und Energieleiter eingehender vorgestellt. Diese Darstellung konzentriert sich auf die gebräuchlichen Kombinationen und Komponenten. Eine vollständige Darstellung aller möglichen Kombinationen ist aufgrund der Vielfältigkeit der Anwendungen mobiler Arbeitsmaschinen nicht möglich.

3.1 Prinzipieller Aufbau eines Antriebsstrangs

Mobile Arbeitsmaschinen sind in der Regel auf einen Energiespeicher angewiesen. Bei einigen ausgewählten Maschinen und Anwendungen ist es aber sinnvoll, die Maschinen über Leitungen mit der benötigten Energie zu versorgen. Beispiele sind Maschinen, die in Tunneln arbeiten. Würden hier Maschinen mit Verbrennungsmotoren eingesetzt, müssten die Abgasemissionen aufwendig gereinigt und aus dem Tunnel gefördert werden. Betrachtet man hingegen im Freien arbeitende Maschinen, ist es wichtig, dass die antreibenden Maschinen kostengünstig ausreichend Energievorräte mitführen können. Aufgrund der sehr hohen Energiedichte, der großen Verfügbarkeit und der einfachen Handhabung von Diesel- und Ottokraftstoffen, werden diese vorwiegend in mobilen Arbeitsmaschinen genutzt. Verbrennungsmotoren, die mit Ottokraftstoffen angetrieben werden, werden eher in kleinen Arbeitsmaschinen wie Rasenmähern, Kettensägen oder Gartentraktoren eingesetzt. Bei Leistungen von mehr als 10 kW kommen fast nur Dieselmotoren zur Anwendung.

Abb. 3.2 zeigt die Leistungsdichte und die Energiedichte von verschiedenen Energiespeichern. Die Energiedichte der elektrischen, hydraulischen und mechanischen Speicher ist sehr viel geringer als die der chemischen Energieträger, wie Diesel und Wasserstoff, gleichzeitig ist ihre Leistungsdichte (die mögliche Leistungsabgabe) nach oben begrenzt. Diese Limitierungen führten bis in die heutige Zeit zu einer vorrangigen Verwendung der chemischen Energiespeicher wie Dieselkraftstoff in mobilen Maschinen. Anders als bei elektrisch angetriebenen Automobilen müssen mobile Arbeitsmaschinen 10 h und mehr am Tag dauerhaft betrieben werden, was zurzeit aus Kosten- und Gewichtsgründen gegen den Einsatz elektrischer, hydraulischer und mechanischer Speicher spricht.

3.1.1 Energiespeicher

Ist die benötigte Energieart ungleich der gespeicherten Art, muss diese gewandelt werden. Verschiedene Energiewandler werden von Synek dargestellt und miteinander bezüglich

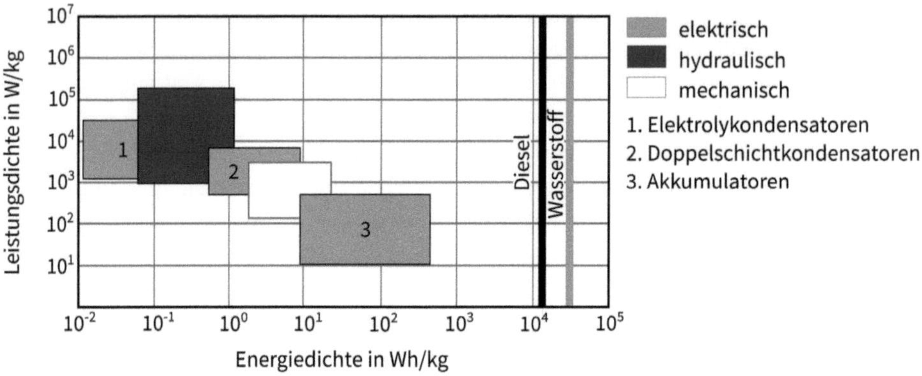

Abb. 3.2 Ragone-Plot. Nach [14]

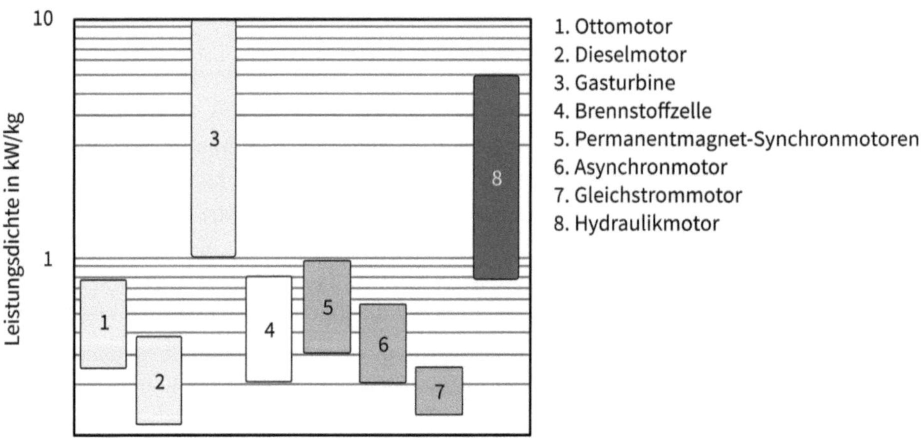

Abb. 3.3 Leistungsdichte verschiedener Energiewandler

ihrer jeweiligen Leistungsdichte in Abb. 3.3 verglichen [14]. Ausgenommen der Brennstoffzelle wandeln diese Maschinen die ursprüngliche Energieform in mechanische Energie, die zum Antrieb der Arbeitsmaschine benötigt wird. Unter Berücksichtigung der Energiedichte werden ausnahmslos Kraftstoffe als Energieträger in Kombination mit Verbrennungskraftmaschinen auf mobilen Maschinen verwendet. Bei den Verbrennungskraftmaschinen haben sich Otto- und Dieselmotoren, je nach Leistungsklasse und Anwendung, durchgesetzt, da deren Wirkungsgrad im Vergleich zur Turbine höher ist, obwohl die Leistungsdichte der Turbine größer ist. Der Wirkungsgrad der Turbine ist höher, je höher die Temperatur der Brenngase bei Eintritt in die Brennkammer und je höher die Verdichtung ist [13]. Die mechanische und thermische Belastbarkeit der verwendeten Materialien begrenzt jedoch die erreichbare Temperatur und den Druck, wodurch der Wirkungsgrad begrenzt ist. Bei Otto- und Dieselmotoren kann die Spitzentemperatur des Verbrennungsprozesses höher liegen, da sich bedingt durch den Ladungswechsel eine niedrigere mittlere Temperatur einstellt.

3.1.2 Energiewandler

Um die Ausgangsdrehzahl der Antriebe an die der Arbeitsaufgabe anzupassen, werden Getriebe verwendet. Die Drehzahl-Drehmomentwandlung wird als Verhältnis der Eingangsdrehzahl zur Ausgangsdrehzahl oder als das Verhältnis des Ausgangsdrehmomentes zum Eingangsdrehmoment bestimmt und stellt die beschreibende Größe eines Getriebes dar. Für eine Auswahl verschiedener Getriebe wird die Leistungsdichte für verschiedene Getriebe über deren erreichbare Wandlung auf Basis von Daten aus [6] in Abb. 3.4 dargestellt.

In der Abbildung ist die Wandlung ab null dargestellt, wobei null für eine Unterbrechung des Leistungsflusses steht. Eine Drehrichtungsumkehr wurde hier im Sinne der Wandlung als Verhältnis der Drehmomente nicht berücksichtigt.

Während mechanische Getriebe, ausgenommen Reibradgetriebe, einen kleineren Wandlungsbereich als ein elektrisches oder hydraulisches Getriebe haben, liegt die Leistungsdichte der Zahnradgetriebe im Vergleich jedoch höher. Hydraulische Getriebe haben eine Leistungsdichte von ca. 1 kW/kg und sind damit fast um ein Zehnfaches besser als elektrische Getriebe und fast ein Hundertfaches besser als Reibradgetriebe [6].

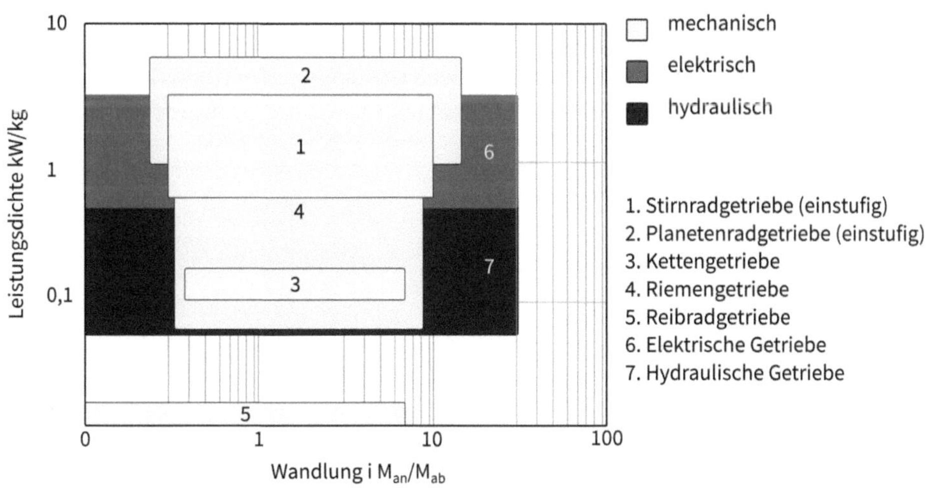

Abb. 3.4 Leistungsgewicht verschiedener Getriebearten. Nach [12]

3.1.3 Leistungsübertragung

Für die Leistungsübertragung kommen je nach Energieform verschiedene Übertragungsformen vor. Für mechanische, elektrische und hydraulische Leistungsübertragung können Wellen, Kabel und Leitungen mit ihrem Querschnitt auf die Leistung bezogen und verglichen werden. Um die Leistungsdichte der verschiedenen Energieformen für deren Übertragungsart vergleichen zu können, werden hier kurz auf Grundlage von Proportionalitätsbeziehungen Formeln für die Leistungsdichte erstellt [12].

Für die elektrische Leitung ist die Querschnittsfläche direkt proportional zur elektrischen Leistung bei konstanter Spannung. Für hydraulische Leitungen gilt dies ebenso für konstanten Druck und eine begrenzte maximale Strömungsgeschwindigkeit. Bei der mechanischen Leistungsübertragung für eine rotierende Welle mit konstanter Drehzahl und Materialparametern verhält sich die Querschnittsfläche proportional zur übertragenen Leistung mit der Potenz 2/3. Hierfür wird eine Auslegungsformel zur überschlägigen Auslegung der Welle auf Torsion angepasst.

$$\mathrm{A}_{\mathrm{q,elektrisch}} \sim P_{\mathrm{elektrisch}} \qquad \text{(Gl. 3.1)}$$

$$\mathrm{A}_{\mathrm{q,hydraulisch}} \sim P_{hydraulisch} \qquad \text{(Gl. 3.2)}$$

$$\mathrm{A}_{\mathrm{q,mechanisch}} \sim P_{\mathrm{mechanisch}}^{2/3} \qquad \text{(Gl. 3.3)}$$

Für konstant gehaltene Randbedingungen sind die Querschnittsflächen nach Gl. 3.1 bis Gl. 3.3 proportional zur Leistung je Längeneinheit. Es werden nach [6] Randbedingungen ausgewählt und das Leistungsgewicht für die elektrische, hydraulische und mechanische Übertragung je Längeneinheit über der Leistung bestimmt und in Abb. 3.5 dargestellt. Für die mechanische Übertragung werden Hohlwellen betrachtet und deren Dimension überschlägig für Torsion bestimmt. Für die elektrische Leistung werden Kupferleitungen unter hoher Stromdichte bei Gleichspannung betrachtet. Die Isolierung wurde nicht berück-

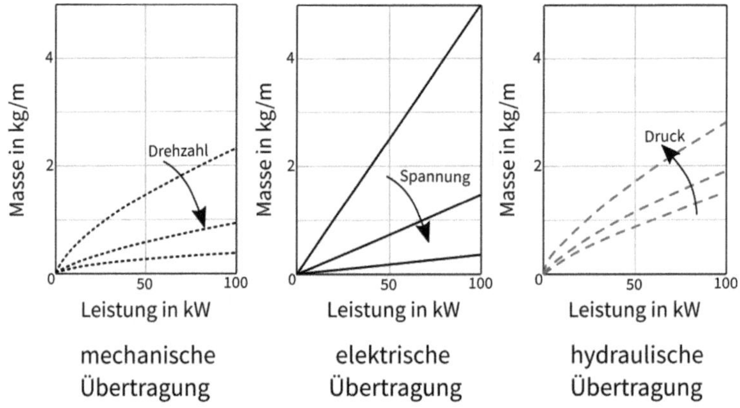

Abb. 3.5 Beispiele für das spezifische Gewicht zur Leistungsübertragung. Nach [12]

sichtigt, da diese für die Funktion der Leistungsübertragung in der theoretischen Betrachtung nicht notwendig ist. Die Masse der hydraulischen Leitung wurde nach Angaben eines Herstellers für Leitungen je Querschnitt ermittelt und für konstante Drücke von 250 bar, 350 bar und 420 bar berechnet.

In Abb. 3.5 ist dargestellt, dass die spezifische Masse für die mechanische und elektrische Leistungsübertragung bei steigender Drehzahl bzw. steigender Spannung sinkt. Die spezifische Masse je Meter steigt für hydraulische Leitungen jedoch bei steigendem Druck an.

3.2 Energiespeicherung und -bereitstellung

Eine der zentralen Funktionen in Maschinensystemen kommt der Energiebereitstellung für die einzelnen Funktionen zu. Ohne Energie können die Teilsysteme in der Regel nicht betrieben werden.

Beispiele sind:

- elektrische Energie – Antriebe, Informations- und Datenverarbeitung
- Wärmeenergie – chemische Prozesse
- mechanische Energie – Antriebe

Die in Maschinensystemen benötigte Nutzenergie wird üblicherweise durch Wandlung von Primärenergieträgern gewonnen. Primärenergieträger sind Kohle, Öl, Gas und Kernenergie.

3.2.1 Kraftstoffe

Heutige, in mobilen Arbeitsmaschinen eingesetzte Kraftstoffe bestehen aus einem Gemisch von unterschiedlichen Kohlenwasserstoffen. Bei der Verbrennung werden Wasserstoff- und Kohlenstoffatome der Kraftstoffmoleküle mit Luftsauerstoff zu Wasser und Kohlendioxid oxidiert. Bei der Verbrennung im Motor wird aber nur ein Teil der durch die Verbrennung freigesetzten Energie in kinetische Energie gewandelt. Dieselmotoren können zurzeit maximal 46 % der im Kraftstoff gespeicherten Energie in kinetische Energie wandeln. Bei Ottomotoren liegt die Ausnutzung bei maximal 35 %. Die nicht in kinetische gewandelte Energiemenge ist Abwärme und wird an die Umgebung abgegeben. Ein weiteres Problem ist bei der Verbrennung, dass Kohlendioxid freigesetzt wird. Dieses gilt als Treibhausgas und trägt zur Klimaerwärmung bei. Aus diesem Grund wird seit Jahren verstärkt nach alternativen Antriebskonzepten gesucht und geforscht. Ein weiterer Grund ist, dass die zurzeit verwendeten Kraftstoffe auf fossilen Brennstoffen wie Erdöl basieren, deren Vorkommen endlich sind.

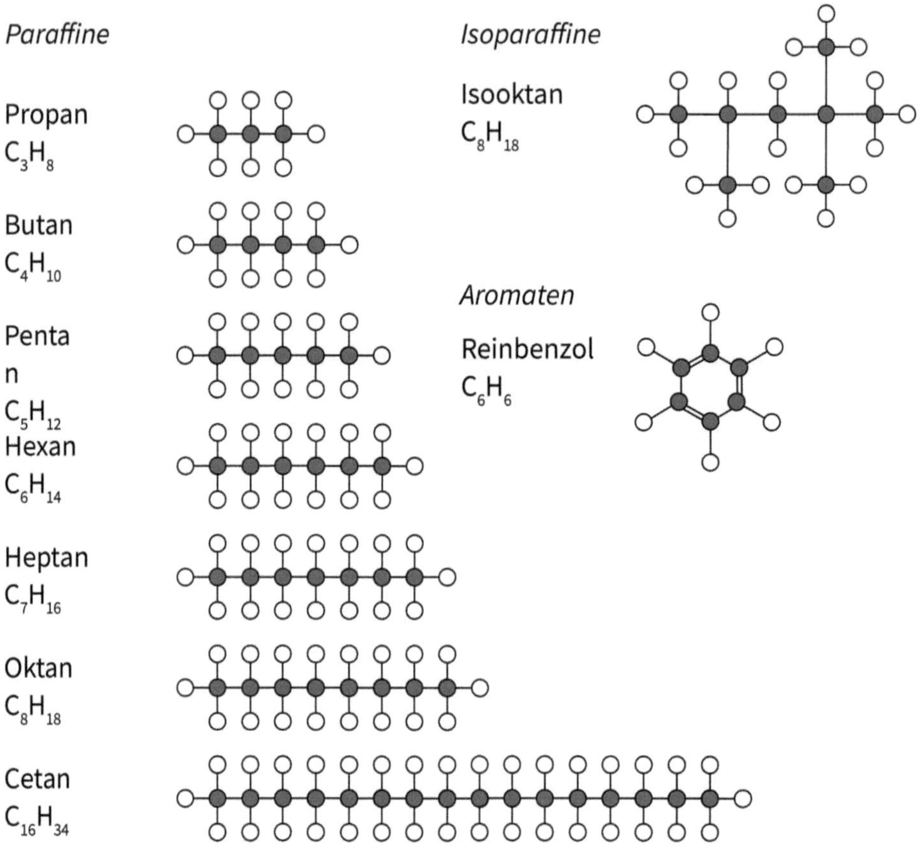

Abb. 3.6 Aufbau von einigen Kohlenwasserstoffen

Kohlenwasserstoffmoleküle sind entweder ketten- oder ringförmig aufgebaut wie in Abb. 3.6 dargestellt. Die Eigenschaften der Moleküle hängen von deren Größe, dem Verhältnis der Anzahl der Kohlenstoffatome zur Anzahl der Wasserstoffatome und ihrem Aufbau ab. Moleküle mit einer einfachen Kettenform sind Paraffine und Olefine. Mit zunehmender Länge der Moleküle steigt deren Zündwilligkeit. Aufgrund dieser Eigenschaft werden sie in Dieselkraftstoffen verwendet. Für Ottomotoren sind lange Paraffinketten ungünstig, da sie zu einer klopfenden Verbrennung führen. Motorklopfen ist ein unerwünschtes Phänomen, das bei Ottomotoren auftreten kann. Es entsteht dadurch, dass nach Einleitung der Verbrennung durch den Zündfunken das unverbrannte Gemisch durch die Flammenfront weiter komprimiert und dadurch zusätzlich aufgeheizt wird. Wenn die Temperatur und der Druck sehr hoch sind, kann es dann zu einer Selbstzündung kommen. Das wiederum führt zu Druckwellen im Brennraum, die klopfende oder klingelnde Geräusche verursachen [1]. Isoparaffine oder ringförmige Kohlenwasserstoffmoleküle wie Aromate sind hingegen klopffest und können daher in Ottomotoren eingesetzt werden. In

Dieselmotoren kann man diese aber aufgrund ihrer geringen Zündwilligkeit nicht nutzen. Weiterhin gibt es noch klopffeste Aromate wie Benzol, die als krebserregend gelten und daher nur eingeschränkt in Kraftstoffen verwendet werden dürfen.

3.2.2 Ottokraftstoffe

Wie an der Bezeichnung erkennbar, werden diese Kraftstoffe in Ottomotoren verbrannt. Sie sind leicht siedende Kraftstoffe, die hoch entzündlich sind und einen niedrigen Flammpunkt haben. Ihre Eigenschaften sind in der DIN EN 228 beschrieben [19]. Der niedrige Siedepunkt ist notwendig, weil der Kraftstoff leicht und vollständig vergasen muss, da nur gasförmiger Kraftstoff im Motor verbrannt werden kann. Neben dem Kaltstart- und Heißstartverhalten ist besonders die Klopffestigkeit eine wichtige Kenngröße. Als Maß für die Klopffestigkeit wird die Research-Oktanzahl (ROZ) und die Motor-Oktanzahl (MOZ) herangezogen. Für die Prüfung des Kraftstoffes werden spezielle Motoren verwendet. Der zu prüfende Kraftstoff wird mit einem Bezugskraftstoff verglichen. Dieser besteht aus einer Mischung aus Isooktan mit einer ROZ von 100 und Normalheptan mit einer ROZ von 0. Ein Kraftstoff hat z. B. eine Oktanzahl von 95, wenn seine Klopffestigkeit so groß ist wie die einer Mischung von 95 % Isooktan und 5 % Normalheptan. Die Motor-Oktanzahl unterscheidet sich von der ROZ darin, dass sie bei höherer Drehzahl und bei einer Gemischvorwärmung auf ca. 150°C bestimmt wird. In der Praxis werden die aus Erdöl gewonnenen Kraftstoffe noch mit Klopfbremsen bzw. Antiklopfbremsen versetzt. Zum Einsatz kommen metallhaltige, metallfreie, organische oder Methyl-Tertiär-Buthylether Substanzen zur Anwendung [9].

3.2.3 Dieselkraftstoffe

Kennzeichnend für Dieselkraftstoffe ist, dass sie schwersiedend sind. Sie bestehen aus einer Mischung von Olefinen und Paraffinen. Der Siedebereich liegt etwa bei 170°C bis 380°C. Ihre Eigenschaften sind in der Norm DIN EN 590 beschrieben [20]. Dieselkraftstoffe sollen möglichst zündwillig sein. Als Maß wird hier die Cetanzahl verwendet. Nach der genannten Norm soll die Cetanzahl mindestens 51 betragen. Die Cetanzahl wird ebenfalls in einem Prüfmotor ermittelt. Gemessen wird die Zeit zwischen dem Einspritzbeginn und dem Verbrennungsbeginn, die auch als Zündverzug bezeichnet wird. Als Vergleichskraftstoff wird eine Mischung herangezogen, die aus Cetan ($C_{16}H_{34}$) mit der Cetanzahl 100 und dMethylnaphtalin ($C_{10}H_{11}$) mit der Cetanzahl 0 besteht. Eine besondere Eigenschaft von Dieselkraftstoff ist, dass sich bei tiefen Temperaturen Paraffinkristalle herausbilden. Diese können dann die Filter verstopfen, sodass der Motor nicht läuft. Um dieses zu vermeiden, wird ein sogenannter Winterdiesel eingesetzt, der mithilfe von Additiven auch bei tiefen Temperatur gut filtrierbar ist [9].

3.2.4 Kraftstoffe auf Pflanzenbasis

Die immer knapper werdenden Ressourcen fossiler Rohstoffe sowie die angesprochene Klimaschädlichkeit von Kohlendioxidemissionen sind Motivation für die Suche nach alternativen Kraftstoffen auf Basis von Pflanzenölen. Aus Pflanzen wie Raps oder Sonnenblumen können Öle gewonnen werden, die in Dieselmotoren eingesetzt werden können. Sollen die Motoren ausschließlich mit Pflanzenöl betrieben werden, müssen an den Dieselmotoren aber Umbaumaßnahmen vorgenommen werden. Der Kraftstoff selber besitzt, verglichen mit gewöhnlichem Diesel, eine geringe Cetanzahl von 39. Vorteilhaft ist bei diesen Kraftstoffen, dass sie biologisch abbaubar sind und eine gute Kohlendioxidbilanz aufweisen. Nachteilig ist, dass die benötigten landwirtschaftlichen Flächen der Produktion von Nahrungsmitteln entzogen werden. Für Biodiesel wird Rapsöl unter anderem mit 10 % Methanol vermischt und bei höheren Temperaturen chemisch umgewandelt. Hierbei entstehen Fettsäuren, die mithilfe des Methanols verestert werden. Der Oberbegriff für alle Methylester auf Pflanzenöl- oder Tierölbasis ist Fettsäurenmethylester (FAME). Bestimmend für die Bezeichnung ist der Ausgangsstoff. So gibt es Palmölmethylester (PME) oder auch Rapsmethylester (RME). Biodiesel ist frei von giftigen Aromaten und schwefelarm und hat eine Cetanzahl von 56 [9].

Ein weiterer Biokraftstoff ist Bioethanol, der hauptsächlich aus zuckerhaltigen Pflanzen gewonnen wird. Ethanol hat eine ROZ von 104 und kann nach Motormodifikationen in Ottomotoren eingesetzt werden. Heutige Kraftstoffe enthalten bis zu 5 % oder als E10 10 % Ethanol. Um die Biomasse besser ausnutzen zu können, wird zurzeit an Kraftstoffen und Herstellungsverfahren gearbeitet, die generell Biomasse nutzen, wie Holz oder Stroh. Diese Kraftstoffe werden als Biomass to Liquid (Btl) bezeichnet. Alkylatbenzin oder Grünes Benzin ist ein Kraftstoff, der aus Alkenen und Isobutan hergestellt wird. Dieser Kraftstoff setzt bei der Verbrennung wenig gesundheits- und umweltschädliche Emissionen frei. Dieser Kraftstoff wird daher dort eingesetzt, wo Menschen den Abgasen direkt ausgesetzt sind, z. B. beim Betrieb von Motorsägen oder Rasenmähern [9]. In diese Gruppe fällt auch der HVO-Kraftstoff. Hierbei handelt es sich um ein hydriertes Pflanzenöl Hydrotreated Vegetable Oil (HVO), das in Dieselmotoren in reiner Form oder als Blendkomponente eingesetzt werden kann [3]. Kennzeichnend bei diesem paraffinischen Kraftstoff ist die Verwendung von Wasserstoff, wobei die Anforderungen an die Herkunft und Qualität der Ausgangsstoffe geringer ist [10].

3.2.5 E-Fuels, synthetische Kraftstoffe

E-Fuels sind kohlenstoffneutrale flüssige und gasförmige Kraftstoffe, die mit Strom hergestellt werden. Unter der Voraussetzung, dass der benötigte Strom aus erneuerbaren Quellen stammt, können die Treibhausgasemissionen gegenüber fossilen Kraftstoffen erheblich reduziert werden. Diese synthetischen Kraftstoffe können mit minimalen Modifikationen in bestehenden Motoren verwendet werden. Sie bieten eine Lösung zur Reduzierung der Treibhausgasemissionen im Bereich mobiler Arbeitsmaschinen, wo aufgrund der Einsatzgebiete und langen -zeiten Batterien nur schwer oder gar nicht eingesetzt werden können [15].

E-Fuels werden in einem mehrstufigen Prozess hergestellt, [17]:

- Elektrolyse – Wasser wird mithilfe von Strom in Wasserstoff und Sauerstoff gespalten.
- Synthese – Wasserstoff wird über Verfahren wie die Fischer-Tropsch-Synthese mit Kohlendioxid (CO_2) zu Kohlenwasserstoffen kombiniert. Diese Kohlenwasserstoffe können zu verschiedenen Kraftstoffen wie E-Benzin, E-Diesel, E-Kerosin und E-Gas raffiniert werden

3.3 Speicher für elektrische Energie

3.3.1 Umwandlung chemischer Energie in elektrische Energie

Mithilfe eines galvanischen Elementes kann elektrische Energie direkt aus chemischer Energie gewonnen werden. An den Grenzflächen zwischen dem Metall und dem Elektrolyten findet durch chemische Reaktionen eine Ladungstrennung statt. Unter Elektrolyten sind wässerige Lösungen von Säuren, Basen, Salzen und deren Schmelzen zu verstehen, die elektrisch leitfähig sind. Von den Metallelektroden geht ein Lösungsbestreben aus und im Elektrolyten sind die Metallionen bestrebt sich abzuscheiden. Das jeweilige Verhalten der Elektrode ist abhängig von der Art des Metalls und des Elektrolyten. Entsprechend können positive oder negative Elektroden auftreten. Die zwischen den Elektroden auftretende Spannung ist die Quellenspannung. Zur Festlegung der Spannungshöhe und der Polarität der Elektrodenwerkstoffe wird eine Wasserstoffelektrode als neutrale Bezugselektrode verwendet. Nach der Ordnung der Spannungsbeiträge und –vorzeichen ergibt sich die elektrochemische Spannungsreihe.

Die elektrochemische Spannungserzeugung kann nach zwei Arten erfolgen:

- Primärelemente – Der elektrochemische Prozess läuft einmalig und nur in einer Richtung ab. Die chemische Energie kann nur einmal umgewandelt werden; das Element ist nicht wieder aufladbar. Das negative Elektrodenmaterial wird verbraucht.
- Sekundärelemente – Bei diesen Elementen ist der Prozess umkehrbar. Das jeweilige elektrochemische Element kann wiederholt auf- und entladen werden.

3.3.2 Primärelemente

Bei den Primärelementen sind drei Arten von besonderer Bedeutung:

- Alkalische Zink-Mangandioxid-Zellen – Diese Batterien werden vorwiegend in elektrischen Kleingeräten eingesetzt, z. B. Taschenlampen, Spielzeug usw. Gegenüber früheren Bauformen von Batterien sind diese auch bei einer Tiefentladung auslaufsicher.
- Zink-Silberoxid-Zellen – In ihrem Aufbau sind sie den Zink-Mangandioxid-Zellen ähnlich. Der wesentliche Unterschied ist, dass anstelle von Manganoxid Silberoxid als Kathodenmaterial verwendet wird. Die Leistungsdichte dieser Batterien ist sehr hoch, sodass sie oft als Knopfzellen in Uhren oder Taschenrechnern eingesetzt werden.
- Lithium-Zelle – Bei diesen Batterien ist die Leistungsdichte am höchsten. Lithium-Zellen werden für unterschiedlichste Anwendungen angeboten. Die gute Lagerfähigkeit und Zuverlässigkeit macht diese Zellen zu sicheren Energiequellen für elektronische Baugruppen. Für diese Anwendungen spricht auch die hohe Lebensdauer von etwa 10 Jahren. Nachteilig ist der hohe Preis.

3.3.3 Sekundärelemente – Akkumulatoren

Können galvanische Elemente mehrmals aufgeladen werden, zählt man sie zu den Sekundärelementen oder Akkumulatoren. Damit sie elektrische Energie abgeben können, müssen sie zunächst durch Zufuhr elektrischer Energie chemische Energie speichern. Dieser Vorgang wird als Ladevorgang bezeichnet. Nach Abschluss des Ladevorganges kann elektrische Energie entnommen werden. Dieser Prozess wird als Entladevorgang bezeichnet:

- Ladevorgang – Beim Laden wird eine Gleichspannung an die Elektroden gelegt. Es fließt dann ein Strom, der als Ladestrom bezeichnet wird, durch den Elektrolyten und es findet eine Elektrolyse statt, bei der die positiven Ionen zum Minus-Pol wandern und die negativen Ionen bewegen sich zum Plus-Pol. An den Elektroden werden die Ionen wieder in neutrale Atome bzw. Atomgruppen entladen und es entstehen zwei verschiedene Elektroden bzw. elektrische Elemente.
- Entladevorgang – Der Entladevorgang entspricht der Umkehrung des Ladevorganges. Der Entladestrom fließt dem Ladestrom entgegengesetzt. Dabei bilden sich die Elektroden zum Ausgangsmaterial zurück. Ebenfalls ändert sich der Elektrolyt und die Zellenspannung nimmt ab. Bei Akkumulatoren ist zu beachten, dass sie nur bis zur Entladeschlussspannung entladen werden. Ansonsten können die Zellen nicht wieder vollständig aufgeladen werden. Es ist aber auch eine Überladung zu vermeiden, da in diesem Fall der Elektrolyt zersetzt wird. Diese Grenzspannung wird als Gasungsspannung bezeichnet.

3.3.4 Traktionsbatterien

Von besonderem Interesse sind in mobilen Arbeitsmaschinen Akkumulatoren, die für vielfältige Aufgaben eingesetzt werden. So nutzt jedes Fahrzeug, das einen Verbrennungsmotor besitzt, eine Bleibatterie als Starterbatterie und zur Stromversorgung von Kleinverbrauchern. Auch nutzen Flurförderfahrzeuge wie Gabelstapler aufgrund der geringen direkten Emissionen in der Fahrzeugumgebung häufig Akkumulatoren für den Fahr- und Hubantrieb. Das häufige zyklische Beschleunigen und Verzögern und das Heben und Senken bietet sich für eine Rekuperation an. Der Klimawandel und die daran gekoppelte Diskussion über CO_2-neutrale Antriebe wirkt sich auch auf die Entwicklung bei mobilen Arbeitsmaschinen aus. Wenn auch die zurzeit begrenzte Speicherkapazität der Akkumulatoren eine Energieversorgung ohne Aufladung für einen kompletten Arbeitstag nicht erlaubt, gibt es Anwendungsgebiete von Akkumulatoren als Arbeits- und Traktionsbatterien. Flurförderfahrzeuge sind dafür ein Beispiel oder auch Maschinen, die in Tunneln arbeiten. Letztendlich ist es wichtig, die Entwicklungen im PKW-Bereich zu verfolgen, denn diese Branche engagiert sich zurzeit außerordentlich bei der Entwicklung elektrischer Antriebskomponenten und Akkumulatoren. Die hier entwickelten Systeme können eine interessante Basis und Ausgangspunkt für die Elektrifizierung von mobilen Arbeitsmaschinen sein.

3.4 Energiewandlung in Verbrennungsmotoren

Im Folgenden sollen Energiewandler näher betrachtet werden, die Primärenergie – oder andere Energie in mechanische Energie wandeln. Diese Aufgabe übernehmen üblicherweise:

- Verbrennungsmotoren (Diesel-, Gas- oder Benzinmotoren)
- Elektromotoren
- Turbinen

Während die beiden erstgenannten Gruppen in mobilen Arbeitsmaschinen eingesetzt werden, kommen Turbinen vornehmlich in Kraftwerken zum Einsatz und sollen hier nicht näher behandelt werden. Elektromotoren benötigen in mobilen Arbeitsmaschinen entweder Verbrennungsmotoren und Generatoren zur Erzeugung der elektrischen Energie, elektrische Leitungen oder Akkumulatoren, die diese Energie gespeichert haben. Zunehmend wird auch der Einsatz von Brennstoffzellen in mobilen Arbeitsmaschinen diskutiert, sodass auch diese Technologie erläutert werden soll.

Die hohe Energiedichte von Kraftstoffen, wie in Diesel oder Benzin, und deren preisgünstige Verfügbarkeit bringen es mit sich, dass diese zurzeit die häufigsten Energiespeicher in mobilen Arbeitsmaschinen sind. Damit geht die Nutzung von Verbrennungsmotoren als Energiewandler einher.

3.4.1 Verbrennungsprozess

Verbrennungskraftmaschinen sind Maschinen, bei denen durch die Verbrennung eines Mediums direkt oder indirekt mechanische Energie erzeugt wird.

Abb. 3.7 gibt einen Überblick über die Systematik von Verbrennungskraftmaschinen. Im Wesentlichen bestehen zwei Gruppen, [1]:

- offener Prozess – innere Verbrennung
- geschlossener Prozess – äußere Verbrennung

Bei der inneren Verbrennung wird das Arbeitsmedium in einem Arbeitsraum verbrannt. Als Arbeitsmedium kommen solche Medien infrage, die durch Phasenumwandlung (Verdampfung) oder Gase, die durch Kompressibilität eine Zunahme des Arbeitsdruckes erreichen. Bei der äußeren Verbrennung wird zwischen Verbrennungsmedium und Arbeitsmedium unterschieden. Bei diesen Maschinen befindet sich das Arbeitsmedium in einem Raum und von außen wird dieser Raum erwärmt. Es kommt somit zu einem Anstieg des

<table>
<tr><td colspan="2" rowspan="5">Art der Prozessführung</td><td colspan="4">offener Prozess</td><td colspan="2">geschlossener Prozess</td></tr>
<tr><td colspan="4">innere Verbrennung</td><td colspan="2">äußere Verbrennung</td></tr>
<tr><td colspan="4" rowspan="3">Brenngas = Arbeitsmedium</td><td colspan="2">Brenngas ≠ Arbeitsmedium</td></tr>
<tr><td colspan="2">Phasenumwandlung des Arbeitsmediums</td></tr>
<tr><td>nein</td><td>ja</td></tr>
<tr><td colspan="2">Art der Verbrennung</td><td colspan="3">zyklische Verbrennung</td><td colspan="3">kontinuierliche Verbrennung</td></tr>
<tr><td colspan="2">Art der Zündeinleitung</td><td>Selbstzündung</td><td colspan="2">Fremdzündung</td><td colspan="3">Fremdzündung</td></tr>
<tr><td rowspan="2">Art der Maschine</td><td>Motor</td><td>Diesel</td><td>Hybrid</td><td>Otto</td><td>Rohs</td><td>Stirling</td><td>Dampf</td></tr>
<tr><td>Turbine</td><td>-</td><td>-</td><td>-</td><td>Gas</td><td>Heißdampf</td><td>Dampf</td></tr>
<tr><td colspan="2" rowspan="2">Art des Gemisches</td><td colspan="2">heterogen</td><td>homogen</td><td colspan="3">heterogen</td></tr>
<tr><td colspan="3">im Brennraum</td><td colspan="3">in kontinuierlicher Flamme</td></tr>
</table>

Abb. 3.7 Systematik von Verbrennungskraftmaschinen. Nach [1]

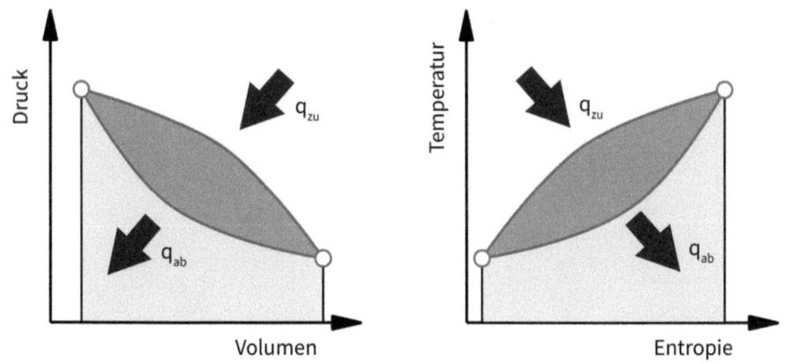

Abb. 3.8 Zustandsänderungen und Arbeiten bei einem Kreisprozess. Nach [1]

Arbeitsdruckes, der in mechanische Arbeit umgewandelt werden kann. Ein typischer Vertreter dieser Gruppe ist der Stirlingmotor. Da bei der äußeren Verbrennung das Arbeitsmedium chemisch unverändert bleibt, ist es möglich, einen geschlossenen Prozess zu realisieren. Das ist bei der inneren Verbrennung nicht möglich. Ein weiteres Merkmal zur Charakterisierung von Verbrennungskraftmaschinen ist der zeitliche Ablauf der Verbrennung. Bei der zyklischen Verbrennung ist die Verbrennung ein Prozessschritt innerhalb einer sequentiell sich immer wiederholenden Prozesskette. Bei der kontinuierlichen Verbrennung findet die Verbrennung ununterbrochen statt. Neben diesen Merkmalen können noch die Art der Gemischbildung und die Art der Verbrennungseinleitung als Kriterium herangezogen werden. Erfolgt die Gemischbildung außerhalb des Brennraums, wird diese als äußere Gemischbildung bezeichnet. Da bei dieser Art zum Zeitpunkt der Verbrennungseinleitung im Wesentlichen ein homogenes Luft-Kraftstoff-Gemisch vorliegt, wird sie auch als homogene Gemischbildung bezeichnet. Bei der inneren Gemischbildung wird der Kraftstoff direkt in den Brennraum transportiert. Zusätzlich eingeführte Luft vermischt sich mit dem Kraftstoff zu einem Luft-Kraftstoff-Gemisch, dessen Heterogenität mit der Zeit zunimmt. Bei den zu den Wärmekraftmaschinen zählenden Verbrennungsmotoren erfolgt die Umwandlung von chemisch gebundener Energie in mechanische Energie. Hierzu wird ein Teil der im Verbrennungsraum freigesetzten Energie über den Kolben und den Kurbeltrieb in mechanische Energie umgewandelt. Der restliche Teil der Energie wird mit den Abgasen abgeführt und als Abwärme über die Brennraumwände der Umgebung zugeführt.

Aufgrund der sehr komplexen Vorgänge während der Verbrennung wird ein vereinfachtes Modell zur Beschreibung herangezogen. Dieses Modell beschreibt die Vorgänge als ein Kreisprozess.

Kreisprozesse beschreiben Zustandsänderungen eines Mediums oder Arbeitsmittels in einer zeitlichen Reihenfolge, bei denen der Ausgangszustand immer wieder erreicht wird. Sie werden auch als geschlossene Kreisprozesse mit Wärmezu- und -abfuhr bezeichnet.

In Abb. 3.8 sind zwei übliche Darstellungen wiedergegeben:

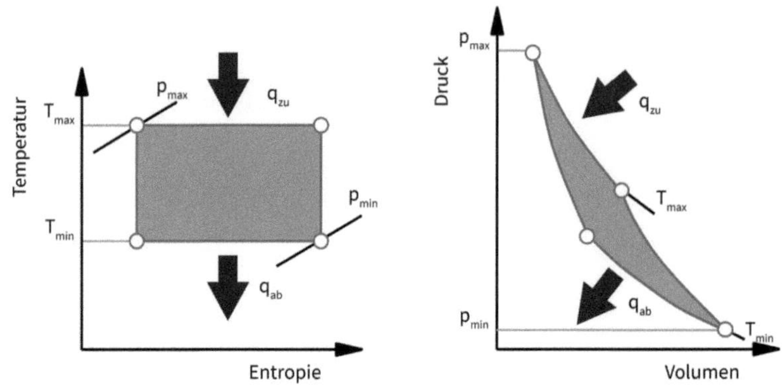

Abb. 3.9 Zustandsänderungen beim Carnot-Prozess. Nach [1]

- Druck-Volumen-Diagramm bzw. p-V-Diagramm
- Temperatur-Entropie-Diagramm bzw. T-S-Diagramm

Die in einem p-V-Diagramm enthaltene Fläche stellt die Arbeit dar. Das T-S-Diagramm wird verwendet, um die zu- und abzuführenden Wärmeenergien veranschaulichen zu können. Im T-S-Diagramm lassen sich die Wärmemengen als Flächen darstellen, ähnlich wie im p-V-Diagramm die Arbeit.

Besondere Bedeutung für technische Anwendungen hat der Carnot-Prozess, dargestellt in Abb. 3.9. Dieser besteht aus nachstehenden Zustandsänderungen:

- isotherme Verdichtung
- isentrope Verdichtung
- isotherme Expansion
- isentrope Expansion

Im T-S-Diagramm stellt der Carnot-Prozess ein Rechteck dar. Der thermische Wirkungsgrad ergibt sich dabei aus dem Verhältnis von Nutzarbeit zu zugeführter Wärme:

$$\eta_{thv} = \frac{T_{\max} - T_{\min}}{T_{\max}} \qquad \text{(Gl. 3.4)}$$

Beim Carnot-Prozess ist dieser Wirkungsgrad am größten. Da aber dieser technisch nicht möglich ist, arbeiten Verbrennungsmotoren nach anderen Kreisprozessen. Ein weiterer wichtiger Kreisprozess ist der Gleichraumprozess. Kennzeichnend für diesen Prozess ist, dass er den thermodynamisch günstigsten Prozessverlauf aufweist, der in einer Maschine mit einem periodisch veränderlichen Arbeitsraum realisiert werden kann. Der Wirkungsgrad dieses Prozesses hängt von der Gasart und dem Verdichtungsverhältnis ab, wobei er mit zunehmendem Verdichtungsverhältnis zunimmt. Der Gleichdruckprozess wird durch die nachstehenden Zustandsänderungen charakterisiert, [1]:

- Isentrope Verdichtung
- Isobare Wärmezufuhr
- Isentrope Expansion
- Isochore Wärmeabfuhr

Der Wirkungsgrad dieses Prozesses ist ebenfalls von der Gasart, dem Verdichtungsverhältnis sowie von der zugeführten Wärmemenge bei konstantem Druck abhängig. Der Wirkungsgrad steigt mit zunehmendem Verdichtungsverhältnis und sinkt mit zunehmender Wärmezufuhr.

Ein weiterer zu betrachtender Prozess ist der Seiliger-Prozess. Dieser beinhaltet folgende Zustandsänderungen:

- Isentrope Verdichtung
- Isochore Wärmezufuhr
- Isobare Wärmezufuhr
- Isentrope (adiabat-reversible) Expansion
- Isochore Wärmeabfuhr

Bei einem Vergleich der Wirkungsgrade der genannten Kreisprozesse ist festzustellen, dass der Wirkungsgrad beim Gleichraumprozess am größten und beim Gleichdruckprozess am kleinsten ist [1].

Die idealen Kreisprozesse können für eine vereinfachte Beschreibung der thermodynamischen Vorgänge in Verbrennungsmotoren herangezogen werden. Die Wirkungsgrade dieser Modelle sind höher als die in der Realität auftretenden. Für Berechnungen und Simulationen werden diese Modelle modifiziert und den realen Bedingungen angenähert, z. B. beim Arbeitsprozess des vollkommenen Motors. Bei diesem geht man von den folgenden Randbedingungen aus, [1]:

- Ladung im Brennraum ohne Restgas
- gleiches Luft-Kraftstoff-Verhältnis wie der wirkliche Motor
- verlustfreier Ladungswechsel
- Verbrennungsverlauf nach vorgegebenen Gesetzmäßigkeiten
- wärmedichte Wandungen
- isentrope Kompression und Expansion mit spezifischen Wärmekapazitäten in Abhängigkeit von der Temperatur
- chemisches Gleichgewicht für die Verbrennungsprodukte

Diese Definition des Prozesses ermöglicht die Untersuchung der Einflüsse der Parameter Verdichtungs- und Luft-Kraftstoff-Verhältnis auf Mitteldruck, Prozesswirkungsgrad sowie die Bestimmung von Konzentrationen einiger Stoffkomponenten. Je nach Betrachtungs-

Arbeitsdiagramm	Bezeichnung	Randbedingungen	Definition	Wirkungsgrade		
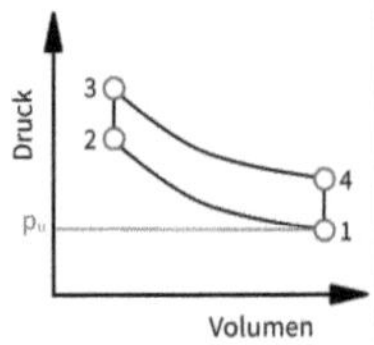	theoretischer Vergleichs-Gleichraumprozess	- ideales Gas - konstante spezifische Wärme - unendlich schnelle Wärmezu- und -abfuhr usw.	$\eta_{thv}=1-e^{1-\kappa}$ theoretischer oder thermischer Wirkungsgrad	η_{thv}		
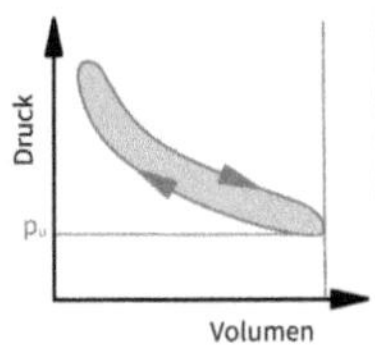	realer Hochdruck-Arbeitsprozess	- Wandwärmeverluste - reales Gas - endliche Wärmezu- und abfuhrgeschwindigkeiten - veränderliche spezifische Wärmen	η_{GHP} Gütegrad des Hochdruckprozesses		η_i	η_e
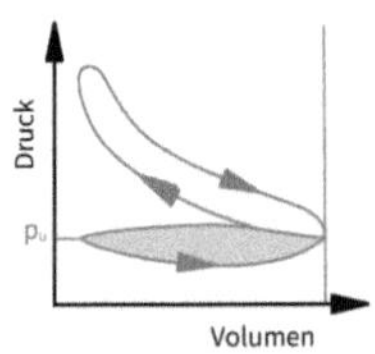	realer Ladungswechsel (4-Takt)	- Strömungsverluste - Aufheizung des Gemisches oder Luft usw.	η_{GLW} Ladungswechsel-wirkungsgrad	η_G		
Mechanische, physikalische Verluste	Verluste wegen Reibung, Kühlung, Nebenaggregate	realer Motor	η_m	η_m	η_m	

Abb. 3.10 Einzel- und Gesamtwirkungsgrade von Hubkolbenmotoren. Nach [2]

weise können die genannten Modelle der Gleichraumverbrennung, der Gleichdruckverbrennung oder eines gemischten isochoren-isobaren Prozessverlaufs herangezogen werden [1].

Für technische Vergleiche und Bewertungen wird in der Praxis oft der Wirkungsgrad verwendet. So zeigt die Abb. 3.10 die Einzel- und Gesamtwirkungsgrade von Hubkolbenmotoren. Hier wird üblicherweise der reale Arbeitsprozess mit dem theoretisch idealen Prozess verglichen und berechnet. Bei Verbrennungsmotoren ergibt sich eine Wirkungsgradkette, wie sie z. B. in der Norm DIN 1940 [18] und in beschrieben [2] wird.

Ausgangspunkt dieser Betrachtungen ist der thermische Wirkungsgrad des Vergleichsprozesses η_{thv}. Bei Hubkolbenmotoren kommt der Gleichraumprozess zur Anwendung. Dieser Prozess besteht, wie bereits erwähnt, aus einer isentropen Verdichtung, einer isochoren Wärmezufuhr sowie einer isentropen Expansion und einer ebenfalls isochoren Rückführung des idealen Arbeitsgases auf den Ausgangszustand des Prozesses.

Die Prozessrandbedingungen sind:

- keine Wärme und Gasverluste, kein Restgas
- ideales Gas mit konstanter spezifischer Wärmekapazität bei konstantem Druck c_p und spezifischer Wärmekapazität bei konstantem Volumen c_v sowie einem Isentropenexponent $\kappa = 1{,}4$
- unendlich schnelle Wärmezu- und Wärmeabfuhr
- keine Strömungsverluste

Für den thermischen Wirkungsgrad gilt für den so angenommenen Prozess:

$$\eta_{thv} = \frac{(Q_{zu} - Q_{ab})}{Q_{zu}} \qquad \text{(Gl. 3.5)}$$

In dieser Gleichung ist Q_{zu} die zugeführte Wärmemenge und Q_{ab} die abgeführte Wärmemenge. Unter Berücksichtigung des Verdichtungsverhältnisses $\epsilon = \frac{V_c + V_h}{V_c}$:

$$\eta_{thv} = 1 - \varepsilon^{1-\kappa} \qquad \text{(Gl. 3.6)}$$

Für die Beschreibung der Unterschiede zwischen dem idealen und dem realen Kreisprozess im Hochdruck und im Niederdruckprozess wird der Gütegrad η_G verwendet. Dieser berechnet sich aus der Beziehung:

$$\eta_G = \eta_{GHP} \cdot \eta_{GLW} \qquad \text{(Gl. 3.7)}$$

mit:

Wirkungsgrad im Hochdruckprozess η_{GHP}
Wirkungsgrad im Niederdruckprozess η_{GLW}
Für den inneren Wirkungsgrad, der auch als indizierter bezeichnet, wird gilt:

$$\eta_i = \frac{W_i}{W_B} = \eta_G \cdot \eta_{thv} \qquad \text{(Gl. 3.8)}$$

mit:
indizierte Arbeit W_i

Arbeitsinhalt des zugeführten Brennstoffs W_B
Der mechanische Wirkungsgrad beinhaltet alle Verluste, wie der Reibung im Triebwerk und Zylinderkopf sowie die notwendige Antriebsleistung der Nebenaggregate:

$$\eta_m = \frac{W_e}{W_i} \qquad \text{(Gl. 3.9)}$$

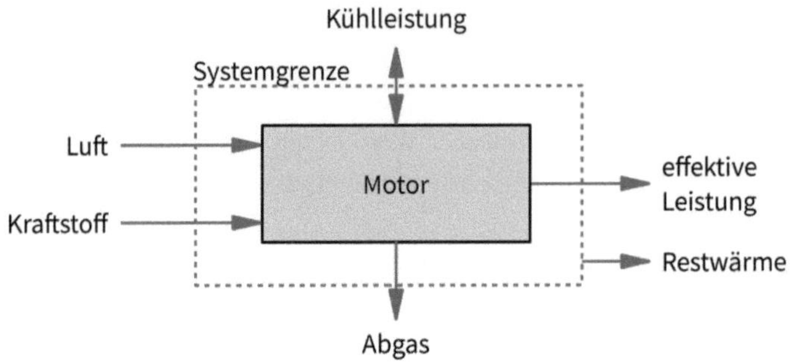

Abb. 3.11 Stoff- und Energieströme am Motor

mit:
an der Kupplung bzw. am Motorausgang effektiv verfügbaren Arbeit W_e

Der effektive Wirkungsgrad oder auch Gesamtwirkungsgrad des Motors η_e ergibt sich aus dem Produkt der Einzelwirkungsgrade:

$$\eta_e = \eta_{thv} \cdot \eta_G \cdot \eta_m \qquad \text{(Gl. 3.10)}$$

Dieser beträgt maximal 24 % bei Kleinmotoren (2-Takt), 36 % bei PKW-Ottomotoren und 45 % bei LKW-Dieselmotoren mit Aufladung [1].

Die einzelnen Stoff- und Energieströme von Verbrennungsmotoren zeigt Abb. 3.11. Auch in dieser Darstellung wird deutlich, dass ein Teil der Leistung des Kraftstoffes in Wärme abgeführt wird. Hieraus erfolgt auch die Notwendigkeit einer Kühlung des Motors.

3.4.2 Bauarten

In der langen Entwicklung von Verbrennungsmotoren wurde eine Vielzahl von Bauarten entwickelt. Es haben sich aber letztlich nur einige durchgesetzt. Bei Fahrzeugmotoren beträgt die maximale Zylinderzahl 12. Bei den Zylinderanordnungen werden vorwiegend folgende bevorzugt eingesetzt:

- Reihenmotor
- V-Motor mit zwei Zylinderreihen und einer Kurbelwelle. Die üblichen V-Winkel betragen 45°, 60°, 90° und 180°.
- W-Motor mit drei Zylinderreihen und einer Kurbelwelle.
- Boxermotor. Der Boxermotor hat im Gegensatz zum 180° V-Motor Pleuel mit separaten Kurbelzapfen.

Ein weiteres Unterscheidungsmerkmal ist, ob der Kolben einseitig oder von beiden Seiten mit Verbrennungsgasen beaufschlagt wird. Der Doppelkolbenmotor hat zwei zu einem

Verbrennungsraum gehörende Kolben, die entweder gegenläufig oder gleichläufig (U-Kolbenmotor) angeordnet sind. Ein weiteres charakterisierendes Merkmal ist die Lage der Zylinderachsen. Hier wird in stehende, liegende oder hängende Motoren unterschieden. Motoren können auch nach Art der Kühlung unterschieden werden. Luftgekühlte Motoren werden heute selten eingesetzt. In der Regel findet man daher in mobilen Arbeitsmaschinen flüssigkeitsgekühlte Motoren.

Bei Verbrennungsmotoren mit offener Prozessführung und innerer Verbrennung – also den Otto- und Dieselmotoren – kommt dem Gas- oder Ladungswechsel besondere Bedeutung zu:

1. Austausch des Ladungsgases, um auf den Ausgangsprozess des Kreisprozesses zu kommen
2. Zuführung des für die Verbrennung erforderlichen Sauerstoffs

Erfolgt der Gaswechsel bei jeder Kurbelwellenumdrehung am Ende der Expansion im Bereich des unteren Totpunktes, spricht man vom 2-Takt-Verfahren. Wird zwischen jedem Verbrennungstakt ein separater Gaswechseltakt, bestehend aus einem Ausschubhub und Ansaughub, eingeschoben, spricht man von 4-Takt-Verfahren. 2-Takt-Verfahren werden vornehmlich bei mobilen Arbeitsmaschinen im unteren Leistungsbereich eingesetzt, z. B. bei Kettensägen. Die meiste Verbreitung haben in mobilen Arbeitsmaschinen Motoren, die nach dem 4-Takt-Verfahren arbeiten.

3.4.3 Ottomotor

Der Ottomotor ist ein Hubkolbenmotor mit Fremdzündung. Bei ihm wird die äußere oder innere Gemischbildung eingesetzt. Bei der äußeren Gemischbildung wird das Kraftstoff-Luft-Gemisch im Saugrohr außerhalb des Zylinders gebildet. Bei der inneren Gemischbildung gelangt zunächst Luft in den Zylinder. Das Kraftstoff-Luft-Gemisch wird durch Einspritzen des Kraftstoffs in den Zylinder während des Ansaug- oder Verdichtungstaktes gebildet. Die Zündung ist bei Ottomotoren eine Fremdzündung.

Abb. 3.12 zeigt die vier Arbeitstakte eines 4-Takt-Ottomotors, wobei ein komplettes Arbeitsspiel 720°Kurbelwinkel beträgt, [9]:

1. Der erste Arbeitstakt ist das Ansaugen. Bei der Abwärtsbewegung des Kolbens führt die Volumenvergrößerung im Zylinder zu einem Unterdruck gegenüber der Umgebung. Dadurch wird Luft in das Ansaugsystem des Motors gedrückt. Das zündfähige Kraftstoff-Luft-Gemisch wird entweder im Ansaugkanal oder direkt im Zylinder durch Einspritzen des Kraftstoffes gebildet. Das Einlassventil ist bis zu 45° Kurbelwinkel vor dem oberen Totpunkt bis etwa 35° bis 90° Kurbelwinkel geöffnet.
2. Bei der Aufwärtsbewegung des Kolbens im Zylinder wird das Kraftstoff-Luft-Gemisch verdichtet. Die Einlass- und Auslassventile sind dabei geschlossen. Hierbei wird das

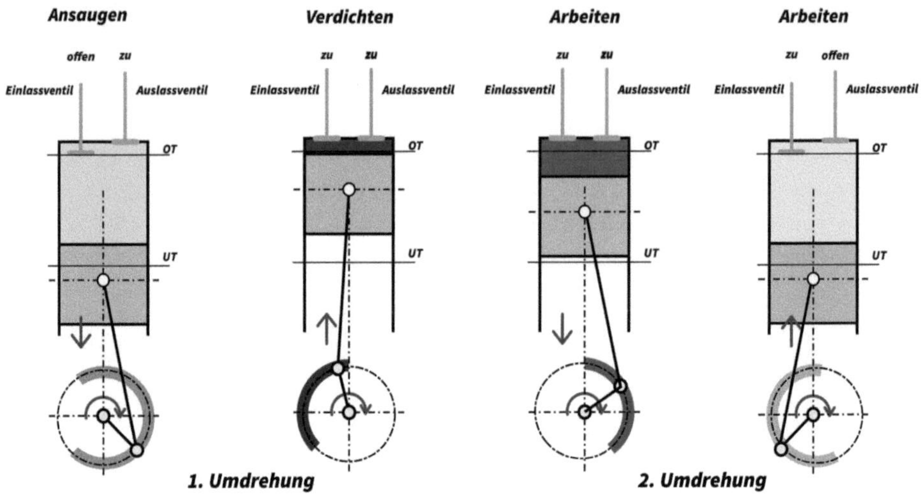

Abb. 3.12 Vier Arbeitstakte eines Arbeitsspiels bei Ottomotoren

Volumen auf ca. 1/7 bis zu 1/12 je nach Motor des ursprünglichen Zylindervolumens komprimiert. Das Gas erwärmt sich bei der Komprimierung auf etwa 400°C bis 500°C. Dies führt zu einem Verdichtungsenddruck von bis zu 18 bar.

3. Im dritten Arbeitstakt wird die Verbrennung durch das Überspringen des Zündfunkens einer Zündkerze ausgelöst. Dieser Prozess dauert etwa eine Millisekunde. Die Verbrennungsgeschwindigkeit beträgt etwa 20 m/s. Daher muss der Zündfunke je nach Motordrehzahl 0° Kurbelwinkel bis etwa 40° Kurbelwinkel überspringen, um über den nötigen Verbrennungshöchstdruck im Bereich von 4° Kurbelwinkel bis 10° KW zu verfügen. Die Expansion des bis zu 2500°C heißen Gases drückt den Kolben nach unten zum unteren Totpunkt. Hierbei wird die Wärmeenergie in mechanische Energie umgewandelt.
4. Der vierte Arbeitstakt ist das Ausstoßen des verbrannten Gases. Das Auslassventil öffnet 40° Kurbelwinkel bis ca 90° Kurbelwinkel vor dem unteren Totpunkt. Durch den vorhandenen Druck von einigen bar wird das heiße Abgas aus dem Zylinder gedrückt. Um das Abströmen der Abgase zu fördern, schließt das Auslassventil erst nach dem oberen Totpunkt. Dabei ist das Einlassventil bereits geöffnet, was die Entleerung, die Kühlung und die Füllung verbessert.

3.4.4 Dieselmotor

In mobilen Arbeitsmaschinen werden vorwiegend Dieselmotoren zum Antrieb der Maschinen eingesetzt, die als Viertakter arbeiten. Die Arbeitsweise mit den Arbeitstakten ist ähnlich wie bei den Viertakt-Ottomotoren. Das charakteristische Merkmal von Dieselmotoren ist die Selbstzündung. Das bedeutet, dass die Verdichtungsendtemperatur nach dem Verdichten über der Zündtemperatur liegt. Als Kraftstoff wird Diesel- oder auch Biodieselkraftstoff verwendet. Die Lastregelung erfolgt bei diesen Maschinen über die Veränderung der einzuspritzenden Kraftstoffmenge, wodurch sich das Kraftstoff-Luft-Gemisch je nach Betriebszustand verändert. Bei Dieselmotoren unterscheidet man die schnelllaufenden Fahrzeugdieselmotoren mit Drehzahlen bis etwa 5500 min^{-1}. In Nutzfahrzeugen und mobilen Arbeitsmaschinen kommen oft langsam laufende Motoren zum Einsatz. Die Drehzahlen liegen bei diesen Maschinen bei etwa 2200 min^{-1}. Die vier Arbeitstakte sind bei Dieselmotoren ähnlich wie beim Ottomotor in Abb. 3.12, [9]:

1. Der erste Takt entspricht dem Ansaugen. Bei der Abwärtsbewegung des Kolbens im Zylinder vergrößert sich das Volumen im Zylinder, was zu einer Druckdifferenz von 0,1 bar bis 0,3 bar gegenüber dem Umgebungsdruck führt. Auf diese Weise wird Luft ungedrosselt in den Zylinder gefördert, da Dieselmotoren gegenüber Ottomotoren keine Drosselklappe besitzen. Um möglichst viel Luft in den Zylinder zubekommen, wird das Einlassventil bis 25° Kurbelwinkel vor dem oberen Totpunkt geöffnet. Geschlossen wird es bei etwa 28° Kurbelwinkel nach dem unteren Totpunkt, sodass ein Nachströmen der Ansaugluft möglich ist. Die Lufttemperatur steigt auf 70°C bis 100°C.
2. Der zweite Takt ist der Verdichtungstakt. Bei geschlossenen Ventilen und der Aufwärtsbewegung des Kolbens wird die Luft so stark komprimiert, dass sie nur noch ein 1/14 bis zu 1/24 des Volumens einnimmt. Die Luft wird durch diese Komprimierung auf ca. 600°C bis 900°C erwärmt und der Verdichtungsenddruck steigt auf ca. 30 bar bis zu 55 bar an.
3. Der dritte Arbeitstakt entspricht dem Arbeitstakt. Bei etwa 15° Kurbelwinkel bis 30° Kurbelwinkel vor dem oberen Totpunkt wird fein zerstäubter Dieselkraftstoff mit sehr hohem Druck von bis zu 2050 bar in den Brennraum gespritzt. In der heißen Luft verdampft der Kraftstoff und vermischt sich mit der Luft im Brennraum. Da die Temperatur nun oberhalb der Selbstzündungstemperatur des Dieselkraftstoffes ist, kommt es zum Zünden und zur Verbrennung. Durch den hohen Verbrennungsdruck von bis zu 160 bar wird der Kolben nach unten gedrückt und treibt die Kurbelwelle an. Die Wärmeenergie wird dabei in mechanische Energie umgewandelt. Die Einspritzung erfolgt beim Dieselmotor so, dass die Hauptkraftstoffmenge erst dann in den Brennraum eingespritzt wird, wenn sich dort bereits erste Teile des Kraftstoffes entzündet haben und der weiter eingespritzte Kraftstoff kontinuierlich verbrennt. Die Zeitdauer für den Ablauf der inneren Gemischbildung bis zur Auslösung der Verbrennung wird als Zündverzug bezeichnet und beträgt etwa 0,001 s.
4. Im vierten Takt wird das verbrannte Abgas aus dem Brennraum gedrückt. Das Auslassventil öffnet bei etwa 30° Kurbelwinkel bis ca. 60° Kurbelwinkel vor dem unteren Totpunkt. Durch den noch vorhandenen Druck nach Ende des Arbeitstaktes puffen die 550°C bis 750°C heißen Abgase aus dem Zylinder. Das Auslassventil wird um den oberen Totpunkt herum geschlossen. Da die Abgastemperatur niedriger ist als bei Ottomotoren, sind die Wärmeverluste verglichen mit diesen geringer.

Bei Dieselmotoren kommen zwei Gruppen von Einspritzverfahren zum Einsatz: Verfahren mit indirekter Kraftstoffeinspritzung (IDI) und Verfahren mit direkter Kraftstoffeinspritzung (DI). Bei den Verfahren mit indirekter Kraftstoffeinspritzung ist der Brennraum unterteilt. Er besteht aus einem Hauptbrennraum und einem Nebenbrennraum. Der Hauptbrennraum wird durch den Zylinder und eine im Kolbenboden befindliche Kolbenmulde gebildet. Aufgrund dieser Konstruktion werden sie auch als Kammer- oder Nebenkammermotoren bezeichnet. Im Einzelnen unterscheidet man:

- Wirbelkammermotoren – Die Wirbelkammer ist bei diesen Motoren im Zylinderkopf angeordnet. Ihre Form ist scheiben- bzw. kugelförmig oder auch oval ausgebildet. Der Hauptbrennraum ist über einen relativ großen Strömungsquerschnitt mit der Wirbelkammer verbunden. Der Kanal vom Hauptbrennraum in die Kammer mündet tangential in den Brennraum. Bei seiner Aufwärtsbewegung drückt der Kolben die überströmende Luft in die Kammer derart, dass ein Wirbel entsteht. Der Kraftstoff wird über eine Düse in die Wirbelkammer eingespritzt und entzündet sich dort. Das brennende Gas tritt dann in den Hauptbrennraum über. Das Kammervolumen sollte etwa 50 % des Kompressionsvolumens betragen. Das Verdichtungsverhältnis dieser Motoren beträgt zwischen 22:1 und 23:1 und das Verhältnis Hub/Bohrung beträgt etwa 0,95 bis 1,05. Das Wirbelkammerverfahren kam besonders in Pkw-Motoren zum Einsatz.
- Vorkammerverfahren – Bei diesem Verfahren wird ungefähr ein Drittel der Luftmasse über Bohrungen in eine besondere Vorkammer verdrängt. Die Kammern sind rotationssymmetrisch aufgebaut (kugel- bis eiförmig). Die Kammer ist über einen Schusskanal mit dem Hauptbrennraum verbunden. Wegen der geringeren Sauerstoffmenge verbrennt hier nur ein Teil des Kraftstoffs. Die Flamme schießt über den Schusskanal in den Hauptbrennraum, was zu hoher Turbulenz und damit zu schneller Verbrennung des restlichen Kraftstoffs führt. Das Kammervolumen sollte wie beim Wirbelkammermotor ca. 40 % bis 50 % des Kompressionsvolumens betragen. Das Verdichtungsverhältnis ist mit 21:1 bis 22:1 geringer.

Grundsätzlich benötigen beide Verfahren eine Zündhilfe in Form von Glühstiften bzw. Glühkerzen. Nachteilig ist bei diesen Konzepten, dass aufgrund der geteilten Brennräume eine große Oberfläche entsteht, über die Wärme abgeführt wird. Das führt dazu, dass der Wirkungsgrad dieser Motoren im Vergleich zu direkt einspritzenden Motoren geringer ist. In heutigen Motoren kommt daher das Prinzip kaum noch zur Anwendung.

Bei den Verfahren mit direkter Kraftstoffeinspritzung ist der Brennraum ungeteilt. Der eigentliche Brennraum wird dabei von einer im Kolbenboden angeordneten Mulde gebildet, die bis zu 80 % des Kompressionsvolumens beträgt. Der Einspritzdruck beträgt je nach Einspritzverfahren und Abstimmung 1300 bar bis 2000 bar und ist maßgeblich für die Größe der Kraftstofftropfen und die Relativgeschwindigkeit zwischen Kraftstoff und Luft im Einspritzstrahl. Schnell laufende Motoren benötigen ein Verdichtungsverhältnis zwischen 15:1 und 19:1, und es werden für Kaltstarts auch Glühstifte benötigt.

3.4.5 Einspritzung und Gemischbildung bei Dieselmotoren

Für die effiziente Verbrennung im Zylinder muss durch das Einspritzsystem bei einem möglichst genauen Einspritzbeginn der Dieselkraftstoff über Düsen in den Zylinderraum eingebracht werden. Die Drücke variieren je nach Einspritzverfahren und können bei Nutzfahrzeugen mehr als 200 bar betragen. Die Last- und Drehzahlsteuerung erfolgt im Allgemeinen über die Kraftstoffzufuhr, wobei die Ansaugluftmenge nicht reduziert wird. Für die Dosierung der Einspritzmenge sind bestimmte Randbedingungen zu beachten. Zum einen darf die Leerlaufdrehzahl nicht unterschritten werden, zum anderen darf die Höchstdrehzahl nicht überschritten werden. Weiterhin muss für die Gewährleistung jedes Betriebszustandes ein Luftüberschuss vorhanden sein, und die Abgasemissionen müssen möglichst niedrig sein. Die Regelung des Spritzbeginns wird mithilfe mechanischer oder elektronischer Spritzversteller realisiert, wobei der Einspritzzeitpunkt von der Motorlast und der Drehzahl des Motors abhängt [11]. Die Einspritzanlage besteht aus einem Niederdruckteil mit dem Kraftstoffbehälter, den Zuleitungen, einer Förderpumpe und Kraftstofffilter. Der Hochdruckteil besteht aus der Einspritzpumpe mit Druckventil, Druckleitungen und Düsenhalter. Die Kraftstoffbehälter werden aus Stahlblech oder heute auch vermehrt aus Kunststoff hergestellt. Diese bieten den Vorteil, dass auch kompliziertere Formen gebaut werden können, die das vorhandene Bauvolumen in der Maschine besser ausnutzen können. Die mitgeführte Kraftstoffmenge sollte für einen kompletten Arbeitstag bemessen sein. Größere Tanks werden noch mit Schlingerwänden ausgestattet, damit während des Fahrbetriebs ein Aufschaukeln des Kraftstoffes durch die Fahrbewegungen verhindert wird. Über den Tankdeckel wird in der Regel der Tank be- und entlüftet. Bei den Zuleitungen ist es wichtig, dass diese so gestaltet sind, dass der Kraftstoff in ausreichender Menge blasenfrei und kontinuierlich zum Hochdruckteil gefördert wird. Hierbei sind besonders auch die Strömungsverluste in den Leitungen zu beachten, da diese aufgrund häufig großer Längen und häufiger Umlenkungen groß sein können. Bei den Leitungen auf der Hochdruckseite ist besonders auch zu beachten, dass diese dem hohen Druck standhalten. Kernaufgabe der Kraftstoffpumpe ist das Ansaugen des Kraftstoffes aus dem Tank und dessen Transport durch die Leitungen und den Kraftstofffilter zur Einspritzpumpe. Eine ebenfalls wichtige Funktion haben die Kraftstofffilter. Diese sorgen dafür, dass die Verunreinigungen im Kraftstoff herausgefiltert werden, um Schäden an den Hochdruckteilen der Einspritzdüsen und der Einspritzpumpe zu verhindern. Da diese äußerst kleine Toleranzen haben und sehr präzise gefertigt sind, würden Verunreinigungen die Funktion stören und die Bauteile schädigen. Kombiniert werden sie häufig noch mit Wasserabscheidern und sie sind mehrstufig. Bei Motoren, die bei sehr tiefen Temperaturen arbeiten müssen, kommen zusätzlich noch Filterheizungen zum Einsatz, die Paraffinausscheidungen verhindern sollen. Bei extrem kalten Bedingungen werden auch die Zuleitungen und eventuell auch noch der Tank beheizt [1].

Die Einspritzpumpe übernimmt die Druckerzeugung für die Einspritzung des Kraftstoffes in den Zylinder des Dieselmotors. Dabei sind folgende Randbedingungen bestimmend:

- Zeitpunkt der Einspritzung
- Zeitdauer der Einspritzung
- Verteilung des Kraftstoffes im Verbrennungsraum
- Zeitpunkt des Verbrennungsbeginns
- zugeführte Kraftstoffmenge bezogen auf den Kurbelwinkel
- die Gesamtmenge des zugeführten Kraftstoffs in Abhängigkeit von der Motorbelastung

Zum Einsatz kommen in Nutzfahrzeugen und mobilen Arbeitsmaschinen folgende Systeme, [9]:

- Reiheneinspritzpumpen
- Verteilereinspritzpumpen
- Pumpe-Düse-Einheit
- Pumpe-Leitung-Düse
- Common-Rail-System

Reiheneinspritzpumpen waren für lange Zeit das dominierende Einspritzsystem. In den 1990er-Jahren wurden die gesetzlichen Regelungen für die Emissionen immer schärfer, sodass zunehmend die elektronisch geregelten Hochdruckeinspritzsysteme entwickelt wurden und zum Einsatz kamen. Mittlerweile hat besonders das Common-Rail-System aufgrund seiner besonderen Eigenschaften eine weitere Verbreitung gefunden. Im Folgenden werden die einzelnen Systeme kurz vorgestellt, [11]:

- Reiheneinspritzpumpe

Bei der Reiheneinspritzpumpe wird für jeden Zylinder ein eigenes Pumpenelement genutzt. Die Pumpenelemente sind in einem Gehäuse integriert. Sie bestehen aus einem Pumpenkolben und einen Pumpenzylinder. Angetrieben werden Pumpenelemente über eine Nockenwelle, die von der Kurbelwelle des Verbrennungsmotors mittels eines Zahnradgetriebes angetrieben wird. Es werden Pumpendrücke von bis zu 1300 bar erreicht. Als Kupplungselement zwischen dem Motor und der Nockenwelle wird eine drehsteife Kupplung verwendet, sodass die Einspritzzeit mit der Kurbelwelle synchronisiert ist. Für die Regelung der Fördermenge ist der Pumpenkolben über eine Regelhülse mit einer Regelstange verbunden. Ein weiteres besonderes Merkmal ist, dass der Pumpenkolben eine seitliche Abfräsung besitzt. Diese schräge Wand wird als Steuerkante bezeichnet. Aufgrund des Antriebes kann der Hub des Pumpenkolbens nicht verändert werden. Für die Einstellung der gewünschten Fördermenge wird der Pumpenkolben verdreht.

- Verteilereinspritzpumpe

Verteilereinspritzpumpen werden vorwiegend bei leichten Nutzfahrzeugen mit kleinen schnelllaufenden Dieselmotoren mit Zylinderleistungen bis etwa 30 kW eingesetzt. Bei diesen Pumpen sind nur ein Pumpenkolben und ein Pumpenzylinder vorhanden. Der im Pumpenkolben geförderte Kraftstoff wird über ein Verteilersystem auf die Auslässe für die einzelnen Zylinder verteilt. Auch die Pumpe wird mittels eines Getriebes durch die Kurbelwelle des Verbrennungsmotors angetrieben. Als Getriebe kommen Zahnrad-, Zahnriemen- oder Kettengetriebe zum Einsatz. Die Pumpeneinheit erzeugt einen Hochdruck von ca. 800 bar und verteilt den Kraftstoff auf die entsprechenden Kraftstoffdüsen. Die Drehzahl des Dieselmotors wird über eine spezielle Mechanik geregelt. Die Einhaltung der Emissionsgrenzwerte erfordern neben den Abgasnachbehandlungsmaßnahmen eine Hochdruckeinspritzung und eine variable Verstellung des Einspritzbeginns. Hierfür werden Einzelpumpensysteme mit Direkteinspritzungen verwendet. Dieses sind die Systeme Pumpe-Düse-Einheit, Pumpe-Leitung-Düse und das Common-Rail-System.

- System Pumpe-Düse (PD)

Das System Pumpe-Düse besteht aus einer Einzylinder-Einspritzpumpe mit einem integrierten Magnetventil und angebauter Düse, die direkt in den Zylinderkopf des Motors montiert ist. Angetrieben wird das System durch einen Einspritznocken auf der Motornockenwelle über einen Kipphebel oder mit einer Stößel-Kipphebel-Verbindung. Der Einspritzbeginn und die Einspritzmenge werden über ein elektronisches Steuergerät und durch ein schnell schaltendes Magnetventil gesteuert. Wenn das Magnetventil geöffnet ist, wird der Pumpenraum während des Saughubes mit Kraftstoff gefüllt. Schließt das Magnetventil während des Förderhubes, wird der Hochdruck erzeugt und der Kraftstoff wird durch die Einspritzdüse in den Zylinderraum gespritzt. Der Zeitpunkt des Schließens des Ventils regelt daher den Spritzbeginn und die Schließdauer die Einspritzmenge des Kraftstoffes. Ein besonderes Merkmal des Pumpe-Düse-Systems ist, dass eine Druckleitung nicht notwendig ist. Der Pumpendruck beträgt maximal 1800 bar. Mit diesem System ist eine Voreinspritzung und auch eine Zylinderabschaltung möglich. Generell lassen sich mit diesem System die Schadstoffemissionen senken. Eingesetzt wird es bei Motoren bis 2 l Hubraum pro Zylinder.

- System Pumpe-Leitung-Düse (PLD)

Auch bei diesem System wird ähnlich wie beim Pumpe-Düse-System jeder Zylinder mit einem Einspritzsystem versehen. Das System PLD-System besteht aus einer Hochdrucksteckpumpe mit einem schnell schaltenden Magnetventil, einer kurzen Hochdruckleitung und einer Düsenhalterkombination. Angetrieben werden die einzelnen PLD-Einheiten durch Einspritznocken auf der Motornockenwelle. Auch bei diesem System werden die Einspritzmenge und der Einspritzbeginn durch ein schnelles Magnetventil geregelt. Die realisierbaren Einspritzdrücke liegen bei bis zu 2000 bar. Von seinen Steuer- und Regelmöglichkeiten und dem Anwendungsbereich ist es dem PD-System ähnlich. Vorteilhaft ist aber seine einfache Handhabung im Servicefall.

- Common-Rail-System (CRS)

Das charakteristische Merkmal des Common-Rail-Systems ist, dass der Einspritzdruck unabhängig von der Motordrehzahl und der Einspritzmenge erzeugt wird. Diese Entkopplung der Druckerzeugung von der Einspritzung erlaubt besondere Möglichkeiten für die Steuerung des Verbrennungsprozesses. Der Einspritzdruck wird mit einer Hochdruckkolbenpumpe erzeugt, z. B. einer Reihenpumpe. Der von der Pumpe erzeugte Systemdruck wird in einer Verteilerleiste aufgebaut. Diese Verteilerleiste, dem sogenannten Common-Rail, ist namensgebend für das System. Mit dem Common-Rail sind Common-Rail-Einzelinjektoren verbunden, die im Zylinderkopf des Motors montiert sind. Dieser Injektor beinhaltet neben der Funktion der Kraftstoffzerstäubung auch die Funktion der Verschiebung der Düsennadel mithilfe eines Magnetventils. Ein Steuergerät liefert das Signal für das Öffnen des Magnetventils im Injektor, sodass der Kraftstoff in den Zylinderraum eingespritzt werden kann. Die Einspritzmenge wird durch die Öffnungsdauer und den Systemdruck bestimmt. Die nicht benötigte Kraftstoffmenge wird über Leitungen in den Kraftstofftank zurückgeführt. Zentrale Komponente in diesem System ist der Injektor. Dieser besteht aus einer Zu- und Ablaufdrossel, dem Magnetventil, dem Steuerraum sowie der Düse mit der entsprechenden Düsennadel. Anders als bei den anderen Systemen steht der Einspritzdruck immer zur Verfügung. Dieser beträgt etwa 1600 bar. Der ständig vorhandene Druck ermöglicht eine feine Zerstäubung des Kraftstoffes, eine genaue Dosierung und eine freie Wahl des Einspritzbeginns. Das schnell schaltende Magnetventil ermöglicht weiterhin auch ein mehrmaliges Einspritzen, was wiederum eine nahezu beliebige Gestaltung des Einspritzvorgangs in Vor-, Haupt- und Nacheinspritzung erlaubt. Somit kann der Brennvorgang so beeinflusst werden, dass z. B. die NO_x und Rußwerte bereits bei niedrigen Drehzahlen eine Anhebung des Drehmomentes ohne Zunahme der Partikelwerte möglich wird. Eine Voreinspritzung in Kombination mit einem frühen Spritzbeginn erlaubt eine Verbrauchsreduzierung und eine Vermeidung eines NO_x-Anstiegs.

3.4.6 Emissionen des Dieselmotors

Der Verbrennungsvorgang des Dieselkraftstoffes besteht aus der Oxidation von Kohlenwasserstoffketten mit dem im Brennraum vorhandenen Sauerstoff. Dabei entstehen neben Kohlendioxid weitere Verbrennungsprodukte. Beeinflusst wird deren Menge über das Brennverfahren und dessen Verbrennungsablauf. Unter Emissionen werden bei Verbrennungsmotoren die ausgestoßenen Massen an Schadstoffen verstanden, die die natürliche Zusammensetzung der Luft verändern. Gemessen werden diese in parts-per-million oder für die Abgasdiagramm-Auswertung in g/kWh. Die einzelnen Schadstoffgruppen haben dabei unterschiedliche zulässige Emissionswerte. Die Angabe der Einheit g/kWh erlaubt weiterhin eine Beurteilung der Umweltfreundlichkeit von Fahrzeugen, da die Ab-

Tab. 3.1 Emissionsgrenzwerte der Stufe V für die Motorenklasse NRE. Nach [8]

Leistungsbereich	Art der Zündung	CO	HC	NOx	PM Masse	PN
kW		g/kWh	g/kWh	g/kWh	g/kWh	#/kWh
$0 < P < 8$	Selbstzündung	8,00	($HC + NO_x \leq 7{,}50$)		0,40	–
$8 \leq P < 19$	Selbstzündung	6,60	($HC + NO_x \leq 7{,}50$)		0,40	–
$19 \leq P < 37$	Selbstzündung	5,00	($HC + NO_x \leq 4{,}70$)		0,015	1×10^{12}
$37 \leq P < 56$	Selbstzündung	5,00	($HC + NO_x \leq 4{,}70$)		0,015	1×10^{12}
$56 \leq P < 130$	alle	5,00	0,19	0,40	0,015	1×10^{12}
$130 \leq P \leq 560$	alle	3,50	0,19	0,40	0,015	1×10^{12}
$P > 560$	alle	3,50	0,19	3,50	0,045	–

gasemissionsvorschriften sich auf diese Einheit beziehen, siehe Tab. 3.1. Neben den Hauptverbrennungsprodukten im Abgas, wie

- Kohlendioxid (CO_2) – nicht giftig, farblos, hat wesentlichen Einfluss auf den Treibhauseffekt durch die Anreicherung in der Atmosphäre,
- Wasser (H_2O),
- Wasserstoff (H_2) und
- Sauerstoff (O_2)
- entstehen bei der dieselmotorischen Verbrennung auch die als Schadstoffkomponenten zu bezeichnenden Molekülen und Stoffe:
- Kohlenmonoxid (CO) ist ein farb-, geruch- und geschmackloses Gas. Bereits 0,3 % CO in der Atemluft können innerhalb kurzer Zeit tödlich sein
- unverbrannten Kohlenwasserstoffe (HC) können Reizwirkungen auf die Schleimhäute auslösen oder als aromatische Kohlenwasserstoffe krebserregend sein
- Stickoxide (NO_x) sind schleimhautreizend, und es besteht die Gefahr der Säurebildung
- Aldehyde ($H - C - O$-Verbindungen) weisen einen stechenden Geruch auf und stehen unter dem Verdacht, kanzerogen zu sein
- Schwefeldioxid (SO_2) ist ein farbloses Gas mit einem stechenden Geruch, das in Verbindung mit Wasser zu schwefliger Säure wird
- Partikel einschließlich Ruß können in die Lungen gelangen und dort krebserregend sein

Diese kritischen Wirkungen der Emissionen sind Ausgangspunkt für gesetzliche Vorgaben für einzuhaltende Grenzwerte, die z. B. zu der EU Richtlinie 97/68 oder der ersetzenden EU-Richtlinie 2016/1628 geführt hat, die für mobile Arbeitsmaschinen relevant ist. Tab. 3.1 zeigt die ab dem 1. Januar 2017 geltenden Grenzwerte für Dieselmotoren der Motorenklasse NRE. Unter dieser Motorenklasse NRE sind nach der EU Richtlinie 97/68 Motoren zu verstehen, die in nicht für den Straßenverkehr bestimmte mobile Maschinen und Geräte verbaut werden, die dazu bestimmt und dafür geeignet sind, sich auf der Straße oder auf andere Weise zu bewegen oder bewegt zu werden [7].

Tab. 3.2 Auswirkungen von Maßnahmen zur Beeinflussung der Schadstoffemissionen. Nach [11]

Maßnahme	CO	HC	NO_x	Partikel	Verbrauch
später Einspritzbeginn	↗	↗	↓	↑	↗
früher Einspritzbeginn	↘	↗	↑	↓	→
hoher Einspritzdruck	→	→	↘	↓	↗
Abgasrückführung	↑	↘	↓	↑	→
Wassereinspritzung	→	→	↓	↓	↘
sacklochlose Düse	↗	↓	→	→	→

3.4.7 Abgasreinigung

Um die Abgasgrenzwerte einhalten zu können, müssen verschiedene Maßnahmen bei der Entwicklung und beim Betrieb von Motoren ergriffen werden. Tab. 3.2 zeigt die Auswirkungen von Maßnahmen zur Beeinflussung der Schadstoffemissionen. Auf Grund der Komplexität des Verbrennungsprozesses besteht das Problem, dass die Verbesserung eines Parameters eine Verschlechterung eines anderen zur Folge haben kann. Beispielsweise erfordern gute Wirkungsgrade hohe Prozesstemperaturen. Das hat aber zur Folge, dass die Stickoxidbildung verstärkt wird. Esch und Dahlhaus weisen in [11] darauf hin, dass mit abnehmender Menge der Rohemissionen die Abgasnachbehandlung einfacher wird. Zu den innermotorischen Maßnahmen zählt bei Dieselmotoren die Optimierung des Einspritzpunktes. Wird z. B. relativ spät eingespritzt, können die NOx-Emissionen reduziert werden. Gleichzeitig steigen aber die Ruß-, HC- und CO-Konzentrationen. Wird relativ früh der Kraftstoff eingespritzt, verhält es sich mit den Emissionen genau anders herum. Insofern muss hier ein Kompromiss gefunden werden. Das Brennverfahren hat ebenfalls einen Einfluss auf die Emissionen. Auch durch die Gestaltung der Düsenbohrungen, des Einspritzdruckes und der Einspritzdüsen können die Emissionen stark beeinflusst werden. Weitere innermotorische Maßnahmen sind die interne Abgasrückführung oder das Einspritzen von Wasser in den Brennraum.

Die Steuerung und Regelung der Parameter zur Beeinflussung der innermotorischen Parameter wird in heutigen Motoren von einer elektronischen Dieselregelung (EDC) übernommen (Abb. 3.13). Der prinzipielle Aufbau des Systems ist für die genannten Einspritzsysteme ähnlich. Es gliedert sich als ein mechatronisches System in die drei Bereiche Sensoren zur Erfassung der Betriebszustände, dem Motor-Steuergerät für die Informationsverarbeitung und den Aktoren. Die Sensoren erfassen die Systemgrößen wie Öldruck, Kühlmitteltemperatur, Öltemperatur, Ladelufttemperatur, Ladeluftdruck, Kraftstofftemperatur, Ölstand, Kurbelwellenposition und Oberer Totpunkt Position. In dem EDC-Steuergerät werden diese Informationen in Verbindung mit motorspezifischen Kennfeldern verarbeitet, um die Stellsignale für die Einspritzung zu berechnen.

Zur Einhaltung der Grenzwerte müssen diese innermotorischen Maßnahmen mit Abgasnachbehandlungssystemen kombiniert werden. Es bieten sich hier drei Strategien an [11]:

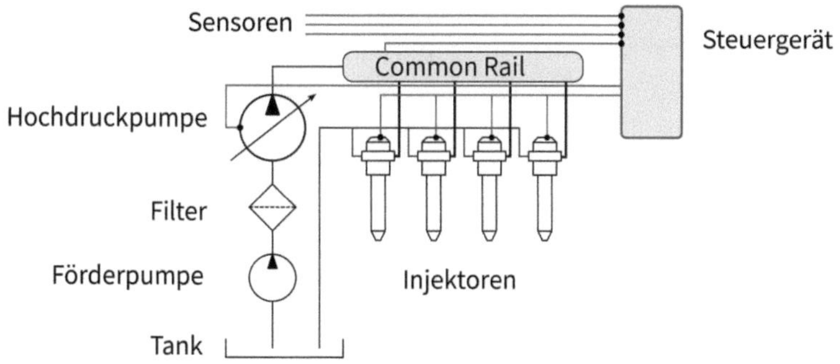

Abb. 3.13 Common-Rail-Einspritzsystem.

1. Reduzierung der NO_x- und Partikel durch innermotorische Maßnahmen und Nutzung einer gekühlten Abgasrückführung
2. Reduzierung der Partikel durch innermotorische Maßnahmen und NO_x-Absenkung durch katalytische Reduktion, z. B. mithilfe der selektiven katalytischen Reduktion-Technologie (SCR) oder einem Dieseloxidationskatalysator (DOC)
3. Reduzierung der NOx mithilfe einer intensiven, gekühlten Abgasrückführung und Reduzierung der Partikel durch Filter

Dieseloxidationskatalysatoren haben die Aufgabe, die Emissionen an CO und HC zu senken, die Partikelmasse zu mindern und der Oxidation von NO zu NO_2. Der Grundansatz von Katalysatoren besteht darin, dass diese Substanzen chemische Reaktion aktivieren und beschleunigen, ohne selber an der Reaktion teilzunehmen. Der Katalysator besteht aus einem Monolithen als Träger mit einer Zwischenschicht, die als Washcoat bezeichnet wird und einer auf der Zwischenschicht aufgetragenen katalytisch wirksamen Beschichtung, die aus einem Gemisch aus Platin und Palladium besteht [11].

Beim SCR-System werden unter Verwendung von Ammoniak die Stickoxide in Wasserdampf und Stickstoff umgewandelt. Hierbei wird dem Abgas vor Erreichen des SCR-Katalysators ein Reduktionsmittel mithilfe einer Einspritzdüse zugeführt. Zum Einsatz kommt hier eine 32,5 %ige wässerige Harnstofflösung, die den Markennamen AdBlue besitzt. Als chemische Prozesse laufen dabei ab:

$$CO(NH_2) \rightarrow NH_3 + HNCO \qquad \text{(Gl. 3.11)}$$

$$HNCO + H_20 \rightarrow NH_3 + CO_2 \qquad \text{(Gl. 3.12)}$$

Bei der SCR-Reduktion laufen folgende chemischen Prozesse ab:

$$4NH_3 + 4NO + O_2 \rightarrow 4N_2 + 6H_2O \qquad \text{(Gl. 3.13)}$$

$$4NH_3 + 2NO + 2NO_2 \rightarrow 4N_2 + 6H_2O \qquad \text{(Gl. 3.14)}$$

$$2NO_2 + O_2 + 4NH_3 \rightarrow 3N_2 + 6H_2O \qquad \text{(Gl. 3.15)}$$

Aufgabe der Dieselpartikelfilter ist das Herausfiltern der Partikel und Feinstaubanteile des Abgases. Die besonders kleinen Abmessungen der Partikel mit Durchmessern kleiner als 10 μm erfordern spezielle Filtersysteme. Man unterscheidet hier offene und geschlossene Filtersysteme. Bei den geschlossenen sind die Abgaskanäle wechselseitig verschlossen, sodass die Abgase die Kanalwände durchdringen müssen. Bei den offenen Systemen sind die Abgaskanäle durchgängig und über Öffnungen miteinander verbunden. Der Wirkungsgrad dieser Systeme ist gegenüber den geschlossenen schlechter. Eine wichtige Funktion ist bei Filtern die Regeneration. Hierbei wird durch passive oder aktive Maßnahmen der Urzustand des Filters weitgehend wiederhergestellt. Unter der passiven Regeneration wird die während des normalen Betriebes stattfindende kontinuierliche Umsetzung der im Dieselpartikelfilter abgeschiedenen Rußpartikel verstanden. Bei der aktiven wird die Temperatur gezielt im Filter erhöht, um die gewünschte Behandlung der Rußpartikel zu erzielen.

3.4.8 Aufladung

Moderne Dieselmotoren nutzen häufig Aufladungssystem zur Leistungssteigerung bzw. Drehmomentüberhöhung. Unter dem Begriff Aufladung ist die Vorverdichtung der Verbrennungsluft zu verstehen. Das Grundprinzip besteht darin, dass durch die Erhöhung der Luftmenge, die für den Verbrennungsprozess zur Verfügung steht, bei gleichzeitiger Erhöhung der Kraftstoffmenge die Leistung des Motors gesteigert werden kann. In Motoren für Nutzfahrzeuge und mobilen Arbeitsmaschinen kommen folgende Verfahren zur Anwendung, [11]:

- Fremdaufladung – Bei diesem Verfahren wird ein Luftverdichter z. B. von einem Elektromotor angetrieben. Auf diese Weise kann die Luftmenge unabhängig von der Motordrehzahl und Last gesteuert werden.
- mechanische Aufladung – Bei der mechanischen Aufladung wird der Luftverdichter direkt über ein Getriebe vom Verbrennungsmotor angetrieben, was zu einer relativ kostengünstigen Lösung führt. Nachteilig ist, dass durch den Antrieb des Verdichters der mechanische Wirkungsgrad des Motors sinkt. Eingesetzt werden Rootsgebläse, Radialschleudergebläse oder Schraubengebläse.
- Abgasturbolader – Diese nutzen die Energie des Abgasstromes, um die Ladeluft zu komprimieren. Bestimmend ist hierbei der Abgasvolumenstrom des Motors. Kernstück des Turboladers ist eine Turbine, die die Energie des Abgasstroms in eine Rotationsenergie wandelt. Diese Energie treibt über die Turbinenwelle das Verdichterrad an. Aufgabe des Verdichterrades ist das Ansaugen, Komprimieren und Fördern der Luft zum Motor. Auf diese Weise sind Leistungssteigerungen von bis zu 30 % möglich. Da die Abgase des Motors den Turbolader aufheizen, ist es unvermeidlich, dass durch die Bauweise des Turboladers die zu verdichtende Luft erwärmt wird. Da wärmere Luft sich ausdehnt und somit der Sauerstoffanteil abnimmt, werden sogenannte Ladeluft-

kühler eingesetzt, um dennoch einen höheren Sauerstoffgehalt in der Frischladung zu haben. Auf diese Weise kann mehr Kraftstoff verbrannt werden, was eine weitere Leistungssteigerung mit sich bringt. Ein weiterer Effekt ist, dass die Stickoxidemissionen reduziert werden können.

3.4.9 Motorkühlsystem

Neben der mechanischen Energie, die beim Verbrennungsprozess im Motor erzeugt wird, entsteht durch die Verbrennung ca. 30 % Wärmeenergie. Diese muss abgeführt werden, damit der Motor betriebssicher und dauerhaft arbeiten kann. Bei Motoren können grundsätzlich zwei Arten der Motorkühlung eingesetzt werden. Das sind zum einen die Luftkühlung, die vorwiegend nur bei Kleinmotoren Anwendung findet, z. B. bei Kettensägen. Bei größeren Motoren mobiler Arbeitsmaschinen wird der Motor mit einer Flüssigkeit gekühlt. Bei diesem System sind der Zylinderkopf und das Zylinderkurbelgehäuse doppelwandig derart ausgeführt, dass Wasser zwischen den Wandungen gefördert werden kann. Dieses Wasser nimmt die Wärmeenergie aus dem Verbrennungsprozess auf und transportiert sie weiter. Der Kühlkreislauf besteht aus den Komponenten Wasserpumpe, Thermostat, Verbindungsschläuchen und -leitungen, Kühler, Ausgleichsbehälter und einem Lüfter. Als Kühlmittel kommt in der Regel ein Gemisch aus Wasser und einem Gefrier- und Korrosionsschutzmittel zur Anwendung, damit der Motor bei tiefen Temperaturen nicht einfriert und zerstört wird. Der Kühlkreislauf selber besteht aus zwei Kreisen: einem Kurzschlusskreislauf und einem Hauptkreislauf mit dem eigentlichen Kühler. Beim Starten des Motors ist der Kurzschlusskreislauf in Betrieb, sodass der Motor schnell seine Betriebstemperatur erreichen kann. Ist diese erreicht, öffnet ein Thermostat den Hauptkreislauf und die Kühlflüssigkeit transportiert die Abwärme zum Kühler, wo sie an die Umgebung abgegeben wird. Der Kühler selber besteht aus einer Vielzahl von Metallrohren, an denen sich zur Oberflächenvergrößerung gewellte Metallrippen befinden. Je größer die Oberfläche ist, desto mehr Wärme kann abgeführt werden. Dafür ist es wichtig, dass Luft durch den Kühler strömen kann. Da bei mobilen Arbeitsmaschinen die Fahrgeschwindigkeit oft nicht sehr hoch ist, müssen zusätzliche Lüfter für die Durchströmung des Kühlers mit Umgebungsluft sorgen. Hierfür werden Lüfter mit einer Viscokupplungen eingesetzt. Angetrieben werden diese über Keilriemen vom Motor. Die Viscokupplung wird in Abhängigkeit von der Temperatur hinter dem Kühler betätigt. Alternativ zur Viscokupplung werden die Lüfter auch über Elektro- oder Hydraulikmotoren angetrieben, sodass der Lüfter bei Bedarf zu- oder abgeschaltet werden kann.

3.4.10 Leistungscharakteristik und Verbrauch

Für die Beurteilung der Maschinen hinsichtlich Kosten und Energieeffizienz ist die Leistungscharakteristik des Motors und dessen Kraftstoffverbrauch entscheidend.

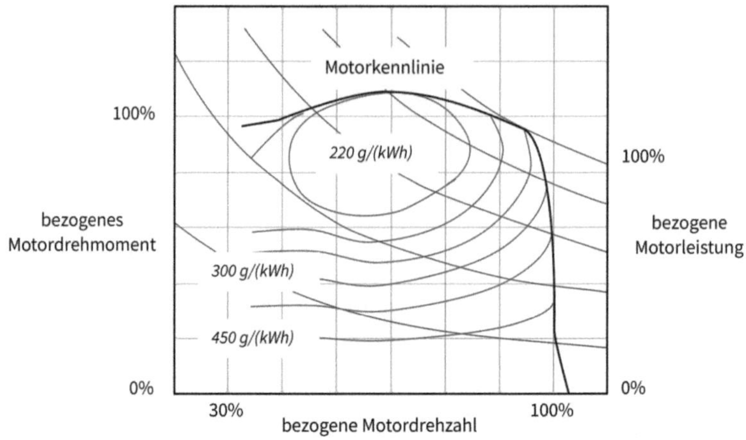

Abb. 3.14 Beispielhaftes Motorkennfeld eines Traktordieselmotors in Form eines Muscheldiagramms

Abb. 3.14 zeigt ein exemplarisches Motorkennfeld eines Traktordieselmotors. In diesem sind das maximale Motordrehmoment über der Drehzahl wiedergegeben. Mithilfe der elektronischen Dieselregelung können die Kennlinie und das Verbrauchskennfeld den Anforderungen der jeweiligen Anwendung angepasst werden. In diesem Kennfeld werden weiterhin die Linien gleichen Kraftstoffverbrauchs dargestellt. Dieser wird üblicherweise in der Einheit g/kWh angegeben. Bei bekannter Drehzahl sowie Auslastung des Motors kann mithilfe des Kennfeldes der Wirkungsgrad bzw. der spezifische Verbrauch berechnet werden. Hieraus wird ersichtlich, dass für eine bestimmte geforderte Motorleistung mehrere Betriebspunkte mit unterschiedlichem Kraftstoffverbrauch möglich sind.

Eine für das Verhalten eines Dieselmotors in einem Traktor oder in einer selbstfahrenden Erntemaschine weitere wichtige Größe ist der Drehmomentanstieg. Das maximale Drehmoment des Motors ist im Allgemeinen unterhalb der Nenndrehzahl am größten. Diese Differenz, die auf das Drehmoment bei Nenndrehzahl bezogen und in % angegeben wird, bezeichnet man als Drehmomentanstieg. Für den Einsatz mobiler Arbeitsmaschinen ist diese Angabe besonders wichtig, weil dadurch das Durchzugsvermögen des Motors auch bei plötzlich auftretender größerer Belastung charakterisiert wird. Nach Überschreitung der Nenndrehzahl fallen Leistung und entsprechend Motordrehmoment stark ab (Abregellinie), weil die Einspritzmenge der Einspritzpumpe durch den Drehzahlregler verkleinert wird.

Der Abb. 3.14 kann weiterhin entnommen werden, dass der spezifische Kraftstoffverbrauch je nach Betriebspunkt (Drehzahl und Drehmoment) sehr verschieden ist. Für einen kraftstoffsparenden Einsatz der Maschine ist es wichtig, dass der Motor möglichst in seinem besten Betriebspunkt betrieben wird. Damit das möglich wird, muss der restliche Antriebsstrang entsprechend angepasst werden können. So kann man bei einem Traktor mit einem stufenlosen Getriebe die Getriebeübersetzung derart verändern, dass der Motor in seinem verbrauchsgünstigen Betriebspunkt arbeitet und trotzdem die Arbeitsgeschwindigkeit je nach Strategie optimal ist. Unter Strategie ist hier das jeweilige Arbeitsziel zu verstehen, z. B. verbrauchsoptimierte Flächenleistung oder maximale Flächenleistung beim Pflügen. Solche Antriebstrangmanagementsysteme finden sich in Traktoren, aber auch in anderen mobilen Arbeitsmaschinen wie Radladern und Kaltfräsen.

Bei vielen Anwendungen mobiler Arbeitsmaschinen ist es schwierig, vergleichbare Arbeitsbedingungen zu realisieren, die einen objektiven Vergleich der Kraftstoffverbrauchswerte erlauben. Dies liegt zum einen an den Arbeitsbedingungen selber, zum anderen können sich aber auch die Arbeitsverfahren in den Maschinen sehr unterscheiden. Aus diesem Grund wird bei Motoren und anderen antriebstechnischen Komponenten auf Daten zurückgegriffen, die auf Prüfständen ermittelt worden sind. Beispielsweise wird ein Bezug zur praktischen Anwendung bei Nutzfahrzeugen über die Definition von Fahrzyklen erreicht, die praktische Belastungen widerspiegeln sollen.

Für landwirtschaftliche Anwendungen wurde der DLG-PowerMix als Sammlung von Zyklen zur Verbrauchsmessung von Traktoren entwickelt [4]. Da die Traktoren mit einer Kraftmaschine ausgestattet sind, jedoch verschiedene Anschlüsse für die Abtriebe führen, muss ein entsprechender Zyklus diese Abtriebe einzeln und auch in Kombination berücksichtigen.

Für die Erstellung der DLG-PowerMix-Zyklen wurden deshalb mithilfe von Messungen verschiedenste Kombinationen aus Arbeiten untersucht und bewertet (Abb. 3.15). Hierzu wurden die Arbeitsgeräte in sechs unterschiedliche Klassen und diese in Leistungsbereiche eingeteilt. Die Klassen der Arbeitsgeräte stellen eine Unterteilung nach deren Verwendung dar, die Leistungsbereiche sollen eine Unterteilung der benötigten Leistung von niedrig (1) bis sehr hoch (6) ermöglichen. Durch eine Vorauswahl wurden ursprünglich 12 und mittlerweile 14 Zyklen als Kombination von Traktor und Gerät ermittelt, die in der Landwirtschaft häufig vorkommen und so sinnvolle Vergleichsmöglichkeiten bieten sollen. Aus diesen ausgewählten Kombinationen wurden durch Messungen die Belastungsverläufe ermittelt. Diese gemessenen Daten wurden durch weitere Daten aus Messungen von Forschungseinrichtungen, Hochschulen und Herstellern erweitert und in einer Kombination der Belastungsverläufe für verschiedene Aufgaben zusammengefasst. Die so erstellten Belastungsverläufe werden zusätzlich in ihrer benötigten Leistung skaliert und bilden den Einsatz von Traktor und Anbaugerät bei den Arbeitsaufgaben Pflügen, Grubbern, Kreiseleggen, Mähen, Miststreuen und Pressen ab. Ist in einer Grafik kein Verlauf dargestellt, so wird für diesen Zyklus in der jeweiligen Teilaufgabe keine Last beaufschlagt [4].

Abb. 3.15 zeigt eine Zusammenfassung einzelner beispielhafter Arbeiten je Zyklus zu einer Gesamtleistung. Begrenzend für die Summe der Einzelleistungen je Zyklus ist die Gesamtleistung der Kraftmaschine. Der Traktor sollte möglichst vollständig ausgelastet betrieben werden, wobei die Arbeitsqualität nicht eingeschränkt werden soll. Für den Vergleich unterschiedlicher Traktoren mit verschiedenen Motorleistungen muss eine Anpassung der Zyklen an die Leistung des zu testenden Traktors erfolgen. Hierfür wird ein Bezugsfaktor BF verwendet, der empirisch bestimmt wird und auf die Gesamtleistung des

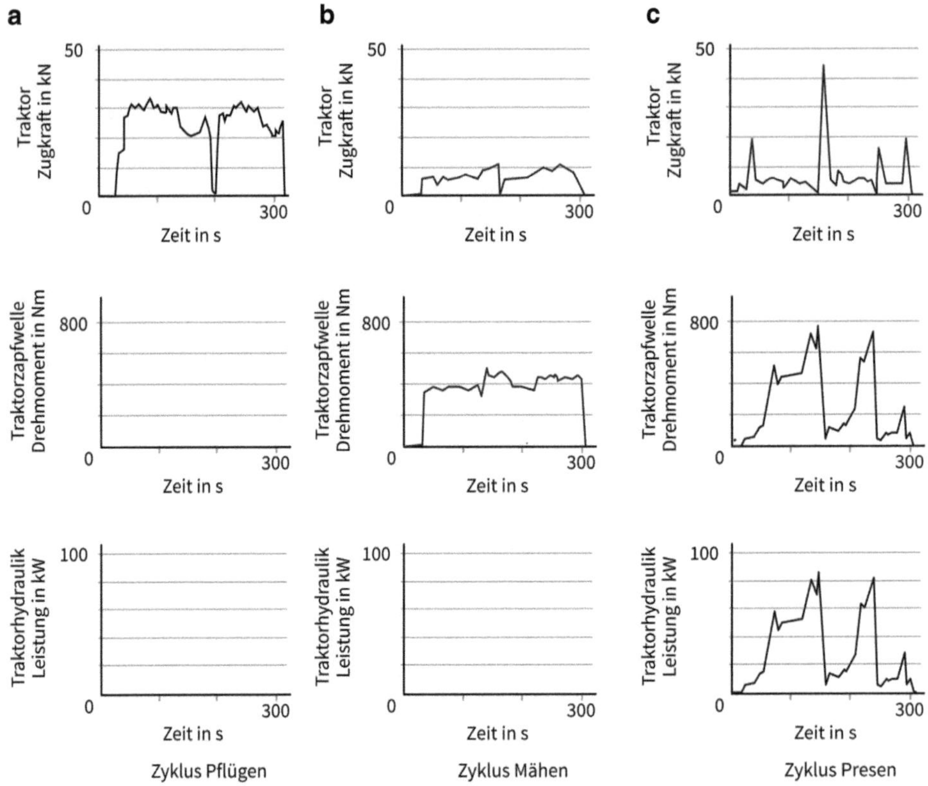

Abb. 3.15 Beispielhafte Standardzyklen DLG-PowerMix. Nach [4]

Traktors und die maximal auftretende Gesamtleistung des Zyklus angepasst wird. Dies geschieht derart, dass die Arbeitsgeschwindigkeit um eine Sollgeschwindigkeit herum pendelt. Es ist möglich, dass die Sollgeschwindigkeit kurzzeitig unterschritten wird. Auch ist ein Geschwindigkeitsanstieg auf die maximale Geschwindigkeit möglich. Für die Bestimmung dieses Bezugsfaktors werden Vorversuche für jeden Zyklus durchgeführt [4].

Die durch den Bezugsfaktor angepasste Bezugsleistung des Zyklus für den Testtraktor wird anschließend in Relation zur maximalen Leistung des jeweiligen Antriebs gesetzt und so ein Skalierungsfaktor bestimmt. Dieser Faktor wird dazu genutzt, um den Belastungsverlauf an den Testtraktor zu erreichen. Die maximale Abtriebsleistung wird auf dem Prüfstand für den jeweiligen Testtraktor ermittelt. Es ist weiterhin möglich, auch Zyklen für den Teillastbereich zu erstellen. So entstehen aus einem zeitlichen Verlauf, z. B. für das Mähen, durch die Skalierung weitere Teillastverläufe [4].

Tab. 3.3 gibt eine Zusammenstellung der Zyklen wieder, die das Einsatzspektrum von Traktoren repräsentieren. Die maximal auftretende Leistung und die mittleren Leistungen liegen je nach Zyklus und besonders für die Teilleistungen der Schnittstellen wie die Zapf-

Tab. 3.3 Zusammenstellung DLG-PowerMix-Zyklen – PTO. Nach [4]

Nr.	Arbeitsprozess	Klassifizierung	v_{max} km/h	PTO-Drehzahl 1/min	Dauer s
Zyklus 1	100 % Pflügen	schwere Zugarbeit	9	/	250
	100 % Grubbern	schwere Zugarbeit	12	/	250
Zyklus 2	60 % Pflügen	mittelschwere Zugarbeit	9	/	250
	60 % Grubbern	mittelschwere Zugarbeit	12	/	250
Zyklus 3	100 % Kreiselegge	schwere Zapfwellenarbeit	6	900	250
	100 % Mähen	schwere Zapfwellenarbeit	16	900	250
Zyklus 4	70 % Kreiselegge	mittelschwere Zapfwellenarbeit	6	900	250
	70 % Mähen	mittelschwere Zapfwellenarbeit	16	900	250
Zyklus 5	40 % Kreiselegge	leichte Zapfwellenarbeit	6	900	250
	40 % Mähen	leichte Zapfwellenarbeit	16	900	250
Zyklus 6	Miststreuen	Zug-, Zapfwellen- und Hydraulikarbeit	7	1000	500
Zyklus 7	Pressen	Zug-, Zapfwellen- und Hydraulikarbeit	10	1000	500
Zyklus 8	Transport	n.n.	n.n.	n.n.	n.n.

welle weit auseinander. Der Grund hierfür ist, dass die Leistung der Kraftmaschine auf die verschiedenen Abtriebe aufgeteilt wird. Das Verhältnis von maximaler Leistung zur mittleren Leistung ist ein einfaches Mittel für die Bewertung der Leistungsschwankungen während eines Zyklus.

3.5 Effizienzbeurteilung und Wirkungsgrade

Eines der zentralen Ziele beim Einsatz mobiler Arbeitsmaschinen ist der effiziente Einsatz. Da die Maschinen in der Regel in Verfahrensketten integriert sind, ist eine ganzheitliche Betrachtung des Ressourceneinsatzes anzustreben. Toll nutzt für die Beschreibung der Energieströme ein Ebenenmodell, wie in Abb. 3.16, das ohne weiteres auch auf die Ströme anderer Ressourcen erweitert werden kann [16].

Das Modell führt drei Ebenen für die Beschreibung der Energieströme ein: Maschinenebene, Arbeitsprozessebene und Produktionsprozessebene. Für jede Ebene können nun die Ströme analysiert werden. Für die Energieströme ist der Wirkungsgrad eine beschreibende Größe. Der Wirkungsgrad beschreibt das Verhältnis von nutzbarer Energie oder Leistung in Bezug auf die eingesetzte Energie oder Leistung. Betrachtet man Leistungen gilt für den aktuellen Wirkungsgrad allgemein, [5]:

$$\eta_{\text{aktuell}} = \frac{P_{\text{nutzbar}}}{P_{\text{aufwand}}} = \frac{P_{\text{nutzbar}}}{P_{\text{nutzbar}} + P_{\text{verluste}}} \quad \text{(Gl. 3.16)}$$

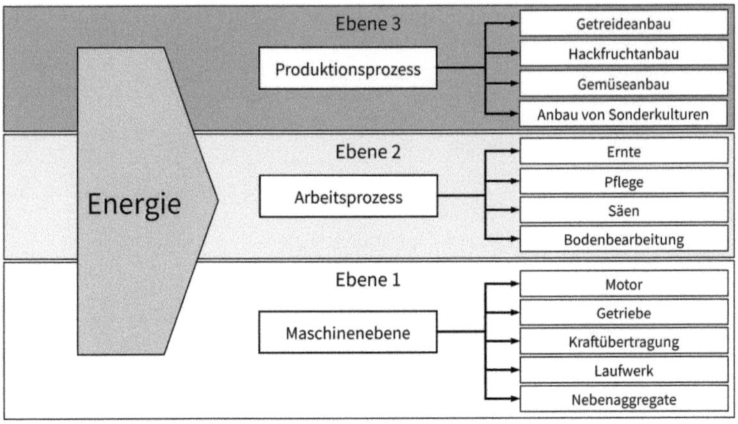

Abb. 3.16 Ebenenmodell des Energieverbrauchs. Nach [16]

In dieser Gleichung sind $P_{nutzbar}$ die Nutzleistung am Systemausgang, $P_{aufwand}$ die Systemeingangsleistung und $P_{verluste}$ beschreibt die Verluste des betrachteten Systems.

Für nicht stationäre Prozesse mit wechselnden Betriebspunkten muss hingegen die Energie bzw. Arbeit betrachtet werden. Das gilt z. B. für Beschleunigungs- oder Bremsvorgänge, [5]:

$$\eta_{\text{aktuell}} = \frac{W_{\text{nutzbar}}}{W_{\text{aufwand}}} = \frac{\int_0^{t_e} P_{\text{nutzbar}}(t)\,dt}{\int_0^{t_e} P_{\text{aufwand}}(t)\,dt} \qquad \text{(Gl. 3.17)}$$

mit $W_{nutzbar}$ als Nutzenergie und $W_{aufwand}$ als in das System eingebrachte Energie. Der mittlere Wirkungsgrad η_{mi} kann auch aus einer Anzahl diskreter Wirkungsgrade berechnet werden, [12]:

$$\eta_{mi} = \frac{1}{j} \cdot \sum_{i=1}^{j} \eta_i \qquad \text{(Gl. 3.18)}$$

Beim gewichteten Wirkungsgrad η_{gew} werden die Wirkungsgrade je Klasse eines Kollektivs mit ihren jeweiligen Zeitanteilen bezogen auf den Gesamtzyklus betrachtet. Für die Berechnung des Wirkungsgrades gilt:

$$\eta_{gew} = \sum_{i=1}^{j} \left[\left(\frac{1}{m} \cdot \sum_{z=1}^{m} \eta_z \right) \cdot \frac{t_i}{\sum_{k=1}^{j} t_k} \right] \qquad \text{(Gl. 3.19)}$$

Will man die Wirkungsgrade von Systemen hinsichtlich eines Belastungszyklus betrachten, wird der Zykluswirkungsgrad η_{zyk} 3.hinzugezogen:

$$\eta_{zyk} = \frac{\sum_{i=1}^{j} P_{\mathrm{nutzbar.i}} \cdot \Delta t}{\sum_{i=1}^{j} P_{\mathrm{aufwand.i}} \cdot \Delta t} = \frac{W_{\mathrm{nutzbar}}}{W_{\mathrm{aufwand}}} \quad \text{(Gl. 3.20)}$$

Ein weiterer wichtiger Wirkungsgrad ist der Systemwirkungsgrad η_{sys}. Bei diesem werden alle Verluste der Teilsysteme berücksichtigt, die für die Erfüllung der Aufgabe Energiemengen beigefügt haben. Der Systemwirkungsgrad kann aus den aktuellen Wirkungsgraden der Systemkomponenten gebildet werden. Jedoch wird dieser speziell dann eingesetzt, wenn sich die Wirkungsgradbestimmung nicht durch Verknüpfung von Bestwirkungsgraden ermitteln lässt. Ein Beispiel ist der Betrieb komplexer Maschinen mit mehrdimensionalen Kennfeldern, aufgrund von Aussetzbetrieb oder zusätzlich berücksichtigenden Temperaturen.

$$\eta_{sys} = \frac{W_{\mathrm{nutzbar}}}{\sum_{i=1}^{n} W_{\mathrm{aufwand\_i}}} \quad \text{(Gl. 3.21)}$$

An dieser Stelle ist Folgendes anzumerken: In der Bewertung mobiler Arbeitsmaschinen ist die energetische Betrachtung ein zentraler Aspekt, der jedoch nur einen Teil der Gesamteffizienz ausmacht. Die Arbeitsqualität spielt eine ebenso wichtige Rolle, da sie direkt die Güte des Endprodukts beeinflusst. Ein hoher Durchsatz, wie beispielsweise die Ernteleistung in der Landwirtschaft, kann die Produktivität steigern und somit zur Wirtschaftlichkeit beitragen. Die Arbeitszeit ist ebenfalls ein entscheidender Faktor, da sie die Verfügbarkeit der Maschinen und die Flexibilität der Arbeitsprozesse bestimmt. Nicht zu vernachlässigen sind die Umweltfolgen, die durch den Betrieb mobiler Arbeitsmaschinen entstehen können. Diese umfassen nicht nur die direkten Emissionen, sondern auch die indirekten Auswirkungen auf die Bodenstruktur, Biodiversität und das lokale Klima. Eine ganzheitliche Betrachtung dieser Größen ermöglicht es, ein umfassendes Bild der Effizienz und Nachhaltigkeit des Maschineneinsatzes zu erhalten. Die Herausforderung besteht darin, ein Gleichgewicht zwischen diesen verschiedenen Größen zu finden, um eine optimale Leistung bei minimalen negativen Auswirkungen zu erzielen. Dies erfordert eine interdisziplinäre Herangehensweise, die technische Innovationen, ökonomische Analysen und ökologische Bewertungen integriert. Nur so kann eine nachhaltige Entwicklung im Bereich mobiler Arbeitsmaschinen gewährleistet werden, die den Bedürfnissen bei der Maschinennutzung gerecht wird.

Literatur

1. van Basshuysen R, Schäfer F (2015) Handbuch Verbrennungsmotor: Grundlagen, Komponenten, Systeme, Perspektiven, 7., vollst. überarb. und erw. Aufl. Springer Vieweg, Wiesbaden
2. Braess H-H, Seiffert U (2013) Vieweg Handbuch Kraftfahrzeugtechnik, 7., aktualisierte Auflage. Springer Vieweg, Wiesbaden
3. Damyanov A (2019) Hydriertes Pflanzenöl (HVO). In: Maus W (ed) Zukünftige Kraftstoffe. Springer Berlin Heidelberg, Berlin, Heidelberg, pp. 891–901
4. Degrell O, Feuerstein, T. (2005) DLG-PowerMix - – ein praxisorientierter Traktorentest. VDI Berichte Nr. 1985 Conference Agricultural Engineering Hannover 4. und 5. November 2005 65–76
5. Deiters H (2009) Standardisierung von Lastzyklen zur Beurteilung der Effizienz mobiler Arbeitsmaschinen. Shaker, Aachen
6. Dubbel H, Beitz W, Grote K-H (1997) Taschenbuch für den Maschinenbau, 19., völlig neubearb. Aufl. Springer, Berlin
7. Ehrhard T, Kiefer U, Decker M, Zapf P, Boekhoff H, Diedrich F, VDMA e.V. (2017) Emissionsgesetzgebung für Mobile Maschinen: EU Stufe V – Fact Sheet. Frankfurt (Main)
8. EU Richtlinie 97/68 (2016) VERORDNUNG (EU) 2016/1628 DES EUROPÄISCHEN PARLAMENTS UND DES RATES - – vom 14. September 2016 - – über die Anforderungen in Bezug auf die Emissionsgrenzwerte für gasförmige Schadstoffe und luftverunreinigende Partikel und die Typgenehmigung für Verbrennungsmotoren für nicht für den Straßenverkehr bestimmte mobile Maschinen und Geräte, zur Änderung der Verordnungen (EU) Nr. 1024/ 2012 und (EU) Nr. 167/2013 und zur Änderung und Aufhebung der Richtlinie 97/68/EG: EU 2016/1628
9. Fehr A (2016) Fachkunde Land- und Baumaschinentechnik: Bearbeitet von Berufsschullehrern, Diplom-Ingenieuren und Meistern, 1. Auflage. Verlag Europa-Lehrmittel Nourney Vollmer GmbH & Co. KG, Haan-Gruiten
10. Großmann M, Kieferle S, Projahn U, Bellmann V, Gemmeke M, Von Stockhausen A, Ullmann J (2020) Kraftstoffversorgung und Kraftstoffe. In: Reif K (ed) Dieselmotor-Management. Springer Fachmedien Wiesbaden, Wiesbaden, pp. 39–72
11. Hoepke E, Breuer S, Appel W, Brähler H, Dahlhaus U, Esch T, Kopp S, Rhein B (2010) Nutzfahrzeugtechnik. Springer Fachmedien, Wiesbaden
12. Klimentew L (2017) Untersuchungen zur Verbrauchsreduktion elektrischer Triebstränge im Teillastbereich. Technische Universität Berlin
13. Schesky E, Kral M (2003) Flugzeugtriebwerke: Kolben- und Gasturbinentriebwerke ; Aufbau, Wirkungsweise und Betriebsverhalten. Rhombos-Verl., Berlin
14. Synek P (2010) Entwicklungstendenzen in Antrieben für mobile Arbeitsmaschinen. In: Kolloquium elektrische Antriebe in der Landtechnik. Dresden
15. Thees M, Günthner M, Fuhrmeister J (2023) Biofuels and E-Fuels Used in a Multi-Fuel-Engine as Solution for Rapid Reduction of Greenhouse Gas Impacts of NRMM Engines. In: ASME 2023 ICE Forward Conference. American Society of Mechanical Engineers, Pittsburgh, Pennsylvania, USA, p V001T01A001
16. von Toll C (2013) Energieorientierte Analyse der Landmaschinentechnik Untersuchung zur maschinenrelevanten Energiebilanzierung in der Getreideproduktion mit Erfassung von CO2-Einsparpotenzialen. Technische Universität Berlin
17. Ueckerdt F, Bauer C, Dirnaichner A, Everall J, Sacchi R, Luderer G (2021) Potential and risks of hydrogen-based e-fuels in climate change mitigation. Nat Clim Chang 11:384–393. doi: https://doi.org/10.1038/s41558-021-01032-7

18. (1976) DIN 1940:1976–12, Verbrennungsmotoren; Hubkolbenmotoren, Begriffe, Formelzeichen, Einheiten
19. (2024) DIN EN 228:2024–04, Kraftstoffe - – Unverbleite Ottokraftstoffe - – Anforderungen und Prüfverfahren; Deutsche und Englische Fassung prEN 228:2024
20. (2024) DIN EN 590:2024–07, Kraftstoffe – Dieselkraftstoff – Anforderungen und Prüfverfahren; Deutsche und Englische Fassung prEN_590:2024

Elektrische Antriebe

4

Inhaltsverzeichnis

Die Energie zum Betrieb von elektrischen Maschinen kann auf unterschiedliche Art und Weise erzeugt werden:

- mechanischer Antrieb eines Generators mithilfe von Wind- oder Wasserkraft,
- mechanischer Antrieb eines Generators mithilfe von Turbinen oder Verbrennungsmotoren
- Photovoltaik
- Umwandlung chemischer Energie in elektrische Energie

Der weitaus größere Teil der erzeugten Elektroenergie wird mithilfe von elektrischen Maschinen in Energie umgewandelt. Als Generatoren werden sie zur Erzeugung der elektrischen Energie eingesetzt, die in allen Bereichen des täglichen Lebens benötigt wird. Als Motoren werden sie zur Wandlung der elektrischen Energie in mechanische Energie genutzt. Das Einsatzgebiet reicht von Kleinstmotoren in der Gerätetechnik bis zu

H. J. Meyer, *Mobile Arbeitsmaschinen*,
https://doi.org/10.1007/978-3-662-72251-0_4

Großmotoren in Anlagen. In Zukunft dürfte auch ihr Anteil in Fahrzeugen und mobilen Arbeitsmaschinen als Antriebsmotoren steigen. Im Folgenden sollen die wichtigsten Systeme mit ihren besonderen Merkmalen dargestellt werden. Tab. 4.1 zeigt eine Übersicht über elektrische Maschinen mit beispielhaften Anwendungen.

In mobilen Arbeitsmaschinen können grundsätzlich alle elektrischen Maschinen eingesetzt werden, soweit ausreichend Energie bereitgestellt werden kann. Ein aktueller Entwicklungstrend ist der verstärkte Einsatz elektrischer Antriebe in mobilen Arbeitsmaschinen. Rotatorische Bewegungsaufgaben werden mit Elektromotoren anstelle von mechanischen Antrieben oder Hydraulikmotoren gelöst. Als elektrische Maschinen werden vorwiegend Gleichstrommaschinen, Asynchronmaschinen, Synchronmaschinen und geschaltete Reluktanzmaschinen verwendet [8]. Die Maschinen können durch geeignete Ansteuerung im Vierquadrantenbereich und als Generator oder Motor genutzt werden. Unter Vierquadrantenbetrieb versteht man die Eigenschaft von Antrieben, nicht nur eine treibende sondern auch eine bremsende Funktion zu haben. Zusätzlich ist auch noch eine Drehrichtungsumkehr möglich. Wird beispielsweise ein Motor nur zum Antrieb in eine Richtung eingesetzt, z. B. im Rechtslauf, dann handelt es sich um einen Einquadrantenbetrieb. Da in diesem Fall das Drehmoment und die Drehzahl als positiv angenommen werden, ist auch die Leistung positiv, die der Motor aufnimmt. Geht der Motor in den generatorischen Betrieb über, kehrt sich bei gleicher Drehrichtung die Drehmomentrichtung um. Der Motor arbeitet nun als Generator und gibt Leistung ab. Beim Zweiquadrantenbetrieb bleibt entweder die Drehmomentrichtung gleich und die Drehrichtung wechselt (2. und 3. Quadrant) oder es bleibt die Drehrichtung gleich bei wechselnder Drehmomentrichtung (Treiben und Bremsen, 3. und 4. Quadrant). Beim Vierquadrantenbetrieb, dargestellt in Abb. 4.1, arbeitet der Antrieb mit wechselnder Drehrichtung und wechselnder Drehmomentrichtung [1].

Prinzipiell sind alle genannten elektrischen Maschinen als Traktionsantriebe und rotatorische Antriebe in mobilen Arbeitsmaschinen im Einsatz oder können zum Einsatz kommen. Welche Maschine wo eingesetzt wird, hängt von verschiedenen Faktoren ab, wie der Art der Stromquelle, der Spannungsart, dem Bauvolumen, den Leistungsanforderungen und letztendlich auch von den Kosten. Darüber hinaus entscheiden auch besondere Eigenschaften der Maschine selber. Tab. 4.2 vergleicht einige ausgewählte elektrische Maschinen hinsichtlich ihrer Eigenschaften. Betrachtet man z. B. die Art der Felderzeugung in den Maschinen, so stellt man fest, dass bei den Gleichstrommaschinen das Statorfeld räumlich konstant bleibt. Bei anderen Maschinen werden umlaufende Drehfelder ausgebildet. Die Vorteile von Drehfeldmaschinen liegen in der höheren Leistungsdichte. Bei den Synchronmaschinen wird die permanenterregte Synchronmaschine (PSM) bevorzugt, da diese aufgrund ihrer Leistungs- und Drehmomentendichte Vorteile gegenüber den anderen Maschinenarten hat [7].

Eine besondere Eigenschaft elektrischer Maschinen kann an einem allgemeinen Kennfeld einer geregelten elektrischen Maschine erläutert werden. So kann die Maschine bereits ein großes Drehmoment beim Anfahren ermöglichen. Durch die Regelung der Leistungselektronik ist es möglich, ein konstantes Antriebsmoment, das Nennmoment

Tab. 4.1 Einsatzgebiete elektrischer Maschinen. Nach [4]

Stromart	Stromanwenderprinzip	Asynchronmaschinen	Synchronmaschinen	Anwendung	typische Antriebsleistung
Gleichstrom	Reihenschlussmotor			elektrische Fahrzeuge, Hebezeuge, Anlassmotoren KFZ	100 W bis 500 kW
	Dauermagnetmotor			batteriegespeiste Antriebe, Computerperipherie, KFZ-Elektrik, Feinmechanik	1 W bis 12 kW
	Nebenschlussmotor			Förderanlagen, Werkzeugmaschinen, Hebezeuge	10 kW bis 10 MW
Einphasenwechselstrom		Kondensatormotor		Kühlschränke, Waschmaschinen, Baumaschinen	50 W bis 2 kW
			Hysteresemotor	Uhrwerke, Antriebe, Feingeräte	> 100 W
		Spaltmotor		Laugenpumpen, Heizlüfter, Uhren, Steuerungen, schreibende Messtechnik	1 W bis 200 W
			Reluktanzmotor	Textilmaschinen	100 W bis 10 kW

(Fortsetzung)

Tab. 4.1 (Fortsetzung)

Stromart	Stromanwenderprinzip	Asynchronmaschinen	Synchronmaschinen	Anwendung	typische Antriebsleistung
Drehstrom			Vollpolmaschine	Kraftwerksgenerator, Turboläufer, Verdichterantrieb	100 kW bis 1800 MW
			Dauermagnetmotor	Servoantriebe	100 W bis 10 kW
			Schenkelpolmaschine	Kraftwerksgeneratoren, Notstromaggregate	10 kW bis 1000 MW
		Linearmotor	Linearmotor	Fördertechnik, Antriebstechnik	50 W bis 100 kW
		Schleifringläufermotor		Pumpen, Steinbrechmaschinen, Schwerlaufantriebe, Hebezeuge	5 kW bis 500 kW
	Nebenschlussmotor			Papiermaschinen, Polygraphische Industrie, Textilmaschinen	1 kW bis 30 MW
		Käfigläufermotor		Standardmotor für Werkzeugmaschinen	1 kW bis 30 MW
Gleichstromimpulse	Gleichstrommotor mit elektronischer Kommutierung		Elektronikmotor	Feingerätetechnik, batteriegespeiste Geräte	0,5 W bis 250 W
			Schrittmotor	Positionierantriebe, Quarzuhren	5 µW bis 500 W

Abb. 4.1 Betriebsarten von Antrieben

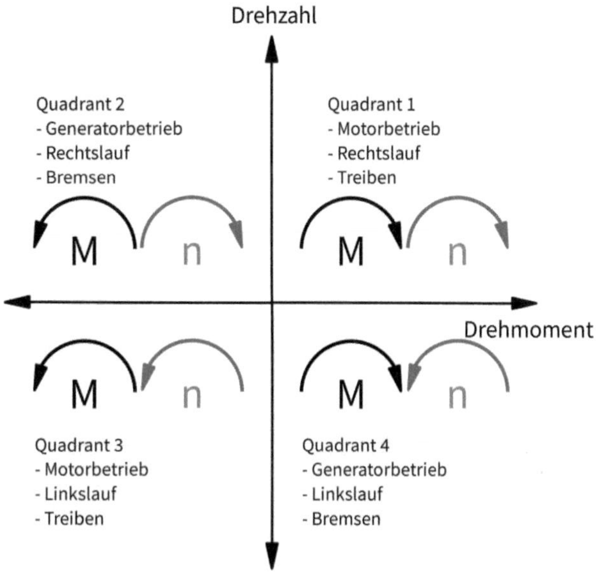

Tab. 4.2 Vergleich ausgewählter elektrischer Maschinen. Nach [7] und [3]

	Asynchronmaschine	Reluktanzmaschinen	permanenterregte Synchronmaschine
Volumen	–	o	++
Aktive Masse	––	–	++
Magnetische Masse	++	++	o
Wirkungsgrad	o	+	++
Kosten	++	+	o

M_{Nenn}, über einen Drehzahlbereich abzugeben. Dieser wird auch als Grunddrehzahlbereich bezeichnet. Wird die Drehzahl über den Grunddrehzahlbereich hinaus erhöht, sinkt das Motornenndrehmoment mit steigender Drehzahl, da bei gleichbleibender Ausgangsspannung der Magnetisierungsstrom abnimmt. Dieser Bereich wird Feldschwächebereich genannt. Wie sich das Motormoment in diesem Bereich verhält, ist von der Art der Maschine und vom konstruktiven Aufbau abhängig. Daraus resultierend stehen im Kennfeld der Maschine Bereiche mit steigender und nahezu konstanter Leistung zur Verfügung, wie schematisch in Abb. 4.2, rechts dargestellt. Bei gegebener Spannung und endlicher thermischer Belastbarkeit der Maschine kann ein Antriebsmoment M_{max} (siehe Abb. 4.2, links) abgegeben werden. In diesem Zustand erwärmt sich die Maschine so stark, dass nach einer bestimmten Dauer eine Zerstörung der Maschine zu erwarten ist. Mit dem Nennmoment M_{nenn} hingegen ist ein dauerhafter Betrieb der Maschine möglich. Wird der Motor oberhalb des Nennmomentes betrieben, bezeichnet man diesen Betrieb als Überlastbetrieb [3, 6].

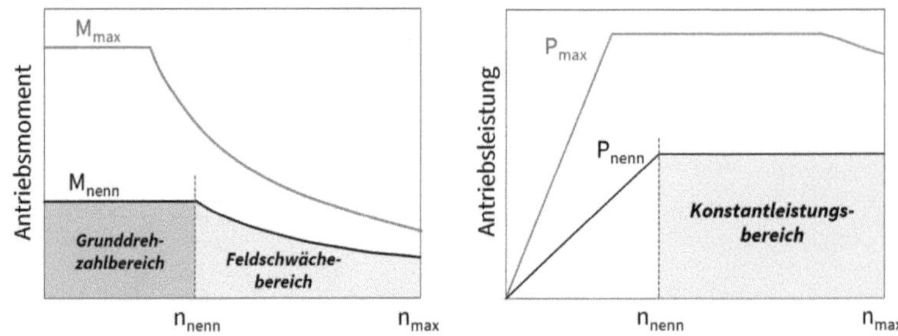

Abb. 4.2 Schematische Darstellung des Drehmoment-Drehzahl-Kennfeldes (links) und des Leistungs-Drehzahl-Kennfeldes (rechts) einer elektrischen Maschine. Nach [2, 3, 6]

4.1 Schutzarten

Bei elektrischen Maschinen und elektronischen Komponenten müssen zur Vermeidung von Unfällen besondere Schutzmaßnahmen ergriffen werden. Hier kommt der Begriff der IP-Schutzart zur Anwendung. Hinter dem Begriff IP verbirgt sich die Bezeichnung International Protection. Die Schutzarten sind in der DIN EN 60529 [10] sowie der ISO 20653 [9] genormt. Für den sicheren Betrieb elektrischer und elektronischer Komponenten ist die Schutzart sehr wichtig. Hierbei müssen vor allem auch die besonders widrigen Verschmutzungs- und Umweltverhältnisse beachtet werden. In mobilen Arbeitsmaschinen ist besonders bei Komponenten, die der direkten Verschmutzung ausgesetzt sind, die Schutzklasse IP 69 empfehlenswert. Die Nomenklatur besteht im Wesentlichen aus der Angabe IP und zwei Kennziffern. In den Tab. 4.3 und 4.4 sind die Bedeutungen der Ziffern des IP-Codes aufgeführt.

Tab. 4.3 Bedeutung der ersten Ziffer des IP-Codes. Nach [9, 10]

1. Kennziffer		Bedeutung:	
ISO 20653	DIN EN 60529	Schutz gegen Fremdkörper	Schutz gegen Berührung
0	0	kein Schutz	kein Schutz
1	1	Geschützt gegen feste Fremdkörper mit Durchmesser ≥ 50 mm	Geschützt gegen den Zugang mit dem Handrücken
2	2	Geschützt gegen feste Fremdkörper mit Durchmesser ≥ 12,5 mm	Geschützt gegen den Zugang mit einem Finger
3	3	Geschützt gegen feste Fremdkörper mit Durchmesser ≥ 2,5 mm	Geschützt gegen den Zugang mit einem Werkzeug
4	4	Geschützt gegen feste Fremdkörper mit Durchmesser ≥ 1,0 mm	Geschützt gegen den Zugang mit einem Draht
5K	5	Geschützt gegen Staub in schädigender Menge	vollständiger Schutz gegen Berührung
6K	6	staubdicht	vollständiger Schutz gegen Berührung

Tab. 4.4 Bedeutung der zweiten Ziffer des IP-Codes. Nach [9, 10]

Kennziffer		
ISO 20653	DIN EN 60529	Bedeutung: Schutz gegen Wasser
0	0	kein Schutz
1	1	Schutz gegen Tropfwasser
2	2	Schutz gegen fallendes Tropfwasser, wenn das Gehäuse bis zu 15° geneigt ist
3	3	Schutz gegen fallendes Sprühwasser bis 60° gegen die Senkrechte
4	4	Schutz gegen allseitiges Spritzwasser
4K		Schutz gegen allseitiges Spritzwasser mit erhöhtem Druck
5	5	Schutz gegen Strahlwasser (Düse) aus beliebigem Winkel
6	6	Schutz gegen starkes Strahlwasser
6K		Schutz gegen starkes Strahlwasser unter erhöhtem Druck, spezifisch für Straßenfahrzeuge
7	7	Schutz gegen zeitweiliges Untertauchen
8	8	Schutz gegen dauerndes Untertauchen
	9	Schutz gegen Wasser bei Hochdruck-/Dampfstrahlreinigung, speziell Landwirtschaft
9K		Schutz gegen Wasser bei Hochdruck-/Dampfstrahlreinigung, spezifisch für Straßenfahrzeuge

4.2 Nennbetriebsarten, Erwärmung und Kühlung

Als Nennbetriebsarten werden typische Belastungsformen von elektrischen Maschinen verstanden. Sie definieren Zyklen (z. B. aus stationärem Betrieb, Betriebspausen, Anlaufen, Bremsen sowie Drehrichtungsumkehr), die mit typischen Temperaturverläufen verbunden sind. Abb. 4.3 zeigt einige Beispiele für Nennbetriebsarten. Die Nennbetriebsarten sind in der internationalen Norm IEC 60034-1 beschrieben [1]. Eine der wichtigsten Betriebsarten ist der Dauerbetrieb-Betriebsart S1. Bei dieser Betriebsart ist die Belastung konstant. Die Dauer reicht aus, dass der thermische Beharrungszustand erreicht wird. Die Kennzeichnung dieser Betriebsart lautet S1 oder DB. Bei der Betriebsart S2 wird die Maschine mit konstanter Belastung betrieben. Die Dauer reicht aber nicht aus, um den thermischen Beharrungszustand zu erreichen. Die Dauer des Stillstands ist aber so lang, dass die Maschine nahezu bis auf die Umgebungstemperatur bzw. Kühlmitteltemperatur abkühlt. Die Grenze zu dieser beträgt 2°K. Diese Betriebsart wird durch die Angaben S2 und der Zeit beschrieben. Der periodische Aussetzbetrieb Betriebsart S3 stellt eine Folge identischer Lastspiele dar. Diese bestehen aus einer Phase konstanter Belastung und einer Stillstandzeit mit stromlosen Wicklungen. Diese Betriebsart wird neben der Angabe S3 um die relative Einschaltdauer in % und bezogen auf 10 min ergänzt. Die Betriebsarten S4 und S5 beschreiben ebenfalls einen periodischen Aussetzbetrieb. Sie berücksichtigen aber noch den Einfluss des Anlaufvorgangs bei S4 und der elektrischen Bremsung bei S5. Die Betriebsart S6 beschreibt einen ununterbrochenen periodischen Betrieb mit einer

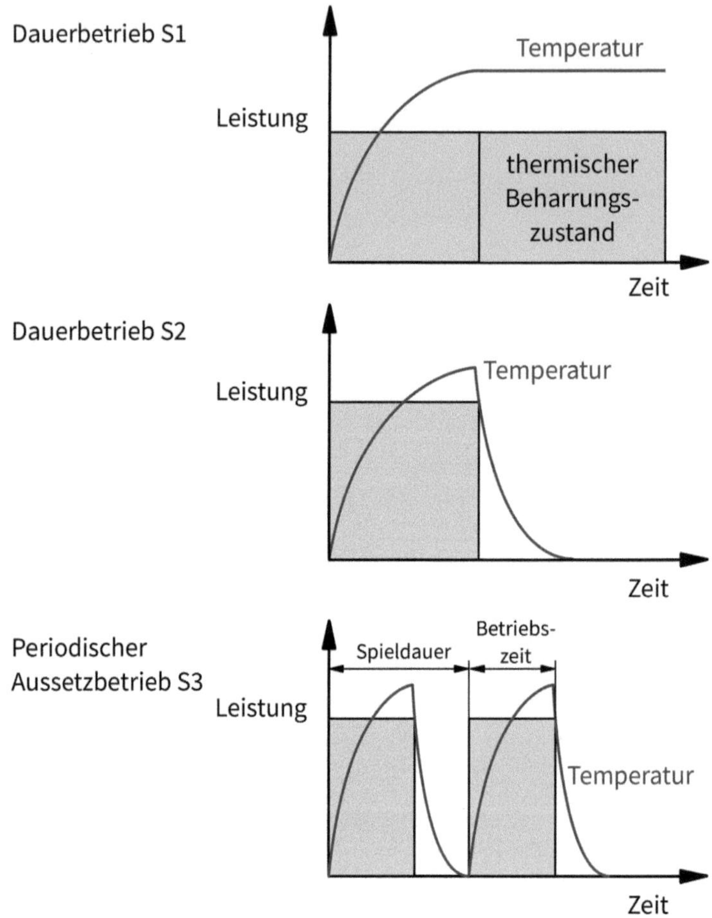

Abb. 4.3 Beispiele für Nennbetriebsarten

Aussetzbelastung. Es tritt keine Stillstandzeit mit stromlosen Wicklungen auf. Die Kennzeichnung dieser Betriebsart wird mit S6 und der Angabe der relativen Einschaltdauer genannt, z. B. S6 40 %. Die Betriebsart S7 berücksichtigt zusätzlich noch die elektrische Bremsung. Die Betriebsart S8 stellt einen Betrieb dar, der sich aus einer Folge identischer Spiele zusammensetzt. Jedes dieser Spiele umfasst eine Betriebszeit mit konstanter Belastung und bestimmter Drehzahl und anschließend eine oder mehrere Betriebszeiten mit anderen konstanten Belastungen und Drehzahlen. Es tritt keine Stillstandzeit mit stromlosen Wicklungen auf. Bei dieser Betriebsart wird das Zeichen S ergänzt um die Angabe der Massenträgheitsmomente des Motors und der Last sowie den Belastungen, den Drehzahlen und den relativen Einschaltdauern. Die Betriebsart S9 beschreibt allgemeine Belastungen, die nichtperiodisch sind. Es können bei dieser Betriebsart auch Überlastungen auftreten. Die Betriebsart S10 stellt einen Betrieb dar, der nicht mehr als vier einzelne

Belastungswerte enthält, von denen jede einzelne über eine ausreichende Zeit aufrecht erhalten bleibt, sodass die Maschine den thermischen Beharrungszustand erreichen kann. Bei der Angabe wird das Zeichen S10 um die bezogene Größe von jeweiliger Belastung bezogen auf die relative Einwirkdauer sowie die bezogene Größe TL für die thermische Lebenserwartung des Isoliersystems [1].

Aufgrund der Verlustleistung beim Betrieb elektrischer Maschinen kommt es zu einer Erwärmung, die oft eine Kühlung erfordert. Nimmt man die belastete Maschine vom Netz, wird sie sich abkühlen. Der Temperaturabfall ist zunächst stark und nähert sich dann aber langsam der Umgebungstemperatur. Wird eine Maschine nach der Belastung nicht abgeschaltet, sondern im Leerlauf weiterbetrieben, kann die Abkühlzeit, z. B. mit Lüfterrädern, weiter reduziert werden. Eine vollständige Abkühlung auf die Umgebungstemperatur ist aber nicht möglich. Aufgrund der Leerlaufverluste in der Maschine wird eine Beharrungstemperatur erreicht, die oberhalb der Umgebungstemperatur liegt. In mobilen Arbeitsmaschinen können elektrische Antriebe so verbaut sein, dass die genannten Maßnahmen nicht ausreichen, um die entstehende Wärme abzutransportieren. In diesen Fällen sind Fremdkühlungen notwendig, z. B. mit Kühlmitteln und Wärmetauschern [1].

4.3 Gleichstrommotoren

Gleichstrommotoren sind in ihrem Aufbau Gleichstromgeneratoren gleich. Besonderes Kennzeichen dieser Motoren ist, dass sie ein großes Anzugsmoment entwickeln können und eine stufenlose Drehzahlsteuerung ermöglichen, wobei sehr hohe Drehzahlen möglich sind. Die Drehmomenterzeugung geht folgendermaßen vonstatten:

Wenn durch die Erregerwicklungen ein Gleichstrom fließt, baut sich ein Erregermagnetfeld auf. Befindet sich im Anker eine stromdurchflossene Leiterschleife, so überlagert sich das Magnetfeld der Leiterschleife unter jedem Hauptpol mit dem Erregermagnetfeld. Auf die Leiterschleife wirkt dann unter jedem Pol eine Kraft. Nach der Motorregel oder Linke-Hand-Regel tritt dann eine Kraft auf, die auch als Lorentzkraft bezeichnet wird. Aus dieser Kraft resultiert ein Drehmoment auf den Anker, die diesen in die neutrale Zone dreht. In dieser Zone entsteht kein Drehmoment. Für die weitere Bewegung muss sich die Leiterschleife weiterdrehen. Es muss auch die Stromrichtung in der Ankerschleife umgepolt werden, damit die Drehbewegung erhalten bleibt. Diese Aufgabe übernimmt der Stromwender. Damit ein gleichmäßiges und hohes Drehmoment erzielt werden kann, ersetzt man die Leiterschleifen durch mehrere am Ankerumfang verteilte Spulen.

Bei Stromwendermotoren wird das Drehmoment durch das Erregermagnetfeld und das Ankermagnetfeld erzeugt. Für eine Umkehrung der Motordrehrichtung muss entweder die Richtung des Erregerfeldes oder des Ankermagnetfeldes umgepolt werden. In den meisten Fällen wird das Ankerfeld umgepolt.

Bei den Gleichstrommotoren unterscheidet man verschiedene Arten der Erregung und der Schaltung der Erregerwicklung, [6]:

- Fremderregte Motoren – Kennzeichnend für diese Maschinen ist, dass der Erregerstrom unabhängig von der Spannungsquelle des Motors ist. Häufig wird das Magnetfeld des Ständers auch durch Dauermagneten erzeugt.
- Nebenschlussmotor – Bei diesem Motor ist die Erregerwicklung parallel zur Ankerwicklung geschaltet. Für eine Drehzahleinstellung werden ein Anlasswiderstand und ein Feldsteller benötigt. Das Leelaufverhalten eines Nebenschlussmotors ist dem eines fremderregten Motors gleich. Ebenso ist die Drehmoment-Drehzahl-Kennlinie gleich. Beim Einsatz dieser Motoren ist darauf zu achten, dass die Erregung im Betrieb nicht abschaltbar ist, da ansonsten bei einem schwachen Restmagnetfeld der Motor zu hohe Drehzahlen erreichen kann, d. h. er kann durchgehen.
- Reihenschlussmotor – Bei dieser Bauweise wird die Erregerwicklung mit der Ankerwicklung in Reihe geschaltet. Auch hier wird ein Ankerwiderstand zum Anlassen und zur Drehzahlsteuerung vorgeschaltet. Da der gesamte Ankerstrom auch durch die Erregerwicklung fließt, haben sie das größte Anzugsmoment. Ein weiteres Kennzeichen dieser Motoren ist, dass die Drehzahl stark lastabhängig ist. Im ungünstigen Fall des Leerlaufes gehen die Motoren durch. Deshalb sind immer entsprechende Vorsichtsmaßnahmen zu ergreifen.
- Doppelschlussmotor bzw. Compoundmotor – Bei diesen Maschinen befindet sich auf den Hauptpolen eine Nebenschluss- und eine Reihenwicklung. Diese Bauweise ähnelt der von Doppelschluss-Gleichstromgeneratoren. Die Drehzahl wird ebenfalls über einen Ankerwiderstand und einen Feldsteller eingestellt. Beim compoundierten Motor ist die Reihenschlusswicklung so geschaltet, dass ihr Magnetfeld in die gleiche Richtung weist wie das der Nebenschlusswicklung. Das Leerlaufverhalten gleicht dem der Nebenschlussmaschine. Darüber hinaus fällt beim compoundierten Motor die Drehzahl unter Belastung stärker ab, da durch den stärkeren Ankerstrom auch der magnetische Hauptfluss größer wird. Auch bei diesen Maschinen werden wie bei den Generatoren verschiedene Arten der Compoundierung unterschieden. Ihr Einsatzgebiet ist dort, wo Nebenschlussmotoren ein zu geringes Anzugsmoment liefern. Das gilt z. B. bei Hebezeugen.

Das in einem Gleichstrommotor wirkende Drehmoment resultiert aus der Lorentzkraft nach [1]

$$F = B \cdot I \cdot l \qquad \text{(Gl. 4.1)}$$

mit

B magnetische Flußdichte des Magnetfeldes

I Stromstärke der Läuferwicklung

l Länge des Ankers

Kennt man nun den Abstand r der Ankerleiter vom Wellenmittelpunkt, können das Drehmoment M und die Leistung berechnet werden:

$$M = B \cdot I \cdot l \cdot r \tag{Gl. 4.2}$$

und der Leistung

$$P = M \cdot \omega = B \cdot I \cdot l \cdot r \cdot \omega \tag{Gl. 4.3}$$

4.4 Drehstrommotoren

Wird ein stabförmiger Dauer- oder Elektromagnet um seinen Mittelpunkt gedreht, entsteht ein magnetisches Drehfeld. Es entsteht ebenfalls ein Drehfeld, wenn drei um 120 ° versetzte Spulen von einem Dreiphasenwechselstrom durchflossen werden, wie Abb. 4.4 dargestellt. Jede Spule erzeugt ein magnetisches Wechselfeld. Die Magnetfelder überlagern sich zu einem resultierenden Feld, dessen Lage von den Momentanwerten der 120° phasenverschobenen Ströme abhängt. Werden drei Spulen eingesetzt, entsteht ein zweipoliges Drehfeld. Die Drehfelddrehzahl ist abhängig von der Netzfrequenz und der Polpaarzahl [4]:

$$n_s = \frac{f}{p} \tag{Gl. 4.4}$$

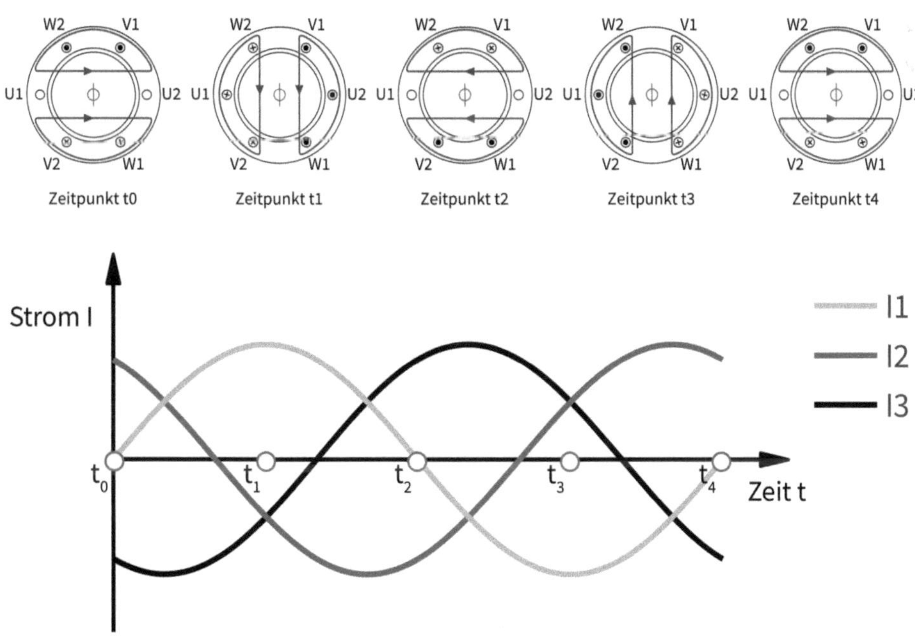

Abb. 4.4 Entstehung eines Drehfeldes

mit:

n_s Drehfeldrehzahl

f Netzfrequenz

p Polpaarzahl

Die am häufigsten verwendeten Drehstrommotoren sind die Asynchronmotoren. Bei ihnen induziert das Ständerdrehfeld im Läufer eine Spannung. Aufgrund der dann auftretenden elektromagnetischen Kräfte dreht sich dann der Läufer. Aus diesem Grund werden diese Motoren auch als Induktionsmotoren bezeichnet. Bei diesen Motoren kann die Käfigwicklung als eine Drehstromwicklung einfachster Form verstanden werden. Das Drehfeld der Ständerwicklung bewirkt eine Flussänderung in den Leiterschleifen des beim Anlauf stillstehenden Läufers. Die Flussänderung ist proportional zur Drehfelddrehzahl. Nach der Lenzschen Regel erzeugt das durch den Läuferstrom erzeugte Magnetfeld ein Drehmoment. Dieses Drehmoment lässt den Läufer in Drehrichtung des Ständerdrehfeldes drehen. Wichtig ist, dass die Läuferdrehzahl stets kleiner als die Drehfelddrehzahl ist, da ansonsten bei gleicher Drehzahl die Flussänderung in der betrachteten Leiterschleife gleich null ist. Die Drehzahldifferenz wird als Schlupfdrehzahl bezeichnet und beträgt etwa 3 % bis 8 % der Drehfelddrehzahl. Der Schlupf selber ist abhängig von der anliegenden Belastung [1].

Asynchronmotoren werden nach Art der Läuferkonstruktion unterschieden, [1]:

- Schleifringläufer – Schleifringläufer haben meistens Läuferwicklungen mit drei Strängen, die miteinander verschaltet sind. Die Läuferwicklungen sind an den drei Schleifringen angeschlossen, wobei die Verbindung zu den Schleifringen durch Kohlebürsten hergestellt wird. Über diese können mithilfe von Widerständen das Anlass- und Drehzahlverhalten beeinflusst werden.
- Kurzschlussläufer – Beim Kurzschlussläufer ist der Läufer aus Leiterstellen gebildet, die an den Stirnseiten über einen Ring verbunden bzw. kurzgeschlossen werden. Aus diesem Grund entfallen Schleifkontakte. Über die Gestalt der Leiterstäbe lässt sich das Anlaufverhalten des Motors beeinflussen.

An der Drehmomentkennlinie in Abb. 4.5 erkennt man, dass das Moment mit zunehmender Drehzahl bis zum Kippmoment ansteigt. Danach sinkt der Läuferinduktionsstrom, wodurch auch das Moment abfällt. Beim Bemessungsmoment hat der Motor die Bemessungsdrehzahl. Im Leerlauf erreicht der Läufer fast die Drehfelddrehzahl. Belastungsänderungen in diesem Bereich wirken sich proportional auf die Schlupfdrehzahl aus, wobei bei einer Belastung die Drehzahl nur wenig absinkt. Das kleinste Moment ist das sog. Sattelmoment, das nach dem Anfahren auftritt. Dies kann durch die Gestalt des Läufers beeinflusst werden.

Kurzschlussläufermotoren benötigen beim Anlassen hohe Ströme. Um diese hohen Ströme zu vermeiden, wird in der Anlassphase die Ständerspannung reduziert. Hierzu können verschiedene Verfahren eingesetzt werden, wie das Ständeranlassen mit Widerständen (Abb. 4.6), Anlass-Transformatoren oder das Stern-Dreieck-Anlassverfahren.

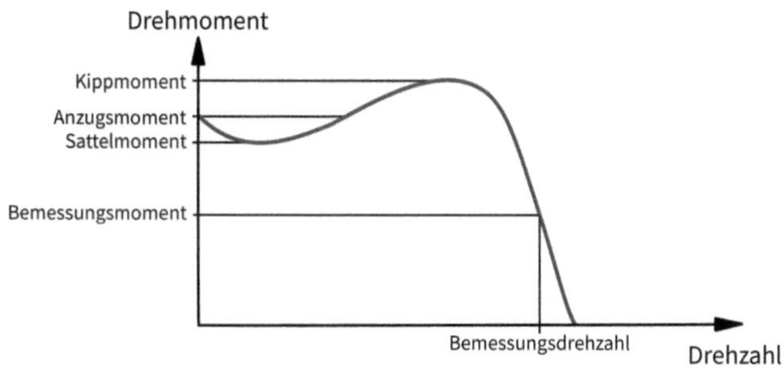

Abb. 4.5 Drehmomentkennlinie eines Kurzschlussläufermotors.

Abb. 4.6 Drehmomentkennlinien mit variabler Ständerspannung.

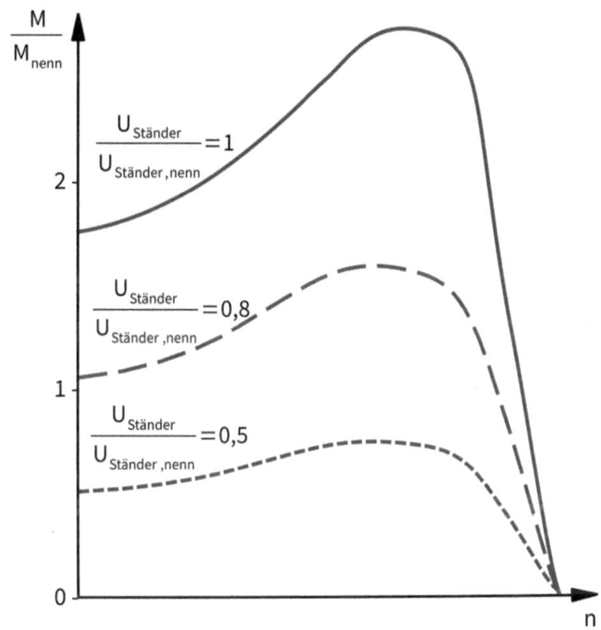

4.4.1 Synchronmotoren

Kennzeichnendes Merkmal von Synchronmotoren ist, dass die Läuferdrehzahl gleich der Drehfelddrehzahl ist. Die Wirkungsweise der Motoren ist folgendermaßen: Beim Einschalten hat das Ständerdrehfeld sofort die jeweilige Drehzahl entsprechend seiner Polzahl und der Netzfrequenz. Die Pole des Läufers werden durch die Gegenpole des Ständerdrehfeldes angezogen und kurz darauf von dessen gleichartigen Polen abgestoßen. Für den Läufer ist eine Anlaufhilfe notwendig, die den Läufer auf die Drehfelddrehzahl beschleunigt. Erreicht der Läufer diese Drehzahl, dreht er mit ihr weiter. Für den Anschluss von Synchronmaschinen an ein Drehstromnetz müssen bestimmte Vorkehrungen getroffen werden, er muss synchronisiert werden. Hierunter versteht man das nahezu stromlose Zuschalten der Synchronmaschine auf ein Drehstromnetz. Synchronmotoren werden wegen der konstanten Drehzahl auch als Wechselstrom-Kleinmotoren verwendet, so in Uhren oder Programmschaltwerke [1].

4.4.2 Drehstromlinearmotoren

Unter Drehstromlinearmotoren werden Antriebsmaschinen verstanden, die eine gerade oder lineare Bewegungskraft erzeugen. Bei einem Linearmotor wirkt ein magnetisches Wanderfeld. Der dem Ständer eines Drehstrommotors entsprechende Teil wird beim Linearmotor als Induktor bezeichnet. Der dem Kurzschlussläufer entsprechende Teil wird Anker genannt. Dieser befindet sich zwischen den beiden Induktoren. Besteht der Anker aus magnetischem Material, kann auf einen Induktor verzichtet werden, da die magnetischen Feldlinien zum nächsten Pol des Induktors geleitet werden. Die Wirkungsweise beruht darauf, dass das Wanderfeld im Anker kräftige Wärmeströme induziert. Nach der Lenzschen Regel sind sie derart gerichtet, dass das Wanderfeld geschwächt wird, und es wird auf den Anker eine Kraft ausgeübt. Wenn der Anker beweglich ist und der Induktor steht fest, bewegt sich der Anker mit dem Wanderfeldbau. Die Umkehrung ist ebenfalls möglich. Das Verhalten von Linearmotoren entspricht dem von Asynchronmaschinen, wobei der Schlupf zum Teil größer als 50 % sein kann, das heißt, die Bewegungsgeschwindigkeit ist erheblich kleiner als die Wanderfeldgeschwindigkeit. Anwendung finden Linearmotoren z. B. in Förderelementen [1].

4.5 Schrittmotoren

Schrittmotoren finden ihren Einsatz in nahezu allen Bereichen, wo z. B. ein Werkstück präzise positioniert werden muss, eine Antriebsachse um einen definierten Winkel zu verstellen ist oder eine konstante Drehzahl erforderlich ist. Der heute überwiegende Einsatz digitaler Rechner in der Antriebstechnik ermöglicht das Steuern von Bewegungsabläufen ohne Umwege über analoge Zwischengrößen. Ein Schrittmotor ist zunächst ein Elektromotor, der wie die meisten anderen Elektromotoren aus einem Stator und einem Rotor besteht. Die Statorwicklung besteht je nach Motorart aus zwei oder mehreren voneinander unabhängigen Feldspulen. Mit diesen wird ein Magnetfeld erzeugt, das nach Polarität und Stärke verändert werden kann. Als Bauarten unterscheidet man Reluktanzschrittmotoren, Permanentmagnetmotoren und Hybridmotoren. Je nach der motorspezifischen Bauweise werden die Stromrichtungen in den einzelnen Wicklungssträngen umgepolt bzw. kommutiert oder abgeschaltet. Daraus ergibt sich eine Drehung des Statorfeldvektors, dem der Läufer folgt. Er bleibt immer dann stehen, wenn der Luftspaltwiderstand ein Minimum aufweist, da dann der größtmögliche magnetische Fluss zwischen dem Nord- und Südpol hergestellt ist. Die Drehbewegung ist nun zunächst nicht kontinuierlich, sondern die Welle dreht sich schrittweise jeweils um einen bestimmten Winkel. Nach n Schritten hat die Welle genau eine vollständige Umdrehung ausgeführt. Es ist damit möglich, aus der momentanen Position durch Abzählen der Schritte eine definierte und reproduzierbare Rotorstellung anzufahren. Die Schrittauflösung ist von der Motorkonstruktion und von der Art der elektrischen Ansteuerung abhängig. Mit elektronischen Mitteln lassen sich Auflösungen von bis zu 10.000 Schritten realisieren. Kleine 2-Phasenmotoren werden auch für relativ geringe Schrittauflösungen von 8, 24 oder 48 Schritten pro Umdrehung gebaut. Die Bewegung der Motorwelle lässt sich bei kleinen Schrittzahlen pro Zeiteinheit noch sehr gut visuell verfolgen. Wird die Schrittrate gesteigert, so geht das ruckartige Fortbewegen der Welle in eine mehr und mehr kontinuierliche Drehbewegung über. Die Trägheitsmomente von Rotor und Last glätten den Bewegungsablauf. Der Schrittmotor kann sowohl definierte diskrete Positionen anfahren, als auch eine Last mit einer vorgebbaren Drehzahl antreiben und zwar von der Drehzahl 0 bis zur physikalisch erreichbaren maximalen Drehzahl des Systems. Interessant hierbei ist die Tatsache, dass der Schrittmotor auch im Stillstand ein Drehmoment aufbringt, welches in derselben Größenordnung liegt wie im Lauf. Daher wird auch vom Haltemoment gesprochen. Der Hybrid-Schrittmotor ist heute der am meisten eingesetzte Motortyp, da er für hohe mechanische Leistungen bei kleinem Schrittwinkel gebaut werden kann. Die gängigen Motoren bieten Auflösungen von 100 bis 2000 Schritte ohne elektronische Zusatzmaßnahmen [1].

4.6 Verluste

Elektrische Antriebe sind nicht frei von Verlusten. Im Folgenden werden diese kurz beschrieben. Grundlage für die Beschreibung der einzelnen Verluste ist das Ersatzschaltbild in Abb. 4.7. Die Verluste lassen sich in Stromwärmeverluste P_{VCu}, Ummagnetisierungsverluste P_{VFe} und mechanische Verluste P_{VM} unterteilen. Die mechanischen Verluste haben ihre Ursache in Reibungsverlusten in den Lagern und Luftreibung. Sie werden in dem Ersatzschaltbild nicht dargestellt. Die Stromwärmeverluste resultieren aus der Erwärmung der Wicklung bzw. Wicklungen der elektrischen Maschine [6].

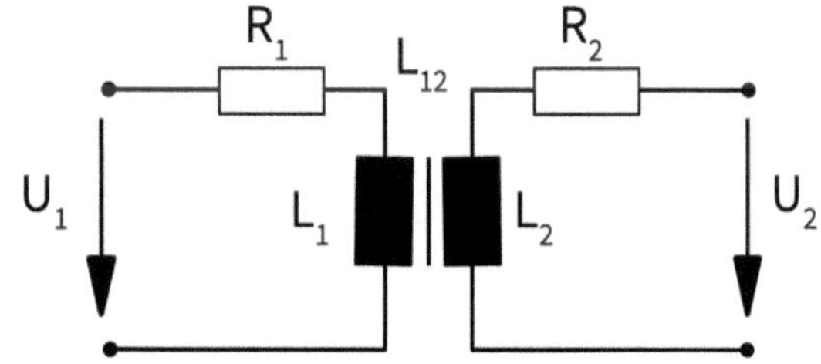

Abb. 4.7 Einphasiges Ersatzschaltbild einer Drehfeldmaschine. Nach [3]

Bei Asynchronmaschinen mit Kurzschlussläufern ist der Rotorwiderstand zusätzlich von der Rotorfrequenz abhängig, da der Wicklungsstrom ein Wechselstrom mit hoher Frequenz ist. Der Ohmsche Widerstand weist zusätzlich eine näherungsweise lineare Abhängigkeit von der Temperatur auf.

Die Ummagnetisierungsverluste (auch Eisenverluste genannt) fassen die Hystereseverluste aus der Ummagnetisierung des Eisens in der Maschine und die Wirbelstromverluste, die durch Wechselfelder im Eisen hervorgerufen werden, zusammen. Die Ummagnetisierungsverluste sind abhängig vom Quadrat der Feldstärke, wobei die Hystereseverluste proportional zur Frequenz und die Wirbelstromverluste näherungsweise proportional zum Quadrat der Frequenz sind, weshalb diese mit einem gemeinsamen Exponenten zusammengefasst werden können [3].

$$P_{VFe} \sim B^2 \cdot f^{1,6} \tag{Gl. 4.5}$$

Die mechanischen Verluste der elektrischen Maschinen setzen sich aus den Reibungsverlusten an Lagern, Dichtungen und zwischen Rotor und Luft zusammen.

Einen Überblick der anteiligen Verluste einer Asynchronmaschine in Stromwärme-, Ummagnetisierungs- und mechanische Verluste stellt Abb. 4.8 vor, bei einer Drehzahl und über eine Last bezogen auf die Nennlast der Maschine. In dieser Abbildung bilden die Stromwärmeverluste im Bereich der Nennlast den größten Teil der Verluste. Die mechanischen Verluste sind unabhängig von der Last und somit gleich groß bei verschiedenen Lasten.

Ähnlich wie bei den anderen Antriebsmaschinen ist der Wirkungsgrad abhängig von der Belastung, der Drehzahl und dem abzugebenden Drehmoment. Bei der Auswahl und Auslegung des Antriebes ist daher die Kenntnis über das Wirkungsgradkennfeld der Antriebsmaschine wichtig. Abb. 4.9 zeigt ein Wirkungsgradkennfeld einer elektrischen Antriebsmaschine. In dieser Darstellung ist weiterhin auch die Linie des besten Wirkungsgrades eingezeichnet. Wie bereits angesprochen, entstehen die Verluste hauptsächlich in den Wicklungen und im massiven Teil des magnetischen Kreises. Ein dauerhafter Betrieb der Maschine kann ohne Zerstörung nur unterhalb einer zulässigen Betriebstemperatur gewährleistet werden. Es wird deutlich, dass auch bei elektrischen Maschinen der Bereich des besten Wirkungsgrades nur einen kleinen Teil des Kennfeldes ausmacht und insbesondere bei Teillast mit geringeren Wirkungsgraden zu rechnen ist. Der Wirkungsgrad der Maschine kann durch konstruktive sowie durch regelungstechnische Maßnahmen beeinflusst werden. [3]

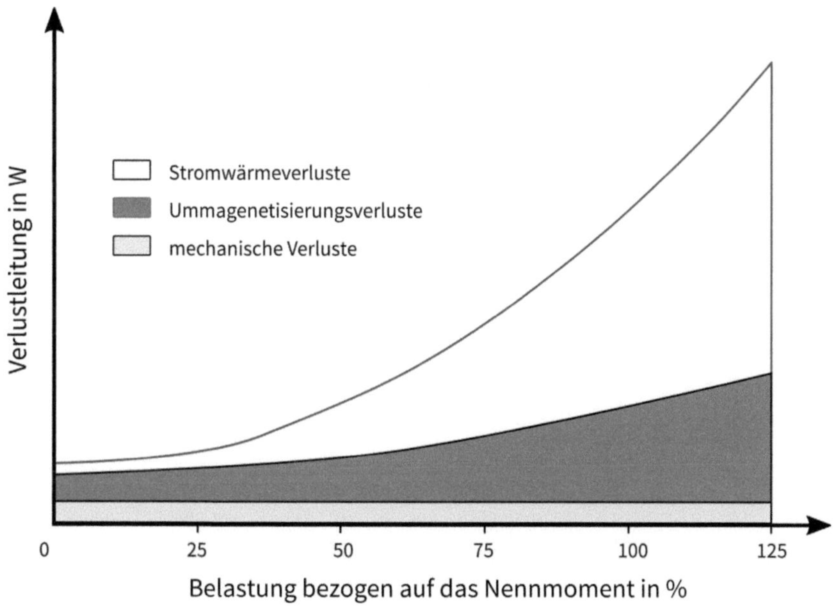

Abb. 4.8 Verlustleistungen einer Asynchronmaschine. Nach [3]

Abb. 4.9 Wirkungsgradkennfeld einer elektrischen Antriebsmaschine. Nach [3, 5]

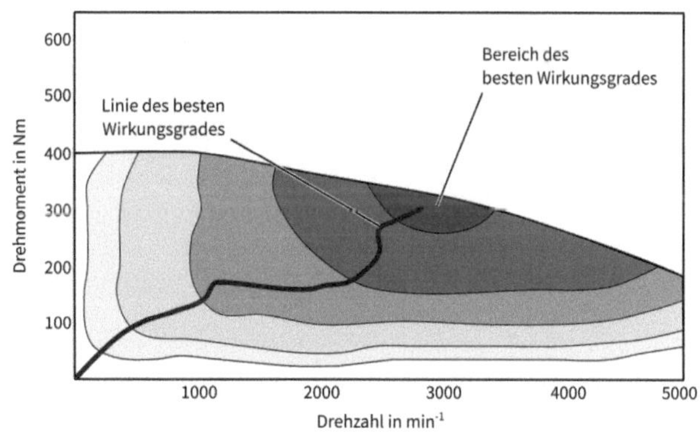

Literatur

1. Giersch H-U, Harthus H, Vogelsang N (2003) Elektrische Maschinen: Prüfen, Normung, Leistungselektronik, 5., korr. Aufl. Teubner, Stuttgart
2. Hofmann W (2013) Elektrische Maschinen: [Lehr- und Übungsbuch]. Pearson, München u.a.
3. Klimentew L (2017) Untersuchungen zur Verbrauchsreduktion elektrischer Triebstränge im Teillastbereich. Technische Universität Berlin
4. Lindner H, Brauer H, Lehmann C, Lindner H (2001) Taschenbuch der Elektrotechnik und Elektronik: Mit 109 Tabellen, 7., völlig neubearb. Aufl., [Sonderausg.,Nachdr.]. Fachbuchverl. Leipzig im Carl-Hanser-Verl., München
5. Pautzke F (2010) Radnabenantriebe: Studie zur Abschätzung der Verfügbarkeit, des Entwicklungsstandes und des Potentials von Radnabenantrieben in der Elektromobilität, 1. Aufl. Shaker, Aachen
6. Spring E (2006) Elektrische Maschinen: Eine Einführung, 2., durchges. Aufl. Springer, Berlin
7. Steinhart H (2011) Elektrische Antriebe
8. Wallentowitz H, Freialdenhoven A (2011) Strategien zur Elektrifizierung des Antriebsstranges: Technologien, Märkte und Implikationen., überarbeitete Auflage. Vieweg+Teubner Verlag / Springer Fachmedien Wiesbaden GmbH Wiesbaden, Wiesbaden
9. (2013) ISO 20653:2013(E) – Road vehicles – Degrees of protection (IP code) – Protection of electrical equipment against foreign objects, water and access. Beuth Verlag, Berlin
10. (2014) DIN EN 60529 (VDE 0470-1):2014-09 Schutzarten durch Gehäuse (IP-Code)

Mechanische Getriebe 5

Inhaltsverzeichnis

Getriebe werden benötigt, um die für die Arbeitsfunktion benötigte Energie anzupassen. Die Art des Getriebes hängt in der Regel von der geforderten Bewegung für die Umsetzung der jeweiligen Arbeitsfunktion ab. Sie übertragen daher auch Energie. Ein Getriebe besteht aus einer kinematischen Kette starrer Glieder, wobei die Mindestzahl der Getriebeglieder und Gelenke drei ist. Eines der Glieder ist bei einem Getriebe der Bezugskörper, der als Gestell ortsfest ist, z. B. als Gehäuse, Fahrzeugrahmen, oder Maschinenfundament. Die Teile, in denen sich die Körper gegenseitig berühren, sind die Gelenke, die auch als Elementenpaare bezeichnet werden. Je zwei Elemente, das eine zu Körper oder Glied 1 gehörig, das andere zu Glied 2 gehörig, bilden das Elementenpaar. Wichtig ist, dass die Elementenpaare so ausgebildet sind, dass sie die gewünschte Bewegung der beiden Glieder zulassen, aber andererseits die Berührung beider ständig gewährleisten. Die Bewegungsmöglichkeiten eines Gelenkes werden als Freiheitgrad bezeichnet [16].

H. J. Meyer, *Mobile Arbeitsmaschinen*, https://doi.org/10.1007/978-3-662-72251-0_5

Da die Hauptaufgabe des Getriebes die Übertragung der Energie von einer Kraft- bzw. Antriebsmaschine zur Arbeitsfunktion oder Arbeitsmaschine ist und die Charakteristik des Leistungsangebotes der Antriebsmaschine selten zur Charakteristik des Leistungsbedarfs der Arbeitsmaschine passt, ist eine Anpassung der Leistungscharakteristiken durch das Getriebe notwendig (Abb. 5.1). Dies sind in der Regel die Anpassung der Drehzahl und des Drehmomentes bei rotatorischen Bewegungen oder der Kraft und der Geschwindigkeit bei translatorischen Bewegungen. Hierbei handelt es sich um die Wandlung von Kennlinien oder Kennfeldern. Aus diesem Grund werden Getriebe oft auch als Kennungswandler bzw. Drehmoment- und Drehzahlwandler bezeichnet [11].

Neben der Umformung und Anpassung der Leistung an die Arbeitsfunktion können Getriebe weitere Nebenfunktionen übernehmen:

- Änderung der Drehachse – Für die Änderung der Drehachse gibt es mehrere grundsätzliche Anordnungen. Die Achsen sind parallel und schneiden sich im Unendlichen, die Achsen schneiden sich im Endlichen oder die Achsen schneiden sich nicht, das bedeutet, dass sie windschief sind.
- Änderung der Drehrichtung – Hierunter sind folgende Änderungen zu verstehen, wie die eigentliche Drehrichtungsumkehr auf einer koaxialen Welle oder die Änderung des Drehsinns auf einer beliebigen Drehachse.
- Änderung der Leistungsflüsse – In Getrieben können die Leistungsflüsse addiert, geteilt oder umgeformt werden. Bei der Addition spricht man von einem Summengetriebe, bei der Teilung der Leistungsflüsse von einem Verteilergetriebe. Die Umformung bedeutet beispielsweise die Umformung einer Drehbewegung in eine Längsbewegung.

Für die Einteilung der Getriebe und zu ihrer Beschreibung können folgende Kriterien und Eigenschaften herangezogen werden, die in Abb. 5.2 zusammengefasst sind.

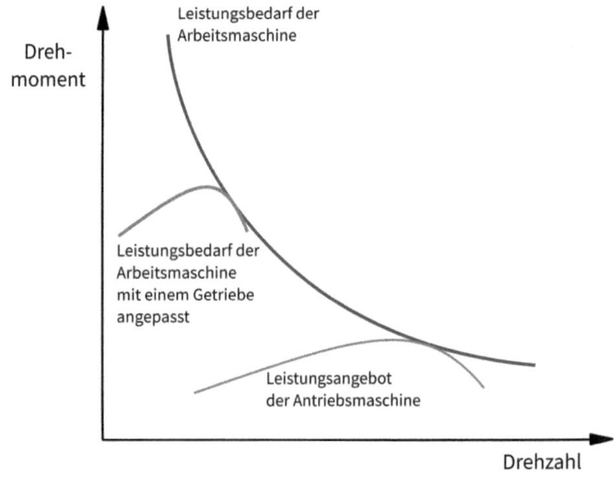

Abb. 5.1 Anpassung des Kennfeldes einer Antriebsmaschine an die Kennlinie der Arbeitsmaschine mithilfe eines Getriebes

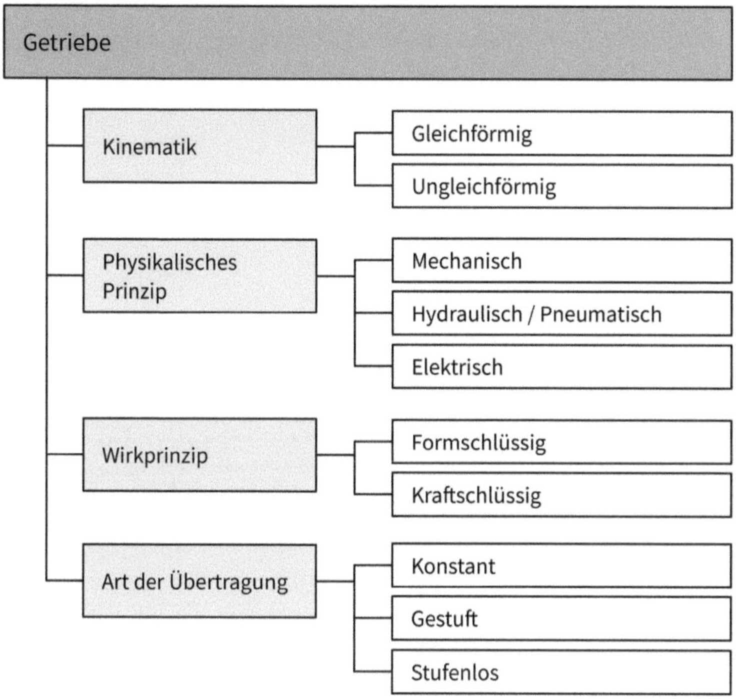

Abb. 5.2 Unterscheidungskriterien und Eigenschaften von Getrieben

5.1 Gleichförmig übersetzende Getriebe

Gleichförmig übersetzende Getriebe sind mechanische Systeme, die ein konstantes Übersetzungsverhältnis zwischen der Antriebs- und der Abtriebswelle aufweisen. Das bedeutet, dass die Drehzahl der Abtriebswelle in einem festen Verhältnis zur Drehzahl der Antriebswelle steht und sich dieses Verhältnis während des Betriebs nicht ändert. Ein Beispiel für gleichförmig übersetzende Getriebe sind Zahnradgetriebe.

Die Einsatzgebiete von Zahnradgetrieben sind vielfältig. Eine Einteilung der Zahnradgetriebe zeigt Abb. 5.3. Diese orientiert sich an der Art der Übersetzung und ihres Aufbaus.

Die Gruppe der Stirnrad- und der Parallelwellengetriebe können unter dem Begriff Vorgelegegetriebe zusammengefasst werden. Unter einem Vorgelegegetriebe wird ein Getriebe mit einer Antriebs- und Abtriebswelle und einer (oder mehrerer) im Gehäuse gelagerten Vorgelegewelle verstanden. Diese Getriebe haben sich wegen ihrer Bauform als besonders wirtschaftlich erwiesen. Planetengetriebe können sowohl als Getriebe mit unveränderlicher Übersetzung, im Schaltgetriebe und – als Planeten-Stellkoppelgetriebe – mit stufenlos veränderlicher Übersetzung verwendet werden, weshalb diese Getriebegruppe im Folgenden ausführlicher behandelt werden wird.

In Abb. 5.4 ist der grundsätzliche Aufbau dargestellt. Abb. 5.4, links zeigt ein einstufiges Zahnradgetriebe mit dem Antrieb A und dem achsversetzten Abtrieb B. In Abb. 5.4, rechts

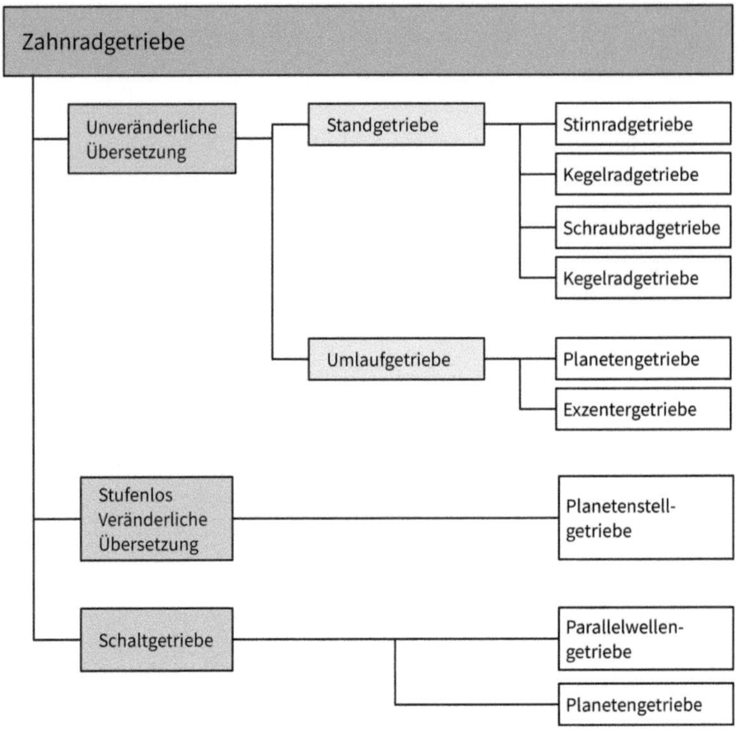

Abb. 5.3 Übersicht Zahnradgetriebe

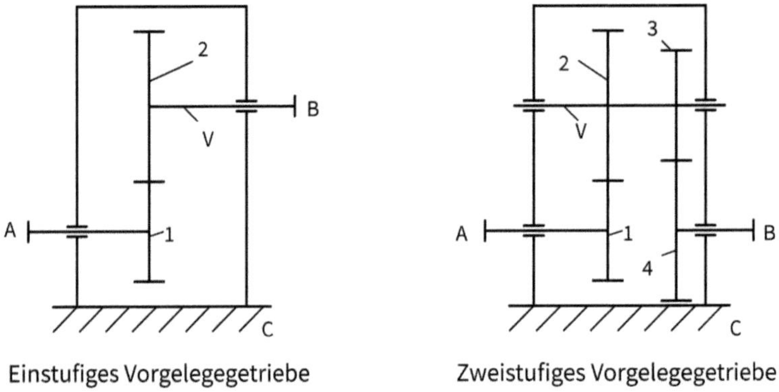

Abb. 5.4 Vorgelegegetriebe

ist ein zweistufiges Zahnradgetriebe mit dem Antrieb A und dem koaxialen Abtrieb B dargestellt. Die Vorgelegewelle V begründet die Namensbildung des Vorgelegegetriebes (vorgelegte Welle).

5.1.1 Kenngrößen von Getrieben

Die nachfolgenden Darstellungen und Berechnungen sind allgemein gültig. Die dargestellten Räder in den Getriebedarstellungen entsprechen der allgemeinen Darstellung. Es kann sich um Zahn- oder Reibräder handeln.

Die Übersetzung ist das Verhältnis der Winkelgeschwindigkeit des treibenden Gliedes zu der des getriebenen Gliedes [16].

Allgemein gilt:

$$i = \frac{\omega_{\mathrm{an}}}{\omega_{\mathrm{ab}}} = \frac{n_{an}}{n_{ab}} \tag{5.1}$$

mit

i: Übersetzung [–]
ω_{an}: Winkelgeschwindigkeit des treibenden Rades
ω_{ab}: Winkelgeschwindigkeit des angetriebenen Rades
n_{an}: Drehzahl des treibenden Rades
n_{ab}: Drehzahl des getriebenen Rades

Für die Vorgelegegetriebe in Abb. 5.4 gilt danach:

$$i = \frac{n_A}{n_B} = -\frac{z_2}{z_1} \tag{5.2}$$

n_A: Drehzahl des Antriebs
n_B: Drehzahl des Abtriebs
z_1: Zähnezahl des Rades 1
z_2: Zähnezahl des Rades 2

Es gilt also unter Berücksichtigung der Zähnezahl die Faustregel: Übersetzung ist gleich Ausgangszähnezahl zu Eingangszähnezahl. Das negative Vorzeichen steht für die Drehrichtungsumkehr.

$$i = \frac{n_A}{n_B} = -\frac{z_4}{z_3} \cdot -\frac{z_2}{z_1} = +\frac{Z_4}{Z_3} \cdot \frac{Z_2}{Z_1} \tag{5.3}$$

In diesem Fall mit zwei Zahnradstufen existiert eine doppelte Drehrichtungsumkehr. Generell kann man die Gesamtübersetzung bei einer Reihenschaltung mehrerer Getriebe folgendermaßen berechnen:

$$\mathrm{i}_{\mathrm{ges}} = i_1 \cdot i_2 \cdot i_3 \cdot \ldots \cdot i_{\mathrm{n}} = \prod_{1=1}^{\mathrm{n}} i_j \tag{5.4}$$

Allgemein gilt:

- $i = +$: gleiche Drehrichtung von An- und Abtriebswelle
- $i = -$: entgegen gesetzte Drehrichtung von An- und Abtriebswelle
- $|i| > 1$: Übersetzung ins Langsame
- $|i| < 1$: Übersetzung ins Schnelle

Bei stufenlosen Getrieben gelten die folgenden Besonderheiten:

- $i = \infty$: stehender Abtrieb mit drehendem Antrieb
- $i = 0$: stehender Antrieb mit drehendem Abtrieb

Der Übersetzungsbereich ist das Verhältnis von maximaler zu minimaler Übersetzung in einem mehrfach schaltbaren Stufengetriebe.

Es gilt für den Übersetzungsbereich, [7]:

$$\rho = \frac{i_{\mathrm{max}}}{i_{\mathrm{m}}} \tag{5.5}$$

mit:

ρ: Übersetzungsbereich
i_{max}: maximale Getriebeübersetzung
i_{min}: minimale Getriebeübersetzung

Der Stufensprung φ beschreibt das Übersetzungsverhältnis zwischen zwei benachbarten Gängen bei einem schaltbaren Getriebe, [7]:

$$\varphi = \frac{i_{n-1}}{i_n} \tag{5.6}$$

Der Stufensprung drückt damit die Abstufung zwischen den Gängen aus. Je kleiner der Stufensprung ist, desto besser schmiegt sich die Leistungsausnutzung des Motors an die Zugkrafthyperbel an. Auch lässt sich das Getriebe dann leichter schalten. Bei einer geringen Drehzahldifferenz beim Schaltvorgang ist die Wärmebelastung der Schaltelemente beim Schaltvorgang geringer. Je größer der Stufensprung ist, desto größer ist die Wärmebelastung.

Bei Getrieben mit mehreren Gängen ist die Gangabstufung ein weiteres Merkmal zur Charakterisierung des Getriebes. Bei der geometrischen Gangabstufung ist der Wert für den Stufensprung zwischen den einzelnen Gängen gleich.

$$\varphi_{th} = \sqrt[(z-1)]{i_{ges}} \tag{5.7}$$

Für die Übersetzung in den einzelnen Gängen n = 1 bis j gilt dann:

$$i_n = i_z \cdot \varphi_{th}^{z-n} \tag{5.8}$$

In praktischen Anwendungen wird oft von den exakten Werten für den Stufensprung leicht abgewichen. Die geometrische Abstufung findet besonders in Gruppengetrieben von Nutzfahrzeugen Anwendung. Neben der geometrischen findet auch die progressive Gangabstufung Anwendung in Fahrzeuggetrieben. Bei dieser ist der Stufensprung nicht konstant, sondern ändert sich mit der Höhe des Ganges. Je höher der Gang ist, desto kleiner ist der Stufensprung. Dies wirkt sich derart aus, dass bei höheren Gängen die Lücken zwischen der Zugkrafthyperbel und dem Zugkraftangebot kleiner werden [7].

Nachstehend werden die Drehmomente und die Leistung in einem Zahnradgetriebe am Beispiel des zweistufigen Vorgelegegtriebes aus Abb. 5.4 betrachtet.

Für die Summe der äußeren Drehmomente an diesem Getriebe gilt:

$$\sum M = 0 : M_A + M_B + M_C = 0 \tag{5.9}$$

Für die Drehmomente an den Wellen gilt:

$$\begin{aligned} M_A + M_1 &= 0 \\ M_B + M_4 &= 0 \\ M_C + M_V &= 0 \end{aligned} \tag{5.10}$$

Berücksichtigt man bei der Berechnung der Leistungsbilanz den Wirkungsgrad η, kann die Wandlung μ des Getriebes berechnet werden:

$$M_B \cdot n_B = -M_A \cdot n_A \cdot \eta \tag{5.11}$$

$$\mu = \frac{M_B}{M_A} = -i \cdot \eta \tag{5.12}$$

Für die äußeren Drehmomente gilt dann:

$$M_C = -\left(1 - i \cdot \eta\right) \cdot M_A \tag{5.13}$$

Allgemein berechnet sich die Leistung aus dem Produkt von Winkelgeschwindigkeit ω (bzw. Drehzahl) und Drehmoment.

Es gilt:

$$P = \omega \cdot M = 2 \cdot \pi \cdot n \cdot M \tag{5.14}$$

P: Wellenleistung
ω: Winkelgeschwindigkeit der Welle
M: Drehmoment an der Welle

Allgemein empfiehlt sich folgende Konvention:

$P = +$ Die Leistung fließt an der betrachteten Stelle in das Teil hinein (zugeführte Leistung, Antriebsleistung).

$P = -$ Die Leistung fließt an der betrachteten Stelle aus dem Teil heraus (abgeführte Leistung, Abtriebsleistung).

Bei Zahnradgetrieben treten Verluste in Form von Verzahnungsverlusten, Lagerverlusten und Dichtungsverlusten auf. In Abhängigkeit von der Zahngeometrie, der Zahnoberfläche und den geometrischen Abweichungen von der in der Regel evolventischen Zahnprofilform liegen die Wirkungsgrade je Zahnradstufe zwischen 0,98 und 0,995. Abb. 5.5 zeigt eine Übersicht über die Anteile der Verlustarten. Der Verlustgrad ζ berechnet sich als Verhältnis der Verlustleistung P_{VZG} durch die Antriebsleistung des Getriebes P_{an}. Die Verlustleistung des Zahnradgetriebes P_{VZG} setzt sich aus den Lagerlastverlusten P_{VLP} und Lagerleerlaufverlusten P_{VL0}, den lastabhängigen und den Leerlaufverlusten der Verzahnung P_{VZP} und P_{VZ0}, den Dichtungsverlusten P_{VD} und den Verlusten sonstiger Bauteile P_{VX} zusammen, [9]:

$$\zeta = \frac{P_{VZG}}{P_{an}} \tag{5.15}$$

mit

$$P_{VZG} = P_{VLP} + P_{VL0} + P_{VZP} + P_{VZ0} + P_{VD} + P_{VX} \tag{5.16}$$

Die lastunabhängigen Verluste der Verzahnung entstehen hauptsächlich durch hydraulische Verluste infolge von eintauchenden Zahnrädern, Ölverdrängung aus den Zahnlücken und weiteren Strömungswiderständen der Zahnräder im Getriebe. Die lastabhängigen Verzahnungsverluste treten als Reibungsverluste der sich im Eingriff befindlichen Zahnflanken auf.

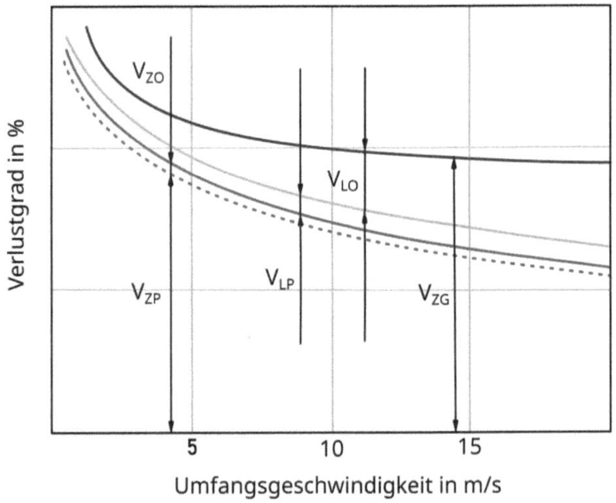

Abb. 5.5 Verlustgrad Zahnradgetriebe. (Nach [9])

5.1.2 Zahnradgetriebe

Zahnradgetriebe mit in Stufen veränderlicher Übersetzung

Für den Aufbau von Zahnradgetrieben mit in Stufen veränderlicher Übersetzung werden vorrangig Parallelwellengetriebe und schaltbare Planetengetriebe verwendet. Beispiele für solche Getriebe zeigt Abb. 5.6. Beim Parallelwellengetriebe wird die Leistung über eine Welle eingeleitet und über eine zweite parallel liegende Welle wieder abgeleitet. Für die Realisierung verschiedener Übersetzungen werden Zahnradpaare genutzt, die entsprechend auf den Wellen angeordnet sind. Hierbei ist jeweils ein Zahnrad der Paarung auf einer Welle angeordnet. Am Leistungsfluss und an der Wandlung der Drehzahl und des Drehmoments ist immer nur ein Zahnradpaar beteiligt. Die Anzahl der Stufen ist durch die Anwendung, den Bauraum, die Masse und die Kosten bestimmt. Einschränkend ist bei mehreren Zahnradpaaren auch der feste Achsabstand, was bei der Auswahl der Zahngeometrie z. B. durch eine Profilverschiebung berücksichtigt werden kann.

Der Wechsel der Übersetzungen wird als Schaltvorgang bezeichnet und kann je nach Ausführung der Elemente zum Übersetzungswechsel nur unter Einschränkungen wie Lastfreiheit oder Relativdrehzahlfreiheit durchgeführt werden. Um einen Übersetzungswechsel durchzuführen, muss der Leistungsfluss unterbrochen oder umgeleitet werden. Die Unterbrechung des Leistungsflusses wird zumeist mit dem Fehlen des Antriebsmoments verbunden und deshalb auch als Zugkraftunterbrechung bezeichnet. Formschlüssige Schaltelemente müssen allgemein relativdrehzahlfrei und damit auch zumeist lastfrei geschaltet werden, jedoch lässt sich auch eine Verkürzung der Zeit der Zugkraftunterbrechung oder ein vollständig zugkraftunterbrechungsfreier Übersetzungswechsel erzielen. Hierzu wird der Leistungsfluss durch eine Leistungsaufteilung in eine andere Welle geleitet, auf welcher bereits die andere Übersetzung anliegt und entsprechend nicht mehr gewechselt werden muss. Hierzu kann ein Mehrwellengetriebe, wie in Abb. 5.6,

Abb. 5.6 Schaltbare Parallelwellengetriebe

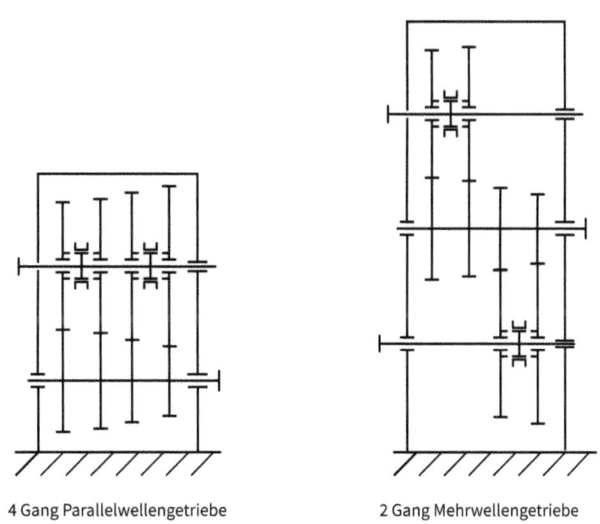

rechts dargestellt (hier ohne Darstellung der Leistungsaufteilung), verwendet werden. Dieses Vorgehen liegt den Doppelkupplungsgetrieben zugrunde.

Geschaltet werden die Gänge selber mit Schalteinrichtungen, die man in innere Schaltelemente und äußere unterteilen kann. Zu den inneren Schaltelementen zählen die Schaltstangen, die Schaltschwingen, die Synchronisierungselemente, Lamellenkupplungen usw. In Fahrzeuggetrieben werden z. B. für den Gangwechsel Schieberäder, Klauenschaltungen, Stiftschaltung, Synchronisierungen ohne Sperreinrichtung, Synchronisierungen mit Sperreinrichtung, hydraulisch betätigte Lamellenkupplungen für Lastschaltgetriebe oder hydraulisch betätigte Lamellenbremsen für Planetengetriebe verbaut.

Äußere Schaltelemente sind Schalthebel, Schaltgestänge oder -seilzüge usw. Letztendlich stellen sie eine wesentliche Schnittstelle zwischen dem Antriebsstrang und dem Menschen dar. Ihre Handhabung ist bestimmend für das Komfortempfinden und die Handhabung des Fahrzeugs oder der Arbeitsmaschine.

Bei der Gestaltung und Auslegung von Zahnradgetrieben ist die Ausgestaltung des Zahnkontaktes und die Zahnform neben den Einsatzbedingungen zu berücksichtigen. Neben der Anforderung nach Erfüllung einer konstanten Übersetzung muss auch das Verzahnungsgesetz erfüllt werden. Dieses besagt, dass bei der Übertragung einer Winkelgeschwindigkeit mit gleichförmiger Übersetzung von einer Welle auf eine zweite mithilfe von Zahnflanken die gemeinsame Normale der beiden Flankenprofile in jedem Berührungspunkt durch den Wälzpunkt gehen muss [11]. Diese Bedingung wird von der Zykloidenverzahnung, der Kreisbogenverzahnung und der Evolventenverzahnung erfüllt. Besonders die Evolventenverzahnung hat in Getrieben mobiler Arbeitsmaschinen und in Fahrzeuggetrieben weite Verbreitung gefunden, da mit ihr Achsabstandsabweichungen leicht realisiert werden können. Weitere Vorteile sind, dass nur einfache Werkzeuge notwendig sind und die Zahnkraftrichtung konstant ist. Nachteilig ist, dass bei kleinen Zähnezahlen ein Unterschnitt entsteht, was sich negativ auf die Festigkeit auswirkt. Für die Überprüfung der Tragfähigkeit ist es zunächst wichtig, die Arten der Schäden zu kennen, die bei Zahnradgetrieben auftreten. Häufig auftretende Schäden sind die Grübchenbildung und der Zahnfußbruch, [11, 15]:

- Schäden in Folge der Pressung – Unter der Grübchenbildung werden Ausbrüche aus der Zahnflanke in Folge von Ermüdung oberflächennaher Bereiche verstanden. Weiterhin kann es zu einem Fressen kommen, was seine Ursache in einem örtlichen Verschweißen in Folge der Pressung, örtlicher Temperaturerhöhung und unmittelbarer Trennung durch Gleiten der Zahnflanken hat. Wird die Oberfläche durch abrasive und adhäsive Wirkung zwischen den gleitenden Oberflächen abgetragen, wird von Verschleiß gesprochen.
- Zahnbrüche – Ein typischer Schaden bei Zahnradgetrieben ist der Zahnfußbruch. Dieser kann zwei Ursachen haben. Eine Ursache ist, wenn die Spannung im Zahnfuß die Bruchfestigkeit überschritten hat. Eine andere ist ein Ermüdungsbruch. Manche Brüche gehen vom Mittelbereich der Zahnflanke aus und sind oft Ermüdungsbrüche. Darüber können Brüche vom Zahnfußgrund oder vom Zahnkopf ausgehen.

Entsprechend der Schäden schlägt die Norm DIN 3990 für den Tragfähigkeitsnachweis der Nachweis der Grübchentragfähigkeit und der Zahnfußtragfähigkeit vor [15].

Planetengetriebe

Das einfache Planetengetriebe bzw. Planetenradgetriebe hat einen Steg mit einem oder mehreren Planetenrädern und ein oder zwei Zentralrädern. Einfache Planetenradgetriebe mit koaxialer Lage der Anschlusswellen werden auch als rückkehrende Planetenradgetriebe bezeichnet. Die Planetenräder sitzen auf umlaufenden Wellen (daher auch der Name Umlaufgetriebe für Planetengetriebe). In mobilen Arbeitsmaschinen werden sie häufig wegen ihrer Vorzüge eingesetzt. Besonders in Fahrzeuggetrieben, z. B. in Traktoren, können mit ihn kompakte, robuste Getriebevarianten realisiert werden.

Generell kann ein Planetengetriebe aus einem Stirnradgetriebe abgeleitet werden (Abb. 5.7). Ändert man ein zweistufiges Stirnradgetriebe mit zwei Zahneingriffen derart, dass auf der Zwischenwelle nur noch ein Zahnrad als Zwischenrad läuft, so kann auf das zweite Zahnrad auf der Zwischenwelle verzichtet werden. Dazu kann das abtreibende Zahnrad negativ verzahnt werden, das mit dem Zwischenrad im Eingriff steht. Diese Bauform erlaubt die Anordnung von mehreren Zwischenrädern auf dem Umfang des Antriebsrades. Das ermöglicht wiederum eine Lastaufteilung und Reduzierung der Zahnkräfte und Zahnflankenbeanspruchung gegenüber der einfachen Stirnradpaarung. Bei gleicher zu übertragender Leistung können die Zähne bei einem Planetenradgetriebe gegenüber einem Stirnradgetriebe kleiner sein. Planetengetriebe haben folgende Vorteile:

- koaxiale Lage der An- und Abtriebswellen
- günstige, symmetrische Bauform
- hohe und auch extrem hohe oder niedrige Übersetzungen in einer oder wenigen Stufen (vorwärts und rückwärts, ins Langsame oder Schnelle)

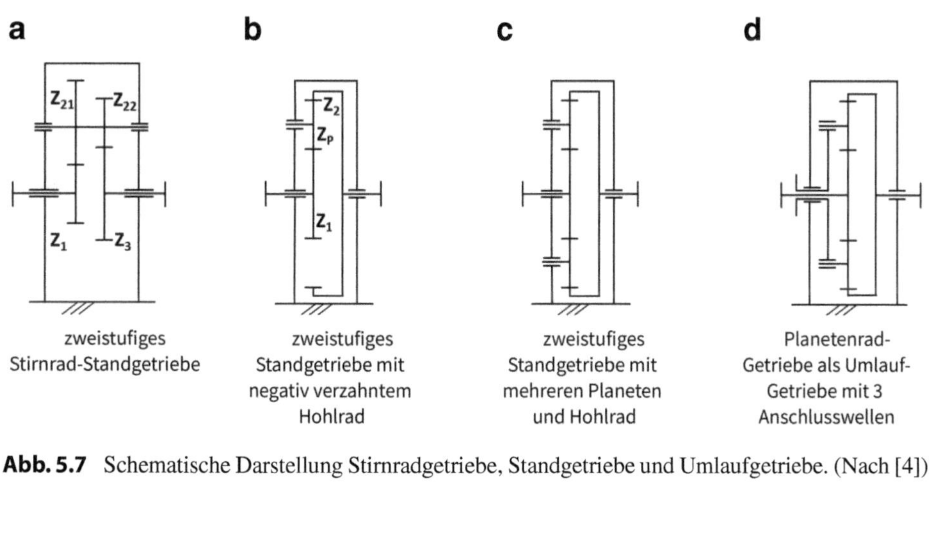

Abb. 5.7 Schematische Darstellung Stirnradgetriebe, Standgetriebe und Umlaufgetriebe. (Nach [4])

- runde Bauweise und dadurch Anpassung an runde Kupplungen, Wandler und andere runde Schaltelemente
- Verteilung von Drehmoment und Leistung auf mehrere Planetenräder bzw. Zahneingriffe sowie Leistungsverteilung zwischen einzelnen Planetensätzen. Hieraus resultieren kleinere Zahnräder, kleinere Zahngeschwindigkeiten, kleinere, absolute Zahnkräfte, kleinere kompakte Bauweise
- hohe Wirkungsgrade, wenn von der Gesamtleistung nur ein Teil als Wälzleistung übertragen wird
- geräuscharmer Lauf
- geringe Empfindlichkeit gegen Stoßbelastungen
- Ausgleich der statischen Kräfte innerhalb des Getriebesystems (Belastungsausgleich)
- keine Belastung der Zentralwellenlager durch Zahnkräfte (zusätzlicher Belastungsausgleich)
- Überlagerung von Drehzahlen und Drehmomenten (bei Sammel- und Verteilgetrieben, Differentiale), stufenweise oder stufenlos
- Erweiterung zu leistungsverzweigten Getrieben mit beispielsweise stufenloser Drehzahlverstellung im Zweig mit kleinerer Leistung

Der Aufbau eines einfachen Planetengetriebes ist in Abb. 5.8 dargestellt. Den vorher genannten Vorteilen eines Planetengetriebes steht meistens der geringere Bauaufwand eines Vorgelegegetriebes gegenüber, sodass keine allgemeingültige Wertung über beide Getriebetypen gemacht werden kann. Die Vorteile eines Planetengetriebes hängen sehr vom Anwendungsfall ab und haben hier und dort unterschiedliches Gewicht.

Übersetzungen bei Planetenradgetrieben

Wird von dem allgemeinen Getriebe Abb. 5.8 mit drei Wellen ausgegangen, dann erhält man ein Zweiwellengetriebe, indem eine Welle festgehalten wird. Durch Festhalten des Steges (S), des Hohlrades (2) oder des Sonnenrades (1) in Abb. 5.8 ergeben sich 3 unterschiedliche Übersetzungsmöglichkeiten. Diese werden auch die inneren Übersetzungen genannt. Hält man die Stegwelle fest ($n_s = 0$), dann läuft keine Welle mehr um und man hat ein Standgetriebe. Die Antriebsdrehzahl n_1 wird auf das raumfeste Planetenrad übertragen und von dort auf das Hohlrad. Das bedeutet, das Planetenrad dient nur als Zwischenrad und bestimmt nicht das Übersetzungsverhältnis, wie man das auch aus der folgenden Formel ersieht. Ausgehend von Gl. 5.2, ergibt sich:

$$i_0 = i_{12} = \frac{i_1}{i_2} = \left(-\frac{z_p}{z_1} \right) \cdot \left(-\frac{z_2}{z_p} \right) = \frac{z_2}{z_1} \tag{5.17}$$

mit:

z_1: Zähnezahl des Sonnenrades
z_2: Zähnezahl des Hohlrades
z_p : Zähnezahl des Planetenrades

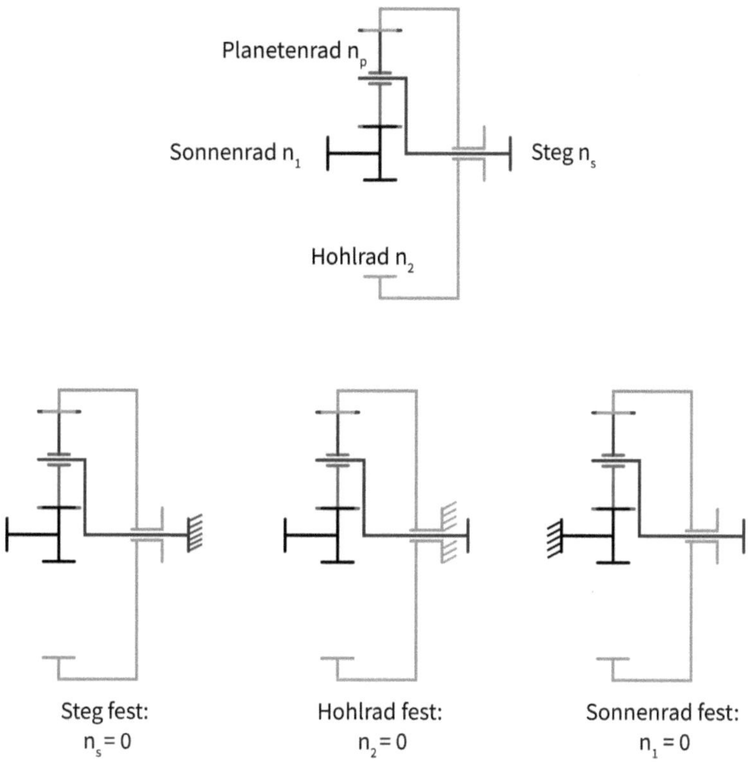

Abb. 5.8 Grundsätzlicher Aufbau eines Planetenradgetriebes und Antriebsvarianten

Sind in einem Umlaufgetriebe alle drei Wellen frei drehbar, ergibt sich ein Freiheitsgrad von 2. Für einen eindeutigen Bewegungszustand müssen dann zwei Antriebsbewegungen vorgegeben werden. Somit ist die Abtriebsdrehzahl von den Drehzahlen der beiden Antriebswellen abhängig. Soll ein Planetengetriebe als Umlaufgetriebe verwendet werden, ist es notwendig, alle drei Wellen an den Leistungsfluss anzuschließen. Durch die Abhängigkeit der Abtriebsdrehzahl von zwei anderen Drehzahlen ergibt sich aber auch die Möglichkeit, die Abtriebsdrehzahl durch zwei verschiedene Parameter zu beeinflussen.

Für die Ermittlung der Übersetzungen bei einem Dreiwellengetriebe empfiehlt sich die Methode von Schwamb [10]. Diese Methode nutzt als Ansatz die Überlagerung von einfachen, bekannten Drehzahlzuständen eines Getriebes für die Bestimmung der Übersetzungsverhältnisse. Wird das in Abb. 5.8 oben skizzierte Planetenradgetriebe als Dreiwellengetriebe betrachtet, gilt für die Drehzahlen im ersten Schritt bzw. im ersten Drehzahlzustand, dass diese n_1, n_2 und n_s betragen, siehe Tab. 5.1. Der zweite Schritt bzw. Zustand besteht darin, dass das gesamte Getriebe mit der Drehzahl n_s in entgegengesetzter Richtung gedreht wird. Summiert man diese beiden Zustände, erhält man die Drehzahlbeziehungen für die Wellen des Dreiwellengetriebes.

Tab. 5.1 Methode von Schwamb

	Sonnenradwelle	Hohlradwelle	Stegwelle
Schritt 1	n_1	n_2	n_s
Schritt 2	$-n_s$	$-n_s$	$-n_s$
Summe von 1 + 2	$n_1 - n_s$	$n_1 - n_s$	$n_s - n_s = 0$

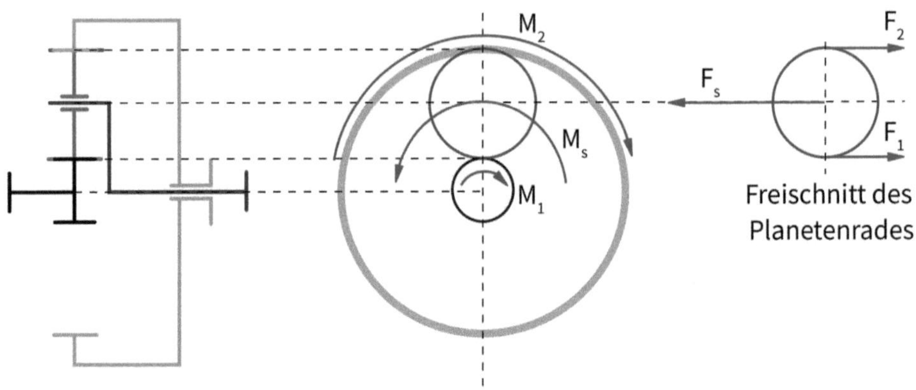

Abb. 5.9 Kräfte und Drehmomente beim Planetenradgetriebe.

Für die Übersetzung i_{12} gilt dann:

$$i_{12} = \frac{n_1 - n_s}{n_2 - n_s} \tag{5.18}$$

Diese Gleichung wird als Planetenhauptgleichung nach Willis bezeichnet [6].

Kräfte und Drehmomente beim Planetenradgetriebe

Im Folgenden werden die Kräfte und Drehmomente beim Planetenradgetriebe unter Verwendung der Abb. 5.9 näher betrachtet. Die Wellen und Zahnräder des Planetengetriebes drehen mit konstanter Geschwindigkeit, d. h. es gelten die Gleichgewichtsbedingungen der Statik – sowohl für das Gesamtgetriebe als auch für jedes freigeschnittene Bauteil. Schneidet man das Planetenrad frei, dann ergibt die Beziehung nach Gl. 5.19. Die am Planetenrad angreifenden Kräfte F (Umfangskräfte an den Wälzkreisen und am Steg) müssen im Gleichgewicht stehen:

$$F_s = F_1 + F_2 \quad \text{(Gl. 5.19)}$$

$$F_1 \cdot r_p = F_2 \cdot r_p \rightarrow F_1 = F_2 \quad \text{(Gl. 5.20)}$$

r_p ist in dieser Gleichung der Radius des Planetenrades.

Für die inneren Momente gilt:

$$M_s = M_1 + M_2 \quad \text{(Gl. 5.21)}$$

Generell kann man für die inneren Momente folgende Beziehungen angeben:
Für $n_s = 0$ gilt z. B.:

$$P_1 + P_2 = 0 \tag{Gl. 5.22}$$

$$M_1 \cdot n_1 + M_2 \cdot n_2 = 0 \tag{Gl. 5.23}$$

damit wird

$$\frac{M_2}{M_1} = -\frac{n_1}{n_2} = -i_{12} \tag{Gl. 5.24}$$

Allgemein kann man festhalten, wenn x und y Indizes sind:

$$\frac{M_x}{M_y} = -i_{yx} \tag{Gl. 5.25}$$

Es wird deutlich, dass alle inneren Übersetzungen bzw. Drehmomentenverhältnisse aus der Standübersetzung i_{12} abgeleitet werden können.

Für die Beschreibung der Übersetzungen, insbesondere auch bei gekoppelten Planetengetrieben, empfiehlt sich das Wolfsymbol [13].

Die Summenwelle führt stets die Momentensumme der beiden anderen Wellen. Die inneren Übersetzungen zwischen der Summenwelle und den Differenzwellen sind stets positiv. Deswegen ist die Summenwelle mit 2 positiven Zeichen eingerahmt. Die innere Übersetzung zwischen den Differenzwellen ist stets negativ. Deswegen liegt das Minuszeichen im Wolfsymbol stets der Summenwelle gegenüber. An den Wellen im Wolfsymbol stehen die Werte für die Momente. Die Vorzeichen zwischen den Wellen gelten für die inneren Übersetzungen.

Abb. 5.10, b zeigt ein einfaches, gekoppeltes Umlaufgetriebe. Bei diesem werden zwei Einzelgetriebe mit den Wellen A, CA und DA sowie B, CB und DB über zwei Wellen miteinander gekoppelt. Dieses Getriebe hat dann vier Wellen. Wird nun eine der Wellen festgesetzt, dann sind die übrigen drei Wellen zu einer zwangsläufigen Übersetzung verbunden. Wird z. B. die Welle D festgesetzt, dann gibt es drei Drehzahlübersetzungen zwischen den Wellen A und B, A und C und B und C. Als Anschlusswellen werden die Wellen bezeichnet, an denen die äußeren Lasten angreifen. Die feststehende Welle ist die ruhende Welle, und die leer mitlaufende Welle ist die freie Welle. Da dieses Getriebe 4 Wellen hat und jede festgesetzt werden kann, ergeben sich insgesamt 12 Übersetzungsmöglichkeiten, wobei bei sechs Möglichkeiten nur ein Getriebe die Leistung führt. Ist die Welle B eine freie Welle, dann überträgt nur das Getriebe A, CA, CD Leistung. Die Übersetzungen in diesem Fall sind dann Einzelübersetzungen. Koppelübersetzungen sind die Übersetzungen, bei denen eine der Koppelwellen eine freie Welle ist. Wird beispielsweise ein Getriebe mit den Anschlusswellen A, B und C betrachtet, und die Koppelwelle C ist eine ruhende Koppelwelle, dann ergibt sich die Standübersetzung als Produkt zweier mithilfe der freien Welle D hintereinander geschalteter Einzelübersetzungen [13].

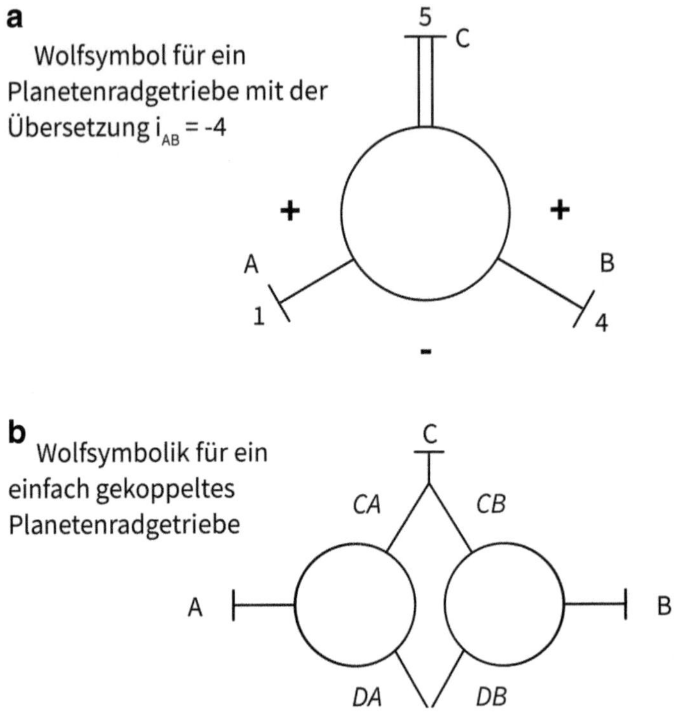

Abb. 5.10 Wolfsymbol

$$i_{AB} = i_{AD} \cdot i_{DB} \tag{5.26}$$

Kupplungs- und Wälzleistung

Bei Standgetrieben wird die gesamte Leistung durch den Wälzkontakt der Zahnräder übertragen. Dies bedeutet, dass die gesamte Leistung als sogenannte Wälzleistung übertragen wird. Dabei treten Verluste auf. Bei Umlaufgetrieben wird ein Teil der Leistung als Wälzleistung und der andere Teil als sogenannte Kupplungsleistung übertragen.

Abb. 5.11 zeigt für die Geschwindigkeitskomponenten das Beispiel, dass das Hohlrad feststeht. Ein Teil der Leistung wird als Kupplungsleistung P_K übertragen. In dem vorliegenden Fall berechnet sich die Kupplungsleistung aus

$$P_K = M_1 \cdot 2 \cdot \pi \cdot n_s \tag{5.27}$$

Der übrige Teil der Leistung wird dann als Wälzleistung P_W übertragen.

$$P_W = M_1 \cdot (n_1 - n_s) \cdot 2 \cdot \pi \tag{5.28}$$

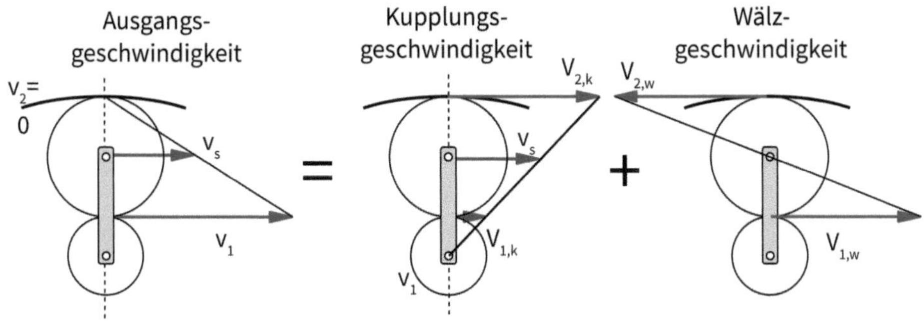

Abb. 5.11 Kupplungs- und Wälzgeschwindigkeit bei Planetenradgetrieben

Insgesamt gilt:

$$P_{an} = P_1 = P_K + P_W \tag{5.29}$$

mit den Leistungsverhältnissen für die Kupplungsleistung

$$\frac{P_K}{P_1} = \frac{M_1 \cdot n_s}{M_1 \cdot n_1} = \frac{n_s}{n_1} = i_{s1} \tag{5.30}$$

und für die Wälzleistung

$$\frac{P_W}{P_1} = \frac{M_1 \cdot (\mathrm{n}_1 - n_s)}{M_1 \cdot n_1} = 1 - \frac{n_s}{n_1} = 1 - i_{s1} \tag{5.31}$$

Für die Wälzleistung ist die Umfangskraft der Zahnräder und Wälzgeschwindigkeit bestimmend. Die Kupplungsleistung entspricht der Leistung, wenn sich alle Wellen des Planetenradgetriebes wie eine starre Kupplung mit der gleichen Drehzahl drehen. Es findet keine Relativbewegung zwischen den Zähnen statt, sodass keine Reibungsverluste auftreten.

5.1.3 Zugmittelgetriebe

Riemengetriebe

Zugmittelgetriebe werden auf vielfältige Art und Weise in mobilen Arbeitsmaschinen eingesetzt. Sie dienen meistens der Anpassung von Drehmoment oder Drehzahl entsprechend den Anforderungen der Arbeitsfunktion. Sie können ebenfalls zur Änderung der Drehzahl eingesetzt werden. In ihrem grundsätzlichen Aufbau bestehen sie aus mindestens zwei Rädern, die von einem Zugmittel umschlungen werden. Die Kraftübertragung zwischen den Zugmitteln kann kraftschlüssig sein, z. B. bei einem Flachriemen oder formschlüssig wie bei einer Kette.

In Abb. 5.12 b) ist ein Zugmittelgetriebe mit mehreren Rädern dargestellt. Es zeigt beispielhaft, wie mit diesen Getrieben Leistung verteilt und die Drehrichtungen umgekehrt werden kann. Mithilfe von Spannrollen kann der Umschlingungswinkel vergrößert und damit die übertragbare Leistung erhöht werden. Eine weitere besondere Eigenschaft, die diese Getriebe für mobile Arbeitsmaschinen interessant macht, ist die Möglichkeit der freien Festlegung der Achsabstände, da die Zugmittel entsprechend in der Länge angepasst werden können. Als Übersetzungsverhältnisse ins Langsame sind üblich, [1, 11]:

- Flachriemen: 1 bis 6 (mit Spannrolle bis 15, extrem bis 20)
- Keilriemen: 1 bis 10 (extrem bis 20)
- Zahnriemen: 1 bis 8 (extrem bis 12)
- Ketten: 1 bis 6 (extrem bis 10)

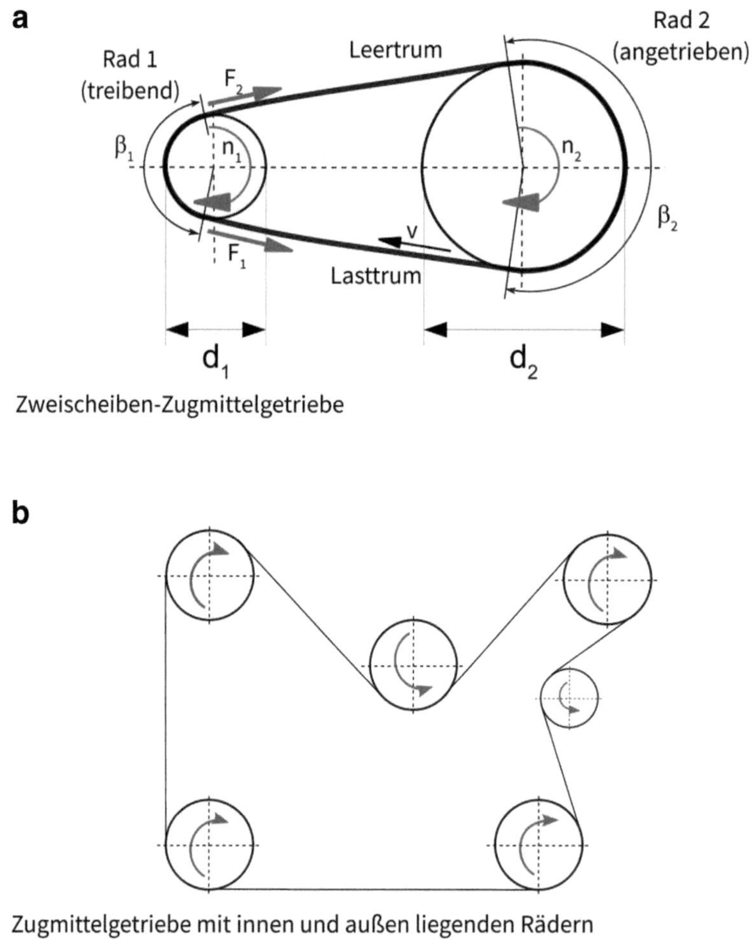

Abb. 5.12 Zugmittelgetriebe

Bei Riemengetrieben wird die Umfangskraft als Zugkraft vom Antriebsrad durch einen elastischen Riemen übertragen. Abb. 5.13 zeigt einige Beispiele für Riemenarten. Für die Benennung dieser Riemen wird die Form des Querschnitts herangezogen. So unterscheidet man Flachriemen, Keilriemen und Rundriemen. Bei Zahnriemen erfolgt die Kraftübertragung zwischen den Rädern und dem Riemen formschlüssig und schlupffrei. Bei den anderen ist die Kraftübertragung kraftschlüssig. In mobilen Arbeitsmaschinen sind besonders Keilriemen, z. B. im Mähdrescher, und Zahnriemen für Arbeitsaufgaben, die eine synchrone Bewegung erfordern, im Einsatz. Bei der Gestaltung und Auslegung sollte berücksichtigt werden, dass bei einer gegebenen Leistung und einer vorgegebenen Drehzahl kleine Riemenscheiben zu großen Biegebeanspruchungen im Riemen führen und große Vorspannungen erfordern. Maßgeblich ist der Umschlingungswinkel β, der möglichst groß sein sollte.

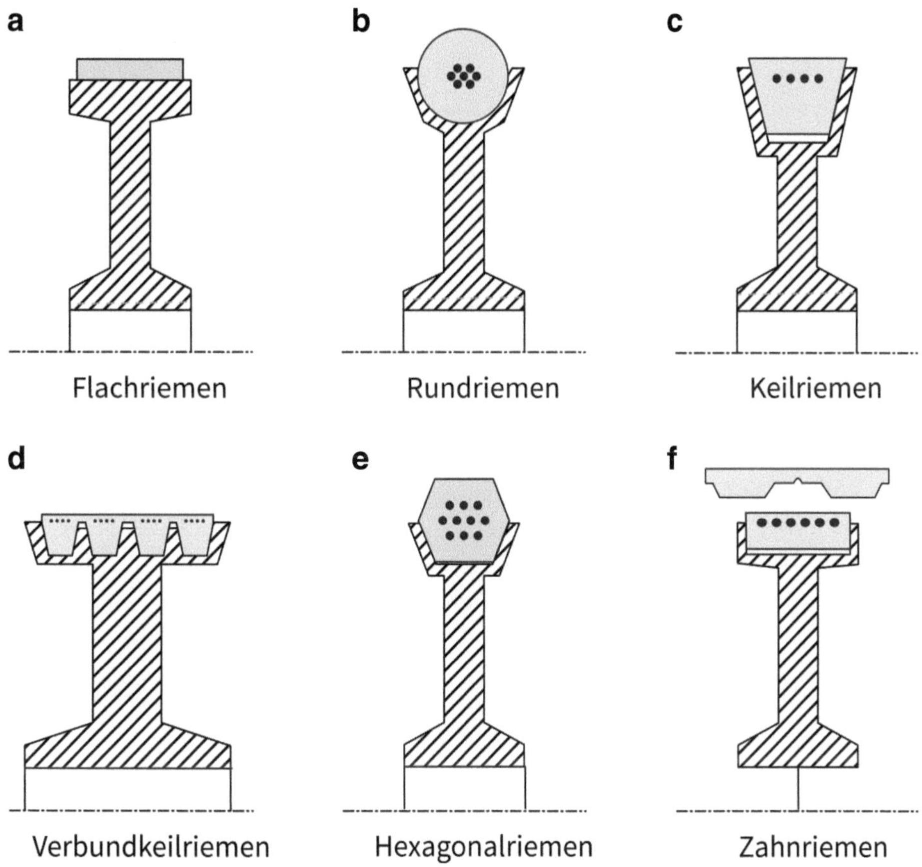

Abb. 5.13 Riemenarten

Für die Kräfte im Leertrum und Lasttrum gilt die Eytelweinsche Gleichung für die Seilreibung, [1]:

$$\frac{F_1}{F_2} = e^{\mu_r \beta} \tag{5.32}$$

In dieser Gleichung ist:
μ_r der Reibbeiwert zwischen dem Riemen und dem Rad
β ist der Umschlingungswinkel.

Gegebenenfalls müssen Spann- und Umlenkrollen genutzt werden, um den Winkel zu vergrößern. Das führt wiederum zu einer Wechselbiegung im Riemen, was sich negativ auf die Lebensdauer des Riemens auswirkt. Die Vor- und Nachteile von Riemengetrieben zeigt Tab. 5.2.

Kettengetriebe
Ketten werden in mobilen Arbeitsmaschinen auf sehr vielfältige Art eingesetzt. Sie werden als Antriebsketten, Förderketten und auch als Lastketten genutzt. Die Kettenarten für diese Anwendung unterscheiden sich sehr. Die Kraftübertragung erfolgt bei Ketten formschlüssig und schlupffrei. Gegenüber den Zahnradgetrieben haben Kettengetriebe den Vorteil, dass mit ihnen auch größere Achsabstände überbrückt und auch mehrere Abtriebe von einer Kette angetrieben werden können. Gegenüber Riemengetrieben haben sie den Vorzug, dass die Vorspannkräfte sehr viel geringer ausfallen können. In einigen Fällen kann auch auf eine Vorspannung verzichtet werden. Auch sind sie unempfindlicher gegenüber hohen Temperaturen und widrigen Umgebungsbedingungen.

Tab. 5.2 Vor- und Nachteile von Riemengetrieben. (Nach [11])

Vorteile	Nachteile
einfacher Aufbau	bei kraftschlüssigen Riemengetrieben tritt ein Dehnschlupf von bis zu 2 % auf
Möglichkeit zur vielfältigen Anordnung der Wellen, z. B. nicht parallele Anordnung	zusätzliche Wellenbelastung durch notwendige Vorspannung des Riemens
elastische Stoßaufnahme und Stoßdämpfung	größere Wellenabstände im Vergleich mit Zahnradstufen
geräuscharmer Lauf der kraftschlüssigen arbeitenden Riemen	relativ enge thermische Einsatzgrenzen (abhängig vom Riemenwerkstoff zwischen −50 °C und +80 °C)
Unempfindlich gegenüber kurzzeitiger Überlastung der kraftschlüssig arbeitenden Riemen	Abhängigkeit der Reibungszahl und der Riemendehnung von Umgebungseinflüssen (Feuchtigkeit, Staub, Temperatur, Verunreinigungen)
hohe Gleichlaufgenauigkeit bei gleichbleibender Belastung und Reibungszahl	Riemendehnungen erfordern ein Nachspannen nach einer gewissen Einsatzzeit
geringe Kosten	elektrostatische Aufladung unter Umständen
geringer Wartungsaufwand	

Die Kette schmiegt sich als ein Polygon um das Kettenrad. Bei kleinen Zähnezahlen kommt es daher zu Schwankungen der Kettengeschwindigkeit, da aufgrund des Polygoneffektes der wirksame Radius des Kettenrades schwankt. Wenn die Kette auf das Kettenrad aufläuft, werden die Kettenglieder gegeneinander verdreht, was zu Verschleiß in der Kette führt. Es werden dabei aber auch die Kettenräder verschlissen. Eine weitere problematische Eigenschaft von Kettengetrieben ist ihre Neigung zu Schwingungen in der Kette, denen man mit Kettenspannern und Kettenführungen begegnen kann. Tab. 5.3 zeigt einige Kettenarten mit ihren Eigenschaften und den zugehörigen Normen.

Wichtig ist bei Kettengetrieben, dass sie ausreichend geschmiert werden. Bestimmend für die Art der Schmierung ist die Kettengröße, Kettengeschwindigkeit und die Einsatztemperatur sowie die Umwelteinflüsse. Man unterscheidet die periodische Handschmierung, bei der das Öl bei stehender Kette auf die Innenseite des Leertrums aufgebracht wird. Nimmt die Kettengeschwindigkeit und die Größe der Ketten zu, reicht diese Form der Schmierung nicht mehr aus, und es muss auf eine Tropfschmierung zurückgegriffen werden. Bei dieser werden Tropföler eingesetzt, die das Öl gleichmäßig auf die Innenseite der Kette aufbringen. Da aufgrund der Bewegung der Kette das Öl nach außen geschleudert wird, müssen die Ketten durch Gehäuse gekapselt werden. Bei noch größeren Kettengeschwindigkeiten und Kettengrößen werden die Ketten tauchgeschmiert, oder

Tab. 5.3 Beispiele für Kettenarten. (Nach [11])

Kettenart	Eigenschaft	Norm
Bolzenketten	einfachste Gelenkketten. Auf einem Bolzen sind beidseitig mehrere Laschen beweglich angeordnet und durch Vernietung der Bolzen oder durch Splinte gegen axiales Abgleiten gesichert.	
Gallketten	Last- und Förderkette	DIN 8150
Ziehbankketten	Last- und Förderkette	DIN 8156, DIN 8157
Flyerketten	Last- und Förderkette	DIN 8152
Zahnketten	Sonderform; Sie bestehen aus Laschen mit je zwei Zähnen, deren beide Außenseiten sich beim Auflaufen auf das Zahnrad so auf jeweils zwei Zahnflanken legen, dass keine Gleitbewegung zwischen den Laschenzähnen und den Radzähnen entsteht.	
Buchsenketten	Antriebs- und Förderketten; Die Innenlaschen sind verdrehfest auf Buchsen gepresst und die in den Buchsen beweglichen Bolzen sind verdrehfest mit den Außenlaschen verbunden	DIN 8164
Rollenketten	Antriebsketten; durch den Einsatz von Rollen sind sie verschleißarm und leiser als andere Ketten	DIN 8187, DIN 8182

es kommt sogar eine Druckumlaufschmierung zum Einsatz. Bei dieser wird ein gleichmäßiger Ölstrom am Leertrum auf die Ketteninnenseite geleitet, der die Kühlung und den Abtransport von Verunreinigungen unterstützt.

Bei der Gestaltung sollten die Umlaufrichtung und die Wellenanordnung besonders beachtet werden. Günstig ist es, wenn der Kettentrieb waagerecht geführt wird oder mit Steigungen von bis zu 60°. Bei senkrechten Anordnungen neigt das Kettengetriebe zu Schwingungen, denen man mit Dämpfungseinrichtungen begegnet. Mithilfe von außenanliegenden Spannrollen kann man, ähnlich wie bei den Riemengetrieben, den Umschlingungswinkel vergrößern. Werden starre Spanneinrichtungen eingesetzt, muss der Kettentrieb einen Durchhang wegen des Polygoneffektes haben. Weitere, zu beachtende Aspekte sind, dass man bei sehr großen Wellenabständen Stützräder oder Gleitschienen vorsehen muss, die die Kettengewichtskräfte aufnehmen. Bei Gleitschienen im Leertrum muss beachtet werden, dass diese unterbrochen sind, damit Längenänderungen der Kette in Folge des Verschleißes und von Temperaturänderungen ausgeglichen werden können [11].

5.2 Ungleichförmigübersetzende Getriebe

5.2.1 Getriebesystematik

Wie bereits in Kap. 2 bereits beschrieben ist unter einer Maschine eine bewegliche Verbindung widerstandsfähiger Körper zu verstehen. Die Körper berühren sich dauernd und beschränken ihre gegenseitigen Bewegung [2, 8]. Diese sogenannten Körper sind die Glieder. Die Teile, in denen sich die Körper gegenseitig berühren, sind die Gelenke, oder Elementenpaare. Je zwei Elemente, das eine zu Körper oder Glied 1 gehörig, das andere zu Glied 2 gehörig, bilden das Elementenpaar. Wichtig ist, dass die Elementenpaare so ausgebildet sind, dass sie die gewünschte Bewegung der beiden Glieder zulassen, aber andererseits die Berührung beider ständig gewährleisten. Die Elementenpaare können nach verschiedenen Gesichtspunkten eingeteilt werden: Häufig wird die Einteilung nach Art der Berührung vorgenommen. Die Berührung kann punkt-, linien- oder flächenförmig sein. Flächenförmige Berührungen erlauben die Übertragung größerer Kräfte als die punkt- oder linienförmigen, sodass sie in Gelenken für die Übertragung von Kräften zu bevorzugen sind. Eine andere Einteilung der Elementenpaare ist die Einteilung nach dem Freiheitsgrad. Ein Körper im freien Raum hat 6 Freiheitsgrade: drei Bewegungsmöglichkeiten als Translation in Richtung x, y, z und drei Bewegungsmöglichkeiten als Rotation um die Achsen x, y, z. Die Elementenpaare sind nun dazu da, die freie Bewegung eines Gliedes gegenüber dem Nachbarglied einzuschränken. Es können mehrere Freiheitsgrade eingeschränkt werden, maximal 6, dann ist das Elementenpaar zu einer starren Verbindung geworden.

In der Getriebelehre wurde von Reuleaux der Begriff der kinematischen Kette eingeführt. Eine kinematische Kette ist eine durch Elementenpaare herbeigeführte bewegliche

Verbindung widerstandsfähiger Körper, die durch ihre gegenseitige Verbindung in ihrer Beweglichkeit beschränkt sind [8]. Ein Getriebe entsteht aus einer kinematischen Kette, bei der ein Glied als Gestell festgelegt und ein anderes angetrieben wird. Der Freiheitsgrad des Getriebes entspricht dem der Kette, vermindert um den maximalen Freiheitsgrad f_0 eines Elementenpaares. Für räumliche Elementenpaare beträgt $f_0 = 6$ und für ebene $f_0 = 3$.

Für den Freiheitsgrad F eines Getriebes gilt folgende Formel:

$$F = (n-1)\cdot f_0 - \sum_{i=1}^{g}(f_0 - f_i) - \sum_j (f_{id\,j}) + \sum_k s_k \tag{5.33}$$

In dieser Gleichung sind:

n: Anzahl der Getriebeglieder

f_i: Freiheitgrad eines Elementenpaares

f_{id}: Identischer Freiheitsgrad

s_k: Passive Bindung

Ein identischer Freiheitsgrad entsteht, wenn ein Körper im Getriebe bewegt werden kann, ohne dass dadurch die An- und Abtriebsbewegung beeinflusst werden. Ein Beispiel ist die Drehbewegung einer Tastrolle auf einer Kurvenscheibe. Passive Bindungen erhöhen den Freiheitsgrad eines Getriebes. Sie treten auf bei besonderen Getriebeabmessungen wie der Parallelität von Getriebegliedern und bei besonderen Lagen von Gelenkdrehachsen [3].

In praktischen Anwendungen wird die Gl. 5.33 zum Grüblerschen Zwanglaufkriterium umgewandelt, die für ebene Getriebe gilt. Hierzu wird der Freiheitsgrad $F = 1$ gesetzt, was einem Zwanglauf entspricht:

$$3\cdot \mathrm{n} - \sum_{i=1}^{g}(f_0 - f_i) - \sum_j (f_{id\,j}) + \sum_k s_k - 4 = 0 \tag{5.34}$$

Aus dieser Gleichung kann man nun für einfache ebene Getriebe ohne passive Bindungen und identische Freiheitsgrade schließen, dass die Anzahl der Gelenke und Glieder aufeinander abgestimmt sein müssen. So gibt es vier- oder sechsgliedrige zwangläufige Getriebe mit Gelenken, die nur einen Freiheitsgrad haben, aber keine mit fünf Gliedern.

In mobilen Arbeitsmaschinen werden häufig mehrgliedrige Getriebe eingesetzt. Bekannte Beispiele sind der Heckkraftheber bei Traktoren, die Hubvorrichtung mit der Schaufel bei Radladern und Hydraulikbaggern oder auch der Kolbenantrieb bei Quaderballenpressen. Diese Beispiele können auf die Grundbauform eines Viergelenkgetriebes zurückgeführt werden. In der Abb. 5.14 sind einige Arten dieser Getriebe dargestellt.

Da in vielen Anwendungen die Getriebe mit einem rotatorischen Antrieb angetrieben werden, ist die Umlauffähigkeit ein wichtiges Kriterium. Umlauffähigkeit bedeutet hier, dass die Antriebskurbel sich vollständig um ihr Gelenk mit dem Gestell drehen kann. Mithilfe des Satzes von Grashof kann die Umlauffähigkeit geprüft werden Abb. 5.14).

$$l_{\min} + l_{\max} < l_1 + l_2 \qquad \text{(Gl. 5.35)}$$

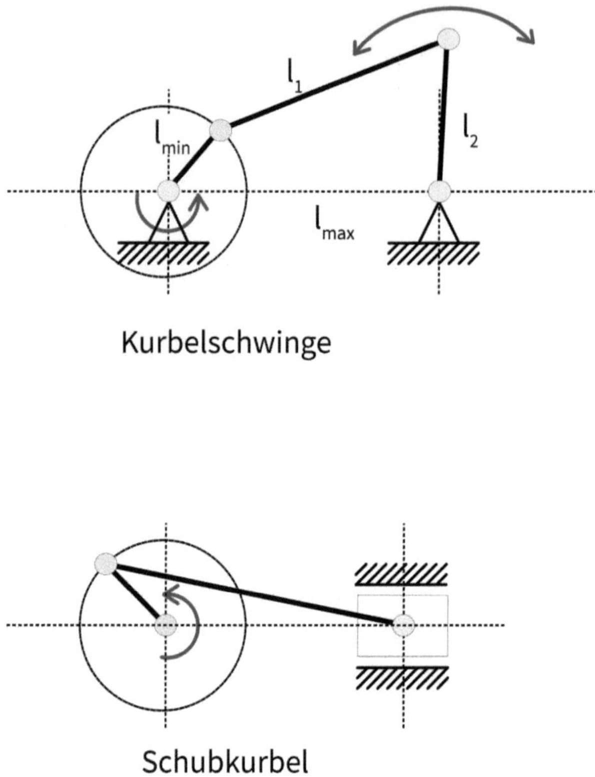

Abb. 5.14 Beispiele für Viergelenkgetriebe

Mit:

l_{min}: Länge des kürzesten Gliedes
l_{max}: Länge des längsten Gliedes
l_1, l_2: Längen der anderen beiden Glieder

5.2.2 Getriebeanalyse

Für die Praxis ist die Kenntnis der Bewegungsbahnen, der Geschwindigkeiten und der Beschleunigungen der Getriebeglieder wichtig, um sie dimensionieren und gestalten zu können. Die Bewegung eines Getriebegliedes kann als Drehung um einen bestimmten Punkt aufgefasst werden. Dieser Drehpunkt wird als Momentanpol bezeichnet (Abb. 5.15). Für das Verständnis der Bewegung ist es hilfreich, wenn man sich die jeweilige Stellung des Getriebegliedes als eine Ebene vorstellt. So ist die erste Stellung die Ebene 1, die zweite die Ebene 2 usw. Ein Pol ist nun der Punkt, um den man die Ebene 1 drehen muss, damit sie mit der Ebene 2 zur Deckung gebracht werden kann. Liegen die beiden Ebenen unendlich nah bei einander, so geht der Winkel φ_{12} gegen $d\varphi$. Der sich nun ergebene Drehpunkt ist der Momentanpol. Dieser ist ein Angehöriger beider Ebenen. Der Momentanpol ist

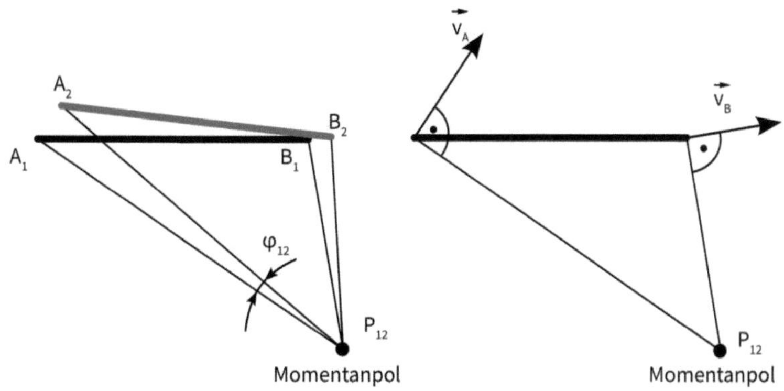

Abb. 5.15 Momentanpol

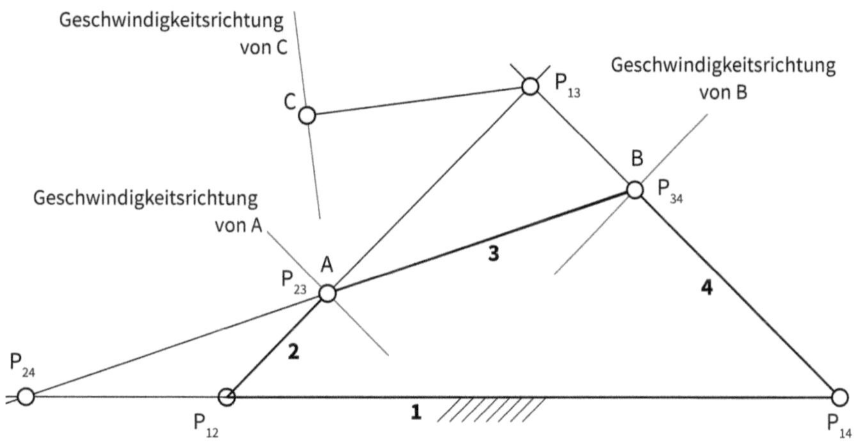

Abb. 5.16 Gelenkviereck mit allen Momentanpolen

auch der Punkt der bewegten Ebene, der augenblicklich keine Geschwindigkeit besitzt. Anders ausgedrückt: Jede beliebige Bewegung einer Ebene kann als Drehung um einen eindeutig bestimmbaren Punkt dargestellt werden. Demzufolge müssen die Vektoren der Geschwindigkeit auf den Polstrahlen senkrecht stehen. Die Umkehrung dessen besagt: Wenn die Geschwindigkeitsrichtungen zweier Punkte einer Ebene bekannt sind, kann der Momentanpol daraus bestimmt werden (Abb. 5.15, rechts).

Betrachtet man die Momentanpole in einem Viergelenkgetriebe wie in Abb. 5.16, stellt man fest, dass die Geschwindigkeitsrichtungen in A und B bekannt sind, da sich die Glieder 2 und 4 nur um ihre festen Drehpole P_{12} bzw. P_{14} drehen können. Folglich führt eine Verlängerung der Kurbel und der Schwinge zum Schnittpunkt P_{13}, der der Momentanpol ist. Er bestimmt das Geschwindigkeitsverhalten der Ebene 3 gegenüber der festen Ebene 1. Würden die Gelenke A und B gelöst und eine Drehachse in P_{13}, liegen, wird sich die Ebene 3 momentan genauso bewegen wie im Gelenkviereck. Die Geschwindigkeitsrichtungen aller Punkte der Ebene 3 sind somit eindeutig bestimmt, z. B. auch die von Punkt C. Die Ebene 3 dreht sich „relativ" zur Ebene 1. Daher bezeichnet man den Momentanpol auch als Relativpol. Es gibt in einem Gelenkviereck noch mehr Relativpole, denn es kann ja jede Ebene sich zu einer beliebigen anderen um einen Relativpol drehen. Insgesamt hat ein Viergelenkgetriebe 4 Relativpole. Wird ein n-gliedriges Getriebe betrachtet, so kann die Anzahl der Relativpole $m_{Relativpol}$ mit der folgenden Gleichung berechnet werden:

$$m_{\text{Relativpol}} = \frac{1}{2} \cdot n \cdot (n-1) \tag{5.36}$$

Die ermittelten Pole sind momentane Drehpole bzw. Momentanpole. Sie liegen in dem betrachteten Augenblick an der ermittelten Stelle. Sie verändern ihre Lage aber während der Bewegung. Die Pole beschreiben dabei Bahnen. Die Bahnen können ermittelt werden, indem das Gelenkviereck in verschiedenen Stellungen (Lagen) gezeichnet wird. Für dies muss dann der P_{13}, bestimmt werden. Die Verbindung aller Pole ergibt die Polbahn p, siehe Abb. 5.17. Diese Polbahn liegt in der Ebene 1, also in der ruhenden Ebene. Die Polbahn p heißt daher Rastpolbahn. Der Pol P_{13} gehört zu zwei Ebenen: der festen Ebene 1 und der bewegten Ebene 3. Ändert man nun die Perspektive, indem man von der Ebene aus die Bewegung des Poles P_{13} betrachtet, entsteht die Bahn q. Diese Bahn wird als Gangpolbahn bezeichnet. Die Gangpolbahn ist die Bahn des Momentanpols im bewegten System. Werden beide Bahnen für alle Stellungen des Getriebes ermittelt, ist zu erkennen, dass die Rastpolbahn auf der Gangpolbahn abrollt.

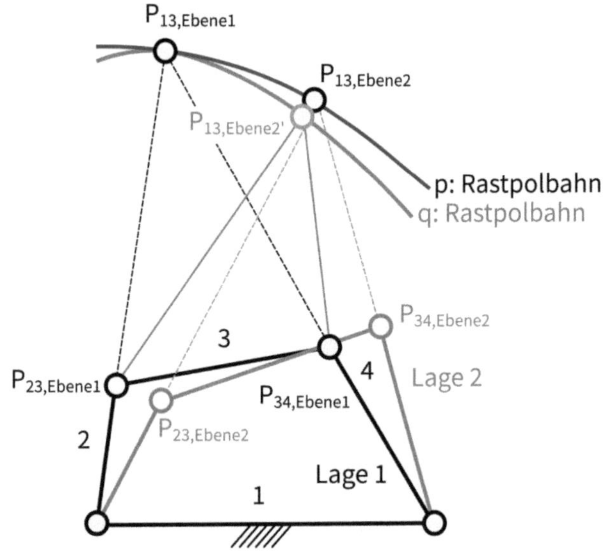

Abb. 5.17 Rastpolbahn p und Gangpolbahn q eines Viergelenkgetriebes

5.2.3 Geschwindigkeits- und Beschleunigungsbestimmung

Für die Geschwindigkeitsbestimmung von Systemgetriebepunkten stehen verschiedene Methoden zur Verfügung. Im Folgenden soll die Semigraphische Methode wegen ihrer besonderen Anschaulichkeit verwendet werden.

Die Geschwindigkeit eines Systempunkts wird bestimmt durch Richtung und Größe, also durch den Geschwindigkeitsvektor. Die Geschwindigkeit zeigt stets in Richtung der Tangente an der Bahnkurve. Dies ist auch die Richtung senkrecht zum Drehradius. Systempunkte haben eine Absolutgeschwindigkeit und können eine Relativgeschwindigkeit haben. Die Absolutgeschwindigkeit ist die Geschwindigkeit des Systempunktes gegenüber einem ruhenden Gestell. Die Relativgeschwindigkeit ist die Geschwindigkeit, mit der sich zwei Punkte zweier bewegter Ebenen gegeneinander bewegen. Jede Bewegung einer Ebene lässt sich zusammensetzen aus der Überlagerung einer reinen Rotation und einer reinen Translation. Reine Translation bedeutet, alle Punkte der Ebene bewegen sich mit gleicher Geschwindigkeit. Der Momentanpol liegt im Unendlichen. Reine Rotation heißt, dass die Spitzen der Geschwindigkeitsvektoren auf einer Geraden liegen, die durch den Drehpunkt geht und die unter dem Winkel zum Drehradius steht. In der Abb. 5.18 ist ein Getriebeglied mit den Punkten A, B und C dargestellt. Die Geschwindigkeit v_A entspricht hier der Translationsgeschwindigkeit. Die Geschwindigkeiten v_{BA} und v_{CA} sind die Rotationsgeschwindigkeiten. Für die Geschwindigkeiten der Punkte B und C gilt dann in vektorieller Schreibweise:

$$\overrightarrow{v_B} = \overrightarrow{v_A} + \overrightarrow{v_{BA}} \tag{5.37}$$

$$\overrightarrow{v_C} = \overrightarrow{v_A} + \overrightarrow{v_{CA}} \tag{5.38}$$

An Hand des nachstehenden Beispiels eines Viergelenkgetriebes wird die Vorgehensweise der Geschwindigkeitsbestimmung erläutert. Gegeben ist in diesem Beispiel die Geometrie des Getriebes, das aus den Getriebegliedern 1 bis 4 besteht (Abb. 5.19). Das Glied 1 wird festgelegt. Glied 2 wird mit der Winkelgeschwindigkeit ω angetrieben. Hieraus ergibt sich die Geschwindigkeit des Punktes A. Unter Anwendung des Strahlensatzes können dann die Geschwindigkeiten der Punkte B und C bestimmt werden. Alternativ können die Geschwindigkeiten mithilfe des eingeschlossenen Winkels α bestimmt werden, der zwischen den Strecken $\overline{P_{13}A}$ und dem Endpunkt von v_a liegt.

$$v_A = r_A \cdot \omega \tag{5.39}$$

$$\frac{v_A}{v_B} = \frac{r_A}{r_B} \tag{5.40}$$

$$\frac{v_A}{v_C} = \frac{r_A}{r_C} \tag{5.41}$$

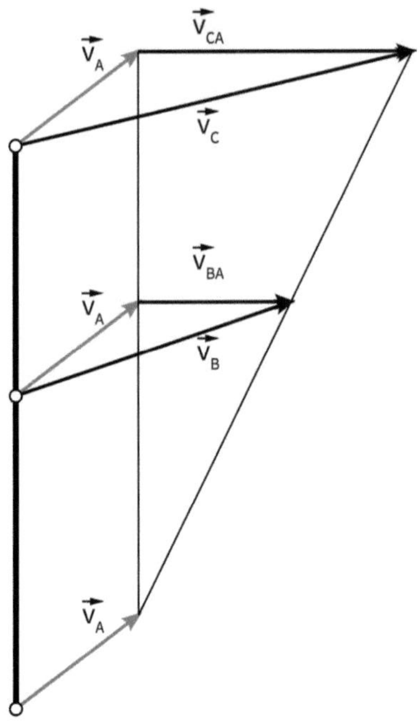

Abb. 5.18 Geschwindigkeitsbestimmung über Komponentenzusammensetzung

In der Abb. 5.19 ist das Glied 3 mit den Punkten A, B und C leicht hervorgehoben dargestellt. Ein entsprechend ähnliches Dreieck ergibt sich auch, wenn man die Endpunkte der Geschwindigkeiten in den betrachteten Punkten einzeichnet. Ähnlich heißt hier, dass die Dreiecke in den zugeordneten Endpunkten den gleichen Winkel haben. Dieses trifft auch für das Dreieck zu, das aus den Endpunkten der Geschwindigkeiten im Geschwindigkeitsplan gebildet wird. Dieser Zusammenhang wird durch die nachstehenden Lehrsätze wiedergegeben, [3]:

- Satz von Burmester: Die Endpunkte der Geschwindigkeiten (bzw. Beschleunigungen) eines starren Systems bilden eine dem starren System gleichsinnig ähnliche Figur.
- Satz von Mehmke: Der Geschwindigkeitsplan (bzw. Beschleunigungsplan) ist eine dem gegebenen starren System gleichsinnig ähnliche Figur.

Besonders für die Auslegung der Maschinenelemente in Getrieben ist die Kenntnis über die wirkenden Beschleunigungen sehr wichtig. Aus den Beschleunigungen resultieren Trägheitskräfte und -momente, die sich nach dem d'Alembertschen Prinzip als äußere Kräfte bzw. Momente darstellen lassen. Da die Beschleunigung die Ableitung der Geschwindigkeit nach der Zeit ist, muss zunächst immer die Geschwindigkeit ermittelt werden, z. B. nach dem Ansatz von Gl. 5.37.

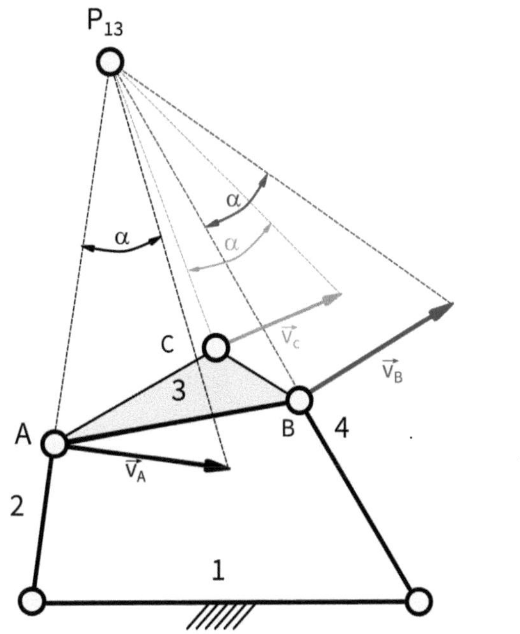

Abb. 5.19 Geschwindigkeitsbestimmung bei einem Viergelenkgetriebe

Wird diese Gleichung nun nach der Zeit abgeleitet, erhält man die nachstehende Beziehung für die Beschleunigung des Punktes B bei gegebener Geometrie und der Beschleunigung des Punktes A:

$$\overrightarrow{a_B} = \overrightarrow{a_A} + \overrightarrow{a_{BA}} = \overrightarrow{a_{A,\mathrm{normal}}} + \overrightarrow{a_{A,\mathrm{tangential}}} + \overrightarrow{a_{BA,\mathrm{normal}}} + \overrightarrow{a_{B,\mathrm{tangential}}} \quad \text{(Gl. 5.42)}$$

Die Beschleunigung eines Systempunktes kann in zwei Komponenten zerlegt werden:

- Die Radialbeschleunigung wirkt in Richtung des Krümmungsmittelpunktes der Bahn des betrachteten Punktes.
- Die Tangentialbeschleunigung liegt in Richtung der Bahntangenten.

Die Beträge der Beschleunigung können mit folgenden Formeln berechnet werden:
Für die Normalbeschleunigung des Punktes A gilt:

$$\mathrm{a}_{\mathrm{A,normal}} = v_A \,/\, r_A^2 \quad \text{(Gl. 5.43)}$$

mit:

v_A: Geschwindigkeit des Punktes A

r_A: Radius vom Krümmungsmittelpunkt der Bahn des Punktes A zum Punkt A

Für die Tangentialbeschleunigung des Punktes A gilt:

$$a_{A,\text{tangential}} = r_A . \omega \qquad \text{(Gl. 5.44)}$$

Die Abb. 5.20 zeigt die semigrafische Ermittlung der Beschleunigung des Punktes B bei gegebenem Geschwindigkeits- und Beschleunigungszustands des Punktes A.

5.2.4 Getriebesynthese

Die Getriebesynthese umfasst die Typsynthese (Festlegung der Getriebestruktur) und die Maßsynthese (Bestimmung kinematischer Abmessungen). Im Folgenden wird die Maßsynthese behandelt, also die Ermittlung von Getriebeabmessungen, sodass die Forderungen nach bestimmten Bewegungen oder Führungen von Gliedern erfüllt werden. Neben der Erfüllung der jeweiligen Bewegung sind weitere Kriterien in der Praxis notwendig, um Varianten beurteilen zu können. So wird der Wirkungsgrad eines Getriebes zu dessen Beurteilung herangezogen. Bei ungleichförmig übersetzenden Getrieben kann der Wirkungsgrad allein nicht herangezogen werden. Bei manchen Getrieben beträgt die Geschwindigkeit des Abtriebsgliedes null, z. B. bei Verbrennungsmotoren in den Totpunkten. Demnach wäre der Wirkungsgrad des Getriebes gleich null, was bedeuten würde, dass sich das

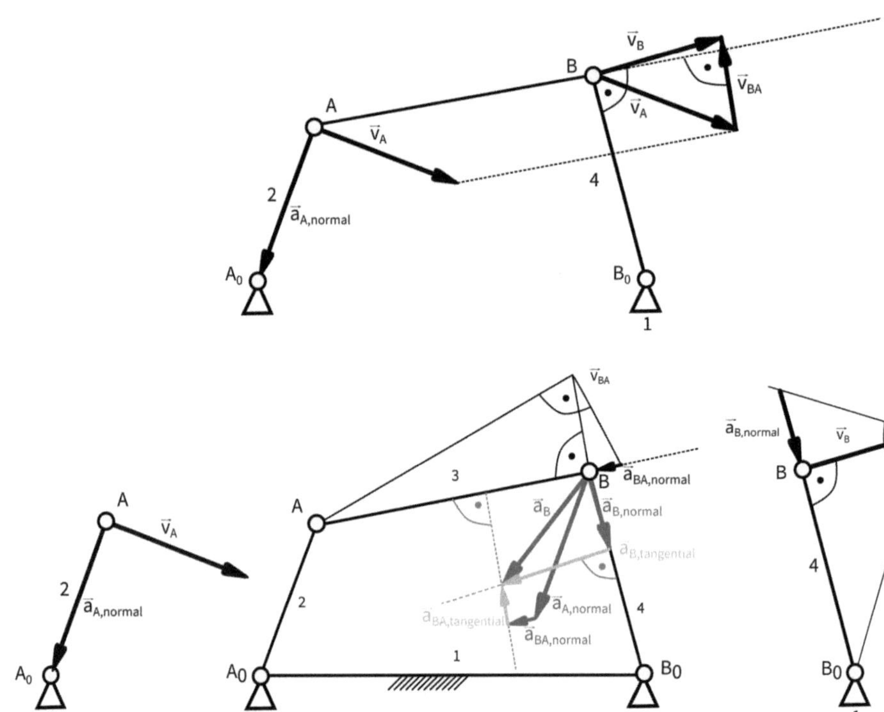

Abb. 5.20 Semigrafische Ermittlung der Beschleunigung bei einem Viergelenkgetriebe

Getriebe gar nicht bewegen könnte. Ein absolutes Kriterium für die Laufgüte bzw. Bewegungsübertragung gibt es bei ungleichförmig übersetzenden Getrieben nicht. Man spricht von guten „Laufeigenschaften", ohne genau sagen zu können, was man darunter versteht. Es könnten z. B. als Kriterien die Stoßbelastung infolge der Beschleunigung der einzelnen Getriebeglieder, die Schwankung des Abtriebsmoments oder die Laufruhe herangezogen werden. Eine Kenngröße zur Beurteilung der Getriebe ist der Übertragungswinkel (Abb. 5.21). Der Übertragungswinkel μ ist der Winkel zwischen der absoluten Bewegungsrichtung des Abtriebsgliedes und der relativen Bewegungsrichtung des Übertragungsgliedes gegenüber dem treibenden Glied [3]. Wird bei der Kurbelschwinge die Kurbel 2 angetrieben, dann kennzeichnet der Übertragungswinkel μ den Richtungsunterschied der Absolutgeschwindigkeit in B (Tangente t_a senkrecht auf c) und der relativen Geschwindigkeit des Übertragungsgliedes gegenüber dem Antriebsglied 2 (Tangente t_r senkrecht auf b). Von den sich in B schneidenden Geraden wird derjenige Schnittwinkel gewählt, der kleiner als 90° ist. Wenn beim Weiterdrehen des Getriebes dieser Winkel größer als 90° wird, dann gilt der Supplementwinkel (Ergänzung zu 180) als Übertragungswinkel. Wenn $\mu = 90°$ ist, dann liegen die besten Übertragungsverhältnisse vor. Die Kraft wirkt hier rechtwinklig auf das Abtriebsglied und bewirkt so ein größtmögliches Drehmoment am Abtriebsglied. Wenn $\mu = 180°$ ist, dann ist keine Bewegung mehr möglich, da der Hebelarm der Kraft zu null wird. Je dichter der Übertragungswinkel bei 90° liegt, umso besser sind die Übertragungsverhältnisse.

Der Übertragungswinkel μ ist nicht in allen Fällen ein Kriterium für die Güte der Bewegungsübertragung. Sein Nachteil ist, dass er nur auf die Geometrie des Getriebes Rücksicht nimmt, nicht auf die Massenkräfte der Glieder. So kann er bei schnelllaufenden Getrieben zu Fehlschlüssen führen, wenn die Massenkräfte sehr hoch werden. Lohse nennt als Erfahrungswerte für schnelllaufende Getriebe minimale Übertragungswinkel von etwa 40° bis 50°. Bei langsam laufenden Getrieben, bei denen kaum Kraft übertragen wird, sind auch minimale Übertragungswinkel von 15°möglich [5].

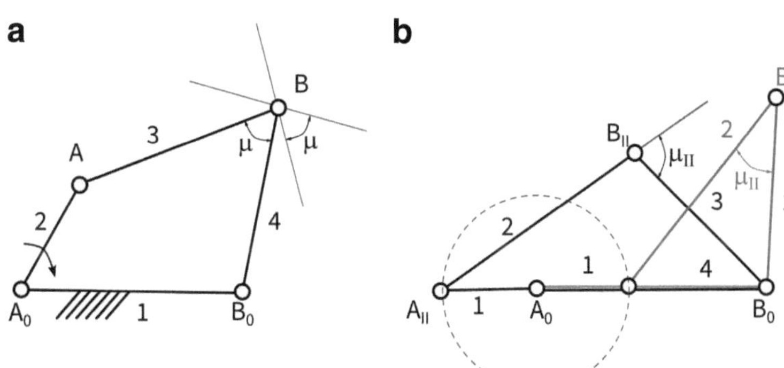

Abb. 5.21 **a** Übertragungswinkel an einer Kurbelschwinge. **b** Extremwerte des Übertragungswinkels

Unter der Lagensynthese versteht man innerhalb der Getriebesynthese die Bestimmung von Gliederabmessungen eines Getriebes mit bekannter Struktur, das während des Bewegungsablaufs vorgegebene Lagen bzw. Stellungen einnehmen soll.

Bei den vorgegebenen Lagen kann es sich handeln um:

- Punktlagen – Lagen von Koppelpunkten mit jeweils zwei Koordinaten x, y
- Gliedlagen – Lagen von Koppelgliedern, beschrieben durch jeweils zwei Punkte
- Relativlagen – Zuordnung von Winkeln und Wegen zwischen An- und Abtriebsglied

Bei den Punkt- und Gliedlagen handelt es sich um Führungsgetriebe, bei den Relativlagen handelt es sich um Übertragungsgetriebe. Alle drei Fälle lassen sich auf Punktlagen und somit auf die folgende Grundaufgabe der Getriebesynthese ebener viergliedriger Getriebe zurückführen:

- Gegeben sind verschiedene Lagen einer bewegten Ebene gegenüber der ruhenden Bezugsebene; die Lagen können endlich oder unendlich nah benachbart sein.
- Gesucht sind diejenigen Punkte von der Ebene, die bei der Bewegung der Ebene gegenüber der ruhenden Bezugsebene auf einem Kreis liegen.
- Abschließend ist zu prüfen, ob die gefundenen Lösungen die Auswahlkriterien zur Übertragungsgüte erfüllen und falls erforderlich, ob sie umlauffähig sind, was u. a. wichtig ist bei Getrieben mit rotatorischen Antriebsmotoren.

Für die unterschiedlichen Arten und Problemstellungen wurden angepasste Methoden entwickelt. Umfassende Zusammenstellungen finden sich u. a. bei [5] und [12]. Die grundsätzliche Vorgehensweise kann exemplarisch an der Lagensynthese bei drei gegebenen Lagen kurz verdeutlicht werden, da diese nur eine Lösung besitzt. In der Abb. 5.22 sind die drei Lagen durch den Index kenntlich gemacht, d. h. die Lage bzw. Stellung 1 wird durch die Strecke $\overline{A_1B_1}$ repräsentiert. Diese Punkte können hier auch als Anlenkpunkte des Getriebes genutzt werden. Es werden nun Verbindungslinien von A_1 und A_2 sowie A_2 und A_3 eingezeichnet. Die Mittelsenkrechten dieser Verbindungslinien schneiden sich in einem Punkt, der den Gestellpunkt A_0 darstellt. Den Gestellpunkt B_0 erhält man analog mit den Mittelsenkrechten auf den Verbindungslinien der Punkte von B_1 mit B_2 und B_2 mit B_3.

5.2.5 Getriebesynthese ebener Kurvengetriebe

Kurvengetriebe werden als kompakte Baugruppe in mobilen Arbeitsmaschinen oder als Nockenwellenantrieb in Verbrennungsmotoren eingesetzt. Durch geeignete Profilgebung des Kurvenkörpers lässt sich nahezu jedes Bewegungsgesetz am Abtrieb realisieren. Diesem Vorteil steht der Nachteil der im Vergleich mit den Gelenken reiner Gelenkgetriebe größeren Belastungsempfindlichkeit im Kurvengelenk gegenüber.

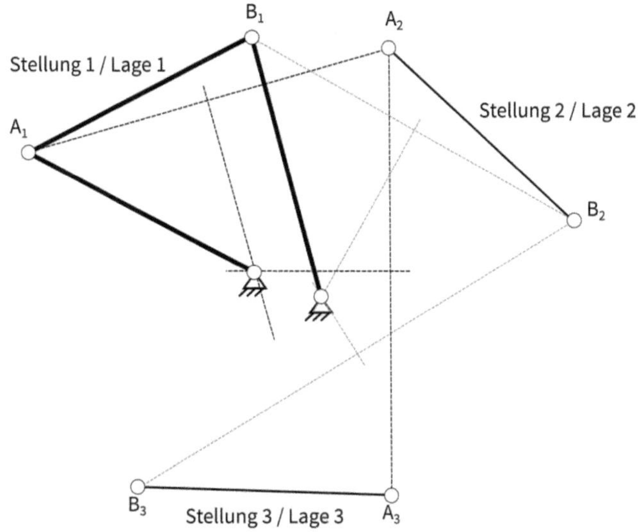

Abb. 5.22 Konstruktion eines Viergelenkgetriebes aus drei vorgegebenen Lagen

Ebene Kurvengetriebe lassen sich als ein System aus drei Gliedern darstellen – dem Steg, dem Kurvenglied und dem Eingriffsglied. Die Kontaktkurve des Eingriffsgliedes und die Konturkurve des Kurvengliedes berühren sich im Kontaktpunkt. Das Eingriffsglied wälzt bzw. rollt dabei auf dem Kurvenglied ab. Die Kopplung der Glieder lässt sich z. B. durch Gelenke und Führungen realisieren, wodurch sich verschiedene Bewegungsarten für das Kurven- und das Eingriffsglied realisieren lassen. Die VDI 2142 bietet eine umfassende Übersicht über die prinzipielle Gestalt von Kurven- und Eingriffsgliedern, und gibt eine grobe Bewertung für deren Eignung in Hinblick auf die Herstellkosten, den Platzbedarf, die Wärmebehandlung/Bearbeitung und die bewegten Massen an [17].

Um die Bewegungsaufgabe mit der gewählten Bauform erfüllen zu können, muss die Kopplung von Kurven- und Eingriffsglied zu jedem Zeitpunkt der Bewegung sichergestellt werden. Bei der Auslegung von Kurvengetrieben müssen daher Zwanglaufsicherungen berücksichtigt werden. Diese können in unterschiedlicher Weise ausgeführt werden, wobei die Einteilung in kraftschlüssigen Zwanglauf und formschlüssigen Zwanglauf vorgenommen werden kann. Kurvengetriebe haben die Aufgabe eine definierte Antriebsbewegung des Kurvengliedes – meist eine Drehbewegung – so auf das Eingriffsglied zu übertragen, dass dieses die vorgegebene Abtriebsbewegung ausführt. Dem entsprechend stellt die Funktion eines Kurvengetriebes allgemein eine vorgegebene Beziehung zwischen der Antriebsbewegung als Eingangsgröße x und der Abtriebsbewegung als Ausgangsgröße y dar. Die Anforderungen an die Abtriebsbewegung eines Kurvengetriebes werden in einem sogenannten Bewegungsplan, bestehend aus Skizze und Tabelle, dargestellt (siehe Abb. 5.23, links). In der Skizze wird der gewünschte Bewegungsablauf als Diagramm und dessen Bereichseinteilung dargestellt. Die Tabelle enthält die Zahlenwerte,

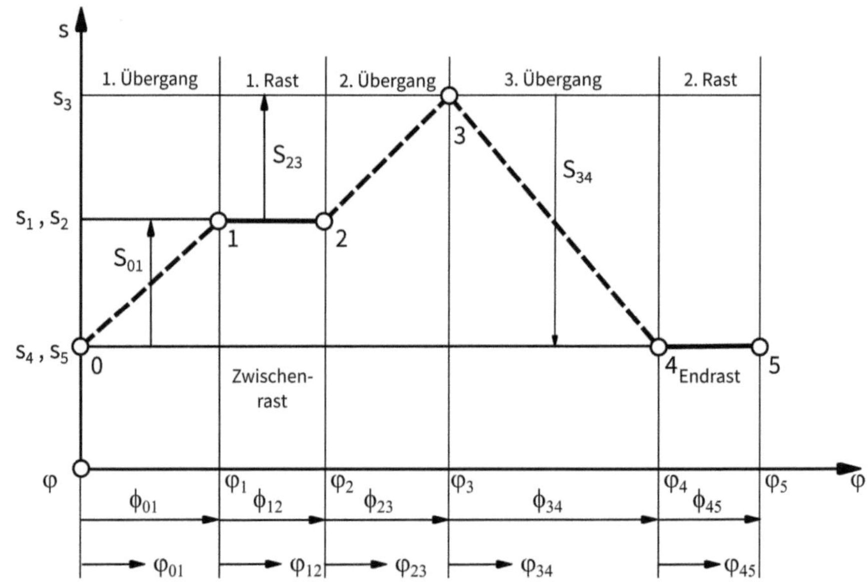

Punkt	Winkel	Weg s	Bewegungsaufgabe
0	j0	s0	Rast
1	j1	s1	Übergang
2	j2	s2	Rast
3	j3	s3	Übergang
4	j4	s4	Übergang
5	j5	s5	Rast

Abb. 5.23 Vorgehensweise bei der Lösung einer Bewegungsaufgabe mit Kurvengetrieben. (Nach [14])

die für die jeweiligen Bereiche vorgegeben werden. Im Diagramm des Bewegungsplans ist der vereinfachte Verlauf der Abtriebs- über die Antriebsbewegung, die nach der VDI-Richtlinie mit φ bzw. s bezeichnet werden, aufgetragen. Der Bewegungsablauf in diesem Beispiel wird durch 6 Punkte (0–5) vorgegeben, wodurch eine Einteilung in 5 Bereiche vorgenommen wird. Jeder Bereich wird durch die Nummer der Randpunkte i und k (links: i, rechts: k) bezeichnet.

Die Länge eines Bewegungsabschnitts berechnet sich aus der Differenz der Antriebswinkel zu Beginn φ_i und zum Ende φ_k des Abschnitts:

$$\Phi_{ik} = \varphi_k - \varphi_i \tag{5.45}$$

Jedem Bewegungsabschnitt kann gleichzeitig auch der Teilhub

$$S_{ik} = s_k - s_i \tag{5.46}$$

zugeordnet werden. Bei einer Schwinge wäre dieser Teilhub:

$$\Psi_{ik} = \psi_k - \psi_i \tag{5.47}$$

Die Abtriebsbewegung im Bewegungsabschnitt ik kann somit durch ein Bewegungsgesetz der Form:

$$(\varphi) = s_i + f_{ik}(\varphi) \cdot S_{ik} \tag{5.48}$$

$$\psi(\varphi) = \psi_i + f_{ik}(\varphi) \cdot \Psi_{ik} \tag{5.49}$$

Die Funktion $f_{ik}(\varphi)$ heißt normiertes Bewegungsgesetz. Sie beschreibt die auf das „Einheitsquadrat“ normierte Bewegung im Abschnitt ik. Die Normierung erfolgt durch den Zusammenhang:

$$f_{ik}\left(z_{ik}(\varphi)\right) = \frac{s_{ik}(\varphi)}{S_{ik}} \tag{5.50}$$

$$f_{ik}\left(z_{ik}(\varphi)\right) = \frac{\psi_{ik}(\varphi)}{\Psi_{ik}} \tag{5.51}$$

Wie bereits erwähnt, muss neben der Angabe der zu erreichenden Eckwerte des Bewegungsplans auch festgelegt werden, welche Art der Bewegung zwischen den Punkten stattfinden soll. Hierfür muss ermittelt werden, welche Geschwindigkeiten und Beschleunigungen in den jeweiligen Punkten auftreten sollen. Ist dies geschehen, lässt sich für jeden Punkt eine Bewegungsaufgabe angeben. Hierbei wird zwischen den Bewegungsaufgaben „Rast“ (R), „konstante Geschwindigkeit“ (G), „Umkehr“ (U) und „Bewegung“ (B) unterschieden. Die jeweiligen Bewegungsaufgaben werden in die Tabelle des Bewegungsplans übertragen. Welche Bewegungsaufgabe einem Punkt zugeordnet wird, hängt von dessen Geschwindigkeit und dessen Beschleunigung ab.

Für die normierten Bewegungsgesetze bieten sich oft mehrere Funktionen an. Grundlegende Bedingung für die Verwendbarkeit einer Funktion ist die Möglichkeit der Anpassung der Funktionswerte an die gegebenen Rand- bzw. Übergangsbedingungen wie dem Weg, der Geschwindigkeit und der Beschleunigung an den Randpunkten. Dabei wird im Allgemeinen eine Ruck- und Stoßfreiheit für das Kurvengetriebe gefordert, um die Belastungen gering zu halten und einen ruhigen Lauf zu gewährleisten. Ein Stoß liegt vor, wenn die Wegkurve einen Knick, die Geschwindigkeitskurve einen endlichen Sprung und die Beschleunigungskurve eine Unendlichkeitsstelle aufweist. Ein Ruck liegt hingegen vor, wenn die Geschwindigkeitskurve einen Knick und die Beschleunigungskurve einen endlichen Sprung aufweist.

Da Bewegungsaufgaben meist durch mehrere Bewegungsgesetze erfüllt werden können, wird die Beurteilung der Güte der Übertragungsfunktion und damit des Kurventriebs anhand von Kennwerten vorgenommen. Hierfür werden die Maximalwerte der normierten Bewegungsgesetze 1. bis 3. Ordnung in Form der folgenden Kennwerte herangezogen:

- Geschwindigkeitskennwert $C_v = \max(|f'(z)|)$
- Beschleunigungskennwert $C_a = \max(|f''(z)|)$
- Ruckkennwert $C_j = \max(|f'''(z)|)$
- Statischer Momentenkennwert $C_M, stat = C_v$
- Dynamischer Momentenkennwert $C_M, dyn = \max(|f'(z) \cdot f''(z)|)$

Aus den ausgewählten Bewegungskurven kann dann die Kontur der Kurvenscheibe berechnet werden, die wiederum unter Berücksichtigung der Abtriebselemente in das Getriebe integriert wird.

Literatur

1. Decker K-H, Kabus K (2014) Maschinenelemente, 19., aktualisierte Auflage. Hanser, München
2. Dizioğlu B (1965) Getriebelehre: Ein Lehrbuch für Studierende und Ingenieure. Vieweg, Braunschweig
3. Kerle H, Pittschellis R (2002) Einführung in die Getriebelehre, 2., korr. und erw. Aufl. Teubner, Stuttgart
4. Klimentew L (2017) Untersuchungen zur Verbrauchsreduktion elektrischer Triebstränge im Teillastbereich. Technische Universität Berlin
5. Lohse P (1986) Getriebesynthese: Bewegungsabläufe ebener Koppelmechanismen, 4., neubearb. u. erw. Aufl. Springer, Berlin Heidelberg New York Tokyo
6. Müller HW (1998) Die Umlaufgetriebe: Auslegung und vielseitige Anwendungen, Zweite neubearbeitete und erweiterte Auflage. Springer, Berlin; Heidelberg
7. Naunheimer H, Bertsche B, Lechner G, Ryborz J (2007) Fahrzeuggetriebe: Grundlagen, Auswahl, Auslegung und Konstruktion, 2., bearb. und erw. Aufl. Springer, Berlin, Heidelberg
8. Reuleaux F (1875) Theoretische Kinematik: Grundzüge einer Theorie des Maschinenwesens. Druck und Verlag von Friedrich Vieweg und Sohn, Braunschweig
9. Schlecht B (2009) Maschinenelemente 2: Getriebe, Verzahnungen und Lagerungen. Pearson Deutschland; Pearson Studium, München
10. Schwamb P, Merrill AL, James WH (1921) Elements of Mechanism, 3. edition. J. Wiley & Sons inc; Chapman & Hall limited, New York; London
11. Steinhilper W, Sauer B, Albers A (2012) Grundlagen von Maschinenelementen für Antriebsaufgaben, 7. Aufl. Springer Vieweg, Berlin
12. Volmer J, Bauer R (1978) Getriebetechnik: Leitfaden, 1. Aufl. Vieweg, Braunschweig

13. Wolf A (1958) Die Grundgesetze der Umlaufgetriebe, 2., verb. und erw. Aufl. Vieweg, Braunschweig
14. (1980) VDI 2143 Blatt 1 – Bewegungsgesetze für Kurvengetriebe
15. (1987) DIN 3990 Tragfähigkeitsberechnung von Stirnrädern
16. (1993) VDI 2127:1993, Getriebetechnische Grundlagen – Begriffsbestimmungen der Getriebe
17. (1994) VDI 2142 Auslegung ebener Kurvengetriebe – Grundlagen, Profilberechnung und Konstruktion

6 Hydrostatische Antriebe

Inhaltsverzeichnis

In mobilen Arbeitsmaschinen übernehmen hydrostatische Getriebe die vielfältigsten Aufgaben. Als rotatorische Antriebe werden sie als Fahrzeugantrieb für viele selbstfahrende Landmaschinen und für Baumaschinen eingesetzt. Ein weiteres wichtiges Anwendungsgebiet liegt aufgrund ihrer Konzeption in der Erzeugung großer translatorischer Kräfte, z. B. als Hubzylinder in Baggern und in Radladern. Aufgrund ihrer großen Bedeutung,

H. J. Meyer, *Mobile Arbeitsmaschinen*,
https://doi.org/10.1007/978-3-662-72251-0_6

besonders auch für die Realisierung von Arbeitsfunktionen, werden die hydraulischen Antriebe und Getriebe eingehender behandelt.

Abb. 6.1 zeigt den grundlegenden Aufbau eines hydrostatischen Getriebes integriert in einem Antriebsstrang. Nach Findeisen kann man den Antrieb bzw. das Getriebe in drei Funktionsblöcke untergliedern. Der generatorische Teil wandelt die in der Regel mechanische Energie von der Kraftmaschine mittels einer Pumpe in hydraulische Energie um. Der konduktive Teil des hydraulischen Antriebs übernimmt die Energieleitung, -verteilung, -steuerung und -regelung. Typische Komponenten für diesen Bereich sind die Leitungen und Ventile. Im motorischen Getriebeteil wird dann die hydraulische Energie je nach Er-

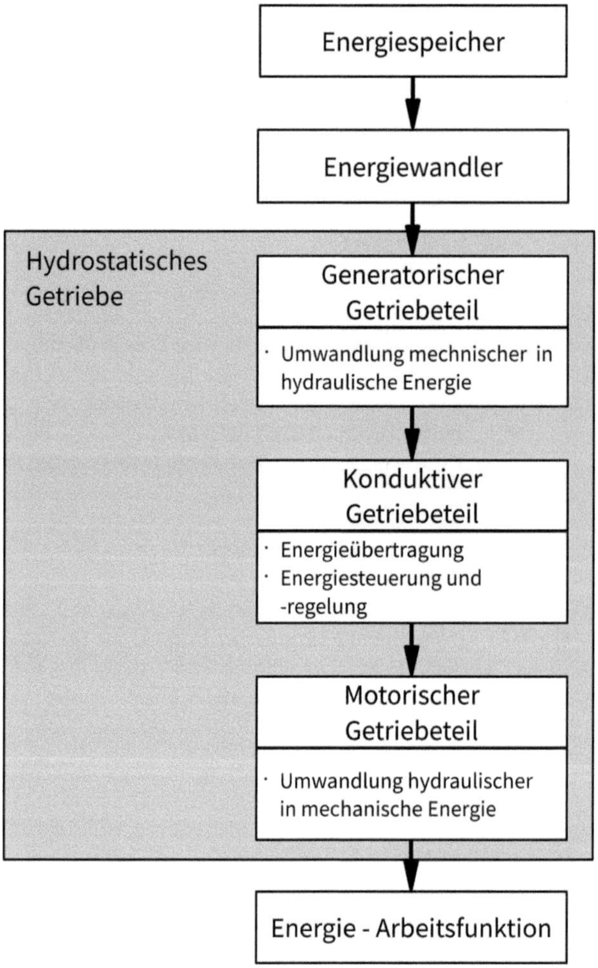

Abb. 6.1 Hydrostatisches Getriebe mit seinen Getriebekomponenten

fordernissen der Arbeitsfunktion wieder in mechanische Energie gewandelt. Motoren werden eingesetzt, um rotatorische Bewegungen zu erzeugen. Hydraulikzylinder erzeugen eine translatorische Bewegung [2].

Hydrostatische Getriebe zählen zu den fluidtechnischen Getrieben. Diese haben gemein, dass sie ein Druckmedium zur Übertragung von Leistung und Energie nutzen. Die Druckmedien können in flüssige (z. B. Ölhydraulik) und gasförmige (z. B. Pneumatik) Medien unterschieden werden:

- Ölhydraulik – Bei der Ölhydraulik werden Öle als Druckmedium eingesetzt. Am häufigsten kommen hier Mineralöle zum Einsatz. In den letzten Jahren werden aber auch zunehmend Öle auf pflanzlicher Basis eingesetzt. Zu erwähnen ist an dieser Stelle auch die Wasserhydraulik, die aber z. Z. nur eine Sonderrolle einnimmt. Typische Einsatzgebiete sind in der Nahrungsmittelindustrie zu finden.
- Pneumatik – Die Pneumatik nutzt Luft als Medium. Sie findet vornehmlich Anwendung in der Automatisierungstechnik.

Weiterhin ist zu unterscheiden in

- Hydrostatische Antriebe – Kennzeichnend für hydrostatische Antriebe ist die Leistungsübertragung mittels hoher Druckkräfte. Die hohe Druckenergie erfordert nur kleine Volumenströme, sodass Pumpe und Motor auch getrennt voneinander angeordnet werden können.
- Hydrodynamische Antriebe – Für die Leistungsübertragung bei hydrodynamischen Antrieben wird im Wesentlichen die kinetische Strömungsenergie des Fluids genutzt. Ein Beispiel hierfür ist der hydrodynamische Wandler.

Die Geschichte der Hydraulik reicht sehr weit zurück. Der Begriff Hydraulik leitet sich aus dem griechischen Wort für Wasser ab. Hierunter wurde lange Zeit nur die Wasserhydraulik verstanden. Erst seitdem das Druckmedium Wasser durch Öl ersetzt wird, besteht der Begriff Ölhydraulik. Bereits im 3. Jh. v. Chr. wird von einer handbetriebenen Kolbenpumpe mit zwei Zylindern berichtet, die Ktesibios aus Alexandria, Ägypten, erfunden hatte. Im 16. Jh. werden z. B. von Ramelli und Keppler ölhydraulischen Komponenten vorgestellt, die den heutigen sehr ähnlich sind. Erst im 20. Jh. wurde zunehmend Öl als Druckmedium eingesetzt. Ein wesentlicher Grund war, dass die hydraulischen Komponenten größere Ansprüche an die Fertigung stellten als die elektrischen oder mechanischen Alternativen [6].

In Tab. 6.1 sind die wesentlichen Vor- und Nachteile hydrostatischer Antriebe zusammengefasst.

Tab. 6.1 Vor- und Nachteile hydrostatischer Antriebe

Vorteile	Nachteile
• einfacher Aufbau • freizügige Anordnung • hohe Leistungsdichte • gutes Zeitverhalten • einfache Umwandlung rotierender in oszillierende Bewegung • einfache Bewegungsumkehr • stufenlose Übersetzungsänderung unter Last • große Übersetzungsspanne • einfache Absicherung gegen Überlast • einfache Überwachung • gute Automatisierungsmöglichkeit • einfache Wärmeabfuhr durch Druckmedium selbst	• geringer Wirkungsgrad (Reibung + Lecköl) • Schlupf zwischen An und Abtrieb • hoher Herstellungsaufwand (Präzision der Bauteile) • Temperaturempfindlichkeit (Viskositätsänderung) • Dichtungsprobleme • Lärm • Leistungsverlust • Leckage

6.1 Hydrostatische Grundlagen

Die folgenden Betrachtungen gehen von idealen Flüssigkeiten aus, d. h. die Flüssigkeiten sind masselos, reibungsfrei und inkompressibel. Die Voraussetzungen sind in realen Systemen nicht gegeben. So treten in den verschiedensten Komponenten Verluste auf, die das Systemverhalten maßgeblich beeinflussen. Unter den oben genannten Bedingungen und der Darstellung von zwei hydraulisch gekoppelten Hydraulikzylindern in Abb. 6.2 gilt für den Druck p.

$$p = \frac{F_1}{A_1} = \frac{F_2}{A_2} \tag{6.1}$$

Abb. 6.2 zeigt ein sehr einfaches hydrostatisches System. Wird der Kolben 1 um den Weg x_1 nach unten bewegt, wird ein Volumen V_1 verdrängt. Entsprechend der Annahme der Inkompressibilität der Flüssigkeit und dem Ausbleiben von Leckölverlusten müssen die Volumina V_1 und V_2 gleich sein. Somit bewegt sich der Kolben 2 nach oben. Wird weiterhin angenommen, dass die Volumenänderungen V_1 und V_2 in der gleichen Zeit ablaufen, gilt für die Geschwindigkeiten folgende Gleichung:

$$\frac{\dot{x}_1}{\dot{x}_2} = \frac{A_2}{A_1} \tag{6.2}$$

Unter Berücksichtigung der Kontinuitätsgleichung der Hydrostatik lässt sich ableiten:

$$\dot{x}_1 \cdot A_1 = \dot{x}_2 \cdot A_2 = Q \tag{6.3}$$

Q wird als Volumenstrom bezeichnet.

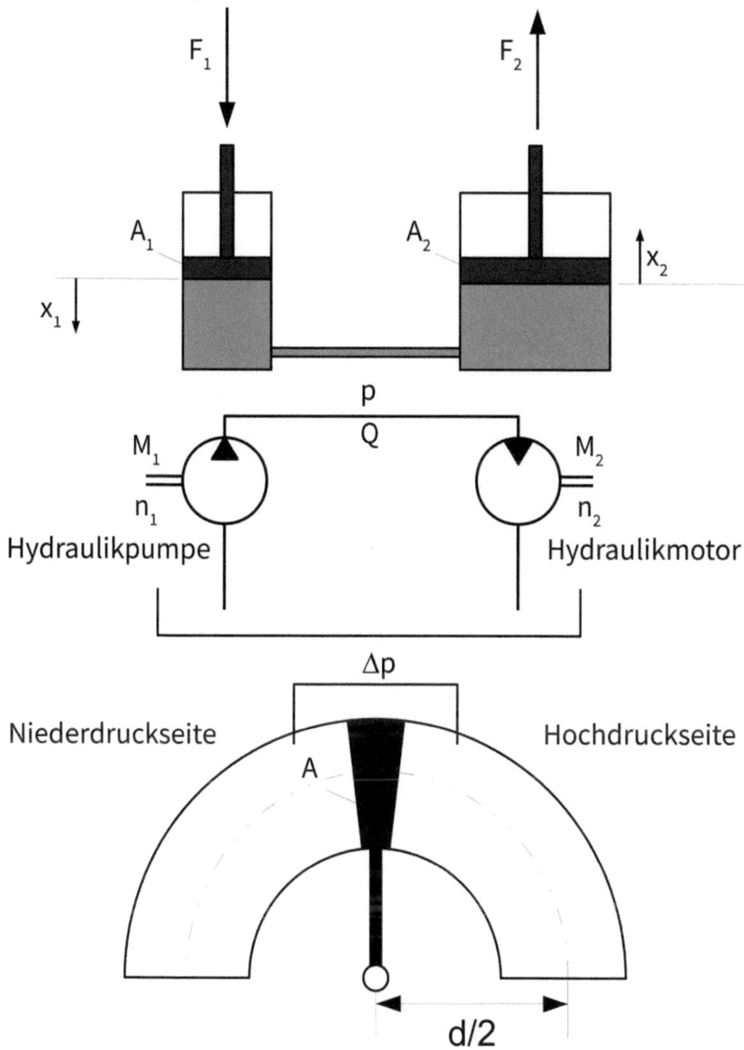

Abb. 6.2 Schema einer hydraulischen Hebevorrichtung (oben) und einer Pumpe mit einem rotierenden Verdränger (unten)

Für die hydraulische Leistung gilt dann:

$$P = F \cdot \dot{x} = p \cdot Q \tag{6.4}$$

Abb. 6.2, unten zeigt ein stark vereinfachtes Modell einer Verdrängermaschine und eines einfachen hydrostatischen Getriebes. Unter der Annahme, dass keine Verluste und Elastizitäten auftreten, fördert die Pumpe 1 bei einer Umdrehung ihrer Antriebswelle das Volumen V_1. Der geförderte Volumenstrom ergibt sich dann aus der Berücksichtigung der Drehzahl.

$$Q_1 = V_1 \cdot n_1 \approx A \cdot d \cdot \pi \cdot n_1 \tag{6.5}$$

Für den Motor gilt letztendlich die gleiche Beziehung.

$$Q_2 = V_2 \cdot n_2 \approx A \cdot d \cdot \pi \cdot n_2 \tag{6.6}$$

Auch hier gilt, dass der Volumenstrom von der Pumpe vollständig vom Motor aufgenommen werden muss. Demzufolge gilt:

$$Q_1 = Q_2 = V_1 \cdot n_1 = V_2 \cdot n_2 \tag{6.7}$$

Das an der Pumpenwelle angreifende Drehmoment kann aus der am Flächenelement angreifenden Kraft in Folge des Druckes berechnet werden.

$$M_1 = \frac{A \cdot d \cdot \Delta p}{2} \tag{6.8}$$

Ein Drehmoment entsteht erst durch den Druck in Folge des Widerstandes des geförderten Volumenstromes. Setzt man diesen in die obenstehende Gleichung ein, erhält man folgendes:

$$M_1 = \frac{V_1}{\pi \cdot d} \cdot \frac{d}{2} \cdot \Delta p = \frac{V_1 \cdot \Delta p}{2 \cdot \pi} \tag{6.9}$$

Diese Gleichung gilt ebenfalls für den Motor.
Für das Drehmomentenverhältnis gilt:

$$\frac{M_2}{M_1} = \frac{V_2}{V_1} \tag{6.10}$$

6.2 Grundlagen der Hydrodynamik

Die Hydrodynamik befasst sich im Besonderen mit den dynamischen Eigenschaften von Strömungen. Mit ihrer Hilfe ist es möglich, die in der Hydraulik auftretenden Verlustarten und die bestimmten Systemeigenschaften zu verstehen.

6.2.1 Kontinuitätsgleichung

Die zentrale Aussage der Kontinuitätsgleichung ist, dass die durch jeden Querschnitt strömende Masse in einer Leitung konstant sein muss.

$$dm = \rho \cdot v \cdot dA = \rho \cdot v_1 \cdot dA_1 = \rho \cdot v_2 \cdot dA_2 = \text{konstant} \tag{6.11}$$

Bei inkompressiblen Medien mit konstanter Dichte muss der Volumenstrom konstant sein.

$$dV = v \cdot dA = v_1 \cdot dA_1 = v_2 \cdot dA_2 = \text{konstant} \tag{6.12}$$

Wendet man diese Beziehungen auf eine Rohrleitung ohne Speicher an, die zwei unterschiedliche Querschnitte aufweisen, gilt:

$$v_1 \cdot A_1 = v_2 \cdot A_2 \tag{6.13}$$

6.2.2 Bernoullische Gleichung

Die Bernoullische Gleichung sagt in ihrem Kern, dass die Gesamtenergie innerhalb einer Strömung bei Änderungen erhalten bleibt. Die Gesamtenergie setzt sich im Wesentlichen aus folgenden Komponenten zusammen:

- statischer Energie (Druckenergie)
- potenzieller Energie (Lageenergie)
- kinetischer Energie (Bewegungsenergie)

Entsprechend dem Gesetz der Energieerhaltung gilt:

$$\sum E_1 = \sum E_2 = p_1 \cdot V_1 + m_1 \cdot g \cdot h_1 + \frac{m_1}{2} \cdot v_1^2 = p_1 \cdot V_2 + m_2 \cdot g \cdot h_2 + \frac{m_2}{2} \cdot v_2^2 \tag{6.14}$$

Für die Dichte gilt die Gleichung:

$$\rho = \frac{m}{V} \tag{6.15}$$

Unter der Annahme, dass die Dichte konstant ist, ergibt sich folgende Gleichung für die Energieerhaltung:

$$p_1 + \rho \cdot g \cdot h_1 + \frac{\rho}{2} \cdot v_1^2 = p_2 + \rho \cdot g \cdot h_2 + \frac{\rho}{2} \cdot v_2^2 \tag{6.16}$$

In hydrostatischen Systemen kann in der Regel der Lageenergieanteil vernachlässigt werden, somit vereinfacht sich die Gleichung.

$$p_1 + \frac{\rho}{2} \cdot v^2 = \text{konstant} \tag{6.17}$$

6.3 Druckflüssigkeiten

In hydraulischen Systemen ist die Druckflüssigkeit eine der zentralen Komponenten. Neben der hauptsächlichen Aufgabe der Leistungsübertragung übernimmt das Medium eine Vielzahl weiterer Funktionen, wobei die Schmierung besonders hervorzuheben ist.

Für die unterschiedlichsten Aufgaben können verschiedene Medien eingesetzt werden, die für die jeweiligen Aufgabengebiete durch die Zumischung von Zusatzstoffen zur Basisflüssigkeit angepasst werden. Im Folgenden sollen die Grundlagen zu Druckflüssigkeiten näher beschrieben werden.

Die Hauptaufgaben der Druckmedien ist die Übertragung von Energie. Weitere Aufgaben sind die Schmierung der Reibpartner, die Wärmeabfuhr, der Korrosionsschutz, der Abtransport von Schmutz- und Verschleißpartikeln zu den Filtern und besonders auch die Signalübertragung für Steuer- und Regelungsaufgaben. Hieraus lassen sich die Anforderungen an die Medien ableiten, wobei berücksichtigt werden muss, dass es je nach Anwendungsfall zu Konfliktsituationen zwischen verschiedenen Anforderungen kommen kann, [6]:

- geringe Abhängigkeit der Viskosität von Druck und Temperatur (Mehrbereichsöl)
- gute Schmier- und Verschleißschutzeigenschaften (Notlaufeigenschaften)
- gute Korrosionsschutzeigenschaften (Verträglichkeit mit Dichtungswerkstoffen beachten)
- gute Alterungsbeständigkeit (Widerstand gegen Oxidation, Schlamm- und Harzbildung)
- gutes Luftabscheidevermögen und gutes Luftlösevermögen
- geringe Neigung zur Schaumbildung mit der Luft
- gute Scherfestigkeit (Verhinderung des Schmierfilmabrisses)
- gute Filtrierbarkeit
- hoher Flammpunkt und hohe Zündtemperatur

Am weitesten verbreitet sind Druckflüssigkeiten auf Mineralölbasis. Sie können ein weites Spektrum von Anforderungen abdecken und werden daher in mobilen sowie stationären Anlagen eingesetzt. Die Grundöle werden durch Destillation und Raffination von Rohöl gewonnen. Durch Beeinflussung der Verfahren können die Eigenschaften der Flüssigkeit gezielt bestimmt werden. Im Wesentlichen sind es die Viskosität, der Flammpunkt, das Alterungs- und Viskositäts-Temperaturverhalten. Darüber hinaus werden zusätzliche Eigenschaften, die das Grundöl nicht aufweist, durch Zugabe von Additiven beeinflusst. Die Art der zulegierten Additive entscheidet auch über die Klassifizierung der Flüssigkeiten, die in Tab. 6.2 zusammengestellt ist, [6]:

- Gruppe H – Druckflüssigkeiten ohne Wirkstoffe. Diese Flüssigkeiten werden heute kaum noch verwendet.
- Gruppe HL – Druckflüssigkeiten mit Wirkstoffen zur Verbesserung der Alterungsbeständigkeit und des Korrosionsschutzes. Hydrauliköle dieser Art haben ein gutes Viskositäts-Temperaturverhalten und werden bei Drücken bis zu 200 bar eingesetzt.
- Gruppe HLP – Druckflüssigkeiten mit zusätzlichen Wirkstoffen zur Verbesserung der Korrosionsbeständigkeit, der Alterungsbeständigkeit und zum Herabsetzen des Verschleißes und/oder zur Erhöhung der Belastbarkeit. Diese Öle werden in Druck-

Tab. 6.2 Überblick über Druckflüssigkeiten auf Mineralölbasis und schwer entflammbare Druckflüssigkeiten. (Nach [1, 6])

Bezeichnung		Charakteristische Zusammensetzung	Einsatzbereiche	Internationale Norm
DIN 51524	ISO 6743-4			
H	HH	Ohne Wirkstoffzusätze, alterungsbeständig	in Anlagen ohne besondere Anforderungen (nur noch selten)	ISO 11158
HL	HL	mit Wirkstoffen zum Erhöhen des Korrosionsschutzes und der Alterungsbeständigkeit (DIN 51524-1)	in mäßig beanspruchten Anlagen mit hohen thermischen Beanspruchungen	ISO 11158
HLP	HM	wie HL, jedoch mit Zusätzen zur Erhöhung des Verschleißschutzes und der Belastbarkeit (DIN 51524-2)	in Hochdruckanlagen	ISO 11158
HVLP	HV	wie HLP, jedoch mit Zusätzen zur Erreichung eines sehr guten Viskositäts-Temperatur-Verhaltens (DIN 51524-3)	bei tiefen oder stark schwankenden Temperaturen	ISO 11158

bereichen bis zu 400 bar eingesetzt. Sie kommen oft in Anlagen zum Einsatz, in denen hohe thermisch und/oder tribologische Beanspruchungen auftreten.

- Gruppe HLV- Druckflüssigkeiten mit zusätzlichen Wirkstoffen zur Erhöhung des Viskositäts-Temperatur-Index (VI). Diese Öle besitzen einen erweiterten Temperatureinsatzbereich. Sie werden häufig auch als Mehrbereichsöle bezeichnet.
- Gruppe HLPD – Druckflüssigkeiten mit zusätzlichen Wirkstoffen, die reinigende (detergierende)/wassertragende (emulgierende) Eigenschaften aufweisen. Diese Öle haben ein spezielles Verhalten bezüglich von Funktionsstörungen, so verhindern sie zum Beispiel Ruckgleiten (stick-slip) oder emulgieren Wasser, das z. B. bei Werkzeugmaschinen in den Hydraulikkreislauf gelangen kann.

Im Allgemeinen werden die Öle zur Unterscheidung in Viskositätsklassen (Viscosity Grade – VG) mit einer festen Bandbreite eingeteilt. Da, wie bereits erwähnt, die Temperatur einen erheblichen Einfluss auf die Viskosität hat, wurde eine Bezugstemperatur nach DIN ISO 3448 von 40 °C festgelegt [11].

Da mobile Arbeitsmaschinen häufig in ökologisch sensiblen Bereichen eingesetzt werden, ist die Verwendung von umweltfreundlichen Ölen von Interesse. Darüber hinaus muss auch berücksichtigt werden, dass die natürlichen Ressourcen von Erdöl begrenzt sind und daher Öle aus regenerativen Rohstoffen wie Pflanzenöle langfristig eine wichtige

Alternative werden können. In diesem Bereich der ökologischen Hydraulikflüssigkeiten werden rapsölbasische Flüssigkeiten (Triglyzeride) HETG, Polyglykole HEPG und Synthetische Ester HEES eingesetzt. Die Anforderungen, Eigenschaften und die Anforderungen an die biologische Abbaubarkeit sind in den VDMA-Richtlinien 24568 und 24569 definiert [6] und der ISO 15380 [19] festgelegt.

Die wichtigste Stoffeigenschaft von Druckflüssigkeiten ist die Viskosität und wird mit Viskositätsklassen (Viskosity Grade) beschrieben. Das ISO-Klassifikationssystem definiert 20 Viskositätsklassen im Bereich von 2 mm^2/s bis 3200 mm^2/s. Jede Viskositätsklasse wird durch die Mittelpunktsviskosität in mm^2/s bei der Bezugstemperatur von 40 °C bezeichnet. Die Grenzen jeder Klasse befinden sich bei ±10 %. Für Hydrauliköle werden die Klassen ISO VG 10 bis ISO VG 100 empfohlen. In der Mobilhydraulik kommen bevorzugt Öle der ISO VG 46 bis ISO VG 68 zum Einsatz [6, 11].

6.4 Elemente und Geräte zur hydraulischen Energieübertragung

Für die Verbindung der hydraulischen Komponenten wie Pumpe, Ventile usw. benutzt man Rohrleitungen und Schläuche, die durch vielfältig ausgebildete Rohr- und Schlauchverbindungen miteinander verbunden werden können.

Der erforderliche Rohr- oder Schlauchquerschnitt ergibt sich aus dem Volumenstrom und der Strömungsgeschwindigkeit. Bei Saugleitungen muss weiterhin beachtet werden, dass der Druckabfall nicht zu groß wird. Als Faustwerte für die mittlere Strömungsgeschwindigkeit werden von Matthies et al. die in der Tab. 6.3 aufgeführten Werte genannt [6].

Bei Leitungen werden zwei Arten unterschieden:

- Rohrleitungen – Als Hydraulikrohre werden nahtlose Präzisionsstahlrohre verwendet, die in der Normenreihe DIN EN 10305 beschrieben werden (DIN EN 10305-1; DIN EN 10305-4). Als Zubehör für Rohr- und Schlauchverbindungen gibt es zahlreiche Ausführungsformen für Krümmer, Winkelstücke, T-Stücke usw [12, 13],
- Schlauchleitungen – Als Verbindung zwischen einer festen Anschlussstelle und einem bewegten Hydrogerät, wie z. B. einem Schwenkzylinder zur Betätigung einer Baggerschaufel, verwendet man Schlauchleitungen. Sie werden auch dort benutzt, wo häufig Geräte gewechselt werden müssen, wie z. B. als Verbindung zwischen der sogenannten „Hydraulischen Steckdose“ am Traktor und den angehängten Geräten. Schlauchleitungen haben innen und außen elastische Schichten aus synthetischem Gummi und eine oder mehrere Lagen entweder aus Textilgeflecht oder aus Stahldrahtgeflecht. Schläuche haben den Vorteil, dass sie sich leicht verlegen lassen. Außerdem können sie infolge ihrer Dehnbarkeit Schwingungen und Druckspitzen abbauen. Für die zuletzt genannte Aufgabe werden auch spezielle, besonders elastische und mit Textilgeflecht

Tab. 6.3 Anhaltswerte für die mittleren Strömungsgeschwindigkeiten in Hydraulikleitungen. (Nach [6])

Art der Leitung	Druckbereich	mittlere Geschwindigkeit
Druckleitungen	100 bar bis 150 bar	4,5 m/s
Druckleitungen	150 bar bis 200 bar	5,0 m/s
Druckleitungen	200 bar bis 300 bar	5,5 m/s
Druckleitungen	über 300 bar	6 m/s
Rücklaufleitungen		2 m/s bis 3 m/s
Saugleitungen		0,5 m/s bis 1,5 m/s

ausgerüstete, sogenannte „Dehnschläuche" verwendet. Andererseits muss aber die Dehnfähigkeit, das heißt die Fähigkeit der Schläuche, kurzzeitig mehr Ölvolumen aufzunehmen, beim Einsatz der Schläuche berücksichtigt werden, weil dadurch gegebenenfalls auch unerwünschte Druckschwankungen in einer Anlage entstehen können. Die Fähigkeit, sich zu dehnen und dadurch zusätzliches Volumen aufzunehmen, beruht in erster Linie auf der radialen Dehnung des Schlauches. Besonders sorgfältig muss auch der Einbau der Schläuche geplant werden. Sie müssen z. B. grundsätzlich so eingebaut werden, dass sie eine ausreichende Bewegungsfreiheit haben. Besondere Hinweise zur Integration von Schläuchen in Maschinen, zu den genormten Schlauchbauformen finden sich in der DIN 20066 [18]. Die Festigkeit der Schläuche wird durch hochfeste Bewehrungen erreicht, die im Gummi integriert sind. In den unteren Druckbereichen kommen als Bewehrungen Textilfasern zum Einsatz [14]. Bei höheren Drücken kommen dann Stahlgeflechte zur Anwendung [15, 16] und Drahtspiraleinlagen [6, 17].

Bei der Gestaltung und Planung hydraulischer Anlagen müssen die Rohr- und Schlauchverbindungen besonders berücksichtigt werden. Sie müssen leicht und kostengünstig zu montieren sein. Bei mobilen Arbeitsmaschinen müssen bei der konstruktiven Auslegung der Verrohrung und Verschlauchung die möglichen Verwindungen der Maschine berücksichtigt werden, da die Maschinen über unebenes Gelände fahren. Dies wirkt sich entsprechend auch auf die Verbindungen aus. Bei Rohren kommen Schneidringverschraubungen für die Verbindung der Rohre untereinander zur Anwendung, die es in den unterschiedlichsten Ausführungen gibt. Ähnlich verhält es sich auch bei den Schläuchen.

Für viele Arbeitsmaschinen ist das An- und Abkoppeln von Arbeitsgeräten sehr wichtig. Hierbei müssen dann auch die Energieleitungen gekoppelt werden, z. B. die hydraulischen Leitungen für die Antriebe eines Schneidwerkes bei einem Mähdrescher. Die Kupplungen bestehen aus einem Stecker und einer Muffe, die kraft- oder formschlüssig miteinander verbunden werden. Die Elemente sind so gestaltet, dass sie abdichtend nach dem Prinzip des federbelasteten, mechanisch entsperrbaren Rückschlagventils arbeiten.

6.5 Hydraulische Netzwerke

Hydraulische Netzwerke haben eine große Ähnlichkeit mit elektrischen Netzwerken. Sie bestehen aus Widerständen, Kondensatoren und Spulen. Die Kenntnis über diese Eigenschaften ermöglicht das Verständnis von bestimmten Systemeigenschaften hydraulischer oder pneumatischer Systeme, insbesondere von deren dynamischem Verhalten [8].

Der hydraulische Widerstand R_H definiert als:

$$R_H = \frac{\Delta p}{Q} \tag{6.18}$$

Hydraulische Widerstände sind z. B. Blenden und Drosseln. Ferner zählen zu dieser Gruppe auch Widerstände in Folge von Reibungsverlusten an Rohren, Schläuchen usw. Die hydraulischen Widerstände werden im Folgenden in einem gesonderten Abschnitt behandelt.

Die hydraulische Kapazität C_H ist wie folgt definiert:

$$C_H = \frac{Q}{\dot{p}} \tag{6.19}$$

In hydraulischen Systemen weisen die Flüssigkeit und die Gefäßwände elastisches Verhalten auf. Sie können so zu einem bestimmten Volumen V_0 ein zusätzliches Volumen dV aufnehmen, wenn sich der Druck p um einen Betrag Δp ändert. Dieses Verhalten entspricht dem Verhalten eines Kondensators, der bei einer Änderung der Spannung eine zusätzliche Ladung aufnehmen kann.

$$\Delta V_{Fl} = A \cdot \Delta l = V_0 \cdot \frac{\Delta p}{E_{Fl}} \tag{6.20}$$

Das Ausgangsvolumen V ist

$$V_0 = A \cdot l_0 \tag{6.21}$$

E_{FL} wird als Kompressionsmodul bezeichnet und ist wie folgt definiert:

$$E_{Fl} = V_0 \cdot \left(\frac{\partial p}{\partial V} \right) = \frac{1}{\beta} \tag{6.22}$$

β ist in dieser Gleichung der Kompressibilitäts-Koeffizient.

Durch Ableiten der Gleichung Gl. 6.20 erhält man:

$$Q_k = \frac{d \Delta V_{Fl}}{dt} = \frac{V_0}{E_{Fl}} \cdot \dot{p} \tag{6.23}$$

In dieser Gleichung wird der Proportionalitätsfaktor

$$C_H = \frac{V_0}{E_{Fl}} \approx 1{,}6 \cdot 10^9 \frac{N}{m^2} = 16000\,\mathrm{bar}\ \left(\text{Mineralöle}\right) \tag{6.24}$$

als hydraulische Kapazität bezeichnet.

Für Druckflüssigkeiten auf Mineralölbasis ist der Faktor im üblichen Temperatur- und Druckbereich annähernd konstant. Es muss aber berücksichtigt werden, dass bei diesen Betrachtungen nur die Flüssigkeit betrachtet wurde. Weitere Elastizitäten, z. B. der Rohrwandungen, Behälter usw. führen zu einer weiteren Veränderung des Kompressionsmoduls und müssen durch eine Ersatzkompression berücksichtigt werden [8].

Für die hydraulische Induktivität L_H gilt nachstehende Beziehung:

$$L_H = \frac{\Delta p}{\dot{Q}} \tag{6.25}$$

Von hydraulischer Induktivität spricht man überall da, wo Massen zu beschleunigen sind. Diese Massen können von Linearantrieben oder Trägheitsmomenten herrühren. Aber auch die Flüssigkeitssäule selbst besitzt eine hydraulische Induktivität, da auch sie eine Masse besitzt, die beschleunigt werden muss. Die Analogie zu einem Stromkreis besteht darin, dass eine anliegende Spannung zu einer Zunahme des Stromes führt. Eine Flüssigkeit kann als ein starrer Körper angenommen werden, wenn er inkompressibel ist. In diesem Fall können die Newtonschen Bewegungsgleichungen angewendet werden.

$$F = m \cdot a = A \cdot l \cdot \rho \cdot a \tag{6.26}$$

Die Kraft F entspricht in diesem Fall der notwendigen Beschleunigungskraft, um die Ölsäule zu beschleunigen. Die Beschleunigung a entspricht einer Änderung des Volumenstromes Q.

Die hydraulische Induktivität beträgt also:

$$L_H = \frac{l \cdot \rho}{A} \frac{kg}{m^4} \tag{6.27}$$

Die Analogie zu einem elektrischen Netzwerk kann auch auf Pumpen und Motoren übertragen werden. So gibt es Pumpen, die je nach Bauart einen konstanten Volumenstrom oder konstanten Druck erzeugen. In diesen Fällen spricht man von Systemen mit eingeprägtem Volumenstrom oder eingeprägtem Druck. In der Elektrotechnik entspricht ein System mit einem eingeprägten Volumenstrom einer Stromquelle. Ein System mit einem eingeprägten Druck entspricht einer Spannungsquelle. Der hydraulische Druck entspricht somit der Spannung und der Volumenstrom dem elektrischen Strom.

Für eine elektrische Reihenschaltung aus einem linearen Widerstand, Induktivität und Kapazität gilt die nachstehende Differentialgleichung:

$$u = i \cdot R + L \cdot \frac{di}{dt} + \frac{1}{C} \cdot \int i \cdot dt \tag{6.28}$$

Diese Gleichung aus der Elektrotechnik kann auf die Hydraulik übertragen werden:

$$p = Q \cdot R_H + L_H \cdot \frac{dQ}{dt} + \frac{1}{C_H} \cdot \int Q \cdot dt \quad (6.29)$$

R_H entspricht in dieser Gleichung einem linearen Strömungswiderstand dp/dQ , wobei in der Praxis der Widerstand stark nichtlinear ist.

6.6 Hydraulische Signal- und Leistungsbeeinflussung

Abb. 6.1 zeigt den allgemeinen Aufbau hydrostatischer Antriebe. Von einem Antriebsmotor wird die Hydropumpe angetrieben, die den hydraulischen Kreislauf mit Öl versorgt. Über Steuerelemente werden dann Hydromotoren und/oder Hydrozylinder angetrieben. Die Beeinflussung der Prozessgrößen des Hydromotors und des Hydrozylinders erfolgt entweder über die Pumpe und/oder die Steuerelemente. Zusätzlich können auch die Motoren und/oder Hydrozylinder für die Beeinflussung verwendet werden. Für eine detaillierte Betrachtung der Steuerungs- und Regelungssysteme in der Hydraulik ist eine Strukturierung der verschiedenen Systeme notwendig. Als Ordnungsprinzipien können z. B. die Arbeitsprinzipien der Systeme verwendet werden. Man unterscheidet, [6]:

- Widerstandssteuerungen – Bei den Widerstandssteuerungen werden mithilfe von drosselnden Regelventilen die Volumenströme und Drücke im System beeinflusst. Über dem Widerstand fallen dabei mehr oder weniger große Verlustleistungen an, die in Wärme umgewandelt werden. Ihr Einsatz wird bei Steuerungen mit niedriger Leistung und hohen dynamischen Präzisionsansprüchen bevorzugt.
- Verdrängersteuerungen – Kennzeichnend für Verdrängersteuerungen ist, dass von den Pumpen nur der Volumenstrom zur Verfügung gestellt wird, der tatsächlich benötigt wird. Aufgrund der geringeren Verluste sind sie energetisch günstiger als Widerstandssteuerungen. Nachteilig ist, dass die Pumpen als Verdrängereinheiten aufwendiger und teurer sind und dass beim Verstellen große Trägheitskräfte überwunden werden müssen, die bei hochdynamischen Prozessen besonders berücksichtigt werden sollten.
- Neben diesen grundsätzlichen Arten der Steuerungen kommen auch Kombinationen aus Widerstands- und Verdrängersteuerungen zum Einsatz. In vielen Fällen werden solche Mischformen eingesetzt, z. B. bei Verdrängersteuerungen, bei denen man zusätzlich noch Ventile zur Beeinflussung verwendet.

6.6.1 Elektro-hydraulische Umformer

Neben Verstellpumpen und –motoren werden vornehmlich Ventile zur Umformung der elektrischen in hydraulische Signale verwendet. Allgemein beeinflussen die Ventile die

Druckflüssigkeit über den Durchfluss, Weg, Richtung und Betrag des Volumenstroms oder den Flüssigkeitsdruck. Die ordnenden Gesichtspunkte sind, [2]:

- Aufgaben – Die Einteilung der Ventile nach Aufgaben bzw. Funktionen bezieht sich auf das Wirkprinzip zur Erfüllung der jeweiligen Aufgabe, z. B. der Druck- oder Volumenstromregelung.
- Aufbau – Der Aufbau beschreibt die Gestaltungsmerkmale des Hauptfunktionsträgers des Ventils, z. B. nach Art der Wirkfläche oder Wirkbewegung. Ordnet man sie z. B. nach der Wirkfläche, können die Ventile in Kugel-, Kegel-, Teller-, Kolben- oder Schieberventile unterschieden werden. Bei einer Ordnung der Ventile nach der Wirkbewegung teilt man sie in Ventile mit einer Dreh- oder Längsbewegung ein.
- Anzahl der gesteuerten Anschlüsse – Die Anzahl der gesteuerten Anschlüsse ist an der Zahl der äußeren Anschlüsse erkennbar. Steuer- oder Leckölleitungen werden dabei aber nicht berücksichtigt.
- Arbeitsweise – Die Arbeitsweise beschreibt, ob das Ventil kontinuierlich oder diskontinuierlich arbeitet. Die diskontinuierliche Arbeitsweise kommt bei Schaltventilen zur Anwendung. Proportional- oder Servoventile, häufig auch als Stetigventile bezeichnet, ermöglichen dagegen eine kontinuierliche Verstellbarkeit, erlauben beliebig viele Zwischenstellungen und sind für anspruchsvollere Steuerungs- und Regelaufgaben notwendig.
- Betätigungsart – Für die Ausführung eines Steuerungsbefehls ist die Eingabe eines Signals am Ventil erforderlich, das den gewünschten Schaltvorgang auslösen soll. Die Betätigung kann mechanisch, elektrisch, pneumatisch oder hydraulisch erfolgen.

6.6.2 Elektromechanische Wandler in hydraulischen Systemen

Elektromechanische Wandler sind Elemente, die elektrische Eingangsgrößen in mechanische Ausgangsgrößen umwandeln. In hydraulischen Systemen werden elektromechanische Wandler mit unterschiedlichen Ventilen kombiniert. Der Wandler verändert dabei je nach Konstruktion und Aufgabe des Ventils die Lage und Stellung des Ventilschiebers. In der Hydraulik sind elektromechanische Wandler in Form von Hubmagneten sehr weit verbreitet. Derartige Hubmagneten werden dazu benutzt, den Ventilschieber aus der meist federzentrierten Ruhestellung in die Schaltstellung zu bewegen.

Für eine Vielzahl von Anwendungen ist das Schwarz-Weiß-Verhalten von Schaltventilen unzureichend, denn die jeweilige Situation kann ein kontinuierliches Verstellen des Volumenstromes oder Druckes erfordern, z. B. in der Lenkung eines Fahrzeuges. Zum Betätigen derartiger Ventile werden proportionalwirkende elektromechanische Wandler eingesetzt.

Man unterscheidet folgende Prinzipien, [6]:

- Proportionalmagnete (hubgeregelt, kraftgesteuert)
- Torque-Motoren
- Tauchspulen
- Linearmotoren
- Piezo-Aktoren

Bei Proportionalventilen wird das elektrische Eingangssignal meist durch einen Proportional-Magneten in die Ausgangsgrößen Kraft oder Weg gewandelt. Abb. 6.3 zeigt einen beispielhaften Aufbau eines Proportionalarbeitendes 4/3-Wegeventils. Diese Größen bedeuten als Eingangssignal für das Hydraulikventil einen dazu bestimmten proportionalen Volumenstrom oder Druck. Proportional-Magnete gehören zur Gruppe der Gleichstrom-Hubmagnete. Je nach Anwendung unterscheidet man in Magnete mit analogem Weg-Stromverhalten (hubgeregelte Magnete) und Magnete mit besonders definiertem Kraft-Stromverhalten (kraftgeregelte Magnete). Das Bauvolumen der kraftgeregelten Magnete ist aufgrund des geringen Hubes klein. Sie werden besonders bei vorgesteuerten Proportional-Wege- und Druckventilen eingesetzt. Beim hubgeregelten Magneten wird die Lage des Ankers mittels eines geschlossenen Regelkreises geregelt. Mit hubgeregelten Magneten werden Proportional-Wegeventile, Strom- und Druckventile direkt betätigt.

Proportionalventile sind aus Schalt-Wegeventilen hervorgegangen. Sie erreichen mittlerweile nahezu das Übertragungsverhalten von Servoventilen (Regelventile). Bei Servoventilen werden vornehmlich Torque-Motoren eingesetzt, die nach dem elektromagnetischen Prinzip eines Gleichstrom-Hubmagneten arbeiten und eine drehende Bewegung zum Betätigen des Ventils erzeugen. Der Anker wird bei ihnen über eine Biegefeder derart gelagert, dass er eine Drehbewegung vollziehen kann. Fließt durch die Spulen ein Gleichstrom, so verändert sich das magnetische Feld. Auf den Anker wirkt dann eine ma-

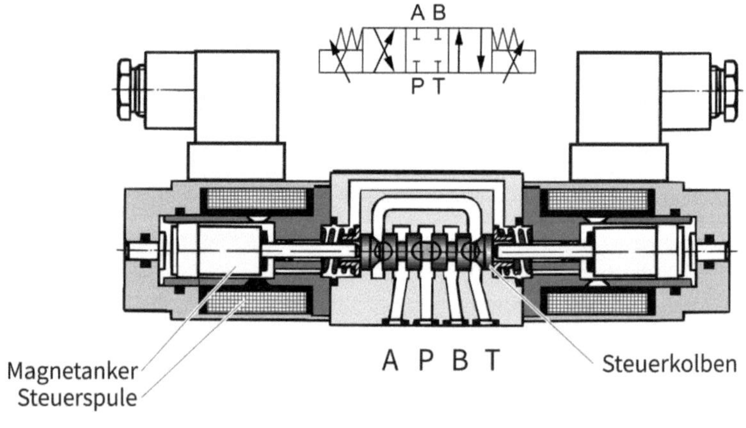

Abb. 6.3 Proportionalarbeitendes 4/3-Wegeventil ohne Lageregelung. (Nach [3])

gnetische Kraft, die zu einer kleinen Bewegung des Ankers führt. Der Anker ist direkt mit einer Prallplatte verbunden. Die Prallplatte wird über zwei Düsen mit Öl angeströmt. Durch die Lageänderung der Prallplatte verändern sich die Strömungsverhältnisse, sodass sich auch die Drücke in den Leitungen A und B gegensätzlich verändern. Die Leitungen A und B sind mit den Kolben eines Wegeventilkolbens verbunden, der sich auf Grund der Druckdifferenz gegen eine Feder verschiebt. Der Stellweg von Torque-Motoren ist mit einigen Zehntelmillimetern sehr gering und das System Düse-Prallplatte ist sehr empfindlich, sodass eine sehr feine Filterung des Mediums notwendig ist. Bei Tauchspulen erfährt die Spule als stromdurchflossener Leiter in einem (Dauer-) Magnetfeld eine der Stromstärke proportionale Kraft. Die Stellkraft und die Hubarbeit sind, bezogen auf das Bauvolumen und Gewicht geringer, als bei den anderen Umformern, sodass ihre Bedeutung abnimmt. Linearmotoren arbeiten nach dem elektromagnetischen Prinzip mit Überlagerung der Magnetfelder von Permanent- und Elektromagneten wie beim Torque-Motor. Der Unterschied besteht in der linearen Bewegung zum Betätigen. Für einen Vergleich elektromechanischer Umformer verwendet man meistens die Hubarbeit. Neuere Umformer wie Piezo-Aktoren können zwar große Kräfte erzeugen, leisten aber nur kleine Hubarbeiten. Ihr Einsatz ist z. B. die Betätigung von Einspritzventilen bei Dieselmotoren. Ihre momentane Bedeutung in hydraulischen Systemen ist aber noch gering [6].

6.6.3 Wegeventile

Wegeventile kann man entsprechend ihrer Funktion in drosselnde und nicht drosselnde Bauarten einteilen. Drosselnde Ventile erlauben die stufenlose Verstellung des Volumenstromes. Je nach Anwendung werden die Ventile mit entsprechenden Betätigungselementen angesteuert, z. B. mit Proportionalmagneten oder mechanisch, wie im Fall der hydraulischen Hilfskraftlenkung. Ein weiteres Kriterium ist der konstruktive Aufbau, der die Ventile in Sitz- und Schieberventile einteilt. Sitzventile sind meistens Sperrventile und werden oft als einfache Rückschlagventile, entsperrbare Rückschlag- oder Drosselrückschlagventile eingesetzt.

Bei den Schieberventilen wird ein Ventilkolben entweder durch eine Schub- oder Drehbewegung in seiner Lage verändert. Dadurch werden die jeweiligen Zu- und Abflüsse gesperrt oder freigegeben. Abb. 6.4 zeigt eine Übersicht über die üblichen Ventilstellungen mit ihren Bezeichnungen und Anwendungen. Die Neutralstellung von Wegeventilen ist abhängig von der jeweiligen Anwendung und dem verwendeten Hydrauliksystem (Konstantstrom- oder Konstantdrucksystem). Die offene Neutralstellung („open center") wird in einfachen Konstantstromsystemen mit Konstantpumpen verwendet. Der gerade nicht benötigte Volumenstrom wird drucklos in den Tank zurückgeleitet. Soll zusätzlich der Verbraucher druckentlastet werden, bietet sich die Schwimmstellung an. Die geschlossene Neutralstellung („closed center") verwendet man in Konstantdruck- und Load-Sensing-Systemen. Sie wirkt sich nicht negativ auf den Wirkungsgrad, da in solchen Systemen Verstellpumpen eingesetzt werden, die automatisch auf eine Nullförderung verstellt werden [6].

Anwendung	Symbol nach DIN ISO 1219	Bezeichnung der Neutralstellung
closed-center-System	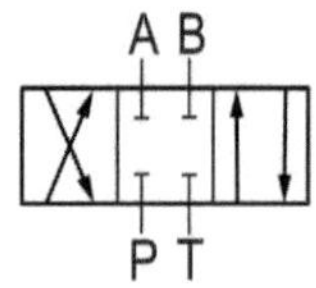	Sperrstellung
open-center-System	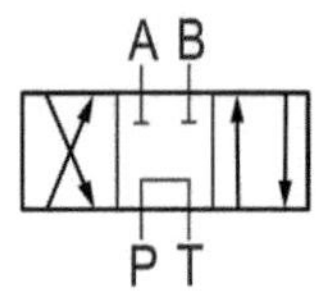	Umlaufstellung
Floating-Position	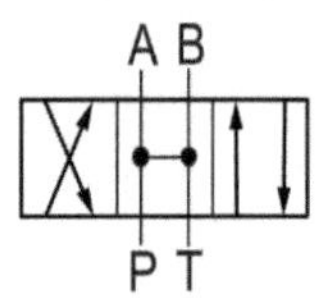	Schwimmstellung
Eilgangschaltung	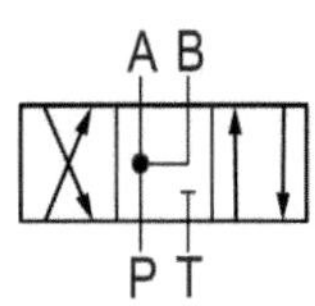	Durchflussstellung

Abb. 6.4 Ventilstellungen

Aus regelungstechnischer Sicht ist die sogenannte Überdeckung bei Ventilen sehr wichtig. Man unterscheidet hier drei Fälle, die in Abb. 6.5 dargestellt sind. Die positive Überdeckung dient bei Wegeventilen einer möglichst guten Abdichtung zwischen den Kammern unterschiedlichen Druckes. Eine Nullüberdeckung ist für schnelle Regelkreise günstig und wird daher oft in Servoventilen verwendet. Die negative Überdeckung hat für stark drosselnde Wegeventile hochdynamischer Stellglieder Bedeutung. Man kann mit ihnen zwei hydraulische Widerstände gleichzeitig gegensinnig verändern, was z. B. in Brückenschaltungen zur Anwendung kommt [6].

Bei der Integration von Wege-, Druck- und Stromventilen in Steuerungssystemen muss das Betriebsverhalten des jeweiligen Ventils besonders berücksichtigt werden [6]. Das Betriebsverhalten wird u. a. charakterisiert durch:

- den Druckabfall im Wegeventil – Beim Durchströmen des Wegeventils kommt es zu einem Druckabfall, der in der Regel vom Volumenstrom ($\Delta p \sim Q_2$) und der Durchströmrichtung abhängig ist.

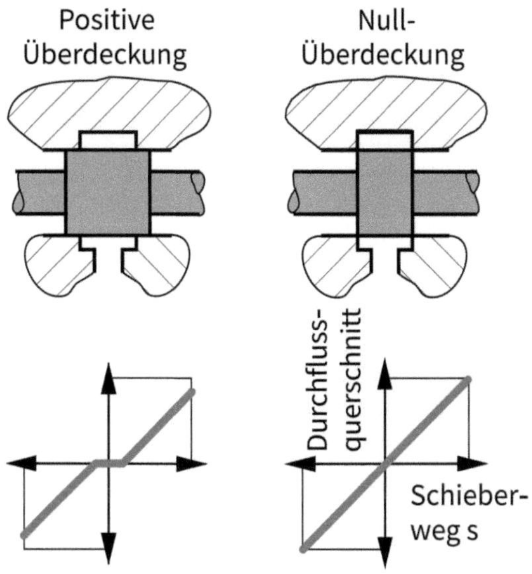

Abb. 6.5 Überdeckung bei Schieberventilen

- das statische Verhalten – Das statische Verhalten eines Wegeventils beschreibt den Zusammenhang zwischen der jeweiligen Eingangs- und Ausgangsgröße nach dem Einschwingen in den stationären Zustand. Hierzu zählen u. a. die Volumenstrom- und Druckverstärkung, die Hysterese, die Ansprechempfindlichkeit, die Umkehrspanne sowie die Volumenstrom-Lastdruckkennlinie.
- das dynamische Verhalten – Aufgrund der Trägheiten im Ventil benötigt es eine gewisse Zeit, um auf ein Eingangssignal reagieren zu können. Diese Eigenschaft ist besonders bei der regelungstechnischen Auslegung und Optimierung von Bedeutung.

6.6.4 Stromventile

In Konstantstromsystemen kann die Abtriebsgeschwindigkeit oder –drehzahl eines Verbrauchers nur über eine Verstellung des Volumenstromes realisiert werden. In der Regel ist die Beeinflussung mithilfe von Stromventilen die preisgünstigere Variante gegenüber Lösungen mit Verstellpumpen. Nachteilig sind höhere Energieverluste, besonders wenn ein Teil des Ölstromes, der unter Lastdruck steht, in den Tank abgeführt werden muss. Ein Übersicht der Stromventile gibt Abb. 6.6. Sie werden eingeteilt in folgende Arten, [6]:

Bezeichnung	Prinzipskizze	Schaltbild nach DIN ISO 1219
Drosselventil	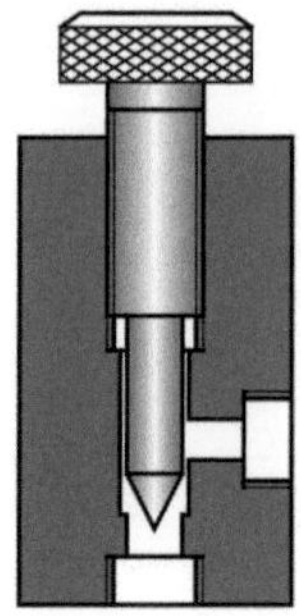	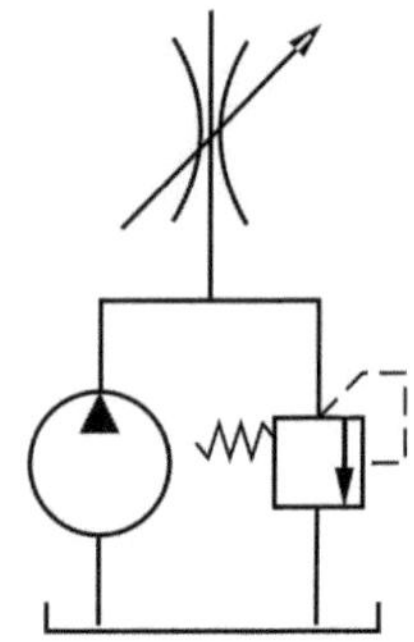
Stromregelventil	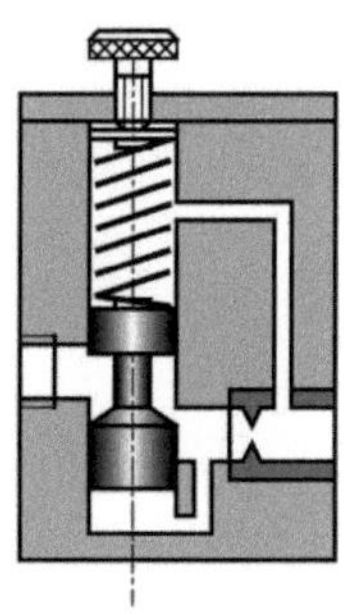	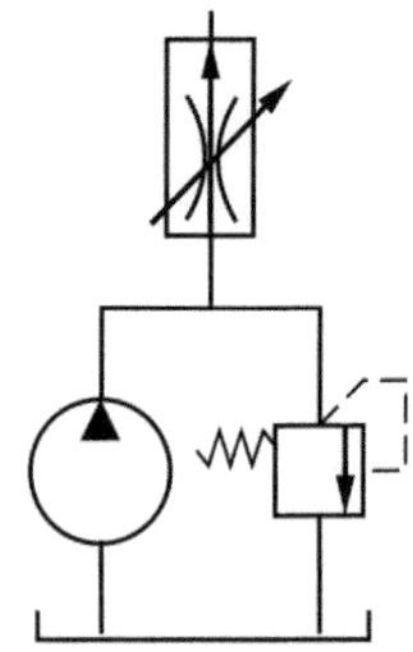
Stromteilventil	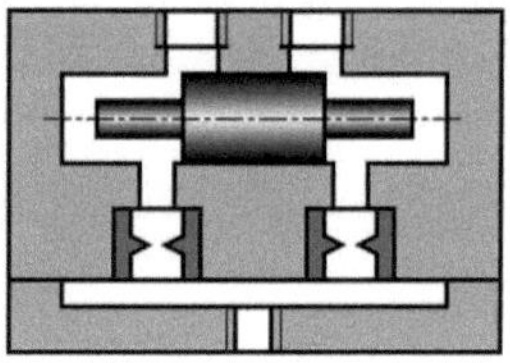	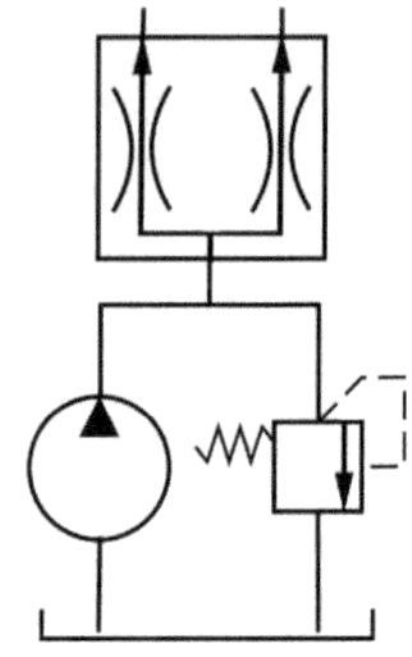

Abb. 6.6 Arten von Stromventilen

- Drosselventile – Drosselventile ermöglichen die Einstellung des Volumenstroms über eine Veränderung des Öffnungsquerschnittes. Die einfachste Form sind Blenden. Bei Verstelldrosseln ist die Größe der Querschnittsöffnung einstellbar.

- Stromregelventile – Die Aufgabe von Stromregelventilen ist die Regelung des Volumenstroms, wobei dieser unabhängig vom am Ventil anliegenden Druck und der Druckdifferenz ist.
- Stromteilerventile – Stromteilerventile sollen den Volumenstrom in bestimmte Verhältnisse aufteilen und diese Stromverhältnisse konstant halten. Neben einfachen mechanischen Verstellmechanismen werden bei diesen Ventilen auch elektromechanische Systeme zur Betätigung genutzt.

6.6.5 Druckventile

Druckventile werden zur Beeinflussung des Systemdruckes eingesetzt. Abb. 6.7 zeigt Druckventile. Man unterscheidet auch bei ihnen unterschiedliche Bauarten, die, [6]:

- Druckbegrenzungsventile – Druckbegrenzungsventile haben die Aufgabe, den Systemdruck auf eine bestimmte vorgegebene Druckhöhe zu begrenzen. Wenn dieser Wert erreicht wird, spricht das Ventil an und leitet den überflüssigen Volumenstrom zum Behälter zurück.
- Druckregel- oder Druckreduzierventile – Druckregelventile halten den Ausgangsdruck unabhängig vom Eingangsdruck konstant.
- Differenzdruckregelventile – Bestimmte Anwendungen erfordern einen konstanten Druckabfall, z. B. wenn das Abtriebsmoment eines Hydromotors konstant gehalten werden soll. In diesem Fall wird ein Differenzdruckregelventil eingesetzt. Dieses regelt unabhängig vom Eingangsdruck und Volumenstrom die Druckdifferenz.
- Druckverhältnisventile – Druckverhältnisventile werden dort benötigt, wo der Ventileingangsdruck zu einem gegebenen Steuerdruck in einem festen Verhältnis bleiben soll.
- Druckschaltventile – Druckschaltventile werden je nach Anwendung als Folge-, Umlauf-, Vorspann- oder Bremsventile eingesetzt. Sie werden im Hauptstrom einer Hydroanlage eingesetzt und schalten, wenn der gewünschte Druck erreicht ist.

6.6.6 Sperrventile

Sperrventile haben die Aufgabe, einen Volumenstrom vorzugsweise in einer Richtung abzusperren und in der anderen freizugeben. Ihre Funktion ist somit Dioden ähnlich. Sperrventile sind in der Regel in der Sitzbauweise ausgeführt und sperren dementsprechend die Leitung leckölfrei ab.

Bezeichnung	Prinzipskizze	Schaltbild nach DIN ISO 1219
Druck-begrenzungsventil	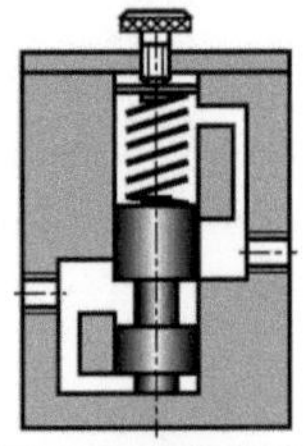	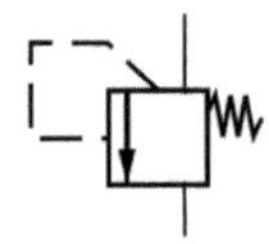
Druckregelventil	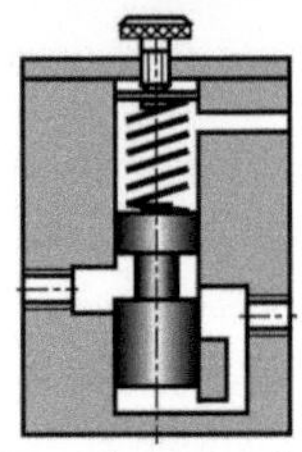	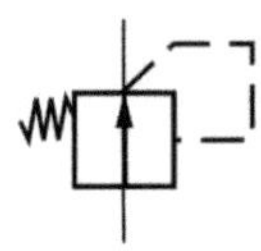
Differenzdruck-regelventil	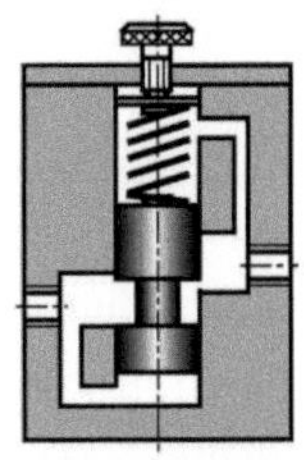	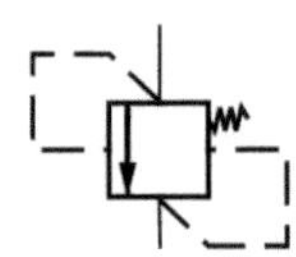
Druck-verhältnisventil	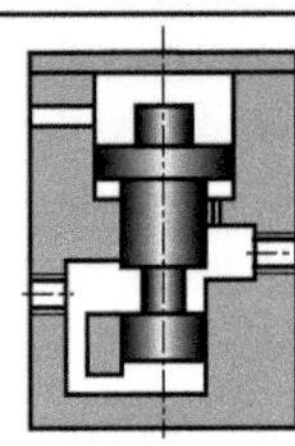	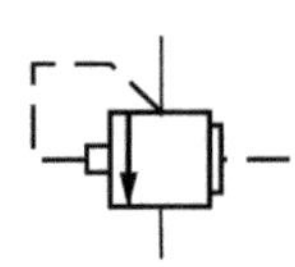
Folgeventil	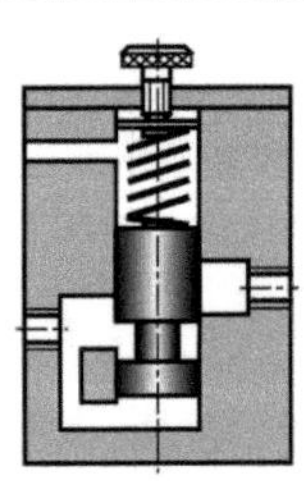	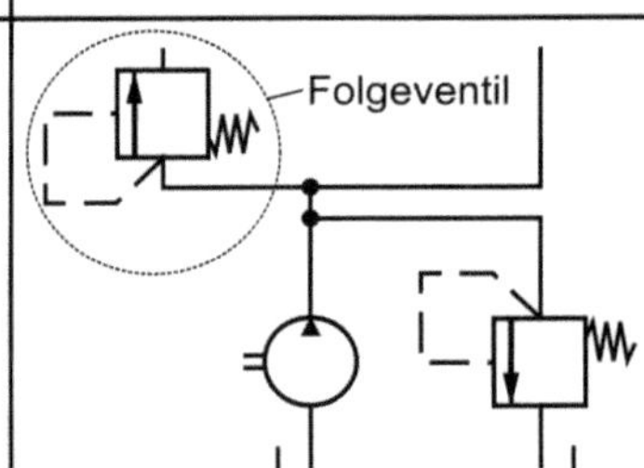

Abb. 6.7 Arten von Druckventilen

6.7 Aktoren mit hydraulischer Hilfsenergie

Aktoren sind in mechatronischen Systemen die Komponenten, deren Hauptfunktion die Beeinflussung des Grundsystems ist. Hierzu wird in der Regel das von der Informationsverarbeitung kommende Stellsignal zur Beeinflussung des Prozesses durch den Aktor von einem niedrigen Energieniveau auf ein hohes gewandelt. Der Aktor benötigt für diese Aufgabe zwei wesentliche Komponenten: den Energiesteller, der mit dem Stellsignal der Informationsverarbeitung des mechatronischen Systems beaufschlagt wird und den Energiewandler, der die für die Bewegung oder Kraftausübung erforderliche Stellenergie liefert. Im Energiesteller wird dem Aktor die Hilfsenergie – hier hydraulische Hilfsenergie – bereitgestellt, die die eigentliche im Aktor umgesetzte Energie darstellt [10].

Ein besonderer Vorteil von Aktoren mit hydraulischer Hilfsenergie ist ihre hohe Leistungsdichte gegenüber anderen, z. B. elektrischen Aktoren. Diese Eigenschaft macht sie besonders für Anwendungen in Automobilen, in Nutzfahrzeugen und mobilen Arbeitsmaschinen interessant. So findet man Aktoren mit hydraulischer Hilfsenergie in Fahrzeugen u. a. in Anwendungen wie der Kraftstoffeinspritzung, Kupplungen, in Getrieben, Bremsen, Lenkung und in Fahrwerken [9]. Beim Einsatz von hydraulischen Aktoren müssen neben den Vorteilen der großen Leistungsdichte, des geringen Bauvolumens und des günstigen Leistungsgewichtes auch deren Nachteile berücksichtigt werden. Dazu gehören geringerer Wirkungsgrad als mechanische Antriebe, Schmutzempfindlichkeit und Temperaturabhängigkeit. Weiterhin ist eine Druckölerzeugung notwendig, die mit einer Geräuschentwicklung verbunden ist und Bauvolumen erfordert.

Eine anschauliche Einteilung der Aktoren mit hydraulischer Hilfsenergie ist die Einteilung nach der Art der Energiewandlung in stetige und absätzige Bewegungen. Weiterhin unterscheidet man zwischen Maschinen mit konstantem und solche mit veränderlichem Verdrängungsvolumen. Unter Verdrängungsvolumen ist dabei das je Umdrehung leckagefrei geförderte Ölvolumen zu verstehen [2, 6].

6.7.1 Aktoren mit hydraulischer Hilfsenergie für stetige Bewegungen

Eine Einteilung der Aktoren mit hydraulischer Hilfsenergie für stetige Bewegungen zeigen Abb. 6.8 und 6.9

Grundsätzlich können alle dargestellten Aktoren auch als Hydropumpen eingesetzt werden, wobei aber einige Bauarten eindeutige Präferenzen haben. Von großer Bedeutung bei den Aktoren mit verstellbarem Hubvolumen sind die Axialkolben- und Radialkolbenmaschinen. Flügelzellenmaschinen und Sperr- und Rollflügelmaschinen werden vorwiegend als Pumpen eingesetzt, z. B. als Lenkpumpen. Bei allen Aktoren mit hydraulischer Hilfsenergie beruht das Arbeitsprinzip darauf, dass die einströmende Druckflüssigkeit den Verdrängerraum aufweitet. Ein dem Verdrängungsraum beweglich begrenzender Körper nimmt den Druck auf und gibt ihn als ein Drehmoment ab. Der Druckkörper wird dabei in

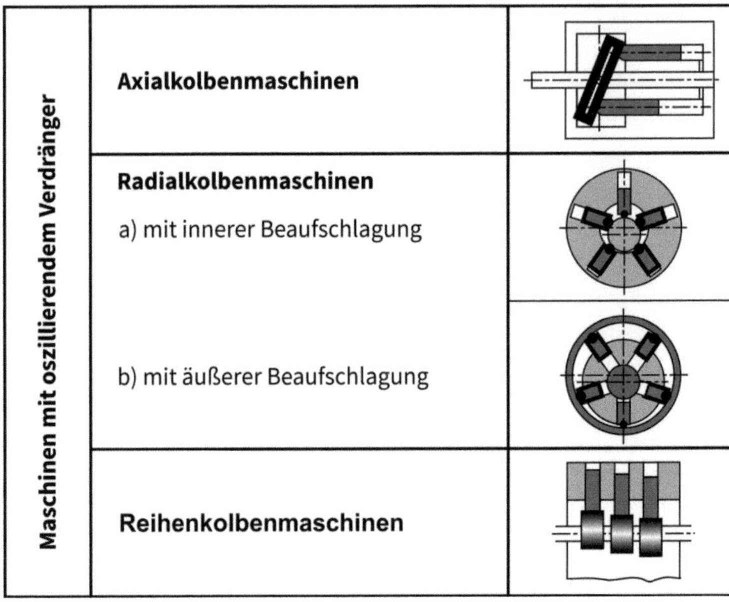

Abb. 6.8 Systematische Einteilung der Aktoren mit hydraulischer Hilfsenergie für stetige Bewegungen mit oszillierendem Verdränger. (Nach [3, 6])

Rotation versetzt. Die Leistung P_{mech}, die ein solcher Aktor als Motor abgeben kann, hängt idealerweise vom Volumenstrom Q und der Druckdifferenz Δp ab (keine Leck- und Reibungsverluste):

$$P_{mech} = Q \cdot \Delta p \tag{6.30}$$

Der Volumenstrom Q wird durch das Hub- oder Schluckvolumen V des Motors und die Drehzahl n bestimmt:

$$Q = \frac{\omega}{2 \cdot \pi} \cdot V = n \cdot V \tag{6.31}$$

Axialkolbenmaschinen

Axialkolbenmaschinen haben in der Praxis eine sehr große Verbreitung. Sie werden immer dann eingesetzt, wenn es gilt, die folgenden Anforderungen zu erfüllen, [6]:

- hoher Druck
- mittlerer Volumenstrom
- hohe Leistungsdichte bei kleinem Bauvolumen

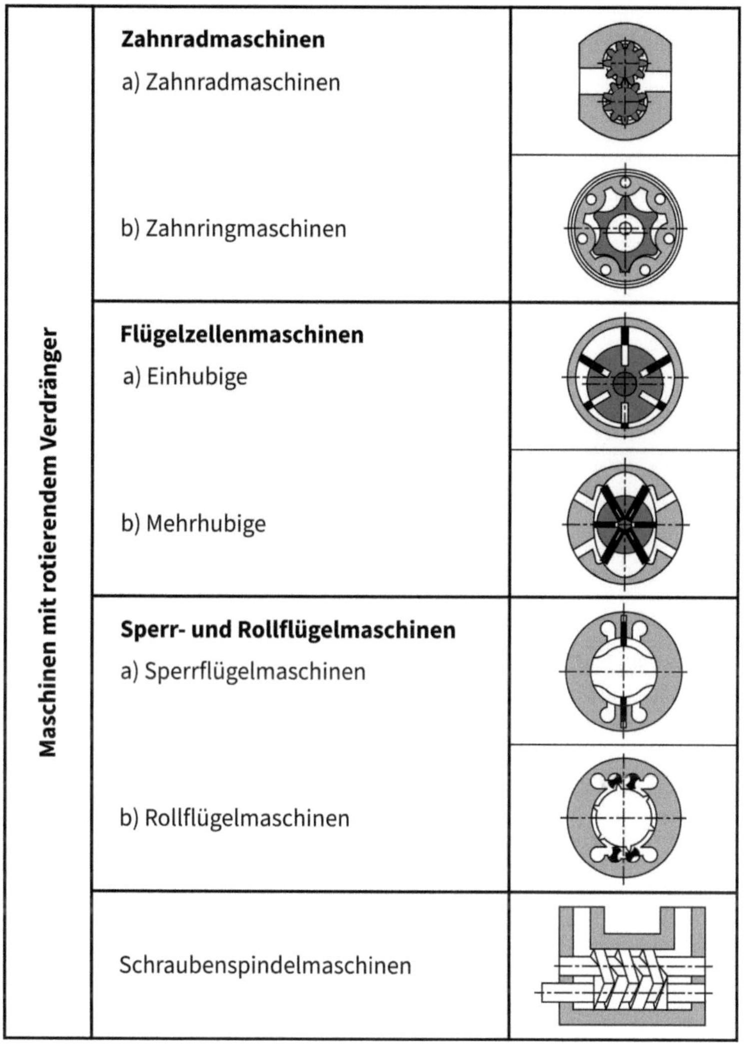

Abb. 6.9 Systematische Einteilung der Aktoren mit hydraulischer Hilfsenergie für stetige Bewegungen mit rotierendem Verdränger. (Nach [3, 6])

Die Axialkolbenmaschinen lassen sich in drei Bauweisen untergliedern:

- Schrägachsenmaschinen, siehe Abb. 6.10a
- Schrägscheibenmaschinen, siehe Abb. 6.10b
- Taumelscheibenmaschinen

Diese Bauarten nutzen für die Verdrängung das Kolbenprinzip. Durch oszillierende Bewegungen der Kolben werden die Verdrängerräume mit Öl gefüllt und entleert. Bei der

Abb. 6.10 Axialkolbenmotoren. **a** Schrägachsenmaschine, **b** Schrägscheibenmaschine. (Nach [3])

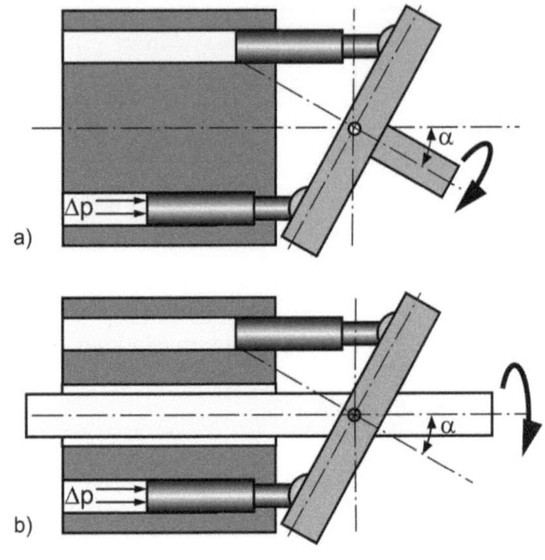

Schrägachsenmaschine liegt die Kolbenachse parallel zur Drehrichtung der Kolbentrommel. Die Zylinderblockachse wird gegenüber der Triebwellenachse um einen Winkel α verschwenkt. Der Triebflansch dreht sich mit der gleichen Geschwindigkeit wie die Kolbentrommel. Dadurch ändert sich während einer Umdrehung der Abstand zwischen dem Flansch und der Trommel periodisch. Hieraus entsteht die Bewegung der Kolben, welche für die Ölförderung benötigt wird. Bei der Schrägscheibenmaschine wird die Kolbenbewegung durch die Drehung der Kolbentrommel erzeugt. Da die Scheibe schräg steht, ändert sich bei einer Umdrehung der Kolbentrommel ebenfalls der Abstand zwischen einem Trommelpunkt und der Scheibe periodisch. Wie bei der Schrägachsenmaschine wird dies zur Kolbenbewegung genutzt. Bei der Taumelscheibenmaschine dreht sich die Scheibe um eine nicht senkrecht auf ihr stehenden Achse, d. h. sie taumelt.

Radialkolbenmaschinen

Das kennzeichnende Merkmal für Radialkolbenmaschinen ist die sternförmige radiale Anordnung der Zylinder. Sie werden eingeteilt in, [6]:

- Radialkolbenmaschinen mit Außenabstützung bzw. innen beaufschlagt, d. h. die Druckflüssigkeit wird vom Zentrum des Motors aus in die Zylinder gefördert.
- Radialkolbenmaschinen mit Innenabstützung bzw. außen beaufschlagt, d. h. die Druckflüssigkeit wird der Zylinderaußenseite zugeführt.

Radialkolbenmotoren sind in der Regel langsam laufend, d. h. die Drehzahlen betragen maximal 1000 min^{-1} bis 1500 min^{-1} und werden häufig als Fahrmotoren in mobilen Arbeitsmaschinen eingesetzt. Als Radnabenmotoren erlauben sie eine sehr gute Integra-

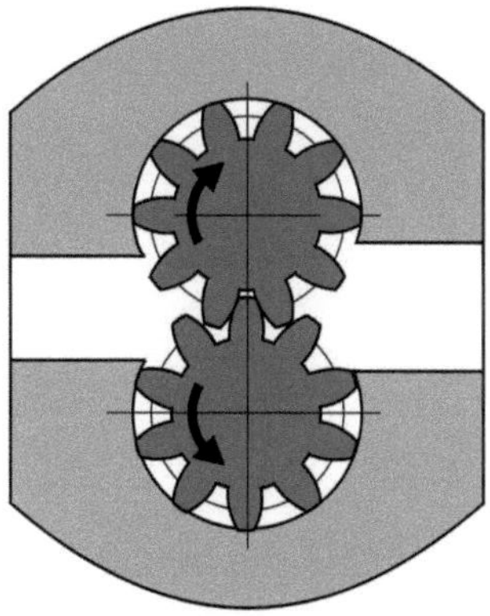

Abb. 6.11 Außenzahnradmaschine

tion und Ausnutzung des Bauvolumens im Bereich des anzutreibenden Rades. Aufgrund der geringen Umdrehungszahl kann oft auch auf ein Getriebe verzichtet werden.

Zahnradmaschinen

Zahnradmaschinen sind Maschinen mit einem konstanten Verdrängervolumen. Man unterscheidet sie in, [6]:

- Außenzahnradmaschinen
- Innenzahnradmaschinen
- Zahnringmaschinen

Außenzahnradmaschinen bzw. -motoren bestehen im Wesentlichen aus zwei ineinandergreifenden zylindrischen Zahnrädern wie in Abb. 6.11 dargestellt. Die Verdrängerräume werden durch die Zahnlücken zwischen Gehäuse und Zahnrad gebildet. Aufgrund des Druckunterschieds zwischen Niederdruck und Hochdruckseite entsteht die Drehbewegung der Zahnräder. Ihr einfacher Aufbau, ihre hohe zulässige Drehzahl und ihre hohe Leistungsdichte (6 kW/kg) machen sie für den Einsatz in der Fahrzeughydraulik besonders geeignet, z. B. als Lüfterantrieb [6].

Innenzahnradmaschinen haben gegenüber außenverzahnten Maschinen systembedingte Vorteile aufgrund des längeren Zahneingriffs, was zu einer besseren Dichtwirkung und zu geringeren Förderstrom- und Druckpulsationen führt [8]. Aus diesem Grund finden im Automobil diese Maschinen vornehmlich Anwendung als Lenkpumpen für die hydraulische Hilfskraftlenkung.

Eine besondere Bedeutung nehmen bei den Innenzahnradmaschinen Orbitmotoren (Abb. 6.12) ein, die auch als Zahnringmaschinen bezeichnet werden können [5]. Der feststehende Außenring hat bei diesen z. B. 7 Zähne und der umlaufende Rotor 6 Zähne. Er ist weiterhin exzentrisch zum Außenring angeordnet. Bei Drehung des Rotors führt dieser eine Rotation um die eigene Achse und eine Rotation um den Exzentrizitätsradius aus.

Abb. 6.12 Orbitmotor

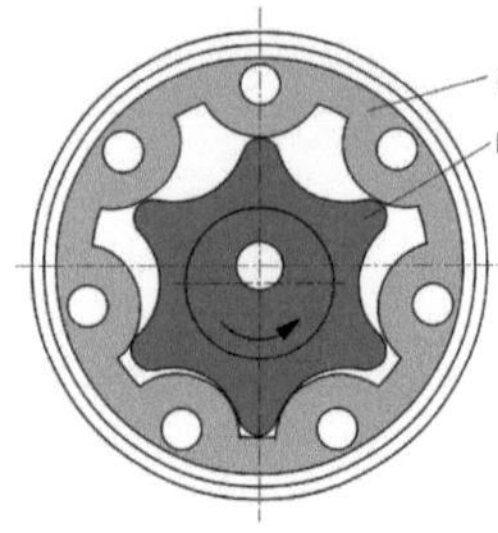

Bei einer Drehung um den Exzentrizitätsradius werden alle Zahnlücken einmal gefüllt und wieder entleert. Für eine volle Drehung der Abtriebswelle werden also jeweils 6 Kammern sechsmal gefüllt und entleert, wodurch diese Maschinen ein sehr großes Schluckvolumen besitzen und hohe Momente aufbringen können. Orbitmotoren werden wegen dieser Eigenschaften häufig zum Direktantrieb als langsam laufender Motor eingesetzt. Ein weiteres Einsatzgebiet ist die Verwendung als Dosiereinheit in hydrostatischen Lenkungen.

Flügelzellenmaschinen, Sperr- und Rollflügelmaschinen
Flügelzellenmaschinen besitzen als charakteristisches Merkmal in einem Rotor angebrachte radialbewegliche Flügel. Diese bilden mit dem Rotor und dem Gehäuse die Verdrängerräume. Das Drucköl wird von außen in die Verdrängerräume gefördert, und es kommt zu einer Expansion des Verdrängerraumes. Auf den Rotor wird dann ein Drehmoment ausgeübt. Der Rotor muss exzentrisch gelagert sein, damit sich das Volumen der Verdrängerräume bei Drehung des Rotors ändern kann. Die Exzentrizität kann häufig stufenlos verstellt werden, was die Winkelgeschwindigkeit und das maximal mögliche Belastungsmoment beeinflussen.

Bei den Sperrflügelmaschinen sind die Flügel im Gegensatz zu den Flügelzellenmaschinen nicht im Rotor, sondern im Gehäuse (Stator) angebracht. Während diese Maschinen vorwiegend als Pumpen eingesetzt werden, nutzt man die Rollflügelmaschinen häufig als Motor. Bei diesen sind die sogenannten Rollflügel über Zahnräder mit dem Rotor synchronisiert, damit die Rotorzähne genau in die Lücken der Rollflügel eingreifen können. Ihr Vorteil ist ein besonders ruhiger Lauf [5].

6.7.2 Aktoren mit hydraulischer Hilfsenergie für absätzige Bewegungen

Aktoren mit hydraulischer Hilfsenergie für absätzige Bewegungen können nach Art der Bewegung in zwei Gruppen untergliedert werden:

- Hydrozylinder, dargestellt in Abb. 6.13
- Schwenkmotoren, dargestellt in Abb. 6.14

Energiewandler für absätzige Geradbewegung		
	Einfach wirkende Hydrozylinder Einfahren durch mech. Kraft Plunger- oder Tauchkolbenzylinder	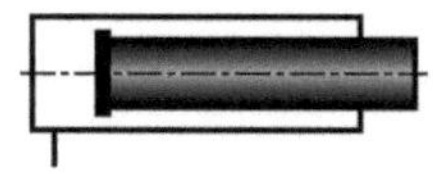
	Einfach wirkender Zylinder	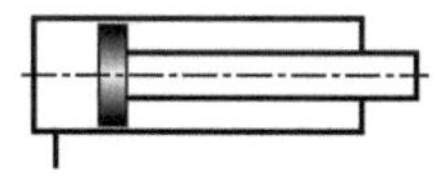
	Mehrfach- oder Teleskopzylinder	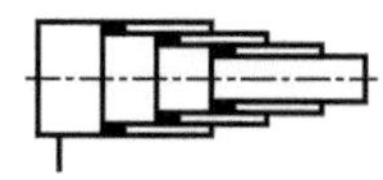
	Doppelt wirkende Hydrozylinder Gleichlaufzylinder	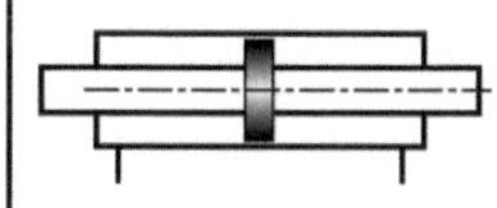
	Differenzialzylinder	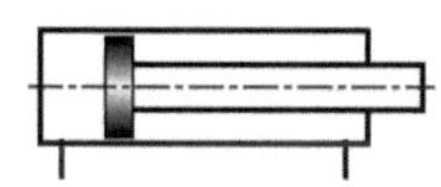
	Differenzialdoppelzylinder	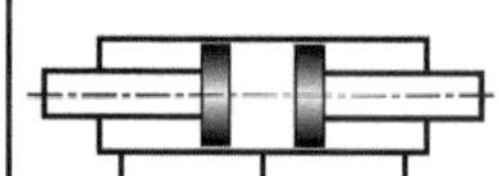

Abb. 6.13 Hydraulische Aktoren für absätzige Geradbewegungen. (Nach [3, 6])

Energiewandler für absätzige Drehbewegung		
	Schwenkantriebe mit mechan. Übersetzung Schwenkantrieb mit Zahnstange und Ritzel	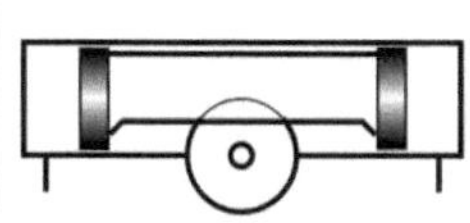
	Schwenkantrieb mit Drehkeilwelle	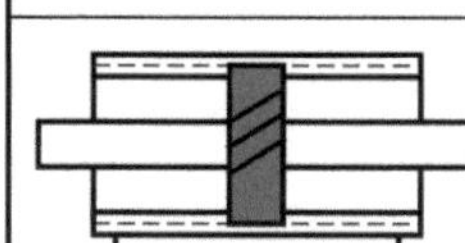
	Schwenkantriebe mit dir. Beaufschlagung Drehkolbenzylinder	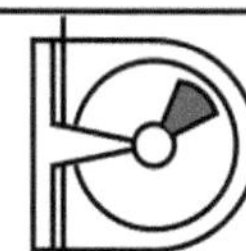

Abb. 6.14 Hydraulische Aktoren für absätzige Drehbewegungen. (Nach [3, 6])

Der besondere Vorteil der hydraulischen Aktoren, bei einem kleinen Bauvolumen große Kräfte erzeugen zu können, macht sie besonders als Stellglied zur Beeinflussung von Prozessen interessant.

Hydrozylinder

Zylinder formen die hydraulische Energie in mechanische Energie um und erzeugen lineare mechanische Kräfte und Wege. Die einfachwirkenden Zylinder sind meistens Plunger- oder Tauchkolbenzylinder. Das kennzeichnende Merkmal ist, dass die wirksame Kolbenfläche durch den Querschnitt der Kolbenstange gebildet wird. Abgedichtet wird der Kolben bzw. die Kolbenstange nur an einer Stelle. Eine Abdichtung gegenüber dem Zylinderrohr entfällt. Diese Bauart ist aufgrund ihres relativ einfachen Aufbaus sehr preisgünstig und hat wenige Verschleißteile. Der wesentliche Unterschied zwischen einem normalen einfachwirkenden Zylinder und einem Plungerzylinder ist, dass der Kolben im Zylinderrohr geführt wird. Hierzu befinden sich am inneren Ende der Kolbenstangen Führungen, die den Kolben im bearbeiteten Zylinderrohr führen. Die drucklose Seite besitzt eine Verbindung zur Umgebung. Hier werden zum Beispiel Entlüftungsschrauben mit Filtern eingesetzt. Gegenüber dem Plungerzylinder ist diese Konstruktion aufwendiger. Auch sind die Reibungsverluste aufgrund der zwei Dichtzonen größer. Bei den sogenannten Teleskopzylindern wird der Kolben aus zylindrischen Rohren gebaut, die ineinander verschiebbar sind. Es können so größere Hublängen ermöglicht werden, bzw. die Bauhöhe des Zylinders kann bei gleicher Hublänge geringer ausfallen als bei einem normalen Zylinder. Einfachwirkende Zylinder kommen dort zum Einsatz, wo eine große Kraft nur in eine Richtung benötigt wird und der Zylinder mit Hilfskräften in seine Ausgangsposition zurückgebracht werden kann. Ein typisches Beispiel hierfür sind Bremszylinder in Scheiben- oder Trommelbremsen.

Das besondere Merkmal doppeltwirkender Zylinder ist, dass sie von zwei Seiten mit Druck beaufschlagt werden können. Die Unterscheidung der Zylinder erfolgt über die Gestaltung der Kolbenstangen

- zweiseitige Kolbenstangen
- einseitige Kolbenstangen

Gleichlaufzylinder haben eine zweiseitige Kolbenstange. Somit erhält man zwei gleich große Kolbenringflächen, und die Drücke und Hubgeschwindigkeiten sind dann in beiden Richtungen gleich. Sie werden z. B. in der hydraulischen Hilfskraftlenkung eingesetzt [5]. Abb. 6.15 zeigt den prinzipiellen Aufbau einer solchen Lenkung.

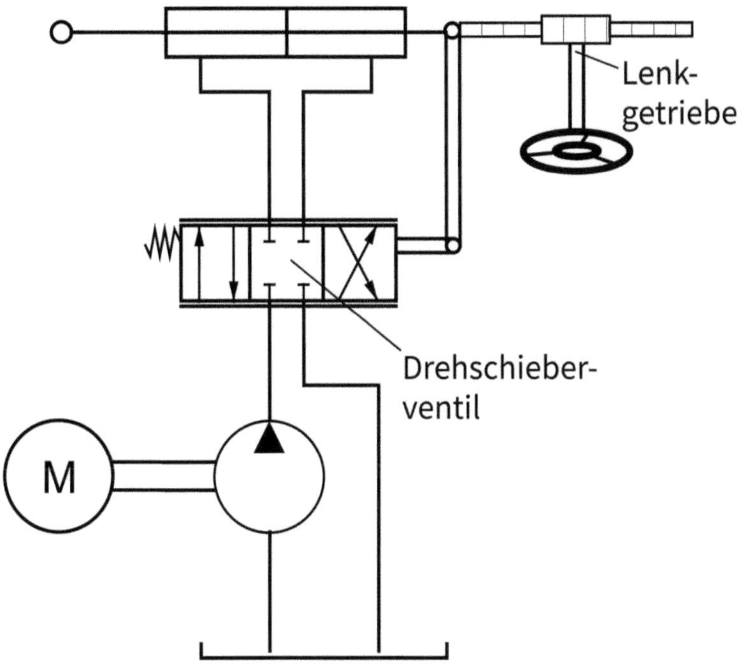

Abb. 6.15 Prinzipieller Aufbau einer hydraulischen Hilfskraftlenkung. (Nach [3])

Doppeltwirkende Zylinder mit einseitiger Kolbenstange werden auch als Differenzialzylinder bezeichnet. Bei ihnen ist die wirksame Kolbenfläche unterschiedlich. Grundsätzlich sind drei Hubgeschwindigkeiten und Lastdrücke möglich:

- Hub durch Beaufschlagung der Kolbenfläche
- Rückhub durch Beaufschlagung der Kolbenringfläche
- Hub durch gleichzeitige Beaufschlagung der Kolben- und Kolbenringfläche

Der Hub von Hydrozylindern ist konstruktiv begrenzt. Um die Beanspruchung der Bauteile, insbesondere des Zylinderbodens, der Zylinderstangenführung und des Zylinderdeckels zu vermeiden, sollte die Energie des Kolbens und der mit ihm verbundenen Massen abgefangen werden. Hierzu werden Endlagendämpfer eingesetzt. Diese vermindern die kinetische Energie des Kolbens, in den das Öl des auf der Endlage liegenden Raumes durch Spalte oder Drossel geleitet wird.

Schwenkmotoren

Schwenkmotoren sind hydraulisch-mechanische Energieumformer, die hydraulische Energie in eine mechanische Rotationsbewegung mit dem entsprechenden Drehmoment umformen. Man unterscheidet (siehe Abb. 6.13):

- Schubkolbensysteme mit Umlenkmechanismus
- Drehkolbenmaschinen

Bei den Drehkolbenmaschinen wirkt der Betriebsdruck des Druckmediums auf den Drehkolben. Die Kolbenkraft und der Drehflügelhub setzen sich dann direkt in ein Drehmoment bzw. eine Drehbewegung um. Bestimmend für das erreichbare Drehmoment sind die Abmessungen von Kolbenfläche und Kolbenradius. Die erzielbare Kraftdichte und Laufgüte sind abhängig von der Kolbenflügelkontur und der Abdichtung zwischen Hoch- und Niederdruckseite. Konstruktionsbedingt ist der maximale Schwenkwinkel kleiner als 360°.

Bei den Schubkolbensystemen mit Umlenkmechanismen wird ein linear beweglicher Kolben mit einem Getriebe derart gekoppelt, dass die Bewegung des Kolbens eine Drehbewegung erzeugt. Als Getriebe werden Zahnstangen-, Kurven-, Wälzschraub- oder Schraubgetriebe eingesetzt. Bei diesen sind im Gegensatz zu den Drehkolbensystemen auch Schwenkwinkel größer als 360° realisierbar [6].

6.8 Hydrostatische Antriebe und Getriebe

Entsprechend Abb. 6.1 bestehen hydrostatische Antriebe und Getriebe aus einem generatorischen, konduktiven und motorischen Teil, deren Komponenten in einer Auswahl oben vorgestellt worden sind. Im Folgenden werden die Antriebe und Getriebe behandelt. Zur Beschreibung und Einteilung hydrostatischer Getriebe werden folgende Merkmale verwendet:

- Ölrückführung

Die Ölrückführung beschreibt, wie der Kreislauf des Systems aussieht. Die Ölrückführung in hydrostatischen Getrieben kann in offenen oder geschlossenen Kreisläufen erfolgen. Der wesentliche Unterschied bei der Ölrückführung im geschlossenen Kreislauf gegenüber dem offenen Kreislauf liegt darin, dass das benutzte Öl beim offenen Kreislauf in einen Sammelbehälter zurückgepumpt wird, bevor es wieder von der Pumpe angesaugt werden kann. Im Behälter vermischt sich das verbrauchte Öl automatisch mit frischem. Soll die Anlage mit veränderlicher Stromrichtung betrieben werden, müssen die Leitungen zwischen Ventilen und Verbrauchern druckfest ausgeführt werden. Zusätzlich müssen für beide Richtungen Druckabsicherungen vorgesehen werden. Es muss auch berücksichtigt werden, dass beim Ansaugen des Öls die Gefahr von Kavitation besteht. Vorteilhaft bei offenen Systemen ist, dass sie sehr preisgünstig sind. Nachteilig ist, dass die Pumpe nur in eine Richtung fördern kann. Bremskräfte vom Hydromotor können daher nicht an der Pumpe abgestützt werden. Bei einem geschlossenen Kreislauf wird das Öl auf der Niederdruckseite direkt der Pumpe wieder zugeführt. Das Öl wird also nicht in einen Tank zurück gefördert. Aus diesem Grund ist eine Speiseölzuführung notwendig, um Volumenverluste zum Beispiel durch Leckagen ausgleichen zu können. In der Regel nutzt man diese Speiseölschaltung auch zum Reinigen und Kühlen des Öls. Es wird hier auch oft von einer Spülschaltung gesprochen. Da der Motor auf der Niederdruckseite einen gewissen Druck hat, ist der Motor hydraulisch eingespannt, sodass Bremskräfte übertragen werden können. In ungünstigen Situationen kann der Fall auftreten, dass bei einer schnellen Veränderung des Pumpenschwenkwinkels zu wenig Öl vom Motor zur Pumpe fließt. Um Kavitation zu vermeiden, muss aus diesem Grund eine Nachsaugeinrichtung eingesetzt werden. Ein besonderes Merkmal geschlossener Kreisläufe ist, dass ein Vierquadrantenbetrieb realisiert werden kann. Vorteilhaft bei Schaltungen im geschlossenen Kreis ist, dass sie Bremskräfte übertragen können und dass eine gute Abstimmung zwischen Pumpe und Motor möglich ist. Weiterhin kann das Tankvolumen in der Regel kleiner sein als bei einem offenen Kreislauf, weil nur ein kleiner Teil des Öls aus dem Ölstrom zum Tank zurückfließt. Besonders in mobilen Arbeitsmaschinen ist diese Eigenschaft von Bedeutung, da so Gewicht eingespart werden kann.

- räumliche Anordnung

Dieses Merkmal beschreibt die räumliche Anordnung des Getriebes. Liegen alle Elemente nah beieinander oder bilden sie eine Einheit, spricht man von einem Kompaktgetriebe. Ist die Bauform aufgelöst, das heißt es gibt z. B. eine räumliche Trennung zwischen Pumpe und Motor, so wird von einem Ferngetriebe gesprochen.

- Verstellung

Dieses Merkmal drückt aus, wie die Leistung an der Abtriebswelle eingestellt wird. Üblich sind z. B. Verstellungen durch Drosseln, Pumpen – oder Motorverstellungen. Bei der Drosselsteuerung wird der Volumenstrom in einen Arbeits- und Verlustvolumenstrom aufgeteilt. Für diese Aufgaben werden Drosseln bzw. drosselnde Wegeventile eingesetzt. Die Drosselsteuerung findet ihre Anwendung häufig in mobilen Arbeitsmaschinen und bei geringen Leistungen. Ihr Nachteil ist die Aufteilung des Volumenstromes, sodass die maximale Pumpenleistung für den maximalen Volumenstrom ausgelegt sein muss. Da aber die Verbraucher in der Regel nur einen Teil der zugeführten Leistung benötigen, wird der nicht genutzte Anteil als Verlustleistung in Wärme umgewandelt. Kennzeichnend für die Primärverstellung ist, dass die Verstellmöglichkeiten einer Verstellpumpe zur Beeinflussung der Systemeigenschaften genutzt werden. Mit der Primärverstellung sind Stillstand und Rückwärtslauf des Hydromotors einfach zu realisieren, da nur der Schwenkwinkel der Pumpe entsprechend verändert werden muss. Im Gegensatz zur Primärverstellung wird bei der Sekundärverstellung ein Verstellmotor zur Beeinflussung der Systemeigenschaften verwendet. Für die Drehzahl des Motors gilt, dass diese vom Schluckvolumen des Motors abhängt. Bei der Sekundärverstellung besteht die Gefahr des Durchgehens des Motors. Das kann dann auftreten, wenn das Schluckvolumen immer weiter reduziert wird. Aus diesem Grund ist immer die Festlegung eines minimalen Schluckvolumens notwendig. Das besondere Merkmal der Folgeverstellung ist, dass die Pumpe und der Motor zur Beeinflussung der Systemeigenschaften verstellt werden. Zunächst wird der Pumpenschwenkwinkel bis auf sein Maximum ausgeschwenkt. Anschließend wird dann der Motorschwenkwinkel von seiner maximalen Stellung zurück geschwenkt, was zu einer weiteren Steigerung der Motordrehzahl führt. Der Systemdruck bleibt davon unbeeinflusst. Entsprechend der Leistungshyperbel muss das zur Verfügung stehende Abtriebsmotormoment sinken. Der Unterschied der Verbundverstellung gegenüber der Folgeverstellung ist, dass bei der erstgenannten Motor und Pumpe gleichzeitig verstellt werden. Das Systemverhalten wird im Besonderen von der Art der Kopplung zwischen der Verstelleinheit der Pumpe und des Motors bestimmt.

- Leistungsabgaben

Das Merkmal der Leistungsverteilung beschreibt, wie die Leistung im hydraulischen System aufgeteilt wird. Hierzu zählt die Frage, ob es sich um einen oder um mehrere Verbraucher handelt. Wird die Leistung auf mehrere Verbraucher verteilt, ist zusätzlich der Leistungsfluss zu berücksichtigen. Im Folgenden sollen die verschiedenen Arten der Leistungsverteilung beschrieben werden. Bei der Schaltung mit einem Verbraucher wird für jeden Verbraucher ein separates hydraulisches Getriebe konzipiert. Das bedeutet, jedem Verbraucher wird eine separate Pumpe zugeordnet. Die Steuerung kann der jeweiligen Aufgabe optimal angepasst werden. Allerdings wird bei mehreren Verbrauchern der Aufwand sehr groß. Bei der Folgeschaltung werden mehrere Verbraucher derart geschaltet, dass sie in einer vorgegebenen Reihenfolge arbeiten. Dem gegenüber sollen bei der Gleichlaufschaltung die Verbraucher sich synchron bewegen. Aufgrund der schwer zu steuernden Leckagen in den Teilsystemen müssen dafür besondere Maßnahmen ergriffen werden, z. B. durch die mechanische Kopplung der Verbraucher. Unter der Reihenschaltung versteht man das Hintereinanderschalten von Verbrauchern. Durch die starren Kopplungen zwischen den Verbrauchern führt der Stillstand eines Verbrauchers dazu, dass die anderen ebenfalls stehen bleiben. Soll dies verhindert werden, müssen Überbrückungsschaltungen eingesetzt werden. Allen Verbrauchern steht der volle Volumenstrom zur Verfügung, aber nur ein anteiliger Arbeitsdruck bzw. anteiliges Drehmoment, weil sich die Druckabfälle an jedem einzelnen Verbraucher addieren (Analogie zur Reihenschaltung von Widerständen in der Elektrotechnik). Bei der Auslegung der Pumpe muss die Summe der Einzelbelastungen als Auslegungsgröße verwendet werden. Für die Parallelschaltung gilt, dass allen Verbrauchern der gleiche Arbeitsdruck zur Verfügung steht. Es wird sich der Verbraucher zuerst bewegen, bei dem der geforderte Druck am niedrigsten ist. Zur Vermeidung dieses Effektes müssen besondere Maßnahmen ergriffen werden.

- Leistungsfluss

Das Merkmal Leistungsfluss beschreibt, wie die Leistung in dem Getriebe übertragen wird. In vollhydrostatischen Getrieben wird die Leistung vollständig hydraulisch übertragen. In leistungsverzweigten Getrieben wird die Leistung in mehrere Leistungszweige und –arten aufgeteilt und gewandelt. Wenn ein Teil der Leistung hydraulisch übertragen wird, spricht man auch von einem teilhydrostatischen Getriebe. Aufgrund des schlechteren Wirkungsgrades vollhydrostatischer Getriebe gegenüber rein mechanischen Getrieben, konnten diese sich z. B. im Fahrzeugbereich bisher nicht durchsetzen und werden nur in besonderen Anwendungsbereichen verwendet. Teilhydrostatische Getriebe nutzen durch die sinnvolle Kombination von mechanischen und hydraulischen Komponenten die Vorteile beider Systeme, um eine stufenlose Drehzahlverstellung bei akzeptablen Wirkungsgraden zu erreichen. Die Funktion und den prinzipiellen Aufbau solcher Systeme zeigt Abb. 6.16. In der Regel wird die mechanische Eingangsleistung in einen mechanischen

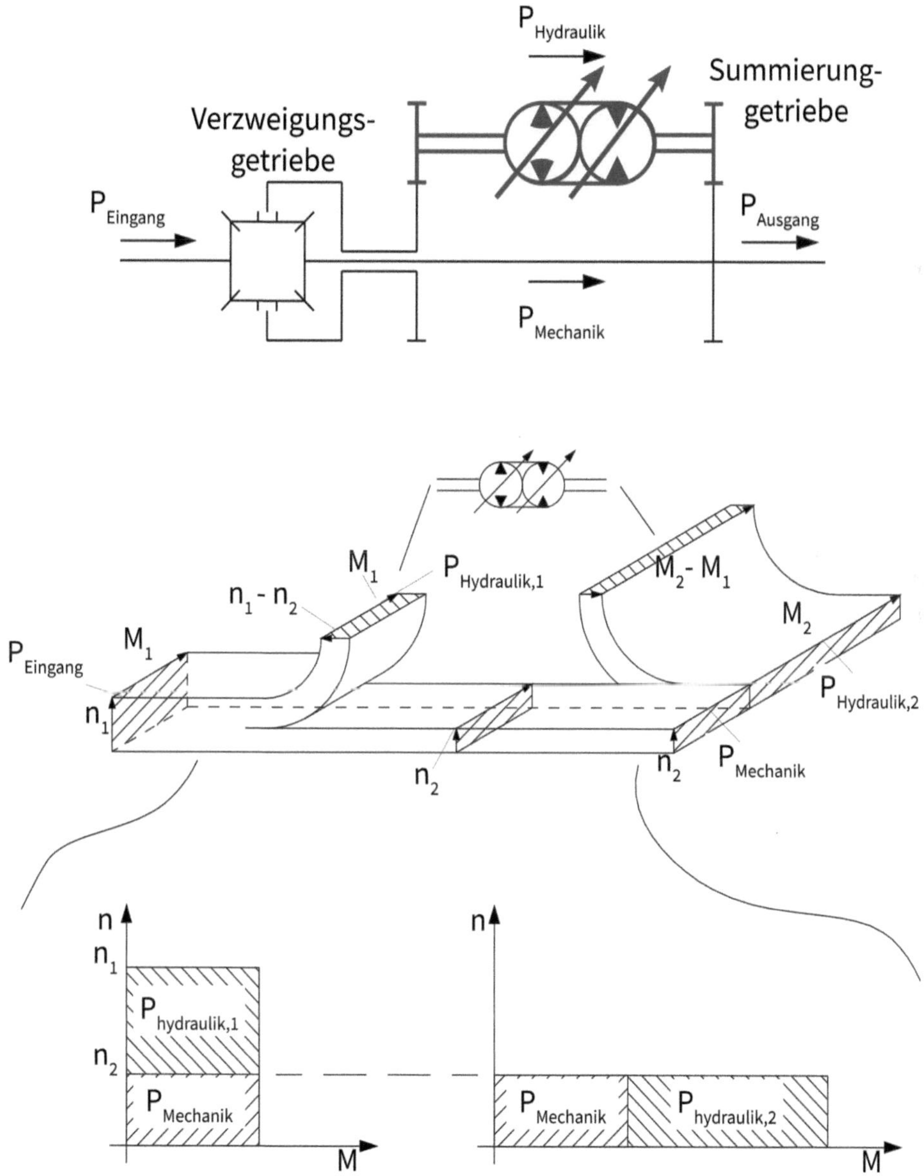

Abb. 6.16 Prinzip der hydraulischen Leistungsverzweigung. (Nach [7])

und hydraulischen Zweig aufgeteilt, gewandelt und abschließend wieder zu einer rein mechanischen Leistung zurücktransformiert. Entsprechende Getriebe werden als leistungsverzweigte Getriebe bezeichnet. Man unterscheidet die leistungsverzweigten Getriebe in Getriebe mit äußerer Leistungsverzweigung und in solcher mit innerer Leistungsverzweigung.

6.9 Hydraulische Steuerungen und Regelungen

Die Beeinflussung der Prozessgrößen eines hydrostatischen Antriebs erfolgt entweder über die Pumpe und oder die Steuerelemente. Zusätzlich können auch die Motoren und oder Hydrozylinder für die Beeinflussung verwendet werden. Für eine detaillierte Betrachtung der Steuerungs- und Regelungssysteme in der Hydraulik ist eine Strukturierung der verschiedenen Systeme notwendig. Als Ordnungsprinzipien können z. B. die Arbeitsprinzipien der Systeme verwendet werden. Man unterscheidet die folgenden Steuerungen, [2]:

- Widerstandssteuerungen – Bei den Widerstandssteuerungen werden mithilfe von drosselnden Regelventilen die Volumenströme und Drücke beeinflusst. Über dem Widerstand fallen mehr oder weniger große Verlustleistungen ab, die in Wärme umgewandelt werden. Ihr Einsatz wird bei Steuerungen mit niedriger Leistung und hohen dynamischen Präzisionsansprüchen bevorzugt.
- Verdrängersteuerungen – Kennzeichnend für Verdrängersteuerungen ist, dass von den Pumpen nur der Volumenstrom zur Verfügung gestellt wird, der tatsächlich benötigt wird. Aufgrund der geringeren Verluste sind sie energetisch günstiger als Widerstandssteuerungen. Nachteilig sind Aufwand und Kosten sowie die großen Trägheitskräfte beim Verstellen.
- Kombinationen aus Widerstands- und Verdrängersteuerungen – In vielen Fällen werden Mischformen von Verdränger- und Widerstandssteuerungen eingesetzt, z. B. bei Verdrängersteuerungen, bei denen man zusätzlich noch Ventile zur Beeinflussung einsetzt.

Darüber hinaus können die hydraulischen Systeme mithilfe von eingeprägten Größen charakterisiert werden, [4]:

- eingeprägter Volumenstrom
- eingeprägter Druck
- eingeprägter Differenzdruck
- eingeprägte Leistung
- eingeprägte Pumpendrehzahl

Abb. 6.17 zeigt eine Übersicht über die genannten Systeme.

Bei den hydraulischen Systemen mit eingeprägtem Volumenstrom ist es das Ziel, die Geschwindigkeit der Bewegung des motorischen Teils des hydrostatischen Antriebs kon-

	Steuerung		
	Widerstands-steuerung	Widerstands- und Verdrängersteue-rung	Verdrängersteue-rung
Speisung	**I**	**II**	**III**
eingeprägter Volumenstrom	Volumenstrom-steuerung mit Konstantpumpe	Volumenstrom-steuerung mit Verstellpumpe	Volumenstrom-steuerung mit Verstellpumpe
eingeprägter Druck	Konstantdrucksys-tem mit Konstant-pumpe	Konstantdrucksys-tem mit Verstellpumpe	Konstantdrucksys-tem mit sekundärgereg. Verstellmotor
eingeprägter Differenzdruck	Load-Sensing-Sys-tem mit Konstant-pumpe	Load-Sensing-Sys-tem mit Verstellpumpe	Systeme mit Momentenregelung
eingeprägte Leistung	—	Leistungsregelung mit Verstellpumpe	Grenzlastregelung
eingeprägte Pumpendrehzahl	—	Automotive Steuerung	Konstantpumpe mit drehzahl-veränderbarem E-Motor

Abb. 6.17 Einteilung der verschiedenen Hydrauliksysteme. (Nach [4])

stant zu halten. Das bedeutet z. B. bei einem Hydrozylinder eine konstante Verfahrgeschwindigkeit des Kolbens oder die Gewährleistung einer konstanten Drehzahl bei einem Hydraulikmotor. Entsprechende Volumensteuerungen können bei hydraulischen Systemen mit Konstantpumpen mit drosselnden Ventilen realisiert werden. Bei Systemen mit Verstellpumpen erreicht man eine Beeinflussung des Volumenstroms über die Verstellung des Hubvolumens der Pumpe.

Ziel von Systemen mit eingeprägtem Druck ist es, den Druck im System unabhängig vom Volumenstrombedarf des Verbrauchers konstant zu halten. Ähnlich wie bei den Systemen zur Volumenstromsteuerung unterscheidet man Systeme mit Konstantpumpen und Verstellpumpen. Die einfachste Form zur Beeinflussung des Systemsdruckes ist die Verwendung eines einstellbaren Druckbegrenzungsventils.

Bei Systemen mit eingeprägtem Differenzdruck ist eine Druckdifferenz Δp die systembestimmende Größe. Bei Verwendung von drosselnden Elementen zwischen Pumpe und Verbraucher wird hierbei die Differenz zwischen Pumpen- und Verbraucherdruck konstant gehalten. Weil der Verbraucherbedarf an Druck und Volumenstrom berücksichtigt wird, spricht man von Load-Sensing-Anlagen (Lastdruck-Melde-Systeme) Da diese Systeme mittlerweile sehr häufig in mobilen Arbeitsmaschinen zu finden sind, soll die Funktionsweise kurz beschrieben werden. Die folgende Abb. 6.18 zeigt ein einfaches Load-Sensing-System mit einer Verstellpumpe. Für die Erfassung des Differenzdruckes wird eine Messdrossel benötigt, die in diesem Fall in dem Load-Sensing-Ventil (3) integriert ist. Der Lastdruck Δp wirkt auf die Druckwaage (2), mit der über den Arbeitsdruck die Ausschwenkung der Pumpe (1) verstellt wird. Die Werte für Δp liegen überlicherweise um 15 bis 25 bar. Dies führt daher zu systembedingten Drosselverlusten [4].

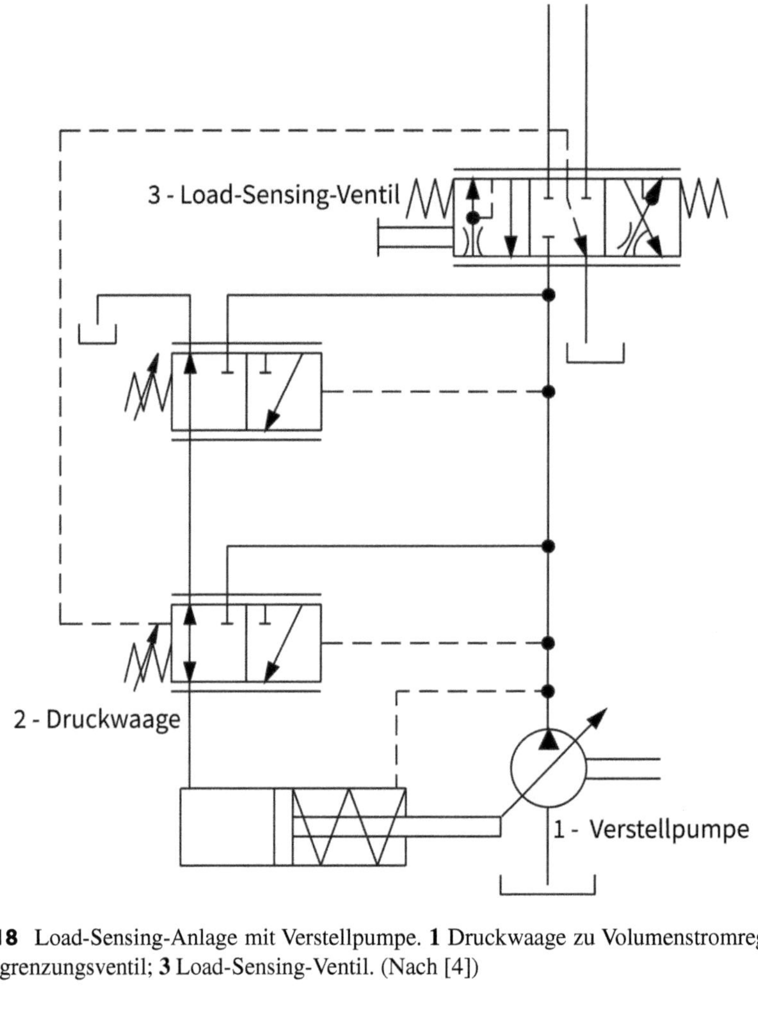

Abb. 6.18 Load-Sensing-Anlage mit Verstellpumpe. **1** Druckwaage zu Volumenstromregelung; **2** Druckbegrenzungsventil; **3** Load-Sensing-Ventil. (Nach [4])

Es wurde herausgearbeitet, dass Konstantstrom-Systeme häufig zum Einsatz kommen, wenn die gleichförmige Geschwindigkeit eines Verbrauchers eine besondere Rolle spielt, während Konstantdruck-Anlagen bei der Realisierung von hydraulischen Netzen eingesetzt werden. Das Prinzip des Load-Sensing verbindet die Vorteile beider Systeme, da es eine kombinierte Druck-Strom-Regelung darstellt. Alle drei Prinzipien lassen sich sowohl durch Konstant- als auch durch Verstellpumpen umsetzen. Für die Beurteilung der Systeme kann der Wirkungsgrad herangezogen werden. Für eine vergleichende Betrachtung des Wirkungsgrades für die Systeme sollen folgende Zustände näher betrachtet werden:

1. Der Verbraucher benötigt maximale Leistung: Die Steuerventile des Verbrauchers sind voll geöffnet, und die Anlage steht unter maximalem Druck, d. h. die Druckbegrenzungsventile sind gerade noch geschlossen und das System befindet sich an der oberen Grenze des Regelbereichs.
2. Der Verbraucher benötigt mittlere Leistung: Es handelt sich um den Leistungsübergangsbereich. Der Öffnungsquerschnitt der Steuerventile ist an die gewünschten Verhältnisse angepasst. Der Systemdruck hängt von der Belastung des Verbrauchers ab.
3. Der Verbraucher benötigt keine Leistung: Die Steuerventile sind geschlossen, und die Pumpe muss lediglich die systembedingten Verlustleistungen abdecken.

Die Verlustleistungen und Nutzleistungen für eine Konstantstromanlage mit einer Konstantpumpe, einer Konstantstromanlage mit einer Verstellpumpe sowie einer Load-Sensing-Anlage sind in Abb. 6.19 abgebildet.

Verlangt bei einer Konstantstromanlage mit einer Konstantpumpe der Verbraucher die maximale Leistung, fällt nur ein geringer Verlust durch einen kleinen Druckabfall Δp über dem Wegeventil bzw. innerhalb des Leitungssystems ab. Im Teillastbereich, in dem das Wegeventil so verstellt wird, dass die gewünschte Geschwindigkeit des Verbrauchers erreicht wird, wird der konstante Volumenstrom je nach Ventilstellung in Nutz- und Verluststrom geteilt. Der nicht benötigte Teil wird über das open-center-Ventil in den Tank abgeführt. Der Pumpendruck ist von der Verbraucherbelastung abhängig und um den im Wegeventil abfallenden Differenzdruck höher als der Lastdruck. Ist das Wegeventil in Neutralstellung, fließt der gesamte Volumenstrom nahezu verlustfrei durch die open-center-Ausführung in den Tank ab.

Ist das Wegeventil bei einer Konstantdruckanlage mit einer Verstellpumpe voll geöffnet, fällt auch hier eine geringe Druckdifferenz über dem Wegeventil ab. Der Pumpendruck bleibt, unabhängig von der Belastung des Verbrauchers, in allen Betriebszuständen konstant. Anlagen mit Verstellpumpen sollten immer einen Restverlustvolumenstrom besitzen. Würde das Hubvolumen einer Pumpe tatsächlich auf null geregelt, könnte sich Öl innerhalb der Pumpe unzulässig erwärmen. Dieses kann zum Beispiel durch einen Anschlag in der Pumpenverstellung erreicht werden:

Das Verhalten der Load-Sensing-Anlage mit Verstellpumpe ist ähnlich derjenigen mit Konstantpumpe. Die Nutzleistung wird allerdings über den Verstellzylinder an die Verbraucherbedürfnisse angeglichen. Verluste beschränken sich daher auf die konstante

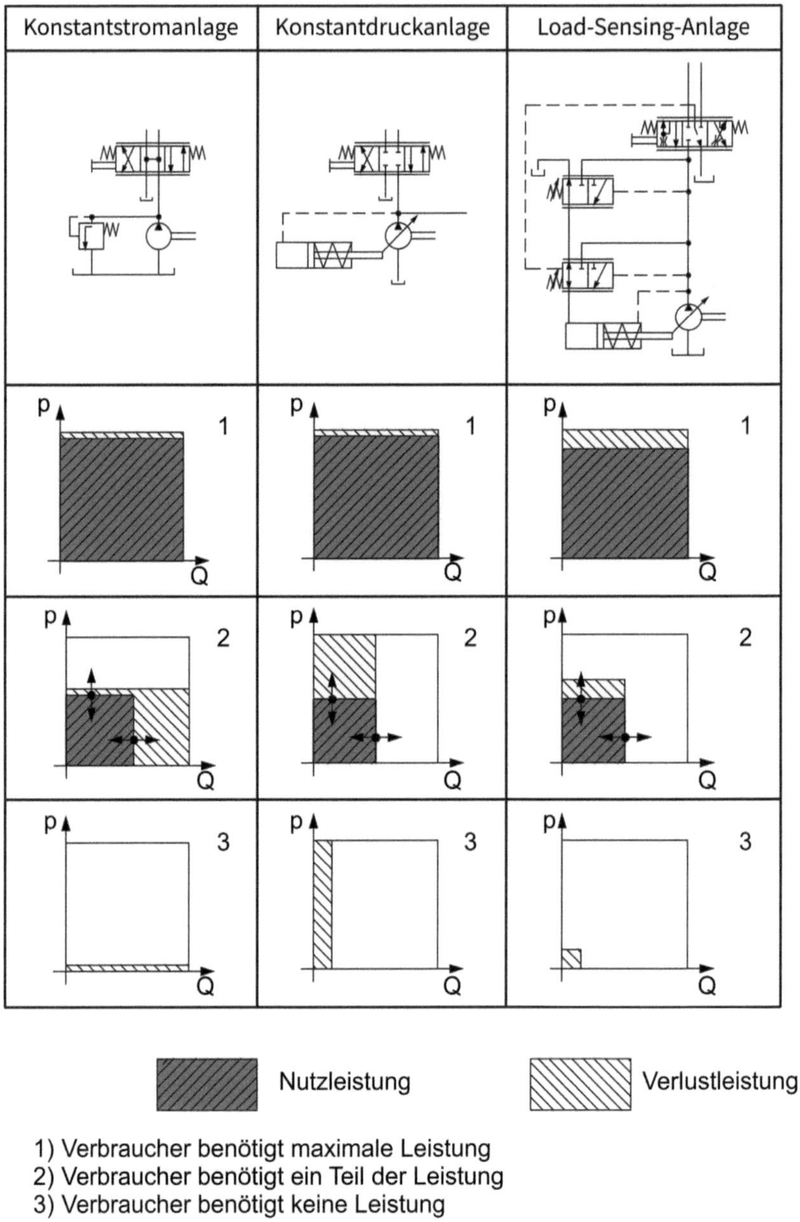

Abb. 6.19 Wirkungsgradvergleich von Hydrauliksystemen. (Nach [4])

Druckdifferenz an der Druckwaage. Auch hier muss zum Schutz der Pumpe durch eine geeignete Vorrichtung sichergestellt sein, dass ein Restvolumenstrom fließt. Der Vorteil des Load-Sensing-Prinzips zeigt sich umso mehr, je weniger die Anlage im höheren Leistungsbereich betrieben wird und je häufiger die Belastungsverhältnisse wechseln. Heutige Anlagen, die häufig bei maximaler Ventilöffnung arbeiten, z. B. in Hydraulikbaggern, werden so ausgelegt, dass in dieser Stellung des Wegeventils der Druckabfall wesentlich niedriger ist. Die Druckwaage versucht dann den Schwenkwinkel auf Maximalwert zu halten. Das System arbeitet in diesem Betriebszustand wie ein Konstantstromsystem mit reduziertem Verlust und vereinigt die Vorteile beider Systeme [4].

Abschließend bleibt festzuhalten, dass in mobilen Arbeitsmaschinen viele unterschiedliche Varianten zu finden sind. Neben funktionalen und systemtechnischen Gründen für die Auswahl und Gestaltung der Systeme müssen auch ökonomische und produktionstechnische Aspekte berücksichtigt werden.

Literatur

1. Bock W (2007) Hydraulik-Fluide als Konstruktionselement. Vereinigte Fachverlage, Mainz
2. Findeisen D (2006) Ölhydraulik: Handbuch für die hydrostatische Leistungsübertragung in der Fluidtechnik, 5., neu bearbeitete Auflage. Springer, Berlin, Heidelberg
3. Gevatter H-J, Grünhaupt U (2006) Handbuch der Mess- und Automatisierungstechnik im Automobil: Fahrzeugelektronik, Fahrzeugmechatronik, 2., vollst. bearb. Aufl. Springer, Berlin
4. Harms H-H (2001) Fluidtechnik I.
5. Kleist A (2002) Moderne Lenksysteme im PKW. 0P Ölhydraul Pneum 46:565–568
6. Matthies HJ, Renius KT (2008) Einführung in die Ölhydraulik: Mit 27 Tafeln sowie 110 Kurzaufgaben mit Lösungshinweisen, 6., aktualisierte und erw. Aufl. Vieweg + Teubner, Wiesbaden
7. Molly H (1965) Stufenloses hydrostatisches Getriebe mit Leistungsverzweigung. Grundlagen Landtech Band 15:47–54
8. Murrenhoff H (2016) Grundlagen der Fluidtechnik: Teil 1: Hydraulik, 8. korrigierte Auflage 2016, 8. Auflage, revidierte Ausgabe. Shaker, Aachen
9. Murrenhoff H, Wallentowitz H, van Bebber D (1998) Umdruck zur Vorlesung Fluidtechnik für mobile Anwendungen, 1. Aufl. Mainz, Aachen
10. Roddeck W (2003) Einführung in die Mechatronik, 2., neubearbeitete Auflage. Vieweg+Teubner Verlag, Wiesbaden; s.l.
11. (2010) DIN ISO 3448:2010-02, Flüssige Industrie-Schmierstoffe – ISO-Viskositätsklassifikation (ISO 3448:1992)
12. (2016) DIN EN 10305-1:2016-08, Präzisionsstahlrohre – Technische Lieferbedingungen – Teil 1: Nahtlose kaltgezogene Rohre; Deutsche Fassung EN 10305–1:2016
13. (2016) DIN EN 10305-4:2016-08, Präzisionsstahlrohre – Technische Lieferbedingungen – Teil 4: Nahtlose kaltgezogene Rohre für Hydraulik- und Pneumatik-Druckleitungen; Deutsche Fassung EN 10305-4:2016
14. (2016) DIN EN 854:2016-09, Gummischläuche und -schlauchleitungen – Hydraulikschläuche mit Textileinlage – Spezifikation; Deutsche Fassung EN 854:2015
15. (2016) DIN EN 853:2016-09, Gummischläuche und -schlauchleitungen – Hydraulikschläuche mit Drahtgeflechteinlage – Spezifikation; Deutsche Fassung EN 853:2015
16. (2016) DIN EN 857:2016-09, Gummischläuche und -schlauchleitungen – Kompakthydraulikschläuche mit Drahtgeflechteinlage – Spezifikation; Deutsche Fassung EN 857:2015
17. (2020) DIN EN 856 856:2020-08, Gummischläuche und -schlauchleitungen – Hydraulikschläuche mit Drahtspiraleinlage – Spezifikation; Deutsche Fassung EN 856:2015+AC:2019
18. (2021) DIN 20066:2021-07, Fluidtechnik – Hydraulikschlauchleitungen – Maße, Anforderungen
19. (2024) DIN ISO 15380: 2024-10, Schmierstoffe, Industrieöle und verwandte Produkte (Klasse L) - Familie H (Hydraulische Systeme) - Anforderungen für Hydraulikflüssigkeiten der Kategorien HETG, HEPG, HEES und HEPR (ISO 15380:2023)

Fahrwerk

7

Inhaltsverzeichnis

Die Schnittstelle zwischen mobiler Arbeitsmaschine und dem Untergrund ist das Fahrwerk. Man unterscheidet im Wesentlichen zwei Gruppen:

- Radfahrwerke
- Raupenfahrwerke

Neben diesen beiden Gruppen kommen in Sonderanwendungen noch Schreit- und Kriechfahrwerke zur Fortbewegung der Maschinen zum Einsatz, z. B. bei Tagebaumaschinen oder speziellen Bau- und Forstmaschinen, die in unwegsamen Geländen eingesetzt werden.

Bei der Fahrbewegung muss ein Fahrwiderstand überwunden werden, der sich allgemein aus dem Produkt der Schwerkraft und den Fahr- bzw. Bewegungswiderstandsbeiwerten errechnet. Abb. 7.1 zeigt einen einfachen Bodenkontakt eines Rades und einer Raupe. Der wesentliche Unterschied zwischen Rad- und Raupenfahrwerken ist, dass bei Raupenfahrwerken die Aufstandsfläche größer als bei Radfahrwerken ist, was sich positiv auf die Kraftübertragung zwischen Rad und Boden auswirkt und den Bodendruck reduziert: Radfahrwerke haben gegenüber Raupenfahrwerken den Vorzug, dass sie in der Regel

H. J. Meyer, *Mobile Arbeitsmaschinen*,
https://doi.org/10.1007/978-3-662-72251-0_7

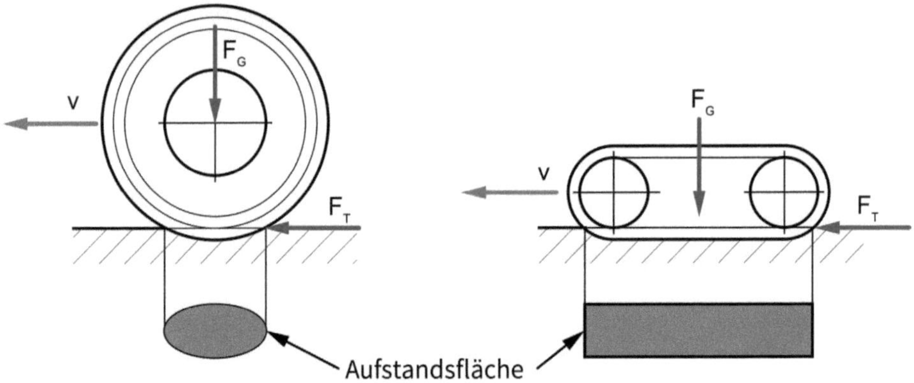

Abb. 7.1 Vergleich der Aufstandsflächen eines Luftreifens und eines Raupenlaufwerkes

höhere Fahrgeschwindigkeiten ermöglichen, leichter zur Federung des Fahrzeuges verwendet werden können und weniger aufwendig sind.

7.1 Radfahrwerke

Die Kraftübertragung zwischen Rad und Boden ist komplex und wird durch eine Vielzahl von Parametern beeinflusst:

- Eindringung in den Boden (also Bodentragfähigkeit und -struktur)
- Reifenart und -konstruktion
- Belastung, Verteilung der Belastung auf der Fläche
- Luftdruck
- Einfederung
- Profil, Stollenhöhe

Die Größe der Rollwiderstandskraft F_R bestimmt den Abstand der beiden vertikalen Kräfte Radlast F_G und der vertikalen Bodenstützkraft F_B voneinander bei dem angetriebenen Rad bzw. den Winkel von F_B relativ zu F_G bei dem gezogenen Rad. Der o. g. Abstand wird auch als der „Hebelarm der rollenden Reibung f" bezeichnet (Abb. 7.2).

Die Kraftwirkungen am ziehenden Rad sind in der Abbildung stark vereinfacht dargestellt. Für das Treibradmoment M gilt:

$$M = F_T \cdot r + F_G \cdot f \qquad \text{(Gl. 7.1)}$$

In dieser Gleichung ist F_T die horizontale Bodenstützkraft bzw. Triebkraft.

Durch Umformen der Gleichung erhält man:

$$\frac{M}{r} = F_T + \frac{\text{f}}{\text{r}} \cdot F_G = F_T + \rho \cdot F_G \qquad \text{(Gl. 7.2)}$$

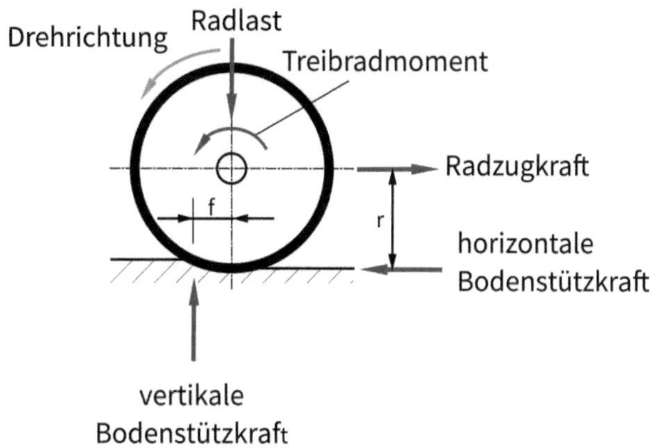

Abb. 7.2 Vereinfachtes Kräftemodell am starren Rad. (Nach [7])

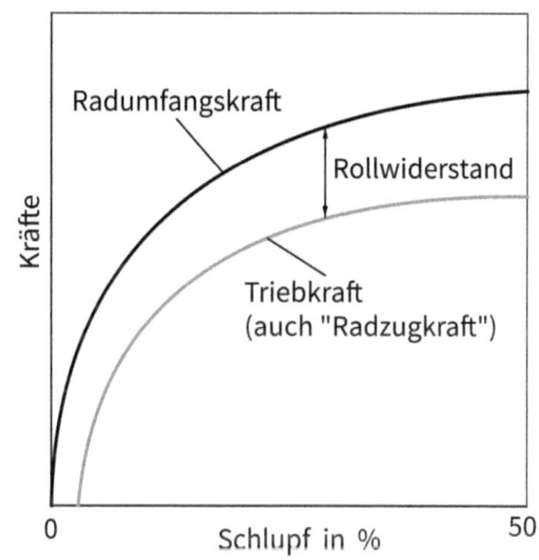

Abb. 7.3 Rollwiderstandskraft und Radtriebkraft in Abhängigkeit vom Schlupf. (Nach [7])

In dieser Gleichung ist ρ der Rollwiderstandsbeiwert. Dieser beträgt bei einem Vierradtraktor für losen Sand etwa 0,13 bis 0,18. Bewegt sich die gleiche Maschine über Beton oder Asphalt, beträgt der Rollwiderstandsbeiwert etwa 0,015 [7].

Abb. 7.3 zeigt den Zusammenhang zwischen der Radumfangskraft und dem Schlupf. Die Radumfangskraft setzt sich dabei aus dem Rollwiderstand und der Triebkraft zusammen. Der Schlupf σ ist immer vorhanden, weil die Rollwiderstandskraft in jedem Falle überwunden werden muss, damit sich das Fahrzeug bewegen kann.

Eine weitere wichtige Kenngröße zur Beschreibung der Kraftverhältnisse beim Rad-Bodenkontakt ist der Triebkraftbeiwert. Der Triebkraftbeiwert κ ist der Proportionalitätsfaktor zwischen der maximalen Triebkraft und der Radlast (inkl. Eigengewicht des Rades). Es gilt:

$$\kappa = \frac{F_T}{F_G} \quad \text{(Gl. 7.3)}$$

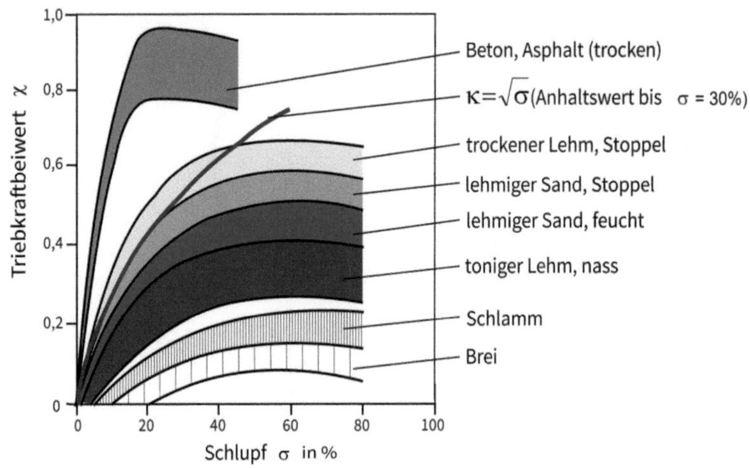

Abb. 7.4 Triebkraftbeiwerte bei verschiedenen Bodenarten. (Nach [6])

Der Triebkraftbeiwert κ wird durch Messungen bestimmt. Er ist im Besonderen abhängig vom Schlupf σ. Der Zusammenhang ist in Abb. 7.4 dargestellt. Aus dem Verlauf ist abzulesen, dass die Triebkräfte sehr abhängig vom Boden sind. Je weicher der Boden ist, desto kleiner werden die übertragbaren Triebkräfte. Ebenso ist zu erkennen, dass die Räder schneller und leichter „durchdrehen“, je flacher die Kurve verläuft.

Bei der Kraftübertragung in horizontaler Richtung vom Rad zu Boden kommt es zu einer Gleitbewegung des Rades im Kontaktbereich mit dem Boden. Diese Bewegung führt zu einer Abweichung des zurückgelegten Weges gegenüber dem theoretisch zurückgelegten Weg. Bezieht man den Weg auf die Zeit, gilt diese Beobachtung auch für die Geschwindigkeit. Das Verhältnis aus der Differenz von zurückgelegter und theoretisch zurückgelegter Wegstrecke wird als Schlupf bezeichnet, [7]:

$$\sigma = \frac{\left(s_{\text{theor}} - s_{\text{zur}}\right)}{s_{\text{theor}}} = \frac{\left(v_{\text{theor}} - v_{\text{zur}}\right)}{v_{\text{theor}}} \tag{Gl. 7.4}$$

Mithilfe der genannten Größen lässt sich der Laufwerkwirkungsgrad bestimmen. Für diesen gilt

$$\eta_{\text{Laufwerk}} = \frac{\kappa}{\kappa + \rho} \cdot (1 - \sigma) \tag{Gl. 7.5}$$

Abb. 7.5 zeigt den Laufwerkswirkungsgrad, den Triebkraftbeiwert und den Rollwiderstand für verschiedene Werte des Schlupfes. Der Laufwerkswirkungsgrad ist etwa bei 10 % Schlupf am größten. Bei weicheren und damit schlechteren Bodenverhältnissen verschiebt sich das Optimum des Laufwerkswirkungsgrades in Richtung höheren Schlupfes und der Wert wird niedriger. Bei kleinen Schlupfwerten sind in der Regel die

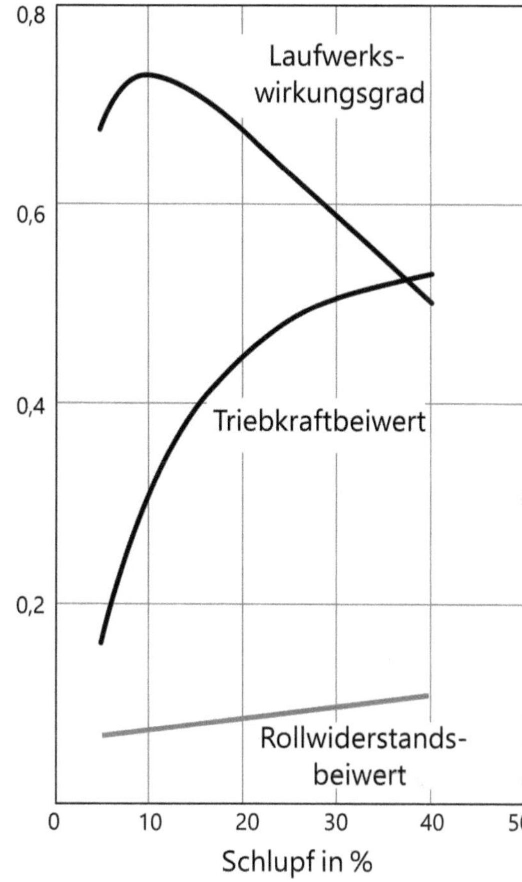

Abb. 7.5 Exemplarische Verläufe für den Laufwerkwirkungsgrad, den Triebkraftbeiwert und Rollwiderstandbeiwert in Abhängigkeit vom Schlupf. (Nach [5])

Rollwiderstände bestimmend, während bei größeren Schlupfwerten die Verluste auf das verstärkte Gleiten der Räder in der Kontaktfläche zurückzuführen sind. [5]

7.2 Reifen

Den grundsätzlichen Aufbau eines Reifens mit Felge zeigt Abb. 7.6. Der Reifen besteht aus einer Karkasse und einer Lauffläche. Die Karkasse ist zur Seite ebenfalls durch ein Gummi abgedeckt. Der Drahtkern hält den Reifen in der Wulst der Felge. Treibradreifen sind heute meistens mit Schlauch ausgeführt, weil sonst die Zugkraftübertragung zu stark eingeschränkt ist. Die Karkasse verleiht dem Reifen Festigkeit und besteht aus mehreren Gewebelagen.

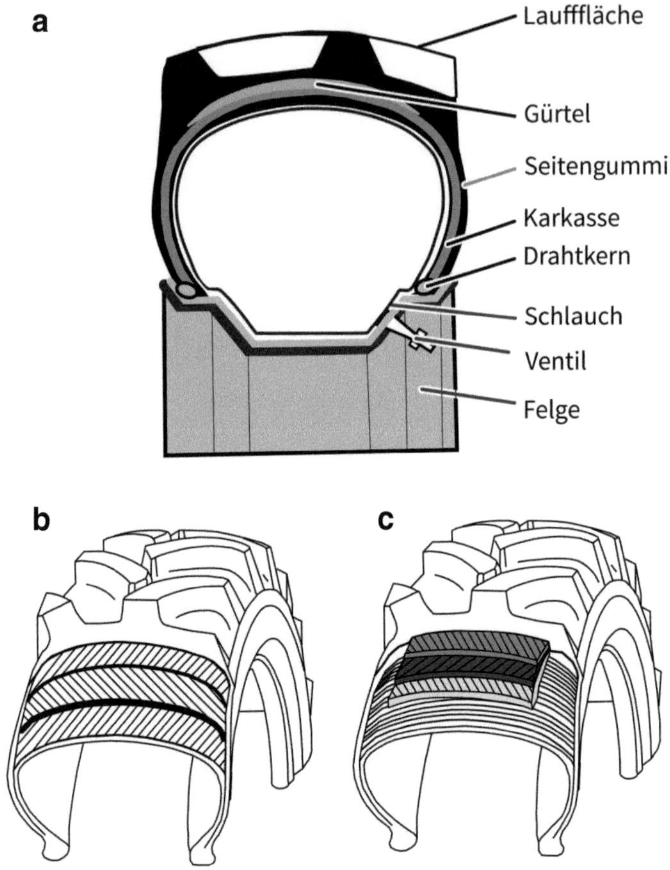

Abb. 7.6 Querschnitt durch einen Traktorreifen mit Felge. **a** Reifenquerschnitt; **b** Diagonalreifen; **c** Radialreifen. (Nach [6, 7])

Die verschiedenen Bauarten lassen sich nach dem Aufbau der Karkasse einteilen in:

- Diagonalreifen (Abb. 7.6b): Die Gewebelagen laufen um 45° diagonal versetzt von einer Wulst zur anderen. Die Herstellung dieser Reifen ist einfacher und damit sind die Reifen preiswerter.
- Radialreifen Abb. 7.6c): Bei diesen Reifen, die allgemein auch Gürtelreifen genannt werden, laufen die Lagen radial von Wulst zu Wulst. Um diese innere Lage herum ist an der Lauffläche eine aus mehreren Gewebelagen bestehende verstärkte Lauffläche (Gürtel) angeordnet. Die Lauffläche wird dadurch sehr stabil. Der Reifen hat aber durch die weiche Karkasse eine größere Einfederung und dadurch eine größere Aufstandsfläche als ein Diagonalreifen. Dadurch ergibt sich ferner:
  - bessere Kraftübertragung
  - geringerer Bodendruck
  - geringerer Rollwiderstand

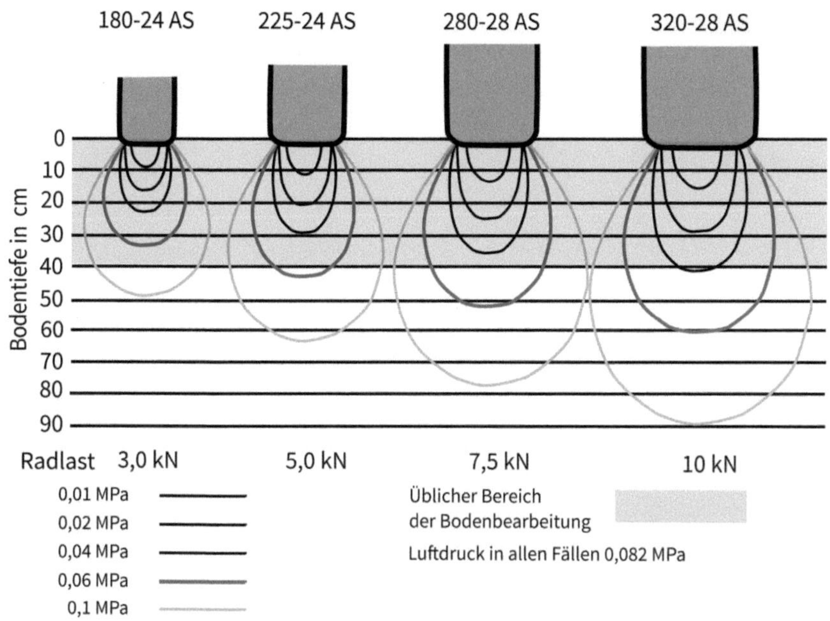

Abb. 7.7 Einfluss der Radlast auf die Tiefenwirkung des Bodendruckes. (Nach [7])

- weichere Einfederung des Traktors
- höhere Lebensdauer der Lauffläche

Die verschiedenen Kräfte werden vom Reifen auf den Boden übertragen. Wie bereits erwähnt, sind die Stoffeigenschaften von Böden sehr unterschiedlich und wirken sich daher stark auf die Fahrmechanik aus. Der höchste Druck des Reifens auf den Boden und damit die höchste Verdichtung des Untergrundes befindet sich immer in der Mitte der Kontaktfläche. Die Größe dieser Kontaktfläche ist aber u. a. von der Verformbarkeit des Untergrundes abhängig. Die Aufstandsfläche nimmt bei weicherem Boden stark zu, d. h. der Kontaktflächendruck sinkt. [7]

Der Bodendruck in Folge des Maschinengewichtes wirkt sich besonders auf die Bodenfruchtbarkeit aus und ist daher besonders bei Landmaschinen von Bedeutung. Hier gilt es, durch eine geeignete Wahl der Bereifung den negativen Einfluss des Bodendruckes zu minimieren. Wegen der inneren Reibung des Bodens sinkt der Druck mit der Entfernung von der Aufstandsfläche zwar kontinuierlich ab, dennoch reichen die Isobaren, d. h. die Linien gleichen Druckes mit zunehmender Last immer tiefer in den Boden. In Abb. 7.7 ist dieser Zusammenhang für verschiedene Reifen und Radlasten abgebildet. Bei einer unzureichenden Tiefenlockerung des Bodens kann es so langfristig zu einer schadhaften Bodenverdichtung kommen, die sich negativ auf die Wasserführung, -speicherung und auf die Bodenfruchtbarkeit auswirkt.

Der Kontaktflächendruck ist aber z. B. für den Wiederaufwuchs und die Belüftung wichtig. Bei festem Untergrund gilt die Faustformel, nach der der über die Aufstandsfläche gemittelte Kontaktflächendruck wegen der Steifigkeit der Karkasse etwa um 0,03 bis 0,04 (bei Radialreifen) und 0,05 MPa (bei Diagonalreifen) höher ist als der Reifeninnendruck. Bei einem festen Untergrund ist dieser Druck an den verschiedenen Stellen der Aufstandsfläche nahezu gleich groß, weil sich der Reifen stärker verformt als der Boden. [7]

Bei Erdbau- und Straßenbaumaschinen ist der Erhalt der Bodenfruchtbarkeit von untergeordneter Bedeutung. Bei diesen Maschinen sind Eigenschaften, wie eine hohe Tragfähigkeit, Unempfindlichkeit gegenüber Steinen und gutes Traktionsvermögen wichtig. Bei Verdichtungswalzen möchte man gerade eine Verdichtung erzielen. In jedem Fall ist es daher unerlässlich, die Wirkzusammenhänge bei den jeweiligen Anwendungen zu kennen und zu berücksichtigen.

In mobilen Arbeitsmaschinen werden oft mehrere Achsen angetrieben. So ist z. B. der Allradantrieb bei Traktoren heute in Europa üblich. In deren Antriebsstrang werden Verteilergetriebe mit festem Drehzahlverhältnis zur Leistungsverteilung auf die Achsen eingesetzt. Da das Verhältnis der Achslasten stark variieren kann, führen Differentialgetriebe zu schlechteren Wirkungsgraden und geringeren Zugkräften, wenn die Achslasten vom Auslegungsverhältnis abweichen. Die feste Kopplung der Achsdrehzahlen verursacht negative Effekte wie Blindleistungsflüsse, erhöhten Reifenverschleiß und größere Wenderadien. Um diese Effekte zu minimieren, wird der Allradantrieb bei Drehzahldifferenzen der Achsen oder hohen Geschwindigkeiten abgeschaltet. Generell gibt es eine Vielzahl von Lösungen zur Verbesserung des Einsatzverhaltens, [10]:

- Freilaufsysteme: Diese Systeme ermöglichen es, den Antrieb bei Bedarf zu entkoppeln, wodurch der Energieverbrauch gesenkt und der Verschleiß reduziert wird. Sie sind besonders nützlich in Situationen, in denen der Allradantrieb nicht benötigt wird, um die Effizienz zu steigern.
- Differentialsperren: Diese Systeme sorgen für eine gleichmäßige Kraftverteilung zwischen den Achsen, was die Traktion auf rutschigem oder unebenem Gelände verbessert. Sie verhindern, dass ein Rad durchdreht, indem sie die Drehzahlen der Achsen anpassen.
- Hydrostatische Überlagerungsgetriebe: Diese Getriebe kombinieren mechanische und hydraulische Antriebselemente, um eine stufenlose Anpassung der Drehmomentverteilung zu ermöglichen. Sie bieten eine hohe Flexibilität und Effizienz, insbesondere bei wechselnden Einsatzbedingungen.
- Stufenlose Getriebe: Diese Systeme ermöglichen eine kontinuierliche Anpassung der Übersetzung, was die Leistung und Effizienz des Antriebsstrangs optimiert. Sie sind besonders vorteilhaft in Anwendungen, die eine präzise Steuerung der Geschwindigkeit und des Drehmoments erfordern.
- Aktive Momenten- und Drehzahlverteilung: Diese Systeme passen die Verteilung von Momenten und Drehzahlen in Echtzeit an, um die Traktion und Stabilität zu maximieren.

Sie sind entscheidend für die Verbesserung der Gesamtleistung und Anpassungsfähigkeit der Traktoren unter verschiedenen Bedingungen.

7.3 Raupenfahrwerke

Neben den Radfahrwerken werden besonders bei Erdbau- und Straßenbaumaschinen Raupen- bzw. Kettenfahrwerke eingesetzt. Die Raupenkette besteht aus einzelnen Gliedern, die in Fahrtrichtung vor der Maschine ausgelegt werden, die dann als „Fahrbahn" für die Maschine dienen. Die Kette muss gleichzeitig sämtliche Kräfte aus Traktion und Eigenmasse sowie mögliche Querkräfte, z. B. in Folge von Lenkbewegungen aufnehmen. Der Kraftschlussbeiwert zwischen Kette und Boden ist ähnlich wie bei dem System Rad-Boden von einer Vielzahl von Parametern abhängig. In der Regel lassen sich mit dem System Kette-Boden große Traktionskräfte übertragen. Auf Grund der im Verhältnis zum Räderfahrwerk großen Aufstandsfläche ist der Bodendruck aber geringer. Ein weiteres Merkmal ist die hohe Standsicherheit, die besonders bei Hydraulikbaggern von Bedeutung ist.

Bei Gummibandlaufwerken versucht man die Vorzüge beider Systeme miteinander zu vereinen. Im Bereich von Erd- und Straßenbaumaschinen kommen sie vornehmlich bei Minibaggern und Straßenfertigern zum Einsatz. In der Landwirtschaft werden besonders Traktoren mit sehr hoher Motorleistung mit Gummibandlaufwerken zur Bodenbearbeitung ausgerüstet. Auch bei Großmähdreschern oder anderen sehr großen Erntemaschinen werden häufig Raupenfahrwerke mit Gummibandlaufwerken verwendet, um besonders den Bodendruck zu reduzieren, da bei diesen Maschinen die Achslasten sehr groß sind.

Bei Gummibandlaufwerken sind die Vibrationen gegenüber Stahlketten geringer, es können nahezu die gleichen Fahrgeschwindigkeiten wie bei Standardtraktoren erzielt werden und die Beschädigungen von Straßenoberflächen ist geringer [8].

In Abb. 7.8 ist der prinzipielle Aufbau eines Raupenlaufwerkes dargestellt. Es besteht aus der Raupenkette, den Bodenplatten, den Laufrollen, den Stützrollen, dem Antriebsturas, dem Leitrad, der Spanneinrichtung und dem Laufwerksrahmen. Ein Raupenfahrwerk besteht aus mindestens zwei Raupenlaufwerken. Das Leitrad besitzt in der Regel nur ein Führungsprofil und kann mithilfe der Kettenspannvorrichtung zum Spannen der Kette verschoben werden. Auf den kleineren Laufrollen an der Unterseite des Fahrwerkes stützt sich die Maschine gegenüber der Kette ab. Die Laufrollen sind so aufgebaut, dass sie auch Querkräfte in Folge von Lenkbewegungen oder Hangkräften übertragen können. Bei der Anordnung des Antriebsturas unterscheidet man verschiedene Arten. Während bei Hydraulikbaggern, Straßenfräsen die konventionelle Anordnung bevorzugt wird, findet man besonders bei großen Dozern die Deltaanordnung. Diese hat gegenüber der konventionellen den Vorteil, dass der Antrieb vor Verschmutzung besser geschützt ist und man günstigere Antriebsverhältnisse hat. Eine symmetrische Deltaanordnung in Verbindungen mit einem Gummiraupenband kommt besonders auch bei Großtraktoren als Ersatz für die Antriebsräder zum Einsatz.

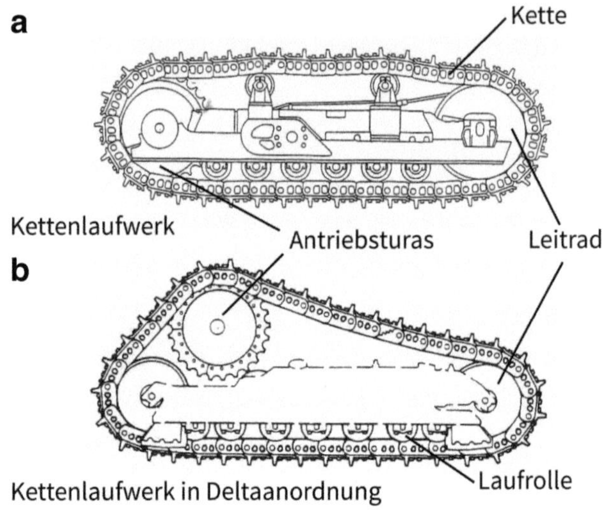

Abb. 7.8 Prinzipieller Aufbau eines Raupenlaufwerkes. (Nach [1])

7.4 Lenkungen

Je nach Art des Fahrwerkes werden anwendungsspezifische Lenksysteme verwendet. Die Lenkung hat einen wesentlichen Einfluss auf die Lenkstabilität, die Fahr- und Standsicherheit sowie die Manövrierfähigkeit der Maschine. Bei Raupenfahrzeugen kommt nur die Antriebslenkung zum Einsatz. Bei Radfahrwerken ruft die Differenz der Fahrgeschwindigkeiten zwischen dem linken und dem rechten Raupenlaufwerk die Lenkbewegung des Fahrzeuges hervor. Diese Art der Lenkung wird auch als Skid steering Lenkung bezeichnet. Bei Radfahrwerken werden Achsschenkellenkungen einer Achse oder beider, Knicklenkungen oder Kombinationen aus Knick- und Achsschenkellenkung verwendet. Während bei Traktoren die Achsschenkellenkung vorherrscht, kommen bei Erdbaumaschinen die in Abb. 7.9 dargestellten Lenkungsarten zum Einsatz.

Die Knicklenkung ist von den vorgestellten Lenkungen bei Radladern am weitesten verbreitet. Sie ist gekennzeichnet durch den zweigeteilten Maschinenrahmen. Verbunden sind beide Rahmenelemente durch ein Knickgelenk, dass die hydraulische Verstellung der Elemente um die vertikale Achse ermöglicht. Die Lenkwinkel betragen jeweils 40° bis 50° zu beiden Seiten. Wird in dem Knickgelenk eine zusätzliche Bewegung um die Fahrzeugquerachse zugelassen, wird das Gelenk zu einem Pendelknickgelenk. Mit Hilfe eines solchen Gelenkes kann dann auf eine Pendelachse verzichtet werden. Die besonderen Eigenschaften von Knicklenkern sind:

- sehr gute Manövrierfähigkeit
- Hinterräder laufen in der gleichen Spur wie die Vorderräder
- schmale Bauweise der Maschinen möglich
- die Verschiebung des Schwerpunktes bei Lenkeinschlag reduziert die maximal zulässige Nutzlast

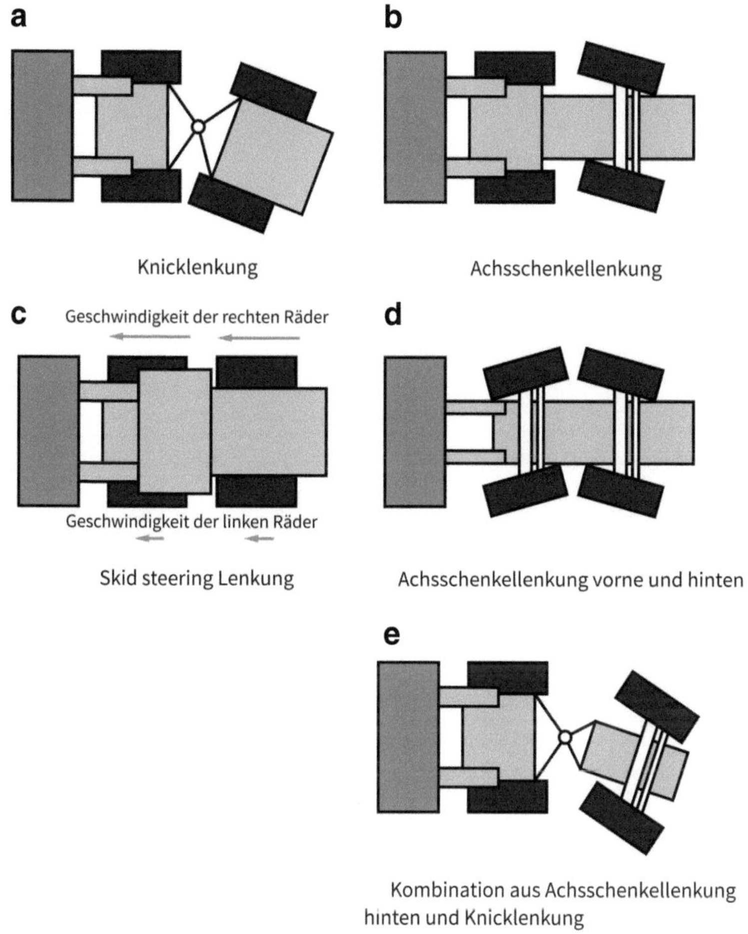

Abb. 7.9 Lenkungsarten

Die Alternative zur Knicklenkung ist die Achsschenkellenkung. Traktoren werden meistens mit einer Achsschenkellenkung ausgerüstet. Diese Art der Lenkung wird an einer Achse oder an beiden eingesetzt. Bei der Allradlenkung sind mehrere Varianten möglich:

- Kurvenfahrt – Bei dieser sind die Räder so eingeschlagen, dass die Maschine um den Schnittpunkt der Senkrechten auf den Rädern oder der Verlängerung der Achsschenkel dreht. Hierfür genügt auch die Lenkung einer Achse. In diesem Fall wird meistens die Vorderachse als Lenkachse ausgeführt.
- Hundegang – Die Räder werden bei dieser Lenkungsart so eingeschlagen, dass das Fahrzeug seitlich parallel zu seiner Längsachse versetzt fährt.
- Kreisfahrt – Die Räder werden so eingeschlagen, dass das Fahrzeug auf der Stelle dreht.

- Querfahrt - Alle vier Räder werden um 90° gedreht, sodass das Fahrzeug quer zur Fahrzeuglängsachse fahren kann.

Die Eigenschaften von achsschenkelgelenkten Fahrzeugen sind:

- Bei der Achsschenkellenkung der Vorderachse entstehen vier Fahrspuren, was zu einem erhöhten Fahrwiderstand auf nachgiebigem Boden führt.
- Sogenannte Befreiungsschlenker wie beim Knicklenker sind nicht möglich
- Gute Manövrierfähigkeit von allradgelenkten Fahrzeugen
- Hohe Stand- und Kippsicherheit
- Der Lenkeinschlag der Räder benötigt Bauvolumen
- Hundegang ermöglich seitliches Versetzen der Maschine

Neben diesen grundsätzlichen Varianten werden auch Kombinationen von Knicklenkung und Achsschenkellenkung angeboten.

7.5 Systeme zur Fahrzeugfederung und -dämpfung

In mobilen Arbeitsmaschinen kommen, wenn überhaupt, je nach Maschinenart unterschiedliche Systeme für die Fahrzeugfederung und -dämpfung zum Einsatz. Bei einfachen angebauten oder gezogenen Geräten wie Mähwerken oder Sämaschinen kann auf eine Federung oft verzichtet werden. Bei einigen Maschinen ist die Arbeitsfunktion bestimmend für die Art der Schwingungsbeeinflussung, z. B. bei Radladern. Bei selbstfahrenden Maschinen werden Systeme verwendet, die vorwiegend auf die Reduzierung der Schwingungen auf das Maschinenpersonal abzielen, z. B. durch Sitzfederungen und eventuell zusätzliche Kabinen- oder Arbeitsplatzfederung. Die Fahrzeugschwingungen werden maßgeblich durch die Einflussparameter Federsteifigkeit und Dämpfung bestimmt.

Die Federsteifigkeit, auch als Federrate bezeichnet, ist die Ableitung der Kraft nach dem Weg und beeinflusst zusammen mit der schwingenden Masse die Eigenfrequenz des Systems. Eine niedrige Federsteifigkeit ist wünschenswert, um eine gute Isolationswirkung und hohen Fahrkomfort zu erreichen, jedoch ist sie nach unten begrenzt, da mit sinkender Eigenfrequenz der Federweg überproportional zunimmt. Die Federrate kann abhängig vom Federweg progressiv sein und wird durch verschiedene Parameter wie statische Federlast und Speichervolumen beeinflusst. [4]

Die Dämpfung ist ein entscheidender Faktor für den Fahrkomfort und die Fahrsicherheit eines Fahrzeugs, da sie die Bewegungsenergie in Wärme umwandelt und somit Schwingungen reduziert. Die Dämpfung hat einen signifikanten Einfluss auf die Radlastschwankungen und somit auf die Fahrsicherheit eines Fahrzeugs. Eine niedrige Dämpfung kann negative Effekte in Resonanzstellen hervorrufen, während eine moderate Dämpfung die Fahrsicherheit verbessert, indem sie die Radlastschwankungen reduziert. Zu hohe Dämpfungswerte hingegen können sowohl den Fahrkomfort als auch die Fahrsicherheit

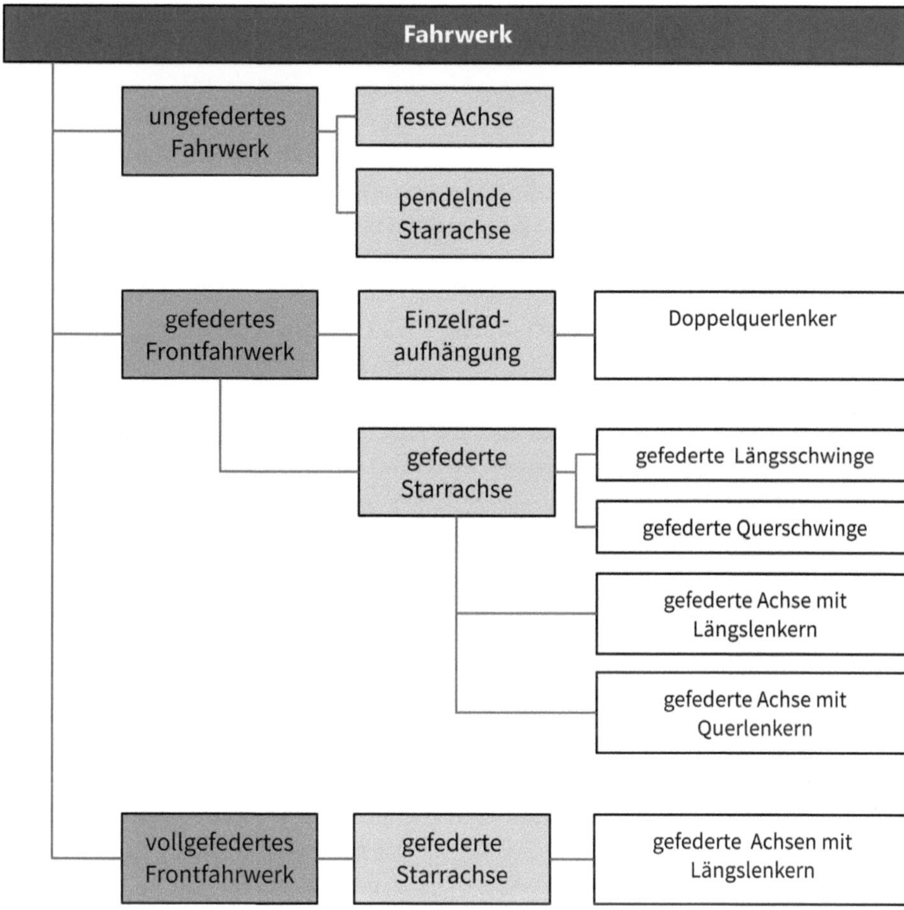

Abb. 7.10 Arten von Traktorfahrwerken. (Nach [3, 9])

beeinträchtigen, da sie das Verhalten des Fahrzeugs ähnlich einem ungefederten Fahrzeug machen. [4]

Abb. 7.10 zeigt eine Übersicht verwendeter Konzepte von Traktoren, die auch bei anderen mobilen Arbeitsmaschinen z. T. zur Anwendung kommen.

Es wird zwischen verschiedenen Typen von Vorder- und Hinterachsen unterschieden, wie z. B. pendelnden Starrachsen, gefederten Starrachsen und Einzelradaufhängungen. Die meisten Standardtraktoren verwenden eine Blockbauweise für die Hinterachse, während Vorderachsen oft als pendelnde oder gefederte Starrachsen ausgeführt sind. Traktoren höherer Technologiestufen nutzen häufig gefederte Starrachsen und Einzelradaufhängungen. Systemtraktoren verwenden oft ein anderes Rahmenkonzept, das eine starr mit dem Rahmen verbundene Hinterachse und eine pendelnd am Rahmen angebundene Vorderachse aufweist. Die Federung von Traktoren wird besonders bei den höheren Technologiestufen heute meist durch hydropneumatische Systeme erreicht. Diese bieten die Möglichkeit, beladungsabhängige Einstellungen am Fahrwerk vorzunehmen und sind einfacher zu verstellen als mechanische Federungselemente. [9]

Als Federungselemente kommen in den Maschinen zum Einsatz, [4]:

- Blattfeder – Blattfedern sind kostengünstig und einfach herzustellen, wurden frühzeitig in Traktoren zur Federung von Sitzen und Vorderachsen eingesetzt. Sie bieten auch eine Dämpfungsfunktion durch Reibung bei mehrlagigen Konstruktionen und können zur Achsführung verwendet werden.
- Schraubenfeder – Schraubenfedern sind die am häufigsten verwendete Federart in modernen Fahrzeugen, deren Federkraft durch Wicklung und Aufhängungsübersetzung beeinflusst werden kann. Eine aktive Verstellung der Federkraft ist in der Regel nicht möglich, und die Dämpferkraft wird durch Stoßdämpfer erzeugt, wobei die Federkonstante oft einen Kompromiss darstellt.
- Luftfederung – Die Luftfederung basiert auf einem Gasvolumen in einem Kompressionsraum und bietet Vorteile wie Niveauregulierung und eine vom Beladungszustand unabhängige Eigenfrequenz. Allerdings erfordert sie zusätzlichen Schutz vor äußeren Einflüssen, insbesondere bei Off-Road-Fahrzeugen.
- Hydropneumatische Federung – Ein hydropneumatisches Federungssystem besteht aus einem Hydraulikzylinder und mindestens einem Hydrospeicher, wobei es einfach oder doppelt wirkend aufgebaut sein kann. Das doppeltwirkende System hat separate Speicher für die Zylinderräume.

Die Dämpferkraft wird typischerweise durch Festkörperreibung (Coulombsche Reibung) oder Flüssigkeitsreibung (viskose Reibung) erzeugt, wobei die Festkörperreibung durch Adhäsionskräfte zwischen zwei Körpern entsteht. Diese Dämpfungskraft wirkt der Bewegung entgegen und reduziert die Schwingungen im Federungssystem, indem sie die aufgenommene Energie in Wärme umwandelt. Die Dämpferkraft ist vom Weg abhängig und kann durch verschiedene technische Systeme reguliert werden, um optimale Fahrverhaltenseigenschaften zu erreichen. [4]

Die Verstellbarkeit in Federungssystemen ermöglicht die Anpassung der Dämpfungseigenschaften während des Betriebs, um den Fahrkomfort und die Fahrsicherheit zu optimieren. Dies kann durch Veränderung des Strömungsquerschnitts oder durch den Einsatz von aktiven Regelungssystemen erreicht werden, die eine kontinuierliche Anpassung an die Fahrbedingungen ermöglichen. Eine gezielte Verstellbarkeit trägt dazu bei, die Leistung des Fahrzeugs unter verschiedenen Last- und Fahrzuständen zu verbessern.

Geregelte Federungssysteme nutzen Sensoren und Aktuatoren, um die Dämpfungseigenschaften in Echtzeit anzupassen und somit das Fahrverhalten zu optimieren. Diese Systeme können auf verschiedene Fahrbedingungen reagieren, indem sie die Dämpferkraft aktiv steuern, um sowohl den Komfort als auch die Fahrsicherheit zu erhöhen. Durch die Regelung wird eine verbesserte Stabilität und Kontrolle des Fahrzeugs erreicht, insbesondere bei wechselnden Straßenverhältnissen. Federungssysteme werden basierend auf ihrem Energieverbrauch und der Aktorgeschwindigkeit eingeteilt. Die Klassifikation umfasst passive Systeme, die konstruktiv festgelegt sind, sowie aktive und semi-aktive Systeme, die eine Anpassung der Dämpfungseigenschaften ermöglichen. Semi-aktive Systeme sind Federungssysteme, die eine Anpassung der Dämpfungseigenschaften in Echtzeit ermöglichen, jedoch keine aktive Kraft in Bewegungsrichtung aufbringen können. Sie nutzen Regelalgorithmen, um die Dämpferkraft schnell und effizient zu verändern, basierend auf den aktuellen Fahrbedingungen. Diese Systeme bieten eine Balance zwischen Kosten und Leistung, da sie weniger Energie benötigen als vollaktive Systeme, während sie dennoch eine verbesserte Fahrdynamik und Komfort bieten. Aktive Systeme sind Federungssysteme, die in der Lage sind, Kräfte sowohl entgegen als auch in Bewegungsrichtung aufzubringen, was ihnen die größte Flexibilität verleiht. Diese Systeme bieten eine optimale Kontrolle über das Fahrverhalten und sie verbessern den Komfort und die Sicherheit erheblich, erfordern jedoch einen höheren Energieeinsatz als die anderen genannten Systeme. [2, 4]

Bei der Gestaltung und für die Beurteilung der Systeme zur Fahrzeugfederung und -dämpfung können die folgenden Kriterien herangezogen werden:

- Fahrsicherheit: Dieses Kriterium umfasst alle Faktoren, die das unfallfreie Bewegen des Fahrzeugs sicherstellen. Dazu gehören die Manövrierbarkeit während der Fahrt, das sichere Abbremsen und die Kontrolle bei Brems- und Ausweichmanövern. Ein wichtiges Kriterium ist die Schwankung der Radaufstandskräfte, quantifiziert durch den Radlastvariationskoeffizienten.
- Fahr- und Bedienkomfort: Dieses Kriterium beinhaltet Faktoren, die das Wohlbefinden der Fahrzeuginsassen beeinflussen. Dazu zählen die subjektive Wahrnehmung der Fahrzeugdynamik und die messbare Beschleunigungsanregung. Die Schwingungsbelastung des Maschinenpersonals wird indirekt anhand der Dynamik der Anbindungspunkte des Aufbaus mit dem Fahrwerk beeinflusst.
- Mechanische Belastungen/Verschleiß: Diese Kriterien umfassen Eigenschaften, die die Funktionalität und Lebensdauer der Fahrzeug-Gerätekombination beeinflussen. Wichtige Kriterien sind die Belastungen, die das Fahrzeug und das Anbaugerät bei verschiedenen Arbeitsaufgaben erfahren. Eine gefederte Anbindung kann die Lasten reduzieren, die durch Boden- und Fahrwerksanregungen entstehen.
- Energieaufwand/Emissionen: Diese Kriteriengruppe berücksichtigt den ökologischen Aspekt der Fahrzeugnutzung, insbesondere den Energieeinsatz und die Emissionen. Ein günstiger Radschlupf durch gleichmäßige Lastverteilung kann den Energieaufwand reduzieren. Eine geringe Radlastschwankung wirkt sich z. B. positiv auf die Übertragung der Antriebsleistung aus.
- Wirtschaftlichkeit: Hierzu zählen Kriterien, die die Kosten für den Nutzer beeinflussen, wie Anschaffungskosten, Wartungskosten und Kosten für Verschleißteile. Auch Einsparungen bei Betriebsstoffen und Ertragssteigerungen durch eine verbesserte Arbeitsqualität können berücksichtigt werden.
- Arbeitsqualität und Arbeitsquantität: Diese Kriterien zielen auf die technische Verbesserung der Arbeitsprozesse ab, um die Arbeitsqualität und -quantität zu steigern.

Literatur

1. Budny E, Chlosta M, Meyer HJ, Skibniewski MJ (2009) Construction Machinery. In: Grote K-H, Antonsson EK (eds) Springer handbook of mechanical engineering. Springer, New York, pp 1149–1266
2. Els PS (2006) The ride comfort vs. handling compromise for off-road vehicles. Dissertation, University Pretoria
3. Holst C von (2001) Vergleich von Reifenmodellen zur Simulation der Fahrdynamik von Traktoren, Als Ms. gedr. VDI-Verl, Düsseldorf
4. Krüger J (2016) Kombinierte Regelung semi-aktiver Kabinen- und Aufbaufederungen zur Verbesserung von Komfort und Fahrsicherheit mobiler Arbeitsmaschinen. Dissertation, Technische Universität Berlin
5. Kutzbach HD (1982) Ein Beitrag zur Fahrmechanik des Ackerschleppers – Reifenschlupf, Schleppermasse und Flächenleistung. Grundlagen der Landtechnik 32:41–48
6. Kutzbach HD (1989) Allgemeine Grundlagen Ackerschlepper Fördertechnik. Parey, Hamburg; Berlin
7. Renius K-T (1987) Traktoren: Technik und ihre Anwendung, 2., durchges. Aufl. BLV-Verl.-Ges. [u. a.], München
8. Schwanghardt H (2004) 3.3 Reifen – Reifen/Bodenverhalten. In: Jahrbuch Agrartechnik. Landwirtschaftsverlag GmbH, Münster, pp 67–72
9. Sieting M (2022) Untersuchungen zum dynamischen Verhalten vollgefederter System-Traktoren in Kombination mit am gefederten Aufbau angekoppelten Anbaugeräten und die Möglichkeiten der Schwingungsbeeinflussung durch das Fahrwerk. Technische Universität Berlin
10. Wiest DC (2023) Untersuchungen zur Effizienzsteigerung allradgetriebener Standardtraktoren durch aktive Momenten- und Drehzahlverteilung im Antriebsstrang. Technische Universität Berlin

Integration von Arbeitsfunktionen 8

Inhaltsverzeichnis

Mobile Arbeitsmaschinen zeichnen sich durch ihre Fähigkeit aus, Arbeitsfunktionen unabhängig von einem festen Standort auszuführen. Die Arbeitsfunktionen dieser Maschinen sind sehr unterschiedlich und umfassen eine Vielzahl mechanischer Verfahren.

Historisch gesehen war die Technisierung mobiler Arbeitsmaschinen oft von manuellen Tätigkeiten inspiriert. Manuelle Arbeitsfunktionen wurden durch Maschinen ersetzt, wie beispielsweise das Graben durch den Pflug oder den Grubber. Im Laufe der technischen Entwicklung wurden mehrere Arbeitsfunktionen in einer Maschine kombiniert. Ein Beispiel hierfür ist die Dreschmaschine, die die Verfahren „Dreschen", „Sieben" und „Sichten" vereint. Diese ursprünglich stationäre Maschine wurde später zu einem Mähdrescher weiterentwickelt, einer komplexen mobilen Arbeitsmaschine mit zahlreichen Arbeitsfunktionen, Abb. 8.1.

Eine Arbeitsfunktion kann in der Regel als ein mechanisches Verfahren oder ein Fertigungsverfahren verstanden werden. Mechanische Verfahren befassen sich mit der Umwandlung von Stoffen durch physikalische Prozesse, insbesondere durch Trenn-, Misch-, Zerkleinerungs- und Agglomerationsverfahren. Sie zielen darauf ab, die Eigenschaften von Partikeln oder Mischungen zu verändern und umfassen wichtige Verfahren wie das Abscheiden, Klassieren und Sortieren von festen und flüssigen Phasen [2].

Fertigungsverfahren zielen darauf ab, eine Ausgangsform zu schaffen, diese zu ändern oder die Stoffeigenschaften zu verändern. Nach DIN 8580 werden die Verfahren basierend auf dem Zusammenhalt der Materialteilchen oder Bestandteile eines Körpers eingeteilt [4]. Dieser Zusammenhalt kann geschaffen (Urformen), beibehalten oder leicht verändert

H. J. Meyer, *Mobile Arbeitsmaschinen*,
https://doi.org/10.1007/978-3-662-72251-0_8

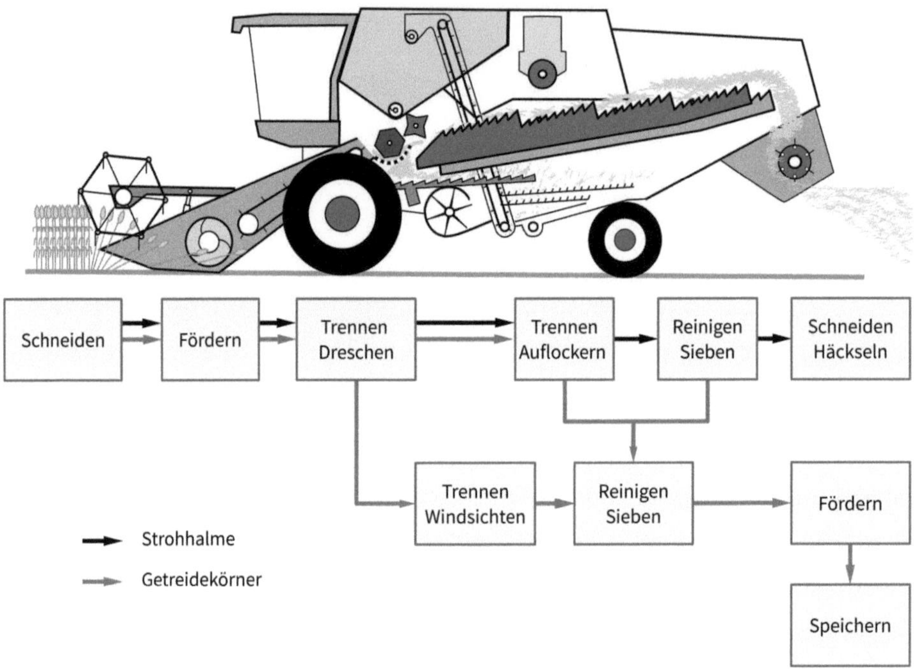

Abb. 8.1 Schematische Darstellung der Arbeitsfunktionen in einem Mähdrescher

(Umformen, Stoffeigenschaften ändern), vermindert (Trennen) oder vermehrt (Fügen, Beschichten) werden. Diese Systematik ermöglicht die Aufnahme neuer Fertigungsverfahren und dient als Basis für die internationale Normung. Alle Fertigungsverfahren werden in sechs Hauptgruppen unterteilt, die weiter in Gruppen und Untergruppen gegliedert sind [3].

Mechanische Verfahrenstechnik

Die mechanische Verfahrenstechnik ist eine spezialisierte Disziplin innerhalb der Verfahrenstechnik, die sich auf die Umwandlung und Verarbeitung von Stoffsystemen durch überwiegend mechanische Einwirkungen konzentriert [1]. Ihr Hauptaugenmerk liegt auf der Veränderung von Stoffeigenschaften und -zusammensetzungen mittels physikalischer Methoden. Die mechanische Verfahrenstechnik umfasst vier Hauptkategorien von Grundoperationen. Jede dieser Kategorien hat spezifische Merkmale und Anwendungen, die im Folgenden beschrieben werden, [2]:

1. Trennen

   Das Trennen umfasst verschiedene Verfahren zur Trennung von Partikeln nach spezifischen Eigenschaften. Diese Verfahren sind entscheidend für die Reinigung und Klassifizierung von Materialien in verschiedenen Industrien.

- Klassieren: Dies beinhaltet das Sieben und Sichten von Partikeln nach ihrer Größe. Klassieren ist besonders wichtig in der Mineralverarbeitung und der Lebensmittelindustrie, wo eine präzise Partikelgrößenverteilung erforderlich ist.
- Sortieren: Hierbei werden Partikel nach Dichte, Farbe oder anderen physikalischen Eigenschaften getrennt. Sortieren wird häufig in der Recyclingindustrie und der Landwirtschaft eingesetzt, um Materialien effizient zu trennen. Ein typisches Beispiel ist die Steintrennung bei Kartoffelerntemaschinen.
- Staubabscheiden: Dies bedeutet die Entfernung von Staubpartikeln aus Gasströmen durch den Einsatz von Filtern oder Zyklonen. Staubabscheiden ist entscheidend in der Luftreinhaltung und der Prozessindustrie, um die Luftqualität zu verbessern und die Effizienz von Prozessen zu steigern. Die Staubabscheidung ist besonders bei mobilen Arbeitsmaschinen wichtig, die in staubigen Umgebungen arbeiten müssen, z. B. bei Mähdreschern um die Luft für den Motor und die Kühlung zu reinigen.
- Sedimentieren: Dies ist die Trennung von Partikeln aus Flüssigkeiten durch die Wirkung der Schwerkraft. Sedimentieren wird häufig in der Wasseraufbereitung und der Abwasserbehandlung eingesetzt.
- Filtrieren: Dies beschreibt die Trennung von Feststoffen aus Flüssigkeiten oder Gasen durch Filtermedien. Filtrieren ist ein weit verbreitetes Verfahren in der Chemie- und Lebensmittelindustrie zur Reinigung von Flüssigkeiten und Gasen.

2. Zerteilen

   Das Zerteilen umfasst Verfahren zur Reduktion der Partikelgröße durch mechanische Kräfte. Diese Verfahren sind entscheidend für die Vorbereitung von Materialien für weitere Verarbeitungsprozesse.
   - Zerkleinern: Das Zerkleinern umfasst das Brechen, Mahlen und Desagglomerieren von Partikeln durch mechanische Kräfte wie Druck, Schlag oder Reibung. Zerkleinern ist besonders wichtig in der Bergbau- und Baustoffindustrie, um Rohstoffe in eine verarbeitbare Form zu bringen.
   - Versprühen: Dies bedeutet die Zerstäubung von Flüssigkeiten in feine Tröpfchen durch den Einsatz von Düsen oder Zentrifugalkräften. Versprühen wird häufig in der Lebensmittel- und Pharmaindustrie eingesetzt, um Pulver oder feine Partikel zu erzeugen.

3. Mischen

   Das Mischen beschreibt Verfahren zur Homogenisierung von Partikeln oder Flüssigkeiten. Diese Verfahren sind entscheidend für die Herstellung von gleichmäßigen und konsistenten Produkten.
   - Feststoffmischen: Dies beschreibt die Homogenisierung von Feststoffpartikeln durch mechanische Bewegung. Feststoffmischen ist besonders wichtig in der Bau- und Chemieindustrie, um gleichmäßige Mischungen von Pulvern und Granulaten zu erzeugen.
   - Homogenisieren (Rühren): Dies bedeutet die gleichmäßige Verteilung von Partikeln in Flüssigkeiten durch Rühren oder Scherkräfte. Homogenisieren wird häufig in der Lebensmittel- und Kosmetikindustrie eingesetzt, um stabile Emulsionen und

Suspensionen zu erzeugen. Solche Verfahren werden z. B. auch in Feldspritzen eingesetzt, um ein Pflanzenschutzmittel mit Wasser zu vermengen.
- Kneten: Dies ist die intensive Durchmischung von viskosen Materialien durch mechanische Kräfte. Kneten wird häufig in der Kunststoff- und Lebensmittelindustrie eingesetzt, um homogene Massen zu erzeugen. Kneten wird auch in der Bodenverdichtung mit Schaffußwalzen eingesetzt.
- Dispergieren: Dies beschreibt die Verteilung von Feststoffpartikeln in Flüssigkeiten durch mechanische Einwirkung. Dispergieren ist besonders wichtig in der Farben- und Lackindustrie, um stabile Dispersionen zu erzeugen.

4. Agglomerieren

   Das Agglomerieren umfasst Verfahren zur Bildung größerer Partikel aus kleineren. Diese Verfahren sind entscheidend für die Herstellung von Granulaten und Pellets.
   - Aufbauagglomerieren: Dies bedeutet die Bildung von größeren Partikeln aus kleineren durch mechanische Kräfte oder Bindemittel. Aufbauagglomerieren wird in der Düngemittelproduktion und der Lebensmittelindustrie eingesetzt.
   - Pressagglomerieren: Dies beschreibt die Verdichtung von Partikeln zu größeren Einheiten durch Druck. Pressagglomerieren wird in der Metallurgie und der Kunststoffverarbeitung verwendet.

Fertigungsverfahren

Unter Fertigungsverfahren versteht man alle Verfahren, die zur Herstellung von Werkstücken in der Fertigungstechnik verwendet werden. Es handelt sich dabei um technische und handwerkliche Prozesse, die dazu dienen, geometrisch bestimmte feste Körper mit vorgegebenen Maßen, Formen und technischen Eigenschaften herzustellen.

Abb. 8.2 zeigt die Einteilung der Fertigungsverfahren nach DIN 8580. Sie unterteilt die Fertigungsverfahren in sechs Hauptgruppen, die jeweils spezifische Merkmale und Anwendungen aufweisen. Diese Einteilung ermöglicht eine systematische Klassifikation, [3, 4]:

1. Urformen:

   Das Urformen ist die erste Hauptgruppe der Fertigungstechnik und umfasst Verfahren, bei denen aus formlosem Material ein Werkstück mit einer definierten Form geschaffen wird. Typische Verfahren des Urformens sind das Gießen, Sintern und Spritzgießen. Diese Verfahren sind besonders geeignet für die Herstellung von komplexen Geometrien und großen Stückzahlen. Ein besonderes Merkmal des Urformens ist, dass der Zusammenhalt der Materialteilchen erst geschaffen wird.
2. Umformen:

   Beim Umformen wird die Form eines festen Körpers durch plastische Verformung geändert, ohne dass dabei Material entfernt oder hinzugefügt wird. Zu den Umformverfahren gehören das Schmieden, Walzen, Biegen und Tiefziehen. Diese Verfahren sind

Fertigungsverfahren					
Schaffung einer Form	Änderung einer Form				Änderung der Stoffeigen-schaften
Hauptgruppe 1 Urformen	Hauptgruppe 2 Umformen	Hauptgruppe 3 Trennen	Hauptgruppe 4 Fügen	Hauptgruppe 5 Beschichten	Hauptgruppe 6 Stoffeigen-schaften ändern
1.1 Urformen aus dem flüssigen Zustand 1.2 Urformen aus dem plastischen Zustand 1.3 Urformen aus dem breiigen oder pastösen Zustand 1.4 Urformen aus dem körnigen oder pulverförmigen Zustand 1.5 Urformen aus dem§ span- oder faserförmigen Zustand 1.6 Urformen durch Schweißen 1.8 Urformen aus dem gas- oder dampfförmigen Zustand 1.9 Urformen aus dem ionisierten Zustand 1.10 Urformen durch additive Fertigung	2.1 Druckumformen 2.2 Zugdruckumformen 2.3 Zugumformen 2.4 Biegeumformen 2.5 Schubumformen	3.1 Zerteilen 3.2 Spanen mit geometrisch bestimmten Schneiden 3.3 Spanen mit geometrisch unbestimmten Schneiden 3.4 Abtragen 3.5 Zerlegen 3.6 Reinigen	4.1 Zusammensetzen 4.2 Füllen 4.3 An- und Einpressen 4.4 Fügen durch Urformen 4.5 Fügen durch Umformen 4.6 Fügen durch Schweißen 4.7 Fügen durch Löten 4.8 Kleben 4.9 Textiles Fügen	5.1 Beschichten aus dem flüssigen Zustand 5.2 Beschichten aus dem plastischen Zustand 5.3 Beschichten aus dem breiigen oder pastösen Zustand 5.4 Beschichten aus dem körnigen oder pulverförmigen Zustand 5.6 Beschichten durch Schweißen 5.7 Beschichten durch Löten 5.8 Beschichten aus dem gas- oder dampfförmigen Zustand 5.9 Beschichten aus dem ionisierten Zustand	6.1 Verfestigen durch Umformen 6.2 Wärmebehandeln 6.3 Thermomecha-nisches Behandeln 6.4 Sintern, Brennen 6.5 Magnetisieren 6.6 Bestrahlen 6.7 Photochemische Verfahren

Abb. 8.2 Einteilung der Fertigungsverfahren nach DIN 8580 [4]

besonders geeignet für die Herstellung von Bauteilen mit hoher Festigkeit und guter Oberflächenqualität. Ein besonderes Merkmal des Umformens ist, dass der Zusammenhalt der Materialteilchen beibehalten oder leicht verändert wird.

3. Trennen:

   Das Trennen umfasst Verfahren, bei denen der Zusammenhalt der Materialteilchen vermindert wird, um die Form eines Werkstücks zu ändern. Typische Trennverfahren sind das Sägen, Drehen, Fräsen und Bohren. Diese Verfahren sind besonders geeignet für die Herstellung von präzisen Geometrien und feinen Oberflächen. Ein besonderes Merkmal des Trennens ist, dass Material vom Werkstück entfernt wird.

4. Fügen:

   Beim Fügen werden zwei oder mehr Werkstücke dauerhaft miteinander verbunden. Zu den Fügeverfahren gehören das Schweißen, Löten, Kleben und Schrauben. Diese Verfahren sind besonders geeignet für die Herstellung von komplexen Baugruppen und Strukturen. Ein besonderes Merkmal des Fügens ist, dass der Zusammenhalt der Materialteilchen vermehrt wird.

5. Beschichten:

   Das Beschichten umfasst Verfahren, bei denen eine oder mehrere Schichten aus formlosem Material auf ein Werkstück aufgebracht werden. Typische Beschichtungsverfahren sind das Lackieren, Galvanisieren und Pulverbeschichten. Diese Verfahren sind besonders geeignet für die Verbesserung der Oberflächeneigenschaften wie Korrosionsschutz, Verschleißfestigkeit und Ästhetik. Ein besonderes Merkmal des Beschichtens ist, dass der Zusammenhalt der Materialteilchen vermehrt wird.
6. Stoffeigenschaften ändern

   Beim Ändern der Stoffeigenschaften werden die physikalischen oder chemischen Eigenschaften eines Werkstücks verändert, ohne die geometrische Form zu ändern. Zu den Verfahren gehören das Härten, Anlassen, Vergüten und Nitrieren. Diese Verfahren sind besonders geeignet für die Verbesserung der mechanischen Eigenschaften wie Härte, Festigkeit und Zähigkeit. Ein besonderes Merkmal des Änderns der Stoffeigenschaften ist, dass der Zusammenhalt der Materialteilchen beibehalten oder leicht verändert wird.

Diese sechs Hauptgruppen der Fertigungstechnik nach DIN 8580 bieten eine umfassende Klassifikation der verschiedenen Fertigungsverfahren und ermöglichen eine systematische Analyse und Optimierung der Produktionsprozesse. Sie sind die Grundlage für die Entwicklung neuer Verfahren und Technologien in der industriellen Fertigung.

Die mechanische Verfahrenstechnik und die Fertigungsverfahren sind zwei zentrale Bereiche der Ingenieurwissenschaften, die sich mit der Umwandlung und Verarbeitung von Materialien beschäftigen. Bei der Aufstellung der Grundoperationen dieser beiden Disziplinen wird deutlich, dass es zwischen den Klassifizierungen Überschneidungen gibt. Diese Überschneidungen sind jedoch unproblematisch und bieten vielmehr die Möglichkeit, Synergien zu nutzen. Entscheidend ist, dass es zu den einzelnen Verfahren Modelle und Gestaltungsregeln gibt, die bei der Entwicklung mobiler Arbeitsmaschinen gezielt genutzt werden können. Diese Modelle und Regeln ermöglichen es, die spezifischen Anforderungen und Herausforderungen mobiler Arbeitsmaschinen zu berücksichtigen und optimale Lösungen zu entwickeln.

In den nachfolgenden Kapiteln zur Beschreibung mobiler Arbeitsmaschinen werden immer wieder Bezüge zu den Verfahren der mechanischen Verfahrenstechnik und der Fertigungstechnik hergestellt. Diese Bezüge verdeutlichen, wie die theoretischen Grundlagen in der Praxis angewendet werden. Die enge Verzahnung von Theorie und Praxis ist ein wesentlicher Aspekt der Ingenieurwissenschaften und zeigt sich besonders deutlich in der Entwicklung mobiler Arbeitsmaschinen.

Literatur

1. Behr A, Agar DW, Jörissen J, Vorholt AJ (2016) Mechanische Verfahren. In: Einführung in die Technische Chemie. Springer Berlin Heidelberg, Berlin, Heidelberg, pp. 109–120
2. Bohnet M (2003) Mechanische Verfahrenstechnik, 1st ed. Wiley
3. Westkämper E, Warnecke H-J, Dinkelmann M, Haag H (2011) Einführung in die Fertigungstechnik, 8., aktualisierte und erw. Aufl.., korrigierter Nachdr. Vieweg + Teubner, Wiesbaden
4. (2022) DIN 8580:2022–12, Fertigungsverfahren – Begriffe, Einteilung

9 Mechatronik und Automatisierung von Arbeitsfunktionen

Inhaltsverzeichnis

H. J. Meyer, *Mobile Arbeitsmaschinen*,
https://doi.org/10.1007/978-3-662-72251-0_9

9.1 Grundaufbau mechatronischer Systeme in mobilen Arbeitsmaschinen

Unter dem Begriff Mechatronik wird die Kombination von Mechanik, Elektronik und Informationsverarbeitung verstanden. Der Begriff wurde 1969 durch die japanische Firma Yaskawa Electric Cooperation geprägt und 1971 von dieser Firma als Handelsname geschützt. Mittlerweile wird der Begriff sehr vielfältig genutzt und sehr unterschiedlich definiert. Grundsätzlich haben aber alle Definitionen nachstehende Gemeinsamkeiten [10, 31]:

- Die Mechatronik ist ein interdisziplinäres Fachgebiet, bei dem die folgenden Disziplinen zusammenwirken: mechanisches System und mit ihm gekoppelte Komponenten oder Prozesse
- elektronisches System
- informationstechnisches System (einschließlich der Automatisierungstechnik)

Die Integration dieser Systeme erfolgt durch die Komponenten (Hardware) und durch die informationsverarbeitenden Funktionselemente (Software). Das Ziel bei der Entwicklung eines Systems aus mechanischen Elementen, Sensoren, Aktoren und digitaler Informationsverarbeitung ist, dass die gestellte Aufgabe bestmöglich gelöst wird.

Abb. 9.1 zeigt grafisch die Zuordnung der Mechatronik zu anderen Disziplinen. Die Schnittstelle der Elektrotechnik und der Mechanik stellen die Sensoren und Aktoren dar. Für die Steuerung oder Regelung ist das Messen der relevanten Prozessgrößen notwendig (siehe Abb. 9.2.). Hierfür werden Sensoren benötigt, die die jeweilige Prozessgröße messen und in ein elektrisches Signal wandeln. Diese Information wird im informationstechnischen System verarbeitet. Im Falle einer Regelung wird die Regelabweichung aus dem Messsignal und der Führungsgröße ermittelt. Daraus wird mithilfe von Regelungsalgorithmen ein Stellsignal berechnet und als elektronisches Signal an den Aktor weitergeleitet. Der Aktor wandelt dann diese Größe in eine Stellgröße um. Hierfür wird oft zusätzlich eine Hilfsenergie benötigt. Zum Beispiel muss bei einem hydraulischen Aktor eine Hydraulikpumpe einen entsprechenden Ölstrom und Öldruck erzeugen. Dadurch wird dann der jeweilige zu regelnde Prozess beeinflusst. Störgrößen können den Prozess verändern, sodass ein Eingriff in den Prozess notwendig wird. Aus diesem Grund werden am Ende der Prozessstrecke wieder die relevanten Prozessgrößen gemessen. An dieser Darstellung wird deutlich, dass man so einen geschlossenen Regelkreis erhält. Die Schnittstelle zwischen der Elektrotechnik und der Informationstechnik stellt die Prozesstechnik dar. Hierunter kann die Gesamtheit von aufeinander einwirkenden Vorgängen in einem System verstanden werden. Diese Vorgänge können die Umformung, der Transport oder die Speicherung von Materie, Energie oder Information sein [29]. Die Modellierung mechatronischer Systeme kann als Schnittstelle zwischen der Mechanik und der Informationstechnik angesehen werden. Modellierung bedeutet in diesem Zusammenhang, dass für

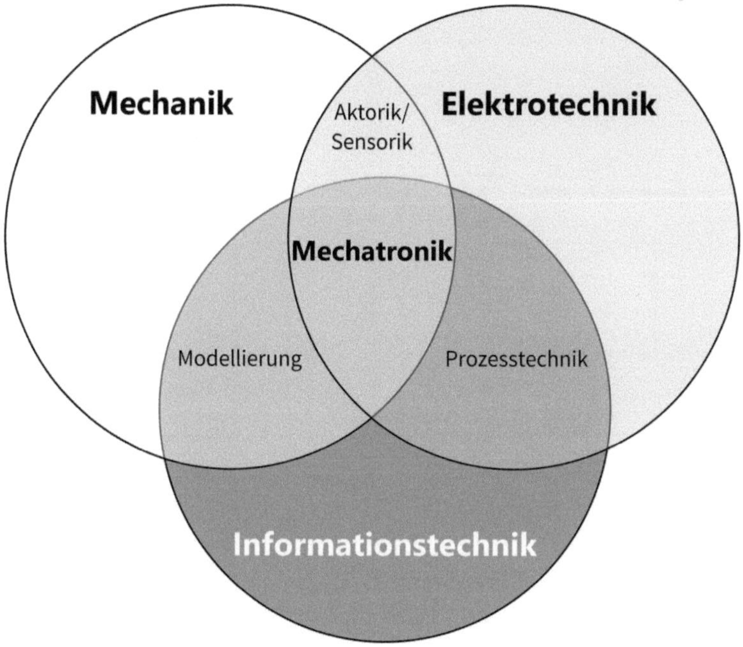

Abb. 9.1 Einteilung der Mechatronik

die Auslegung, Dimensionierung der Regler und die Programmierung Modelle entwickelt werden, die im Allgemeinen die mechanischen, funktionalen Eigenschaften abbilden.

Mechatronische Systeme stellen in mobilen Arbeitsmaschinen eines der zentralen Teilsysteme dar. Die Bedeutung dieser Systeme hat in den letzten Jahrzehnten stark zugenommen. Zum einen lassen sich viele Funktionen in den Maschinen nur mechatronisch lösen, oder mechatronische Systeme sind für die Gewährleistung der Funktion und der Arbeitsqualität notwendig. Zum anderen gilt es, den Menschen zunehmend von steuerungs- und regelungstechnischen Aufgaben während der Arbeit mit den Maschinen zu entlasten. Ein Beispiel ist die Nivellierung von Straßenbaumaschinen. Die Genauigkeitsanforderungen beim Einbau der Straßenbeläge liegt im Millimeterbereich. Nur mit geeigneten Sensoren, die mit einer Informationsverarbeitung gekoppelt sind und mit geeigneten Aktoren lassen sich diese Anforderungen erfüllen. Ähnlich ist es bei Mähdreschern, wo mechatronische Systeme genutzt werden, um die vielfältigen Systemkomponenten und Parameter so einzustellen, dass die Arbeitsergebnisse bestmöglich sind. Ein Beispiel für die Entlastung des Maschinenpersonals sind auch automatische Lenksysteme bei Traktoren und selbstfahrenden Erntemaschinen. Durch den Wegfall der Lenkaufgabe kann sich das Fahrpersonal mehr auf die Überwachung und Steuerung der Arbeitsprozesse konzentrieren.

Für die Behandlung mechatronischer Problemstellungen wurden in den letzten Jahren Vorgehensweisen entwickelt, die allgemein anwendbar sind.

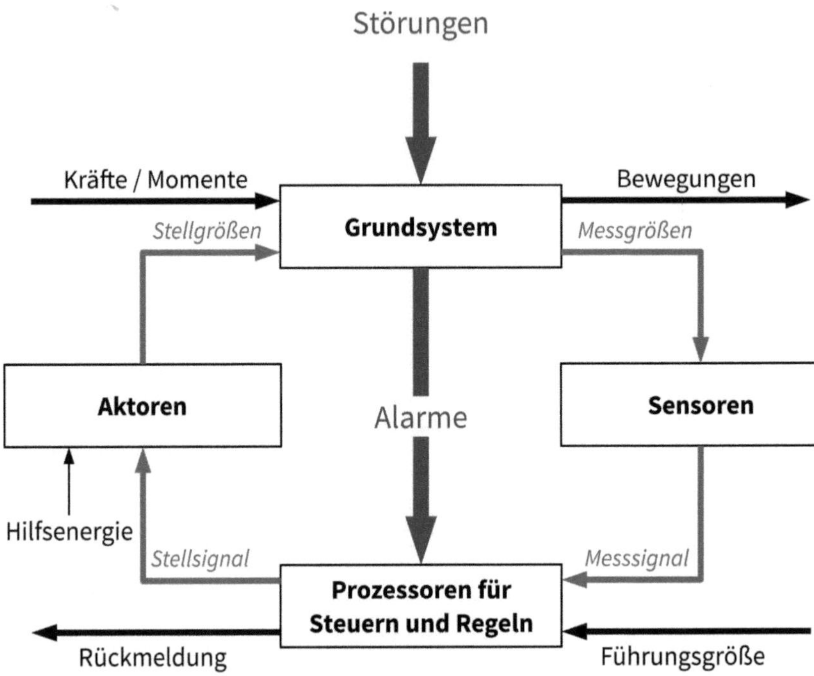

Abb. 9.2 Mechatronisches Syntheseproblem

- Modellierung der mechanischen, elektrischen und informationstechnischen Prozesse und ihrer dazugehörigen Konstruktionselemente
- Signal- und Prozessdatenverarbeitung
- Steuerungs- und regelungstechnische Betrachtungen von Maschinen

Die zentrale Fragestellung beim Entwurf mechatronischer Systeme ist, welche Kräfte und Momente muss man auf einen Körper ausüben, damit er bestimmte Bewegungen ausführt. Hinzu kommt, dass die gewünschte Bewegung auch bei auftretenden Störungen realisiert werden soll. Hieraus ergibt sich zwangsläufig die Notwendigkeit, das Problem nicht nur mechanisch zu betrachten, sondern auch regelungstechnische Überlegungen mit einzubeziehen. Das bedeutet die Integration von Sensoren, Aktoren und Informationsverarbeitung. In Abb. 9.2 sind die Zusammenhänge in einer Übersicht dargestellt.

Die zentralen Bausteine der Mechatronik sind:

- Sensoren, die Messgrößen erfassen
- Mikroprozessoren oder Computer, die aus den Messgrößen Regelabweichungen und Stellsignale berechnen
- Aktoren, die Parameter des Grundsystems verändern, damit der gewollte Sollzustand erreicht und eingehalten wird

Eine besondere Eigenschaft mechatronischer Systeme ist, dass sie im hohen Maße von nichtmateriellen Elementen beeinflusst werden, sondern Programme und Software diese bestimmen. Die Verarbeitung der Prozessdaten erfolgt durch spezielle Mikrocontroller, die für die Echtzeitverarbeitung geeignet sind. Sie enthalten die dazu notwendigen Funktionen, wie Datenspeicher, Programmspeicher, AD-Wandler, I/O-Ports usw.

Man kann hierzu, wie in Abb. 9.3 abgebildet, verschiedene Stufen der Prozessdatenverarbeitung unterscheiden:

- Ebene 1: Prozessebene
- Ebene 2: Steuerungs- und Regelungsebene
- Ebene 3: Diagnose- und Fehlerbeseitigungsebene
- Ebene 4: Koordinierungsebene

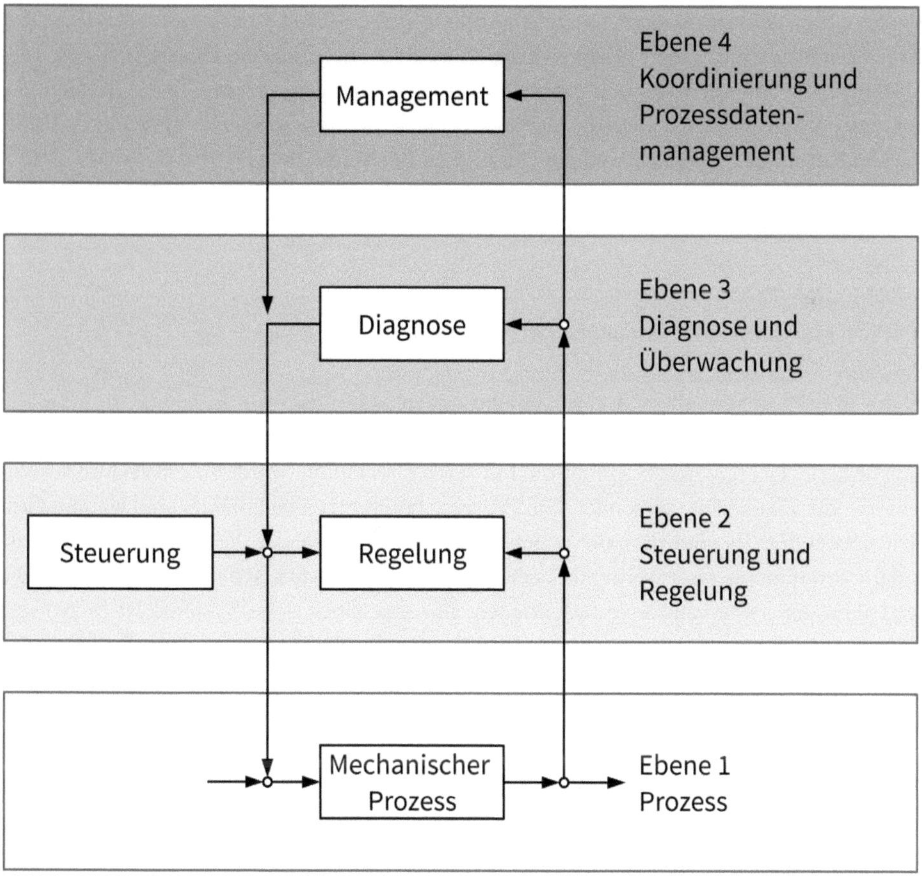

Abb. 9.3 Datenverarbeitungsebenen bei mechatronischen Systemen

Die Geschwindigkeit der einzelnen Abläufe nimmt von Ebene 1 bis Ebene 4 kontinuierlich ab. Das liegt daran, dass in Ebene 1 im Wesentlichen schnelle Steuerungs- und Regelungsaufgaben übernommen werden. In Ebene 4 werden hingegen vornehmlich Koordinierungs- und Optimierungsaufgaben des Gesamtprozesses vorgenommen.

Die meisten bekannt gewordenen Ansätzen für mechatronische Systeme verfügen über eine Signal- und Prozessdatenverarbeitung der unteren Ebene. Sie übernehmen also nur die Steuerung und Regelung sowie die einfache Überwachung von bestimmten Funktionen. Ein typisches Beispiel hierfür ist die Lageregelung in einem Hydraulikventil. Rechnersysteme erlauben mittlerweile durchaus die Bearbeitung von komplexeren Aufgaben. Insbesondere in mobilen Arbeitsmaschinen oder komplexen Fertigungsmaschinen übernehmen die Rechner heute die gesamte Prozesssteuerung und –überwachung und das Prozessdatenmanagement.

Für die weiteren Betrachtungen sind die Begriffe System und Prozess sehr wichtig und sollen daher näher erläutert werden. Wie bereits beschrieben, sind Systeme Teile der Wirklichkeit. Sie stellen eine abgegrenzte Anordnung von aufeinander einwirkenden Gebilden dar. Sie haben daher einen relativen Charakter. Systeme sind eine Gesamtheit von Teilsystemen, die untereinander und mit der Umwelt in Beziehung stehen. Für die Betrachtung mechatronischer Systeme muss diese sehr allgemeine Sichtweise näher eingegrenzt werden.

Mechatronische Systeme sind die Gesamtheit der Teilsysteme [10]:

- Grundsystem
- Aktoren
- Sensoren
- Prozessoren und Prozessdatenverarbeitung

Unter Prozessen versteht man die zeitliche Aufeinanderfolge von Erscheinung bzw. Zuständen in einem System. Der Prozess beschreibt die Umformung und/oder den Transport von Materie, Energie und Information. Für seine Darstellung werden Zeitverläufe von Signalen oder Zuständen verwendet. Um Prozesse beschreiben zu können, sind weitere Größen notwendig. Es sind dies die sogenannten Systemzustände, die zu einem Zustandsvektor zusammengefasst werden können. Durch diesen Zustandsvektor wird das zeitliche Verhalten der Systemzustände beschrieben. Für mechatronische Systeme ist es typisch, dass eine Änderung der Systemzustände aktiv gewollt ist. Dazu wird über die Eingangsgrößen Einfluss auf das System genommen. Der Begriff Prozess ist daher untrennbar mit einer zeitlichen Änderung verbunden, die als Systemdynamik bezeichnet wird. Alle Systeme, so auch mechatronische, besitzen Wechselwirkungen zur Umwelt (Abb. 9.4). Diese Wirkungen oder auch Kopplungen werden auch als äußere Kopplungen bezeichnet. Die Wechselwirkungen der Teilsysteme untereinander sind die inneren Kopplungen. Für die Analyse und Synthese von Systemen ist die Ermittlung der Bedeutung der einzelnen Kopplungen wichtig. Hierbei muss die Zielsetzung besonders berücksichtigt werden. Für die wichtigen Kopplungen muss gelten [10]:

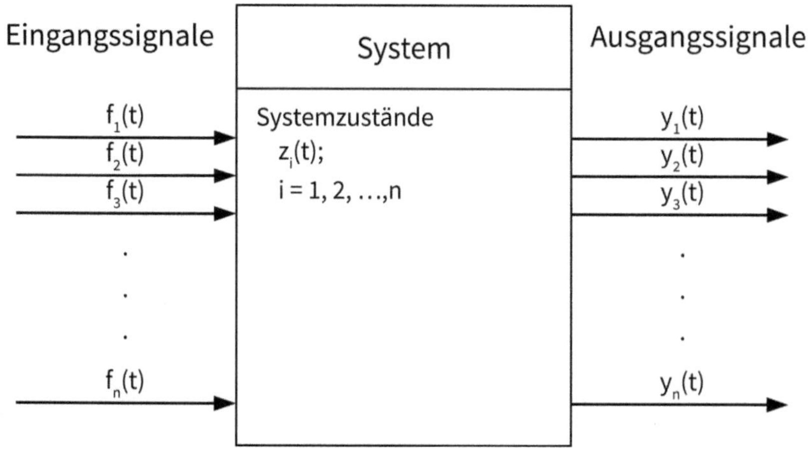

Abb. 9.4 Allgemeines Blockschaltbild eines Systems

- aussagekräftige Kopplung in Bezug auf die Problemstellung
- Möglichkeit der Mess- und Bestimmbarkeit der Kopplung

Systemkopplungen entsprechen Signalen bzw. physikalischen Größen, wie Strom, Spannung, Druck, Weg, Temperatur usw., die Aussagen über das betrachtete System ermöglichen. In der Regel gehen in ein System Eingangssignale hinein und Ausgangssignale heraus. Für die Erfassung der Ein- und Ausgangssignale müssen zusätzlich weitere Einflussgrößen und Störeinflüsse berücksichtigt werden. Hierzu wurden u. a. Methoden der Wahrscheinlichkeitsrechnung verwendet, insbesondere zur Untersuchung von Zufallsprozessen oder unscharfen Prozessen.

9.1.1 Mechatronische Modelle

Bei der Analyse und Synthese mechatronischer Systeme ist die Modellierung eine zentrale Aufgabe. Es werden hierbei zwei Methoden unterschieden [16]:

- theoretische Modellbildung – Die theoretische Modellbildung nutzt Hypothesen oder physikalische Grundgesetze zur Beschreibung des zu betrachtenden Sachverhaltes, z. B. Impulssatz, Drehimpulsatz, Induktionsgesetz usw.
- experimentelle Modellbildung – Die experimentelle Modellbildung beruht auf Beobachtungen, d. h. auf Messungen. Hierfür wird häufig auch der Begriff Identifikation verwendet. Mithilfe der Experimente werden systembeschreibende Kennwerte oder Kennfunktionen ermittelt, wenn eine exakte theoretische Beschreibung nicht möglich ist.

Für die theoretische und die experimentelle Modellbildung werden heute Computer eingesetzt. Über die Signal- und Prozessanalyse gelangt man zu dem Systemmodell. Dieses wiederum bildet die Grundlage für die Prozesssteuerung. Hierunter wird der Entwurf eines Prozesseingriffes verstanden. d. h. die Ermittlung von Stellgrößen mit dem Ziel, eine gewünschte Funktionalität möglichst zu erreichen. Es ist das Besondere an mechatronischen Systemen, dass Komponenten ganz unterschiedlicher Bereiche miteinander verknüpft werden. Das Prinzip einer modellgestützten Prozesssteuerung ist schematisch in Abb. 9.5 dargestellt.

Die Grundfunktionen, die in mechatronischen Systemen auftreten, lassen sich mit steigender Komplexität wie folgt einteilen [7]:

- kinematische Funktionen – Hierunter wird die Bereitstellung eines geeigneten Bewegungsapparates verstanden, der die geforderte Funktion erfüllt. Die wissenschaftliche Disziplin hierfür ist die Kinematik.
- kinetische Funktionen – Die kinetischen Funktionen beinhalten die Kräfte und Momente, die für die Ausführung der gestellten Aufgabe notwendig sind. Für ihre Beschreibung werden u. a. Bewegungsgleichungen verwendet.
- mechatronische Funktionen – Durch die Einbindung von Sensorik, Regelungsalgorithmen, Aktorik sowie weiteren Komponenten wird die Funktionsbeschreibung vervollständigt.

9.2 Sensoren

Zunehmend gewinnt die Erfassung von Systemzuständen in mobilen Maschinensystemen an Bedeutung. Hierfür sowie für die Steuerung und Regelung ist die Messung von Systemgrößen notwendig. Das in der Regel nicht elektrische Eingangssignal der zu erfassenden Systemgrößen muss in den Sensoren in ein elektrisches Ausgangssignal konvertiert werden. In mobilen Arbeitsmaschinen wird eine Vielzahl von unterschiedlichen Messgrößen erfasst. Neben den antriebstechnisch relevanten Größen wie Drehzahlen, Temperaturen, Drücke usw. müssen besonders bei den komplexen verfahrenstechnischen Maschinen Messgrößen erfasst werden, die spezielle Messverfahren oder eine aufwendige Messdatenverarbeitung erfordern. Beispiele sind die Gutfeuchte, Pflanzenarten oder Düngungszustände. In diesen Bereichen wird zurzeit intensiv nach geeigneten Messverfahren und Sensorprinzipien geforscht.

In Abb. 9.6 ist der grundsätzliche Signalverlauf in einem Sensor dargestellt. Es werden deutlich unterschiedliche Ausbaustufen von Sensoren erkennbar:

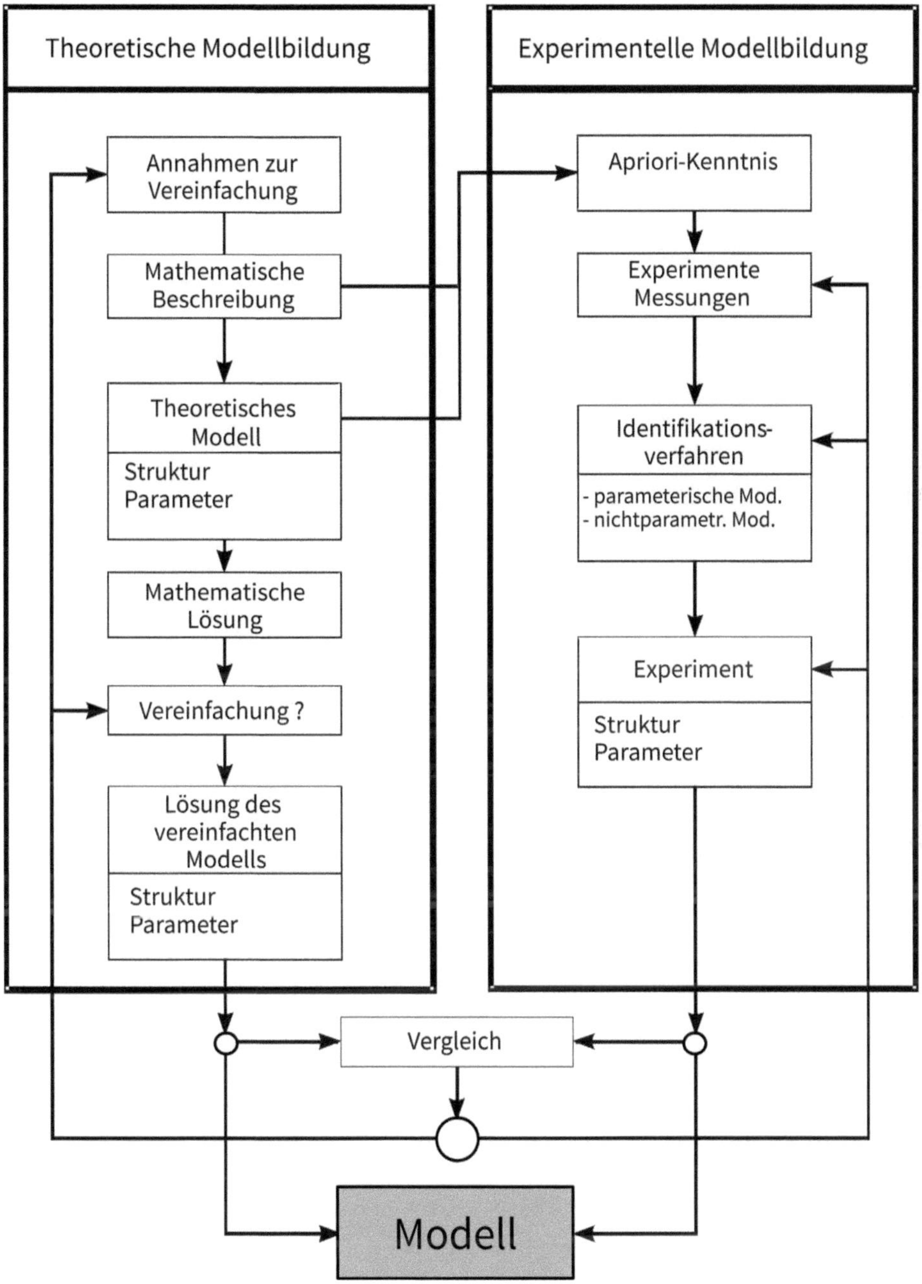

Abb. 9.5 Zusammenhang von theoretischer und experimenteller Modellbildung. (Nach [7])

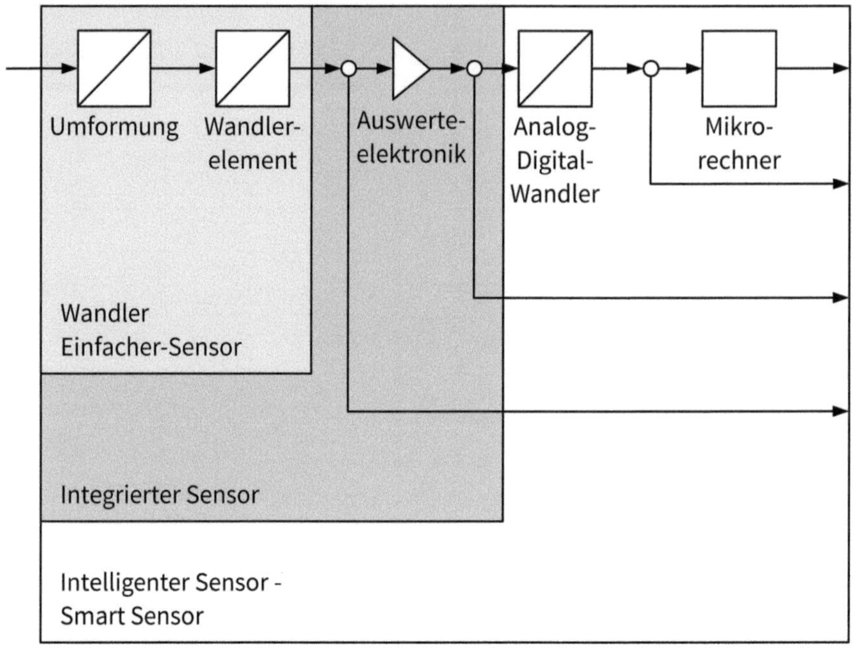

Abb. 9.6 Integrationsgrad von Sensoren. (Nach [7])

- Umformung der nicht elektrischen Messgrößen – Je nach Messprinzip und -größe erfolgt die Umformung direkt oder indirekt über Zwischengrößen.
- Umformung der Ausgangs- oder Zwischengröße in eine primäre elektrische Größe durch ein Wandlerelement – Unter Ausnutzung verschiedenster physikalischer Effekte findet die eigentliche mechanisch-elektrische Wandlung statt. Die abgeschlossene bauliche Einheit von mechanischem Umformer und Wandlerelement bilden die einfachste Form eines Sensors, der gelegentlich auch als Wandler bezeichnet.
- Auswertung des elektrischen Primärsignals – Eine verarbeitet das elektrische Primärsignal weiter. Es hat dabei folgende Aufgaben zu erfüllen:
  - Verstärkung des Primärsignals
  - Kompensation von Nullpunktschwankungen
  - Filterung von Störsignalen
  - Linearisierung des Messsignals
  - Messbereichsanpassung und Messbereichsumschaltung
  - Normierung des Ausgangssignals
- Wandlung des analogen Messwertes in ein digitales Ausgangssignal – Für die weitere Verarbeitung des Messwertes in einem Rechner ist die Wandlung des analogen Ausgangssignals in ein digitales Signal notwendig. Hierzu werden Analog-Digitalwandler eingesetzt.

- Verarbeitung des Ausgangssignals bzw. Messwertes mit einem Mikrorechner – Das digital vorliegende Signal kann mit einem Mikrocontroller weiterverarbeitet werden, zum Beispiel:
  - Überwachung und Protokollierung von Messdaten im Sensor
  - selbstständige Auslösung von Annahmen bei Erreichen von Grenzzuständen
  - Kommunikation mit übergeordneten Rechnern oder mit einem Bus-System
  - Zusammenfassung von mehreren Wandlern in einem Sensor und gemeinsame Auswertung des Messsignals, z. B. als Mehrkomponenten-Sensor
  - Möglichkeit der Konfigurierung von außen durch einen angeschlossenen Rechner

Ist die Auswerteelektronik teilweise oder vollständig im Sensor untergebracht, so ist dafür die Bezeichnung integrierter Sensor geläufig. Sensoren mit integrierter digitaler Auswerteeinheit bezeichnet man als intelligente Sensoren.

Grundanforderungen an Sensoren sind:

- eindeutige und reproduzierbare Abbildung der Eingangsgröße auf die Ausgangsgröße
- direkte Abhängigkeit der Ausgangsgröße von der Eingangsgröße
- vernachlässigbar kleine Rückwirkung des Messsystems auf die zu messenden Größen
- annähernd lineare Abbildung der Eingangs- auf die Ausgangsgröße
- Unempfindlichkeit gegenüber elektromagnetischen Störungen
- Normierung des Ausgangssignals
- einfache Stromversorgung
- Nutzung standardisierter Schnittstellen
- Möglichkeiten zur Funktionskontrolle
- Unempfindlichkeit gegenüber den Umweltbedingungen beim Einsatz
- land- und baumaschinengerechte Konstruktion der Sensoren, z. B. besonderer Schutz gegenüber Feuchtigkeit, Vibrationen und Temperaturen

9.2.1 Kenngrößen von Sensoren

Im Folgenden sollen die wesentlichen Kenngrößen von Sensoren und ihr Einfluss auf das Messergebnis beschrieben werden. Hier geht es in erster Linie um eine Darstellung praktischer Fragen zum Sensoreinsatz [20].

- Messbereich – Der Messbereich ist der Bereich der Eingangswerte, der auf den zulässigen Bereich der Ausgangswerte abgebildet werden kann. Hier muss unterschieden werden zwischen dem zu erfassenden Messbereich und dem Messbereich des Sensors. In praktischen Anwendungen ist der Messbereich des Sensors nach oben größer zu wählen als der zu erfassende Bereich. Auf diese Weise können Überschreitungen detektiert und der Sensor vor Überlastung geschützt werden. Im unteren Teil des Messbereichs können sich bei manchen Sensoren zusätzlich Probleme mit der Auflösung und der Linearität ergeben.

- Auflösung – Die Auflösung eines Messsystems beschreibt, wie nahe zwei Eingangswerte beieinander liegen können, um im Ausgangssignal noch als zwei getrennte Messwerte dargestellt werden zu können. Die Auflösung wird im Allgemeinen in % vom Messbereich bei analogen Signalen oder in Bit bei digitalen Signalen angegeben. Bei Sensoren mit analogem Ausgang wird die Auflösung im Wesentlichen durch die Größe des unvermeidlichen Rauschanteils bestimmt, der seinerseits von den konkreten elektrischen Anschlussbedingungen abhängen kann. Eine Rauschmessung an einem Sensor sollte daher möglichst im eingebauten Zustand erfolgen. Bei Sensoren mit digitalem Ausgang bestimmt der Analog-Digitalwandler die obere Grenze der Auflösung. So bedeutet die Auflösung des Analog-Digitalwandlers von n Bit einen Messbereich von 2^n Werten. Zur Beurteilung der Ergebnisse der Wandlung ist die Auflösung des Analogsignals am Eingang des Analog-Digitalwandlers zu berücksichtigen.
- Messgenauigkeit – Die geforderte Messgenauigkeit richtet sich allein nach dem Zweck der Messung. Als Faustregel für mechatronische Systeme sei genannt, dass die Messgenauigkeit etwa eine Größenordnung besser bzw. zehnmal präziser als die geforderte Stellgenauigkeit des Aktors sein sollte. Die Messgenauigkeit eines Sensors ist eine sensorspezifische Größe und beschreibt die Summe aller möglichen (statischen) Fehler, die aus dem Sensor herrühren und das Ausgangssignal verfälschen.
- Statisches Verhalten von Messsystemen – Die statische Kennlinie eines Messsystems lässt sich als Funktion der Messgröße in Abhängigkeit von der Eingangsgröße darstellen. Diese Funktion kann linear oder nichtlinear sein. Für Messsysteme mit einem geringen, aber nicht vernachlässigbaren, nichtlinearen Anteil lässt sich eine näherungsweise Linearisierung im Messbereich durchführen. Dazu wird die nichtlineare Kennlinie durch eine Regressionsgerade angenähert, die den mittleren Fehler minimiert. Eine andere Möglichkeit besteht darin, die Ausgleichsgerade durch den Anfangs- und Endpunkt des Messbereichs zu legen.

Statische Messfehler stellen Abweichungen eines aktuellen Messwerts von einem aufgrund der Eingangsgröße zu erwartenden „idealen“ Messwert dar, wobei letzterer entweder durch Herstellerangaben (Datenblätter, Kennlinienfelder) oder durch eigene Referenzmessungen (Kalibrierung) festgelegt wird. Man unterscheidet im wesentlichen vier Fehlerarten [20]:

- Nullpunktfehler -Der Nullpunktfehler entspricht einer Parallelverschiebung der Kennlinie durch äußere oder innere Ursachen. Äußere Ursachen für den Nullpunktfehler sind auf das jeweilige Messprinzip zurückzuführen. Oftmals ist die Messgröße nicht nur von einer Größe abhängig, sondern wird von weiteren ebenfalls beeinflusst. Als Beispiel sei hier die Temperaturempfindlichkeit bestimmter Sensoren genannt. Durch geeignete Maßnahmen können solche Abhängigkeiten kompensiert werden [2].

- Steigungsfehler – Der Steigungsfehler drückt die Änderung einer Kennlinie aus. Ähnlich wie beim Nullpunktfehler kann eine Vielzahl von Ursachen für diesen Fehler vorliegen, z. B. Temperatur- und Alterungseinflüsse. Diese Fehler können heute durch geeignete Maßnahmen kompensiert werden.
- Linearitätsfehler – Beim Linearitätsfehler ist der Verlauf der Kennlinie nicht linear. Der Messwert schwankt in einem Fenster um den linearisierten Wert. Angegeben wird der Linearitätsfehler als das Verhältnis der Toleranzbreite zum Messbereichsendwert [2].
- Hysteresefehler – Beim Hysteresefehler hängt die Größe des Ausgangssignals nicht nur von der Eingangsgröße ab, sondern auch von dessen Änderungsrichtung. Hystereseerscheinungen sind physikalisch immer mit Speicherung und/oder Umwandlung (zumeist Dissipation) von Energie gekoppelt und treten z. B. bei magnetischen Systemen auf.

Die statische Messgenauigkeit entspricht der Summe aller Einzelfehler. Die Angabe bezieht sich auf den ungünstigsten Fall und wird meistens in % vom Messbereichsendwert angegeben. Zusätzlich werden häufig noch weitere Kriterien, wie Güteklassen, verwendet.

9.2.2 Sensoren für wichtige Messgrößen

Aus der Fülle der in der Praxis eingesetzten Sensoren werden als Beispiele diejenigen vorgestellt, die im Maschinenbau Verwendung finden. Als Größenordnung gibt Bernstein an, dass etwa 100 grundlegende physikalische Effekte sowie rund 2000 verschiedene Sensorverfahren bekannt und um die 100.000 verfügbare Produkte am Markt zu finden sind [2].

In Abb. 9.7 und in den nachfolgenden Abschnitten folgt eine kurze Darstellung einer Auswahl von Sensoren, dic in mobilen Arbeitsmaschinen verbreitet sind. Das sind Weg- und Positions-Sensoren, Kraft- und Druck-Sensoren sowie Temperatur-Sensoren.

9.2.3 Weg- und Positions-Sensoren

Für die Weg- und Positionsmessung kommen zahlreiche unterschiedliche Messprinzipien zum Einsatz [8]:

- Kapazitive Längenmessung – Bei der kapazitiven Längenmessung wird die Abhängigkeit der Kapazität bei Kondensatoren von dem Plattenabstand ausgenutzt. Je geringer der Abstand zwischen den beiden Kondensatorplatten der Fläche ist, desto größer ist die Kapazität. Angewendet wird dieses Prinzip z. B. in Näherungsschaltern.
- Induktive Längenmessung – Bei der induktiven Längenmessung nutzt man das Prinzip des Induktionsgesetzes. Nach dem Induktionsgesetz induziert die Änderung des magnetischen Flusses eine Spannung. Wird ein Eisenkern in einer Spule verschoben, ändert

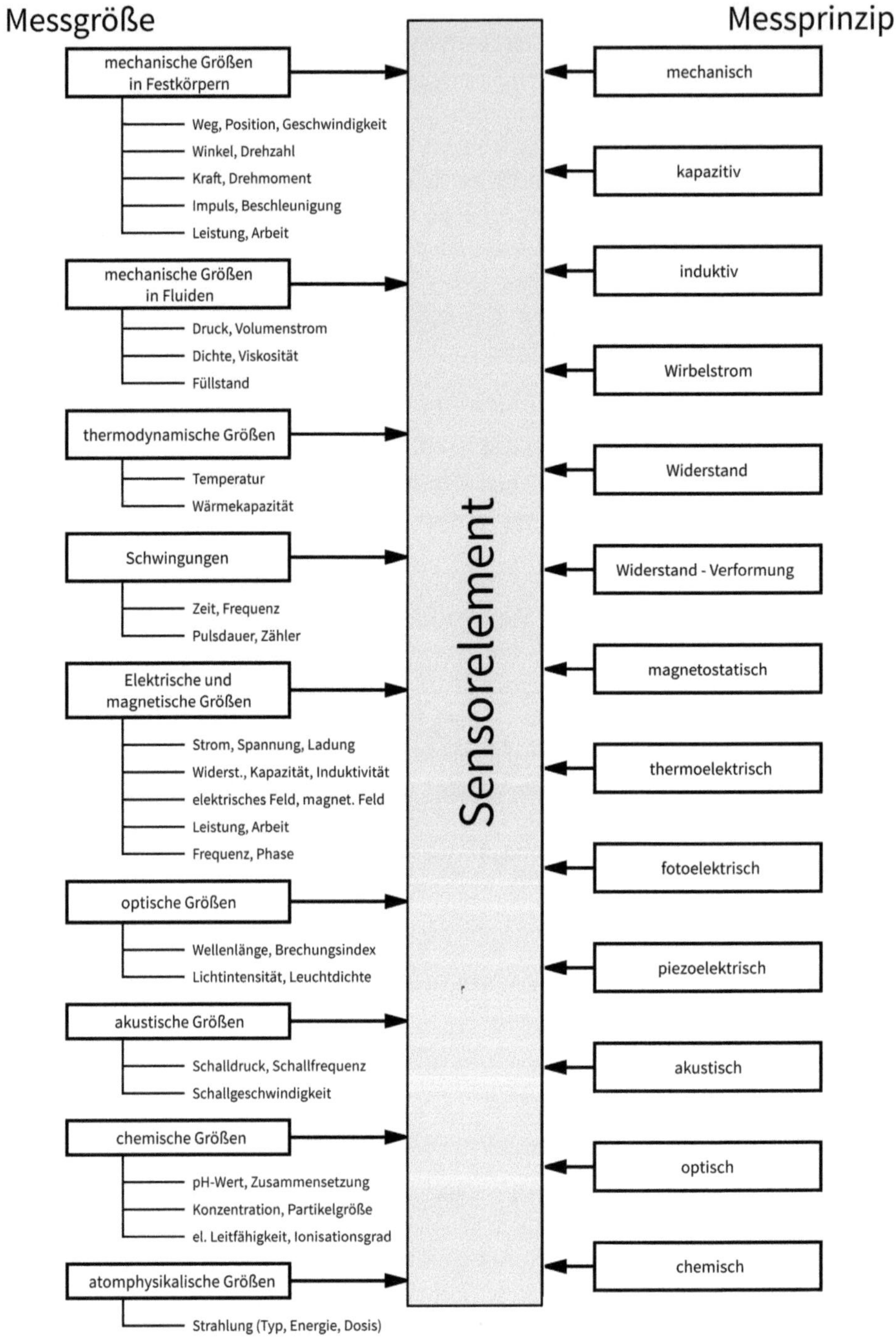

Abb. 9.7 Einteilung der Sensoren nach Messprinzip und Messgröße. (Nach [8])

sich die Spannung proportional zum Weg des Kerns. In der Praxis gibt es eine Primärspule und zwei Sekundärspulen. Wird ein Wechselspannungssignal an die Primärspule gelegt, dann wird in den beiden Spulen eine Spannung unterschiedlicher Polarität induziert. Das Ausgangssignal ist deshalb die Differenz dieser beiden Spannungen. Sie ist null, wenn sich der Kern im Mittelpunkt der Spule befindet und nimmt linear mit der Bewegung des Kernes zu. Dieses Prinzip wird deshalb Linear-Variable-Differenzial-Transformer-Prinzip (LVDT-Prinzip) genannt.

- Längenmessung nach dem Wirbelstromprinzip – Bewegt man leitende Körper in einem Magnetfeld, dann treten in diesem Körper durch die induzierte Spannung Wirbelströme auf. Mit diesem Prinzip können Längen und Dicken an elektrisch leitenden Werkstoffen bestimmt werden. Diese Sensoren gehören zu der Klasse der berührungslosen Abstandsmesser (Non-Contacting-Displacement-Transducers, NCDT).
- Widerstandspotentiometer – Hierbei wird die Längenabhängigkeit des Widerstandes ausgenutzt und anhand der Ausgangsspannung einer Potentiometerschaltung die Länge bestimmt.
- Dehnmessstreifen (DMS) – Bei dieser Messmethode nutzt man den Zusammenhang zwischen der mechanischen Dehnung und der Änderung des elektrischen Widerstandes aus. Die Widerstandsänderung bestimmt man üblicherweise durch eine Brückenschaltung.
- Hall-Sensoren – In Hall-Sensoren wird zur Positionsbestimmung der Hall-Effekt ausgenutzt. Ein stromdurchflossener Leiter, der sich in einem Magnetfeld befindet, erzeugt eine Hallspannung, die senkrecht zur Strom- und Magnetfeldrichtung ist. Fließt der magnetische Fluss nicht nur im Magneten und in seinem ferromagnetischen Rückschluss, dann bestimmt die Länge des Luftspaltes die Induktion. Als Luftspalt gelten alle Wege, die nicht in ferromagnetischem Material (gleichgültig, ob hart oder weich) verlaufen. Wird ein magnetisches Material in die Nähe gebracht, dann richten sich die magnetischen Feldlinien aus, und eine Hallspannung wird als Ausgangssignal linear zum Abstand des Werkstückes gemessen (Linear-Output-Hall-Effect-Transducer, LOHET). Die Sensoren arbeiten bei Schaltfrequenzen bis über 100 kHz verschleißfrei mit Schalterspielen von über 20 Mrd. und können Messungen bis 7 mm durchführen.
- Akustische Längensensoren – Akustische Längensensoren nach dem Ultraschallprinzip können von 0,3 mm bis zu 10 m die Entfernung von Objekten unabhängig von Form, Farbe und Material auch in staubiger Umgebung messen. Der Wegsensor sendet eine Impulsfolge (z. B. 56 Impulse innerhalb 1 ms) aus und empfängt das Echo. Aus der Zeitdifferenz zwischen Senden und Empfangen wird (unter Berücksichtigung der Schallgeschwindigkeit) die Entfernung berechnet. Bei diesem Effekt ist eine definierte Grenzschicht zwischen dem Medium, in dem sich der Schall ausbreitet (z. B. Luft), und dem zu erfassenden Körper erforderlich. Eine solche Grenzschicht entsteht nur dann, wenn sich die Schallgeschwindigkeiten in beiden Medien unterscheiden. Darüber hinaus darf die Schallgeschwindigkeit nicht allzu großen Schwankungen unterworfen sein, z. B. durch Temperaturschwankungen. Das Anwendungsgebiet von Ultraschall-

sensoren ist in der Praxis sehr breit. Sie werden zur Füllstandsmessung ebenso eingesetzt wie in der Abstandsmessung in Baumaschinen.

- Optische Längensensoren – Optische Längensensoren verwendet man häufig zur Steuerung von Werkzeugmaschinen. Zwischen einer Lichtquelle und einem Lichtsensor befindet sich eine Scheibe aus Quarzglas mit einem feinen Strichmuster (etwa 100 Striche pro mm oder mehr). Lichtquelle und -sensor sind dabei dem Werkzeug zugeordnet und der Strichmaßstab dem Werkstück. Mit diesem Sensor kann man allerkleinste Relativbewegungen erfassen. Der Lichtstrahl wird meistens in einem Glasfaserkabel geführt. Damit sind diese Sensoren auch an schwer zugänglichen Stellen einzusetzen.
- Magnetische Positionssensoren – Über die Messung des Erdmagnetfeldes kann man Positions-, Lage- und Bewegungsabläufe bestimmen. Man benutzt diese Sensoren zur Messung von Magnetfeldern in der Industrie und der Medizin.
- Satellitenbasierte Positionsmessung – Zu der Gruppe der Positionsmesssensoren können auch GPS-Sensoren verstanden werden. Unter GPS versteht man allgemein das Global Positioning System. Die zentralen Elemente sind um die Erde kreisende Satelliten. Die Satelliten befinden sich auf Bahnen in rund 20.200 km Höhe und senden kontinuierlich Signale aus. Zwischen vier und acht Satelliten können gleichzeitig zu jeder Zeit von jedem Punkt der Erde unter einem Höhenwinkel von mindestens 15° beobachtet werden. Eine GPS-Empfangseinheit empfängt von den verschiedenen Satelliten Signale, aus denen die Entfernungen abgeleitet werden können. Zur Erhöhung der Messgenauigkeit wird beim Differential GPS mit Real Time Kinematic (RTK) eine Referenzstation eingesetzt. Mithilfe dieser Referenzstation können Korrekturwerte für die ermittelten Pseudodistanzen berechnet werden, die zu dem mobilen Empfänger via Funk übertragen werden (Witte und Schmidt 1995). Damit erreicht man Genauigkeiten von etwa 1 cm in der Lage und 2 cm in der Höhe, was somit für Erd- und Straßenbaumaschinen, wie Grader, Dozer und Bagger durchaus ausreichend ist. Aber auch für Dokumentationszwecke im Erd- und Straßenbau sowie in der Land- und Forstwirtschaft ist diese Genauigkeit ausreichend.
- Geodätische, optoelektronische Positionsmessung mit Totalstationen/Tachymeter – Wesentlich höhere Genauigkeiten lassen sich mit Totalstationen erreichen. Diese Geräte sind mit einer Einrichtung zur optoelektronischen Streckenmessung ausgerüstet, und ihre Winkelmessung wird unter Zuhilfenahme von opto- und mikroelektronischen Bauteilen durchgeführt. Kennzeichnend ist weiterhin, dass die Totalstationen ein bewegtes Ziel automatisch verfolgen können. Mit ihnen können Geländepunkte durch Winkel- und Streckenmessung nach Lage und Höhe mit einer ausreichenden Genauigkeit bestimmt werden [24].

9.2.4 Kraft- und Druck-Sensoren

Sensoren, die eine Kraft messen, können auch zur Druckmessung eingesetzt werden, wenn die Kraft in Bezug auf eine klar bestimmte Fläche bestimmt wird. Die Kraft muss als Vektor bestimmt werden, d. h. der Betrag, die Richtung und der Angriffspunkt sind festzustellen. Häufig ist die Richtung durch eine entsprechende Krafteinleitung noch zu bestimmen, der Angriffspunkt muss aber bekannt sein [8]:

- Dehnmessstreifen –Zur Messung von Kräften und Drücken verwendet man überwiegend Dehnmessstreifen (DMS), deren Wirkungsweise bereits im vorigen Abschnitt behandelt wurde, weshalb hier nur die Dünnschicht-DMS behandelt werden (piezoresistiver Sensor). Bei der Druckmessung ist zwischen Absolutdruck und Differenzdruck zu unterscheiden. Bei der Messung des Absolutdrucks wirkt der Messdruck gegen einen Referenzdruck im Vakuum, bei der Differenzdruckmessung werden von außen zwei Drücke zugeführt. Man misst jeweils die Durchbiegung des Sensors.
- Piezoelektrische Sensoren – Bestimmte Werkstoffe (z. B. Quarz) erzeugen bei einer äußeren Krafteinwirkung eine elektrische Spannung (piezoelektrischer Effekt). Sensoren (im Abschnitt Aktoren wird die Umkehrung behandelt), die diesen Effekt ausnützen, zeichnen sich vor allem durch eine extreme Temperaturbelastbarkeit (von −270 °C bis 400 °C) und einen Messbereich aus, der sich über mehrere Zehnerpotenzen erstreckt (von 0 Pa bis 10^9 Pa). Weiterhin vorteilhaft ist die dynamische Messung des Drucks. Solche Sensoren finden vor allem Einsatz bei Schwingungsmessungen (Beschleunigungen) periodischer und nicht periodischer Vorgänge, beispielsweise an hydraulischen Systemen wie bei Einspritzpumpen für Dieselmotoren.
- Piezoresistive Sensoren – Der aufgebrachte Messdruck bewirkt eine elastische Durchbiegung einer Membran aus Silizium. In diese Membran ist eine Wheatstonesche Brücke aus halbleitenden Widerstandselementen eindiffundiert, die sich proportional zum Messdruck verstimmt. Piezoresistive Sensoren messen im Gegensatz zu piezoelektrischen Sensoren statische Drücke und halten keine extrem hohen Drücke aus.

9.2.5 Temperatur-Sensoren

Die Temperatur ist eine in der Praxis sehr häufig zu messende Größe. Zum einen sind in Halbleiterbauelementen die meisten Eigenschaften stark temperaturabhängig und zum anderen sind in vielen Technologien genaue Temperaturprofile einzuhalten. Zur Temperaturmessung stehen verschiedene Messprinzipien zur Verfügung [8]:

- Thermoelemente – Die Messung beruht auf dem thermoelektrischen Effekt, bei dem bestimmte Werkstoffpaare bei einer Temperaturdifferenz eine Spannung erzeugen.
- Widerstandsthermometer – Die Temperaturabhängigkeit des Widerstandes kann zur Temperaturmessung herangezogen werden. Verwendung finden vor allem Heißleiter (NTC-Widerstände), Kaltleiter (PTC-Widerstände) und das NTC-Silicium.
- Optische Temperaturmessung (Pyrometer) – Die Temperaturmessung mit Infrarot-Strahlungsthermometern ist eine berührungslose Messung, die einen sehr weiten Temperaturbereich (von 0 °C bis 3500 °C) umfasst. Diese Thermometer werden über-

wiegend dort eingesetzt, wo Temperaturen an sehr kleinen, sich bewegenden Objekten zu messen sind und wo kein Kontakt zum messenden Objekt hergestellt werden darf oder wo die Temperaturen zu hoch sind (z. B. bei der Temperaturmessung von Metallschmelzen, in Glühöfen oder für Walzenstraßen).

9.2.6 Sensorsysteme zur Erkennung von Hindernissen

Für autonome mobile Arbeitsmaschinen sind Systeme für die Erkennung von Hindernissen besonders wichtig, um den sicheren Betrieb unter variablen Umgebungsbedingungen zu gewährleisten. Hierfür werden eingesetzt:

- LIDAR (Light Detection And Ranging) funktioniert, indem es Laserstrahlen aussendet und die Zeit misst, die benötigt wird, um die reflektierten Strahlen von Objekten in der Umgebung zurück zum Sensor zu gelangen. Diese Zeitmessung ermöglicht die Berechnung der Entfernung zu den Objekten, wodurch ein präzises 3D-Modell der Umgebung erstellt wird. LiDAR-Systeme können verschiedene Umgebungsbedingungen erfassen und sind in der Lage, Objekte wie Personen oder Hindernisse zu erkennen [11, 23].
- NIR (Near-infrared) verwendet die Messung der Reflexion von Infrarotlicht, das in einem bestimmten Wellenlängenbereich (typischerweise von 750 nm bis 2500 nm) ausgesendet wird. Wenn das NIR-Licht auf ein Objekt trifft, wird ein Teil des Lichts reflektiert, und die Menge der Reflexion hängt von den Materialeigenschaften des Objekts ab. Diese Reflexionsdaten werden dann analysiert, um Informationen über die Oberflächenbeschaffenheit und die Zusammensetzung des Objekts zu gewinnen, was in Anwendungen wie der Objekterkennung und -klassifizierung nützlich ist [14].
- ToF-Kameras (Time-of-Flight Cameras) funktionieren, indem sie Lichtimpulse aussenden und die Zeit messen, die benötigt wird, um das Licht von einem Objekt zurück zur Kamera zu reflektieren. Diese Zeitmessung ermöglicht die Berechnung der Entfernung zu den Objekten, wodurch ein 3D-Bild der Szene erstellt wird. ToF-Kameras sind besonders nützlich für Anwendungen in der Objekterkennung und -verfolgung, da sie präzise Tiefeninformationen liefern [14].
- ODS (Object Detection Systems) verwenden Sensoren, die die Umgebung scannen und Rohdaten erfassen, die dann von einer Auswertungseinheit interpretiert werden. Die Sensoren können verschiedene Messprinzipien wie LIDAR oder Radar nutzen, um Objekte innerhalb eines festgelegten Erkennungsbereichs zu identifizieren. Die Auswertungseinheit analysiert die Rohdaten, um zu entscheiden, ob ein Objekt erkannt wurde, und gibt entsprechende Informationen über die Detektion aus. Diese Systeme verwenden dazu Algorithmen und neuronale Netzwerke, um Objekte zu identifizieren und ihre Positionen innerhalb eines Bildes oder Videos zu bestimmen.

Die Funktionalität von Sensorsystemen in Bezug auf Umweltbedingungen wird durch eine strukturierte Testmethode bewertet, die die Sensoren unter verschiedenen Umgebungsbedingungen wie Regen, Nebel oder Schnee testet. Diese Tests ermöglichen es, die Robustheit und Detektionsfähigkeit der Sensoren zu analysieren und ihre Leistung in realistischen Szenarien zu vergleichen. Die Ergebnisse liefern detaillierte Informationen über die Stärken und Schwächen der Sensorsysteme, was für die Entwicklung sicherer autonomer Maschinen entscheidend ist [14].

9.2.7 Spezielle Landwirtschaftliche Sensoren

In der Landwirtschaft kommen zunehmend Systeme zur Erfassung von Pflanzenbeständen, zur Bestimmung der Pflanzenart, des Pflanzenzustandes oder von bestimmten weiteren agronomischen Parametern zur Anwendung. Besonders im Precision Farming sind diese Sensoren notwendig. Es gilt hier für die jeweiligen Maßnahmen die pflanzenbaulichen Parameter zu messen, um dann gezielte pflanzen- und flächenspezifische Aktionen einzuleiten.

Near Infrared Spectroscopy ist eine nicht-destruktive Methode zur Analyse von landwirtschaftlichen Produkten, die auf der Wechselwirkung von NIR-Strahlung mit molekularen Bindungen basiert. NIR-Sensoren erfassen die optischen Signaturen von Materialien, um qualitative und quantitative Informationen über deren Zusammensetzung zu liefern. Die Kalibrierung dieser Sensoren ist entscheidend, um genaue Vorhersagen zu ermöglichen, und die Integration von Künstlicher Intelligenz kann die Effizienz und Genauigkeit der Vorhersagen weiter verbessern [15].

NIR-Sensoren nutzen die Wechselwirkung von NIR-Strahlung mit molekularen Bindungen, insbesondere für Kohlenstoff-Wasserstoff-Bindungen, Stickstoff-Wasserstoff-Bindungen und Sauerstoff-Wasserstoff-Bindungen, um die chemische Zusammensetzung von Materialien zu analysieren. Die Sensoren bestehen aus einer Lichtquelle und einem Detektor, wobei die absorbierte Strahlung in ein NIR-Spektrum umgewandelt wird, das die charakteristischen Merkmale des Materials widerspiegelt. Die Kalibrierung der Sensoren ist notwendig, um mathematische Modelle zu entwickeln, die genaue Vorhersagen über die Qualitätsparameter der untersuchten Substanzen ermöglichen [18].

Zur Beurteilung von Pflanzenpopulationen in der Landwirtschaft können verschiedene Sensoren eingesetzt werden. Zahlreiche Forschungsarbeiten und Erfahrungen aus der Praxis beschreiben unterschiedlichste Konzepte an Sensoren, die oft mit anderen Informationsquellen gekoppelt werden, sodass hier lediglich Beispiele genannt werden können. Optoelektronische Distanzsensoren in Kombination mit mikrocontrollerbasierter Signalverarbeitung bieten eine kostengünstige Methode zur Messung von Pflanzenhöhe und -dichte [19]. Optische Sensoren berechnen Indexwerte aus Spektralkanälen, um Parameter wie Biomasse abzuschätzen, wobei kontinuierliche Spektren potenziell Vorhersagemodelle verbessern [13]. Zerstörungsfreie Sensoren, die z. B. auf mobilen Plattformen oder Drohnen montiert sind, ermöglichen die Überwachung der Pflanzenentwicklung und -leistung auf Feldebene. Diese Methoden können Parameter wie die Zuckerrübenbedeckung quantifizieren, gesunde von kranken Parzellen unterscheiden und Gelbrostsymptome auf Weizenblättern erkennen und quantifizieren [3]. Ein anderes Beispiel ist ein Modell, das

Wetterdaten und Fernerkundungsdaten kombiniert, um die Genauigkeit und zeitliche Auflösung der Bodenfeuchtemessungen zu verbessern. Die Ergebnisse zeigen, dass die Methode effektiv ist, um die Herausforderungen der räumlichen und zeitlichen Variabilität von Bodenfeuchte zu bestimmen [5].

9.3 Aktoren

Bereits in den vorherigen Abschnitten wurden Komponenten von Maschinensystemen vorgestellt, die durchaus im mechatronischen Sinne als Aktoren bezeichnet werden können. Beispiele sind hydraulische Komponenten wie Hydraulikzylinder. Diese können z. B. als Stellglied in einer Regelung eingesetzt werden, z. B. als Aktor für die Verstellung einer Auswurfklappe beim Häcksler. In einem Hydraulikbagger dienen die Hydraulikzylinder zum Heben und Senken der Last und erfüllen so die Arbeitsfunktion des Baggers. Sensoren und Aktoren oder auch Stelleinrichtungen bilden die Schnittstelle zwischen dem informationstechnischen Teil und dem prozessrelevanten Teil eines mechatronischen Systems. Entsprechend der großen Vielfalt an informationstechnischen Komponenten und Prozessen gibt es eine Vielzahl von Aktoren.

Aktoren sind die mechatronische Komponente, deren Hauptfunktion darin besteht, einen Energiefluss zu steuern. Darüber hinaus ist letzterer auch zu leiten und zu wandeln, sodass sich die Gesamtfunktion des Aktors zweckmäßig durch Elemente beschreiben lässt, die primär Energie übertragen.

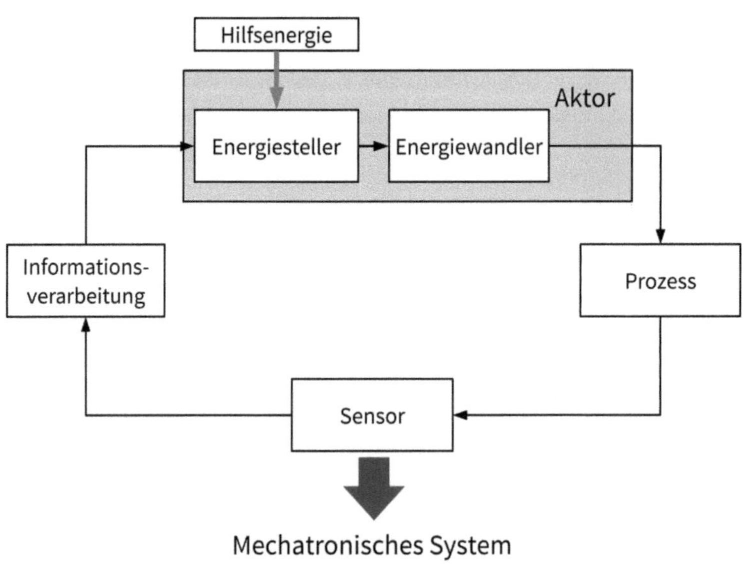

Abb. 9.8 Aktoren in mechatronischen Systemen

Abb. 9.8 zeigt die Einordnung der Aktoren in einem mechatronischen System. Die Ausgangsgröße des Aktors ist, wie bereits erläutert, eine Energie bzw. Leistung. Häufig steht sie in Form von Rotationsenergie bei Wellen oder als Translationsenergie an Schubstangen oder Hydraulikzylindern zur Verfügung. Die Energie wird durch Hilfsenergie in einem Energiesteller bereitgestellt, dem sich der eigentliche Energiewandler anschließt. Die Anforderungen an die mechanische Ausgangsenergie sind sehr unterschiedlich, zum Beispiel kann die mechanische Energie als Translationsarbeit verwendet werden. Die auftretenden Extremfälle sind das Kraftstellglied mit großer Kraft bei kleinem Weg und das Wegstellglied mit kleiner Kraft bei großem Weg. Für diese Aufgaben werden spezielle Elemente wie Getriebe benötigt.

An dieser Stelle sollen sich die Betrachtungen nur auf Energiewandler konzentrieren. Tab. 9.1 zeigt Beispiele für unterschiedliche Betrachtungsweisen zur Beschreibung von Energiewandlern.

Tab. 9.1 ist eine Gegenüberstellung elementarer Bauteile in mechanischen, elektrischen und hydraulischen/pneumatischen Systemen. Die mathematischen Beziehungen sind ebenfalls mit angegeben. Diese Übersicht verdeutlicht die Breite des Betrachtungsraums mechatronischer Systeme und die Notwendigkeit des interdisziplinären Denkens. Weiterhin zeigt die Tabelle, dass in den unterschiedlichen Systemen Elemente mit Trägheits-, Speicher- oder Widerstandseigenschaften vorkommen. Die Widerstandseigenschaften führen zu Verlusten, die in Form von Wärmeströmen die Systemgrenzen überqueren. Für mechatronische Betrachtungen wird oft angenommen, dass die mathematischen Strukturen linear sind und aus proportionalen (P), integralen (I) und differenziellen (D) Zusammenhängen für die Potenzial- und Flussgrößen besteht.

Für die Einteilung von Aktoren und ihren Wirkprinzipien empfiehlt Isermann die Betrachtung der Hilfsenergiearten, die bei mobilen Arbeitsmaschinen vorwiegend zum Einsatz kommen [10]:

- Elektrizität – In mobilen Arbeitsmaschinen steht in den meisten Fällen elektrische Energie durch das Bordnetz zur Verfügung. Die nötige elektrische Energie wird über die Lichtmaschine vom Verbrennungsmotor erzeugt und kann in Batterien gespeichert werden. Bei nicht selbstfahrenden Maschinen wird die elektrische Energie vom Traktor

Tab. 9.1 Leistungsformen

Leistungsform	verallgemeinerte Potenzialgröße	verallgemeinerte Flussgröße	Leistung
Mechanisch translatorisch	Geschwindigkeit v	Kraft F	$P_{\text{Trans}} = v \cdot F$
Mechanisch rotatorisch	Winkelgeschwindigkeit ω	Moment M	$P_{\text{Rot}} = \omega \cdot M$
Elektrisch	Spannung U	Strom I	$P_{\text{Elektrisch}} = U \cdot I$
Hydraulisch bzw. pneumatisch	Druck p	Volumenstrom Q	$P_{\text{Hydraulik}} = p \cdot Q$
Thermisch	Temperaturdifferenz ΔT	Wärmedurchgang k·A	$P_{\text{Therm}} = \Delta T \cdot \text{kA}$

bereitgestellt, an den die Maschine gekoppelt ist. Die Wandlungs- und Übertragungsfähigkeit bietet eine hohe Flexibilität. Für die Anpassung und Verstellung der Ströme stehen kostengünstige Leistungselektroniksysteme zur Verfügung. Die Signalumwandlung und der Stellantrieb können mit der gleichen Energieform und unter bestimmten Bedingungen mit dem gleichen Spannungsniveau betrieben werden. Elektrische Hilfsenergie wird daher sehr häufig in mobilen Maschinen eingesetzt, z. B. für die Betätigung von Hydraulikventilen.
- Hydraulik – Für die Bereitstellung hydraulischer Hilfsenergie in Form eines Druckölstromes muss ein Hydrauliksystem zur Verfügung stehen. Dieses beinhaltet einen Tank, Pumpe, Filterelemente, Kühlelemente, Leitungen und Ventile. Aufgrund der sehr hohen Leistungsdichte und der oft hohen zu erzeugenden Kräfte besitzen Traktoren und die meisten selbstfahrenden Arbeitsmaschinen ein Hydrauliksystem, das auch die Hilfsenergie für die mechatronischen Systeme zur Verfügung stellen kann.
- Pneumatik – Systeme für die Bereitstellung pneumatischer Hilfsenergie nutzen den Unterdruck gegenüber der Atmosphäre oder den Überdruck gegenüber dem Atmosphärendruck. Die Drücke sind, verglichen mit den hydraulischen Systemen, mit 6 bis 8 bar niedrig. Aus diesem Grund sind die pneumatischen Systeme größer in ihren Abmessungen. Ähnlich wie bei der Hydraulik benötigt man auch bei diesen Systemen weitere Komponenten, wie Kompressor, Leitungen, Ventile usw. Da viele Traktoren mit einer Druckluftbremsanlage ausgerüstet sind, kann diese genutzt werden. Weitere wichtige Merkmale pneumatischer Systeme sind die Robustheit, es ist kein Tank notwendig, Druckluftleckagen sind weniger umweltkritisch als hydraulische, die Luft muss aber gereinigt werden und die Systeme sind kostengünstig. Berücksichtigt werden muss aber noch, dass das Druck- und Strömungsverhalten stark temperaturabhängig ist.

Die Wahl der Hilfsenergie wiederum hat Einfluss auf die Aktorprinzipien. Man unterscheidet hier im Wesentlichen drei große Gruppen, deren Merkmale Tab. 9.2 zeigt:

- elektromechanische Aktoren
- Fluidenergie Aktoren
- unkonventionelle oder neuartige Aktoren

9.3.1 Neuartige Aktoren

Unter neuartigen oder unkonventionellen Aktoren werden solche Stelleinrichtungen verstanden, die andere physikalische Prinzipien nutzen als die üblichen. Eingesetzt werden diese Aktoren in Anwendungen, bei denen kleine Leistungen für lineare Bewegungen benötigt werden. Vorangetrieben wird diese Entwicklung durch neue Erkenntnisse bei der Werkstoffforschung und der Miniaturisierung. Da diese Entwicklung noch nicht abgeschlossen ist, kann an dieser Stelle keine vollständige Beschreibung gegeben werden.

Tab. 9.2 Eigenschaften und Kenngrößen wichtiger Hilfsenergien für Aktoren in Fahrzeugen und mobilen Arbeitsmaschinen. (Nach [10])

Hilfsenergie	Potenzial	Durchschnittliche Entnahmeleistung in W	Leistungsgewicht der Aktoren ohne Hilfserzeuger und Leitungen in W/kg	Wandlungsfähigkeit in translatorische Bewegungen	Wandlungsfähigkeit in rotatorische Bewegungen
Elektrizität • Batteriestrom • Generatorstrom	12–24 V 14–26 V	< 100 < 500	40 bis 30	Mittel	Gut
Hydraulik • Motoröldruck • Hydrauliksystem	1 bis 5 bar 30 bis 200 bar	< 100 > 1000	1000 bis 2500	Gut	Mittel
Pneumatik • Unterdruck • Überdruck	0,1 bis 0,8 bar 6 bis 8 bar	< 100 > 1000	5 bis 25 200 bis 400	Gut	Mittel

Tab. 9.3 Übersicht über neuartige Aktoren. (Nach [7])

Art der Aktoren	Physikalischer Effekt	Technische Daten	Anwendungen
Piezoelektrische Aktoren	Bei Anlegen einer elektrischen Spannung an einen scheibenförmigen Piezokristall tritt aufgrund des umgekehrten piezoelektrischen Effektes eine Dickenänderung auf.	Nennspannung 800 V bis 1500 V Nennstellweg 70 µm bis 200 µm Steifigkeit bis 2000 N/µm Eigenfrequenz 3 kHz bis 50 kHz	Stapel- und Streifentranslatoren, Biegeelemente, Inchworm-Motor, Ultraschall-Motor, Tintentropfenerzeugung
Magnetostriktive Aktoren	Bei Anlegen eines magnetischen Feldes an ferromagnetische Kristalle tritt aufgrund des magnetostriktiven Effektes eine volumeninvariante Längenänderung auf.	Stromstärke 2 A Erregung 50 kA/m Nennstellweg 50 µm Last 500 N Eigenfrequenz >1 kHz	Translatoren (keine Stapelbauweise erforderlich), Wurmmotor, Einspritzventil für Dieselkraftstoff, aktive Schwingungsdämpfer
Elektrorheologe Aktoren ERA	Bei Anlegen eines elektrischen Feldes zeigen bestimmte Flüssigkeiten eine Erhöhung der Viskosität.	Scherspannung pro Feldstärke 600 Pa/(kV/mm) bis 800 Pa/(kV/mm)	Schaltbare Kupplungen, Ventile, Motorlager, Stoßdämpfer
Magnetorheologe Aktoren MRA	Bei Anlegen eines magnetischen Feldes zeigen bestimmte Flüssigkeiten eine Erhöhung der Viskosität.		Ähnlich ERA
Thermobimetall-Aktoren	Bei einer Erwärmung krümmen sich zwei fest miteinander verbundene Metalle unterschiedlicher Wärmedehnung.	Spezifische Krümmung 28,5·10–6 1/K Elastizitätsmodul 170 $\cdot 10^3$ N/mm^2 zulässige Biegespannung 200 N/mm^2	Thermoschalter aller Art für kleine Stellkräfte

Art der Aktoren	Physikalischer Effekt	Technische Daten	Anwendungen
Aktoren mit Formgedächtnislegierungen FGL	Die bei Raumtemperatur aufgebrachte Verformung eines Bauteils aus einer FGL verschwindet bei Erwärmung.	Einwegeffekt und Zweiwegeffekt möglich Umwandlungstemperatur ca. –100 °C bis +100 °C Überhitzung ca. 160 °C bis 400 °C	Thermoschalter aller Art, Stellglieder mit geringer Dynamik
Dehnstoff-Aktoren	Bei Erwärmung treten bei Dehnstoffen starke Volumenvergrößerungen auf.	Arbeitstemperaturen ca. –20 °C bis +120 °C Hub 5 mm–25 mm Stellkraft 250 N bis 1500 N Reaktionszeit 8 s bis 50 s	Einfache Stellantriebe für Heizkörper, Starteinrichtungen für Vergasermotoren

Tab. 9.3 zeigt einen Überblick über Aktoren mit ihren möglichen physikalischen Effekten und den technischen Daten sowie ihren Anwendungen [7].

Häufig kann ein physikalischer Effekt für Aktoren und Sensoren gleichermaßen genutzt werden. Hierzu soll der piezoelektrische Effekt näher betrachtet werden. Der piezoelektrische Effekt tritt bei Kristallen wie Quarz, Turmalin, Zinkblende und anderen auf. Der Effekt besteht darin, dass bei den genannten Kristallen unter mechanischem Druck eine elektrische Spannung auftritt. Technisch nutzbar ist dieser Effekt für Aktoren und Sensoren:

- Aktoren – Liegt eine Spannung an einem Kristall an, deformiert er sich. Dieser Effekt heißt in diesem Fall Elektrostriktion. Anwendungen sind der Einsatz der Kristalle als Schwingquarze, z. B. in Uhren oder Ultraschallgeneratoren.
- Sensoren – Die Umkehrung der Elektrostriktion wird bei Sensoren genutzt. Das heißt, dass eine mechanische Last den Quarz verformt und eine Spannung erzeugt, die gemessen wird.

9.3.2 Übertragungsverhalten von Aktoren

Ein weiteres Unterscheidungsmerkmal von Aktoren bzw. Stellantrieben ist das Übertragungsverhalten. Hierunter ist das Verhalten von Aktoren zu verstehen, das sich bei sprunghaften Änderungen der Steuergröße einstellt. Wenn sich bei einer sprungförmigen Änderung der Steuergröße die Ausgangsgröße des Stellantriebes im eingeschwungenen Zustand proportional ändert, so spricht man hier von einem proportionalwirkenden Übertragungsverhalten [10].

$$\Delta x_2(t) = K_P \cdot \Delta x_2(t) \tag{9.1}$$

Ändert sich das Ausgangssignal für große Zeiten mit konstanter Stellgeschwindigkeit, dann wird das Übertragungsverhalten integralwirkend genannt.

$$\frac{\Delta x_2(t)}{dt} = K_1 \cdot \Delta x_1(t) \tag{9.2}$$

$$x_2(t) = K_i \cdot \int_0^t \delta x_1(t') \cdot dt' \tag{9.3}$$

Das statische Verhalten proportionalwirkender Stellantriebe wird in Form von Kennlinien dargestellt. Das folgende Bild zeigt einige Beispiele für eindeutige lineare und nichtlineare Kennlinien. Ein Beispiel für eine zweideutige Kennlinie ist eine Hysterese, die z. B. durch trockene Reibung oder Lose entsteht.

In Tab. 9.4 ist das statische Übertragungsverhalten einiger ausgewählter Stellantriebe wiedergegeben.

Tab. 9.4 Statisches Übertragungsverhalten einiger Stellantriebe. (Nach [10])

Aktorprinzip	Proportionalwirkende Kennlinie		Integralwirkende Kennlinie			
	Eindeutig		Zweideutig	Eindeutig		Zweideutig
	Linear	Nichtlinear	Nichtlinear	Linear	Nichtlinear	Nichtlinear
Elektromechanische Aktoren	Schrittmotor		Elektromagnet	Gleichstrommotor	Wechselstrommotor (mit Schalter)	Elektroantriebe mit Reibung und Lose
Fluidenergieaktoren			Pneumatische Membranantriebe mit Gegenfeder		Hydraulische Stellzylinder	Pneumatische Stellzylinder
Unkonventionelle Aktoren			Piezoelektrische Aktoren Magnetostriktive Aktoren Memory-Metall-Aktoren			

In der Regel kann man in praktischen Anwendungen nicht von einem ideellen Übertragungsverhalten ausgehen, sondern es treten zusätzliche Effekte in Erscheinung, die besonders das dynamische Verhalten maßgebend beeinflussen. Die Stellkrafterzeugung folgt häufig einer nichtlinearen Kennlinie und besitzt ein dynamisches Verhalten niedriger Ordnung. In vielen Fällen kann das Verhalten näherungsweise linear angenommen werden. Die Stellkraft wirkt auf den nachgeschalteten mechanischen Wandler. Der mechanische Wandler besteht aus einer Masse, einer Rückführkonstanten und es tritt viskose, trockene Reibung auf. Die trockene Reibung ist die Ursache für das nichtlineare, zweideutige Verhalten (Hysterese). In anspruchsvollen Steuerungs- und Regelungsanwendungen wird durch gezielte Maßnahmen versucht, das Verhalten des Stellantriebes zu optimieren.

9.3.3 Anforderungen an Aktoren und Servoantriebe

Ein besonderes Merkmal von Aktoren ist, dass sie in der Regel nicht im Dauerbetrieb arbeiten. Ihre Anwendungen bestehen im Allgemeinen im Anfahren bestimmter Positionen, die auch gehalten werden müssen. Die hierfür entwickelten Antriebe werden auch als Servoantriebe bezeichnet. Die folgende Aufstellung ist eine Liste der Anforderungen an Servoantriebe:

- Funktion im Vierquadrantenbetrieb, d. h. Antreiben und Bremsen in beiden Richtungen
- große Überlastbarkeit
- hohe Auflösung zur genauen Positionierung
- großer Geschwindigkeitsbereich
- Erzeugung großer Kräfte bzw. Drehmomente
- gutes dynamisches Verhalten
- geeignete Schnittstellen zum Signalumformer der Stellgröße
- gutes statisches Übertragungsverhalten, d. h. möglichst ein lineares Verhalten, geringe Reibung und keine Lose

9.4 Informationsverarbeitung

In mechatronischen Systemen müssen die mit den Sensoren gewonnenen Messwerte in einem leistungsfähigen Informationsverarbeitungssystem verarbeitet werden. Als Ergebnis dieses Verarbeitungsprozesses werden dann Stellsignale von der informationsverarbeitenden Einheit an die Aktoren weitergeleitet. Für diese Rechenarbeit wird für jede Aufgabe eine angepasste Rechnertechnik benötigt. Die Rechentechnik basiert auf Mikrorechnern. Diese können einzeln arbeiten oder in einem Netzwerk. Darüber hinaus werden sie als Prozessrechner eingesetzt. Das bedeutet, die Rechner verarbeiten die anfallenden Daten in Real- oder Echtzeit. Unter diesem Begriff Realzeit oder Echtzeit versteht man nach DIN 44300 den Betrieb eines Rechnersystems, bei dem die Programme zur Verarbeitung der anfallenden Daten ständig betriebsbereit sind. Und zwar so, dass die Verarbeitungsergebnisse innerhalb einer vorgegebenen Zeitspanne verfügbar sind. Die Daten können abhängig vom Anwendungsfall nach einer zufälligen zeitlichen Verteilung oder zu bestimmten Zeitpunkten auftreten. Nach dieser Definition ist ein Realzeitsystem eine Hardware-Softwarekombination, die Daten empfängt, diese verarbeitet und die Ergebnisse innerhalb einer definierten Zeitspanne an den Prozess weitergibt. Ein Realzeitrechner wird anders als z. B. ein PC durch externe Ereignisse unterbrochen. Die Bedeutung oder auch Priorität der Unterbrechung wird interpretiert. Bei zeitkritischen Aufgaben wird dann sofort korrigierend in den Prozess eingegriffen [16].

Durch modulare, mobilmaschinengerechte Hardwarestrukturen, Mikroprozessoren, standardisierte Schnittstellen und Bussysteme sowie geeignete, strukturierte Programme können an die jeweilige Anwendung angepasste realzeitfähige Informationsverarbeitungssysteme entwickelt werden. Aus der Forderung nach mobilmaschinengerechter Auslegung ergibt sich ein großer Temperaturbereich, dem die Komponenten standhalten müssen – beispielsweise von –40 °C bis 60 °C. Auch müssen die Systeme der Feuchtigkeit und den starken Vibrationen standhalten. Es wird deutlich, dass Systeme aus dem stationären Bereich, wie dem Werkzeugmaschinenbau, nicht so ohne weiteres in mobile Arbeitsmaschinen integriert werden können. Dies wiederum spiegelt sich in den Kosten und der Gestaltung für mobilmaschinentaugliche Rechnersysteme wider. Eine weitere Anforderung ist, dass die Rechner auch über Methoden und Elemente verfügen müssen, die den Rechner selber und seine internen Ereignisse überwachen und die Funktionstüchtigkeit sicherstellen. Beispiele für externe Ereignisse sind das Eintreffen eines Zeittaktes und Anforderungen

9.4.1 Mikrorechner und Mikrocontroller

Ein Mikrorechner ist eine Zusammenschaltung eines Mikroprozessors mit Speicherelementen und Ein-/Ausgabebaugruppen. Dies können separate integrierte Bausteine sein, die auf einer oder mehreren Platinen zusammen geschaltet sind, oder auch ein Einchip-Mikrorechner, der als Mikrocontroller bezeichnet wird [16].

Abb. 9.9 zeigt die typischen Baugruppen, die in der Regel zu einem Mikrorechner zusammen geschaltet werden. Er besteht aus den Baugruppen [10]:

- CPU (Central Prossesor Unit) – Mikroprozessor oder auch die Zentraleinheit übernehmen die logische und arithmetische Verarbeitung von Daten, die durch die Programmierung festgelegt wird.
- Counter/Timer – Hierunter ist der Taktgeber zu verstehen. Die Frequenz bestimmt die Arbeitsgeschwindigkeit.
- RAM (Random Access Memory) – Der RAM ist der Arbeitsspeicher, der aus Speicherbausteinen mit Schreib–/Lesezugriff besteht.

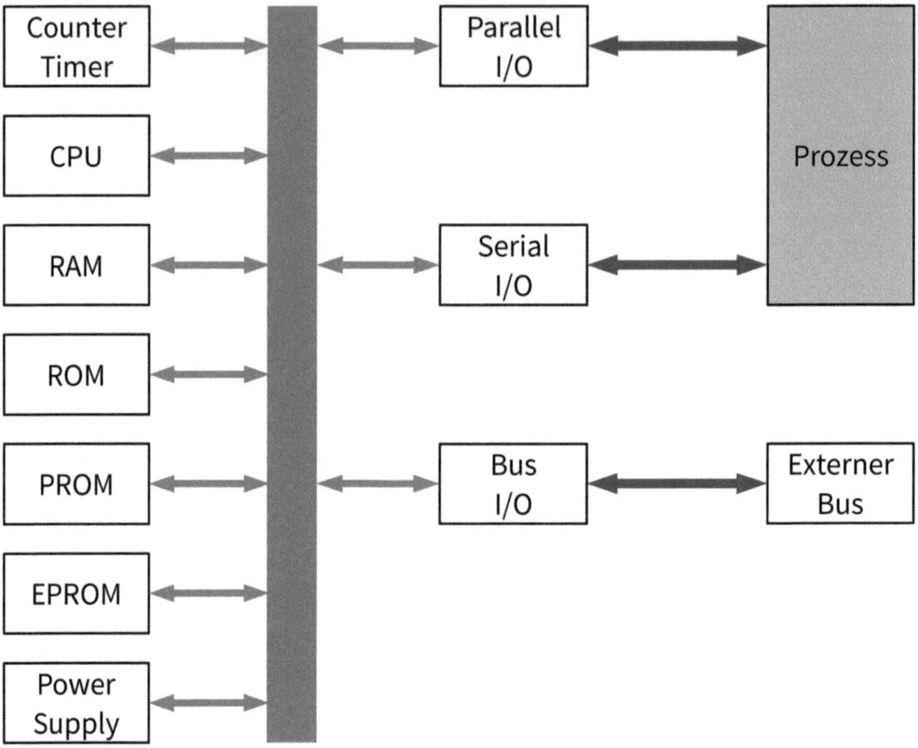

Abb. 9.9 Baugruppen eines Mikrorechners. (Nach [16])

- ROM (Read Only Memory): Diese Komponente ist der Festwertspeicher mit Nur-Lesezugriff, der bei der Herstellung maskenprogrammiert wird. Er enthält beispielsweise den unveränderlichen Teil des Betriebssystems.
- PROM (Programmable ROM), EPROM (Erasable PROM), EEPROM (Electrically Erasable PROM) – Diese Elemente sind Festwertspeicher, die programmiert werden können. EPROM/EEPROM sind auch wieder löschbare Speicher.
- Parallele I/O – Diese Bausteine sind Ein- und Ausgabebaugruppen, die mehrere Bits parallel bearbeiten können. Verwendet werden sie als Peripheriegeräte und für Sensoren sowie Aktoren.
- Serielle I/O – Dies sind Ein- und Ausgabebaugruppen, die Datenbits seriell bearbeiten können. Verglichen mit den Parallelen I/O sind sie langsamer.
- Bus I/O – Diese Schnittstelle dient der Kommunikation mit einem externen Bus, z. B. einem CAN-Bus.
- Power Supply – Diese Baugruppe übernimmt die Versorgung aller Baugruppen mit den erforderlichen stabilisierten Spannungen.

In der Praxis kommen unterschiedliche Systemarchitekturen zum Einsatz. Sehr verbreitet sind in mobilen Arbeitsmaschinen Mikrocontroller. Hierbei handelt es sich um Systeme, bei denen neben der Zentraleinheit auch der Arbeitsspeicher und Peripheriebausteine auf einem Chip integriert sind. Diese Systeme haben einen geringen Platzbedarf, einen geringen Stromverbrauch, besitzen eine hohe Zuverlässigkeit und sind sehr gut geeignet für Mess-, Steuer- und Regelungsaufgaben in mobilen Arbeitsmaschinen. Je nach Systemarchitektur kommen 4 Bit-, 8 Bit-, 16 Bit- und 32 Bit-Mikrocontroller in den Maschinen zum Einsatz. Für die Programmierung der Mikrocontroller werden in der Praxis Entwicklungssysteme eingesetzt, die für das Erstellen der Programme, das Übersetzen der Quellprogramme, die Fehlersuche und das Eingeben der Programme in die PROM oder der EPROM nutzbar sind. Mikrocontroller besitzen in der Regel eine modulare Struktur, was sich sehr auf die Flexibilität beim Einsatz in mobilen Arbeitsmaschinen auswirkt, da man kundenspezifischen Wünschen mit speziell zugeschnittenen Konfigurationen (z. B. Leistungselektronik für Motorsteuerung, CAN-Bus Schnittstelle, PWM-Generator usw.) gerecht werden kann. An einer beispielhaften Darstellung des Aufbaus eines 16 bit Standardcontrollers Siemens (Infineon) 80C166 werden die Elemente des Controllers beschrieben [10]:

- CPU – Die CPU ist das Kernstück der gesamten Datenverarbeitung des Controllers. Wichtige Bestandteile der CPU sind die Ablaufsteuerung mit der Adressverwaltung und dem Befehlsdekoder sowie die ALU. Die Abarbeitung der meisten Befehle erfolgt in einem Zyklus bei ausschließlich internen Speicherzugriffen.
- ROM – Im ROM werden alle Informationen (Programme, Daten etc.) abgelegt, die sich im Betrieb des Controllers nicht mehr ändern. Controller mit maskenprogrammierten ROMs sind nur für größere Serien (>1000 Stück) sinnvoll, da die Kosten für die Maskenerstellung hoch sind. EPROMS werden in der Entwicklungsphase bzw. bei kleinen Stückzahlen zur Aufnahme von Programmen und Konstanten eingesetzt. Sie werden bevorzugt dann verwendet, wenn die Stückzahl den Aufwand einer Maske nicht lohnt, das Programm aber ausgereift ist. Ein als EEPROM ausgeführter Festwertspeicher benötigt gegenüber der EPROM-Version erheblich mehr Platz und ist deutlich teurer. EEPROMs werden im Mikrocontrollerbereich durch ihre einfache und partielle Löschbarkeit vor allem bei Anwendungen verwendet, wo Daten im laufenden Betrieb auch bei Ausfall der Versorgungsspannung erhalten werden müssen. Ein Beispiel hierfür ist die Speicherung adaptierter Prozessparameter bzw. prozessspezifische Kalibrierungsdaten. Am Markt sind auch Mikrocontroller mit einer Kombination verschiedener Festspeichervarianten erhältlich.
- RAM – Das RAM ist bei Mikrocontrollern meist als statischer Speicher ausgeführt. Dieser Speichertyp hat gegenüber dynamischen Speichern den Vorteil, dass keine zusätzlichen Refreshvorgänge nötig sind. Das interne RAM ist je nach Peripherie als Dual Port RAM ausgelegt, was einen direkten Zugriff der Peripherie auf Daten ermöglicht. Beim 80C166 wird dieser Zugriff durch den Peripheral Event Controller (PEC) gesteuert.

- Interruptcontroller – Der Interruptcontroller ermöglicht die interruptgesteuerte Programmabarbeitung durch die Interruptquellen der integrierten Peripherie sowie durch externe Interrupts an den Portpins.
- EBC – Der EBC (External Bus Controller) ist zuständig für den Zugriff auf einem eventuell vorhandenen externen Speicher. Abhängig von der zu adressierenden Speicherzelle aktiviert der EBC vorgewählte Buskonfigurationen und übernimmt die Auswahl der Signale.
- Serielle I/O-Schnittstellen – Die meisten Mikrocontroller verfügen über eine oder zwei serielle Schnittstellen, die mit verschiedenen Synchronisationsmodi (asynchron und synchron) zwischen Sender und Empfänger arbeiten. Der asynchrone Übertragungsmodus wird zur Kommunikation mit Standardperipherie (z. B. Drucker, Monitor etc.) eingesetzt, der synchrone Modus dient der Übertragung zu speziellen Peripherieschaltkreisen und zur Kopplung mehrerer Controller. Der 80C166 ist mit zwei identischen synchronen/asynchronen seriellen Schnittstellen (ASC0 und ASC1) ausgestattet (USART: Universel synchrone/asynchrone receiver/transmitter).
- Timer und Capture-Compare-Einheiten: Di – Timer-Einheiten (GPT1 und GPT2 des 80C166) sind in den meisten Fällen sehr flexibel angelegt. Sie lassen sich parallel sowie seriell verknüpfen und ermöglichen Funktionen wie Impulszählung bzw. Impulsmessung, Zeitmessung und Differenzmessung. Weiterhin bilden sie die Grundlagen für eine zyklische Abarbeitung von Aufgaben. Capture-Compare-Einheiten dienen der Generierung der Digital-Analog-Umsetzung der PWM-Signalgenerierung und der Zeitmessung externer Ereignisse.
- Analog/Digital-Umsetzer – ADC finden sich auf den meisten Mikrocontrollern. Sie unterscheiden sich hauptsächlich in der Anzahl der Quantisierungsstufen sowie den Wandlungsmodi (z. B. Einzelkanalwandlung, kontinuierliche Einzelkanalwandlung, Auto Scan Mode etc.). Über Eingänge der CAPCOM-Einheit lässt sich die Wandlung extern triggern. Der 80C166 verfügt über einen 10 Kanal ADC mit 10 bit Quantisierungsbreite.
- WDT – Mit dem WDT (Watch Dog Timer) lässt sich die ordnungsgemäße Abarbeitung des Programms in der CPU überwachen. Bei fehlerhafter Abarbeitung wird ein Watchdog-Timer Reset ausgelöst, der die On-Chip-Peripherie zurücksetzt und den Instruction Pointer mit dem Wert Null lädt.
- Sonstige Module: – Neben den o. g. Grundmodulen, die auf fast allen Mikrocontrollertypen zu finden sind, lassen sich durch das modulare Konzept von Mikrocontrollern leicht kundenspezifische Module integrieren. Dies können z. B. Peripherieeinheiten für den Kfz-Bereich, den Audiobereich, den Telekommunikationsbereich etc. sein.

Für die praktische Anwendung ist die Kopplung zwischen dem physikalischen Prozess und dem Mikrorechner sehr wichtig. Hierfür werden spezielle Schnittstellenkomponenten eingesetzt, so genannte Interfaces. Ihre Aufgabe ist die Aufbereitung der aus dem Prozess kommenden analogen, binären und digitalen Signale. Weiterhin speichern sie die Daten, formen sie um und geben sie als analoge, digitale oder binäre Signale aus. Auf der Ausgangsseite übernehmen sie die Weiterleitung der Signale vom Prozessor zu den Aktoren und Anzeigekomponenten.

9.4.2 Digitale Signal Prozessoren

Für spezielle Aufgaben kommen in mechatronischen Systemen mobiler Arbeitsmaschinen digitale Signal Prozessoren (DSP) zum Einsatz. Diese sind spezielle, für die digitale Signalverarbeitung entworfene Mikroprozessoren. Ihre besonderen Merkmale sind [10]:

- spezialisierte, sehr effiziente Arithmetik
- Schnittstellen für externe Datenübertragung
- Speicherarchitektur, die einen mehrfachen schnellen Zugang ermöglicht

Diese Merkmale machen DSP zu besonders effizienten Bauelementen für die digitale Filterung, für Korrelationsfunktionen oder für Fourier-Transformationen. Ein Beispiel aus dem Bereich der mobilen Arbeitsmaschinen ist die Vibrations- und Schwingungsmessung bei Verdichtungswalzen. Weitere Anwendungsfelder finden sich in der Telekommunikation oder bei Verbrennungsmotoren in der Motorsteuerung.

9.5 Bussysteme

Für die Steuerung und Regelung von Prozessen in mobilen Arbeitsmaschinen müssen verschiedene Prozessgrößen erfasst und verarbeitet werden. Das bedeutet, dass zur Erledigung der Aufgaben eine Kommunikation und Verbindung zwischen Sensoren, informationsverarbeitendem System und Aktoren notwendig sind [8]:

- Schnittstelle – Die Schnittstelle ist die Verbindungsstelle zwischen zwei Systemen. Über Schnittstellenleitungen sind die Systeme verbunden. Die Schnittstellen werden charakterisiert durch die technische Beschaffenheit, die Art der in der Schnittstellenleitung übertragenen Signale und die Bedeutung der übertragenen Signale. Standardisierte Schnittstellen erleichtern den Austausch von kommunizierenden Funktionseinheiten.
- Bus – Der Bus ist das Verbindungssystem zwischen Teilnehmern. Alle Datenleitungen der Verbindungs-systeme zwischen den Teilnehmern werden von allen Teilnehmern gemeinsam genutzt. Zusätzlich werden Steuerleitungen für Verwaltungszwecke eingesetzt. In der Prozessautomatisierung werden parallele Busse für kleine Entfernungen (max. ca. 20 m) und serielle Busse für größere Entfernungen (20 m bis max. 15 km) eingesetzt. Dabei unterscheidet man verschiedene Ebenen. Die unterste prozessnahe Automatisierungsebene wird dabei als „Feld“ bezeichnet.

- Netz – Ein lose gekoppeltes System, an dem viele einzelne, räumlich getrennte Rechner angeschlossen sind. Die Kommunikation erfolgt durch den Austausch von Nachrichten unter Berücksichtigung bestimmter Regeln. Ein besonderes Unterscheidungsmerkmal bei Netzen ist ihre Topologie:
  - Sternstruktur: Die Teilnehmer sind durch eigene Leitungen an die Zentrale angeschlossen. Die Vorteile sind ein schneller Echtzeitbetrieb und eine relativ große Gesamtzuverlässigkeit bei Leitungsstörungen. Von Nachteil sind die hohen Kabelkosten und ein Gesamtausfall bei einer Störung der Zentrale.
  - Ringstruktur: Die Teilnehmer sind seriell über einen Ringbus angeschlossen und übertragen jeweils zum Nachbarn. Die Verkabelungskosten sind geringer, aber Störungen eines Teilnehmers oder des Busses wirken sich auf alle Teilnehmer aus und es ist nur ein relativ langsamer Betrieb möglich.
  - Busstruktur: Die Teilnehmer sind parallel an einem gemeinsamen Bus angeschlossen. Die Verkabelungskosten sind relativ niedrig. Die Übertragungsstruktur ist einfach und ein mittelschneller Echtzeitbetrieb ist möglich. Jedoch wirken sich Störungen des Busses auf alle Teilnehmer aus.

Für Feldbusse wird hauptsächlich die Busstruktur eingesetzt, wobei durch Kopplung über Busumsetzer baumähnliche Strukturen entstehen können. Um den Kabelaufwand klein zu halten und ein noch mittelschnelles Echtzeitverhalten zu realisieren, werden Feldbusse in der Regel als serielle Busse ausgelegt. Die Signalübertragung erfolgt mit elektrischen Bussen über Ein-Draht-, verdrillte Zwei-Draht- oder abgeschirmte Koaxial-Leitungen. Zum Teil wird bei Zwei-Draht-Leitungen auch noch elektrische Hilfsenergie für die Feldgeräte (Gleichstrom- oder 50 Hz-Wechselstrom) übertragen. Die Busankopplung wird galvanisch über optisch entkoppelte Bustreiber oder induktiv über Transformatoren ausgeführt. Eine weitere Möglichkeit besteht in der Nutzung optischer Busse in der Form von Lichtwellenleitern wie Glasfasern oder Kunststofffasern. Sie können elektromagnetisch nicht gestört werden, haben aber bei großen Entfernungen und bei jedem Teilnehmer eine relativ hohe Dämpfung. Deshalb wird dann eine Ringstruktur bevorzugt. Grundsätzlich sollte bei der Planung und Gestaltung von Netztopologien besonderes Augenmerk auf Sicherheitsaspekte gelegt werden. Zum Beispiel ist zu klären, wie sich das System verhalten soll, wenn ein Teilnehmer ausfällt. So eignen sich hierarchische Strukturen dazu, dass bei Ausfall eines Astes der Betrieb des Systems – wenn auch eingeschränkt – möglich ist [10].

Die Grundfunktionen, die bei Bussystemen erfüllt sein müssen, sind die Buszuteilung, die Synchronisierung, die Reaktion bei Fehlern und die Alarmmeldung. Die Buszuteilung (Busarbitrierung) erfolgt entweder zentral von einer Zentrale, oder dezentral von den Teilnehmern. Bei der zentralen Buszuteilung wird die Busanforderung von einem Teilnehmer an die zentrale Zuteilungslogik z. B. durch Statusabfrage (Polling) oder nach einem festen Zeitraster zugeteilt. (TDMA- Verfahren, Time Division Multiple Access). Die dezentrale Zuteilung verlagert die Entscheidung auf die Teilnehmer. Die Zuteilung erfolgt z. B. zyklisch von Teilnehmer zu Teilnehmer (Token-Passing), nach der höheren Adresse, oder beim CSMA-Verfahren (Carrier Sense Multiple Access) mit der Prüfung, ob der Bus gerade frei ist oder nicht [10].

Die Synchronisierung der Busteilnehmer mit Signalübergabe des Senders auf den Bus und Signal-übernahme vom Bus durch den Empfänger erfolgt entweder synchron oder asynchron. Beim synchronen Transfer werden Datenübergabezeitpunkte nach einem festen Takt einer Zentrale festgelegt. Der asynchrone Transfer erreicht die Synchronisierung durch besondere Zeichen entweder ohne oder mit Rückmeldung vom Empfänger [10].

Die Kommunikation zwischen Netzwerkteilnehmern setzt eine Vielzahl von Funktionen und Vereinbarungen voraus. Um Netzwerke und Übertragungssysteme (z. B. Bussysteme) einordnen und miteinander-der vergleichen zu können, wird ihre Funktionalität in maximal 7 aufeinander aufbauende Schichten unterteilt. Abb. 9.10 zeigt das hierfür verwendete OSI-Referenzmodell [25]. In diesem Modell werden Datenkommunikationssysteme in Form eines Schichtenmodells beschrieben. Das Modell besteht aus unterschiedlichen Funktionsbereichen, die als Schichten oder Layer bezeichnet werden. Ziel

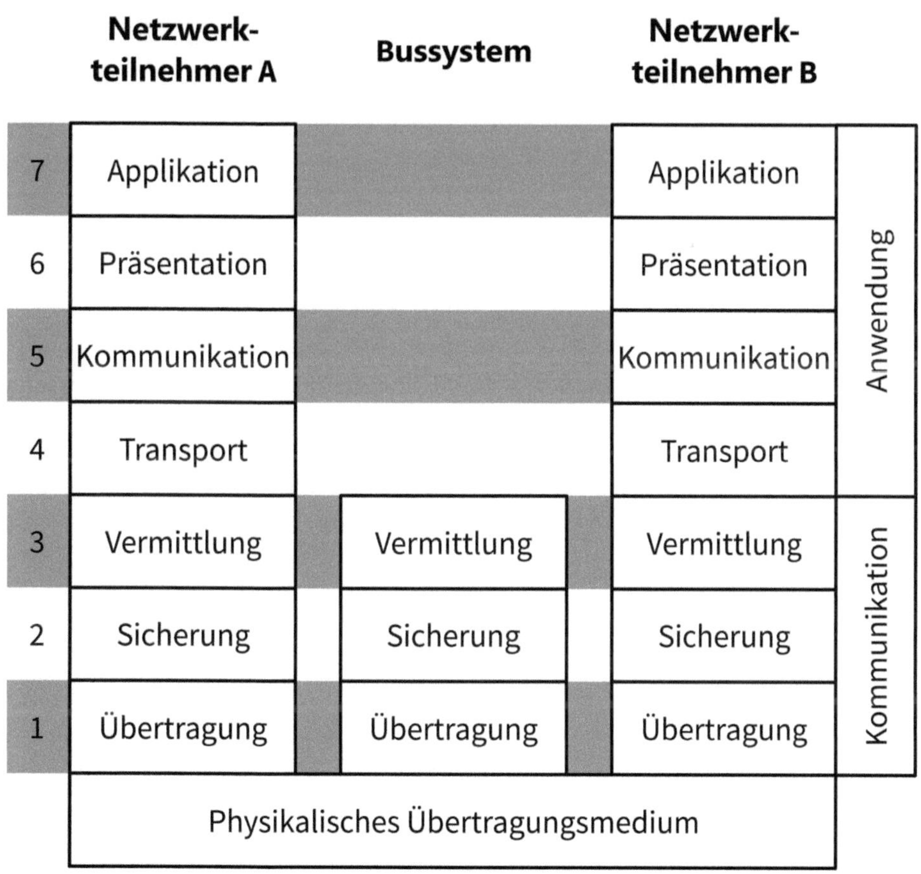

Abb. 9.10 OSI-Referenzmodell. (Nach [10])

des Modells ist eine übersichtliche Beschreibung der Datenkommunikation durch eine Strukturierung der Gesamtaufgabe. In jeder dieser Schichten existieren Instanzen, die die schichtenspezifischen Leistungen erbringen müssen. Diese Dienste einer Instanz werden der darüber liegenden Schicht über die Zugangspunkte (Service Access Points – SAPs) zur Verfügung gestellt. Jede dieser Instanzen kommuniziert mit einer Partnerinstanz, das heißt einer Instanz gleicher Ebene in einem entfernten System. Hierzu werden Protokolldateneinheiten (Protocol Data Units – PDU) ausgetauscht. Realisiert wird dieser Austausch von Protokolldateneinheiten durch die Inanspruchnahme der Dienste der darunter liegenden Schichten. Geregelt wird diese Kommunikation durch Protokolle. Protokolle sind in diesem Kontext die Regeln für den Austausch der Information sowie deren Wirkung im entfernten System. Da das OSI-Modell der Datenkommunikation für alle Formen der Kommunikation gilt, sind bei einfacheren Kommunikationssystemen nicht alle Funktionalitäten des Modells erforderlich. Das heißt, dass das Modell auch leere Schichten enthalten kann. In der Automatisierungstechnik wird für die Kommunikation im Allgemeinen nur ein Teil der Schichten benötigt. So nutzt man in Feldbussystemen, zu denen der CAN-Bus zählt, lediglich drei der sieben Schichten:

- Schicht 1 – In dieser Schicht werden die Parameter für die physikalische Verbindung definiert. Hierzu zählen die Festlegung mechanischer, elektrischer, funktionaler und prozeduraler Parameter zwischen den einzelnen Teilnehmern bzw. Netzknoten.
- Schicht 2 – In dieser Schicht wird die Datenübertragung zwischen Teilnehmern, die im sich im selben Netz befinden, geregelt. Hierzu zählen die Fehlererkennung, Fehlerbehebung und die Kontrolle des Datenflusses. Im Allgemeinen werden die zu übertragenden Informationen in Frames bzw. Blöcke eingeteilt. Zusätzliche Fehlercodes dienen der Fehlererkennung.
- Schicht 7 – In der Anwendungsschicht werden Dienste bereitgestellt, die die grundsätzliche Anwendung von Kommunikationssystemen sowie die kommunikationsbezogenen Grundfunktionen beinhalten, die vielen Anwendungen gemein sind.

Feldbussysteme lassen sich grob in drei Anwendungsklassen einteilen: Die Standard-Feldbusse (z. B. PROFIBUS, FIP, INTERBUS-S) erfüllen die allgemeinen funktionalen und zeitlichen Anforderungen der Kommunikation im Feld. Darüber hinaus wurden schnelle Bussysteme entwickelt, die besonderen zeitlichen Anforderungen genügen (z. B. SERCOS, TTP), oder besonderen Anwendungsbereichen zugeordnet werden können (z. B. eigene sichere Feldbusse für den Ex-Schutz-Bereich oder CAN für den sicherheitskritischen Kraftfahrzeug-Bereich) [10].

9.5.1 CAN-Bus

Im Folgenden soll der CAN-Bus als einer der bedeutendsten Busse in mobilen Arbeitsmaschinen exemplarisch näher erläutert werden. Beim CAN-Bus (Controller Area Network) handelt es sich um ein serielles BusSystem, dessen Entwicklung 1983 im Hinblick auf Anwendungen im Kfz-Bereich initiiert wurde. Die Notwendigkeit eines solchen Systems ergab sich daraus, dass in Fahrzeugen mehr elektronische Geräte eingesetzt wurden und die Verkabelung zur Kommunikation der Geräte untereinander kaum noch handzuhaben war. Der CAN-Bus ermöglichte einen einfacheren Kabelbaum und eine On-Board Diagnose. Auch im Bereich industrieller Applikationen findet das Bussystem CAN zunehmend Anwendung. Ausschlaggebend für diese Tendenz ist neben der relativen Einfachheit des Bus-Protokolls und der damit zusammenhängenden hohen Störsicherheit, sicherlich auch die Verfügbarkeit von preiswerten CAN-Controllern auf dem Markt [10].

Der CAN-Bus nutzt lediglich die Schichten 1, 2 und 7 des OSI-Referenzmodells. Die Bitübertragungsschicht und die Sicherungsschicht sind direkt in Hardware umgesetzt. Darüber hinaus sind sie im Rahmen der ISO standardisiert. In der Anwendungsschicht wird mit Hilfe geeigneter Software eine Anbindung des Bus-Systems an spezielle Applikationen ermöglicht [30].

Der CAN-Bus arbeitet nach dem „Multi-Master"-Prinzip. Bei diesem Bus sind mehrere gleichberechtigte Komponenten bzw. Teilnehmer durch eine lineare Busstruktur miteinander verbunden. Auf Grund der Gleichberechtigung der Partner ist es möglich, dass beim Ausfall eines Teilnehmers der Bus für alle anderen weiterhin genutzt werden kann. Die Netzausdehnung bzw. die Länge der Leitungen begrenzt die Datenübertragungsrate durch die auf dem Busmedium erforderliche Signallaufzeit. Das bedeutet, dass bei kleiner Buslänge höhere Kommunikationsgeschwindigkeiten erreicht werden können als bei großen Längen. Übertragungsraten von 80 kbit/s bis 1 Mbit/s ermöglichen maximale Netzausdehnungen von 1000 m bzw. 40 m. Eine weitere wichtige Eigenschaft des CAN-Bus ist, dass die Anzahl der Teilnehmer pro Netz prinzipiell nicht durch das Protokoll begrenzt ist [10].

Das besondere Merkmal des CAN-Protokolls ist der Aufbau der Nachrichten für den Datenaustausch. Den Aufbau des im ISOBUS verwendeten CAN-Datenformates zeigt Abb. 9.11. Das Datenpaket besitzt eine Nachrichtenkennung bzw. einen Identifier. Die Netzteilnehmer prüfen für sich, ob die versendete Nachricht für ihre Prozessverarbeitung relevant ist. Dieses Prinzip wird als Akzeptanzfilterung bezeichnet und hat den besonderen Vorteil, dass die Nachricht von mehreren Teilnehmern aufgenommen werden kann (Multicasting). Der Identifier hat zwei wesentliche Funktionen. Zum einen bezeichnet er den Inhalt einer Nachricht, zum anderen benennt er die Priorität beim Senden. Dabei besitzen Identifier mit niedriger Binärzahl eine hohe Priorität und umgekehrt. Jeder Teilnehmer kann eine Nachricht senden, wobei in dem Fall, dass mehrere Stationen gleichzeitig senden, es zu einem Konflikt kommen könnte. Diesen umgeht man durch die Anwendung eines „Wired-And"-Arbitierungsschema, bei dem sich die Botschaft mit der höchsten Priorität durchsetzt, ohne dass ein Zeit- bzw. Bitverlust eintritt. Sobald ein sendender Teilnehmer die Arbitierung verliert, wird er automatisch zum Empfänger und wiederholt seinen Sendeversuch, nachdem die Botschaft mit der höheren Priorität abgearbeitet wurde. Der CAN-Bus gewährleistet eine hohe Datensicherheit. Zur Beschreibung dieser wird die Restfehlerwahrscheinlichkeit verwendet. Diese Größe beschreibt die Wahrscheinlichkeit,

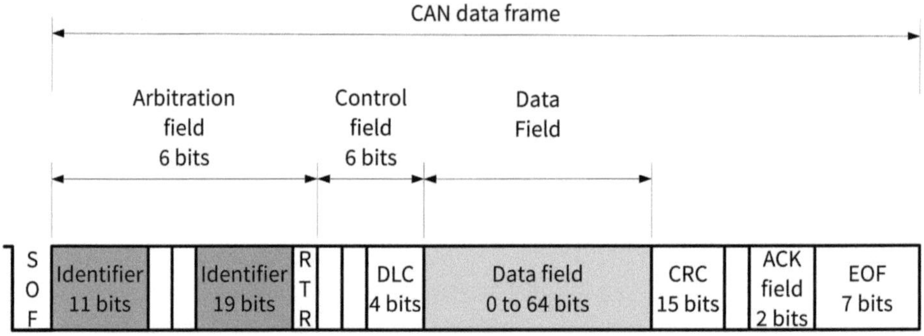

ACK: Acknowledgement
CRC: Cyclic Redundancy Check
DLC: Data Length Code
EOF: End of Frame
IDE: Identifier Extension Bit
RTR: Remote Transmission Request Bit
SOF: Start of Frame Bit

Abb. 9.11 CAN Datenformat. (Nach [27])

mit der Daten verfälscht werden und unerkannt bleiben. Bei sicherheitskritischen Anwendungen wie in mobilen Arbeitsmaschinen und Fahrzeugen sollte die Restfehlerwahrscheinlichkeit so niedrig sein, dass während der gesamten Betriebsdauer des Systems der Erwartungswert für unbekannte Fehler kleiner als 1 ist. In Fahrzeugen liegt diese Restfehlerwahrscheinlichkeit bei etwa $10^{-12} 1/h$ [10].

Eine Erweiterung der CAN Spezifikation stellt CANopen dar. In dieser werden Dienstelemente beschrieben, die für die Realisierung von Steuerungsaufgaben in verteilten Systemen benötigt werden. Hierunter sind z. B. Netzwerk-Management-Dienste oder Knoteninitialisierungen zu verstehen. CANopen sieht im Wesentlichen zwei Kommunikationsarten vor [26]:

- Service Data Objects – SDO. Diese Objekte dienen der Übertragung von Geräteparametern und Programmen.
- Process Data Objects – PDO. Mit diesen Objekten werden die eigentlichen Prozessdaten übertragen.

9.5.2 ISOBUS

Standardisierungen helfen, die kombinierte Anwendung von mehreren Maschinen zu vereinfachen. Besonders bei Land- und Kommunalmaschinen ist es wichtig, dass Anbaugeräte verschiedener Hersteller an Traktoren unterschiedlicher Hersteller passen und dass diese zusammenarbeiten. Das wiederum setzt standardisierte Schnittstellen, Bussysteme und Datenprotokolle voraus. So ist es auf einem landwirtschaftlichen Betrieb typisch, dass an dem Traktor des Betriebes je nach Bedarf mal eine Sämaschine, ein Düngerstreuer, eine Pflanzenschutzspritze oder ein Mähwerk montiert wird. Es ist für die Betriebe sehr einschränkend und aufwändig, wenn jeder Hersteller nur ein proprietäres System anbietet und für jedes Gerät ein separates Bedienterminal notwendig wäre. Bei der Einführung elektronischer Steuer- und Regelungssysteme in Landmaschinen war es durchaus so, dass man für jedes Anbaugerät ein Terminal im Traktor montieren musste. Um diesen Missstand zu beheben, wurde erst das Landwirtschaftliche BUS-System (LBS) und später die darauf aufbauende ISOBUS-Normenreihe ISO 11783 entwickelt. Diese besteht aus mehr als 10 Teilen. Sie umfasst u. a. neben den allgemeinen Aspekten und Definitionen der mobilen Datenkommunikation Spezifizierungen des Physikalischen und des Daten- sowie Netzwerk-Layers, dem Netzwerkmanagement, einem virtuellen Terminal, den Definitionen von Nachrichten auch Spezifizierungen der Hardware und Gerätetechnik [28].

Gegenwärtig besteht das System aus [1]:

- Universal Terminal – Hierunter ist zu verstehen, dass ein Terminal für das Bedienen verschiedener Geräte eingesetzt werden kann.
- Auxiliary Control – Das sind zusätzliche Bedienelemente, die die Bedienung von komplexen Geräten erleichtern soll. Dies sind z. B. Joysicks.
- Task-Controller – Diese Controller dienen der Dokumentation der geleisteten Arbeit. Wird der Task-Controller geo-based verwendet, können auch ortsbezogene Daten gespeichert werden. Beispiele sind georeferenzierte Ertragskarten oder positionsbezogene Ausbringmengen von Saatgut oder Düngemittel.
- Basic Tractor ECU – Dieses Element ist der Jobrechner des Traktors. Dieser verarbeitet zentral auf dem Traktor die über den ISOBUS kommunizierten Informationen der Anbaugeräte. Zu diesem Element zählen die ISOBUS-konformen Gerätesteckdosen am Traktor und in der Traktorkabine.

Geplant sind noch ein Tractor-Implement-Management, ein ISOBUS Shortcut Button und ein System zur Erfassung von Gerätewerten unabhängig vom Auftrag.

9.6 Automatisierung und Robotik

Robotik und Automatisierung sind eng miteinander verbunden. Während die Robotik sich auf die Entwicklung und Anwendung von Robotern konzentriert, bezieht sich die Automatisierung auf den Einsatz von Technologien zur Durchführung von Prozessen ohne menschliches Eingreifen. Beide Technologien bieten erhebliche Vorteile in Bezug auf Effizienz, Präzision und Sicherheit.

Die Automatisierung kann in verschiedenen Bereichen angewendet werden. Ziel der Automatisierung ist es, die Effizienz, Genauigkeit und Zuverlässigkeit von Prozessen zu verbessern und Menschen von Arbeiten zu entlasten. Hauptmerkmale der Automatisierung sind:

- Prozesssteuerung: Automatisierungssysteme verwenden Steuerungstechnologien wie speicherprogrammierbare Steuerungen (SPS), um Prozesse zu überwachen und zu steuern.
- Sensoren und Aktuatoren: Automatisierungssysteme sind mit Sensoren ausgestattet, die Daten über den Zustand des Prozesses sammeln, und Aktuatoren, die physische Aktionen ausführen.
- Software und Algorithmen: Automatisierungssysteme verwenden Software und Algorithmen, um Daten zu analysieren, Entscheidungen zu treffen und Aktionen zu steuern.
- Integration: Automatisierungssysteme sind oft in größere Netzwerke und Systeme integriert, um eine nahtlose Kommunikation und Koordination zu ermöglichen [12].

Robotik ist ein interdisziplinäres Feld, das sich mit der Konstruktion, Entwicklung und Anwendung von Robotern beschäftigt. Roboter sind Maschinen, die so programmiert werden können, dass sie eine Vielzahl von Aufgaben autonom oder halbautonom ausführen. Unter einem Roboter kann man eine multifunktionale Maschine verstehen, die frei und wieder programmierbar ist. Sie besitzt mehrere unabhängige Achsen, um Materialien auf programmierten, variablen Bahnen zu bewegen zu können. Die Robotik umfasst mehrere Bereiche, darunter Mechanik, Elektronik, Informatik und Künstliche Intelligenz (KI) [9].

Hauptmerkmale der Robotik sind:

- Mechanische Struktur: Roboter bestehen aus mechanischen Komponenten wie Gelenken, Gliedern und Aktuatoren, die es ihnen ermöglichen, sich zu bewegen und Aufgaben auszuführen.
- Sensoren: Roboter sind mit verschiedenen Sensoren ausgestattet, die ihnen helfen, ihre Umgebung wahrzunehmen und darauf zu reagieren. Dazu gehören Kameras, Ultraschallsensoren, Infrarotsensoren und Kraftsensoren.
- Steuerungssysteme: Die Steuerungssysteme von Robotern verwenden Algorithmen und Software, um die Bewegungen und Aktionen des Roboters zu koordinieren. Diese Systeme können einfache Regelkreise oder komplexe KI-Algorithmen umfassen.
- Autonomie: Roboter können unterschiedlich autonom sein, von vollständig ferngesteuerten Maschinen bis hin zu autonomen Systemen, die selbstständig Entscheidungen treffen und Aufgaben ausführen können.

9.6.1 Assistenzsysteme

Innerhalb der Automatisierungstechnik wird oft auch der Begriff von Assistenzsystemen verwendet. Assistenzsysteme sind technische Systeme, die entwickelt wurden, um Menschen bei der Ausführung bestimmter Aufgaben zu unterstützen, ohne sie vollständig zu ersetzen. Der Begriff „Assistenzsystem" leitet sich vom lateinischen „assistere" ab, was so viel bedeutet wie „jemandem beistehen" oder „behilflich sein". Diese Systeme sind darauf ausgelegt, das Maschinenpersonal durch Informationen zu unterstützen (Informationssysteme) oder es von bestimmten Teilaufgaben zu entlasten (Komfortsysteme). In kritischen Situationen können bestimmte Assistenzsysteme auch aktiv eingreifen, um die Sicherheit zu erhöhen [4, 21].

Wichtige Eigenschaften solcher Systeme sind u. a.:

- Unterstützung und Entlastung – Assistenzsysteme sollen das Maschinenpersonal bei der Ausführung von Aufgaben unterstützen und ihn von monotonen oder komplexen Teilaufgaben entlasten. Dies erhöht die Effizienz und reduziert die Belastung des Personals.
- Informationsbereitstellung – Diese Systeme liefern dem Maschinenpersonal relevante Informationen in Echtzeit, um fundierte Entscheidungen zu treffen. Beispielsweise können Fahrerassistenzsysteme Informationen über den Verkehr, die Straßenbedingungen und potenzielle Gefahren bereitstellen, oder Prozessinformationen in Erntemaschinen.
- Sicherheit – Ein zentrales Merkmal vieler Assistenzsysteme ist die Erhöhung der Sicherheit. Sie können in kritischen Situationen eingreifen, um Unfälle zu verhindern oder deren Auswirkungen zu minimieren. Beispiele hierfür sind Notbremsassistenten und Spurhalteassistenten in Fahrzeugen.
- Anpassungsfähigkeit –Assistenzsysteme sind in der Lage, sich an die Umgebung und die Bedürfnisse des Maschinenpersonals anzupassen. Sie können aus Erfahrungen lernen und ihr Verhalten entsprechend modifizieren, um eine optimale Unterstützung zu bieten.
- Maschinenpersonalfreundlichkeit – Diese Systeme sind so konzipiert, dass sie einfach zu benutzen sind und nahtlos in den Alltag des Maschinenpersonals integriert werden können. Eine intuitive Maschinenpersonaloberfläche und klare Anweisungen sind entscheidend für die Akzeptanz und Effektivität von Assistenzsystemen.
- Autonomie – Während Assistenzsysteme das Maschinenpersonal unterstützen, behalten sie dennoch die Kontrolle und Verantwortung beim Maschinenpersonal. Sie sollen das Maschinenpersonal nicht ersetzen, sondern ihm helfen, seine Aufgaben sicher und effizient zu erledigen.

Assistenzsystem in mobilen Arbeitsmaschinen ermöglichen eine technische Unterstützung, die das Maschinenpersonal bei der Durchführung der Arbeitsprozesse unterstützt, insbesondere bei der Steuerung und Überwachung. Der Unterschied zu Fahrerassistenzsystemen in Fahrzeugen liegt darin, dass in der Land- und Forstwirtschaft sowie dem Bauwesen die Arbeitsaufgabe komplexer ist und aus den Teilaufgaben „Steuern und Überwachen des Arbeitsprozesses" sowie „Fahren" besteht, während Fahrerassistenzsysteme primär auf das Fahren fokussiert sind [17].

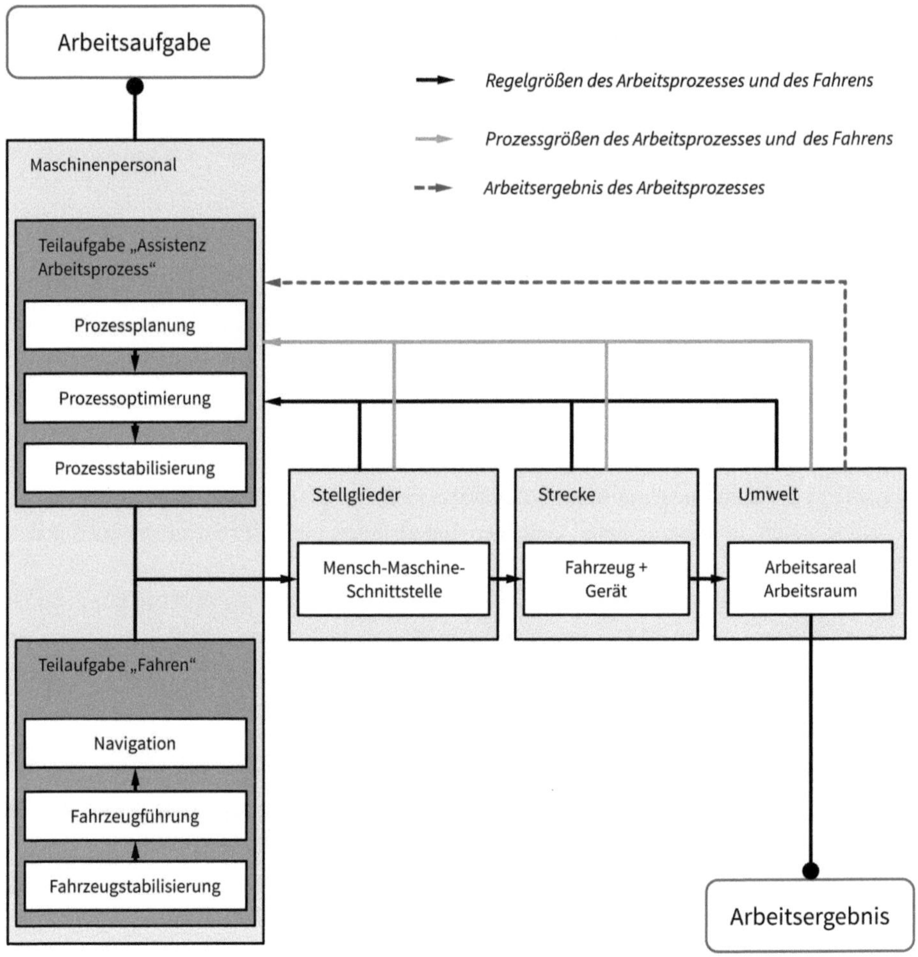

Abb. 9.12 Modell eines Assistenzsystems für mobile Arbeitsmaschinen. (Nach [17])

Abb. 9.12 zeigt ein einfaches Modell für die Integration eines Assistenzsystems in mobilen Arbeitsmaschinen. Die beiden Teilaufgaben bestehen aus unterschiedlichen Ebenen. Für die Teilaufgabe „Assistenz Arbeitsprozess“ gibt es die Ebenen [17]:

- Prozessplanung – Diese Ebene umfasst die strategische Festlegung der Arbeitsabläufe, einschließlich der Auswahl der geeigneten Maschinen und Anbaugeräte, der Planung der Arbeitszeiten und der Berücksichtigung von Umweltfaktoren. Ziel ist es, eine effiziente und effektive Durchführung der jeweiligen Arbeiten zu gewährleisten.
- Prozessoptimierung – Hier liegt der Fokus auf der Verbesserung der Arbeitsqualität, indem Parameter, die die Arbeitsqualität bestimmen, optimiert werden. Diese Ebene

analysiert die Auswirkungen der durchgeführten Arbeiten, um die besten Praktiken für die jeweilige Aufgabe zu identifizieren.
- Prozessstabilisierung – Diese Ebene sorgt dafür, dass die Vorgaben aus der Prozessoptimierung in der Praxis mit hinreichender Genauigkeit umgesetzt werden. Sie überwacht den Materialfluss und reagiert auf Störungen oder Abweichungen, um eine konstante Qualität und Effizienz während der Durchführung der Arbeiten zu gewährleisten.

Für die Teilaufgabe „Fahren" gibt es die nachstehenden Ebenen [17]:

- Navigationsebene –Diese oberste Ebene ist verantwortlich für die Planung der Fahrroute, die auf Kriterien wie Kürze und Effizienz basiert. Sie berücksichtigt auch statische und dynamische Hindernisse sowie die spezifischen Anforderungen des Arbeitsprozesses, um eine optimale Trajektorie zu bestimmen.
- Fahrzeugführungsebene – Auf dieser Ebene werden die geplanten Manöver aus der Navigationsebene in konkrete Fahrbewegungen umgesetzt. Sie umfasst die Steuerung des Fahrzeugs, um die vorgegebene Route präzise zu befahren, und berücksichtigt dabei Sicherheitsaspekte wie die Vermeidung von Kollisionen mit dynamischen oder unbekannten statischen Hindernissen.
- Fahrzeugstabilisierungsebene – Diese Ebene sorgt für die Stabilität des Fahrzeugs während der Ausführung der Fahrbewegungen. Sie beinhaltet automatische Eingriffe, um das Fahrzeug in kritischen Situationen zu stabilisieren und die Sicherheit und den Komfort während der Fahrt zu gewährleisten.

In der Praxis gibt es zahlreiche Lösungen für die Ausgestaltung der Teilaufgaben, die von geringem bis hin zu vollständigem Automatisierungsgrad bzw. Assistenzgrad reichen. Der Grad der Automatisierung und Assistenz wird dabei maßgeblich von ökonomischen und anwendungsspezifischen Kriterien bestimmt.

Die Entscheidung für einen bestimmten Automatisierungsgrad hängt in erster Linie von ökonomischen Überlegungen ab. Ein höherer Automatisierungsgrad erfordert in der Regel einen höheren technischen Aufwand, der sich ökonomisch rechtfertigen lassen muss. Dies bedeutet, dass die Investitionen in die Automatisierung durch entsprechende Einsparungen oder Produktivitätssteigerungen ausgeglichen werden müssen. Anwendungsspezifische Kriterien spielen ebenfalls eine wichtige Rolle. In bestimmten Branchen oder Anwendungen kann ein hoher Automatisierungsgrad notwendig sein, um die geforderte Präzision und Qualität zu erreichen.

Ein häufiger Grund für die Implementierung eines höheren Automatisierungsgrads ist der Mangel an Fachkräften. In vielen Industrien und Bereichen gibt es einen zunehmenden Mangel an qualifizierten Arbeitskräften, was die Automatisierung zu einer attraktiven Lösung macht. Durch den Einsatz von Automatisierungstechnologien kann die Abhängigkeit von menschlichen Arbeitskräften verringert und gleichzeitig die Effizienz und Produktivität gesteigert werden.

Ein weiterer wichtiger Faktor ist die Forderung nach hoher Arbeitsqualität. Automatisierte Systeme können Aufgaben mit einer gleichbleibend hohen Präzision und Qualität ausführen, was in vielen Anwendungen von entscheidender Bedeutung ist.

9.6.2 Mobile Roboter

Mobile Roboter zeichnen sich durch ihre Fähigkeit aus, autonom in dynamischen und unstrukturierten Umgebungen zu agieren. Sie verfügen über sensorische Wahrnehmung zur Lokalisierung und Umweltmodellierung sowie über Planungsfähigkeiten, um Handlungen und Bewegungen zielgerichtet auszuführen. Zudem sind sie in der Lage, auf unvorhergesehene Ereignisse zu reagieren und Handlungsalternativen zu entwickeln. Ein mobiler Roboter benötigt sensorische Wahrnehmungssysteme zur Lokalisierung und Umweltwahrnehmung, um seine Umgebung zu erfassen. Zudem sind fortschrittliche Planungsalgorithmen erforderlich, um Handlungen und Bewegungen effizient zu planen und auszuführen. Schließlich ist eine robuste Steuerungstechnik notwendig, um die geplanten Bewegungen präzise umzusetzen und auf dynamische Veränderungen in der Umgebung zu reagieren [6].

Robotersysteme können folgendermaßen eingeteilt werden:

- Stationäre Robotersysteme – Stationäre Robotersysteme sind solche, deren Basis starr mit der Umgebung verbunden ist, wodurch sie einen festgelegten Arbeitsraum besitzen. Diese Roboter bestehen in der Regel aus einer Kette starrer Teilkörper bzw. Getriebeglieder, die über Gelenke miteinander verbunden sind. Unterschiedliche Gelenkstellungen führen zu unterschiedlichen Positionen des Endeffektors, wie beispielsweise eines Greifers [6].
- Mobile Robotersysteme – Mobile Robotersysteme unterscheiden sich grundlegend von stationären Systemen, da sie ihren Standort aus eigener Kraft verändern können. Bei landgestützten Systemen unterscheidet man kinematisch zwischen Gehmaschinen und radgetriebenen Systemen. Gehmaschinen besitzen humanoide Merkmale und bewegen sich auf Beinen, was ihnen Vorteile auf unebenem Terrain verschafft. Sie haben eine bessere Energiebilanz als radgetriebene Fahrzeuge. Radgetriebene Systeme hingegen sind auf angepasste Umgebungen angewiesen, um ihre Vorteile voll auszuspielen. Nicht-bodengestützte Systeme umfassen Flugkörper und Schiffe. Diese Systeme bieten zusätzliche Freiheitsgrade der Bewegung. Autonome Helikopter, Drohnen und andere Flugkörper erfordern komplexe Bahnplanung und Kollisionsvermeidung, profitieren jedoch von den Besonderheiten des Bewegungskontinuums. Mobile Robotersysteme verfügen in der Regel über folgende Eigenschaften:
  - Wahrnehmung durch Sensoren
  - Aufgabenorientierte und implizite Programmierung
  - Anpassung an Veränderungen in der Umgebung
  - Lernen aus Erfahrung und entsprechende Verhaltensmodifikation

– Entwicklung eines internen Weltbildes
– Selbständiges Planen und Durchführen komplexer Aufgaben, auch in unbekannter Umgebung (z. B. Navigationsplanung)
– Manipulation physikalischer Objekte in der realen Welt [6].

Von zentraler Bedeutung für Roboter sind Roboterkontrollarchitekturen. Roboterkontrollarchitekturen sind strukturelle Prinzipien, die die Komponenten eines Robotersystems organisieren und deren Interaktionen definieren, um eine bestimmte Aufgabe zu lösen. Die Wahl der Architektur hängt von den spezifischen Anforderungen und Zielen der Automatisierungsaufgabe ab. Roboterkontrollarchitekturen lassen sich in drei Haupttypen unterteilen: deliberative, reaktive und hybride Architekturen. Deliberative Architekturen kombinieren Wahrnehmung, Planung und Ausführung, um langfristige Ziele zu erreichen, während reaktive Architekturen auf unmittelbare Reaktionen ohne explizite Planung basieren. Hybride Architekturen vereinen die Vorteile beider Ansätze, indem sie strategische Planung mit reaktiven Komponenten kombinieren, um in dynamischen Umgebungen effektiv zu agieren [34].

Bei mobilen Robotern sind die Planung der Route und der Bewegungen die zentralen Aufgaben. Die Routenplanung ist der Prozess, bei dem eine optimale Reihenfolge von Zielkonfigurationen für einen mobilen Roboter festgelegt wird, um eine bestimmte Automatisierungsaufgabe zu erfüllen. Dabei werden Kriterien wie Fahrzeit, Fahrstrecke und andere Randbedingungen berücksichtigt, um die effizienteste Route zu bestimmen. Die Routenplanung kann auch alternative Routen generieren, um auf unvorhergesehene Hindernisse oder Änderungen in der Umgebung zu reagieren. Sie besteht in der Regel aus den folgenden Teilaufgaben:

- Zieldefinition – Bestimmung der Start- und Zielkonfigurationen sowie der zu durchfahrenden Punkte.
- Graphenerstellung – Ableitung eines Graphen, der die möglichen Routen und deren Kosten (z. B. Entfernung, Zeit) darstellt.
- Algorithmusauswahl – Auswahl eines geeigneten Routenplanungsalgorithmus, um die optimale Route zu finden.
- Routenberechnung – Anwendung des gewählten Algorithmus auf den Graphen, um die kosteneffizienteste Route zu ermitteln.
- Validierung – Überprüfung der berechneten Route auf Kollisionen und Durchführbarkeit in der realen Umgebung.
- Anpassung – Gegebenenfalls Anpassung der Route basierend auf dynamischen Änderungen in der Umgebung oder neuen Informationen [34].

Die Bewegungsplanung ist der Prozess, durch den mobile Roboter eine Abfolge von Bewegungen entwerfen, um von einer Startkonfiguration zu einer Zielkonfiguration zu gelangen. Sie umfasst die Analyse von kinematischen und dynamischen Einschränkungen sowie die Berücksichtigung von Umgebungsbedingungen, um einen optimalen und kollisionsfreien Bewegungsweg zu bestimmen. Ziel ist es, eine Handlungsreihenfolge zu entwickeln, die die gewünschten Bewegungen effizient und sicher ausführt. Die Bewegungsplanung besteht aus den folgenden Teilaufgaben:

- Zieldefinition – Festlegung der Zielkonfiguration und der erforderlichen Bewegungen, die der Roboter ausführen soll.
- Pfadplanung – Berechnung eines geometrischen Pfades, der die Bewegung des Roboters von der Start- zur Zielkonfiguration unter Berücksichtigung von Hindernissen und kinematischen Einschränkungen beschreibt.
- Geschwindigkeitsplanung – Bestimmung der Geschwindigkeitsprofile für die einzelnen Segmente des Pfades, um eine flüssige und kontrollierte Bewegung zu gewährleisten.
- Kollisionsprüfung – Überprüfung des geplanten Pfades auf mögliche Kollisionen mit der Umgebung oder anderen Objekten.
- Optimierung – Anpassung des Pfades und der Geschwindigkeiten zur Minimierung von Zeit, Energieverbrauch oder anderen Kriterien.
- Ausführung – Umsetzung des geplanten Pfades in Steuerbefehle für die Robotik-Aktorik [34].

9.6.3 Autonomer Betrieb mobiler Arbeitsmaschinen

Der Begriff „autonom“ stammt aus dem Griechischen und bedeutet „selbstständig“ oder „eigenständig“. In der Technik bezieht sich Autonomie auf die Fähigkeit eines Systems, Aufgaben ohne menschliches Eingreifen auszuführen. Autonome Systeme können Entscheidungen treffen und Aktionen basierend auf ihrer Programmierung und den von ihnen gesammelten Daten durchführen. Sie stellen eine Weiterentwicklung von automatisierten Systemen dar.

Automatisierte Systeme mechanisieren oder digitalisieren manuelle Aufgaben durch den Einsatz von Technologie. Sie folgen vordefinierten Anweisungen und Prozessen und benötigen oft menschliche Überwachung und Eingriffe, um ordnungsgemäß zu funktionieren.

Im Gegensatz dazu sind autonome Systeme in der Lage, Entscheidungen selbstständig zu treffen und Aufgaben ohne menschliches Eingreifen auszuführen. Sie nutzen künstliche Intelligenz und maschinelles Lernen, um aus Erfahrungen zu lernen und sich an neue Situationen anzupassen. Dadurch können sie komplexe Aufgaben bewältigen und Entscheidungen in Echtzeit treffen.

Im Bereich der mobilen Arbeitsmaschinen gibt es zahlreiche Anwendungen autonomer Systeme, die sich bereits in der Praxis bewähren oder kurz vor der Einführung stehen.

Zur Klassifizierung der Systeme kann der Grad der Autonomie herangezogen werden. Für Straßenfahrzeuge wird dabei die SAE J3016 Norm verwendet [22].

Sie unterscheidet wie in Abb. 9.13 abgebildet sechs Klassen [32]:

Stufe	Beschreibung	Quer- und Längsführung S: System F: Fahrerin/ Fahrer	Umgebungsbeobachtung S: System F: Fahrerin/ Fahrer	Rückfallebene für dynamische Fahraufgabe S: System F: Fahrerin/ Fahrer	Fahrmodus
0	**Keine Automatisierung**	F	F	F	Manuelle Überwachung des Fahrbereichs
1	**Fahrerassistenz**	F & S	F	F	Einige Fahrmodi
2	**Teilautomatisierung**	S	F	F	Einige Fahrmodi
3	**Bedingte Automatisierung**	S	S	F	Einige Fahrmodi
4	**Hohe Automatisierung**	S	S	S	Einige Fahrmodi
5	**Volle Automatisierung**	S	S	S	Alle Fahrmodi

Abb. 9.13 Kategorien der Kategorien für den Grad der Autonomie nach SAE J3016

0. Keine Automatisierung – Die Fahrerin oder der Fahrer übernimmt die gesamte dynamische Fahraufgabe, auch wenn unterstützende Systeme wie ABS oder ESP vorhanden sind.
1. Fahrerassistenz – Fahrmodus-spezifische Übernahme von Lenkung oder Beschleunigung/Verzögerung durch ein Fahrerassistenzsystem unter Verwendung von Informationen über die Fahrumgebung. Die Fahrerin bzw. der Fahrer übernimmt alle verbleibenden Aspekte der dynamischen Fahraufgaben.
2. Teilautomatisierung – Fahrmodus-spezifische Übernahme von Lenkung und Beschleunigung/Verzögerung durch ein oder mehrere Fahrerassistenzsysteme unter Verwendung von Informationen über die Fahrumgebung. Die Fahrerin oder der Fahrer übernimmt alle verbleibenden Aspekte der dynamischen Fahraufgaben.
3. Bedingte Automatisierung – Das System übernimmt die gesamte dynamische Fahraufgabe in bestimmten Fahrmodi. Die Fahrerin oder der Fahrer muss jedoch bereit sein, auf Aufforderung des Systems einzugreifen.
4. Hohe Automatisierung – Das System übernimmt die gesamte dynamische Fahraufgabe in bestimmten Fahrmodi, ohne dass der Fahrer eingreifen muss. Das System kann jedoch die Fahrerin oder den Fahrer auffordern, die Kontrolle zu übernehmen, wenn es die Fahraufgabe nicht mehr bewältigen kann.

5. Volle Automatisierung – Das System übernimmt die gesamte dynamische Fahraufgabe in allen Fahrmodi, ohne dass der Mensch eingreifen muss.

Diese Einteilung ist für Straßenfahrzeuge sinnvoll. Für mobile Arbeitsmaschinen ist sie aber generell nicht anwendbar. Mobile Arbeitsmaschinen vereinen die Fahrfunktion mit Arbeitsfunktionen. Aufgrund der Vielzahl und Variabilität dieser Funktionen können keine präzisen Anforderungen an die Risikominderung für alle Maschinenarten festgelegt werden. In der Normenreihe DIN EN ISO 18497 werden Gestaltungsleitsätze für teilautomatisierte, halbautonome und autonome Landmaschinen und Traktoren aufgeführt, die im Rahmen der CE-Zertifizierung zu berücksichtigen sind [33].

Bei der Gestaltung autonomer Systeme sollten generell die nachstehenden Aspekte beachtet werden:

1. Sicherheit – Autonome Maschinen müssen so gestaltet sein, dass sie keine Gefahr für Menschen oder die Umwelt darstellen. Dies umfasst sowohl physische Sicherheit als auch Cybersicherheit.
2. Zuverlässigkeit – Die Maschinen sollten in der Lage sein, ihre Aufgaben unter verschiedenen Bedingungen zuverlässig zu erfüllen.
3. Transparenz – Die Entscheidungsprozesse der Maschinen sollten nachvollziehbar und transparent sein, um Vertrauen zu schaffen.
4. Benutzerfreundlichkeit – Die Interaktion mit der Maschine sollte intuitiv und einfach sein, um eine breite Akzeptanz zu fördern.
5. Ethik – Die Maschinen sollten ethische Prinzipien berücksichtigen, wie z. B. den Schutz der Privatsphäre und die Vermeidung von Diskriminierung.
6. Anpassungsfähigkeit – Autonome Maschinen sollten in der Lage sein, sich an veränderte Umgebungen und Anforderungen anzupassen.

Eine besondere Herausforderung für den autonomen Betrieb ist die Sicherheit und hier besonders die Erkennung von Hindernissen und Menschen im Arbeitsbereich. Die Umweltbedingungen beim Einsatz mobiler Arbeitsmaschinen können z. B. durch Staub oder Nebel sehr ungünstig für die Erkennung von Objekten sein. In der Normenreihe DIN EN ISO 18497 werden die Gestaltungsgrundsätze für autonome Landmaschinen für die Berücksichtigung von Schutz- und Risikominderungsmaßnahmen beschrieben, um ein angemessenes Sicherheitsniveau zu gewährleisten. Dazu gehören Systeme zur Anwesenheitserkennung, automatische Wechsel in sichere Zustände bei Störungen und Benachrichtigungssysteme zur Überwachung durch Bedienpersonen. Zudem müssen die relevanten signifikanten Gefährdungen evaluiert und spezifische Normen oder Risikobeurteilungen angewendet werden [33].

Literatur

1. AEF, AEF Agricultural Industry Electronics Foundation e.V. (2015) ISOBUS in Funktionalitäten. Frankfurt/Main
2. Bernstein H (2014) Messelektronik und Sensoren. Springer Fachmedien Wiesbaden, Wiesbaden
3. Bohnenkamp D, Paulus S, Mahlein A-K (2020) Geometrische und spektrale Erfassung von Bestandeseigenschaften zur Phänotypisierung von Zuckerrüben und Weizen. Sugar Industry 53–58. doi: https://doi.org/10.36961/si23944
4. Breuer J (2012) Bewertungsverfahren von Fahrerassistenzsystemen. In: Winner H, Hakuli S, Wolf G (eds) Handbuch Fahrerassistenzsysteme. Vieweg+Teubner Verlag, Wiesbaden, pp. 55–68
5. Das T, Rodriguez B, Binup M, John J (2024) Fusing SAR and Weather with Physics-Inspired ML for Improved Soil Moisture Estimation. In: LAND.TECHNIK 2024: 81. Internationale Tagung Landtechnik: 6. bis 7. November 2024, Osnabrück VDI-Max-Eyth-Gesellschaft (MEG). VDI Verlag GmbH, Düsseldorf, pp. 205–214
6. Haun M (2013) Handbuch Robotik: Programmieren und Einsatz intelligenter Roboter, 2. Aufl. 2013. Springer Berlin Heidelberg Imprint Springer Vieweg, Berlin, Heidelberg
7. Heimann B, Gerth W, Popp K (2001) Mechatronik: Komponenten, Methoden, Beispiele ; mit 25 Tabellen und 64 ausführlich durchgerechneten Beispielen, 2. Aufl. Fachbuchverl. Leipzig im Carl-Hanser-Verl., München
8. Hering E, Bressler K, Gutekunst J (1998) Elektronik für Ingenieure. Springer, Berlin; Heidelberg
9. Hertzberg J, Lingemann K, Nüchter A (2012) Mobile Roboter: Eine Einführung aus Sicht der Informatik. Springer Berlin Heidelberg, Berlin, Heidelberg
10. Isermann R (2008) Mechatronische Systeme: Grundlagen, 2., vollst. neu bearb. Aufl. Springer, Berlin
11. Kernhof J, Leuckfeld J, Tavano G (2018) LiDAR-Sensorsystem für automatisiertes und autonomes Fahren. In: Tille T (ed) Automobil-Sensorik 2. Springer Berlin Heidelberg, Berlin, Heidelberg, pp. 29–54
12. Langmann R, García CAR, Große N, Haehnel H (2017) Taschenbuch der Automatisierung, 3., neu bearbeitete Auflage. Fachbuchverlag Leipzig im Carl Hanser Verlag, München
13. Lilienthal H (2014) Optische Sensoren in der Landwirtschaft: Grundlagen und Konzepte. Journal für Kulturpflanzen 66(2) 2014 988 KB, 34–41. doi: https://doi.org/10.5073/JFK.2014.02.01
14. Meltebrink C, Ströer T, Wegmann B, Weltzien C, Ruckelshausen A (2021) Concept and Realization of a Novel Test Method Using a Dynamic Test Stand for Detecting Persons by Sensor Systems on Autonomous Agricultural Robotics. Sensors 21:2315. doi: https://doi.org/10.3390/s21072315
15. Panambilly A (2024) Applications of Artificial Intelligence for Constituent Sensing in Agriculture. Dissertation, Technische Universität Berlin
16. Roddeck W (2003) Einführung in die Mechatronik, 2., neubearbeitete Auflage. Vieweg+Teubner Verlag, Wiesbaden; s.l.
17. Schmidt M (2023) Maschinelle Beurteilung agronomischer Arbeitsqualität als Grundlage für die Verhaltensgenerierung automatisierter Landmaschinen. Shaker Verlag, Düren
18. Siesler HW, Ozaki Y, Kawata S, Heise HM (2001) Near-Infrared Spectroscopy: Principles, Instruments, Applications, 1st ed. Wiley
19. Thösink G, Preckwinkel J, Linz A, Ruckelshausen A, Marquering J (2004) Optoelektronisches Sensorsystem zur Messung der Pflanzenbestandsdichte. LANDTECHNIK 78–79 Seiten. doi: https://doi.org/10.15150/LT.2004.1287
20. Tränkler H-R, Fischerauer G (2014) Das Ingenieurwissen: Messtechnik. HÜTTE : das Ingenieurwissen, 34 Aufl. doi: https://doi.org/10.1007/978-3-662-44030-8

21. Vogel-Heuser B, Ten Hompel M, Bauernhansl T (2024) Handbuch Industrie 4.0: Band 2: Automatisierung. Springer Berlin Heidelberg, Berlin, Heidelberg
22. Williams B (2021) Automated vehicles and MaaS: removing the barriers. John Wiley & Sons, Inc, Hoboken, NJ
23. Winner H (2007) Mit aktiven Sensoren das Kfz-Umfeld erfassen – Funktion und Leistungsfähigkeit von Radar & Co (Detecting the Automotive Surrounding with Active Sensors – Function and Capabilities of Radar & Co.). it – Information Technology 49:17–24. doi: https://doi.org/10.1524/itit.2007.49.1.17
24. Witte B, Schmidt H (1995) Vermessungskunde und Grundlagen der Statistik für das Bauwesen, 3., neubearb. Aufl. Wittwer, Stuttgart
25. (1994) Information technology – Open Systems Interconnection – Basic Reference Model: The Basic Model. ISO copyright office, Geneva
26. (2003) DIN EN 50325-4:2003-07-Industrielles Kommunikationssubsystem basierend auf ISO 11898 (CAN) Teil 4: CANopen. ICS 43.180
27. (2007) ISO 11783-3:2007-10 – Tractors and machinery for agriculture and forestry – Serial control and communications data network – Part 3 Data link layer. ISO copyright office, Geneva
28. (2007) ISO 11783-1:2007-06 – Tractors and machinery for agriculture and forestry – Serial network and communications data network – Part 1: General standard for mobile data communication. ISO copyright office, Geneva
29. (2014) DIN IEC 60050-351:2014-09, Internationales Elektrotechnisches Wörterbuch – Teil_351: Leittechnik (IEC 60050-351:2013)
30. (2015) ISO 11898-1:2015 – Road vehicles – Controller area network (CAN) – Part 1: Data link layer and physical signalling. ISO copyright office, Geneva
31. (2021) VDI/VDE 2206: 2021-11, Entwicklung mechatronischer und cyber-physischer Systeme
32. (2021) SAE J 3016:2021-04, Taxonomy and Definitions for Terms Related to Driving Automation Systems for On-Road Motor Vehicles
33. (2022) DIN EN ISO 18497-1:2022-04, Landmaschinen und Traktoren – Sicherheit von teilautomatisierten, halbautonomen und autonomen Maschinen – Teil 1: Gestaltungsleitsätze und Vokabular für Maschinen (ISO/DIS 18497-1:2022)
34. (2024) Ein Beitrag zur hybriden Routenoptimierung und Bewegungsplanung – am Beispiel mobiler, landwirtschaftlicher Roboter, 1. Auflage. Shaker, Düren

Arbeitsplatz 10

Inhaltsverzeichnis

Mobile Arbeitsmaschinen sind als Werkzeuge zu begreifen, mit denen Menschen die zu bewältigen Aufgaben wie die Versorgung mit Nahrungsmitteln oder die Herstellung von Bauwerken erleichtern. Die Herstellung von Land- und Baumaschinen hat eine lange Geschichte. Ein wesentlicher Meilenstein in der Entwicklung war die Verfügbarkeit von Wärmekraftmaschinen, wie Dampfmaschinen oder im 20. Jahrhundert Verbrennungsmotoren. Besonders durch den Verbrennungsmotor wurde es möglich, selbstfahrende landwirtschaftliche oder bauwirtschaftliche Zug- und Arbeitsmaschinen zu bauen. Die so angetriebenen Maschinen nahmen den Menschen die schwere körperliche Arbeit ab. Stattdessen konnten sich die Menschen mehr auf die Überwachung und Regelung der Arbeitsprozesse in den Maschinen konzentrieren. Aber auch aus diesen Aufgaben resultieren Belastungen für die Menschen mit entsprechenden Beanspruchungen. In vielen Fällen kann man den Menschen als Regler des Prozesses ansehen, der Prozessgrößen erfasst und über Stellglieder den Prozess verändert. Es gilt, den Menschen zu schonen und eine frühzeitige Erschöpfung zu vermeiden. Generell verfügen Menschen nur über ein bestimmtes, individuelles Maß an psycho-physischer Energie. Es gilt also, Arbeitsplätze in mobilen Arbeitsmaschinen so zu gestalten, dass störende Einflüsse nicht belastend wirken sowie die körperlichen und geistigen Teilsysteme des Menschen wenig beansprucht werden [2].

H. J. Meyer, *Mobile Arbeitsmaschinen*,
https://doi.org/10.1007/978-3-662-72251-0_10

10.1 Zusammenwirken von Menschen und Arbeitsmaschine

Da Maschinen für die Erledigung von Arbeiten konzipiert werden, existieren zwangsläufig Beziehungen zwischen Menschen und Maschine. Mobile Arbeitsmaschinen sind in der Regel in Arbeitsprozesse eingebunden, z. B. Mähdrescher in den Ernteprozess oder Straßenfertiger im Straßenbauprozess. In diese Prozesse sind auch die Menschen eingebunden, die mit der Maschine arbeiten und sie nutzen. In diesem mobilen Umfeld herrschen nun besondere Randbedingungen, die bei der ergonomischen Gestaltung der Maschinen berücksichtigt werden müssen:

- Witterungsabhängigkeit, d. h. wechselnde Feuchtigkeits-, Temperatur- und Sichtbedingungen.
- Geographische und traditionelle Besonderheiten mit unterschiedlichen Produktionsabläufen und -methoden.
- Geringe Übung besonders in der Landwirtschaft, da die Arbeiten nur saisonal anfallen.
- Biologische Einflussfaktoren, wie das Wachstum der Pflanzen oder der Reifegrad mit entsprechend großen Streuungen.

Diese Randbedingungen unterscheiden sich somit sehr von denen aus dem gewerblichen und industriellen Bereich.

An der Zusammenstellung aus Tab. 10.1 wird deutlich, dass Methoden aus der industriellen Produktionstechnik nur bedingt auf mobile Arbeitsmaschinen übertragen werden können, was den wechselnden, nicht konstanten Umweltbedingungen und den schwankenden biologischen und physikalischen Stoffeigenschaften der mit den Maschinen zu bearbeitenden Stoffen geschuldet ist.

Das Mensch-Maschine-System stellt eine Arbeitseinheit dar, bei dem ein biologisches System mit einem technischen gekoppelt ist, um ein bestimmtes Arbeitsziel zu erreichen. Das Zusammenspiel zwischen Mensch- und Maschine basiert auf einen Informations- und Signalfluss sowie durch einen Kraft- und Bewegungsfluss. Der Mensch übernimmt dabei

Tab. 10.1 Vergleich der Arbeitseinflüsse auf die Tätigkeit in der Industrie und im Bereich mobiler Arbeitsmaschinen. (Nach [2])

Arbeitsorganisation	Exakte Planung	Planung begrenzt möglich, stark abhängig von äußeren Umwelteinflüssen
Arbeitsbedingungen	Konstant	Stark wechselnd
Arbeitsplatz	Gleichbleibend	Teilweise wechselnd
Arbeitsplatzgestaltung	Eindeutig bestimmbar	Weitgehend bestimmbar
Arbeitsausführung	Festgelegt	Wechselnd, ökonomischen, biologischen und ökologischen Gesetzen folgend
Übungsgrad	Hoch	Mittel
Arbeitsmethode	Gleichbleibend	Teilweise wechselnd

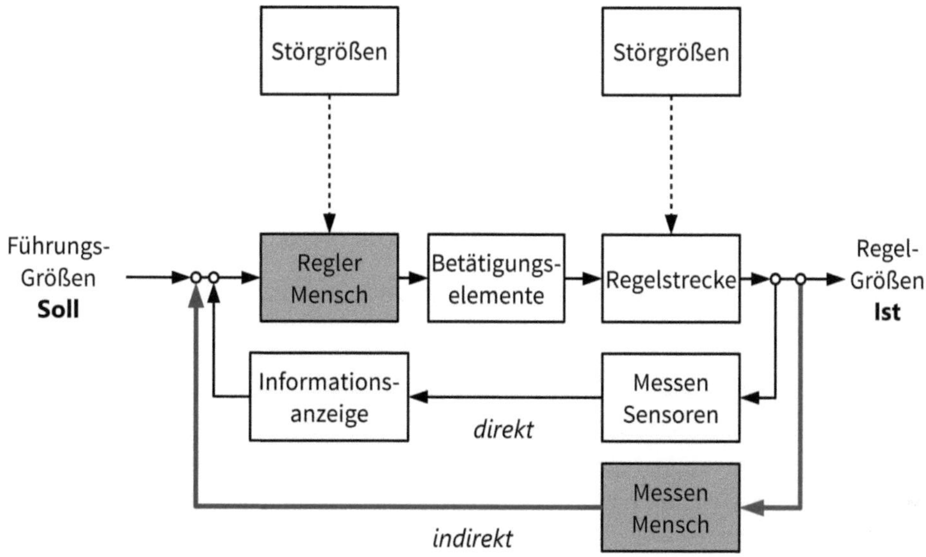

Abb. 10.1 Regelkreis eines Mensch-Maschine-Systems. (Nach [2])

die Überwachungs-, Steuerungs- und Regelaufgaben. Hierbei wird der Mensch belastet und es gilt, durch eine geschickte Gestaltung des Arbeitsplatzes die Beanspruchungen gering zu halten, damit es nicht zu Fehlern, Ermüdung oder sogar gesundheitlichen Schäden kommt. Für die Bewertung des Mensch-Maschine-Systems werden Kriterien benötigt, die aus den Arbeitswissenschaften, der Anthropometrie und der Psychologie als Humanfaktoren kommen.

Kennzeichnend für ein Mensch-Maschine-System ist, dass ein Ziel oder eine Aufgabe durch die Interaktion zwischen dem Menschen und der Maschine zu der angestrebten Arbeitsleistung und -qualität führt. Auf diesen Prozess wirken Störgrößen, die ein stetiges Verändern der Maschine erfordern. Solche Störgrößen sind Schwingungen, Lärm, ungünstige klimatische Bedingungen, Staub aber auch Einflüsse auf den eigentlichen Arbeitsprozess. Die Hauptaufgabe für den Menschen in einem solchen System ist der Empfang und die Verarbeitung von Informationen des Prozesses und die Abgabe von Signalen und Befehlen mit dem Ziel, den Arbeitsprozess optimal zu beeinflussen. Diese Aufgabe stellt ein Regelkreis mit dem Menschen als Regler dar. Wichtige Organe des Menschen für die Informationserfassung des Arbeitsprozesses sind die Augen, das Gehör und das Vestibularsystem, das Bewegungen und Lageänderungen erfassen kann.

Abb. 10.1 zeigt einen entsprechenden Regelkreis wie er bei mobilen Arbeitsmaschinen eingesetzt wird. Über das Verhalten der Maschine und ihre Arbeitsweise wird der Mensch entweder indirekt informiert, z. B. durch Anzeigen von Instrumenten oder akustischen Signalen, oder direkt, in dem der Mensch das Arbeitsergebnis mit seinen sensorischen Möglichkeiten erfasst. Der Mensch verarbeitet diese Informationen und fällt Entscheidungen. Diese Entscheidungen werden dann in Stellbefehle in der Maschine umgesetzt. Diese Stellbefehle sind z. B. eine Lenkbewegung, um den gewählten Kurs zu halten. Ausgangspunkt ist hier in der Regel der Vergleich der Istgröße mit der Soll- oder Zielgröße. Der Mensch sorgt dann dafür, dass der Prozess über die Betätigungselemente und die Regelstrecke so verändert wird, dass die Sollgröße erreicht wird. Da der Mensch als Regler nicht sehr leistungsfähig ist, werden zunehmend Automatisierungslösungen entwickelt, die den Menschen als Regler ersetzen und entlasten.

10.1.1 Arbeits- und Umweltbelastungen und -beanspruchungen des Menschen

Grundsätzlich verursachen alle Tätigkeiten eines Menschen Beanspruchungen. Die Folgen sind Ermüdungen, Schmerzen oder andere gesundheitliche Schäden, die wiederum die Effizienz der Arbeit und die Sicherheit beeinflussen. Da die Anatomie des Menschen fest vorgegeben ist, ist eine menschengerechte Arbeitsgestaltung nur über die Anpassung der Arbeitsbedingungen möglich. Das bedeutet, dass durch eine geschickte Gestaltung des Arbeitsplatzes die auf den Menschen wirkenden Belastungen reduziert und damit die Beanspruchungen gering gehalten werden können. Beanspruchungen sind die Reaktion des Menschen auf die einwirkende Belastung oder die verschieden ausgeprägte Ausschöpfung der individuellen Leistungsfähigkeit. Ähnlich wie in der Mechanik sind Beanspruchungen die Folgen von Belastungen. Die Belastungen haben ihre Ursache in den Umweltbedingungen, wie Schwingungen, Lärm, Klima oder luftfremden Stoffen. Allgemein sind Belastungen die Gesamtheit aller Einflussfaktoren der Arbeit, die auf den arbeitenden Menschen von außen her wirken. Sie führen zu einer Reaktion der menschlichen Wahrnehmung und des Handelns [2].

Die Belastungsfaktoren werden über die Sinnesorgane vom Menschen aufgenommen, wobei diese sehr unterschiedlich individuell wahrgenommen werden. Darüber hinaus führen Belastungen nicht zwangsweise zu sofortigen Effekten, sondern Häufigkeit und Expositionszeit sind neben der Höhe der Belastung immer mit einzubeziehen. Die Belastungen können in Belastungen durch mechanische Schwingungen, Lärm, Klima und luftfremde Stoffe eingeteilt werden.

Belastung durch mechanische Schwingungen

Mechanische Schwingungen bzw. Vibrationen sind auf den Menschen einwirkende Erschütterungen, die stoßartig, periodisch oder stochastisch sein können. Die Vibrationen eines Fahrzeugs oder einer Maschine sind ein wichtiger Faktor für den gefühlten Komfort. Im Bereich von 0,1 bis 80 Hz werden sie hauptsächlich über das Gesäß, Rücken, Füße und Hände wahrgenommen. Diese Ganzkörpervibrationen beeinflussen stark das Wohlbefinden des Menschen auf der Maschine. Die Schwierigkeit eine eindeutige Maßzahl für den Komfort zu definieren, liegt darin, dass viele andere Einflussfaktoren wie Temperatur, Ergonomie und persönliche Tagesform auf das Empfinden des Komforts einwirken. [3]

Tab. 10.2 Subjektive Beschreibung von bewerteten Beschleunigungseffektivwerten [12, 13]

Effektivwert a_{wT} der frequenzbewerteten Beschleunigung $a_w(t)$ in m/s²	Subjektive Beschreibung Nach VDI 2057-1
< 0,01	Nicht spürbar
0,015	Wahrnehmungsschwelle
bis 0,02	Gerade spürbar
bis 0,08	Gut spürbar
bis 0,315	Stark spürbar
0,315 bis 0,63	Sehr stark spürbar
0,5 bis 1	Sehr stark spürbar
0,8 bis 1,6	Sehr stark spürbar
1,25 bis 2,5	Sehr stark spürbar
> 2	Sehr stark spürbar

Es gibt verschiedene Ansätze zur Bewertung einzelner Schwingungsarten oder der Ganzkörpervibrationen. Die Norm ISO 2631-1 und VDI 2057 definieren z. B. Größen, die zur Bewertung der Ganzkörpervibrationen dienen [3].

Im Folgenden wird exemplarisch die Vorgehensweise der VDI-Richtlinie 2057 betrachtet. Für die Beschreibungen der Ganzkörpervibrationen werden die einzelnen Schwingungen in den einzelnen Raumachsen betrachtet:

- x-Achse entspricht der Fahrzeuglängsrichtung bzw. der ventralen Körperrichtung
- y-Achse entspricht der Achse lateralen Fahrzeugrichtung bzw. lateralen Körperrichtung
- z- Achse entspricht der vertikalen Fahrzeugachse bzw. der vertikalen Körperrichtung

In dem Verfahren wird der Momentanwert der Beschleunigung $a(t)$ separat gemessen. Daraus wird dann der Effektivwert der frequenzbewerteten Beschleunigung $a_{wt}(t)$ mit der Einwirkdauer T bestimmt:

$$a_{wt} = \sqrt{1/\mathrm{T}\int_0^T a_w^2(t)\cdot dt} \tag{10.1}$$

Dieser Wert kann für die drei Richtungen x, y und z getrennt ermittelt werden. Der sogenannte Schwingungsgesamtwert (Vektorbetrag) wird aus den drei richtungsbezogenen Effektivwerten mit Hilfe der nachstehenden Gleichung berechnet:

$$a_{wv} = \sqrt{k_x^2\cdot a_{wx}^2 + k_y^2\cdot a_{wy}^2 + k_z^2\cdot a_{wz}^2} \tag{10.2}$$

Die Faktoren k_x, k_y und k_z dienen der Korrektur zur Bewertung der Gesundheit oder des Komforts. Wird der Komfort bewertet sind die Faktoren 1. Im Falle der Bewertung der Gesundheit gelten $k_x = k_y = 1{,}4$; $k_z = 1$.

Die Beschleunigungswerte werden wie in Tab. 10.2 subjektiven Kategorien zugeordnet.

Tab. 10.3 zeigt, dass die Eigenfrequenzen der Körperteile und Organe einen weiten Bereich beschreiben. Das bedeutet, dass Maßnahmen zur Schwingungsreduktion einen

Tab. 10.3 Resonanzfrequenzen verschiedener Körperteile im Sitzen. (Nach [3])

Organ	Schwingungsrichtung	Resonanzfrequenz
Kopf	x	10 Hz
Kopf	y	10 Hz
Kopf	z	4 bis 5 Hz
Auge	z	20 bis 25 Hz
Halswirbelsäule	z	2,5 bis 4 Hz
Schulter-Nacken	z	4,5 bis 5,5 Hz
Brustkorb		2 bis 3 Hz
Lendenwirbelsäule	z	2 bis 6 Hz
Wirbelsäule	z	3 bis 5 Hz
Magen	z	4 bis 5 Hz
Bauchdecke	z	3 bis 7 Hz
Ellenbogengelenk	z	12 bis 16 Hz
Unterarm	z	24 bis 31 Hz
Handgelenk	z	12 bis 16 Hz
Handrücken	z	40 Hz
Oberkörper	z	3 bis Hz 6
Unterschenkel	z	32 Hz

Schwingungsbereich etwa von 2 bis 40 Hz abdecken müssen. Hierbei muss berücksichtigt werden, dass die Wahrnehmung abhängig ist von der Anregungsfrequenz. Das bedeutet, dass bei gleicher Amplitude der Belastung die Wahrnehmung abhängig von der Belastungsfrequenz ist. Für die Bewertung der mechanischen Schwingungen werden Normen herangezogen, wie die ISO 2631 oder VDI-Richtlinie VDI 2057-1 [3, 12].

Zur Bewertung der Einwirkungen werden drei Kriterien herangezogen, [3, 12]:

- Gesundheit – Für die Beurteilung der Ganzkörpervibrationen werden Ergebnisse aus zahlreichen Studien herangezogen. Diese geben Hinweise auf Gefährdungen bei Einwirkung von Langzeitbelastungen bei Sitzhaltung. Wenig bekannt sind hingegen die gesundheitsschädigenden Auswirkungen von Kurzzeitbelastungen durch Ganzkörpervibrationen. Auch über die Wirkungen auf die verschiedenen Organe des Menschen fehlen zurzeit ausreichende Kenntnisse.
- Komfort – Die durch Schwingungen verursachten Beanspruchungen werden auch subjektiv wahrgenommen. Die Wahrnehmung liegt in einem Bereich oberhalb der Wahrnehmungsschwelle bis zu einer Schmerzgrenze. Diese Grenzen sind individuell unterschiedlich. Sie hängen auch von den Umgebungsbedingungen ab wie Temperatur und Lärm. Auch hängt die Wahrnehmung von der jeweiligen Situation ab.
- Leistungsfähigkeit – Ganzkörpervibrationen beeinflussen die Leistungsfähigkeit zum einen durch Störungen an der Schnittstelle zwischen Mensch und Maschine bei der sensorischen Informationsaufnahme oder bei sensormotorischen Tätigkeiten. Zum anderen erfolgt die Beeinträchtigung des physiologischen und psychologischen Zustands. Die psycho-physischen Wirkungen sind abhängig von der Frequenz und Höhe, den

Schwellenwert, d. h. der Überschreitung zur Auslösung einer Wirkung sowie der Latenz bis die Wirkung eintritt. Weitere Größen sind die Abhängigkeit von der Zeit und die Persistenz. Hierunter wird das Fortbestehen der ungünstigen Wirkung nach Beendigung der Schwingungsexposition verstanden.

In mobilen Arbeitsmaschinen erfährt der Mensch in der Regel die größten auftretenden Schwingungsbelastungen am Fahrersitz. Bei einigen Maschinen befinden sich aber auch auf den Arbeitsmaschinen Arbeitsplätze wie am Verleseband eines Kartoffelroders. Die Belastungen an diesen Plätzen können sich sehr von denen an einem Fahrersitz unterscheiden und müssen entsprechend bei der Gestaltung der Maschinen berücksichtigt werden.

Belastung durch Lärm

Unter Lärm versteht man Schallintensitäten, die bewusste oder unbewusste physiologische Reize verursachen. Die Art der Empfindung ist unterschiedlich, individuell und abhängig von der Verfassung des Menschen. So werden bestimmte Geräusche und Klänge als angenehm empfunden. Andere hingegen werden als unangenehm wahrgenommen. Bemerkenswert ist, dass Lärm gesundheitliche negative Auswirkungen haben kann. Herz, Kreislauf, Atmung oder das Gehör können z. B. geschädigt werden. Länger andauernde Lärmbelastungen können zu einer frühzeitigen Lärmschwerhörigkeit führen [4].

Bewertet wird Lärm unter der Zugrundelegung physiologischer Empfindungen und Wahrnehmungen unter Berücksichtigung der Lautstärke. Dabei werden bei gleichem Schalldruckpegel unterschiedliche Schalfrequenzen verschieden stark empfunden. Beim Menschen ist besonders der Frequenzbereich zwischen 100 Hz und 4000 Hz empfindlich. Das heißt, dass bereits kleine Schallpegel zu einem höheren Lautstärkeempfinden führen. Dies wird durch eine Bewertungsfunktion ausgedrückt, z. B. nach DIN EN 61672-1 [11] oder DIN ISO 226 [7].

Schall bzw. Lärm sind vom Menschen in einem Frequenzbereich von 16 Hz bis 20000 Hz wahrnehmbar. Die Frequenzen der Druckspannungen werden als Tonhöhe und die Höhe der Druckspannungen als Lautstärke empfunden. Das bedeutet für die Beurteilung der Lärmbelastung, dass diese beiden Größen gemessen werden müssen. Hieraus leitet sich der Schalldruckpegel L ab. Als Maßeinheit wird Dezibel (dB) verwendet, [6]:

$$L = 20 \lg \frac{p}{p_0} (\mathrm{dB}) \tag{10.3}$$

In dieser Gleichung ist der Druck p_0 eine Größe, die der Wahnehmungsschwelle des Menschen entspricht. Der Druck p ist der effektive Schalldruck.

$$p_0 = 20\,\mu N / \mathrm{m}^2 \tag{10.4}$$

Im Rahmen der Zertifizierung nach der Maschinenrichtlinie sind A-, B- und C-Normen heranzuziehen, um die Gefährdung der Gesundheit zu reduzieren und auszuschließen. Als Beispiele werden DIN EN 1553 für Selbstfahrende/angebaute Landmaschinen oder DIN EN 1501 für Abfallsammelfahrzeuge genannt [4].

Tab. 10.4 Klimadaten am Arbeitsplatz. (Nach [2])

Einflussgröße		Behaglich	Unbehaglich	Unerträglich
Frischluftzufuhr	m^3/h	30 bis 90	10 bis 30	< 10
Lufttemperatur in Kopfhöhe	°C	18 bis 27	0 bis 18 27 bis 37	< 0 > 37
Relative Luftfeuchtigkeit	%	30 bis 65	15 bis 30 65 bis 85	< 15 > 85
Luftgeschwindigkeit	$\frac{m}{s}$	0,1 bis 0,5	0,5 bis 1,0	> 1,0

Belastung durch Klima

Belastungen durch Klima entstehen am Arbeitsplatz durch Kälte, Wärme, Luftfeuchtigkeit und Luftgeschwindigkeit. Diese verursachen messbare physiologische Reaktionen. Auch hier muss berücksichtigt werden, dass diese Größen individuell unterschiedlich wahrgenommen werden. Göhlich gibt für Klimadaten am Arbeitsplatz die in der Tab. 10.4 aufgeführten Werte an.

Belastung durch luftfremde Stoffe

Beim Einsatz mobiler Arbeitsmaschinen sind die Menschen, die mit der Maschine interagieren, oft Belastungen mit luftfremden Stoffen ausgesetzt. Diese Stoffe können Stäube, Aerosole oder Gase sein. Sie wirken auf den menschlichen Körper über den Hautkontakt, die Hautresorption, die Einatmung oder durch die Aufnahme über den Verdauungstrakt. Die Belastungen können zu gesundheitlichen Schäden führen. Das gilt besonders dann, wenn die Stoffe toxisch sind.

Bei den Staubbelastungen wird unterschieden [2]:

- Inerte Stäube, die in erster Linie das Wohlbefinden und die Leistungsfähigkeit beeinflussen.
- Allergene Stäube, die über die Haut und über die Atemwege allergische Reaktionen hervorrufen.
- Fibrogene Stäube, die häufig zu Lungenerkrankungen führen, weil sich diese oft quarzhaltigen Stäube in der Lunge festsetzen (Staublunge).
- Toxische Stäube, die giftige Substanzen enthalten und z. B. krebserregend sein können, z. B. Asbest.

Bei mobilen Arbeitsmaschinen sind die Quellen für die Stäube oft aufgewirbelter Boden, z. B. bei Erdbauarbeiten oder der Bodenbearbeitung sowie Stäube bei Erntearbeiten.

Belastungen durch flüssige luftfremde Stoffe sind z. B. Aerosole. Hierbei handelt es sich um in der Luft schwebende feine Tröpfchen, wie sie bei Feldspritzen oder Sprühgeräten auftreten. Sie sind besonders dann gesundheitsgefährdend, wenn die Tröpfchen aus toxischen Mitteln bestehen. Für die Beurteilung und Bewertung der Gesundheitsgefährdung am Arbeitsplatz sind die Konzentrationen der Stoffe, die Teilchengrößenzusammensetzung, die chemische und mineralogische Zusammensetzung und die Einwirkungsdauer relevant. Als Größe werden die maximalen Arbeitsplatzkonzentrationen (MAK-Werte) für die verschiedenen Stoffe festgelegt. Die MAK-Werte sind die höchstzulässigen Konzentrationen eines Arbeitsstoffes als Gas, Dampf oder Schwebstoff in der Luft am Arbeitsplatz, die nach dem gegenwärtigen Stand der Erkenntnisse keine gesundheitlichen Schäden verursachen. Als Exposition wird dabei eine in der Regel wiederholte 8-stündige Exposition bei einer durchschnittlichen Wochenarbeitszeit von 40 h angenommen. Die Maximale Arbeitsplatzkonzentrationen und Beurteilungswerte in biologischem Material werden in der MAK- und BAT-Werte-Liste 2024 aufgeführt [1].

10.2 Ergonomische Arbeits- und Fahrstandgestaltung

Mobile Arbeitsmaschinen müssen als Arbeitsplätze für Menschen so gestaltet werden, dass die Gesundheit der mit den Maschinen arbeitenden Personen nicht gefährdet wird und dass die Arbeitsbedingungen so sind, dass ein optimaler Einsatz der Maschinen möglich ist. In diesem Zusammenhang ist es die Aufgabe der Ergonomie als wissenschaftliche Disziplin, das Verständnis der Wechselwirkungen zwischen menschlichen und anderen Elementen eines Systems zu untersuchen, um die für die Gestaltung wichtigen Grundsätze erarbeiten zu können [10]. Das bedeutet, dass bei der Arbeitsplatzgestaltung der Arbeitsplatz den menschlichen Fähigkeiten und Bedürfnissen angepasst wird. Das wiederum erfordert eine grundsätzliche Analyse der Aufgaben des Menschen am Arbeitsplatz als Grundlage für die ergonomische Gestaltung. Auf der sensorischen Seite kann der Mensch visuelle, auditive, taktile und vestibulare Informationen aufnehmen und verarbeiten. Auf der aktorischen Seite ist die Betätigung der Maschine mit Händen und Füßen sowie mit der Sprache möglich. Anzumerken ist, dass die Hand-Fuß-Motorik zurzeit überwiegt. Entsprechend müssen bei der Gestaltung die anthropometrischen Maße für eine körpergerechte Arbeitsplatzgestaltung berücksichtigt werden.

In der Norm DIN-894 werden verschiedene Prinzipien genannt, die bei der Gestaltung berücksichtigt werden sollten, [9]:

- Prinzip der Funktionszuweisung – Ziel ist die angemessene Form der Zuweisung von Funktionen um Menschen und zur Maschine unter Berücksichtigung der Fähigkeiten des Menschen und den Aufgabenerfordernissen.
- Prinzip der Komplexität – Ziel sollte eine möglichst geringe Komplexität sein.
- Prinzip der Gruppierung – Hier geht es darum, dass Anzeigen und Stellteile so anzuordnen sind, dass sie leicht kombiniert werden können.
- Prinzip der Unterscheidbarkeit – Ziel ist es, die Elemente so zu gestalten, dass sie leicht erkannt und unterschieden werden können.
- Prinzip des funktionellen Zusammenhangs – Bei diesem Prinzip sollen zusammengehörende Stellteile und Anzeigen so angeordnet werden, dass ihr funktioneller Zusammenhang erkennbar ist.

- Prinzip der Informationsverfügbarkeit – Die Informationen, die zwischen Menschen und Maschine ausgetauscht werden, müssen auf Anfrage des Benutzers sofort zur Verfügung stehen.
- Prinzip der Redundanz – Hierunter ist zu verstehen, dass zusätzliche Anzeigen und Stellteile die Sicherheit der Maschine erhöhen können.
- Prinzip der Zugänglichkeit – Bei der Gestaltung ist darauf zu achten, dass die Informationen leicht zugänglich sind.
- Prinzip des Bewegungsraumes – Ziel ist es hier, die Stellteile so zu gestalten und anzuordnen, dass die erforderlichen Körperbewegungen für den Menschen nicht unangenehm sind.
- Prinzip der Kompatibilität zum Erlernten – Die Funktion, Bewegung und Lage der Elemente von Stellteilen und Anzeigen müssen den Erwartungen des Benutzers entsprechen.
- Prinzip der Kompatibilität zur Praxis – Hier gilt es, die Elemente der Stellteile und die Anzeigen an den praktischen Erfahrungen aus der Nutzung auszurichten.
- Prinzip der Konsistenz – Ziel dieses Prinzips ist es, dass ähnliche Teile des Mensch-Maschine-Systems aufeinander abgestimmt funktionieren sollten.
- Prinzip der Fehlerkontrolle – Hier sollten Lösungen vorgesehen werden, die Fehler prüfen können und dem Menschen Mittel zur Handhabung derartiger Fehler anbieten.
- Prinzip der Fehlerbehandlungszeit – Die Maschine soll dem Menschen ausreichend Zeit bieten, Fehler korrigieren zu können.
- Prinzip der Flexibilität – Die Maschine muss ausreichend flexibel sein, um sich an Unterschiede in den persönlichen Bedürfnissen, allgemeinen physiologischen und psychologischen Fähigkeiten, Lernvermögen und kulturellen Unterschieden
- anpassen zu können.

Es wird deutlich, dass bei der Gestaltung menschliche Körpermaße besonders berücksichtigt werden müssen. Hierbei gilt es aber zu beachten, dass Menschen hinsichtlich der Größe, den aufzubringenden Kräften usw. sehr verschieden sind. Das bedeutet, dass auf dem Menschen anpassbare Elemente wichtig für den optimalen Einsatz sind. Grundsätzlich sollten folgende Punkte bei der Gestaltung berücksichtigt werden [2]:

- Der Arbeitsplatz und die Arbeitsmittel sollten unter Berücksichtigung der Regeln der Technik die menschlichen Körpermaße beachten.
- Die bei der Arbeit eingenommene Körperhaltung soll sich nicht negativ auf den Körper, die Organe und Extremitäten auswirken.
- Die aufzuwendenden Körperkräfte sollen unter Berücksichtigung der Häufigkeit des Einsatzes in erträglichen Grenzen liegen. Diese sind z. T. in Normen und Richtlinie festgelegt.
- Die Bewegung des Körpers oder der Körperteile soll den natürlichen Bewegungsbahnen folgen.

- Anzeigen und Signale müssen so ausgewählt und gestaltet werden, dass sie von den Menschen bestmöglich wahrgenommen werden können.
- Der Arbeitsablauf soll so gestaltet sein, dass der Mensch nicht unter- oder überfordert wird.

10.3 Arbeitssicherheit

Der sichere Betrieb und die Nutzung mobiler Arbeitsmaschinen ist von besonderer Bedeutung und stellt eine Herausforderung für die Produktentwicklung dar. In der deutschen Sprache wird der Begriff Sicherheit unterschiedlich verwendet:

- Funktions- oder Betriebssicherheit – Reliability
- Arbeitssicherheit – Safety
- Sicherheit im Sinne von Schutz vor Eingriffen Dritter – Security

In erster Linie geht es darum, dass die zu entwickelnde Maschine die geforderten Funktionen erfüllt, betriebssicher ist und das jeweilige Arbeitsverfahren ermöglicht. Es müssen aber noch weitere zusätzliche Personen oder beteiligte Gruppen berücksichtigt werden. Das sind zum einen die Personen, die die Maschine direkt nutzen. Zum anderen bewegt sich die Maschine in der Umwelt, die differenzierter zu betrachten ist. Hierbei handelt es sich um:

- das jeweilige zu bearbeitende Objekt
- Boden
- Luft und Wasser
- Menschen im Umfeld der Maschine

In modernen Maschinen werden weiterhin große Mengen von Daten erfasst, ausgewertet und gespeichert. Hier muss durch Sicherheitsmechanismen gewährleistet werden, dass nur die Menschen an die Daten gelangen, die auch dazu berechtigt sind. Hier ist z. B. die Frage zu klären, wem die gespeicherten Daten gehören und wer sie nutzen darf. Hier kommen also noch juristische Aspekte hinzu. Es wird deutlich, dass die Aufgabenstellungen in Bezug auf Sicherheit für die Produktentwicklung komplex sind.

Im technischen Bereich ist „Sicherheit“ oft davon abhängig, wie sie definiert ist oder welcher Grad von Unsicherheit für die Nutzung der technischen Funktion akzeptiert wird. Tritt bei einer möglichen Störung keine Gefährdung auf, so spricht man einfach nur von Zuverlässigkeit. Die Norm IEC 61508 definiert Sicherheit als „Freiheit von unvertretbaren Risiken“ und verwendet darüber hinaus den Begriff der funktionalen Sicherheit [5]. Gesetzliche Vorschriften der Sicherheitstechnik dienen in erster Linie der Arbeitssicherheit, also der Sicherheit und dem Gesundheitsschutz bei der Arbeit, und dem Umweltschutz. Primäre

Grundlage für die Betriebssicherheit ist die Bauteilzuverlässigkeit, das heißt, Bauteile dürfen nicht durch Überbelastung oder Materialversagen ihre Funktionsfähigkeit verlieren.

Untersuchungen zu Problemen und Lösungen der Sicherheit in der Technik führt die Sicherheitstechnik durch. Die Maßnahmen, mit denen die Sicherheit von technischen Objekten, Anlagen oder Systemen erreicht werden soll, sind im Grunde Spezialfälle zur Gewährleistung entweder von individueller oder kollektiver Sicherheit der beteiligten Menschen. Sie können auch wirtschaftlich motiviert sein, um z. B. kostspielige Reparaturen oder Produktionsausfälle oder aber rechtlich begründete Sanktionen bei Schadensfällen zu vermeiden.

Folgende Begriffe werden in diesem Zusammenhang genannt:

- unmittelbare Sicherheit bezeichnet Lösungen, bei denen die Gefahrenentstehung verhindert wird. – Dabei gibt es den safe-life-Ansatz, bei dem durch Klärung aller äußeren Einflüsse, sicherem Bemessen und weiterer Kontrolle ein Versagen ausgeschlossen wird. Der fail-safe-Ansatz bewirkt, dass bei einem beschränkten Versagen noch eine gefahrlose Außerbetriebnahme möglich ist. Ein weiterer Ansatz ist die redundante Anordnung von Baugruppen, so dass bei einem Ausfall eines Teils dennoch die Gesamtfunktion weiterhin gewährleistet ist.
- mittelbare Sicherheit bezeichnet Lösungen mit denen zusätzliche Schutzeinrichtungen eine mögliche Gefährdung abweisen. – So verhindern zum Beispiel Maschinenverkleidungen die Gefahr, durch die bewegten Teile verletzt zu werden und verhindern gefährliche Eingriffe von außen. Andere Schutzsysteme arbeiten mit Sensoren. So wird etwa eine Arbeitsfunktion nicht aktiviert, wenn ein Sensor anzeigt, dass eine Schutzvorrichtung nicht korrekt befestigt ist.
- hinweisende Sicherheit ist die schwächste und rechtlich geringste Form von Sicherheitsmaßnahmen. – Hier wird lediglich auf die Gefahren hingewiesen, etwa durch Gefahrensymbole, z. B. auffällige Warnhinweise bei elektrischen Anlagen, oder Verkehrszeichen an Gefahrenpunkten. Des Weiteren gehören dazu auch Sicherheitshinweise in Bedienungsanleitungen von elektrischen Geräten sowie die Verwendung auffälliger Signalfarben oder Reflektoren an gefährdeten Objekten.

Für die Arbeitssicherheit und den -schutz in mobilen Arbeitsmaschinen ist besonders die Maschinenrichtlinie von Bedeutung. Die Richtlinie 2006/42/EG ist eine überarbeitete Fassung der Maschinenrichtlinie, deren erste Version im Jahr 1989 angenommen worden war. Die Maschinenrichtlinie regelt ein einheitliches Schutzniveau zur Unfallverhütung für Maschinen beim Inverkehrbringen innerhalb des europäischen Wirtschaftsraumes (EWR). Durch die Maschinenrichtlinie sollen weiterhin Handelshemmnisse in der Europäischen Union abgebaut werden [8].

Die Liste zeigt die wichtigsten Konsequenzen und Maßnahmen, die zu beachten sind:

- Risikobeurteilung – Hersteller müssen eine Risikobeurteilung für ihre Maschinen durchführen, um potenzielle Gefährdungen zu identifizieren und geeignete Schutzmaßnahmen zu ergreifen.
- Sicherheits- und Gesundheitsschutzanforderungen – Hersteller müssen sicherstellen, dass ihre Maschinen die grundlegenden Sicherheits- und Gesundheitsschutzanforderungen der Richtlinie erfüllen. Dies umfasst Anforderungen an die Konstruktion, die Steuerungssysteme, die Schutzvorrichtungen und die Bedienungsanleitungen.
- Konformitätsbewertungsverfahren – Hersteller müssen ein Konformitätsbewertungsverfahren durchführen, um sicherzustellen, dass ihre Maschinen den Anforderungen der Richtlinie entsprechen. Dies kann die Erstellung einer technischen Dokumentation und die Durchführung von Tests und Prüfungen umfassen.
- Technische Dokumentation – Hersteller müssen eine technische Dokumentation erstellen, die alle relevanten Informationen über die Maschine enthält, einschließlich Konstruktionszeichnungen, Schaltpläne, Bedienungsanleitungen und die Ergebnisse der Risikobeurteilung.
- CE-Kennzeichnung – Maschinen, die den Anforderungen der Richtlinie entsprechen, müssen mit der CE-Kennzeichnung versehen werden. Dies zeigt an, dass die Maschine den geltenden EU-Vorschriften entspricht und in Verkehr gebracht werden darf.
- EG-Konformitätserklärung – Hersteller müssen eine EG-Konformitätserklärung ausstellen, in der sie bestätigen, dass die Maschine den Anforderungen der Maschinenrichtlinie entspricht.
- Marktüberwachung – Hersteller müssen sicherstellen, dass ihre Maschinen auch nach dem Inverkehrbringen weiterhin den Anforderungen entsprechen. Dies kann regelmäßige Überprüfungen und Updates umfassen.

Die Maschinenrichtlinie entfaltet wie alle Richtlinien, die auf Grundlage des EG-Vertrags erlassen werden, keine unmittelbare Wirkung. Sie muss in nationales Recht transformiert werden. In der Maschinenrichtlinie werden Sicherheitsgrundsätze genannt, die bei der Entwicklung beachtet werden müssen [8], u. a.:

- Eine Maschine ist so zu bauen, dass die Funktion erfüllt wird. Das muss auch bei vorhersehbaren Fehlanwendungen sichergestellt sein. In jedem Fall muss die Gefährdung von Personen ausgeschlossen sein.
- Mögliche Risiken sind abzuschätzen und durch Maßnahmen sind sie für die gesamte Lebensdauer der Maschine zu beseitigen.
- Bei der Entwicklung der Maschine müssen die Belastungen, denen Personen ausgesetzt sind, während des Betriebes berücksichtigt werden.

Durch die Einhaltung dieser Anforderungen können Hersteller sicherstellen, dass ihre Maschinen sicher sind und den gesetzlichen Vorschriften entsprechen. Dies trägt nicht nur zum Schutz der Menschen bei, die mit den Maschinen arbeiten, sondern erleichtert auch den Zugang zum europäischen Markt.

Literatur

1. Deutsche Forschungsgemeinschaft (2024) MAK- und BAT-Werte-Liste 2024: Ständige Senatskommission zur Prüfung gesundheitsschädlicher Arbeitsstoffe – Mitteilung 60. 305 pages
2. Göhlich H (1987) Mensch und Maschine: mit 12 Tabellen. Parey, Hamburg
3. Krüger J (2016) Kombinierte Regelung semi-aktiver Kabinen- und Aufbaufederungen zur Verbesserung von Komfort und Fahrsicherheit mobiler Arbeitsmaschinen. Dissertation, Technische Universität Berlin
4. Schirmer W (2006) Technischer Lärmschutz: Grundlagen und praktische Maßnahmen zum Schutz vor Lärm und Schwingungen von Maschinen, 2., bearbeitete und erweiterte Auflage. Springer Berlin Heidelberg, Berlin, Heidelberg
5. Smith R (2006) IEC 61508 Overview Report – A Summary of the IEC 61508 Standard for Functional Safety of Electrical/Electronic/Programmable Electronic Safety-Related Systems. exida, Sellersville, PA 18960, USA
6. (1971) DIN 45630-1:1971-12, Grundlagen der Schallmessung; Physikalische und subjektive Größen von Schall
7. (2006) DIN ISO 226:2006-04, Akustik – Normalkurven gleicher Lautstärkepegel (ISO 226:2003)
8. (2006) RICHTLINIE 2006/42/EG DES EUROPÄISCHEN PARLAMENTS UND DES RATES vom 17. Mai 2006 über Maschinen und zur Änderung der Richtlinie 95/16/EG (Neufassung): 2006/42/EG
9. (2009) DIN EN 894-1:2009-01, Sicherheit von Maschinen – Ergonomische Anforderungen an die Gestaltung von Anzeigen und Stellteilen – Teil 1: Allgemeine Leitsätze für Benutzer-Interaktion mit Anzeigen und Stellteilen; Deutsche Fassung EN 894-1:1997+A1:2008
10. (2011) DIN EN ISO 26800:2011-11, Ergonomie – Genereller Ansatz, Prinzipien und Konzepte (ISO 26800:2011); Deutsche Fassung EN ISO 26800:2011
11. (2014) DIN EN 61672-1:2014-07, Elektroakustik – Schallpegelmesser – Teil_1: Anforderungen (IEC 61672-1:2013); Deutsche Fassung EN 61672-1:2013
12. (2017) VDI 2057-1: 2017-08, Einwirkung mechanischer Schwingungen auf den Menschen Ganzkörper-Schwingungen
13. (2017) VDI 2057-1: 2017-10, Einwirkung mechanischer Schwingungen auf den Menschen Ganzkörper-Schwingungen – Berichtigung

Traktoren

11

Inhaltsverzeichnis

In der Landwirtschaft kommt den Traktoren eine besondere Bedeutung zu. Die Entwicklung der Traktoren ist in der Vergangenheit sehr stark mit der Mechanisierung der Landwirtschaft gekoppelt. Die ersten Traktoren waren dadurch gekennzeichnet, dass es gelang, Dampfmaschinen und später die Verbrennungsmotoren auf ein Fahrwerk zu implementieren, um damit Arbeitsmaschinen anzutreiben oder Zugarbeiten zu übernehmen. Die menschlich oder tierisch erzeugte Leistung konnte durch die Maschinen um ein Vielfaches gesteigert werden, z. B für schwere Zugarbeiten für das Pflügen oder das Antreiben von Dreschmaschinen bei der Getreideernte. Die Entwicklung war nicht einheitlich, sondern sie war in den Regionen unterschiedlich [12]. In Mitteleuropa kamen ab 1860 Seilzugdampfpflüge auf, deren Entwicklung von Großbritannien ausging. Bei diesen Maschinen trieb ein am Feldrand stehendes Dampfmobil bzw. Lokomobil eine Seilwinde an, die einen Kipppflug über das zu bearbeitende Feld zog [17]. In Deutschland wurden zu Beginn des 20. Jahrhunderts Motortragpflüge entwickelt, die man auch als selbstfahrende Pflüge bezeichnen kann. Sie bestanden aus einem einachsigen Fahrzeug, an dessen Heck ein Pflug montiert war. Aus diesen entwickelten sich dann in den 1920er-Jahren die ersten Rad- und Kettentraktoren [6]. In den USA wurden in den 1860er-Jahren die ersten dampfangetriebenen Radtraktoren eingesetzt. Ab 1889 wurden dort auch die ersten Benzin-

H. J. Meyer, *Mobile Arbeitsmaschinen*, https://doi.org/10.1007/978-3-662-72251-0_11

traktoren gebaut. Ein besonderer Meilenstein in der Entwicklung von Traktoren war 1917 die Einführung des Traktors Modell F der Marke Fordson von Henry Ford. Neben der Technologie und der Blockbauweise konnte durch die Massenproduktion, die Ford von der Automobilherstellung auf die Traktorproduktion übertrug, Traktoren preisgünstig hergestellt werden. Dadurch wurden Traktoren für viele landwirtschaftliche Betriebe erst erschwinglich [4, 13]. In Osteuropa waren die ersten Traktoren Kettentraktoren mit Dampfantrieb, die im weiteren Verlauf der Entwicklung von Verbrennungsmotoren ersetzt wurden [12]. Weitere Entwicklungsschritte waren die Einführung der Luftbereifung in den 1930er Jahren, sodass Traktoren mobiler wurden und auch auf den Straßen Transportarbeiten übernehmen konnten. Die eigentliche große Verbreitung von Traktoren begann ab den 1950er-Jahren als die Mechanisierung der Landwirtschaft massive Fortschritte machte. Als universelle Maschine für den Transport und als Antrieb für die Arbeitsmaschinen verdrängten Traktoren die Arbeitstiere, waren sie doch kostengünstiger, leistungsfähiger und dauerhafter einsetzbar.

In der heutigen Landwirtschaft sind Traktoren weiterhin die Schlüsselmaschinen. Ihre Kernaufgaben sind [9]:

- Zugarbeiten auf dem Feld
- Transportarbeiten im Bereich des Betriebes
- Antrieb von fahrbaren und stationären Maschinen und Geräten
- Arbeiten mit angebautem Gerät

Die wichtigsten Traktorbauarten sind in Abb. 11.1 dargestellt. Die meisten heute im Einsatz befindlichen Traktoren sind Standardtraktoren. Diese sind dadurch gekennzeichnet, dass die Fahrzeugkabine mit dem Sitz und den Bedienelementen über der Hinterachse des Traktors angeordnet sind. Der Motor befindet sich vor der Kabine. Die Vorderachse ist bei größeren Traktoren meistens angetrieben und oft auch gefedert. Im Heck des Traktors befindet sich der Heckkraftheber, die Anschlüsse für die Hydraulikverbraucher und für die Zapfwelle und die Anhängevorrichtung zum Ankoppeln von Anhängern. Es ist üblich, dass auch der Frontbereich als Anbauraum genutzt wird. Das erfordert dann einen Frontkraftheber, Anschlüsse für Hydraulikverbraucher im Frontbereich und eine Frontzapfwelle.

Die große Bandbreite unterschiedlicher Traktorkonzepte spiegelt sich auch in den installierten Motorleistungen wider. Diese reichen von einigen kW bis zu mehreren hundert kW.

Neben der genannten Einteilung nach der Bauweise schlägt Renius eine Einteilung in Technologiestufen für Standardtraktoren vor [13]. Das wesentliche Merkmal zur Einteilung in die Technologiestufen ist der Aufbau des Getriebes und dessen Steuerung. Der Grund ist, dass das Getriebe mit Hinterachse, Bremsen, Zapfwelle und der Ankopplung der Frontachse 25% bis 30% der Herstellkosten ausmacht und zu den teuersten Komponenten des Traktors zählt. Der Aufbau und die Funktion des Getriebes sind darüber hinaus charakterisierend für den Traktor. Einen Überblick über die Technologiestufen gibt Tab. 11.1. Die

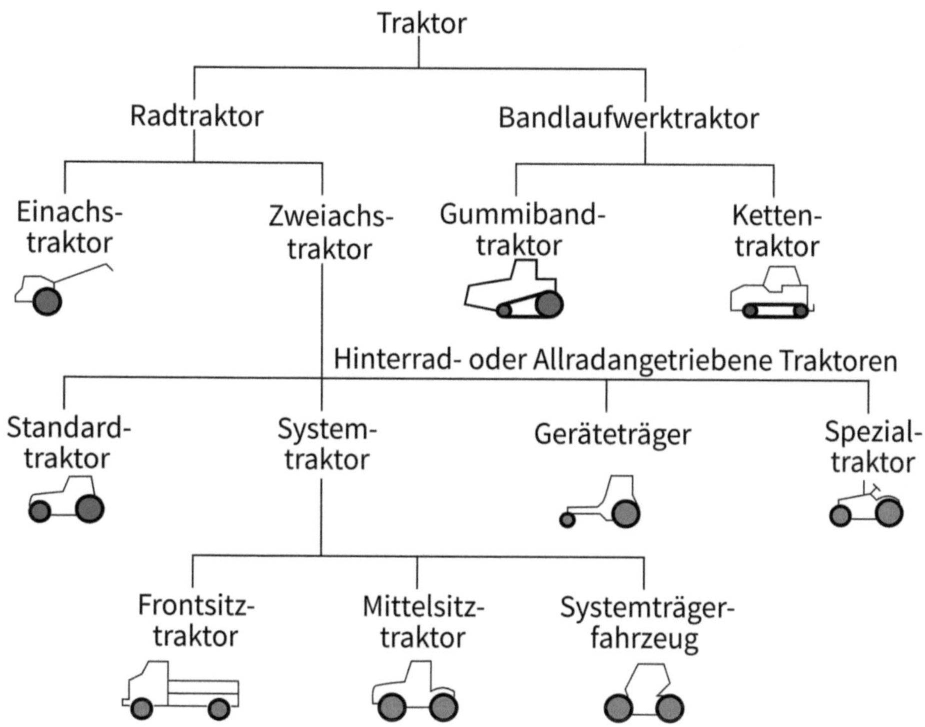

Abb. 11.1 Systematische Einteilung von Traktoren. (Nach [9])

Technologiestufen orientieren sich an der Komplexität des Getriebes. Sie reichen von sehr einfachen Schaltgetrieben mit wenigen Gängen bis zu komplexen automatisierten, stufenlosen Getrieben, die auch als Continuously Variable Transmission (CVT-Getriebe) bezeichnet werden. In der Regel werden die einfacheren Getriebe in kleineren Traktoren eingesetzt, während die Technologiestufe V bei Großtraktoren zu finden ist.

11.1 Aufbau

Die nachstehende Abb. 11.2 zeigt den prinzipiellen Aufbau eines Standardtraktors.

11.1.1 Rahmen, Fahrwerk

Der Rahmen ist das eigentliche Tragwerk bei mobilen Arbeitsmaschinen. Bei Traktoren werden unterschiedliche Konzepte verfolgt [3]:

Tab. 11.1 Einteilung von Standardtraktoren in Technologiestufen. (Nach [10])

Technologiestufe	Geschwindigkeit in km/h vorwärts	Geschwindigkeit in km/h rückwärts	Vorwärtsgänge	Rückwärtsgänge	Art der Schaltung	Zapfwelle in 1/min	Bremsen	Grad der Integration von Informationstechnik	Typische Märkte
I	2–30	3–12	5–8	1–2	Schieberäder	540	Trocken oder Nass	Entfällt	Entwicklungsländer, Kleinbetriebe
II	2,2–32	3–12	8–12	2–4	Schieberäder, Muffenschaltung	540, 1000	Vorwiegend nass	Sehr gering	Indien, China, Südamerika
III	0,5–40	3–15	16–64	8–32	Muffenschaltung, Synchronisierte Schaltung, High – Low-Lastschaltung, synchronisierte Wendeschaltung	540, 1000, Eco-Drehzahlen	Nasse Scheibenbremsen	Gering	Amerika, Südeuropa, Osteuropa
IV	0,3–60	2–30	16–64	8–32	Synchronisierte Schaltung, Teilweise lastschaltbar, Automatisiert	540, 1000, Eco-Drehzahlen	Nasse Scheibenbremsen	Hoch	Premiummärkte, Mittel- und Nordeuropa, Spezielle Anwendungen
V-a	2,5–60	3–30	19–26	6–12	Voll lastschaltbar, Automatisiert	540, 1000, Eco-Drehzahlen	Nasse Scheibenbremsen	Sehr hoch	Premiummärkte, Mittel- und Nordeuropa, Spezielle Anwendungen
V-b	0–60	0–30	Stufenlos	Stufenlos	CVT, Automatisiert	540, 1000, Eco-Drehzahlen	Nasse Scheibenbremsen	Sehr hoch	Premiummärkte, Mittel- und Nordeuropa, Spezielle Anwendungen

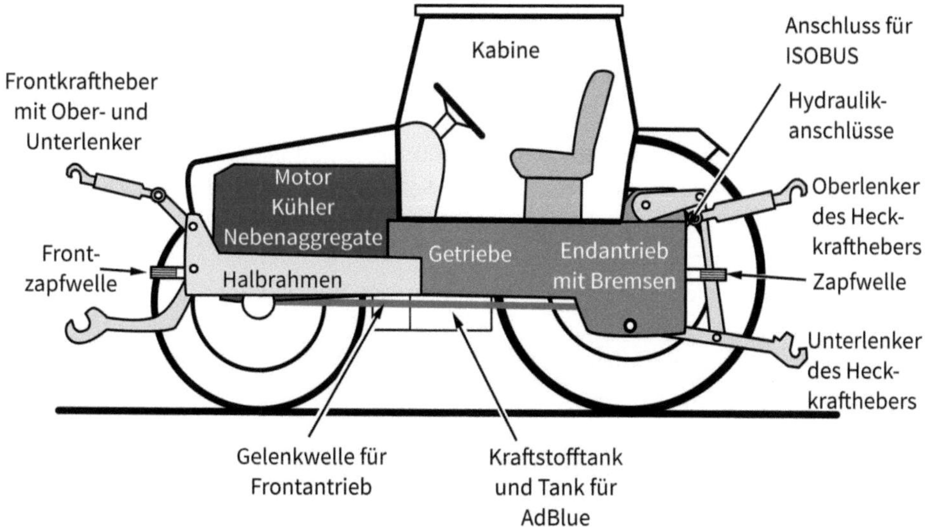

Abb. 11.2 Aufbau eines Standardtraktors

- Blockbauweise – Die Blockbauweise ist bei Standardtraktoren vorherrschend. Sie ist dadurch gekennzeichnet, dass Achsen, Getriebe und Motor über Flansche miteinander verbunden sind. Die Gehäuse dieser Komponenten sind üblicherweise als selbsttragende Gusskonstruktionen ausgeführt. Wenn auch die tragende Gusskonstruktion der Komponenten komplex ist, so sind die Herstellkosten bei großen Stückzahlen geringer als bei Rahmen. Nachteilig ist, dass die Komponenten entsprechend ausgelegt werden müssen, was die Integration von Standardindustriemotoren erschwert.
- Teil- oder Halbrahmenbauweise – Bei der Halbrahmenbauweise liegt, wie der Name schon vermuten lässt, eine Kombination aus Blockbauweise und Rahmenbauweise vor. Die Ausprägungen können unterschiedlich sein. In der Regel ist beim Halbrahmen der Motor und die Vorderachse in einem Stahlrahmen montiert. Das Getriebe und die Hinterachse sind weiterhin als selbsttragende Konstruktionen ausgeführt. Beim sogenannten „Dreiviertelrahmen" ist nur noch die Hinterachse eine selbsttragende Konstruktion.
- Vollrahmenbauweise – Beim Vollrahmen übernimmt der Rahmen die vollständige Aufgabe eines Tragwerkes. Diese Bauweise kommt vorwiegend bei Maschinen zum Einsatz, die in geringen Stückzahlen gefertigt werden, bei Systemtraktoren oder auch bei Maschinen, wo eine große Variantenvielzahl bei Motor- und Getriebevarianten besteht. Der Vollrahmen selbst besteht in der Regel aus verschweißten, umgeformten Blechen oder Rohren. Je nach Gestaltung des Rahmens ist es möglich, diesen sehr steif oder sehr verwindungsweich auszulegen.

Bei modernen Traktoren werden überwiegend alle Achsen angetrieben. Reine Hinterradtraktoren sind eher die Ausnahme und kommen vorwiegend bei kleinen, einfachen Traktoren zur Anwendung. Die Vorteile des Allradantriebes liegen u. a. in:

- höhere Zugkraft bei Ackerarbeiten (bis zu 40% bei nur 20% mehr Traktionsgewicht)
- höhere Ackerzugkraftleistung, bei gleichem Schlupf und gleicher Motorauslastung
- geringerer Energieverbrauch bezogen auf die Ackerzugleistung
- verbesserte Arbeit mit Frontarbeitsgeräten
- höhere Fahrsicherheit (Hangbetrieb, Motorbremsen, Wintereinsatz)
- Bodenschonung
- kleinere bzw. schmalere Hinterräder
- kostengünstige Frontachsbremse

Nachteilig an einem Allradantrieb sind:

- höhere Kosten bei gleicher Motorleistung
- höhere Verluste auch bei ausgeschaltetem Allradantrieb
- höherer Wartungsaufwand
- größerer Wenderadius
- höherer Reifenverschleiß an der Vorderachse

Bei Traktoren wird die Aufgabe der Federung und Dämpfung des Fahrzeuges in der Regel vollständig von den Reifen übernommen. Durch die Erhöhung der Fahrgeschwindigkeit bei Standardtraktoren auf 40 km/h bzw. 50 km/h und mehr gewinnt die Federung der Maschinen besondere Bedeutung. Während die Hinterachse bis auf geringe Ausnahmen starr ausgeführt sind, werden in Standardtraktoren gefederte Vorderachsen eingebaut. Am weitesten verbreitet sind Vorderachsfederung mit Starrachsen, Niveauregulierung und der Möglichkeit, die Federung, z. B. für Frontladerarbeiten sperren zu können [5].

11.2 Antrieb

In Traktoren kommen vorwiegend Dieselmotoren zum Einsatz, siehe Kap. 3. Der wesentliche Grund für den Einsatz von Dieselmotoren in Traktoren ist der geringe Kraftstoffverbrauch. Dies wird vor allem durch die Dieseldirekteinspritzung und Aufladung des Motors mit Abgasturboladern und Ladeluftkühlung erreicht. In den letzten Jahren kamen zunehmend auch elektronische Motorregler zum Einsatz, die die gezielte Regelung der Einspritzmengen und Zeitpunkte ermöglichen und zu einer weiteren Steigerung der Motorleistungsfähigkeit geführt haben. Darüber hinaus sind Kombinationen mit modernen Einspritzsystemen und Aufladungssystemen nötig, um den sich verschärfenden Abgasnormen gerecht zu werden.

Die Motorentwicklung von Traktoren orientiert sich heute sehr an der von Nutzfahrzeugen. Die Bauweise der Traktoren in Blockbauweise verhinderte den Einsatz von Standardmotoren, da ihre Gehäusekonstruktion nicht die Belastungen aufnehmen konnte, wie es bei der Blockbauweise notwendig wäre. Mittlerweile werden aber auch viele Traktoren in Rahmenbauweise hergestellt, sodass diese Einschränkung nicht zwingend ist.

Die Emissionsproblematik bei Dieselmotoren führt zu einer Entwicklung und Untersuchung von alternativen Antriebssystemen. Elektrische Antriebe für Traktoren befinden sich in der Entwicklung. Batteriebetriebene Traktoren wurden als Prototypen aufgebaut und untersucht [8]. Mittlerweile werden auch erste Traktoren angeboten [16]. Den breiten praktischen Einsatz schränkt die geringe Arbeitszeit aufgrund der begrenzten Batteriekapazität ein. Dieser Einschränkung versucht man, mit einer leitungsgebundenen Energieversorgung zu begegnen. Hierfür werden dann aber spezielle Kabelhandhabungssysteme benötigt. Auch diese Systeme befinden sich derzeit in Untersuchung [2].

Das Getriebe in einem Traktor macht aufgrund seiner Komplexität mit Fahrantrieb, Zapfwellenantrieb und Allradantrieb einen hohen Teil des Herstellungsaufwandes eines Traktors aus. Die Hauptaufgabe des Getriebes besteht darin, die Fahrgeschwindigkeit des Traktors an die jeweiligen Arbeitsbedingungen anzupassen. Die Nennleistung des Traktors kann nur bei Nenndrehzahl des Traktormotors übertragen werden. Deshalb muss die Fahrgeschwindigkeit und damit die Drehzahl der Antriebsräder in einem großen Bereich unabhängig von der Motordrehzahl verändert werden können. Weitere Aufgaben des Getriebes sind die Fahrtrichtungsumkehr und der Antrieb von Nebenantrieben, z. B. Zapfwelle, Allradantrieb, Mähwerk.

Der Grundaufbau des Getriebes wurde beim Standardtraktor seit langem stark durch die Blockbauweise geprägt. In den letzten Jahren gibt es vermehrt Tendenzen zu Rahmenbauweisen. Dadurch können Getriebe flexibler gestaltet und eingesetzt werden.

Den üblichen Aufbau eines Traktorantriebstrangs zeigt Abb. 11.3. Der Motor gibt seine Leistung über die Fahrkupplung und Zapfwellenkupplung an das Getriebe ab. Nachdem sich stufenlose Schaltgetriebe bei Standardtraktoren aufgrund des schlechten Wirkungsgrades lange Zeit nicht haben durchsetzen können, arbeitete man hauptsächlich mit hochentwickelten Zahnrad-Stufengetrieben, die häufig unter Last schaltbar sind. Zahnrad-Stufengetriebe werden häufig nach dem sogenannten Gruppenprinzip gebaut. Dieser Aufbau spart Zahnradaufwand und Kosten. Durch den Multiplikationseffekt benötigt man z. B. für 16 Vorwärtsstufen bei 4 Grundgängen und 4 Gruppen höchstens 8 Radpaare. In der Praxis legt man die Gruppen so aus, dass sich für den Anwender günstige Arbeitsgeschwindigkeiten ergeben (z. B. eine Ackergruppe oder Straßengruppe).

Abb. 11.4 zeigt ein Beispiel für ein Traktorgetriebe der Technologiestufe I. Es handelt sich hier um ein Schaltgetriebe, das in seiner einfachsten Form im Hauptgetriebe 4 Vorwärtsgänge und 1 einen Rückwärtsgang aufweist. Diese werden mit zwei Gruppen H und L kombiniert, was 8 Vorwärtsgänge und 2 Rückwärtsgänge ergibt. In einem dafür vorgesehenen Bauraum können verschiedene Optionen integriert werden. So kann mit einer Synchro-High-Low-Schaltung die Ganganzahl auf 16 Vorwärts- und 4 Rückwärtsgänge verdoppelt werden. Eine Alternative sieht eine Reversierschaltung vor, sodass sich

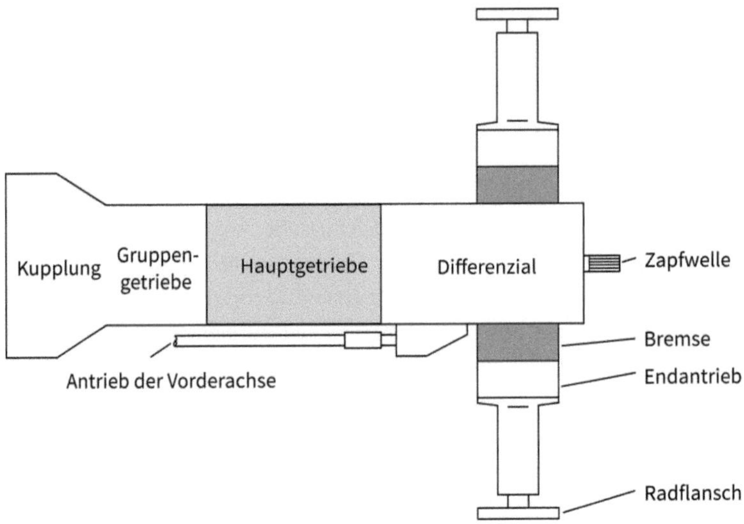

Abb. 11.3 Häufige Anordnung der wichtigen Funktionsgruppen des Traktorantriebstrangs bei Standardtraktoren. (Nach [12])

8 Vorwärts- und 8 Rückwärtsgänge ergeben. Diese dann aus dem Basisgetriebe abgeleiteten Varianten können der Technologiestufe II zugeordnet werden. Solche Getriebe werden bereits seit mehreren Jahrzehnten gebaut. Heute kommen sie vorwiegend in einfachen Traktoren zur Anwendung und für Märkte wie Indien zur Anwendung [10].

Ein Beispiel für ein Getriebe der Technologiestufe IV zeigt Abb. 11.5. Bei diesem Getriebe kommt das Doppelkupplungsprinzip zum Einsatz. Bei diesem Prinzip wird die Leistung vom Motor über eine der Kupplungen geleitet. Die andere Kupplung ist in diesem Moment ausgekuppelt. Da dieser Zweig dann lastfrei ist, kann ein anderes Zahnradpaar eingelegt werden. Die Leistung fließt dann über dieses Zahnradpaar, wenn die zugehörige Kupplung geschaltet und die andere ausgekuppelt wird. Das gleichzeitige Lösen der einen und Schließen der anderen Kupplung wird mechatronisch gelöst. Auf der einen Welle befinden sich die Zahnradpaarungen der geradzahligen Gänge und auf der anderen der ungeradzahligen Gänge. Angetrieben werden die beiden Stränge über eine lastschaltbare Reversierung. Kombiniert werden die 8 Gänge mit drei Gruppen A, B und C, sodass sich insgesamt 24 Gänge für vorwärts und rückwärts ergeben [11].

Die neuesten Entwicklungen im Bereich von Traktoren sind stufenlose leistungsverzweigte Getriebe. Sie werden zur Technologiestufe V gezählt. Hoher Bedienkomfort, weite Drehzahlspreizung, hoher Wirkungsgrad sowie flexible Aufteilung der Leistung auf Fahrantrieb und Zapfwelle sind die Vorteile dieser Konzepte. Bei stufenlosen, leistungsverzweigten Getrieben wird die vom Dieselmotor abgegebene Leistung in der Regel über ein Planetengetriebe auf einen mechanischen und einen hydrostatischen Getriebeteil verteilt. Vor dem Getriebeausgang werden die gewandelten Leistungsanteile wieder addiert. Auf diese Weise werden sowohl der gute Wirkungsgrad des mechanischen Getriebes als

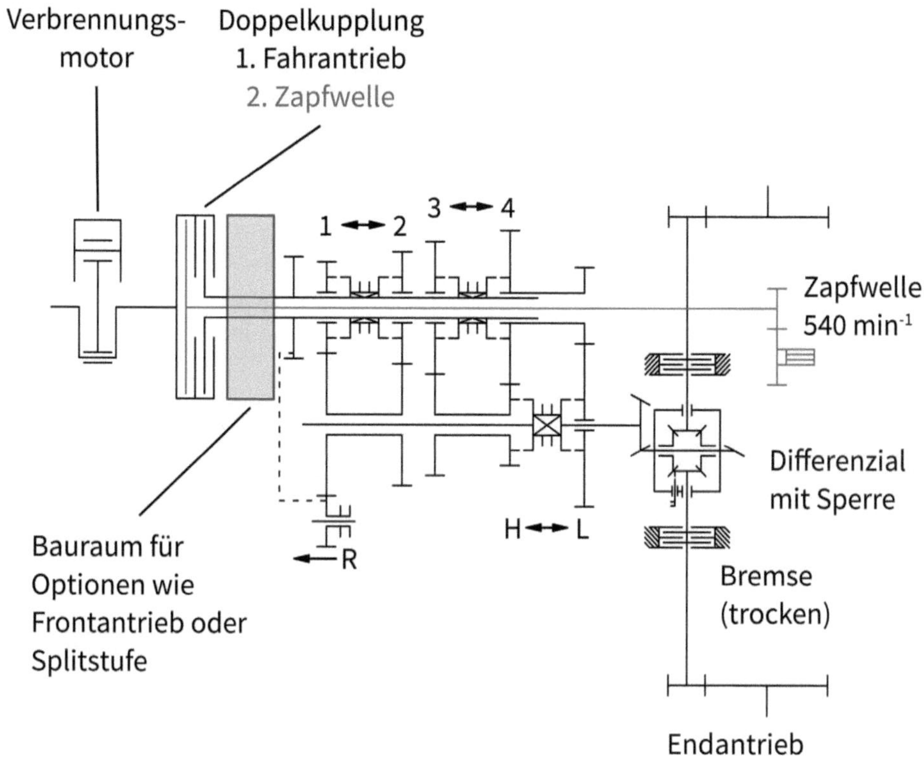

Abb. 11.4 Schaltgetriebe Carraro für CNH/Indien, Version T3-0 basic (seit 2011). (Nach [10])

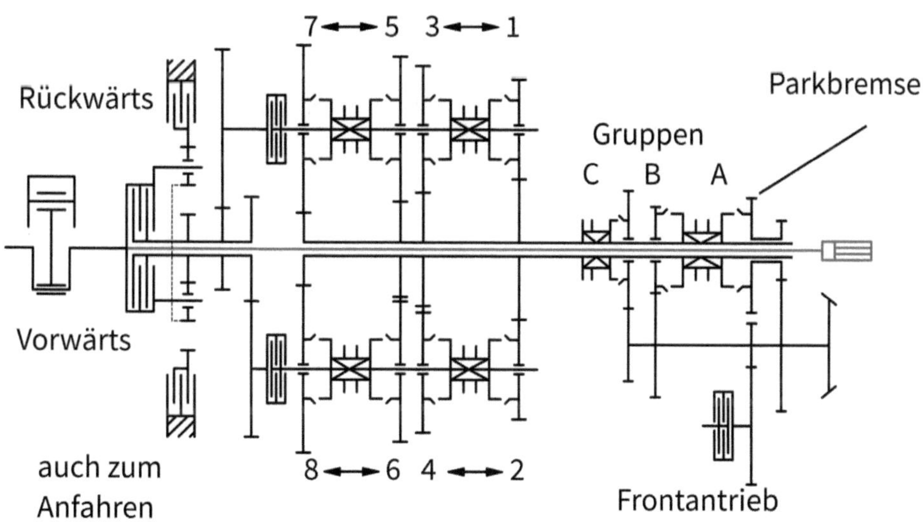

Abb. 11.5 Lastschaltbares Doppelkupplungsgetriebe John Deere DirectDrive. (Nach [11])

auch die Stufenlosigkeit des hydrostatischen Getriebes genutzt. Abb. 11.6 zeigt den prinzipiellen Aufbau eines in Traktoren eingesetzten leistungsverzweigten Getriebes mit 2 Fahrstufen. Durch das mechanische Zweiganggetriebe, das nur bei stehendem Traktor geschaltet werden soll, gibt es zwei Fahrbereiche: Einen von 0 bis 32 km/h, und einen von 0 bis 50 km/h. Schwenkt die Pumpe in die andere Richtung, kehrt sich der Ölstrom um, und der Traktor fährt rückwärts [14].

Eine wesentliche Aufgabe von Traktoren ist die Bereitstellung von Leistung für den Antrieb von Arbeitsgeräten. Bereits sehr früh wurde die Zapfwelle eingesetzt und genormt. Mit dieser wird die Motorleistung über eine mechanische Gelenkwelle an das Arbeitsgerät übertragen. Tab. 11.2 zeigt die Zuordnung der einzelnen Kategorien zu den Motorleistungen [21].

Moderne Traktoren der Technologiestufen III, IV und V bieten eine Heckzapfwelle mit 2 bis 4 Drehzahlen und meist optional eine Frontzapfwelle mit einer Drehzahl. Bei einfachen Traktoren der untersten Technologiestufe ist die Zapfwelle direkt mit der

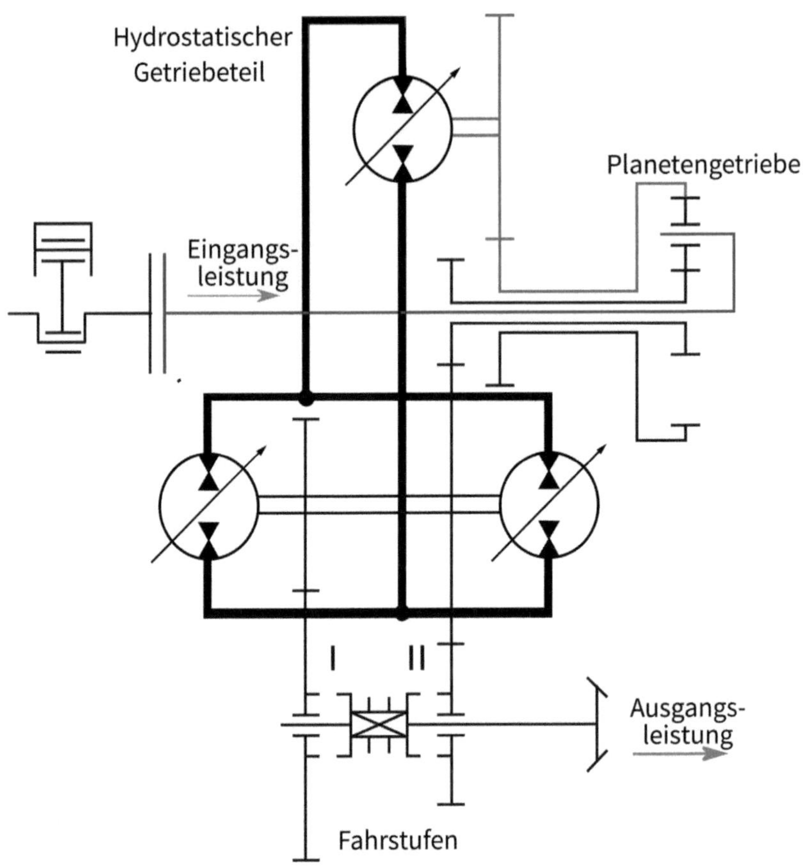

Abb. 11.6 Schematischer Aufbau des stufenlosen leistungsverzweigten Getriebes. (Nach [14])

Tab. 11.2 Zapfwellenkategorien. (Nach [21])

Kategorie	Leistung in kW	Drehzahl in 1/min	Durchmesser	Form
1	bis 65	540	35	Keilwelle – sechskeilig
	bis 110	1000	35	
2	bis 130	1000	35	21-zähniges Evolventenprofil
3	bis 300	1000	45	20-zähniges Evolventenprofil
4	bis 450	1300	57,5	22-zähniges Evolventenprofil

Motorausgangswelle gekoppelt. Das bedeutet, dass beim Anhalten des Traktors auch die Zapfwelle anhält. Technologisch aufwendiger ist das Konzept mit einer separaten Zapfwellenkupplung, das in den Technologiestufen II und III zu finden ist. Hier sind mindestens zwei Gänge bzw. Drehzahlen üblich. In einigen Fällen wird auch eine ECO-Drehzahl angeboten, bei der die Normdrehzahl bereits bei mittlerer Drehzahl des Verbrennungsmotors erreicht wird, sodass der Motor weniger Kraftstoff verbraucht. Wird die Zapfwellenkupplung als Reib- oder Lamellenkupplung ausgeführt, ist ein Zuschalten der Zapfwelle unter Last möglich. Eine besondere Variante ist die Wegzapfwelle, bei der die Drehzahl der Zapfwelle direkt proportional zur Fahrgeschwindigkeit ist. Auf diese Weise kann beispielsweise über die Wegzapfwelle die Triebachse eines Anhängers angetrieben werden, wodurch die Kombination aus Traktor und Anhänger zu einem allradangetriebenen Zug wird [13].

Neben der Zapfwelle, die die mechanische Leistung zur Verfügung stellt, wird hydraulische Leistung ebenfalls von den Traktoren bereitgehalten. Diese hydraulische Leistung wird einerseits zum Antrieb von Arbeitsmaschinen benötigt, andererseits wird mit der Hydraulik auch der Heckkraftheber betrieben. Die Bedeutung des Hydrauliksystems in Traktoren hat in deren Entwicklungsgeschichte stetig zugenommen. In heutigen Traktoren unterscheidet man im Wesentlichen zwei Hydrauliksysteme, die sich in ihrem grundsätzlichen Aufbau unterscheiden Kap. 6

- Konstantstromsystem
  Konstantstromanlagen werden besonders in Traktoren der unteren Technologiestufen eingesetzt. Sie sind einfach aufgebaute Hydrauliksysteme, in denen vorwiegend Zahnradpumpen verwendet werden. Der Druck in dem System stellt sich in Abhängigkeit von der geforderten Last ein, wobei der höchste Druck unter Last durch ein Druckbegrenzungsventil begrenzt wird. Der Volumenstrom im System ist bei den verwendeten Zahnradpumpen nur über die Variation der Pumpenantriebszahl möglich. Der wesentliche Vorteil dieses Systems ist der niedrige Preis. Nachteilig ist bei solchen Systemen, dass bei mehreren Verbrauchern diese sich gegenseitig beeinflussen. Außerdem wird immer erst der Verbraucher mit der geringsten Last versorgt. Ein weiterer Nachteil ist, dass Verbrauchern, die nicht den gesamten Volumenstrom benötigen, der nicht benötigte Teil weggedrosselt werden muss. Dieses ist mit erheblichen Verlusten verbunden. In modernen Konstantstromanlagen werden Mehrkreissysteme eingesetzt,

bei denen verschiedene Verbraucher durch jeweils eine separate Pumpe unabhängig voneinander parallel betrieben werden können.

- Load-Sensing-System
  Load-Sensing-Systeme sind die moderneren Hydrauliksysteme in Traktoren. Bei ihnen werden Axialkolben-Verstellpumpen eingesetzt. Bei Axialkolbenpumpen lässt sich der Volumenstrom kontinuierlich einstellen. Das besondere Merkmal von Load-Sensing-Systemen ist, dass der Förderstrom in Abhängigkeit von einem Druckabfall an einem Ventil eingestellt wird. Ist das Ventil geschlossen, wird nur ein kleiner Volumenstrom erzeugt, um einen Druck zwischen 2 bis 3 MPa aufrecht zu erhalten. Wird ein Ventil geöffnet, steigt der Lastdruck an. Dieser wird an dem Regler der Verstellpumpe über die Lastdruckrückmeldeleitung weitergeleitet. Der Förderstrom-Regler schwenkt die Pumpe auf ein höheres Fördervolumen, sodass der Druckabfall über dem Wegeventil konstant gehalten wird. Vorteilhaft bei diesen Systemen ist, dass mehrere Verbraucher gleichzeitig von einer Pumpe mit Öl versorgt werden können.

11.2.1 Kraftheber

Traktoren werden erst in Kombination mit Geräten zu Arbeitsmaschinen. Die Geräte können am Traktor angehängt, aufgesattelt oder angebaut werden. Für den Geräteanbau in der Front und im Heck hat sich das Dreipunktgestänge mit Kraftheber bewährt. Gründe hierfür sind:

- statisch bestimmte starre Verbindung zwischen Traktor und Gerät
- Gerät ist durch den Kraftheber in der Höhe einstellbar
- Dreipunktgestänge kann durch Einstellvorrichtungen an verschiedene Geräte angepasst werden
- begrenzte Seitenbeweglichkeit oder begrenzte Höhen- und Seitenbeweglichkeit möglich

Das Dreipunktgestänge besteht aus den beiden Unterlenkern und dem Oberlenker. Die Abmessungen der einzelnen Bauteile des Dreipunktgestänges sind in der DIN-ISO 730 in vier Kategorien (I–IV) für unterschiedliche Leistungsklassen genormt [20].

Heckkraftheber sind seit langem mit einem Regelgerät ausgerüstet, das in Abhängigkeit von der Regelgröße den Kraftheber automatisch hebt bzw. senkt. Durch die Regelung des Krafthebers wird die Fahrerin oder der Fahrer entlastet und die Arbeitsproduktivität durch Verringerung des Schlupfes zwischen Reifen und Boden bzw. Erhöhung der Triebkraft verbessert. Die möglichen Regelgrößen sind die Lage des Gerätes zum Traktor (Lageregelung), die Zugkraft zwischen Traktor und Gerät (Zugkraftregelung), die Lage des Gerätes zum Boden (Tiefenregelung) oder eine Mischung aus Zugkraft- und Lageregelung (Mischregelung).

Beim Einsatz der Schlupfregelung wird die tatsächliche Fahrgeschwindigkeit durch einen Radarsensor gemessen. Die theoretische (konstruktive) Geschwindigkeit ermittelt ein Raddrehzahlsensor. Die Elektronikbox ermittelt die Differenzgeschwindigkeit und berechnet den Schlupf. Ist die Differenzgeschwindigkeit kleiner als der eingestellte Grenzwert, arbeitet die elektronische Hubwerksregelung (EHR) nur mit Zugkraftreglung. Überschreitet die Differenzgeschwindigkeit den Grenzwert, wird die Zugkraft durch Veränderung der Arbeitstiefe automatisch so geändert, dass sich die Arbeitstiefe und damit auch der Schlupf verringern.

Eine weitere Funktion der EHR ist die aktive Schwingungstilgung, bei der Schwingungen des Anbaugerätes während der Straßenfahrt durch automatisches Gegensteuern der Hydraulik aufgefangen werden. Das verbessert den Fahrkomfort und die Lenkfähigkeit beim Fahren mit schweren Anbaugeräten. An den Kraftmessbolzen der Unterlenker wird das Kraftsignal des ausgehobenen Gerätes gemessen. Der durch die Schwingungen auftretende dynamische Anteil wird als Istwert für die Regelung des Hubwerkes verwendet. In einem begrenzten Regelbereich wird das Hubwerk mit dem Anbaugerät zur Dämpfung leicht angehoben oder abgesenkt.

11.3 Traktormanagement

Moderne Traktoren, besonders die der höheren Technologiestufen, nutzen zunehmend elektronische Systeme für die Steuerung und Regelung von Funktionen, wie der angesprochenen elektronische Hubwerksregelung EHR. Abb. 11.7 zeigt den prinzipiellen Aufbau eines Traktorsteuerungssystems. Die Aufgabe der Elektronik ist die Steuerung der Komponenten von Traktoren [1]:

- Motor
- Hydraulik
- Getriebe

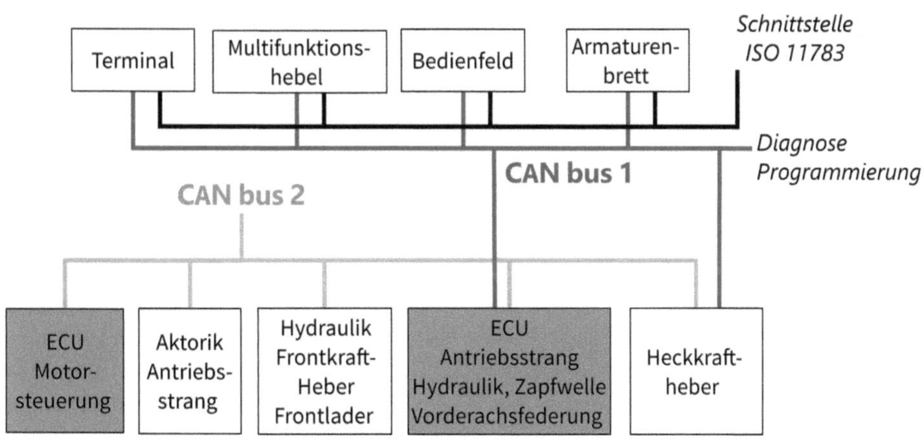

Abb. 11.7 Aufbau eines Traktorsteuerungssystems.

- Geräte
- Datensammlung und –speicherung
- Diagnose
- Automatisierung von Arbeitsprozessen

In modernen Traktoren werden heute vorwiegend Mikrocontroller-Steuerungen eingesetzt, die mit CAN-Schnittstellen (Controller Area Network) ausgerüstet sind, sodass sie untereinander kommunizieren können. Auf diese Weise ergeben sich Möglichkeiten der Diagnose und der Gesamtoptimierung des Systems Traktor oder des Systems Traktor-Gerät. Da Traktoren in Kombination mit sehr unterschiedlichen Geräten eingesetzt werden, die auch elektronische Steuerungssysteme verwenden, ist es wichtig, dass diese über eine einheitliche Schnittstelle kommunizieren können, z. B. nach der Normenreihe ISO 11783 [19]. Durch die Nutzung einer leitungsfähigen Kommunikationsinfrastruktur im Traktor wird es möglich, ausgehend vom jeweiligen Arbeitsprozess die einzelnen Komponenten, wie den Motor und den Antriebsstrang nach bestimmten Strategien aufeinander abzustimmen, sodass die vorgegebenen Ziele hinsichtlich der Energieeffizienz und der jeweiligen Arbeitsleistung erreicht werden. Typische Ziele für ein Traktormanagementsystems sind [7]:

- maximale Leistung
- minimaler Kraftstoffverbrauch
- konstante Motor-Zapfwellendrehzahl
- konstantes Motor-Zapfwellendrehmomentes
- konstante Fahrgeschwindigkeit
- konstanter Schlupf
- Regelung des Reifendrucks
- teilflächenspezifische Ausbringmengenregelung
- Regelung der Geräteposition
- Regelung der Achsfederung
- Schwingungstilgung
- Regelung des Allradantriebs
- Navigation und automatisierte Lenkung des Traktors

Diese Aufstellung berücksichtigt in erster Linie den Traktor mit seinen Assistenzsystemen. Es muss weiterhin aber auch die übergeordnete Ebene des landwirtschaftlichen Prozesses betrachtet werden. Die mit dem Traktor durchgeführten Arbeiten sind integraler Bestandteil des jeweiligen landwirtschaftlichen Produktionsprozesses. Daher ist auch die Kommunikation des Traktors mit dem Gerät ebenso wichtig wie die Kommunikation mit anderen im Prozess arbeitenden Maschinen. Ein Beispiel ist die Maisernte, wo beim Überladen des Häckselgutes eine Kommunikation zwischen dem Häcksler und den abfahrenden Traktoren hilft, effizient zu ernten. Aber auch eine umfassende Dokumentation der Arbeit ist so möglich [15, 18]

Literatur

1. Auernhammer H (1991) Elektronik in Traktoren und Maschinen: Einsatzgebiete, Funktion, Entwicklungstendenzen, 2., überarb. Aufl. BLV-Verl.-Ges, München Wien Zürich
2. Daubermann J (2024) Entwicklung, Simulation und Erprobung eines Systems zur präzisen Positionierung der Versorgungsleitung einer kabelgespeisten, elektrisch-autonomen Arbeitsmaschine. Technische Universität Berlin
3. Geimer M, Pohlandt C (2014) Grundlagen mobiler Arbeitsmaschinen. KIT Scientific Publishing, Karlsruhe
4. Glastonbury J, Lemke B (2005) Traktoren: Wunderwerke der Technik damals und heute. Ed. XXL, Fränkisch – Crumbach
5. Göhlich H, Hauck M, Holst C von (1999) 2.5 Fahrdynamik – Fahrsicherheit-Fahrerplatz. In: Matthies HJ, Meier F (eds) Yearbook agricultural engineering = Jahrbuch Agrartechnik. Landwirtschaftsverlag, Münster, pp 61–69
6. Görg H-D, Meiburg M (2003) Landmaschinen von Hanomag: die Schlepper aus Hannover ; die Landmaschinenfertigung des hannoverschen Traditionsunternehmens, 1912 bis 1971 ; von monströsen Tragpflügen bis hin zu modernsten Allradschleppern, 1. Aufl. DLG-Verl, Frankfurt am Main
7. Jaufmann A (1997) Optimierungsstrategien für ein Traktormanagement. LANDTECHNIK 8-9 Seiten. doi: https://doi.org/10.15150/LT.1997.2571
8. Kegel V (2018) Batterieelektrischer Traktor. Shaker Verlag, Aachen
9. Kutzbach HD (1989) Allgemeine Grundlagen Ackerschlepper Fördertechnik. Parey, Hamburg; Berlin
10. Renius K (2014) Globale Getriebekonzepte für Traktoren Global Transmission Concepts for Tractors. ATZoffhighway 7:16–29. doi: https://doi.org/10.1365/s35746-014-0163-x
11. Renius K, Geimer M (2012) Motoren und Getriebe bei Traktoren. Jahrbuch Agrartechnik 24. 2012Jahrbuch Agrartechnik 2012:69. doi: https://doi.org/10.24355/DBBS.084-201210110913-13
12. Renius K-T (1987) Traktoren: Technik und ihre Anwendung, 2., durchges. Aufl. BLV-Verl.-Ges. [u. a.], München
13. Renius KT (2020) Fundamentals of Tractor Design. Springer International Publishing, Cham
14. Renius KT, Brenninger M (1997) 2.2 Motoren und Getriebe bei Traktoren. In: Matthies HJ, Meier F (eds) Jahrbuch Agrartechnik = Yearbook agricultural engineering Band 9, 1997. Landwirtschaftsverlag, vol. 09. 1997
15. Rusch C (2012) Untersuchung der Datensicherheit selbstkonfigurierender Funknetzwerke im Bereich von mobilen Arbeitsmaschinen am Beispiel der Prozessdokumentation. Technische Universität Berlin
16. Stirnimann R, Renius K, Geimer M (2023) Motoren und Getriebe bei Traktoren. Jahrbuch Agrartechnik 2022 vol. 34. doi: https://doi.org/10.24355/DBBS.084-202301130821-0
17. Theißen G, Eyth M (2006) Max Eyth: Landtechnik-Pionier und Dichter der Tat; zum 100. Todestag des Gründers der DLG. Landwirtschaftsverl, Münster
18. Toll C von (2012) Energieorientierte Analyse der Landmaschinentechnik : Untersuchung zur maschinenrelevanten Energiebilanzierung in der Getreideproduktion mit Erfassung von CO 2 -Einsparpotenzialen. Technische Universität Berlin
19. (2007) ISO 11783-1:2007-06 – Tractors and machinery for agriculture and forestry – Serial network and communications data network – Part 1: General standard for mobile data communication. ISO copyright office, Geneva
20. (2009) ISO 730:2009-01-15, Agricultural wheeled tractors – Rear-mounted three-point linkage – Categories 1N, 1, 2N, 2, 3N, 3, 4N and 4
21. (2014) ISO 500-1: 2014-04-01, Agricultural tractors – Rear-mounted power take-off types 1, 2, 3 and 4 – Part 1: General specifications, safety requirements, dimensions for master shield and clearance zone

Landmaschinen

12

Inhaltsverzeichnis

H. J. Meyer, *Mobile Arbeitsmaschinen*, https://doi.org/10.1007/978-3-662-72251-0_12

Die Landwirtschaft ist ein zum Bereich der Urproduktion zählender Wirtschaftszweig, der erwerbsstatistisch dem Primären Sektor zugeordnet wird. Sie dient der Produktion von Nahrungsmitteln pflanzlicher und tierischer Herkunft, von Futtermitteln und von gewerblichen Rohstoffen [8]. Hierfür nutzt der Mensch die ihm zur Verfügung stehenden natürlichen Grundlagen der Ökosphäre, in der er lebt, wie Boden, Wasser und Energie. Zentrale Aufgabe der Landwirtschaft ist es, ausreichend Nahrungsmittel für die Ernährung von Menschen und Nutztieren zu produzieren. Seit der frühen Steinzeit, als die Menschen begannen sesshaft zu werden, dabei gezielt Pflanzen züchteten und Tiere hielten, wurden Geräte und Maschinen entwickelt, um die anfallenden Arbeiten erledigen zu können. Man denke an Hacken zum Bearbeiten des Bodens oder Scheren und Messer für die Schur von Schafen. Die eigentliche Mechanisierung begann aber erst im 19. Jahrhundert, als mit Dampfmaschinen auch größere Geräte angetrieben werden konnten, z. B. Dampfpflüge. Einen besonderen Sprung machte die Mechanisierung im letzten Jahrhundert, als der Landwirtschaft immer weniger Arbeitskräfte, dafür aber leistungsfähige, preiswerte Antriebstechnologien zur Verfügung standen und auch neue Produktionsverfahren eingeführt worden sind.

Die Landwirtschaft hat sich, global gesehen, sehr unterschiedlich entwickelt. Sie war und ist von verschiedenen ökonomischen, technischen und biologischen Parametern und Werten beeinflusst. Dies führte zu unterschiedlichen Ausprägungen, wie intensiver Landbewirtschaftung in den Industrieländern oder extensiven Landbewirtschaftungsformen in einigen Teilen der Erde. Diese unterschiedlichen Ausprägungen wirken sich auch auf die Maschinen und Arbeitsverfahren aus. So bestehen signifikante Unterschiede in Technik, Größe und Automatisierung zwischen Maschinen in den einzelnen Kontinenten.

Die grundsätzlichen Aufgaben der Mechanisierung der Landwirtschaft sind u. a. nach Schön et al. wie folgt definiert, [29]:

- Produktionsverbesserung
- Steigerung der Erträge der pflanzlichen und tierischen Produktion
- Reduzierung der Verluste von Erntegut
- Sicherstellung der Produktqualität
- Verbesserung der Arbeitsproduktivität
- Reduzierung der Arbeitszeit
- Rationalisierung der Arbeitsverfahren
- Verbesserung der Arbeitsbedingungen für Menschen

Diese Ziele führen zu einer gesteigerten Produktivität und einem verbesserten Einsatz der Produktionsmittel. Somit gelten für die Landwirtschaft die gleichen Grundlagen und Randbedingungen wie für die industrielle Produktion anderer Güter, wie PKW und Haushaltswaren. Der wesentliche Unterschied besteht darin, dass die Landwirtschaft sehr stark von äußeren, nicht beeinflussbaren Randbedingungen abhängig ist, wie Wetter, Bodenverhältnissen usw. Aus diesem Grund dürfen ökologische Ziele nicht außer Acht gelassen werden:

- Verbesserung der Ökologie
- Reduzierung der Umweltbelastungen
- Schonung der Böden
- Verringerung des Energiebedarfs
- Erschließung und Nutzung alternativer Rohstoffe und Energien
- Wiederverwendung von Roh- und Energiestoffen
- Anwendung tiergerechter Haltungsformen
- Verbesserung der Ergonomie

Abb. 12.1 zeigt ein Modell des Energieeinsatzes und der Energieumsetzung für die Pflanzenproduktion. In diesem Modell wird zwischen einem internen und externen Energieeinsatz unterschieden. Der externe Energieeinsatz beinhaltet den Input an direkten und indirekten Energieformen für die verschiedenen Produktionsprozesse, die Anbautechniken usw. Der interne Energieeinsatz entspricht der Sonnenenergie, die in die Formen Umweltenergie, Energieinhalt der Ernterückstände und Haupternteprodukte usw. umgesetzt wird. Eine interne Energiewiedergewinnung stellen die nicht verwertbaren Nebenernteprodukte dar. Ein Beispiel für eine externe Wiedergewinnung sind Abfälle aus der Tierproduktion [4].

Ein wesentliches Ziel landwirtschaftlicher Produktionsprozesse sollte es sein, möglichst mehr Energie zu erzeugen als zu verbrauchen. Für die Nahrungsmittelproduktion bedeutete die Anpassung an neue Produktionsverfahren in den letzten 100 Jahren u. a. eine erhebliche Steigerung der Energieaufwendungen. Wenn auch die Energieerzeugung in der pflanzlichen Produktion auf dem Prozess der Fotosynthese beruht, resultiert die Steigerung der Energieaufwendungen aus dem Einsatz von Düngemitteln und aus der Ersetzung der menschlichen Arbeitskraft durch Maschinen, die vornehmlich mit fossilen Energie-

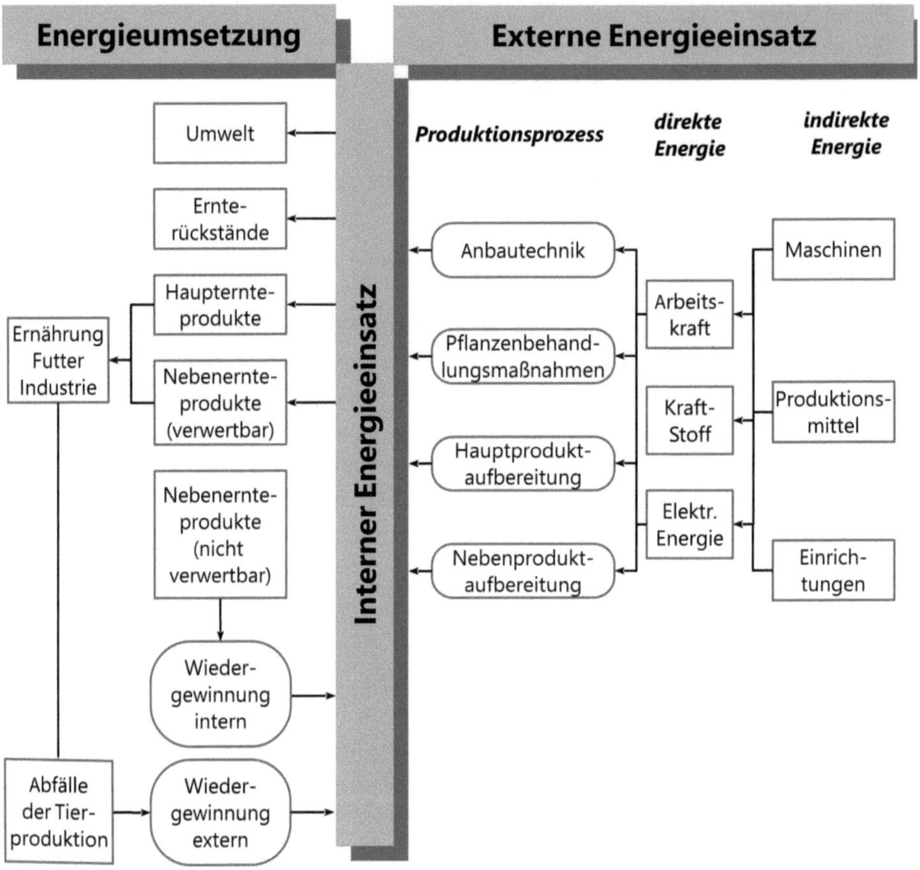

Abb. 12.1 Energieeinsatz und -umsetzung für die Pflanzenproduktion. Nach [4]

trägern angetrieben werden. Diese Entwicklung führte zwar einerseits zu einer Verringerung der Relation zwischen Energieerzeugung und Energieaufwand; andererseits aber zu einer Steigerung der absolut gewonnenen Energie.

In Abb. 12.2 sind beispielhaft der Energie-Umsatz-Koeffizient und die Output/Input-Relationen für verschiedene Kulturarten dargestellt. Der Energie-Umsatz-Koeffizient beschreibt den Quotienten aus dem Energieertrag der gesamten oberirdischen Biomasse und dem Energieaufwand an fossiler Energie. Die Output/Input-Relation beschreibt das Verhältnis von dem Energieertrag des Haupternteproduktes zu fossilem Energieaufwand. Aus dieser Grafik geht hervor, dass die Landwirtschaft mehr Energie erzeugt, als sie an fossiler Energie verbraucht. Weitere Steigerungen der Energieeffizienz und der Prozesseffizienz sind trotz der positiven Output/Input-Relation notwendig. Weiterhin gilt es, den Menschen von anstrengenden und z. T. gesundheitsgefährdenden Arbeiten zu entlasten [4].

Landmaschinen werden immer direkt in der Natur eingesetzt, da mit ihnen Boden, Flora und Fauna bearbeitet werden. Häufig werden mit Landmaschinen entweder mittel-

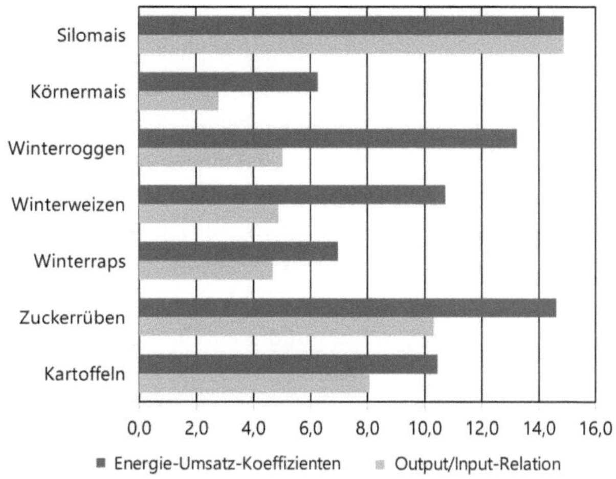

Abb. 12.2 Energie-Umsatz-Koeffizienten und Output/Input-Relationen verschiedener Kulturarten. Nach [4]

bar oder unmittelbar Produkte aus der Lebensmittelkette bearbeitet. Der Einsatz von Maschinen in derartigen, ökologisch sensiblen Bereichen ist gegenüber anderen Maschinen und Produkten eine Besonderheit. Die landwirtschaftlichen Produktionssysteme sind von unzähligen und vielfältig verflochtenen Faktoren beeinflusst und befinden sich in einem komplexen und in seiner Gesamtheit nur schwer zu überblickenden Ökosystem. Entsprechend dem Komplex der Energieaufwendungen existieren weitere Komplexe für die anderen Umweltauswirkungen, z. B. die Beeinflussung des Klimas, des Bodens usw., die aber z. T. nur schwer oder gar nicht ermittelt werden können.

Der in der Produktentwicklung zu berücksichtigende Anforderungsbereich der Landwirtschaft beinhaltet u. a. folgende Ziele:

- Effizienzsteigerung der landwirtschaftlichen Produktionsprozesse
- Optimierung der Energieumsetzung
- Erhaltung des Agrar-Ökosystems
- Verbesserung der Ernährungssituation

12.1 Boden

Nach Lochner et al. ist unter dem Begriff Boden die oberste Verwitterungsschicht der festen Erdrinde zu verstehen [22]. Aus Sicht der Landwirtschaft bildet Boden die Grundlage der landwirtschaftlichen Produktion. Der Boden ist für mobile Arbeitsmaschinen in zweierlei Hinsicht von großer Bedeutung:

- Mobile Arbeitsmaschinen bewegen sich auf dem Boden fort. Jedes Landfahrzeug benötigt einen Untergrund, auf dem es sich fortbewegen kann. Je nach Art des Fahrwerkes muss die Vortriebskraft in den Untergrund eingeleitet werden bzw. der Boden muss die

Triebkräfte aufnehmen. Ansonsten würden Räder oder Ketten durchdrehen. Im weitesten Sinne sind auch Straßen aus Asphalt oder Beton als Boden zu betrachten, denn sie stellen lediglich künstliche, vom Menschen geschaffene feste Böden (Fels) dar, die sich besonders gut zum Befahren eignen.

- Der Boden ist das Hauptproduktionsmittel für die pflanzliche Erzeugung und damit auch indirekt für die tierische Produktion und für den Menschen. Der Boden ist in seiner Bedeutung praktisch durch kein anderes Produktionsmittel zu ersetzen. Die Fruchtbarkeit des Bodens beruht im Wesentlichen auf der Tätigkeit von Bodenbakterien, Pilzen, Algen und sonstigen Kleinlebewesen. Mobile Arbeitsmaschinen, im Speziellen Landmaschinen, stehen mit diesem Produktionsmittel in einer besonderen Beziehung, da sie für die pflanzliche und tierische Produktion genutzt werden. Gleiches gilt auch für Forst- und Kommunalmaschinen. Erdbaumaschinen, die ebenfalls zu den mobilen Arbeitsmaschinen zählen, bearbeiten hingegen in erster Linie den Boden.

Im Folgenden soll Boden näher beschrieben werden. Der Boden wird hierbei nicht nur in seinen physikalischen Eigenschaften beleuchtet, sondern es sollen auch die biologischen Eigenschaften mit betrachtet werden. Ein normales Bodenprofil zeigt Abb. 12.3.

Der Boden setzt sich aus mehreren Bestandteilen zusammen:

- Feststoffe (Verwitterungsprodukte aus Gestein, organische Bestandteile, Mineralien)
- Flüssigkeit (Wasser)
- Gas (Luft)

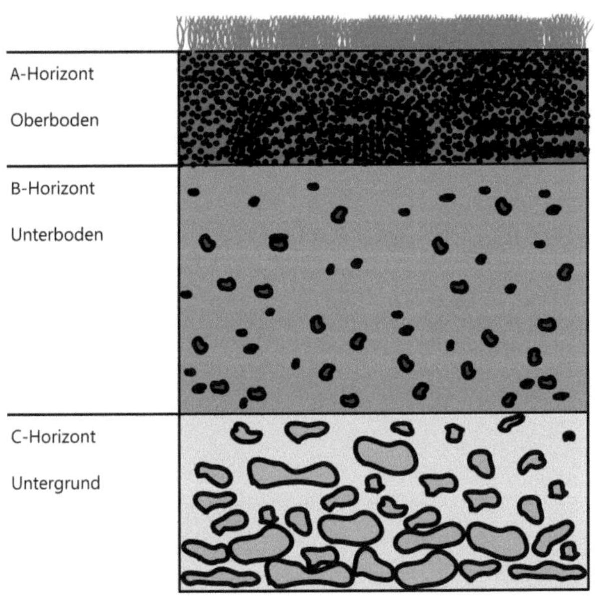

Abb. 12.3 Normales Bodenprofil. Nach [22]

Je nach Zielsetzung und Anwendung werden Böden unterschiedlich klassifiziert. So stehen im Erdbau bei der Gewinnung von Felsgestein andere Kriterien im Vordergrund als in der Landwirtschaft, wo besonders die Bodenfruchtbarkeit von großer Bedeutung ist. Als Beispiel sei die „World Soil Classification" der „Food and Agriculture Organization (FAO) of the United Nations" für die landwirtschaftliche Bodenklassifizierung genannt [5].

Das Ausgangsmaterial für die Feststoffe sind neben den organischen Materialien die anorganischen Mineralien und Gesteine. Die wichtigsten Mineralien sind Quarz, Silikate, Feldspat, Hornblende, Glimmer, Karbonate und Apatit. Gesteine bestehen aus zwei oder mehreren Mineralien. Eingeteilt werden Gesteine in Erstarrungsgesteine, Umwandlungsgesteine und aus Sedimenten gebildete Gesteine. Ergänzt wird das anorganische Material um organische Humus- und Mineralstoffe. Hierzu zählen Bodenlebewesen, Pflanzenbestandteile wie Wurzeln, Laub usw.

Die Bodenbildung ist ein kontinuierlicher dynamischer Prozess, d. h. der Boden und seine Bestandteile entwickeln sich stetig weiter, wobei diese Entwicklung vom Gestein, der Vegetation, dem Klima und dem Menschen beeinflusst wird. Ein charakterisierendes Merkmal ist die Art der Entstehung der Böden:

- Verwitterungs- und Ortsböden sind durch chemische oder physikalische Verwitterung entstanden.
- Schwemmlandböden sind ebenfalls aus Verwitterungsprodukten entstanden. Von fließenden Gewässern wurden diese Produkte an einem anderen Ort transportiert, wo sie sich dann ablagerten.
- Moorböden entstanden aus großen Mengen von abgestorbenen Sumpf- oder Wasserpflanzen.
- Lößböden sind das Ergebnis der Ablagerungen von staubförmigen Verwitterungsprodukten, die vom Wind zu ihrem Ablagerungsort transportiert worden sind.

Für die Charakterisierung der Böden und ihrer Bodenqualität werden sogenannte Bodenprofile herangezogen. Die Bodenprofile, dargestellt in Abb. 12.3, beschreiben den schichtförmigen Aufbau des Bodens folgendermaßen, [22]:

- A-Horizont bzw. Oberboden: Diese oberste Schicht ist meistens an ihrer dunklen Färbung zu erkennen. Sie ist die eigentliche Vegetationsschicht, in der die Pflanzen hauptsächlich wachsen und in der sich auch die meisten Bodenlebewesen aufhalten. Sie wird auch als Mutterboden bezeichnet.
- B-Horizont bzw. Unterboden: Dieser Horizont kommt nicht in allen Profilen vor und befindet sich unmittelbar unter dem Oberboden. Der Unterboden ist oft mit Nährstoffen angereichert. Der Unterboden kann in einigen Fällen durch Verdichtung der Ton- und Humusteilchen eine wasserundurchlässige Schicht bilden.
- C-Horizont bzw. Untergrund: Dieser Horizont besteht aus dem noch unverwitterten Boden des Ausgangsgesteins und ist oft arm an Nährstoffen.

Böden verändern sich aufgrund der Umwelteinflüsse, des Klimas und der Bewirtschaftung stetig. Von Bedeutung sind auch der Wasserfluss und die chemischen Prozesse sowie die Arbeit der im Boden lebenden Organismen. Bodentypen fassen charakteristische Merkmale dieser Prozesse und der Eigenschaften zusammen. Bodentypen kennzeichnen den Zustand und die Entwicklungsstufe des Bodens. Das beinhaltet auch alle Merkmale und Prozesse, die sich im Bodenprofil und in der Bodenfruchtbarkeit widerspiegeln. Beispiele für Bodentypen sind z. B. die Schwarzerde oder Braunerde, die über die Farbe charakterisiert werden. In der nachstehenden Tab. 12.1 werden einige für die Landwirtschaft typische Bodentypen mit ihren wichtigen Merkmalen aufgeführt [22].

Alle Böden bestehen aus einer Mischung von festen Bodenteilchen und Hohlräumen zwischen den Bodenteilchen, den sogenannten Poren. Diese Mischung ist bestimmend für die Bodeneigenschaften und die Nutzungsmöglichkeiten. Für die Beschreibung der Bodenarten verwendet die DIN 4220 die Korngrößenzusammensetzung des mineralischen Bodenmaterials [39] (Tab. 12.2).

Sand ist aufgrund seiner Beschaffenheit wasserdurchlässig und kann nur wenig Nährstoffe halten. Auf der anderen Seite weist Sand eine gute Durchlüftung aus, ist gut durchwurzelbar und leicht bearbeitbar. Die Korngröße von Schluff ist um einiges kleiner als von Sand. Schluff hat eine mittlere bis geringe Wasserdurchlässigkeit. Schluff kann aber Wasser gut speichern und Nährstoffe halten. Er neigt zu Verschlämmung, Verdichtung und Verkrustung bei Austrocknung. Die Durchlüftung und Bearbeitbarkeit sind bei Schluff weniger gut als bei Sand. Ton kann am besten Wasser und Nährstoffe halten. Die Wasserdurchlässigkeit ist hingegen schlechter als bei Sand und Schluff. Ebenso ist es mit der Bearbeitbarkeit, Durchwurzelbarkeit und der Durchlüftung. Lehm ist eine Mischung von Tonen und Schluffen mit den entsprechenden Eigenschaften. Die organischen Bodenmaterialien werden als Humus bezeichnet. Der Humusgehalt schwankt bei etwa 2 % bis 3 % bei Ackerböden und 5 % bis 8 % bei Grünland [22].

Für die Beurteilung der landwirtschaftlichen Eigenschaften von Böden werden noch weitere Eigenschaften und Merkmale herangezogen, die für das Pflanzenwachstum bestimmend sind. Dies sind u. a.:

- Wasserhaushalt
- Lufthaushalt
- Gasaustausch
- Bodentemperatur
- Nährstoffhaushalt
- pH-Wert des Bodens
- Bodenleben – Individuenzahl und Biomasse
- Bodengare

Tab. 12.1 Bodentyp. Merkmale der Bodenhorizonte und Eigenschaften. Nach [22]

Bodentyp	Aufbau	Eigenschaften
Schwarzerde	Oberer A-Horizont bis etwa 25 cm Tiefe • schwarzbrauner, humoser, schluffiger Lehm • lockeres Krümelgefüge • stark porös A-Horizont bis etwa 65 cm Tiefe • braunschwarzer, humoser, schluffiger Lehm • Lockeres Krümelgefüge • Stark porös • Viele Wurzel- und Wurmröhren C-Horizont • weißlich gelber, kalkhaltiger, schwach humoser Lehm • porös • Kalkanreicherungshorizont	• Bildete sich in Europa vorwiegend aus Löss • Sehr gute Ackerböden • Sie zählt zu den fruchtbarsten Böden
Braunerde	A-Horizont bis etwa 25 cm Tiefe • dunkel- bis schwarzbrauner, mittelhumoser, feinsandiger Lehm • krümelige Struktur • gut durchwurzelt B-Horizont bis etwa 65 cm Tiefe • ockerbrauner, feinsandiger Lehm • bröckelige Struktur • in der Tiefe zunehmend steinig C-Horizont • grauer, etwas rostgelb und rostbraun gefleckter, mürber Schiefer	• Entstand aus der Verwitterung eisenhaltiger Minerale im humiden Klima • Verbreitung vorwiegend in Mittelgebirgen • Natürlicher Standort von Laubwald • Für alle Kulturen geeignet
Podsol	A-Horizont • dunkelbraune, faserige Rohhumusauflage • darunter schwach humoser Sand B-Horizont • braunschwarzer Eisenhumusortstein • kaum durchwurzelbar • dicht gelagert C-Horizont • gelblich-grauer, mittelkörniger Sand	• Entstanden aus Absatz- und Tiefengestein in kühlem und feuchtem Klima unter anspruchslosen Pflanzen, wie Nadelwald oder Heide • Die Ortsteinschicht hemmt die die Durchlüftung und Durchwurzelung • Wenig fruchtbare Böden

(Fortsetzung)

Bodentyp	Aufbau	Eigenschaften
Gley	A-Horizont • dunkelbrauner, stark humoser, sandiger Lehm • porös • krümeliges Gefüge Horizont mit Grundwassereinfluss • gelbbrauner, stark rost-, schwachgraufleckiger sandiger Lehm • mäßig porös • in tieferen Schichten meist sandiger Lehm • mit Grundwasser gefüllt	• Anzufinden in Senken und Tälern, wo der Grundwasserspiegel höher als 80 cm liegt • Grünlandnutzung • Für Ackerbau ist eine Drainage erforderlich
Marsch	A-Horizont • graubrauner, humoser, schluffiger Lehm • bröckelige Struktur Stauwasserbeeinflusster Horizont • braungrauer, schluffiger Lehm • porös • in tieferen Schichten grauer, schluffiger, toniger Lehm	• Entstanden durch Anschwemmung von Verwitterungsprodukten und Ablagerung • Kann für Grünland und Ackerbau genutzt werden
Moor	Oberer Torfhorizont bis ca. 25 cm Tiefe • schwarzbrauner, gut zersetzter Torf • das Gefüge ist krümelig Mittlerer Torfhorizont bis etwa 80 cm Tiefe • hellbrauner, schwach zersetzter, faseriger Torf • oft mit Wasser übersättigt Unterer Torfhorizont • braunschwarzer Torf • mäßig bis stark zersetzt • teils faserig • relativ gelagert wasserdurchlässig	• Hervorgegangen aus Mooren • Vorwiegend Grünlandnutzung • Eine Ackernutzung ist auf säureverträgliche Pflanzen beschränkt • Nach einer Austrocknung kann es schlecht Wasser aufnehmen

12.2 Bodenbearbeitung

Für den Anbau von Kulturpflanzen ist es notwendig, den Boden zu bearbeiten. Die jeweiligen Kulturpflanzen benötigen für ihr Wachstum ein darauf ausgerichtetes Bodengefüge, Luft- und Wasserhaushalt, ein Bodenleben sowie ein für die biologischen, chemischen und physikalischen Prozesse des Pflanzenwachstums geeignetes Umfeld. Bestimmend sind

Tab. 12.2 Korngrößengruppen und ihre Bezeichnungen. Nach [39]

Benennung		Kurzzeichen	Größe in mm
Feinboden	Ton	T	< 0,002
	- Mittelton	mT	0,0002 bis <0,0006
	- Grobton	gT	0,0006 bis <0,002
	Schluff	U	0,002 bis <0,063
	- Feinschluff	fU	0,002 bis <0,0063
	- Mittelschluff	mU	0,0063 bis <0,02
	- Grobschluff	gU	0,02 bis <0,063
	Sand	S	0,063 bis <2,0
	- Feinstsand	ffS	0,063 bis <0,125
	- Feinsand	fS	0,063 bis <0,2
	- Mittelsand	mS	0,063 bis <0,63
	- Grobsand	gS	0,63 bis <2
Grobboden	Kies; Grus	G; Gr	2 bis <63
	Stein	X	63 bis <200
	Block	mX	200 bis <630
	Großblock	gX	>630

weiterhin auch ökologische und ökonomische Randbedingungen sowie die Einbettung der Bodenbearbeitung in den gesamten landwirtschaftlichen Produktionsprozess der jeweiligen Kulturpflanze. Aufgrund der Vielzahl der Kulturpflanzen, der landwirtschaftlichen Produktionsprozesse sowie der regionalen klimatischen und bodenspezifischen Bedingungen existieren viele verschiedene Verfahren. Hervorzuheben sind aus landwirtschaftlicher Sicht folgendes Ziel: Die Schaffung der optimalen Bedingungen für das Pflanzenwachstum und für die Bodenorganismen. Das wird dadurch erreicht, dass der Wasser-, Luft- und Nährstoffhaushalt durch die mechanische Bearbeitung der Bodenstruktur geregelt wird. Hierzu zählen z. B. das Vergrößern des Wurzelraumes, das Bekämpfen der Pflanzenkonkurrenz, das Einarbeiten von Pflanzenrückständen und Düngemitteln, die pflanzenspezifische Saatbettbereitung und kulturspezifische Pflegemaßnahmen. Bei der Auswahl des geeigneten Verfahrens sind zusätzliche Parameter zu beachten, wie die Wahl des richtigen Zeitpunktes, Berücksichtigung des Feuchtigkeitszustandes, Vermeiden oder Reduzieren des Bodendruckes und eine Reduzierung der Bearbeitungshäufigkeit [17].

Die Bodenbearbeitung ist der Oberbegriff für unterschiedliche Verfahren, mit denen die genannten Ziele erreicht werden können, [22]:

- Lockern – Das Lockern bedeutet Aufbrechen der Bodenstruktur. Die Kapillaren werden zerstört, sodass die Verdunstung verhindert wird. Gleichzeitig wird die Luftführung verbessert.
- Wenden – Beim Wenden werden die unteren Schichten an die Oberfläche gebracht und die oberen in den Boden eingearbeitet. Durch dieses Wenden werden die oberen Schichten mit den Pflanzenresten eingearbeitet und es entsteht dadurch eine mehr oder weni-

ger vegetationsfreie Oberfläche. Durch das Wenden wird gleichzeitig auch die Oberfläche vergrößert.

- Zerkleinern – Beim Zerkleinern werden größere Erdklumpen in kleinere gebrochen, um ein besseres und gleichmäßigeres Saatbett zu erhalten.
- Einebnen – Bei diesem Verfahren wird die unebene Oberfläche nach dem Wenden geglättet und eingeebnet. Auch dieses hilft bei der Schaffung gleichmäßiger Wachstumsbedingungen der Kulturpflanzen
- Mischen – Bei diesem Verfahren werden die verschiedenen Bodenbestandteile, wie mineralische Bestandteile, Pflanzenreste und Dünger gemischt.
- Verdichten – Beim Verdichten werden die verschiedenen Bodenbestandteile wieder so verlagert, dass eine höhere Dichte entsteht. Die dadurch entstehenden Kapillaren können einen Wasseraufstieg von tieferen Schichten erzeugen, sodass die Kulturpflanzen mit Wasser auch bei Trockenheit versorgt werden können.

Die Bodenbearbeitungsverfahren sind eng mit den Bestellverfahren der anzubauenden Kulturpflanze gekoppelt und eingebettet in das gesamte Pflanzenbausystem. In den vergangenen Jahren ist ein Trend zu immer größeren Maschinen festzustellen, mit denen immer größere Flächen- und Arbeitsleistungen erzielt werden können. Es ist weiterhin zu beobachten, dass neben der konventionellen Bestellung mit dem Pflug als zentrale Maschine alternative Verfahren entwickelt worden sind [2]. Eine Systematik der Verfahren kann nach der Art, der Intensität und Häufigkeit der Bodenbearbeitungen erfolgen. Man unterscheidet grob in die konventionelle und in die konservierende Bodenbearbeitung bzw. Bestellung. Während bei der Erstgenannten der Pflug das entscheidende Gerät ist, wird bei der konservierenden Bodenbearbeitung auf den Pflug und damit auf das Wenden des Bodenbalkens verzichtet. Für die mechanische Bearbeitung des Bodens werden hier z. B. Grubber oder Scheibenrolleggen eingesetzt. In diesem Zusammenhang ist noch die Direktsaat zu nennen, bei der auch auf eine saatvorbereitende Bodenbearbeitung verzichtet wird.

- Konventionelle Bodenbearbeitung

Bei der konventionellen Bodenbearbeitung ist der Pflug die zentrale Maschine. Dieser übernimmt im Wesentlichen das Wenden und Mischen des Bodens. Hierbei werden auch Unkräuter beseitigt und die Oberfläche ist frei von Pflanzenresten. Der Boden kann dann mit einer einfachen Sätechnik bestellt werden. Die konventionelle Bodenbearbeitung prägt seit Jahrhunderten die Landwirtschaft und ist heute auch noch weit verbreitet. Insbesondere kann diese bei Getreide und bei Hackfrüchten angewendet werden. Nachdem beim Pflügen alle Pflanzenreste und Unkräuter in den Boden eingearbeitet worden sind, wird der Boden mit Untergrundpackern rückverfestigt, um wieder ein für das Pflanzenwachstum wichtiges Porenverhältnis zu erhalten. Es folgt dann eine weitere mechanische Bodenbearbeitung mit verschiedenen Varianten von Eggen und Walzen. Danach kann das Saatgut mit einer Drillmaschine gesät werden. Während in der Vergangenheit diese einzelnen Schritte separat erfolgten, kommen heute Maschinenkombinationen zum Einsatz, z. B. Eggen mit einer Sämaschine als sogenannte Saatkombination.

Beim Pflügen werden durch das Wenden die oberen Pflanzenreste in tiefere Schichten eingearbeitet, wo sie im Prinzip in ihrem Wachstum behindert werden und verrotten können. Auf diese Weise ist das Pflügen eine wichtige, effektive vorbeugende Maßnahme der mechanischen Unkrautbekämpfung. Das Pflügen ist für nahezu alle Böden und Pflanzenarten geeignet. Nachteilig ist beim Pflügen der relativ hohe Energie- und Zeitbedarf und die höhere Gefahr der Bodenerosion.

- Konservierende Bodenbearbeitung

Kennzeichnend für die konservierende Bodenbearbeitung ist der Verzicht auf einen Pflug in der Prozesskette und damit eine Reduzierung der Intensität der mechanischen Bodenbearbeitung. Dadurch werden die Pflanzenreste nicht vollständig in den Boden eingearbeitet wie beim Pflügen, sondern nur in den obersten Schichten. Bei den meisten konservierenden Verfahren ist das Ziel, das ganze Jahr über eine Bewuchs- oder Mulchdecke an der Bodenoberfläche zu haben, die einer Erosion durch Wind und Regen entgegenwirkt. Durch die Bewuchs- und Mulchdecke ist die nachfolgende Saat schwieriger als nach dem Pflügen und stellt besondere Anforderungen an die Technik. So muss bei der Getreideernte das Stroh gleichmäßig verteilt und zerkleinert werden, damit es gleichmäßig eingearbeitet werden kann. Darüber hinaus muss auch beachtet werden, dass die Bekämpfung von Unkräutern schwieriger und aufwendiger ist als beim Pflügen und daher andere Unkrautbekämpfungsverfahren zur Anwendung kommen müssen, z. B. das Spritzen von Herbiziden.

12.2.1 Pflug

Pflüge bzw. ihr Vorläufer Grabstock und Hakenpflüge werden seit der Einführung des Pflanzenbaus vor mehreren 1000 Jahren eingesetzt und bilden eines der zentralen Landmaschinen in den Produktionsprozessen. Ende des 18. Jahrhunderts und im 19. Jahrhundert kam es zur Entwicklung der Pflüge bzw. der Pflugkörper aus Stahl und mit den gewölbten Streichblechen in der heute allgemein bekannten Form. Mit der Verfügbarkeit von Dampfmaschinen und später von Traktoren konnten größere Zugkräfte aufgebracht werden, sodass die Pflüge größer und mehrscharig bzw. mehrfurchig wurden.

Kennzeichnend für das Pflügen ist, dass die obere Bodenschicht gewendet wird. Beträgt die Arbeitstiefe 10 bis 15 cm, spricht man von Schälen, um z. B. Getreidestoppel nach der Ernte einzuarbeiten. Arbeitstiefen von 18 bis 25 cm werden als Saatfurche bezeichnet. Die Herbstfurche hat etwa eine Tiefe von 25 bis 35 cm. Die Arbeitsgeschwindigkeit beträgt bis zu 10 km/h. Ziel ist es, vor allem organische Bestandteile in den Boden einzuarbeiten, sodass eine Verrottung und Humusanreicherung erfolgen können. Hierfür ist es wichtig, dass die eingearbeiteten, organischen Bestandteile keine Trennschicht bilden, sondern mit dem Boden vermischt werden. Ein weiterer Aspekt ist, dass Nährstoffe aus tieferen Schichten in die oberen Schichten gelangen.

Funktionsweise eines Pfluges
Beim Durchziehen der Pflugkörper durch den Boden wird ein Bodenbalken aus dem Boden geschnitten oder abgetrennt. Der Prozess ist ähnlich wie das Abtrennen eines Spanes bei der spanenden Bearbeitung. Der Balken wird dann durch Bewegung des Pflugkörpers durch den Boden angehoben und gewendet. Die Form des Pflugkörpers, die Fahrgeschwindigkeit und die Bodenverhältnisse sind Parameter, die bestimmend für die Verformung und Lockerung des Bodenbalkens sind. Insbesondere bei der Form der Pflugkörper gibt es eine große Vielfalt. Soucek et al. unterscheiden die Formen unter Verweis auf die DIN11119 in [32]:

- steile Form geeignet für Sand und sandige Lehme
- steile kurze Form oder auch Universalform für sandige Lehm- bis Lehmböden
- mittelsteile Form für Lehm und Tonböden
- liegende Form für Ton und Grasland
- Wendelform für Grasland und Moorböden

Für das Abtrennen, Verschieben und Wenden des Bodenbalkens sind Kräfte notwendig, die u. a. von der Bodenart und der Fahrgeschwindigkeit abhängen. Das sind:

- Schnittwiderstände an der Scharschneide und am Landrand
- Stützkräfte auf die Arbeitsfläche des Pflugkörpers, die ihre Ursache in den Hub-, Deformations- und Beschleunigungskräften haben
- Reibungswiderstände an der Schnittkante und auf der Arbeitsfläche

Die Bauformen werden in zwei wesentliche Arten unterschieden, [5]:

- Beetpflüge – Sie sind dadurch gekennzeichnet, dass sie den Boden nur in eine Richtung wenden können. Der Aufbau von Beetpflügen ist in Abb. 12.4 abgebildet. Hieraus resultiert, dass das gepflügte Feld nicht eben hinterlassen wird. Es entstehen entweder in regelmäßigen Abständen Vertiefungen durch einen Auseinanderschlag oder Erhöhungen durch einen Zusammenschlag, da die Furche immer nur in einer Richtung durchfahren werden kann. Darüber hinaus wird am Ende des Feldes mehr Zeit für das Wenden benötigt, da größere Strecken zurückgelegt werden müssen. Dem gegenüber sind die Beetpflüge einfacher, leichter und damit auch kostengünstiger.

- Drehpflüge – Sie werden auch als Kehrpflüge bezeichnet. Abb. 12.5 zeigt den Aufbau eines Drehpfluges. Sie haben gegenüber den Beetpflügen den Vorteil, dass keine Erhöhungen oder Vertiefungen im Feld entstehen, da der Boden in beiden Richtungen

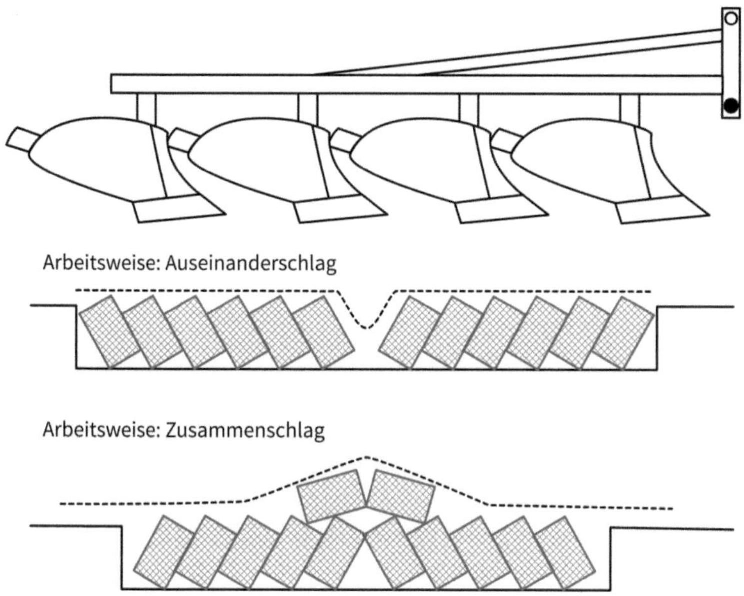

Abb. 12.4 Aufbau und Arbeitsweise von Beetpflügen.

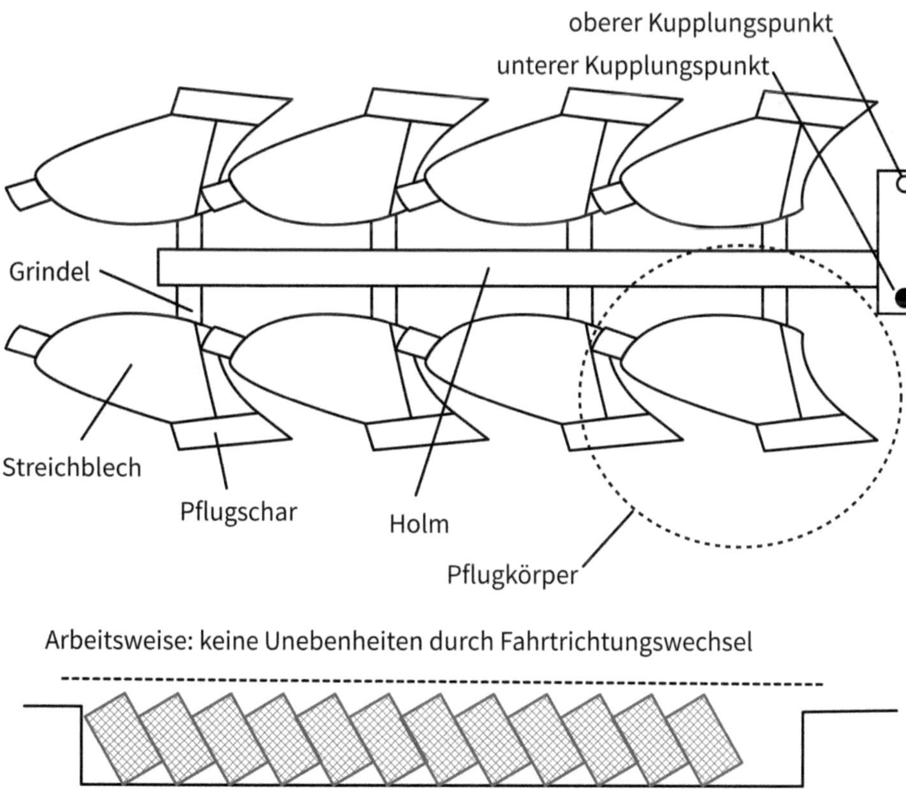

Abb. 12.5 Aufbau und Arbeitsweise von Kehr- bzw. Drehpflügen.

gewendet werden kann. Diese Pflüge besitzen rechts- und linkswendende Pflugkörper. Das bedeutet, dass z. B. in der Furche, die mit linkswendenden Pflugkörpern erzeugt wurde, direkt zurückgefahren werden kann, wenn dann die rechtswendenden Pflugkörper eingesetzt werden. Hierzu muss am Feldende der Pflug gedreht werden. Daraus resultiert weiterhin, dass am Feldende der Traktor mit dem Pflug nur direkt gewendet werden muss und keine größeren Entfernungen zurückzulegen sind. Durch den Drehmechanismus und die doppelte Anzahl an Pflugkörpern verglichen mit einem Beetpflug ist der Drehpflug schwerer, komplexer und dadurch teurer.

Beide Pflugformen werden bei kleiner Pflugkörperanzahl als Anbaupflug über den Heckkraftheber mit dem Traktor gekoppelt oder bei größerer Pflugkörperanzahl als Aufsattelpflüge eingesetzt.

Für ein besseres Arbeitsergebnis bei bestimmten Anwendungen werden neben dem eigentlichen Scharpflugkörper noch Zusatzorgane am Pflug montiert:

- Vorschäler – Diese sind im Prinzip verkleinerte Pflugkörper. Sie schneiden einen kleinen Bodenbalken vor dem eigentlichen Schar und werfen ihn derart ab, dass die Einarbeitung der organischen Materialien verbessert wird.
- Sech – Es sorgt für eine bessere Furchenwand und entlastet den Landrand des Pflugkörpers.
- Untergrundlockerer – sie beseitigen vorhandene Schadverdichtungen insbesondere im Bereich der Pflugsohle.
- Steinsicherungen – Besonders bei steinigen Böden empfiehlt sich der Einsatz von Steinsicherungen oder Überlastsicherungen. Hierbei ist es wichtig, dass die Überlastsicherung bei jedem Pflugkörper einzeln anspricht, wenn er z. B. gegen einen großen Stein im Boden stößt. Zum Einsatz kommen hier Schrauben, Blatt- oder Gummifedern sowie hydraulische Systeme, die den Pflugkörper nach Auslösen der Überlastsicherung in die Arbeitsstellung zurückführen.
- Krumenpacker – Oftmals werden an dem Pflug noch Krumenpacker als Pflugnachläufer gekoppelt. Diese haben die Funktion, den Boden bis in eine Tiefe von 20 cm zu verdichten und grobe Bodenklumpen zu brechen, um ein besseres Saatbett zu erzielen. Die Form und Größe der Packerwalzen ist abhängig von der Bodenart und den anzubauenden Kulturen.

Die Bodenart hat einen maßgeblichen Einfluss auf den spezifischen Pflugwiderstand und damit auch auf die vom Traktor aufzubringenden Zugkraft. Tab. 12.3 zeigt für verschiedene Bodenarten die spezifischen Pflugwiderstände.

Neben dem oben beschriebenen Pflug mit Streichblechen gibt es weitere Sonderbauformen, die nur eine geringe Verbreitung haben. Hierbei handelt es sich um Pflüge mit passiv bewegten Streichblechen, bei denen der Pflugkörper eine Scheibe ist, oder um Pflüge mit zapfwellenangetriebenen Arbeitsorganen. Hierzu zählen Kreiselpflüge oder Spatenmaschinen [5].

Tab. 12.3 Spezifischer Pflug-Widerstand nach [5]

Bodenart		Spez. Pflugwiderstand in N/dm^2
leicht	lehmiger Sand	22 bis 35
leicht bis mittelschwer	sandiger Humus lehmiger Humus toniger Humus	25 bis 40
mittelschwer	Kalk Sandmergel Lehmmergel Tonmergel	30 bis 55
mittelschwer bis schwer	sandiger Lehm humoser Lehm kalkhaltiger Lehm	35 bis 60
schwer bis sehr schwer	humoser Ton schwerer Lehm kalkhaltiger Ton	60 bis 120
Sonderböden	steinige Böden Unterboden Verdichtungshorizonte	120 bis 180

12.2.2 Grubber

Grubber haben eine nicht exakt wendende, wühlende Arbeitsweise. Bei der Bearbeitung auf Pflugtiefe steht das Auflockern und Zerkleinern des Bodens auf die volle Krumentiefe im Vordergrund. Um eine mechanische Unkrautbekämpfung zu erzielen, muss der Boden auch in gewisser Weise gewendet werden. Auch ist es Ziel, die Bodenschichten miteinander zu vermischen. Das andere große Einsatzgebiet ist die Einarbeitung von Pflanzenresten, z. B. von Stoppeln nach der Getreideernte. Hier werden die Pflanzenreste mitteltief, d. h. ca. 15 cm, durch Lockern und Krümeln des Bodens mit diesem vermischt [5].

Für die Charakterisierung von Grubbern werden der Strichabstand, der Zinkenabstand, der Reihenabstand und die Rahmenhöhe verwendet. Weitere Kenngrößen sind die Zinkenform wie starr, halbstarr oder voll gefedert und die Scharformen, wie Schmalschar, Doppelherzschar oder Flügelschar. Es wird deutlich, dass in der Praxis eine große Zahl unterschiedlicher Grubber anzufinden ist. Estler et al. verwenden eine Unterscheidung in Pfluggrubber, Schälgrubber und Kurzgrubber [5].

Pfluggrubber sollen eine Alternative zum konventionellen Pflug sein. So liegt die Arbeitstiefe ca. 30 cm und der Strichabstand bei 30 cm bis 35 cm. Die Schare werden mit Schmal- oder Spitzscharen ausgerüstet. Vorteilhaft ist, dass gegenüber dem Pflügen der Traktor beim Grubbern auf der Bodenoberfläche fährt, sodass Radspurverdichtungen reduziert werden können. Nachteilig ist demgegenüber, dass Pflanzenreste an der Oberfläche verbleiben, was bei der Auswahl der nachfolgenden Geräte der Saatbettbereitung beachtet werden muss [5].

Schälgrubber werden besonders bei der Stoppelbearbeitung und bei der Einarbeitung von Ernterückständen eingesetzt und stehen daher in einer gewissen Konkurrenz zu Schälpflügen. Gegenüber diesen können mit Schälgrubbern die einzuarbeitenden Pflanzenreste intensiver mit dem Boden vermischt werden. Auch kommt es nicht zu einer Schichtbildung. Aufgrund der erforderlichen hohen Fahrgeschwindigkeit ist die Flächenleistung gegenüber Schälpflügen recht hoch. Nachteilig ist, dass oftmals zwei Arbeitsgänge für ein gutes Arbeitsergebnis notwendig sind [5].

Kurzgrubber haben meistens die Zinken (Zinkenabstand ca. 30 cm bis 40 cm) nur auf zwei Reihen verteilt, die bis zu 80 cm auseinander liegen. Als Schare werden hier sogenannte Flügelschare eingesetzt, die den Boden in der gewünschten Tiefe aufbrechen. Da die Grubber oft mit einem zapfwellenangetriebenen Bodenbearbeitungsgerät (Bodenfräse, Kreiselegge) kombiniert werden, übernimmt dieses Gerät dann die Funktion des Zerkleinerns und Vermischens der Ernterückstände mit dem Boden [5].

12.2.3 Eggen

Eggen haben als Hauptaufgabe das Krümeln, Auflockern, Mischen, Entfernen von Unkräutern und Einebnen des Saathorizontes, das für eine gleichmäßige Saatgutablage und zur Gewährleistung guter Keimbedingungen notwendig ist. Zum Einsatz kommen verschiedenste Werkzeuge, [32]:

- Federstäbe, an einem Rahmen befestigt sind (Unkrautstriegel; Ackerbürste)
- Drahtzinken, die über Ösen miteinander gelenkig verbunden sind (Netzegge)
- Federzinken oder Garezinken, die nach der Grundbodenbearbeitung für die Herstellung des Saathorizontes eingesetzt werden (Vibrationsegge; Feingrubber)
- schräg angestellte Hohlscheiben oder Messer (Spatenrollegge)
- krustenbrechende Nadel-, Stern-, oder Stabwälzrotoren
- aktiv über die Zapfwelle des Traktors angetriebene Zinkenwerkzeuge, die im Boden Schwingungen oder Querbewegungen ausführen (Rüttelegge) sowie um eine vertikale Achse rotierende Zinken (Kreiselegge) oder eine horizontale Achse rotierende Zinken (Rotoregge).

12.2.4 Saatkombinationen

Saatkombination oder auch Saatbettkombinationen bestehen aus mehreren Bodenbearbeitungsgeräten. Gründe für ihren Einsatz bestehen darin, dass die zur Verfügung stehende Zeit für die Bodenbearbeitung oftmals sehr knapp ist. Ziel ist es weiterhin, die Bearbeitung des Bodens zum günstigsten Zeitpunkt durchzuführen, um die mit den Maschinen zu erzielenden Effekte auf die Bodenstruktur und das Pflanzenwachstum energieeffizient umsetzen zu können. Der günstigste Zeitpunkt bedeutet die Bearbeitung des Bodens bei der optimalen Bodenfeuchtigkeit und den für das Pflanzenwachstum günstigen klimatischen Bedingungen. Ein weiterer wichtiger Aspekt ist, dass die für die jeweilige Kultur am besten geeigneten Bodenbearbeitungsverfahren zum Einsatz kommen, d. h. beispielsweise der Einsatz einer anderen Kombination von Bodenbearbeitungsgeräten für die Vorbereitung der Getreideaussaat als für das Säen von Zuckerrüben.

Für eine gute Effektivität und Effizienz der Saatkombination ist es wichtig, dass die Geräte auf die Bodenverhältnisse angepasst eingestellt werden, dass keine tiefen Fahrspuren und Furchen vorhanden sind und sich die Arbeitsgeschwindigkeit an den Verhältnissen und Erfordernissen orientiert (etwa 8 km/h bis 14 km/h) [22].

Generell kann man die Saatkombinationen in zwei Gruppen untergliedern:

- Kombinationen unterschiedlicher Bodenbearbeitungsgeräte
- Kombinationen aus Bodenbearbeitungsgeräten und Sägeräten

Kombinationen unterschiedlicher Bodenbearbeitungsgeräte werden in der Bodenbearbeitung auf die volle Krumentiefe als auch bei der flachen Saatbettvorbereitung eingesetzt. Ein typisches Beispiel für eine Kombination für eine Bodenbearbeitung bis auf Krumentiefe ist der Pflug mit Nachläufern. Die Nachläufer sind Packer oder auch Kombinationen von Packerwalzen. Diese können in Kombination mit allen Pflügen eingesetzt werden. Wobei Packerkombinationen, die an einen Drehpflug angekoppelt werden sollen, zweifach spiegelbildlich angeordnete Werkzeuge besitzen. Nur so kann ein gleichmäßiges Arbeitsergebnis in beiden Pflugarbeitsrichtungen erzielt werden. Zum Einsatz kommen hier spezielle Fangvorrichtungen. Weitere Kombinationen sind Schäl- und Kurzgrubber mit Nachläufern. Bei diesen sind die Nachläufer Schleppen, Striegel, Walzen, Scheiben- oder Spatenrolleggen sowie Kombinationen von diesen Geräten. Diese Nachläufer werden auch mit Geräten kombiniert, die mit der Zapfwelle des Traktors angetrieben werden. Sie kommen besonders dann zum Einsatz, wenn die Saatbettbereitung in einem Arbeitsgang erledigt werden soll. Das ist oft auch der Fall, wenn die Bodenbearbeitungsgeräte mit dem Sägerät gekoppelt werden. Die Verwendung von angetriebenen Bodenbearbeitungsgeräten erfordert eine vergleichsweise höhere Motorleistung des antreibenden Traktors.

12.3 Bestellung

Innerhalb des Pflanzenbaus kommt der Aussaat, dem Legen oder dem Pflanzen eine zentrale Bedeutung zu. Je nach anzubauender Pflanzenart werden verschiedene Verfahren verwendet. Während die meisten Getreidearten ausgesät werden, wird bei anderen Kulturen das Pflanzgut in der Reihe in genau definierten Abständen abgelegt. Das ist beispielsweise bei Kartoffeln und Zuckerrüben der Fall.

Generell sind die Aussaatmenge, die Verteilung des Saatgutes über die Fläche sowie die Aussaattiefe wichtige Parameter, die das Pflanzenwachstum und damit den Ertrag wesentlich bestimmen. Ziele und Anforderungen an Sägeräte sind:

- gleichmäßiges Einhalten der eingestellten Ablagetiefe
- Unempfindlichkeit gegen Ernterückständen im oder auf dem Boden
- exaktes und gleichmäßiges Einhalten der eingestellten Aussaatmenge
- einsetzbar bei allen Getreidearten und Aussaatmengen
- optimale Verteilung des Saatgutes auf der Fläche (optimaler Standraum pro Einzelpflanze)

Bei der maschinentechnischen Umsetzung müssen wiederum die Eigenschaften des Saatgutes beachtet werden. Diese sind, [32]:

- geometrische Eigenschaften wie Länge, Breite, Dicke, Oberfläche, Volumen und Form
- physikalische Eigenschaften wie Dichte, innere und äußere Reibung, Kohäsion, Adhäsion, Elastizitätsmodul, Bruchfestigkeit, Abriebsfestigkeit und Widerstandsbeiwert bei Anströmung
- chemische Eigenschaften wie Inhaltsstoffe, Nährstoffkonzentration, Löslichkeit oder Korrosivität
- Eigenschaften der Einzelteilchen und der Schüttung

Tab. 12.4 zeigt Eigenschaften verschiedener Saatgutarten. Es wird deutlich, dass die Eigenschaften selbst bei den Getreidearten sehr variieren und dass diese Eigenschaft entsprechend bei der Gestaltung der Sämaschinen berücksichtigt werden muss.

Abb. 12.6 zeigt einige Säverfahren und die Art der Saatgutablage. Das Pflanzenwachstum wird auch vom Säverfahren bestimmt. Es gilt, die Pflanzen so auf der Fläche zu verteilen, dass diese die Nährstoffe, Licht, Luft und Wasser optimal nutzen können. Die Anzahl der Pflanzen pro Fläche kann durch verschiedene Verfahren realisiert werden. Ideal wäre eine Verteilung der Einzelpflanzen in einem Dreiecksverband. Der Dreiecksverband ist eine Methode, bei der Samen in einem dreieckigen Muster ausgesät werden. Dies ermöglicht eine gleichmäßige Verteilung der Pflanzen und maximiert den verfügbaren Raum. Der Dreiecksverband lässt sich nur mit Einzelkornsämaschinen realisieren. Getreide wie Weizen, Roggen oder Gerste werden üblicherweise in der Drillsaat ausgesät. Bei diesen werden die Samenkörner in Reihen im Boden abgelegt. Hierbei liegen die Körner in Längsrichtung sehr dicht beieinander, während zwischen den Reihen kein Saatgut liegt. Für ein günstiges Pflanzenwachstum sollte der Reihenabstand nicht zu groß gewählt werden. Die Reihenabstände betragen je nach Maschine 8 cm bis 18 cm. Für einen störungsfreien Betrieb der Säschare müssen bei engen Reihenabständen die Säschare versetzt in mehreren Reihen hintereinander angeordnet werden. Günstiger als in einer Reihe ist die Verteilung des Saatguts in Saatbändern. Werden die Abstände zwischen den Saatbändern reduziert, sodass die Saatbänder sich berühren, spricht man von der sogenannten Breitsaat. Voraussetzung für die Aussaat ist ein ausreichend lockeres, feinkrümeliges, trockenes und pflanzenfreies Saatbett [18].

Tab. 12.4 Eigenschaften ausgewählter Saatgutarten, nach [32]

Gutart	Länge	Breite	Dicke	Mittlerer Durchmesser	Einzelkorndichte	Schüttdichte	Rütteldichte	Sinkgeschwindigkeit	Widerstandsbeiwert	Tausendkornmasse
	L mm	B mm	D mm	d mm	ρ_K kg/m³	ρ_s kg/m³	ρ_R kg/m³	v_s m/s	c_W	m_{1000} kg
Weizen	4,8 .. 9	2,4 .. 3,5	1,7 .. 3,4	4	1,32	0,7 .. 0,8	1,29	7,8 .. 10,2	0,8	38 .. 58
Roggen	5 .. 9,5	1,9 .. 3,5	1,7 .. 3,3	3,7	1,3	0,68 .. 0,74	1,25	7,2 .. 8,8	1,22	28 .. 44
Hafer	8 .. 15	2,2 .. 5	1,7 .. 3	3,8	1,2	04, .. 0,5	1,07	6,8 .. 8,8	1,71	26 .. 44
Gerste	5 .. 12	2,2 .. 5	1,7 .. 3,3	4,2	1,27	0,58 .. 0,68	1,18	7 .. 9	1,22	38 .. 54
Mais	6 .. 17	5 .. 12	2,7 .. 8	8,2		0,65 .. 0,75	1,29			250 .. 360
Raps	1,7 .. 2,8	1,7 .. 2,1	1,2 .. 2	1,9		1,22	0,66 .. 0,7	1,07	0,54	3,5 .. 7,0
Erbsen	5,3 .. 8,1	3,8 .. 7,9	5,5 .. 7	6,2		0,74 .. 0,84	1,3	9,8 .. 12,2	0,47	250 .. 450
Zuckerrüben	6,5 .. 8,5	5,5 .. 8	5 .. 7	6,6	1,5				1,5	15 .. 40
Kartoffeln	49 .. 107	39 .. 102	31 .. 56	40 .. 110	1,05 .. 1,15	0,6 .. 1,1				

<table>
<tr><th>Funktion/
Verfahren</th><th colspan="12">Varianten</th></tr>
<tr><td>Dosierung</td><td colspan="3">Nocken-
rad</td><td colspan="3">Schubrad</td><td colspan="3">Zellenrad</td><td colspan="3">Einzel-
korn-
dosierung</td></tr>
<tr><td>Zuführung</td><td colspan="4">mechanisch/
dezentral</td><td colspan="4">pneumatisch/
dezentral</td><td colspan="4">pneumatisch/
zentral</td></tr>
<tr><td rowspan="2">Ablage</td><td colspan="3">Drillsaat</td><td colspan="3">Bandsaat</td><td colspan="3">Breitsaat</td><td colspan="3">Einzel-
kornsaat</td></tr>
<tr><td colspan="12">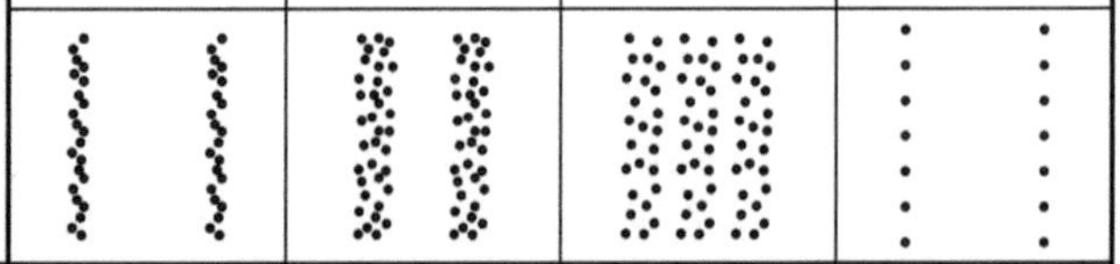</td></tr>
<tr><td>Verfahren</td><td colspan="4">konventionelle
Saat</td><td colspan="4">Mulchsaat</td><td colspan="4">Direktsaat</td></tr>
</table>

Abb. 12.6 Technik und Verfahren von Sämaschinen.

In der Praxis werden Sämaschinen auch in Kombination mit Bodenbearbeitungsgeräten betrieben. Als Beispiel sei hier die Packerrillenaussaat genannt. Auch werden Sägeräte mit Bodenfräsen, Zinkenrotoren oder Rütteleggen kombiniert. Diese Kombinationen bedeuten zum einen eine Rationalisierung der Bestellung und Aussaat, da mehrere Arbeitsgänge zu einem zusammengefasst werden. Zum anderen lassen sich so auch bestimmte Effekte umsetzen, wie eine Saatgutablage in einem frisch bearbeiteten Boden in Form einer Breitsaat.

Eine Sämaschine besteht aus Komponenten für die einzelnen Funktionen Dosierung, Zuführung und Ablage für die Verfahren konventionelle Saat, Mulchsaat oder Direktsaat. Bei der konventionellen Saat ist das Saatbett pflanzenrestfrei. In der Regel ist das der Fall, wenn die Bodenbearbeitung mit dem Pflug erfolgt. Bei dieser steht die exakte, gleichmäßige Saatgutablage im Vordergrund. Mulchsaat und Direktsaat kommen vorwiegend in der pfluglosen Bodenbearbeitung zum Einsatz. Hier befinden sich z. T. noch viele Pflanzenreste aus den Vorgängerkulturen im Saatbett. Es sind besondere Schare notwendig, die ein störungsfreies Öffnen des Bodens und ein genaues Ablegen des Saatgutes im Boden ermöglichen. Beispielsweise werden hier sogenannte Rollschare eingesetzt, die den Boden und die Pflanzenreste schneiden und unempfindlich gegenüber Verstopfungen durch Pflanzenreste sind. Die Arbeitsgeschwindigkeiten liegen üblicherweise bei 7 km/h bis

12 km/h, wobei eine Tendenz zu höheren Arbeitsgeschwindigkeiten festzustellen ist. So werden für einige Sämaschinen Arbeitsgeschwindigkeiten von bis zu 20 km/h angegeben [14]. Bei rein mechanischen Drillmaschinen ist der Leistungsbedarf von 35 kW bis 40 kW bei einer Arbeitsbreite mit 3 m verhältnismäßig gering. Bei zapfwellenbetriebenen Bestellkombinationen wird zusätzlich Leistung für den Antrieb des Bodenbearbeitungsgerätes benötigt. Hier kommen bei gleicher Breite Traktoren mit 80 kW bis 100 kW Motorleistung zum Einsatz. Die Arbeitsgeschwindigkeit beträgt etwa 8 km/h [18].

Zur Erleichterung der nachfolgenden Maßnahmen des Pflanzenschutzes und der Düngung werden üblicherweise Fahrgassen angelegt. In diesen wird kein Saatgut ausgebracht. Hierfür besitzen die Maschinen eine Vorrichtung, die die Versorgung ausgewählter Säschare mit Saatgut verhindert. Beim Precision Farming wird darüber hinaus die Aussaatmenge nach einer agronomischen Bewirtschaftungsstrategie teilflächenspezifisch an die Bodenverhältnisse angepasst.

12.3.1 Drillmaschinen

Wie in Abb. 12.6 gezeigt, legen Drillmaschinen das Saatgut in Reihen ab. Eine Unterscheidung der Drillmaschinenbauformen erfolgt nach Art des Saatgutbehälters und dem Prinzip der Saatgutzuführung zum Schar. Bei Maschinen mit mechanischer Zuführung ist der Behälter leicht in Fahrtrichtung über den Scharen angebracht, sodass die Körner nach der Dosierung über Rohre in die Rille fallen, die vom Schar gezogen wird. Der Vorratsbehälter geht dabei fast über die komplette Arbeitsbreite und fasst ca. 200 l je Meter Arbeitsbreite. Die Arbeitsbreiten der Sämaschinen bzw. der Saateinheit erreichen bis zu 6 m. Werden zwei oder mehr Saateinheiten gekoppelt, können noch größere Arbeitsbreiten erreicht werden. Bei Drillmaschinen mit einem zentralen Tank kommen pneumatische Zuführsysteme zum Einsatz. Das Saatgut wird bei diesen Maschinen mittels pneumatischer Förderung vom Tank zu einem Verteiler bzw. zu den Scharen gefördert. Die Saatgutbehälter können Volumen von 10.000 l und mehr haben. Eingesetzt werden diese Maschinen vornehmlich auf großen Flächen, da sich mit ihnen aufgrund des Fördersystems besonders große Arbeitsbreiten realisieren lassen.

Für die Dosierung werden in Drillmaschinen Nocken-, Schub- oder Zellenräder verwendet. Bei Nockenrädern wird die Aussaatmenge über die Drehzahl der Räder und über die Verstellung einer Bodenklappe sowie mit Absperrschiebern an der Auslauföffnung realisiert. Bei Schub- und Zellenrädern kann die Aussaatmenge über das Verschieben eines Abdeckmantels, über die Drehzahl und ebenfalls über das Verstellen eines Absperrschiebers erfolgen. Für die Variation der Drehzahl wiederum werden Schaltgetriebe oder Getriebe mit stufenloser Übersetzungseinstellung eingesetzt. Da die Aussaatmenge bezogen auf die Fläche geregelt werden muss, wird ein Weg- oder Geschwindigkeitssignal benötigt, das schlupffrei erfasst werden muss. Hierzu werden z. B. die Stützräder der Sämaschine genutzt, die oft auch den Antrieb der mechanisch angetriebenen Dosierwellen übernehmen. Es kommen aber auch separate Sternräder zur Messung der Geschwindigkeit zur Anwendung.

Auch bei den Säscharen gibt es für die unterschiedlichen Kulturen und Bodenverhältnisse angepasste Schare. Neben Schleppscharen, die vorwiegend bei der Drillsaat eingesetzt werden, kommen bei dieser auch Säbel- und Doppelscheibenschare zum Einsatz. Diese sind besonders für schwere Böden geeignet. Auch kann man die Doppelscheibenschare bei schweren Böden und bei Böden mit vielen Pflanzenresten einsetzen, da die Scheiben die Reste gut zerteilen können. Bei der Bandsaat werden vorwiegend Roll-, Packerrillen- und Räumschare verwendet. Schwalbenschwanzschare und Breitsaatschienen werden vor allem bei der Breitsaat genutzt.

Für eine gleichmäßige Ablagetiefe werden die Schare über ein Tiefenführungssystem geführt. Diese Systeme können rein mechanischer Art sein. Es werden aber auch elektronisch geregelte Systeme verwendet. Generell kommen in heutigen Sämaschinen elektronische Systeme für Regelungs- und Überwachungsaufgaben zur Anwendung:

- Überwachung der Antriebswellendrehzahlen
- Überwachung des Saatgutfüllstandes im Vorratsbehälter
- Überwachung der Kornablage
- Steuerung der Fahrgassenschaltung
- Regelung der Saatmenge (Körnerzahl pro Fläche)
- Teilflächenspezifische Aussaatmengenregelung bei wechselnden Bodenverhältnissen

12.3.2 Einzelkornsämaschinen

Im Gegensatz zu den Getreidearten wie Weizen oder Roggen werden einige Kulturen so angebaut, dass die Pflanzen in Reihen und in der Reihe mit einem festen Abstand zueinander stehen. Diese Aussaat kommt z. B. bei Mais und Zuckerrüben zur Anwendung und erfordert eine spezielle Aussaattechnik. Ziel bei Einzelkornsämaschinen ist eine möglichst gleichmäßige Verteilung der Pflanzen auf der Fläche. Die günstigste Pflanzenverteilung ist die Anordnung der Pflanzen in einem Dreiecksverbund. Dieses lässt sich aber in der Praxis nur mit großem Aufwand realisieren. Die Sämaschineneinheiten werden parallel im gewünschten Reihenbastand an einem quer zur Fahrtrichtung angeordneten Rahmen montiert. Die Arbeitsbreiten reichen von 3 m bis zu 36 m und mehr [38]. Die Arbeitsgeschwindigkeiten können durchaus 15 km/h betragen. Üblich sind aber eher 7 km/h bis 10 km/h [14].

Bei großen Sämaschinen werden zentrale Saatgutbehälter verwendet und das Saatgut über Fördereinrichtungen zu den Sämaschineneinheiten transportiert. Kleinere Maschinen haben einen Saatgutbehälter, der direkt an der Sämaschineneinheit angebracht ist. Die Sämaschineneinheit besteht aus einer vorderen Druckrolle, die auch für die Tiefenführung genutzt wird. Vor dieser Rolle befindet sich ein Klutenräumer, der für ein möglichst ebenes Saatbett in der Reihe sorgt. Hinter der Druckrolle befindet sich das Schar, das den Boden leicht für die Ablage der Einzelkörner öffnet. Das Einzelkorn wurde aus dem Sammelbehälter mit einer speziellen Vereinzelungsvorrichtung aus dem Saatgutbehälter entnommen.

Für die Vereinzelungsaufgabe kommen verschiedene Systeme von einfachen mechanischen Lochscheiben- bzw. -rädern bis zu aufwendigen pneumatischen Systemen zum Einsatz. Für die Ablage der Körner werden weggeregelte Mechanismen genutzt, damit der Abstand der Körner untereinander konstant bleibt. Hinter der Einzelkornablage wird die Saatfurche zugestrichen und der Boden leicht angedrückt. Auch bei Einzelkornsämaschinen kommen elektronische Systeme zur Regelung und Überwachung der Funktionen zur Anwendung, z. B.:

- Überwachung der wichtigsten Antriebswellen
- Überwachung der pneumatischen Systeme bei pneumatischen Einzelkornsämaschinen
- Überwachung der Füllstände
- Überwachung der Einzelkornablage
- Überwachung der Saattiefe
- Regelung der konstanten Aussaatmenge durch eine schlupffreie Messung der Vorfahrtgeschwindigkeit
- bei der teilflächenspezifischen Bewirtschaftung kann die Aussaatmenge unter Berücksichtigung der Bodenverhältnisse variiert werden

12.3.3 Maschinen zum Legen und Pflanzen

Kartoffellege- bzw. Pflanzmaschinen
Kartoffeln benötigen für ein gutes Wachstum und einen hohen Ertrag lockere Böden, die möglichst auch frei von Kluten und Steinen sein sollten. Das erfordert eine angepasste Bodenbearbeitung und Technik für das Ablegen der Pflanzkartoffeln. Auf steinigen Böden empfiehlt sich die Separation der Steine und Kluten nach der Bodenbearbeitung. Hierfür werden verschiedene Maschinen eingesetzt, die die Steine durch ein Absieben vom Boden separieren. Zum einen werden die Steine dann gesammelt, um sie vom Feld zu entfernen. Zum anderen werden die Steine nur in einer speziellen Spur auf dem Feld abgelegt [6].

Hiernach folgt dann das eigentliche Ablegen der Kartoffeln in Beeten mit mehreren Reihen Kartoffeln oder in einreihigen Dämmen mit einer Breite von z. B. 75 cm. Für die Vereinzelung der Kartoffeln und den Transport zur Ablage im Boden kommen folgende Vereinzelungssysteme zur Anwendung, [6, 32]:

- Becherlegemaschinen
- Riemenlegemaschinen
- Klemmfingermaschinen
- Stechgreifermaschinen

In heutigen Maschinen kommen vorwiegend Becherlege- und Riemenlegemaschinen zum Einsatz. Bei den Becherlegemaschinen werden die in einem Vorratsbehälter mitgeführten Kartoffeln von einem Becherwerk aufgenommen. Das Becherwerk besteht aus einem senkrecht stehenden Becherelevator. Die Becher laufen von unten durch den Vorratsbehälter und nehmen dabei mindestens eine Kartoffel auf und transportieren diese nach oben. Mechanisch oder elektrisch angetriebene Rüttler schütteln das Förderband mit den Legebechern, sodass die überzähligen Kartoffeln aus den Legebechern fallen. Oberhalb des Vorratsbehälters wird das Becherband wieder nach unten über eine Rolle in ein Fallrohr umgelenkt. Die Kartoffeln fallen in das Rohr nach unten. Am unteren Wendepunkt des Becherbandes fallen die Kartoffeln in die von einem Schar gezogene Furche. Während des Transportes können die Kartoffeln noch mit Pflanzenschutzmitteln behandelt werden. Mit schräg gestellten Zudeckscheiben werden die Kartoffeln dann mit Erde bedeckt und ein Damm geformt. Die Becherbandgeschwindigkeit ist abhängig von der Fahrgeschwindigkeit. Über ein Getriebe kann die Übersetzung zwischen der Becherbandgeschwindigkeit und der Fahrgeschwindigkeit variiert und so kann der Pflanzabstand der Kartoffeln in der Reihe verändert werden [6].

Riemenlegemaschinen besitzen einen waagerechten Riemenförderer. Die Kartoffeln fallen bei diesen Maschinen aus dem Vorratsbehälter auf ein Zuführband mit verstellbaren Fördergeschwindigkeiten. Dieses Zuführband legt die Kartoffeln auf einen waagerecht laufenden Rundriemen unter dem Zuführband. Der Rundriemen nimmt die Kartoffeln mit, wobei nebeneinanderliegenden Kartoffeln von den Riemen fallen. Zur Unterstützung werden zusätzlich Rütteleinheiten eingesetzt. Die heruntergefallenen Kartoffeln werden mit einem weiteren Förderband zurück zur Fallstufe gefördert und wieder auf dem Rundriemen abgelegt. Der fördert die so aufgereihten Kartoffeln zu einer Schaumstoffrolle, die dafür sorgt, dass die Kartoffeln im gewünschten Abstand in einer Furche im Boden abgelegt werden. Mithilfe elektronischer Systeme wird der Prozess überwacht. Die abgelegten Kartoffeln werden dann wie bei den Becherlegemaschinen mit Erde abgedeckt [6].

Pflanzmaschinen

Pflanzmaschinen werden für das Pflanzen von Jungpflanzen wie Salat, Gemüse verwendet. Die Pflanzen werden einzeln in einem bestimmten Abstand mit ihren Wurzeln in den Boden gesetzt und dort angedrückt. Wichtig ist, dass die Pflanzen schonend behandelt und nicht beschädigt werden. Die Pflanzmaschinen werden unterschieden in, [6]:

- Scheibenpflanzmaschinen
- Greiferpflanzmaschinen
- Becherpflanzmaschinen

Bei Scheibenpflanzmaschinen werden die Jungpflanzen von zwei sich berührenden Scheiben gehalten. Durch die Drehung der Scheiben werden sie in den Boden gesetzt. Hierzu wird die Jungpflanze mit den Wurzeln nach außen zwischen die Scheiben eingelegt. Die zusammenlaufenden Scheiben halten die Pflanze und führen sie in den Boden. Im Boden laufen die Scheiben auseinander und lassen dabei die Jungpflanze los.

Bei den Greiferpflanzmaschinen ist eine angetriebene Scheibe mit Greifern ausgerüstet. In diese werden die Jungpflanzen eingelegt. Die Scheibe führt die Jungpflanzen in den Boden, wo sich dann der Greifer öffnet und die Jungpflanzen freigibt.

Bei Becherpflanzmaschinen fällt die Jungpflanze aus einem Magazin in einen Becher. Der Becher wird zur Furche im Boden geführt, durch einen Mechanismus geöffnet, sodass die Pflanze im Boden abgesetzt werden kann. Für das Andrücken des Bodens an die Jungpflanze werden schräg gestellte Andruckrollenpaare verwendet.

12.4 Düngung und Pflanzenschutz

Beim Anbau von landwirtschaftlich genutzten Pflanzen werden dem Boden Nährstoffe entzogen. Ein Teil der Nährstoffe kann durch Schaffung von Stoffkreisläufen dem Boden zurückgeführt werden. Dies können z. B. Ernterückstände, Wirtschaftsdünger oder Fäkalien von Menschen und Tieren sein. Ein vollständiges Schließen von Stoffkreisläufen ist aber nicht möglich, da die landwirtschaftlichen Betriebe die Erzeugnisse ihrer Produktion veräußern. Auf diese Weise entstehen Nährstofflücken, die durch besondere Düngemaßnahmen geschlossen werden müssen. Hierbei gilt es, ökonomische und ökologische Randbedingungen zu beachten. Eine intensive Düngung mag unter ökonomischen Gesichtspunkten noch sinnvoll sein, kann aber bei einer Überdüngung zu starken Umweltbelastungen und zu Schäden an den Nutzpflanzen führen. Beispielhaft sei hier das Zusammenspiel von Düngung und dem Nitratgehalt des Grundwassers genannt, der neben der Einleitung größerer Abwassermengen in dicht besiedelten Gebieten und der Ausbringung von großen Mengen von Wirtschaftsdüngern die Trinkwasserversorgung in einigen Regionen vor größere Probleme stellt. Gesetzliche Regelungen haben daher zum Ziel, die Umweltbelastungen durch Düngemitteleinsatz und -ausbringung zu begrenzen [22].

Für den Pflanzenbau wichtigen Hauptnährstoffe sind:

- Stickstoff (N)
- Phosphat (P)
- Kalium (K)
- Calcium (Ca)
- Magnesium (Mg)
- Schwefel (S)

Stickstoff ist ein zentraler Baustein von Eiweißstoffen, Enzymen und Vitaminen. Er fördert das Pflanzenwachstum. Zu wenig Stickstoff führt zu kümmerlichen Pflanzen, während zu viel Stickstoff die Standfestigkeit z. B. von Getreide verschlechtern kann oder die Zuckerausbeute bei Zuckerrüben reduziert. Stickstoff stellt mit 78 % den Hauptbestandteil der Luft. Die Pflanzen können ihn aber nicht direkt nutzen, da sie den Stickstoff in Ionenform benötigen. Hierfür sorgen Kleinlebewesen im Boden, die den Luftstickstoff in eine pflanzenverfügbare Form wandeln. Bei einigen Pflanzen wie den Leguminosen binden Knöllchenbakterien den Luftstickstoff und stellen ihn der Wirtspflanze zur Verfügung oder verbleiben nach dem Absterben der Pflanze im Boden. Diese Art der Düngung wird auch als Gründüngung bezeichnet. Auch Gewitter können durch die hohe Energie in Blitzen Stick- und Sauerstoffmoleküle spalten, die dann über den Regen in den Boden als salpetrige Säure in den Boden gelangen. Von den Chemikern Fritz Haber und Carl Bosch wurde zu Beginn des 20. Jahrhunderts ein Verfahren zur Ammoniaksynthese entwickelt, mit dem Stickstoffdünger in großen Mengen industriell hergestellt und der Landwirtschaft zur Verfügung gestellt werden kann. Angeboten werden industrielle Stickstoffdünger in Form von Ammoniumdünger, Ammonsalpeter-, Amiddünger oder als Harnstoff und Kalkstickstoff. Stickstoffdünger fällt auch bei der tierischen Produktion in Form von Gülle und Jauche an [22].

Phosphate sind Salze der Phosphorsäure. Die Pflanzen nehmen Phosphor in Form von primären $H_2PO_4^-$ und sekundären Phosphationen HPO_4^{2-} auf. Phosphor ist wesentlicher Bestandteil des Zellplasmas, wichtigster Energieträger in der Pflanze und damit für den gesamten Stoffwechsel verantwortlich. Ausreichend Phosphor vermindert die Infektionsbereitschaft, Schädlingsbefall und Kältestress, fördert die Ausbildung von Blüten und Früchten und beschleunigt die Reife. Phosphatdünger werden aus phosphathaltigen Erzen oder aus Rohphosphaten hergestellt [22].

Kalium kommt in vielen Mineralien vor, z. B. in Feldspat. Durch Verwitterung entstehen K^+- Ionen, die von den Pflanzen aufgenommen werden können. Kalium aktiviert Enzyme und reguliert dadurch den Auf- und Umbau von Assimilaten. Kalium fördert weiterhin die Wasseraufnahme und behindert die Transpiration. Es verbessert die Standfestigkeit und die Widerstandsfähigkeit gegenüber Schädlingen. Die Düngemittel werden aus gemahlenen Kalisalzen hergestellt, die bergmännisch gewonnen werden [22].

Calcium ist für Pflanzen aufgrund seiner Eigenschaft, für den Erhalt der Bodenfruchtbarkeit zu sorgen, sehr wichtig. Calcium neutralisiert den Boden, d. h. es hebt den pH-Wert des Bodens an. Es stabilisiert die Bodenstruktur und fördert das Bodenleben. In den Pflanzen ist Kalzium Baustein der Zellwände und trägt zur Stabilität der Pflanze bei. Kalkdünger können eingeteilt werden in Naturkalke aus Kalkstein oder Industriekalke, die z. B. aus der Stahlgewinnung stammen [22].

Zu den Hauptnährstoffen gehören noch Magnesium und Schwefel. Magnesium ist zentraler Baustein für das Chlorophyll und damit für die Fotosynthese sehr wichtig. Darüber hinaus ist es an der Steuerung des Wasserhaushaltes und am Stoffwechsel beteiligt. Die Magnesiumdüngung erfolgt über das Blatt z. B. mit Bittersalz. Schwefel ist für den Aufbau von Aminosäuren wichtig und Bestandteil verschiedener Düngemittel. Weitere wichtige Spurenelemente, die in Düngemittel integriert werden, sind Bor, Eisen, Mangan, Kupfer Zink, Molybdän und Chlor [22].

12.4.1 Maschinen und Geräte zum Ausbringen von Dünger

Aufgrund der vielfältigen Formen von Düngemitteln sind angepasste Verfahren der Ausbringung notwendig, die die besonderen physikalischen Eigenschaften der Düngemittel berücksichtigen. Grundsätzlich können Düngemittel in fester oder flüssiger Form vorliegen. Wirtschaftsdünger wie Stalldung oder Kompost liegen in fester Form vor, während Gülle eine wässrige bis pastöse Mischung aus Kot, Harn und Wasser ist. Harn und Wasser sind auch die Hauptbestandteile von Jauche. Bei diesen Düngern kommen Stalldungstreuer für die festen und Gülletankwagen mit speziellen Verteilorganen bei den flüssigen Wirtschaftsdüngern zum Einsatz. Mineraldünger können ebenfalls in fester und flüssiger Form vorliegen. Für die Verteilung der festen Düngemittel werden Mineraldüngerstreuer eingesetzt. Die flüssigen Mineraldünger werden vorwiegend mit Feldspritzen verteilt.

Mineraldüngerstreuer
Mineraldünger können in mehliger, kristalliner oder gekörnter Form vorliegen. Eine der zentralen Anforderungen an Düngerstreuer ist daher, dass sie diese unterschiedlichen Materialen gleichmäßig exakt über verschiedene Streubreiten verteilen können. Die Ausbringmengen müssen sich stufenlos oder in möglichst kleinen Stufen regeln lassen. Darüber hinaus sollen die Maschinen auf einfache Art und Weise kalibriert werden können. Eine ebenfalls sehr wichtige Funktion ist das Grenzstreuen an Feldrändern, das besonders bei Schleuderstreuern eine spezielle Vorrichtung erforderlich macht. Der Grund ist, dass bei Schleuderstreuern die Düngmittelverteilung über die Wurfbreite nicht konstant ist.

Wichtig ist außerdem der Einsatz von Materialien, die den z. T. aggressiven Düngemitteln ausreichend Widerstand bieten.

Als Bauarten kommen vorwiegend Schleuderstreuer zum Einsatz. Bei diesen Geräten fällt der Dünger mittels eines Behälterrührwerks über eine Dosieröffnung auf die rotierenden Scheiben. Auf den Scheiben befinden sich radial angeordnete Streuschaufeln. Durch die starke Rotation der Streuscheiben wird der Dünger von den Streuschaufeln weggeschleudert. Die Streuscheiben werden entweder über die Zapfwelle des Traktors, über einen hydraulischen oder zunehmend auch von elektrischen Motoren angetrieben. Die exakte Querverteilung des Düngers ist abhängig von der Stellung der Streuschaufeln zur Streuscheibe, der Drehzahl der Streuscheibe, der Rieselfähigkeit und Körnung des Düngers, seinen Flugeigenschaften und von der Lage des Aufgabepunktes des Düngers auf der Streuscheibe. Die Querverteilung ist dabei trapezförmig, sodass eine überlappende Arbeitsweise notwendig ist. Die Arbeitsbreiten können durchaus 54 m betragen. Neben den Einscheiben- und Zweischeibenstreuern kommen auch Pendelrohrstreuer und Pneumatikstreuer zur Anwendung. Beim Pendelrohrstreuer wird der Dünger über ein schnell pendelndes Streurohr verteilt. Bei Pneumatikstreuern wird das Düngemittel pneumatisch von einem zentralen Behälter zu speziellen Verteilern gefördert, die den Dünger dann entsprechend verteilen. Für mehlige Düngersorten empfiehlt sich der Einsatz von Schneckenstreuern. Bei diesen fördert eine Förderschnecke den Dünger in einem quer zur Fahrtrichtung angebrachten Verteilrohr. Durch verstellbare Öffnungen fällt dann der Dünger auf den Ackerboden. Eine weitere, besondere Bauform sind Reihendüngerstreuer. Diese werden auf Sägeräten oder Legegeräten angebracht. Der Dünger gelangt bei diesen Maschinen über Scheiben oder Schare in den Boden. Die Düngersaatrille ist etwa 5 cm unterhalb und 5 cm seitlich von der Saatgutrille zu platzieren [22].

Stallmist- und Kompoststreuer

Bei Stallmist und Kompost handelt es sich um organische, feste Stickstoffdünger, die gleichmäßig auf den Boden verteilt werden müssen, um unmittelbar danach eingearbeitet zu werden. Die Ausbringmenge hängt von deren Dichte, Strohanteil und Verrottungsgrad des Materials ab. In der Regel kommen als Stallmiststreuer Einachs-Anhänger oder Anhänger mit einer Tandemachse zum Einsatz. Das Ladevolumen kann mehr als 22 m^3 betragen. Das Material wird mittels einer Kratzbodenkette nach hinten gefördert. Am Heck des Anhängers befindet sich das Streuaggregat. Über die Geschwindigkeit der Kratzbodenkette wird die Ausbringmenge gesteuert. Dazu wird die Kette entweder hydraulisch oder über ein mechanisches Getriebe angetrieben, das ein stufenloses bzw. feinabgestuftes Variieren der Fördergeschwindigkeit ermöglicht. Das Streuaggregat besteht aus vertikal oder horizontal angeordneten Streuwalzen, die, über die Zapfwelle angetrieben, das Material zerkleinern und nach hinten wegschleudern. Die Querverteilung und die Streubreite hängen von der Struktur des auszubringenden Materials und der Bauart des Streuaggregates ab. Schneckenstreuwerke mit Horizontal-Walzen fräsen das Gut vom Stapel und verteilen es gleichmäßig. Die Streubreiten bei diesem Streuwerk liegen zwischen 2,5 m und 4 m. Schneckenstreuwerke mit Vertikal-Walzen bestehen aus senkrechten, leicht nach vorn geneigten Schneckenwalzen. Diese fräsen das Streugut vom Stapel und verteilen es je nach Aggregat auf eine Breite von 3 m bis 7 m. Je größer die Anzahl der Vertikalwalzen, desto feiner und gleichmäßiger ist die Verteilung des Materials. Teller-Breit-Streuwerke bestehen aus waagerecht eingebauten Fräswalzen. Die Fräswalzen fräsen das Material, zerkleinern und dosieren es auf das Tellerstreuwerk. Mit diesen Aggregaten sind Streubreiten von bis zu 25 m möglich [22].

Geräte zum Ausbringen von Flüssigmist

Flüssigmist bzw. Gülle ist ein sehr guter Stickstoffdünger. Bei diesem muss beachtet werden, dass möglichst wenig Stickstoffverluste während der Lagerung entstehen und der Flüssigmist nur während der Vegetationsperiode ausgebracht werden soll. Da der Flüssigmist aus Kot, Harn, Wasser sowie aus geringen Mengen von Stroh und Futterresten besteht, muss sichergestellt werden, dass der Flüssigmist nur gut durchmischt ausgebracht werden sollte. Hierzu werden spezielle Rührwerke in den Güllebehältern verwendet. Zum Transport von den Güllesammelbehältern wird die Gülle mit Tankwagen zum Feld gebracht und dann dort verteilt und oft gleichzeitig in den Boden eingearbeitet. Je nach Betriebsstruktur, Transportentfernung und der geforderten Ausbringleistung unterscheidet man das Ausbringen und Verteilen in:

- Einphasiges Verfahren – Befüllen und Transport und Verteilen erfolgt mit dem Tankwagen.
- Zweiphasiges Verfahren – Das Befüllen des Tankwagens erfolgt mit einer separaten Pumpe. Das Verteilen und der Transport werden mit dem Tankwagen durchgeführt.
- Mehrphasiges Verfahren – Das Befüllen erfolgt mit einer separaten Pumpe. Für den Transport werden spezielle Transportfahrzeuge genutzt. Der Flüssigmist wird dann mit einem Verteilwagen ausgebracht.

Als Tankwagen kommen sogenannte Schleuder-, Kompressor- oder Pumptankwagen zur Anwendung. Schleudertankwagen werden mithilfe einer Pumpe befüllt. Der Flüssigmist wird mit einem Schleuderverteiler oder durch eine Kreiselpumpe am Fass ausgebracht. Während des Transportes wird der Flüssigmist mit einem Rührwerk durchmischt. Der Kompressortankwagen saugt den Flüssigmist an, indem ein Kompressor ein Unterdruck im Fass erzeugt, sodass der Flüssigmist angesaugt wird. Zum Verteilen wird der Kompressor so eingesetzt, dass im Tank ein Überdruck erzeugt wird und der Flüssigmist so über einen Verteiler ausgebracht werden kann. Pumptankwagen besitzen Exzenter-Schneckenpumpen oder Drehkolbenpumpen zum Befüllen und Entleeren des Fasses [22].

Als Verteiler kommen Pralltellerverteiler, Schleppschläuche oder Schare und Scheiben zum Einsatz. Die Pralltellerverteiler bestehen aus einem Prallteller, auf den die Gülle gespritzt wird. Die Wurfweiten betragen bis zu 15 m. Schleppschläuche bringen die Gülle bodennah aus. Ein hydraulisch angetriebener Zentralverteiler übernimmt hier die gleichmäßige Querverteilung. Eine Pumpe fördert die Gülle in die einzelnen Schleppschläuche, die eine Ablage der Gülle direkt auf den Boden oder auf den Pflanzen ermöglicht. Die Arbeitsbreite entspricht der Breite des Schleppverteilers. Mittels Scharen oder Scheibenscharen wird die Gülle direkt in den Boden eingearbeitet. Injektionsverteiler fördern den Flüssigmist direkt zu den Scharen, die den Boden aufschlitzen, sodass die Gülle direkt in den Boden eingespritzt werden kann. Bei diesem Verfahren sind die Stickstoffverluste und die Geruchsemissionen sehr gering [22].

12.4.2 Maschinen für den Pflanzenschutz

Zum Anbau landwirtschaftlicher Kulturpflanzen gehört untrennbar der Schutz der Pflanzen vor Krankheiten, Schädlingen und anderen Schäden, die die Qualität und den Ertrag bedrohen. Die Gefährdungen für die Schädigung der Pflanzen können verschiedene Ursachen haben, [22]:

- Klimabedingte Ursachen, wie Hagel, Sturm, Starkregen oder extreme Trockenheit.
- Bodenbedingte Schäden können z. B. durch eine Verschlämmung des Bodens oder eine Versauerung des entstehen.

- Tierisch bedingte Schäden entstehen durch Fraß- oder Saugschädlinge. Oftmals sind dies Insekten, die z. B. im Larvenstadium durch Fraß die Pflanzen schädigen. Hierzu zählen aber auch Wildschäden, die durch Fraß oder physische Zerstörung zu Ernteausfällen führen.
- Krankheitsbedingte Schäden haben ihre Ursachen entweder in Pilzen, Bakterien, Viren oder Mikroplasmen.

Je nach Gefährdung, bzw. Schädigung der Kulturpflanzen kommen verschiedene Methoden und Verfahren zur Anwendung. Darüber hinaus unterscheiden sich auch die Methoden und Verfahren nach der Bewirtschaftungsart. Bei der konventionellen Landwirtschaft werden vorwiegend chemische Mittel für eine intensive Landbewirtschaftung eingesetzt. Beim integrierten Pflanzenbau ist die Landbewirtschaftung ebenfalls intensiv. Sie wird aber um ökologische Elemente ergänzt, wie besondere Fruchtfolgen oder die mechanische Unkrautbekämpfung. Der ökologische Landbau nutzt ausschließlich ökologische und natürliche Elemente für den Schutz der Pflanzen vor Schäden. Hierzu zählen besondere Anbaumethoden, die Nutzung von natürlichen Kreisläufen und biologische Schutzmaßnahmen, wie den Anbau von bestimmten Zwischenfrüchten.

Generell können Pflanzenschutzmaßnahmen folgendermaßen eingeteilt werden:

- Physikalische Maßnahmen – Zu dieser Gruppe zählen Maßnahmen wie das mechanische Entfernen von Unkräutern z. B. mithilfe von Hackmaschinen oder Striegeln. Auch die thermische Vernichtung von Unkräutern durch Abflammen kann hierzu gezählt werden.
- Biologische Maßnahmen – Hierunter zählen Maßnahmen, die auf biologischer Basis die Pflanzen schützen. Beispiele sind der Anbau von Zwischenfrüchten, die auf natürlicher Basis Populationen von schädigenden Bodenwürmern oder anderen Tieren stark reduzieren. Ein anderes Beispiel ist die Ausbringung von nützlichen Insekten, die sich von Schädlingen ernähren und so die schädigende Population reduzieren.
- Chemische Maßnahmen – Hier kommen chemische Mittel zur Bekämpfung von Unkräutern, Krankheiten oder Pilzen und von tierischen Schädlingen zum Einsatz.

Physikalische Verfahren des Pflanzenschutzes basieren in der Regel auf mechanischen Verfahren (Abb. 12.7). Bei den mechanischen Verfahren wird in vielen Fällen der Boden flach bearbeitet. Dabei werden die Unkräuter geschädigt, entwurzelt und oder verschüttet. Die Geräte arbeiten entweder zwischen den Reihen (Reihenhacke, Reihenfräse, Rollhacke, Hackbürste), in der Reihe (Häufelkörper, Fingerhacke) oder ganzflächig (Striegel). Das nachfolgende Bild zeigt eine Übersicht über die in der Praxis eingesetzten mechanischen Verfahren.

Chemische Pflanzenschutzmaßnahmen unterliegen besonderen Rahmenbedingungen. Insbesondere müssen die Risiken und Umweltauswirkungen, die durch die Ausbringung der Mittel verursacht werden, berücksichtigt werden. In einem Integrierten Pflanzenschutz

Antrieb	Bewegungsart	Maschine	
kein Antrieb über die Zapfwelle	gezogen	Netzegge	
		Federzinkenstriegel	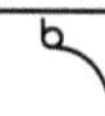
		Hackmaschine	
		Hackstriegel	
	abrollend	Rollhacke	
Antrieb über Zapfwelle	Rotationsachse des Werkzeugs horizontal	Hackfräse	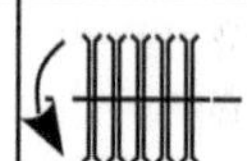
		Hackbürste	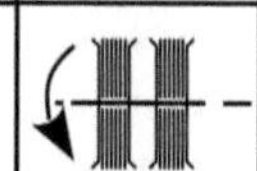
	Rotationsachse des Werkzeugs vertikal	Bürste	
		Federzinken	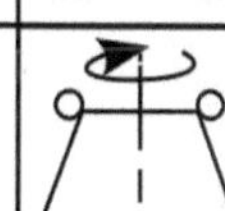

Abb. 12.7 Geräte für die mechanische Unkrautbekämpfung.

als Kombination aller acker- und pflanzenbaulichen Maßnahmen beschränkt sich der Einsatz chemischer Pflanzenschutzmittel auf das Notwendigste. Zum Einsatz kommen, [22]:

- Akarizide gegen Milben
- Bakterizide gegen Bakterienkrankheiten
- Fungizide gegen Pilzkrankheiten
- Herbizide gegen Unkräuter
- Insektizide gegen Insekten
- Molluskizide gegen Schnecken
- Nematizide gegen Nematoden
- Rodentizide gegen Nagetiere
- Repellents als Mittel zur Abschreckung und Vergrämung
- Pheromone als Sexuallockstoffe oder Schreckstoffe, die besonders im ökologischen Landbau zur Anwendung kommen

Die Pflanzenschutzmittel liegen in unterschiedlichen Formen vor, die eine entsprechende Ausbringtechnik erfordern:

- Streumittel, die z. B. als Granulate als Molluskizide eingesetzt werden
- Spritzmittel, die fest, flüssig, pulverig sein können
- Saatgutbehandlungsmittel, die z. B. in Form von Beizmitteln oder Puder vorliegen können

Feldspritzen

In der Landwirtschaft werden für das Ausbringen der Pflanzenschutzmittel vorwiegend Feldspritzen eingesetzt. Mit diesen kann neben den Pflanzenschutzmitteln auch Flüssigdünger verteilt werden. Aufgrund der z. T. toxischen Wirkung und der damit verbundenen Umweltgefährdungen unterliegt der Pflanzenschutz strengen gesetzlichen Auflagen, die u. a. im Pflanzenschutzgesetz beschrieben werden [41]. Hierzu zählen als Maßnahmen der guten fachlichen Praxis u. a. eine ordnungsgemäße Applikationstechnik, die regelmäßige Kontrolle der Pflanzenschutzgeräte alle drei Jahre, die sachgerechte Ausbringung von Pflanzenschutzmitteln, sorgfältige Spritzenreinigung und Vermeidung von Gewässerkontaminationen. Bei den mit Feldspritzen ausgebrachten Mitteln handelt es sich entweder um Lösungen, Suspensionen oder Emulsionen. Die Ausbringmengen sind abhängig von den verwendeten Mitteln und Maßnahmen und können 100 l/ha bis 600 l/ha betragen. Die Tropfengröße ist kennzeichnend für das jeweilige Verfahren:

- Bis 50 µm wird als Nebeln bezeichnet
- Bei 50 µm bis 150 µm spricht man von Sprühen
- Bei Tropfen mit einer Größe von 150 µm bis 600 µm handelt es sich um Spritzen

Bei den Feldspritzen unterscheidet man 4 Bauformen, die in Tab. 12.5 näher beschrieben werden.

Abb. 12.8 zeigt den allgemeinen Aufbau von Feldspritzen. Zentrale Komponenten sind:

Tab. 12.5 Eigenschaften von Feldspritzen. Nach [6]

Art der Feldspritze	Anbaufeldspritze	Aufbaufeldspritze	Anhängefeldspritze	Selbstfahrende Feldspritze
Einsatzgebiet	kleinere Anbauflächen	kleinere Anbauflächen, bei Aufbau auf schnellfahrenden Traktoren gut geeignet für weitere Transportfahrten	größere Anbauflächen	größere Flächen, Großbetriebe und Lohnunternehmen
Breite des Spritzgestänges	12 m bis 30 m	bis 30 m	bis 54 m	bis 51 m
Behältervolumen	bis 2000 l	zwischen 200 l und 4000 l	bis 14000 l	bis 12000 l

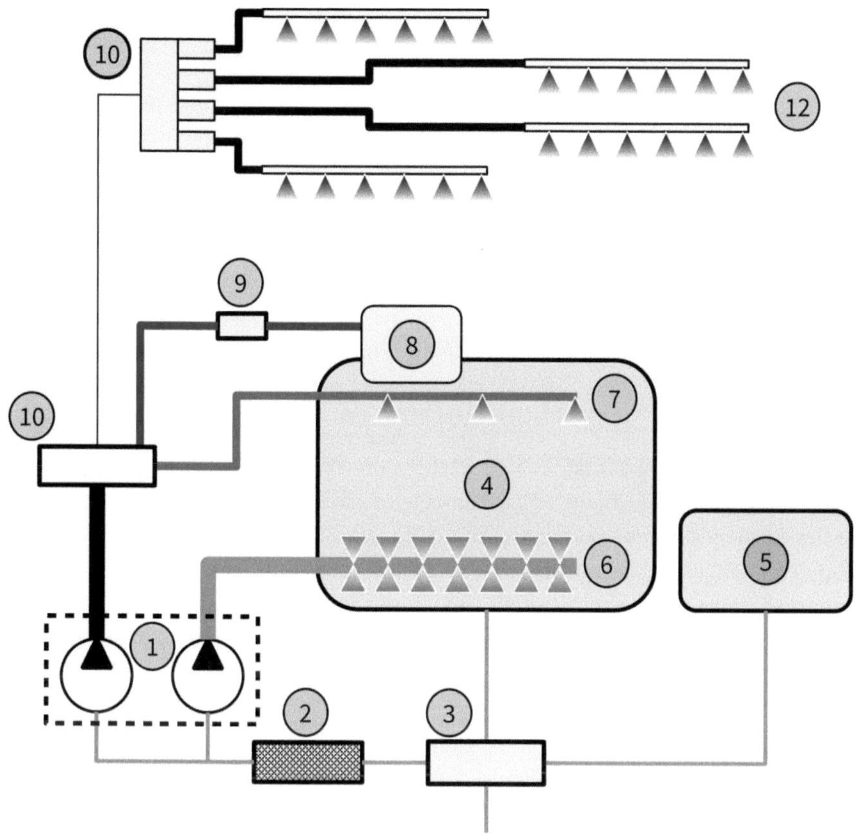

1. Spritzpumpe
2. Saugfilter
3. Mehrweg-Saughahn
4. Brühbehälter
5. Klarwasserbehälter
6. Hauptrührwerk
7. Behälterreinigung
8. Einspülvorrichtung
9. Injektor
10. Mehrwegdruckhahn
11. Teilbreitenventil
12. Teilbreiten mit Spritzdüsen

Druckseite
Saugseite
Rühren
Reinigung
Einspülen

Abb. 12.8 Aufbau von Feldspritzen.

- Spritzpumpe
- Saugfilter
- Mehrweg-Saughahn
- Brühbehälter
- Klarwasserbehälter
- Hauptrührwerk
- Behälterreinigung
- Einspülvorrichtung
- Injektor
- Mehrwegdruckhahn
- Teilbreitenventil
- Teilbreiten mit Spritzdüsen

Die zentrale Komponente bei Feldspritzen ist die Pumpe. Die Größe und Leistungsfähigkeit der Pumpe wird festgelegt durch anwendungsrelevante Parameter wie die Arbeitsbreite des Spritzgestänges, die Fahrgeschwindigkeit, das Behälterfassungsvermögen und die Aufwandmenge an Spritzflüssigkeit. Zur Orientierung kann folgendes angenommen werden: ca. 5 l/min je 1 m Spritzgestängebreite plus ca. 5 % des Behälterinhaltes für Rührzwecke [22]. Zum Einsatz kommen in Feldspritzen Membranpumpen, Kolbenmembranpumpen und Kreiselpumpen. Eine Membranpumpe besteht aus einer Membran, dem Pleuel und der Kurbelwelle. Die Membran ist über das Pleuel mit der Kurbelwelle verbunden. Auf diese Weise wird die Spritzflüssigkeit von den Antriebskomponenten getrennt. Durch die Drehung der Kurbelwelle wird die Membran so verformt, dass sich der Pumpenraum vergrößert und verkleinert. Wird der Pumpenraum vergrößert, saugt die Pumpe Flüssigkeit an. Bewegt sich die Membran derart, dass sich der Pumpenraum verkleinert, wird die Flüssigkeit in die Spritzleitungen zu den Düsen gedrückt. Pumpen mit großer Förderleistung haben in der Regel mehrere Pumpenräume, die z. B. sternförmig um die Kurbelwellenlängsachse angeordnet sind. Ein Einlass- und ein Auslaufventil sind für die Steuerung des Flüssigkeitsstroms notwendig. Kolbenmembranpumpen sind ebenfalls Verdrängerpumpen. Diese Pumpen sind auch für größere Drücke geeignet und können einen oder mehrere Verdichtungsräume haben. Auch bei diesen Pumpen sorgt eine Membran für die Trennung der Spritzflüssigkeit vom Kolben und den anderen Antriebskomponenten. Kreiselpumpen bestehen aus einem Pumpenrad, das in einem Gehäuse rotiert. Die Flüssigkeit tritt mittig in die Pumpe, fließt zum Zentrum des speziell geformten Pumpenrades und wird durch die Fliehkraft nach außen geschleudert. Auf diese Weise kommt es zu einem Druckanstieg der Flüssigkeit, die zum Spritzgestänge gefördert wird.

Auf der Saugseite der Pumpe befindet sich ein Saugfilter, der verhindert, dass größere Partikel und Verunreinigungen die Pumpe beschädigen. Weiterhin kommen auf der Druckseite Filter zum Einsatz, die dafür sorgen, dass die Brühe so fein gefiltert wird, dass sich die engen Leitungen und Düsen nicht verstopfen. Zu den Filtern kann auch das Einfüllsieb im Einfülldom gezählt werden. Weitere wichtige Komponenten sind die Behälter. Der Brüh- oder Spritzflüssigkeitsbehälter besteht in der Regel aus Kunststoff wie glasfaserverstärktes Polyester oder Polyäthylen. Die Form ist derart, dass der Behälter vollständig entleert werden kann. Wichtig sind auch glatte Oberflächen, damit diese leicht und vollständig zu reinigen sind. Im Klarwasserbehälter wird klares Wasser mitgeführt, das zum Reinigen des Gerätes oder der Hände genutzt werden kann. Für die Regelung der Ausbringmenge und zur Schaltung der Teilbreiten werden Ventile benötigt. Ein- und Ausschaltventile leiten die Spritzflüssigkeit von der Pumpe über Flüssigkeitsleitungen zu den Düsen. Darüber hinaus wird ein bestimmter Teil der Fördermenge dem hydraulischen Rührwerk zugeführt. Eine besondere Funktion verhindert das Nachtropfen an den Düsen. Wenn der Spritzvorgang ausgeschaltet wird, wird automatisch eine Rücksaugvorrichtung aktiviert, die zu einer Druckentlastung in den Spritzleitungen führt. Die von der Pumpe geförderte Flüssigkeit wird in voller Menge in den Behälter zurückgeführt. Für die stufenlose Regelung des Arbeitsdruckes werden Druckregelventile eingesetzt, die z. B. den Druck beim Zu- oder Abschalten von Teilbreiten konstant hält. In Kombination mit einer drehzahlabhängigen Dosierautomatik ist eine konstante Ausbringmenge bei Änderungen der Fahrgeschwindigkeit möglich. Teilbreitenschaltungen sind notwendig, um die verschiedenen Spritzgestängesegmente zu- oder abschalten zu können. Die maximal zulässige Breite eines Segmentes beträgt bei Spritzen unter 24 m Arbeitsbreite 4,5 m. Bei größeren Arbeitsbreiten sind 6 m Breite für ein Segment erlaubt. Weitere Ventile dienen für die Zu- und Abschaltung der Behälterinnenreinigung, der Außenreinigung, des Druckrührwerkes und der Fülleinrichtung des Reinwasserbehälters. Geschaltet werden die Ventile manuell per Hand, mechanisch, z. B. mithilfe von Bowdenzügen oder elektrisch. In modernen Feldspritzen kommen zunehmend elektronische Anzeige- und Regelsysteme zum Einsatz, die z. B. die Ausbringmenge in Abhängigkeit von der Fahrgeschwindigkeit regeln. Darüber hinaus kommen bei Feldspritzen auch die Methoden des Precision Farmings zur Anwendung. Das heißt, dass die Pflanzenschutzmittel teilflächenspezifisch ausgebracht werden. Ein weiterer Entwicklungstrend sind Erfassungssysteme von Pflanzenzuständen oder zur Detektierung von Unkräutern zur Regelung der Ausbringmenge [22].

Eine besondere Komponente bei Feldspritzen ist das Spritzgestänge. Besonders bei sehr großen Arbeitsbreiten können die Gestängebewegungen, die durch die Fahrbewegung erzeugt werden, sehr groß werden. Entsprechende Dämpfungssysteme sind daher notwendig, die Bewegungen einschränken. Um das Gestänge bei der Überfahrt von Bodenunebenheiten ruhig zu führen, ist es an einem Pendelausgleich aufgehängt. Ein Hangausgleich führt das Gestänge am Querhang bodenparallel. Weiterhin muss bei der Konstruktion berücksichtigt werden, dass die Gestänge so eingeklappt werden, dass die zulässigen Fahrzeugbreiten von 3 m bei Straßenfahrt nicht überschritten werden. Der Vorgang des Ein- und Ausklappens des Gestänges erfolgt mechanisch oder hydraulisch-mechanisch.

Die Spritzflüssigkeit wird mit Düsen verteilt. Diese sind üblicherweise mit Abständen von 50 cm an dem Spritzgestänge angebracht und werden in etwa 50 cm Höhe über den Bestand geführt. Das typische Spritzbild ist in Abb. 12.9 dargestellt. Für ein schnelles Wechseln der Düsen auf Grund der Ausbringung unterschiedlicher Pflanzenschutzmittel sind häufig mehrere Düsen an einem Düsenstock montiert oder sie werden über eine Bajonettverbindung ausgetauscht. Dem Problem der Abdrift des Pflanzenschutzmittels

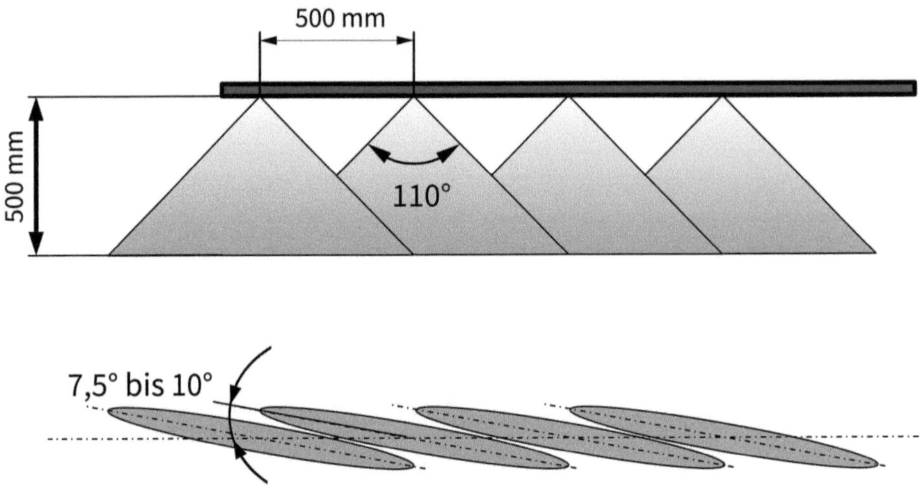

Abb. 12.9 Typisches Spritzbild von Flachstrahldüsen.

durch Wind oder den Fahrtwind begegnet man durch die Verwendung von Anti-Driftdüsen, die den Feintropfenanteil reduzieren. Ebenfalls abdriftarm sind Injektordüsen. Ihr kennzeichnendes Merkmal ist, dass sie Luft durch einen in der Injektordüse erzeugten Unterdruck ansaugen und die Luft mit der Spritzdüse vermischen. So wird ebenfalls der Feintropfenanteil reduziert. Weitere Düsenbauarten für spezielle Anwendungen sind Doppelflachstrahldüsen, Hohlkegeldüsen und Sieblochdüsen [22].

12.5 Maschinen für die Raufutterernte

Raufutter sind Grünfutter, Gras, Silage und Stroh. Kennzeichnend für sie ist der hohe Gehalt an Rohfasern. Darüber hinaus sind Raufutter wie Gras ein wesentlicher Bestandteil der Ernährung von Wiederkäuern. Die Erntemaschinen für Raufutter mähen die oberirdischen Pflanzenbestandteile, bereiten den Trocknungsprozess vor und bergen das Schnittgut. Die Arbeitsschritte der Raufutterernte sind:

- Mähen – Die Pflanzen werden in einer bestimmten Höhe über dem Boden abgeschnitten. Als Maschinen kommen hier Mähwerke zum Einsatz.
- Trocknen – In diesem Prozessschritt wird das Schnittgut gelockert und angeknickt, damit das Wasser in den Pflanzen besser entweichen kann. Durch die Auflockerung soll darüber hinaus die Trocknung möglichst für das gesamte Material gleichmäßig verlaufen. Als Maschinen kommen hier Mähaufbereiter, Wender und Schwader zum Einsatz.
- Bergen – Dieser Prozessschritt beinhaltet die Aufnahme des Schnittgutes direkt vom Boden aus einem Schwad mithilfe einer Pick-Up. Für die Weiterverarbeitung werden Häcksler, Pressen oder Ladewagen eingesetzt.

- Wickeln – Beim Wickeln werden die Ballen für die Silierung in Folie verpackt, um ein besonderes Futtermittel zu erhalten.
- Transport – Das Schnittgut, die gepressten Ballen oder die eingewickelten Ballen müssen von der Wiese bzw. vom Feld abtransportiert werden. Das angewelkte Schnittgut wird in der Regel auf dem landwirtschaftlichen Betrieb in Silagesilos eingebracht. Getrocknetes Heu oder Stroh wird in der Regel zu Ballen verpresst und dann eingelagert. Neben konventionellen Anhängern kommen hier auch spezielle Ballenanhänger zum Einsatz.

12.5.1 Maschinen zum Mähen

Für die Einteilung der Maschinen zum Mähen empfiehlt sich die Charakterisierung nach den Schneidverfahren wie sie in der Fertigungstechnik verwendet wird. In Anlehnung an die in DIN 8580 vorgeschlagene Einteilung für Trennverfahren können diese den jeweiligen Maschinentypen zugeordnet werden [40]. Entsprechend der DIN 8580 können die in Mähwerken eingesetzten Verfahren der Hauptgruppe 3, der Gruppe 1 zugeordnet werden (Abb. 12.10). Jedes Verfahren wird hinsichtlich seiner speziellen Charakteristiken in den Unterpunkten näher beleuchtet. Das Zerteilen selber ist definiert als das „mechanische Trennen von Werkstücken ohne Entstehen von formlosem Stoff, also auch ohne Späne (spanlos)“ [37].

Balkenmähwerke

Die in der Landwirtschaft eingesetzten Mähwerke nutzen in der Regel klingenbasierte Schneidverfahren. Hierzu zählen die als Zerteilen aufgeführten Trennverfahren Scherschneiden, Messerschneiden und Beißschneiden. Man unterteilt sie entsprechend der angestrebten Schnittart (Scheren- bzw. Messerschnitt), der Schneidenführung (gedrückt bzw. gezogen) und der Einspannungsart. In der landwirtschaftlichen Praxis kommen jedoch häufig Kombinationen aus unterschiedlichen Schneidverfahren zur Anwendung, da sich der Schneidprozess unter Umständen mit der Standzeit der Schneidwerkzeuge und einer geringeren Schneidenschärfe ändern kann [33].

Abb. 12.11 zeigt zwei in der Landwirtschaft verwendete Schnittverfahren. Unter einem ziehenden Schnitt versteht man das Schneiden, bei dem die Bewegung zwischen Schneidwerkzeug und Werkstück in der Schneidebene schräg zur Schneide verläuft. Bei einem gedrückten Schnitt verläuft die Bewegung zwischen Schneidwerkzeug und Werkstück in der Schneidebene senkrecht zur Schneide [37].

Abb. 12.12 zeigt Beispiele für das Scherschneiden. Beim Schnitt mit scherenartigem Schneidwerk wie dem Fingermähbalkenmähwerk oder dem Doppelmessermähwerk, handelt es sich in der Regel um das Scherschneiden. Unter Scherschneiden versteht man das „Zerteilen von Werkstücken zwischen zwei Schneiden, die sich aneinander vorbeibewegen“ [37]. Das Scherschneiden kann sowohl mit starrer Gegenschneide, als auch mit zwei beweglichen Schneiden erfolgen. Beim Schneiden mit Gegenschneide ist entweder

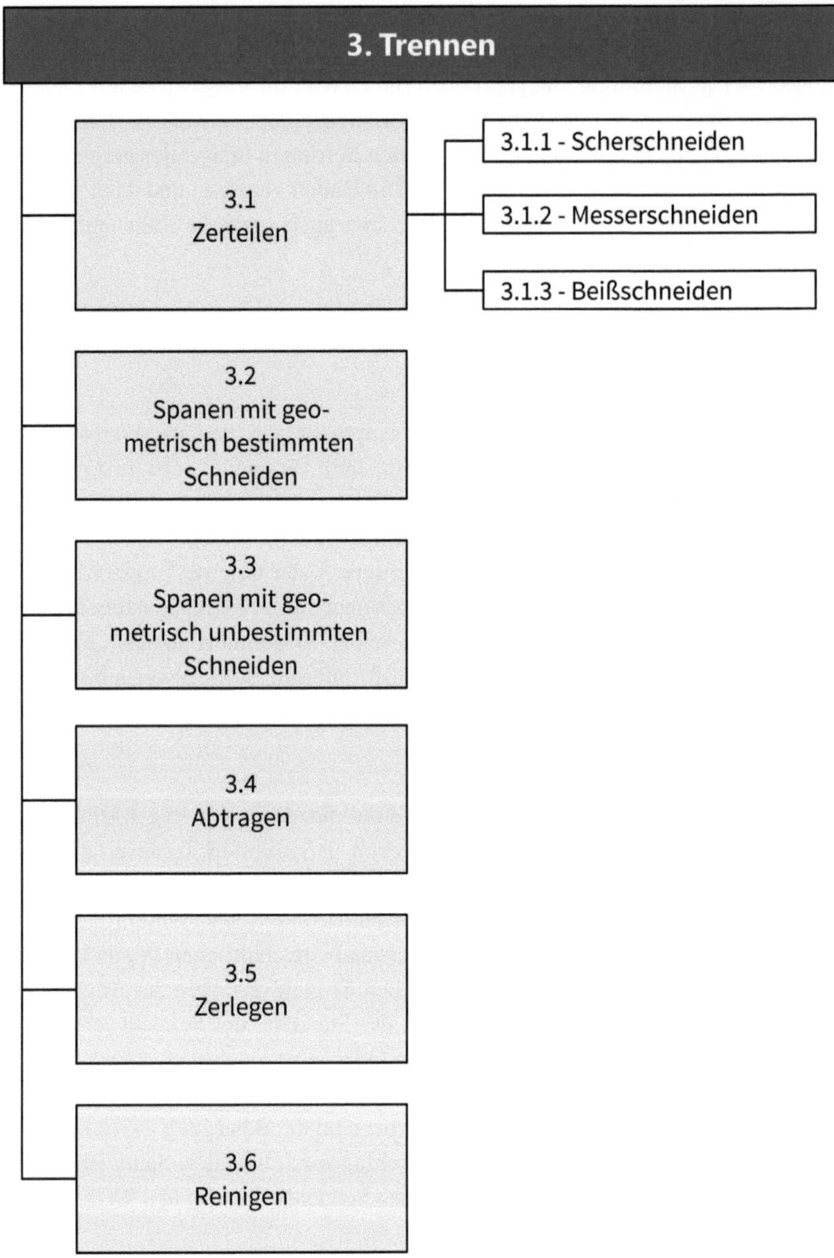

Abb. 12.10 Einteilung der Fertigungsverfahren Trennen. Nach [40]

nur eine der Schneiden beweglich und wird mit geringem Abstand zur anderen unbeweglichen Gegenschneide geführt, sodass es zu einem Abquetschen und schließlich Trennen des Schneidgutes kommt oder es sind beide Schneiden beweglich und quetschen gemeinsam das zu trennende Gut ab und verursachen so die Materialtrennung.

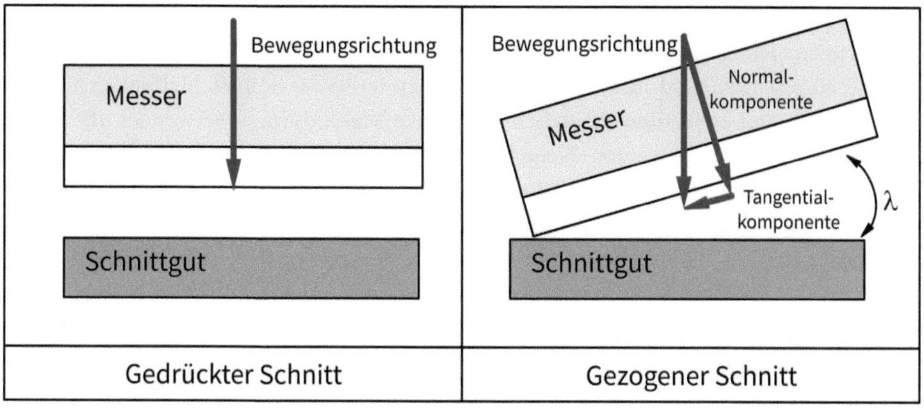

Abb. 12.11 Gedrückter und gezogener Schnitt.

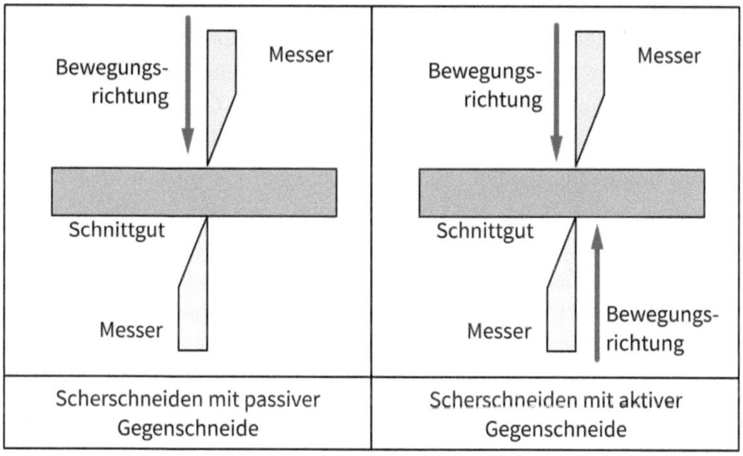

Abb. 12.12 Scherschneiden.

Für Schneidverfahren mit Gegenschneide wie beim Scherenschnitt ist grundsätzlich die Problematik der Schneidenschärfe zu beachten. Abgenutzte Klingen oder schwierige Ernteverhältnisse können zu Verstopfungen des Mähwerkes führen [9]. Dieser Effekt des „Hereinbeißens" kann bereits bei einzelnen stumpfen Klingen eintreten, sodass immer alle Klingen scharf sein müssen. Verringert werden können die Auswirkungen dieses Effektes durch die Verwendung gezackter Messer [13]. Bei Doppelmessermähwerken treten durch höhere Messergeschwindigkeiten und den Verzicht auf feststehende Spitzen weniger Verstopfungen auf. Die Schärfe der Klingen ist sehr ausschlaggebend für den Energieverbrauch, der mit zunehmendem Verlust der Schärfe zunimmt. Bei stumpfen Klingen wird das Gras z. T. nicht mehr geschnitten, sondern zwischen den Messern eingeklemmt und aus dem Boden gerissen. Der für das Schneidverfahren wichtige Schnittspalt zwischen den zwei Werkzeugen (optimal ca. 0,5 mm), also zwischen den zwei aktiven Schneiden bzw. zwischen aktiver Schneide und stehender Gegenschneide, bleibt bei abgenutzten Werkzeugen nicht mehr konstant, was die zuvor beschriebenen Effekte verstärkt. Um hier Abhilfe zu schaffen, sind in modernen Maschinen teilweise Selbstschleifanlagen eingebaut worden, und es werden zusätzlich alternative Messerformen verwendet, die länger ihre Schneidhaltigkeit bewahren. Neue Legierungen und Materialien dienen ebenfalls der Erhöhung der Standzeiten. Die Schneidhaltigkeit der Messer hängt stark vom Verschmutzungsgrad des Gutes ab, der die Standzeit der Schneiden um bis zu 70 % reduzieren kann [11].

Ein großes Problem bei Fingerbalken- und Doppelmessermähwerken besteht in der hohen Störanfälligkeit bei Fremdkörperkontakt, wobei in neueren Modellen das Ausweichen der Schneidwerke zum Schutz der Maschine bei Hinderniskontakt bis zu einem gewissen Grad möglich ist. Die Wartung bzw. Reparatur wird bei modernen Maschinen durch im Gerät befindliche Ersatzmesser und Schnellwechselmechanismen vereinfacht. Der Anbau der Schneidvorsätze an die Trägermaschine ist zeitlich ähnlich einzuordnen wie bei Mähwerken, die den freien Schnitt verwenden, da keine zusätzlichen Vorrichtungen zu montieren sind. Vorteilhaft ist bei diesen Mähwerken, dass die Schnittqualität durch die exakte Einspannung des Schnittgutes zwischen den Schneiden und den Mähfingern bzw. zwischen den sich gegenläufig bewegenden Messern beim Doppelmessermähwerk besser ist. Mit Fingerbalken- und Doppelmessermähwerken kann ein schonender, staubfreier und exakter Schnitt realisiert werden. Bei Doppelmessermähwerken liegen die Arbeitsgeschwindigkeiten höher als bei den Fingerbalkenmähwerken. Sie sind aber niedriger als bei Mähwerken, die mit dem freien Schnitt arbeiten. Höhere Durchsätze sind durch größere Schnittbreiten realisierbar, durch doppelte Arbeitsbreite kann der Energiebedarf pro Meter Arbeitsbreite unter Umständen um bis zu 35 % gesenkt werden. Fingerbalkenmähwerke werden aufgrund ihres schonenden Schnittes bis heute in der Getreideernte verwendet, wodurch geringste Kornverluste von <1 % ermöglicht werden. Für die Ernte anderer Halmgüter ist die Verwendung derzeit wegen geringer Flächenleistungen nicht üblich, das Prinzip ist jedoch grundsätzlich auch für sie geeignet [15].

Nachteilig ist, dass die Messer häufig geschärft werden müssen oder bei Fremdkontakt ausbrechen können. Dieses wirkt sich negativ auf die Standzeiten und Betriebssicherheit aus. Vorteilhaft ist aber in jedem Fall der geringe Leistungsbedarf gegenüber Mähwerken, die den freien Schnitt nutzen und das geringere Gewicht, sodass mit leichteren Maschinen gearbeitet werden kann, was besonders bei schlecht tragfähigen Böden wichtig ist.

Rotationsmähwerke

Beim freien Schnitt (Abb. 12.13) handelt es sich meist um den Prozess des Messerschneidens, bei dem das zu schneidende Material mit einer meist keilförmigem Schneide zertrennt wird. Beim freien Schnitt wird die Gegenkraft zum Werkzeug durch die Massenträgheit sowie Biegesteifigkeit des zu schneidenden Werkstücks, hier also des Halmes, zur Verfügung gestellt. Diese Gegenkraft muss für den freien Schnitt groß genug sein, um ein Durchschneiden des Halmes zu ermöglichen, was bereits einen höheren Energiebedarf bei der Verwendung dieses Verfahrens vermuten lässt. Beim Messerschnitt kommt es zu ei-

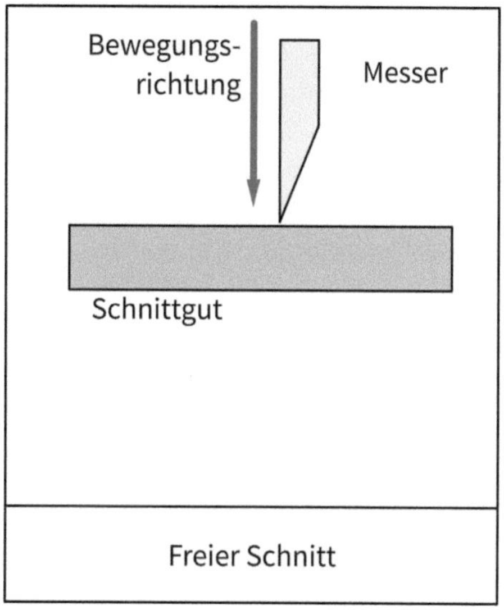

Abb. 12.13 Freie Schnitt.

nem linienförmigen Voranschreiten der Schneid- bzw. Trennzone in unmittelbarer Nähe der Schneidkante [15].

Beim freien Schnitt werden die zwei gebräuchlichsten Mähwerke mit diesem Schneidverfahren betrachtet: Trommelmäher und Scheibenmäher. Bei Trommelmähwerken befinden sich die Mähklingen in Trommeln, die von oben angetrieben werden. Bei Scheibenmähwerken befinden sich die Klingen an Scheiben, die von unten angetrieben werden. Der freie Schnitt ist im Allgemeinen weniger störanfällig als der Scherenschnitt, da durch die hohe Geschwindigkeit der Schneiden an den Scheiben und Trommeln von über 80 m/s ein sauberer Schnitt auch noch mit abgenutzten Werkzeugen möglich ist. Aber auch bei diesem Verfahren gilt, dass die Schneidenschärfe bestimmend für den Energieverbrauch ist. So steigt bei stumpfen Klingen der Kraftstoffverbrauch für das Schneiden um bis zu 86 %. Die Betriebssicherheit der beiden Schneidvorsätze mit freiem Schnitt ist also auch bei verschlissenen Schlagzeugen gewährleistet. Insgesamt benötigen Scheibenmäher eine höhere Anzahl an Mähklingen, die die Bearbeitung einer größeren Fläche von bis zu 200 ha mit einem Messersatz erlauben Sie haben einen geringeren Wartungsaufwand als Trommelmäher. Für beide gibt es Schnellwechselsysteme für den Klingentausch (ca. 10 min für 3 m Schneidwerksbreite) [9, 15].

Allerdings sind sowohl Scheiben- als auch Trommelmähwerke, wie alle herkömmlichen Schneidverfahren, nur schlecht gegen größere Kollisionen geschützt. Kleinere Fremdkörperkontakte vertragen sie durch den geringeren Einfluss der Schneidenschärfe besser als Schneidvorsätze mit dem Scherenschnittverfahren. Insbesondere der Trommelmäher bietet durch seine Mähtrommeln und Gleitteller kleineren Partikeln keine unmittelbare Angriffsfläche. Der freie Schnitt ist weniger schonend als der Scherenschnitt, sodass er für sensible Vorgänge wie die Kornernte weniger gut geeignet ist und höhere Kornverluste verursacht. Er ist jedoch für robustere Prozesse wie die Grünguternte gut geeignet und bietet dort hohe Standsicherheiten. Eine Schwachstelle hat der Trommelmäher beim Einsatz für eine spätere Futteraufbereitung, da das Grüngut bereits im Schneidwerk stark eingeschnürt wird; hier sind Scheibenmähwerke besser geeignet. Trommel- und Scheibenmäher bieten ein ähnlich exaktes Schnittbild, das jedoch bei stumpfen Schlagzeugen ausgefranste Halmenden beinhalten kann [9].

Der Trommelmäher ist durch das Abstützen auf einzelnen Gleittellern für die Anpassung an Unebenheiten bzw. Höhenunterschiede über die Schneidbreite gut geeignet. Beim Scheibenmäher, dargestellt in Abb. 12.14, hingegen besteht die Gefahr des Aufschiebens von Bodenpartikeln beim Einsatz auf feuchten und klebrigen Böden, was teilweise ein weiteres Mähen unmöglich machen kann. Um dies zu vermeiden, ist eine exakte Anpassung der Einstellparameter wie Neigung und Bodendruck an die Erntebedingungen, sofern möglich, notwendig. Ein Nachteil des Trommelmähwerks besteht in seinem höheren Gewicht pro Meter Arbeitsbreite, das zu höheren Bodendrücken führt. Dieser Effekt kann durch Verwendung mehrerer, sich in den Randbereichen überlappender, leichterer Einzelmähwerke, z. B. in sogenannten Schmetterlingskombinationen vermindert werden [12].

Mit Trommel- und Scheibenmähwerken sind deutlich höhere Flächenleistungen zu erzielen als mit dem Verfahren des Scherenschnittes, so bringen es beispielsweise Mähwerkskombinationen mit 13,2 m Arbeitsbreite auf Flächenleistungen von bis zu 20 ha/h und mit 9,7 m Arbeitsbreite auf bis zu 15 ha/h. Diese höheren Flächenleistungen können durch höhere Geschwindigkeiten der Arbeitswerkzeuge realisiert werden, bedingen aber gleichzeitig einen höheren spezifischen Energieverbrauch. Die Kennwerte für die einzelnen Mähwerkstypen zeigt Tab. 12.6.

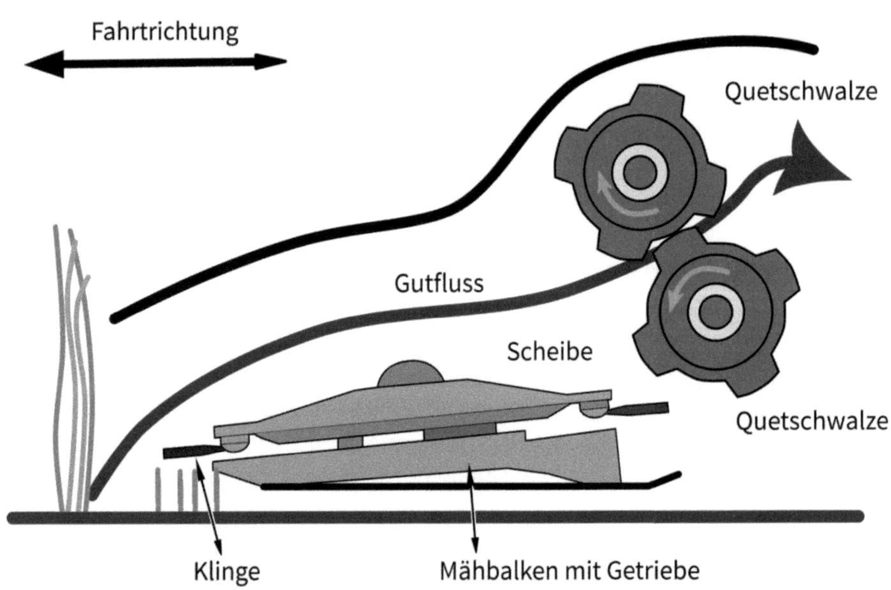

Abb. 12.14 Scheibenmähwerk mit Mähaufbereiter.

Tab. 12.6 Eigenschaften von Mähwerkstypen. Nach [15, 34]

	Fingerbalken-mähwerk	Doppelmesser-mähwerk	Scheiben-mähwerk	Trommel-mähwerk	Schlegelmäh-werk
Leistungsbedarf	1,5–2,5 kW/m	2,5 kW/m	8–12 kW/m	8–12 kW/m	11–22 kW/m
Flächenleistung je Arbeitsbreite	gering	mittel	0,7 bis 1 ha/m	0,7 bis 1 ha/m	0,5 bis 0,7 ha/m
Arbeitsge-schwindigkeit	3–8 km/h	6–12 km/h	10–16 km/h	10–16 km/h	6–8 km/h

Schlegel- oder Mulchmähwerke nutzen, ähnlich wie die Scheiben- und Trommelmähwerke, das Prinzip des freien Schnittes. Der wesentliche Unterschied besteht darin, dass die Klingen bzw. Schlegel an einer horizontalen, quer zur Fahrtrichtung angeordneten Welle angebracht sind. Durch die Rotation der Welle haben die Schlegel an ihrer Schneidkante eine Geschwindigkeit von etwa 25 m/s bis 30 m/s. Innerhalb des Rotorgehäuses gelangen die losgeschlagenen Pflanzen erneut in den Arbeitsbereich der Schlegel und werden dabei angeschlagen, geknickt und gequetscht. Dieser Aufbereitungsvorgang beschleunigt die Trocknung stark und ermöglicht kürzere Trocknungszeiten. Die Fahrgeschwindigkeit beträgt etwa 6 km/h und ist damit niedriger als bei den anderen Rotationsmähern.

Der auf die Arbeitsbreite bezogene Leistungsbedarf liegt bei 11 kW/m bis 22 kW/m Arbeitsbreite und ist damit relativ hoch. Grundsätzlich sind beim Einsatz des Schlegelmähers zusätzliche Verluste nicht zu vermeiden; sie belaufen sich bei Gras auf etwa zehn Prozent der Trockenmasse. In blattreichen Futter wie Luzerne oder Klee ist von einem Einsatz wegen starker Blattverluste abzuraten.

Ein weiteres Anwendungsgebiet dieser Mähwerke ist die Brachlandpflege zum Mulchen. Als Mulchen bezeichnet man im Gartenbau und in der Landwirtschaft das klein- oder großflächige Bedecken des Bodens mit unverrotteten organischen Materialien (Mulch). Unter Mulchen versteht man daher auch das Abmähen mit gleichzeitigem Zerkleinern des Mulchgutes. Die Maschinen müssen für diesen Einsatz besonders robust sein, da nicht nur Gras gemäht wird, sondern häufig auch kleines Buschwerk gemulcht werden soll, was mit den anderen genannten Mähwerken nicht geht.

Mähwerke werden häufig auf verschiedene Art und Weise an einem Traktor oder Selbstfahrer gekoppelt. Abb. 12.15 zeigt die heute gängigen Kombinationen von Mähwerken und ihre Anbindungen an Traktoren oder an Selbstfahrer. Für das Mähen kleinerer Flächen verwendet man vorwiegend Anbaugeräte, die im Heckkraft- oder Frontkraftheber mit dem Traktor gekoppelt werden. Der Frontanbau hat den Vorteil, dass der Traktor bereits auf der gemähten Fläche fährt und das zu mähende Gut nicht niederdrückt. Für eine größere Schlagkraft werden Mähkombinationen eingesetzt, z. B. ein Mähwerk im Frontkraftheber und eines im Heck des Traktors. Für Großtraktoren können auch 3-fach Kombinationen genutzt werden. Besitzt der Traktor eine Rückfahreinrichtung, kann die Kombination im Heckkraftheber montiert werden. Eine noch größere Schlagkraft versprechen selbstfahrende Großmäher mit Arbeitsbreiten von bis zu 14 m und einer Flächenleistung von 20 ha/h [6].

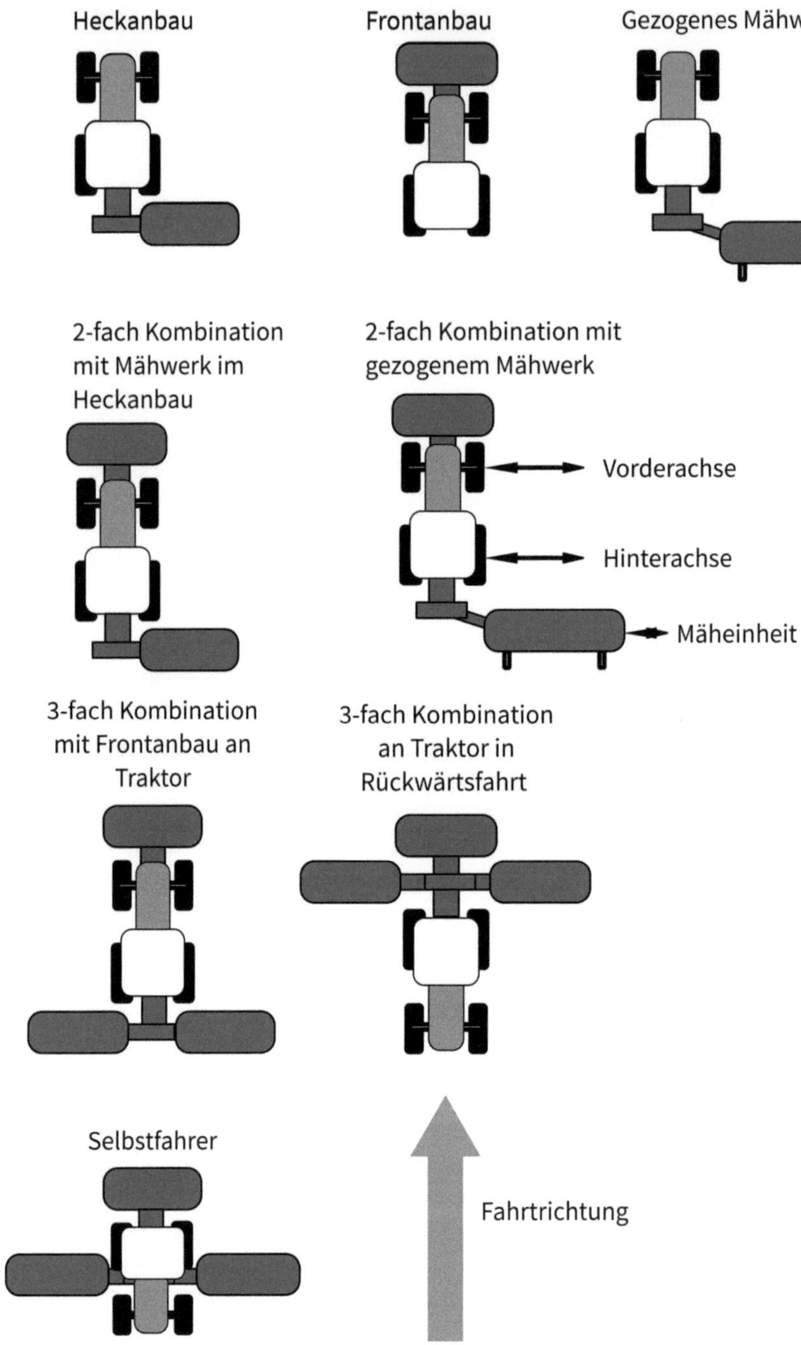

Abb. 12.15 Mähwerkskombinationen.

12.5.2 Maschinen für die Aufbereitung des Mähgutes

Nach dem Mähen des Grases sind weitere Arbeitsschritte notwendig. Für die Beschleunigung des Trocknungsprozesses kommen sogenannte Mähaufbereiter zur Anwendung. Mit diesen Maschinen wird die geschlossene Struktur des Mähgutes aufgebrochen, sodass die Flüssigkeit leichter aus den Pflanzen entweichen kann. Man unterscheidet bei diesen Maschinen Fingerrotoren und Quetschwalzen, die oft in die Scheiben- oder Trommelmähwerken integriert sind. Bei den Aufbereitern mit Fingerrotoren erfassen die rotierenden Fingerrotorzinken das Mähgut und beschleunigen es. Die Halme des Mähgutes reiben sich an einem Gegenblech und auch untereinander. Mit diesen Maschinen können sehr hohe Durchsatzleistungen erzielt werden. Sie sind aber nicht für alle Mähgüter wie z. B. Klee geeignet. Bestimmend für die Intensität der Aufbereitung sind die Rotordrehzahl, der Abstand zwischen dem Rotor und dem Gegenblech, die Art und Gestaltung der Rotorfinger und des Gegenbleches. Bei Aufbereitern mit Quetschwalzen wird das Mähgut von profilierten Quetschwalzen aus Gummi erfasst. Die Quetschwalzen haben ein Profil, das ineinandergreift. Das Mähgut wird somit zwischen den Walzen gefördert und so gequetscht. Hierbei wird die dem Stängel umhüllende Schicht aufgebrochen. Die Intensität der Aufbereitung lässt sich durch den Pressdruck der Quetschwalzen einstellen, wobei mit zunehmendem Durchsatz die Qualität der Aufbereitung abnimmt [6].

12.5.3 Maschinen zum Wenden des Mähgutes

Für eine gleichmäßige Trocknung des Mähprozesses ist es wichtig, dass das Mähgut gewendet wird. Das bedeutet, dass das direkt auf dem Boden liegende Mähgut nach oben gedreht und somit der Sonnenstrahlung zum Trocknen ausgesetzt wird. Gleichzeitig wird das Mähgut gelüftet, und einer Schimmelbildung wird entgegengewirkt. In der heutigen Landwirtschaft kommen vorwiegend Kreiselzettwender zum Einsatz. Abb. 12.16 zeigt die Arbeitsweise von Kreiselzettwendern. Diese Geräte werden von Traktoren gezogen und über die Zapfwelle angetrieben. Es lassen sich Arbeitsbreiten von bis zu 20 m realisieren, was etwa eine Antriebsleistung von mehr als 110 kW erfordert [6].

Für die Arbeitsfunktion des Wendens werden gegenläufig rotierende Kreisel verwendet, an denen Federzinken angebracht sind. Diese erfassen das geschnittene und auf dem Boden liegende Mähgut. Durch die Kreiselbewegung wird das Erntegut beschleunigt und kreisförmig nach hinten geschleudert. Die Kreisel sind nach vorne leicht geneigt, sodass das Mähgut gleichzeitig angehoben, angeknickt und breitflächig hinter der Maschine verteilt wird.

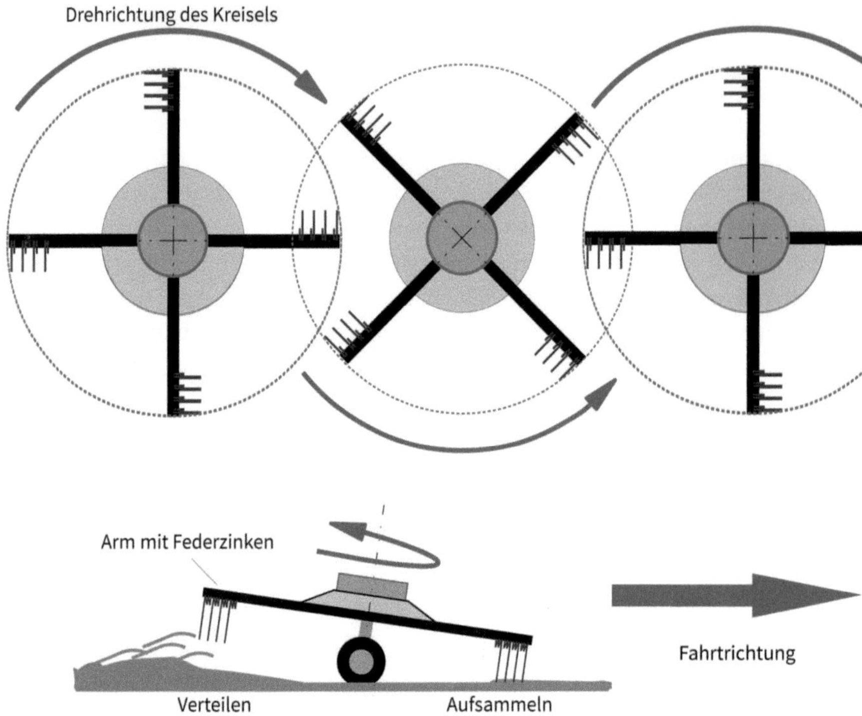

Abb. 12.16 Arbeitsweise von Kreiselzettwender.

12.5.4 Maschinen zum Schwaden

Bei der Ernte des Halmgutes muss das vorher breit verteilte Mähgut zu Schwaden zusammengerecht werden. Diese Aufgabe übernehmen Schwader. Man unterscheidet die Schwader in Kreiselschwader, Bandschwader und Bandrechen. Sehr verbreitet sind vor allem die Kreiselschwader. Diese bestehen aus mindestens einem rotierenden Kreisel mit radial angeordneten Kreiselarmen. An deren äußeren Enden sind Federzinken angebracht, die in der Höhe bzw. Stellung gesteuert werden. Die Zinken werden derart gesteuert, dass sie zunächst nach unten geschwenkt werden, um so das breit verteilte Mähgut bei der Drehung des Kreisels seitlich vor den Kreisel zu fördern. Hat sich der Kreisel so weit gedreht, dass die Zinken gegenüber der Ausgangsstellung stehen, werden sie mittels eines Kurvengetriebes nach oben geschwenkt, sodass das Mähgut seitlich der Maschine im Schwad liegen bleibt. Die Kreisel können einen Durchmesser von bis zu 4,50 m haben. Durch die Kombination von zwei, vier oder sechs Kreiseln können Arbeitsbreiten von bis zu19 m erreicht werden. Die Arbeitsgeschwindigkeit beträgt etwa 8–15 km/h [6].

Beim Bandrechen wird die seitliche Transportbewegung des Mähgutes ebenfalls mit Federzinken vorgenommen. Die Federzinken sind an einem Band befestigt, das quer zur Fahrtrichtung umläuft. Beim Bandschwader kommt ein anderes Prinzip zur Anwendung.

Bei diesem nimmt eine Pick-Up das Mähgut auf und fördert es auf ein quer zur Fahrtrichtung verlaufendes Förderband, sodass das Mähgut seitlich der Maschine oder mittig abgelegt wird [6].

Ladewagen

Ladewagen eignen sich für das Einholen von Grüngut zur täglichen Fütterung und zum Einsilieren von Anwelkgut. Letzteres ist heute das Haupteinsatzgebiet, hierfür kommen fast nur Silierwagen zum Einsatz, deren Fassungsvermögen bis zu 45 m^3 betragen. Zum Teil werden die Ladewagen als Dreiachser mit Zwangssteuerung ausgeführt, damit der von den Maschinen ausgehende Bodendruck gering bleibt.

Den Aufbau eines Ladewagens zeigt Abb. 12.17. Die Hauptfunktion von Ladewagen ist das Einsammeln von angewelkten oder frischem Erntegut. Das mit einer Pick-Up aufgesammelte Erntegut wird mithilfe von Förderelementen in den Laderaum gefördert. Während dieses Förderprozesses wird das Erntegut geschnitten. Zum Abladen des Erntegutes wird ein beweglicher Boden verwendet, der das Material zur Heckklappe fördert, wo es abgeladen wird.

Die Pick-Up dient der Schwadaufnahme. Drei bis sechs Zinkenreihen fördern das Gut über eine Trommel (ein kleinerer Durchmesser bedingt eine vollständige Gutaufnahme, ein größerer eine geringere Verschmutzung). Tasträder stützen die Pick-Up in einstellbarer

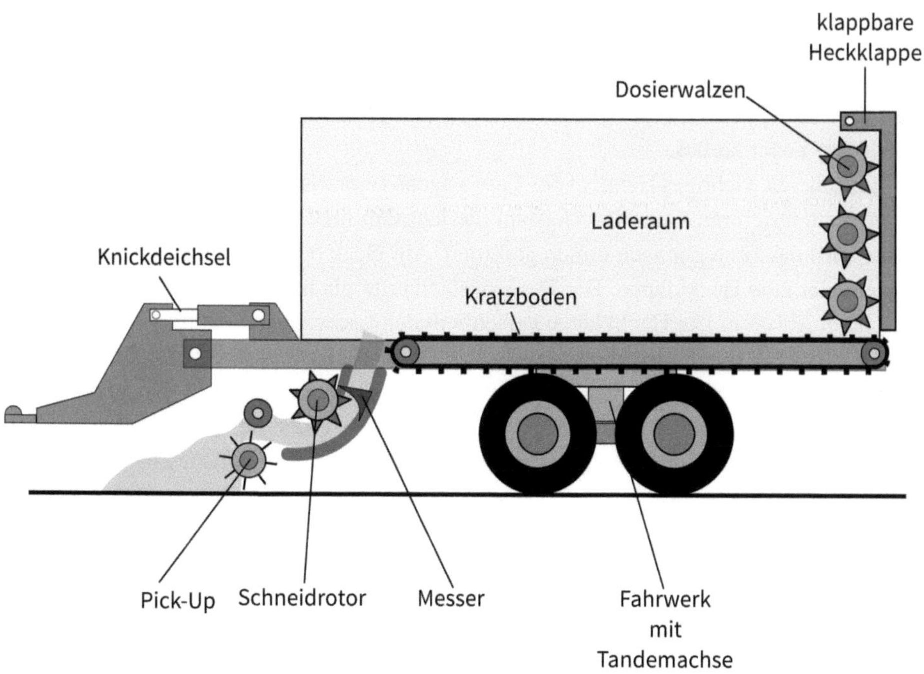

Abb. 12.17 Ladewagen.

Höhe auf dem Boden ab. Bei der Pick-Up wird zwischen der geschobenen und der gezogenen Ausführung unterschieden. Bei den Pick-Ups unterscheidet man zwei grundlegende Bauarten, [34]:

- Bei der geschobenen Pick-Up befinden sich das Stützrad und der Rechen vor dem Drehgelenk, an der die Pick-Up am Rahmen des Ladewagens befestigt ist. Kennzeichnend für diese Bauform ist, dass besonders feinstängeliges Gut sauber aufgenommen werden kann. Sie ist gut zugänglich und bietet eine hohe Bodenfreiheit beim Ausschwenken. Es besteht aber die Gefahr der Verschmutzung des Ernteguts bei kleinen Pick-Up Durchmessern. Diese Bauform ist am meisten verbreitet.
- Bei der gezogenen Bauweise befinden sich das Stützrad und der Rechen hinter dem Drehgelenk. Bei dieser Bauform kann die Pick-Up in einem unebenen Gelände nach hinten wegschwenken. Auch ist die Gefahr der Verschmutzung geringer als bei der anderen Bauweise. Nachteilig ist, dass die Pick-Up vom Traktor schlechter eingesehen werden kann und eine geringere Bodenfreiheit besitzt.

Unmittelbar hinter der Pick-Up befindet sich ein Rotor, der das Gut aufnimmt und zwangsweise durch die Messer hindurch in den Laderaum fördert. Die Förderelemente des Rotors sind schraubenförmig angeordnet, sodass Gutfluss und Schneideprozess gleichförmig ablaufen. Die Messer zerschneiden das Mähgut möglichst in gleichmäßig lange Stücke. Die Schnittlänge wird durch das Zu- und Wegklappen von Messern eingestellt. Wenn das Erntegut nicht geschnitten werden soll, werden die Messer aus dem Förderkanal heraus geschwenkt. Wichtig ist weiterhin, dass die Messer gegen Fremdkörper geschützt sind. Drückt ein Fremdkörper gegen ein Messer, klappt dieses zum Schutz vor Zerstörung gegen eine Feder zurück.

Ein weiteres wichtiges Element des Ladewagens ist der Kratzboden. Dieser besteht aus einem Kettentrieb mit Querförderleisten, die langsam über den Boden gezogen werden. Dabei wird das Erntegut nach hinten gefördert. Am Heck befinden sich entweder Dosierwalzen oder eine Heckklappe. Die Dosierwalzen ermöglichen einen gleichmäßigen Gutfluss beim Abladen. Die Heckklappe verschließt den Laderaum nach hinten ab.

Das Fahrwerk von Ladewagen muss besondere Anforderungen erfüllen. Da mit diesen Maschinen auch auf weniger tragfähigen Böden gearbeitet werden muss, ist ein besonders bodenschonendes Fahrwerk sehr wichtig. Ladewagen werden deswegen von zwei oder drei Achsen getragen, an denen großvolumige Reifen montiert werden. Zur Reduzierung des Reifenverschleißes werden eine oder zwei Achsen als Lenkachsen ausgeführt. Zur Anwendung kommen Nachlaufachsen oder Achsen mit Zwangslenkung. Bei der Nachlaufachse ist die Lenkachse passiv geführt und folgt der Spur der Zugmaschine in den Kurven. Bei Rückwärtsfahrt oder bei Fahrten auf dem Feld kann die Lenkachse gesperrt werden. Bei Achsen mit einer Zwangslenkung wird die Lenkachse über ein Gestänge mit der Zugmaschine verbunden.

Eine weitere Besonderheit ist eine Knickdeichsel bei Ladewagen. Diese Art der Deichsel kann vom Traktor aus hydraulisch ein- oder ausgeklappt werden, um die Bodenfreiheit unter der Pick-Up beim Befahren eines Siloberges zu vergrößern. Darüber hinaus kann sie als Deichselfederung verwenden werden.

Die Arbeitsweise bei Ladewagen kann in zwei Phasen unterschieden werden – das Beladen und das Entladen. Beim Beladen wird das Erntegut von der Pick-Up aufgenommen und dem Rotor zugeführt. Dieser fördert das Material durch die Messer und schiebt es in den Ladewagen. Dabei entsteht an der Vorderwand ein Haufen. Wenn dieser Haufen etwa dreiviertel der Laderaumhöhe erreicht hat, schiebt der Kratzboden den Haufen in Richtung Heckklappe. Der Rotor fördert das nachfolgende Erntegut in den nun freigewordenen Bereich zwischen Vorderwand und Haufen. Dieser Prozess wird so oft wiederholt, bis der Laderaum gefüllt ist. Bei modernen Ladewagen wird für die Steuerung eine elektronische Automatik eingesetzt. Beim Entladen wird zunächst die Heckklappe geöffnet. Danach werden die Dosierwalzen und der Kratzboden aktiviert. Der Kratzboden fördert das Erntegut nach hinten. Die Dosierwalzen fördern es gleichmäßig aus dem Laderaum. Über die Fahrgeschwindigkeit des Traktors wird die auszubringende Schichtdicke bestimmt. Auch diese Prozesse werden automatisiert. Bei manchen Anwendungen, z. B. beim Verteilen des Erntegutes in einem Stall, wird ein Querförderband eingesetzt, um das Gut in den Trog zu fördern [6].

12.5.5 Pressen

Pressen werden für die Halmgutverdichtung eingesetzt. Das Ziel der Verdichtung ist eine Volumenreduzierung der bei der Ernte anfallenden Halmgutmengen, um den Transport- und den Lagerraumbedarf zu senken. In der heutigen Landwirtschaft werden zu diesem Zweck unterschiedliche Halmgutverdichtungsverfahren eingesetzt, die in zwei Gruppen eingeteilt werden können:

- Normaldruckpressen
- Radialdruckpressen

Zu den Pressen, die nach dem Normaldruckverfahren arbeiten, zählen die Hochdruck- und Quaderballenpressen. Ein charakteristisches Merkmal für die Einteilung der Pressen ist ihr Ballenformat. In den 1960er-Jahren erfuhren sogenannte Hochdruckpressen erstmals eine enorme Marktverbreitung. Kleine Ballenformate, vergleichsweise geringe Dichten von 100 kg/m^3 und die sich daraus ergebenden handhabbaren Stückgewichte von 10 bis 40 kg passten zu den damaligen Arbeitsprozessen. Zum Binden eines Hochdruckballens waren damals 2 Knoter in einer Hochdruckpresse erforderlich.

Mit der Einführung der Großpackenpressen, die auch als Quaderballenpressen bezeichnet werden, wurden die Ballenformate und Stückgewichte größer und erforderten für das Handling technische Hilfsmittel wie Traktoren mit Frontladern. Die Ballenlinie ist somit vom Aufsammeln des Schwades auf dem Feld bis zum Einlagern der Ballen vollständig mechanisiert. Gleichzeitig eignen sich Quaderballen sehr gut für den LKW-Transport.

Aufgrund dieser Vorteile setzten sich Quaderballenpressen am Markt durch und verdrängten ihren Vorläufer, die Hochdruckpresse, fast vollständig. Diese werden vornehmlich in solchen Bereichen eingesetzt, wo kleine Ballen gefordert werden, die manuell bewegt werden können. Entsprechend den größeren Ballenabmessungen arbeiteten nun üblicherweise 4 bis 6 Knoter auf einer Quaderballenpresse.

Insbesondere die zunehmende überregionale Vermarktung von Quaderballen führte in den vergangenen 20 Jahren zu einer stetigen Erhöhung der Ballendichte und damit zu größeren Stückgewichten. Aktuell sind sogenannte Höchstdruckpressen verfügbar. Diese können Ballen mit einer Ballendichte von bis zu 240 kg/m^3 in Stroh erzeugen. Die hierdurch entstehenden Anforderungen an den Bindevorgang und damit an die Knotertechnologie konnten bisher durch die Einführung des Doppelknoters, die Steigerung der Bindegarnfestigkeit und durch nochmalige Erhöhung der Knoteranzahl auf aktuell bis zu acht Knoter erfüllt werden.

Kennzeichnend für das Normaldruckverfahren ist, dass die Verdichtungskräfte normal auf das Halmgutpaket aufgebracht werden. Man unterscheidet hier die Verdichtung nach dem Kastenpress- oder Strangpressprinzip. Das Kastenpressprinzip ist ein absätziges Verfahren und fand vornehmlich ein einigen der ersten Großballen-Kolbenpressen Verwendung. Das Strangpressprinzip arbeitet hingegen quasikontinuierlich. Bei diesem Prinzip wird das Halmgut gegen den Ausschiebewiderstand des Pressstrangs verdichtet. Auf diese Weise kann die Ballenlänge in gewissen Grenzen variiert werden. Neben der Verdichtungsarbeit wird hier noch die Ausschiebearbeit benötigt [6].

Hochdruckpressen

Das Hochdruckpressverfahren weist aufgrund seines hohen Entwicklungsstandes eine gute Leistungsfähigkeit und Betriebssicherheit auf. Mit diesem Verfahren können Durchsatzleistungen von bis zu 25 t/h für Heu erreicht werden. Im Presskanal mit den Abmessungen 30 cm × 40 cm bis 45 cm × 50 cm läuft ein Gleitkolben oder ein Rollenkolben mit 70 bis 110 Hüben /min hin und her. Das Halmgut wird quer zum Presskanal von einer Pick-Up aufgenommen und seitlich in diesen eingeführt. Bei der Vorwärtsbewegung des Kolbens, durch die das Halmgut komprimiert wird, trennt ein an seiner Zuführseite befindliches Messer die überstehenden Halme ab. Ist die gewünschte Ballenlänge erreicht, werden durch eine Bindevorrichtung mit zwei Fäden die einzelnen Halmgutpakete zu einem Ballen abgebunden. Die Ballenlänge kann maximal 1,2 m betragen. Auf diese Weise entstehen leicht handhabbare Ballen. Nachteilig an diesem Verfahren ist, dass die nachfolgenden Verfahrensschritte schwer zu mechanisieren sind und somit der Arbeitskraftbedarf im Vergleich mit den anderen Verfahren groß ist. Wird am Ende des Presskanals eine Ballenschleuder angebracht, ist auch eine Mechanisierung des Ballenverladens möglich. Hierbei wird der fertige Ballen von einer Wurfvorrichtung aufgenommen und auf einen Wagen geschleudert. Die Wurfvorrichtung besteht aus zwei breiten angetrieben Gummibändern, die hydraulisch angetrieben werden und den Ballen beschleunigen [6, 23].

Quaderballenpressen

Die Entwicklung der Quaderballenpressen setzte in den 1970er-Jahren mit der Entwicklung des Stakwagens ein. 1972 wurde von der englischen Firma Howard der Bigbaler entwickelt, der quaderförmige Großballen mit einem Volumen von 5,4 m^3 erzeugen konnte. Das Halmgut wurde in einem geschlossenen Pressraum durch die als Pressschwinge ausgebildete Vorderwand verdichtet. Um den Ballen abzubinden, wurde der Arbeitsvorgang unterbrochen. Das nachfolgende Halmgut schob den fertigen Ballen dann aus der Presskammer. Ende der 1970er-Jahre konnten sich die ersten Quaderballenpressen in Europa etablieren. Mittlerweile haben diese Pressen aufgrund der großen Leistungsfähigkeit und der günstigen Ballenformate sehr große Verbreitung gefunden [36].

Am Aufbau eine Quaderballenpresse, wie sie in Abb. 12.18 dargestellt ist, kann der Arbeitsprozess der Presse beschrieben werden. Dieser gliedert sich in vier Teilschritte. Das Halmgut wird zunächst aus dem Schwad über die Pick-Up aufgenommen und dann durch Raffer zum Presskanal gefördert und hierbei vorverdichtet. Die Hauptverdichtung erfolgt im Presskanal durch den Presskolben während des Förderhubs. Im letzten Schritt wird der neu erstellte Quaderballen nach Erreichen der gewünschten Länge mit einem sogenannten Bindegarn verschnürt und verknotet [36].

Die eigentliche Verdichtung findet im Presskanal der Quaderballenpresse statt, wobei das Halmgut durch den Presskolben verdichtet wird. Der erforderliche Gegendruck zum Verdichten wird durch Reibung an den Presskanalwänden erzeugt. Hierzu können die Seitenklappen und der obere Deckel des Presskanals hydraulisch oder mechanisch mithilfe einer Spannvorrichtung in den Presskanal geschwenkt werden, wodurch der Presskanal zum Austritt des Ballens verengt und so der Gegendruck zum Verdichten eingestellt wird. Im vierten Teilschritt wird das im Presskanal verdichtete Halmgut mit Bindegarn

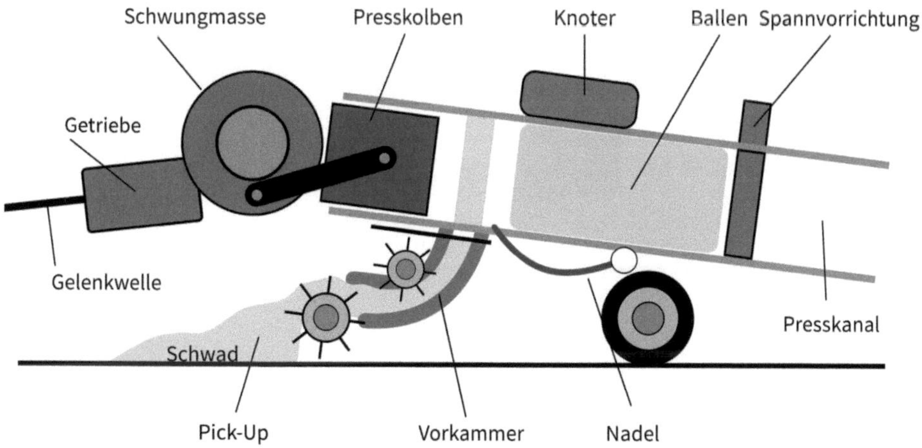

Abb. 12.18 Quaderballenpresse.

verschnürt. Hierzu wird das Bindegarn um das Halmgutpaket im Presskanal gelegt, sodass der entstehende Ballen das Bindegarn während des Pressvorgangs selbst weiterzieht. Ist die gewünschte Ballenlänge erreicht, werden die Bindegarnenden in der Bindevorrichtung miteinander verknotet. Der jetzt fertig gebundene Ballen befindet sich noch im Presskanal und wird durch den nachfolgenden Ballen aus dem Presskanal geschoben [36].

Bindevorrichtung

Am Ende des 19. Jahrhunderts entwickelte die amerikanische Firma Mc Cormick den ersten Knoter. Der Durchbruch in der Knotertechnik kam aber erst durch den von August Claas in den 1920er- Jahren entwickelten Knoterschnabel. Die Neuheit des patentierten Knoterschnabels war die bewegliche Zunge. Durch diese Erfindung konnten Bindegarne mit unterschiedlichen Festigkeiten mit dem Knoter verarbeitet werden. Die heutigen Knoter basieren alle auf dem Grundprinzip der Firma Mc Cormick und Claas [20].

Anhand der Abb. 12.19 wird der Funktionsablauf des für den Bindeprozess relevanten Knoterschnabels beschrieben, der ein Beispiel für ein komplexes mechanisches Getriebe ist, das sich durch eine sehr hohe Geschwindigkeit und Prozesssicherheit auszeichnet.

Während des Bindeprozesses wird der Knoterschnabel mit seiner Knoterzunge durch ein Antriebsritzel um 360° gedreht. Die Garnenden werden durch die Nadel auf die Oberseite des Knoterschnabels zu Beginn des Bindeprozesses gelegt. Durch ein Ritzel wird der Knoterschnabel um seine eigene Achse gedreht und dabei wickelt sich das Bindegarn um seinen Hals. Nach etwa der Hälfte einer Umdrehung wird die Knoterzunge, die durch eine Kurvenbahn geführt wird, geöffnet. Bei der weiteren Umdrehung wird dann das Bindegarn durch die geöffnete Knoterzunge eingefangen. Am Ende der Umdrehung schließt sich wieder die Knoterzunge und klemmt das Bindegarn ein. Beim Abziehen der Garne

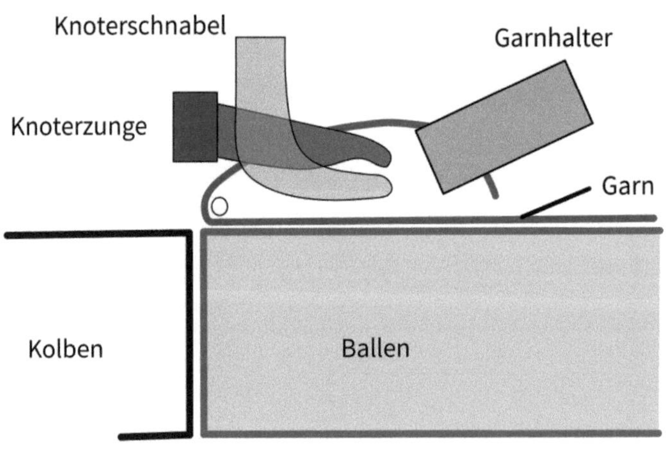

Abb. 12.19 Knoter.

von dem Knoterschnabel bildet sich ein Knoten. Durch das Einklemmen der Garnenden durch die Knoterzunge wird der Knoten beim Abziehen so lange zugezogen, bis die Garnenden sich aus der Einklemmung der Knoterzunge lösen. Neben der grundsätzlichen Knotenform des Mc Cormick-und Deering-Systems wird auch noch zwischen Einfach- und Doppelknotern unterschieden. Während die Knotenform zunächst eine reine Herstellerfrage ist, hängt die Entscheidung zwischen Einfach- und Doppelknotern von der Presskanalhöhe und der Ballendichte ab [20].

Bindevorrichtungen, die nach dem Mc Cormick-System arbeiten, erstellen einen Schlaufenknoten. Charakteristisch für dieses Prinzip ist:

- der Knoterschnabel zeigt in Pressrichtung
- der Knoten wird durch Weiterbewegung des Ballens abgezogen
- es wird ein Schlaufenknoten

Der Knoten selber wird nach dem Binden bei der Ballenlängung des neuen Ballens selbstständig von dem Knoterschnabel abgezogen. Der Knoterschnabel zeigt nach dem Knotvorgang in Ruhestellung in Pressrichtung. Erst dadurch wird das Abziehen des Knotens ermöglicht.

Bei dem Deering-System wird ein sogenannter Durchsteckknoten hergestellt. Dieser Knoten wird nicht wie bei dem Cormick-Verfahren durch den neuen Ballen von dem Knoterschnabel abgezogen, sondern er wird durch einen Messerhebel abgeschoben. Der Knoterschnabel muss in Ruhestellung mit der Bewegungsrichtung des Messerhebels übereinstimmen, ansonsten besteht die Gefahr der Beschädigung des Messerhebels und des Knoterschnabels aufgrund einer Kollision. Eine weitere Gefahr besteht auch darin, dass der Knoten aufgrund der Fehlstellung des Knoterschnabels zum Messerhebel nicht abgezogen wird und auf dem Knoterschnabel sitzen bleibt. In diesem Fall entsteht ebenfalls eine Beschädigung am Knoter, da der Ballen weiter aus dem Kanal gedrückt wird und er dadurch an dem Knoten zieht, der sich nicht selbstständig von dem Knoterschnabel lösen kann [20].

12.5.6 Radialdruckpressen

Kennzeichnend für Radialdruckpressen ist, dass die Ballen eine zylindrische Form besitzen und die Verdichtungskräfte radial auf den Ballen wirken. Sie werden daher auch als Rundballenpressen bezeichnet. Im Gegensatz zu den Quaderballenpressen arbeiten Rundballenpressen absätzig. Man unterscheidet bei ihnen zwei Bauformen: Rundballenpressen mit veränderlicher Presskammer und Rundballenpressen mit konstanter Presskammer. Bei den Rundballenpressen mit veränderlicher Presskammer wird der Ballen in einem Raum gebildet, der durch Flachriemen gebildet wird. Diese Riemen sind vorgespannt. Das Halmgut wird in die Presskammer gedrückt und von dem in der Kammer befindlichen Material

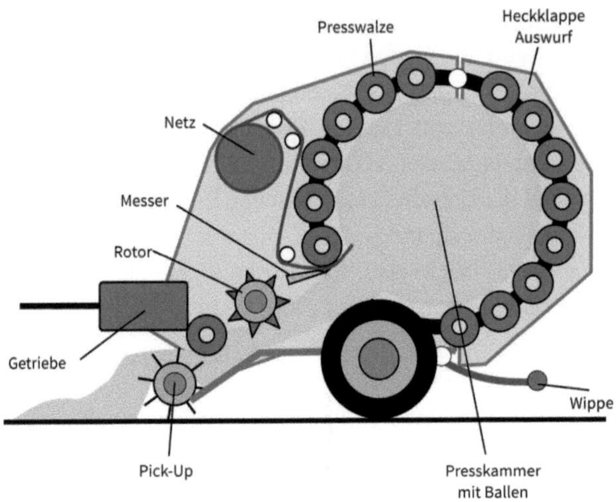

Abb. 12.20 Rundballenpresse.

mitgenommen, das durch die Riemen in Rotation versetzt wird. Die Riemen drehen den zylindrischen Körper um seine Längsachse, die quer zur Fahrtrichtung liegt. Das kontinuierlich zugeführte Material wird so in einer Schicht um den Ballenkern gewickelt. Die Dichte im Ballen ist dazu nahezu konstant. Abb. 12.20 zeigt eine Rundballenpresse mit einer konstanten Kammer. Bei den Rundballenpressen mit konstanter Presskammer wird die Kammer mit Halmgut gefüllt. Ab einer bestimmten Menge wird das Halmgut durch die Presskammerwalzen in Rotation versetzt und verdichtet. Kennzeichnend für die so erzeugten Ballen ist, dass die Dichte der Ballen zur Mitte hin abnimmt [6, 35].

Bei diesen Maschinen können drei Phasen der Ballenbildung unterschieden werden:

- Füllphase – Das von einer Pick-Up aufgenommene Halmgut wird im Längsfluss der Presskammer zugeführt. Das Halmgut führt in der Presskammer eine Wälzbewegung aus, wobei die Verdichtung noch gering ist.
- Verdichtungsphase – Die Rotationsbewegung des Ballens ist erst dann geordnet, wenn so viel Material in die Pressammer eingelaufen ist, dass es sich eng an die Presswalzen anschmiegt. Das weiterhin einlaufende Halmgut wird um diesen Kern gewickelt und infolgedessen zunehmend verdichtet. Ein solcher Ballen weist in der Mitte einen weichen Kern und außen eine höhere Dichte auf. Bei Maschinen mit variabler Presskammer ist die Dichte über dem Radius nahezu konstant.
- Binde- und Auswurfphase – Nach Erreichen der gewünschten Dichte muss die Halmgutzufuhr unterbrochen werden, um den Bindevorgang einzuleiten. Hierzu wird ein Bindemittel durch die Rotation des Ballens um denselben gewickelt. Als Bindemittel wird vorwiegend ein Netz eingesetzt. Es kann aber auch herkömmliches Bindegarn verwendet werden. Bei diesem ist die längere Bindezeit nachteilig. Nach Beenden des Vorgangs wird der Ballen durch Öffnen der Heckklappe ausgeworfen [35].

12.5.7 Ballenwickelgeräte

Ballenwickelgeräte werden zum Umwickeln von Stroh-, Heu- oder Silageballen mit einer elastischen, luft- und wasserdichten Folie eingesetzt. Die Folie ermöglicht eine bessere Lagerung der Ballen im Freien. Bei Silageballen findet der Fermentierungsprozess innerhalb des umwickelten Ballens statt. Es werden in der Praxis Quaderballen und Rundballen mit Folien umwickelt. Diese Technologie wird vorwiegend für die Ernte kleiner Mengen eingesetzt. Vorteilhaft ist, dass kleine Portionen Silage angebrochen werden können. Man unterscheidet im Wesentlichen zwei Bauweisen:

- Presswickelkombinationen – Bei diesen Maschinen ist die Presse direkt mit der Wickelvorrichtung kombiniert. Der Ballen wird nach dem Verlassen der Presskammer in der Presse gewickelt und anschließend auf dem Feld abgelegt.
- Angehängte oder gekoppelte Ballenwickelgeräte – Bei dieser Verfahrenskette ist das Pressen vom Wickeln getrennt. Das bedeutet, mit der Presse werden Ballen erzeugt und auf dem Feld abgelegt. Danach werden die Ballen von dem Ballenwickelgerät aufgenommen, mit Folie umwickelt und dann wieder abgelegt.

Die Funktionsweise dieser Maschinen kann folgendermaßen beschrieben werden: Der Ballen wird mithilfe von Walzen in Rotation um seine Längsachse versetzt. Die Walzen und der Ballen sind auf einem Drehteller montiert, der die Walzen mit dem Ballen um die Vertikalachse dreht. Gegen den rotierenden Ballen wird die Folie gedrückt und so der Ballen Schicht um Schicht luftdicht eingewickelt. Die Folie ist elastisch und wird beim Wickeln gestreckt. Nach dem Ablegen der Folie am Ballen zieht sich die Folie zusammen, was die Haftung der Folienlagen untereinander verbessert und Luftpolster zwischen den Lagen verdrängt. Am Ende des Wickelprozesses wird die Folie mit einer Schneidvorrichtung durchtrennt und der Ballen kann ausgeworfen werden. Bei einem alternativen Wickelverfahren entfällt der Drehteller und ein Wickelarm rotiert um die Vertikalachse um den rotierenden Ballen [37].

12.5.8 Feldhäcksler

Bei der Halmguternte wird danach unterschieden, ob das Halmgut weitgehend in seiner Form verbleibt, also nicht klein geschnitten wird, oder ob es klein geschnitten bzw. gehäckselt wird. Die erstgenannte Erntekette wird als Langgutkette und die zweite wird als Kurzgutkette bezeichnet. Bei der Kurzgutkette wird durch das Kleinschneiden bzw. Häckseln des Erntegutes ein Schüttgut ähnliches Erntegut hergestellt, was vorteilhaft für die mechanisierte Einlagerung und Entnahme ist. Auch ist das Häckseln eine wichtige Voraussetzung für eine sichere Vergärung bei der Sillageerzeugung. Diesen Vorteilen stehen der Langguterntekette auch Nachteile gegenüber: der technische Aufwand ist höher, der Leistungsbedarf und Energiebedarf sind höher [34].

Abb. 12.21 zeigt eine Einteilung der Feldhäckslerbauarten. Es werden im Wesentlichen zwei Bauarten unterschieden:

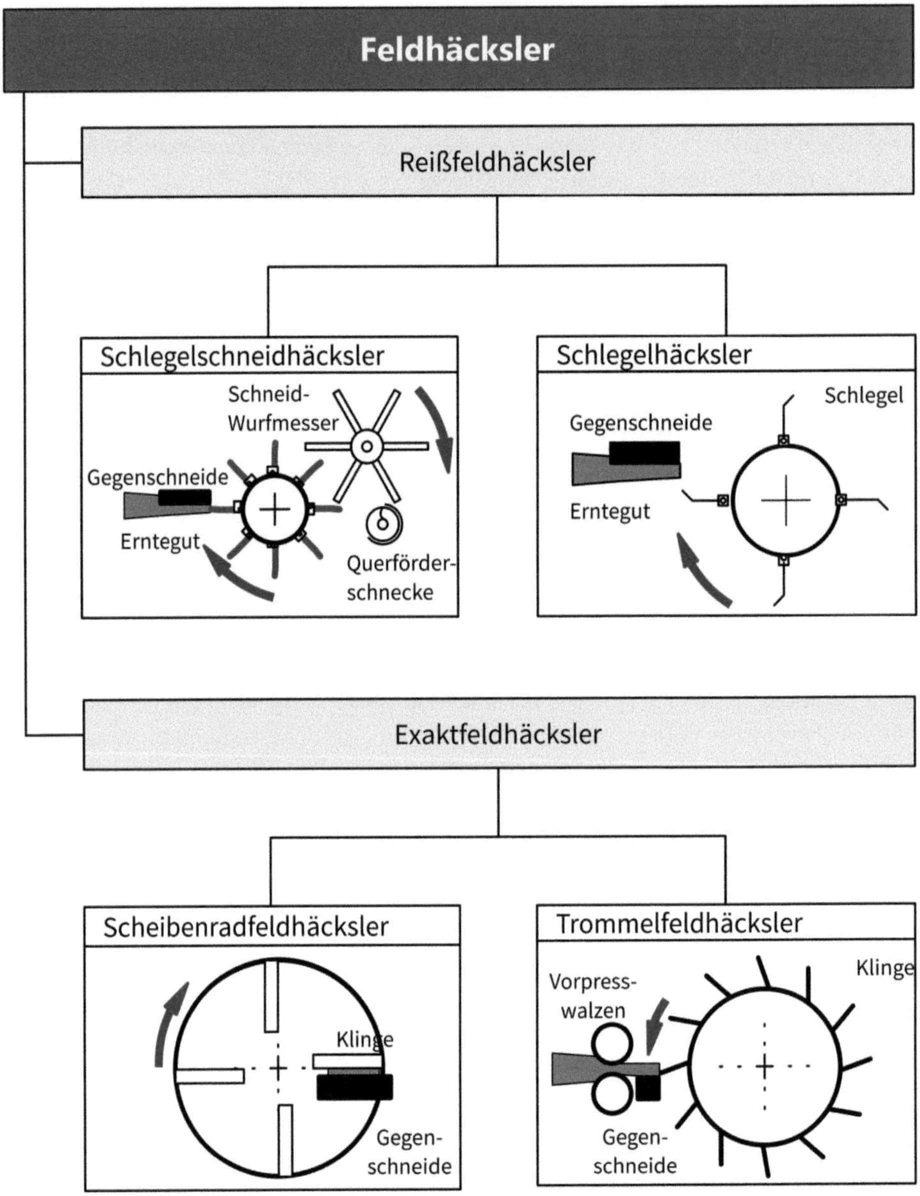

Abb. 12.21 Übersicht über Feldhäckslerbauarten.

- Reißfeldhäcksler – Sie zerkleinern das Futter im freien Schnitt, ohne genaue Häcksellängen einzuhalten. Bei dieser Bauart kommt vorwiegend der Schlegelfeldhäcksler zur Anwendung. Das Erntegut wird bei dieser Maschine wie mit dem Schlegelmäher aus dem Bestand gemäht und gehäckselt. Danach folgt die Funktion des Verladens auf einen Wagen. Alternativ kann auch das in einem Schwad abgelegte Halmgut aufgenommen und gehäckselt werden. Somit ist das Schneidorgan gleichzeitig Mäh-, Häcksel- und Fördersystem. Wie beim Schlegelmäher besteht das Schneidorgan aus einer Schlegelwelle, die gegenläufig zur Fahrtrichtung umläuft. Je nach Einsatzgebiet müssen die Schlegel geschliffen und erneuert werden. Die Häcksellänge kann von etwa 5 cm bis etwa 25 cm durch Änderung der Umdrehungszahl, durch Änderung der Vorfahrtgeschwindigkeit und durch Verstellen der Gegenschneide grob verstellt werden. Eine Sonderbauform ist der Schlegelschneidfeldhäcksler. Bei diesem wird das Schlegelorgan mit einem Schneidwurfgebläse kombiniert, das das Erntegut nachzerkleinert [34].
- Exaktfeldhäcksler – Kennzeichnend für Exaktfeldhäcksler ist, dass sie im Gegensatz zu den Reißfeldhäckslern eine nahezu konstante Schnittlänge des Häckselgutes ermöglichen. Ein Erntevorsatz nimmt das Erntegut auf und führt es dem Einzug zu. Als Erntevorsätze kommen eine Pick-Up, ein Maisgebiss oder ein Scheibenmähwerk infrage. Das Maisgebiss schneidet die Maispflanze über dem Boden ab und fördert sie zur Mitte des Vorsatzes zu den Einzugswalzen. Bei den Maisgebissen gibt es wiederum zwei Bauarten: reihenabhängige und reihenunabhängige. Bei den reihenabhängigen Maisgebissen muss der Erntevorsatz den Pflanzenreihen folgen, während bei den reihenunabhängigen beliebig zu den Reihen gefahren werden kann.

Die Einzugswalzen befinden sich am Anfang des Häcksel- und Wurfaggregats. Ihre Aufgabe ist die Erfassung des vom Erntevorsatz kommenden Erntegutes. Fremdkörper werden am Einzug mithilfe von Magnet- und oder Wegsensoren erkannt. Durch eine sofortige Richtungsumkehr werden die Fremdkörper aus dem Förderkanal entfernt, um Schäden am Schneidaggregat zu vermeiden. Die Magnetsensoren detektieren magnetische bzw. magnetisierbare Fremdkörper, wie Nägel oder Draht. Die Wegsensoren dienen der Erfassung der vertikalen Ausweichbewegung der Einzugswalzen. Mit ihnen können Fremdkörper erkannt werden, die nicht magnetisch sind, z. B. Steine oder Nichtmetalle. Die Vorpresswalzen verdichten das Erntegut zu einem festen Strang, der beim Schneiden wenig nachgibt, sodass eine konstante Schnittlänge des Erntegutes möglich wird. Die Messer, die an einer rotierenden Trommel oder an einer rotierenden Scheibe montiert sind, schneiden das über die Gegenschneide ragende Ende des Erntegutstranges ab. Die Häcksellänge kann nun über die Drehzahl der Trommel oder die Scheibe und den Vorschub der Vorpresswalzen eingestellt werden.

Die Bedeutung von Scheibenradhäckslern ist heute gering. Bei diesen Häckslern rotiert eine Scheibe mit etwa 1 m Durchmesser, an der 1 bis 8 Messer radial angebracht sind. Zusätzlich sind am Scheibenrad Wurfschaufeln befestigt, die das gehäckselte Gut über den Auswurfkrümmer in den Wagen fördern. Die Drehzahl der Messerscheibe kann zwischen 500 und 700 min^{-1} variiert werden.

Weitaus leistungsfähiger sind Trommelfeldhäcksler. Bei diesen besteht das Schneidorgan aus einer horizontal eingebauten Messertrommel. Bei großen Feldhäckslern werden Messertrommeln mit einem Durchmesser von 670 mm und 850 mm Breite angeboten, auf der bis zu 64 Messer v-förmig angebracht sind. Die Drehzahlen betragen bis zu 1200 min^{-1}. Einfache Schleifvorrichtungen erleichtern das Messerschleifen ohne Ausbau der Messer. Hinter der Häckslertrommel befindet sich optional ein Korncracker, der nur bei der Maisernte eingesetzt wird. Bei der Ernte anderer Güter wird der Korncracker aus dem Gutfluss entfernt. Bei dieser Vorrichtung wird zwischen den gegenläufig rotierenden Walzen das Erntegut durch die Walzen gepresst. Die Drehzahlen der Korncrackerwalzen unterscheiden sich, was zusätzlich die Maiskörner zerreibt. Ein Wurfbeschleuniger fördert und beschleunigt das gehäckselte Erntegut in den Auswurfturm und wirft es auf den parallelfahrenden Anhänger.

Bei diesen Maschinen kommen verschiedene Automatisierungslösungen zur Anwendung. Hierzu zählt die Lenkautomatik, die entweder Taster nutzt, die Reihen abtasten oder GPS verwenden. Die Gegenschneide kann ebenfalls automatisch verstellt werden, um einen sicheren Schneidprozess zu gewährleisten. Da die Messer einem Verschleiß unterliegen, müssen sie häufig nachgeschliffen werden, wofür eine automatisierte Schleifvorrichtung genutzt wird. Da der Häcksler das Erntegut direkt auf einen Transportanhänger wirft, der parallel oder hinter dem Häcksler von einem separaten Traktor gezogen wird, ist es wichtig, den Wurfvorgang möglichst so zu regeln, dass wenig Erntegut verloren geht. Hier kommen mittlerweile Automatisierungslösungen zum Einsatz, die z. B. Bildverarbeitungssysteme nutzen [3].

12.6 Mähdrescher

Für die Ernte von Getreide, Körnermais, Raps und weiteren Körnerfrüchten werden Mähdrescher eingesetzt. In der heutigen Landwirtschaft sind Mähdrescher vorwiegend selbstfahrende Erntemaschinen. Abb. 12.22 zeigt den Grundaufbau eines Mähdreschers. Sie

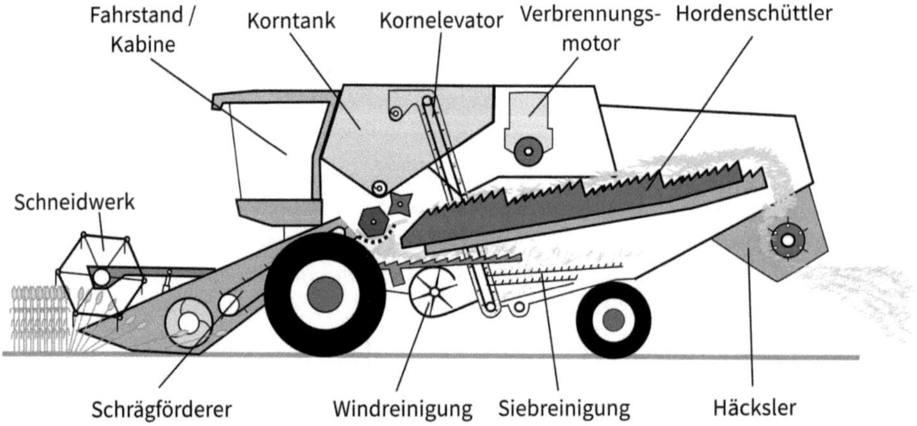

Abb. 12.22 Grundaufbau eines Mähdreschers.

mähen das Erntegut, fördern, dreschen, trennen die Körner von den anderen Pflanzenteilen, reinigen die Körner und verteilen das Stroh. Es wird deutlich, dass Mähdrescher ausgesprochen komplexe Maschinen sind, da in ihnen alle für die Arbeitsfunktionen notwendigen Systeme vereinigt sind.

Hierfür werden komplexe Maschinen eingesetzt, die aus mehreren Funktionseinheiten für die Realisierung von unterschiedlichen Verfahren bestehen. Im Einzelnen sind das, [27]:

- Schneiden der Halme und Ähren oder Pflücken der korntragenden Fruchtstände – Zu Beginn des Dreschprozesses müssen die Pflanzen mit ihren Ähren abgeschnitten werden. Bei manchen Pflanzen wie Körnermais werden nur die Fruchtstände geerntet. Die verbleibenden Pflanzenstängel und -reste werden dann gehäckselt oder anderweitig verwendet.
- Fördern der Halme und Ähren – Bei den heutigen großen Arbeitsbreiten von mehr als 10 m müssen die abgeschnittenen Pflanzen zur Fahrzeugmitte gefördert werden. Von dort werden sie dann mit einem Schrägförderer zum Dreschwerk transportiert.
- Dreschen – Die Kernfunktion des Dreschwerks ist das Trennen und Abscheiden der Körner von den anderen Pflanzenteilen. Ziel ist es, möglichst viele der Körner (ca. 90 %) bereits im Dreschwerk abzuscheiden.
- Trennung der Körner vom Stroh – Die nach dem Dreschen im Stroh und den Pflanzenresten verbliebenen Körner werden nun mit speziellen Systemen so bearbeitet, dass zum Ende dieses Prozesses kaum noch Körner im Stroh sind. Insgesamt sollten die Verluste etwa nur 1 % betragen.
- Reinigen – Nach dem Abscheiden befinden sich noch Pflanzenreste, Kurzstroh, und andere Verunreinigungen bei den Getreidekörnern. Mithilfe einer Siebanlage und einer Windsichtanlage wird das Getreide gereinigt.
- Zwischenlagern des Getreides – Das saubere, gereinigte Getreide wird von Förderelementen in den Kornbunker transportiert, wo das Getreide zwischengelagert wird. Entweder wird der Korntank am Feldrand auf Anhänger entleert oder der Korntank wird parallel zur Ernte auf ein nebenherfahrendes Transportfahrzeug überladen.
- Häckseln des Strohs – Soll das Stroh nicht anderweitig verwendet werden, z. B. als Einstreu in der Viehhaltung oder als Brennstoff, wird es direkt von einem Häcksler am Mähdrescher klein geschnitten, damit es besser und schneller direkt auf dem Feld verrottet.

12.6.1 Erntevorsätze

Die Hauptfunktion eines Erntevorsatzes ist die Aufnahme des Erntegutes. Es trennt die zu erntenden Bestandteile der Pflanze von den auf dem Feld verbleibenden Pflanzenteilen ab und führt es dem Mähdrescher zu. Der Erntevorsatz ist einfach an den Mähdrescher koppelbar, da es aufgrund seiner Breite für den Transport und bei verschiedenen Erntegütern vom Mähdrescher abgekoppelt bzw. gewechselt werden muss. Neben der mechani-

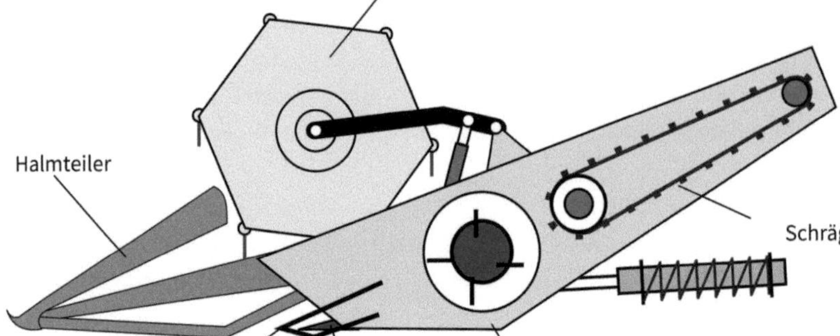

Abb. 12.23 Grundaufbau eines Schneidwerkes für die Getreideernte

schen Schnittstelle wird auch eine für die Energieversorgung und für die Steuerung der Komponenten benötigt. Angetrieben werden die Erntevorsätze mechanisch über eine Gelenkwelle, hydraulisch über Ölmotoren oder elektrisch über Elektromotoren. Diese Komponenten sind in der Regel seitlich am Einzugskanal angeordnet [27].

Die folgende Abb. 12.23 zeigt den grundsätzlichen Aufbau eines Schneidwerkes für die Getreideernte. Dieses besteht aus den Ährenhebern, den Messerbalken, dem Schneidtisch, den Halmteilern, der Haspel und der Einzugsschnecke.

Die Halmteiler sind seitlich am Schneidwerk montiert und trennen das abzuschneidende Getreide von dem stehenbleibenden Getreidebestand. Sie sind so gestaltet, dass die Getreidehalme mehr oder weniger sanft auseinandergezogen werden. Wichtig ist hierbei, dass dieser Prozess die Halme möglichst schonend voneinander trennt, damit keine Körner aus den Ähren durch die Erschütterungen fallen. Die Ährenheber haben die Funktion, das eventuell auf dem Boden liegende Getreide anzuheben, damit es sicher abgeschnitten werden kann. Bei stehendem Bestand sorgen sie auch für eine gezielte Ausrichtung der Halme für einen optimalen Schnitt. Die Haspel fördert das Erntegut durch eine schonende, kämmende Bewegung in Richtung Einzugsschnecke. Sie soll auch verhindern, dass das Erntegut vor die Maschine fällt. Die Haspel kann auch die Ährenheber in ihrer Funktion unterstützen. Die Haspel kann in der Höhe und in ihrer horizontalen Position gegenüber dem Messerbalken verstellt und an die jeweiligen Erntebedingungen angepasst werden. Die Geschwindigkeit der Haspel ist stufenlos einstellbar. Für das Schneiden der Halme wird ein Fingermesserbalken eingesetzt. Dieser besteht aus einem hin- und herbewegten Messer. Die Gegenschneide sind Mähfinger, die auch für die Zwangsführung der Messer sorgt. Die Klingen sind trapezförmig und mit dem Messerträger verschraubt oder vernietet. Hinter dem Messerbalken befindet sich der Schneidtisch. Das abgeschnittene Erntegut fällt auf den Schneidtisch und gleitet zur

Einzugsschnecke. Der Schneidtisch besitzt Wölbungen, um den Weitertransport von Fremdkörpern zu vermeiden. Der Abstand zwischen den Messerbalken und der Einzugsschnecke entspricht der Länge des Schneidtisches. Je nach Erntegut ist die Länge des Schneidtisches wichtig. Zur Ernte von langstrohigem Dreschgut wird ein langer Tisch verwendet. Der Grund ist, dass das Getreide erst geschnitten wird, bevor es von der Einzugsschnecke erfasst wird. Sollen Maschinen vielseitig eingesetzt werden, empfiehlt sich ein Schneidwerk mit einem variablen Schneidtisch. Die Länge des Schneidtisches wird so eingestellt, dass die Pflanzen kurz vor die Einzugsschnecke fallen. Für den Quertransport des Erntegutes wird eine Einzugsschnecke mit gegenläufigen Schneckenwindungen genutzt. Im Bereich des Einzugskanals fördern gesteuerte Zinken das Gut in den Einzugskanal. Beim Draper werden anstelle der Förderschnecke querlaufende Förderbänder verwendet [31].

Wie bereits erwähnt, sind die Schneidwerke bei heutigen Mähdreschern in der Regel breiter als 3 m. Bei großen Mähdreschern werden Schneidwerke bis zu 12,30 m verwendet. In Australien sind auch Schneidwerke mit bis zu 20 m im Einsatz. Da beim Umsetzen der Mähdrescher in Deutschland öffentliche Straßen benutzt werden müssen, ist es notwendig, entweder das Schneidwerk abzubauen oder klappbar zu gestalten.

Für die Rapsernte werden spezielle Schneidwerke erforderlich. Rapspflanzen sind bei der Ernte sehr trocken und miteinander verwoben. Sie lassen sich nicht von einem Halmteiler schonend trennen, sodass vertikal stehende Trennmesser die Pflanzen auseinanderschneiden. Für die Ernte von Körnermais werden sogenannte Maispflücker eingesetzt. Bei diesen wird der Fruchtstand vom Stängel getrennt und dann dem Einzugskanal zugeführt. Mittels einer Abdeckhaube werden die Maispflanzen in Reihen dem Einzug zugeführt. Eine Einzugskette erfasst den Stängel und führt ihn zum Einzug. Dabei wird er von den Pflückwalzen abgeschnitten. Ein Häcksler unterhalb des Schneidwerks zerkleinert den Stängel oberhalb des Bodens. Diese Vorsätze arbeiten meistens reihenabhängig. Eine weitere Variante für einen Erntevorsatz ist der Grainstripper oder Ährenabstreifer. Bei dem im Grainstripper verwendeten Verfahren handelt es sich nicht um ein Schneidverfahren im engeren Sinne, sondern um ein Rupfverfahren. Es ist ein Verfahren mit einem hohen Schnitt des Gutes in geringem Abstand zur Ähre. Der Grundaufbau eines Erntevorsatzes besteht aus den Hauptbaugruppen: Abdeckhaube mit Nase; Rotor mit Abstreifkämmen und schlüssellochförmigen Aussparungen, der mit 400 bis 1000 U/min rotiert, Querförderschnecke und Förderband. Bei dem Verfahren werden die Ähren und ein geringer Teil der Pflanze von den Halmen mit Abstreifkämmen, die auf einer rotierenden Kammwalze angebracht sind, abgekämmt bzw. abgerissen. Durch dieses Verfahren wird nur der obere Teil der Pflanzen inklusive Ähren geerntet und ein Großteil des Strohs verbleibt auf dem Feld. In Europa erfolgt das Abstreifen aufgrund der häufig hohen Gutfeuchte mit hoher Kammwalzengeschwindigkeit, sodass auch die festere Verbindung zwischen Halm und Ähre durchtrennt werden kann. Es wird das sogenannte Verfahren mit aktiver Kammwalze verwendet, wobei die Kammwalze zusätzlich im Verhältnis zu den anderen Baugruppen und der Vorschubgeschwindigkeit beschleunigt wird. Dieses Verfahren ist, wie die herkömmlichen Halmguternteverfahren auch, zur besseren Gutzufuhr mit einer Haspel kombinierbar [27].

Das Schneidwerk ist, wie bereits erläutert, mit dem Einzugskanal und dem Schrägförderer gekoppelt. Der Schrägförderer besteht aus einem Kettenelevator. Dieser fördert das Erntegut zur Dreschtrommel. Der Kettenelevator besteht aus zwei Ketten, die über einen Stahlstab miteinander gekoppelt sind. Der Stab reißt das Erntegut mit und schleift es über den Boden des Schrägförderers nach oben zur Dreschtrommel. Im Boden des Schrägförderers befindet sich eine Mulde, in die Steine und andere Fremdkörper aufgrund ihres Gewichtes hineinfallen. Dies ist notwendig, um die nachfolgende Dreschtrommel vor Schäden zu schützen. Durch Öffnen der Klappe können die in der Mulde gefangenen Steine entfernt werden.

12.6.2 Dreschsysteme

Dreschsysteme mit tangentialer Dreschtrommel und Schüttler haben in der Vergangenheit eine sehr weite Verbreitung gefunden. Es werden hier mehrere Varianten unterschieden. Verbreitet sind Systeme mit Dreschtrommel, einer Strohumlenkung, Abscheidung und Schüttler. Eine andere Variante besteht aus einer Beschleunigertrommel, der Dreschtrommel, der Strohumlenkung und Schüttlern. An der Dreschtrommel sind Schlagleisten montiert. Um die Trommel schmiegt sich der Dreschkorb mit einem Winkel von etwa 120°. Das Erntegut wird zwischen der Trommel und dem Dreschkorb eingezogen. Dort werden die Körner aus den Fruchtständen durch Schlagleisten herausgeschlagen und herausgerieben. Die Drehzahl der Dreschtrommel ist abhängig von dem Erntegut und der Erntesituation. Die Drehzahl liegt z. B. etwa zwischen 650 min^{-1} bis 1000 min^{-1} [16]. Die herausgelösten Körner fallen dann durch den siebförmigen Korb auf den sogenannten Vorbereitungsboden. Hinter der Dreschtrommel befindet sich eine Strohwendetrommel, die den Gutfluss abbremst. Hierdurch wird das Stroh aufgelockert und mit den nicht abgeschiedenen Körnern dem Zentrifugalabscheider oder den Schüttlern zugeführt. Beim Zentrifugalabscheider erfolgt die Abscheidung der Körner durch Zentrifugalkräfte. Hierfür wird das gelockerte Stroh-Korngemisch auf eine hohe Umfangsgeschwindigkeit gebracht, wodurch die Körner über einen Abscheidekorb abgeschieden werden. Danach gelangt das Stroh mit den letzten Körnern auf die Schüttler. Diese werden über Kurbelwellen in eine oszillierenden Auf- und Abbewegung gebracht. Dabei wird das Gut nach oben und leicht nach hinten geschleudert. Dabei wird es aufgelockert, sodass die letzten Körner über die Schüttler abgeschieden werden und zur Reinigung transportiert werden [27].

Als Alternative zu den Tangentialdreschsystemen mit Schüttlern wurden Systeme mit einem oder zwei Axialrotoren entwickelt. Diese bestehen aus Rotoren, die mit Abscheidekörben umschlossen sind. Der Abstand zwischen dem Korb und Rotor ist unten kleiner als oben. Auf den Rotoren befinden sich schraubenförmig angeordnete Dreschklötze und

Reibleisten. Der Abscheidekorb ist von einem Kornleitblech umschlossen, das das abgeschiedene Korn zum Vorbereitungsboden leitet. Dreschsysteme mit Tangentialdreschtrommel und axialen Abscheiderotoren – Hybridmähdrescher sind eine Kombination aus einem Tangentialdreschwerk mit Zentrifugalabscheider und zwei Axialrotoren, die quasi die Schüttler ersetzen. Das Erntegut gelangt über den Schrägförderer in das Tangentialdreschwerk. Dort werden die Körner ausgedroschen und abgeschieden. Die Strohmatte wird über die Strohwendetrommel in den Zentrifugalabscheider gefördert. Dort findet die erste Restkornabscheidung statt. Die dann folgenden Axialrotoren übernehmen die zweite Stufe der Restkornabscheidung. Bei einem Vergleich der drei skizzierten Dreschsysteme ist festzustellen, dass die Dreschleistung bei den Schüttlersystemen am niedrigsten und bei den Hybridsystemen und den Axialsystemen höher ist. Die Anpassbarkeit an die Erntebedingungen und der Leistungsbedarf sind bei den Schüttlersystemen im Vergleich mit den anderen aber niedriger [27].

12.6.3 Reinigung und Zwischenlagerung

In der Reinigung wird das Korn vom Kurzstroh, von der Spreu und den unausgedroschenen Ähren getrennt. Die Reinigung besteht aus den Komponenten Vorbereitungsboden, Gebläse, Überkehr, Fallstufe und den Sieben. Durch die Schwingbewegung des Vorbereitungsbodens wird das ausgedroschene Gemisch aus Körnern und den Restbestandteilen transportiert, aufgelockert und nach der Dichte geschichtet. Das Gemisch fällt dann vom Vorbereitungsboden auf ein Sieb. Während des Falls bläst ein Luftstrom die leichten Bestandteile wie Spreu und Grannen aus der Maschine. Für die Erzeugung des Luftstromes wird ein Gebläse verwendet. Nachdem das Gemisch über die Fallstufe auf die Siebe gelangt ist, wird es dort ausgesiebt. Hierzu werden die Siebe in eine oszillierende Bewegung gebracht. Diese Bewegung ist derart, dass das Gemisch nach hinten transportiert wird. Es gibt in der Anlage ein Ober- und ein Untersieb. Die schweren und großen Bestandteile wie Ähren bleiben auf dem Sieb. Sie fallen am Ende des Obersiebes in die Überkehr. Die kleineren Bestandteile fallen durch das Obersieb auf das Untersieb. Leichte Bestandteile werden wieder vom Wind herausgetragen. Die unausgedroschenen Bestandteile gelangen in die Überkehr. Unter der Überkehr versteht man das System, das alle Bestandteile, die über die Siebe gegangen sind, mittels eines Elevators zur Dreschtrommel fördert, damit sie noch einmal ausgedroschen werden können. Eine andere Variante sieht eine Nachdrescheinrichtung vor. Bei dieser fördern Schaufelräder die Ähren zum Vorbereitungsboden zurück. Die Ähren werden dabei an Reibböden im Gehäuse des Schaufelradgebläses ausgedroschen. Das gereinigte Getreide wird mithilfe eines Elevators in den Korntank gefördert und dort zwischengelagert. Das Korntankvolumen kann durch Aufsätze, die nach oben geklappt werden können, vergrößert werden. Für die Leistungsfähigkeit der Maschinen ist es sehr wichtig, dass die Entleerung sehr schnell vonstattengeht [27].

12.6.4 Stroh- und Spreuablage

Das Stroh verlässt ohne die Getreidekörner hinter dem Schüttler bzw. Rotoren die Maschine. Es kann direkt abgelegt werden, um dann in einem weiteren Schritt gepresst und weiterverarbeitet zu werden. Hierfür wird das Stroh über Strohleitbleche so geleitet, dass es in einem sauber geformten Schwad abgelegt wird. Soll das Stroh nicht weiterverarbeitet werden, wird es mithilfe eines Häckslers klein geschnitten. Im Häcksler wird es von rotierenden Messern und einer feststehenden Gegenschneide gehäckselt. Bei größeren Breiten über 5 m wird noch ein spezieller Verteiler benötigt, der das Häckselgut gleichmäßig über die gesamte Schnittbreite des Mähdreschers verteilt. Die von der Reinigung abgetrennte Spreu wird vor dem Stroh über die gesamte Arbeitsbreite verteilt. Die Verteilung erfolgt über Leitbleche, über Spreuverteiler oder zusammen mit dem Häckselgut [27].

12.6.5 Hangausgleichssysteme

Bei der Reinigung des Getreides muss die Neigung der Maschine beachtet werden. Bei einer Querneigung der Maschine fällt z. B. das zu reinigende Erntegut auf die eine Seite der Reinigungsanlage, sodass die Windreinigung und auch das Sieben nicht mehr einwandfrei funktionieren. In solchen Fällen kommen Hangausgleichssysteme zum Einsatz: Eine Möglichkeit besteht darin, Hangleitstege einzusetzen. Diese Stege unterteilen die Siebe in Querrichtung. Diese verhindern, dass das zu reinigende Erntegut vollständig auf eine Seite fällt. Die Leitstege können diagonal verstellt werden, was eine Längs- und Querförderung ermöglicht, und die Siebfläche wird in einer größeren Breite genutzt. Eine alternative Lösung ist das Ausrichten des Obersiebes. Dieses wird mit einer speziellen Vorrichtung in Waage gehalten. Es kommen auch Vorrichtungen zum Einsatz, die eine seitliche Schwingbewegung erzeugen. Das bedeutet, dass bei einer seitlichen Neigung der Siebe das Obersieb zusätzlich eine seitliche Hin- und Herbewegung ausführt. Diese seitliche Schwingbewegung führt zu einer gleichmäßigen Querverteilung des zu reinigenden Gutes auf dem Obersieb. Bei einigen Mähdreschern wird der gesamte Siebkasten pendelnd aufgehängt und durch eine Regelung in der Waage gehalten. Bei größeren Längs- und Querneigungen kommen Fahrwerkshangausgleichssysteme zur Anwendung. Hierbei wird der gesamte Mähdrescher durch ein Verstellen des Fahrwerks in der Waage gehalten, z. B. durch Portalachsen [6].

12.6.6 Antriebe und Fahrwerke im Mähdrescher

In der Regel befindet sich der Verbrennungsmotor oben auf der Maschine hinter dem Korntank. Der Motor wird mit einer konstanten Drehzahl betrieben, die über Riemenantriebe das Dreschaggregat, die Reinigung und den Häcksler antreibt. Die Leistungsübertragung wird über schaltbare Riemenkupplungen geschaltet. Für die Aggregate, bei denen die Drehzahl den Erntebedingungen stufenlos angepasst werden muss, kommen Variatorgetriebe zum Einsatz. Hydraulische Antriebe werden vornehmlich für die Linearantriebe und für den Fahrantrieb verwendet. Bei kleineren Maschinen werden auch mechanische Fahrantriebe verwendet. Bei diesen wird ein Schaltgetriebe mit einem Variatorgetriebe kombiniert, sodass insbesondere beim Mähen ein stufenloses Anpassen der Fahrgeschwindigkeit an die Erntebedingungen möglich wird. Weit verbreitet sind hydraulische Fahrantriebe, da diese eine stufenlose Verstellung der Fahrgeschwindigkeit ohne Kraftflussunterbrechung über dem gesamten Fahrbereich erlauben. Angetrieben werden entweder die Vorderräder, die Vorder- und Hinterräder und bei großen Mähdreschern werden anstelle der Vorderräder Raupenlaufwerke genutzt, die etwa 70 % der Fahrzeuggesamtmasse tragen. Der Grund für die Maßnahme ist das außerordentlich hohe Gewicht von großen Mähdreschern von bis zu 34 t, das sich auf nur zwei Achsen abstützt. Diese Fahrwerke bestehen aus einem umlaufenden, über federbelasteten Rollen geführten Gummiband. Sie reduzieren den Bodendruck so, dass auch bei schwierigen Bedingungen geerntet werden kann. In der Reisernte werden auch Raupenlaufwerke verwendet, die über die gesamte Fahrzeuglänge gehen [6].

12.6.7 Automatisierung

Mähdrescher sind außerordentlich komplexe Maschinen, in denen verschiedenste Verfahrenstechnologien zum Einsatz kommen. Für einen effizienten Einsatz der Maschine ist es erforderlich, die einzelnen Aggregate an die jeweiligen Erntebedingungen und an das Erntegut anzupassen. Da sich diese auch noch während des Tages ändern, ist eine laufende Überwachung und Regelung der Prozesse in der Maschine notwendig. In heutigen Mähdreschern werden hierfür mechatronische Systeme mit leistungsfähigen Computern verwendet. Zu den wichtigen Informationen, die der fahrzeugführenden Person zu Verfügung gestellt werden, gehören: Motorinformationen, Fahrgeschwindigkeit, Füllstände des Korntanks und des Kraftstofftanks, die Betriebszustände der Dresch-, Abscheide- und Reinigungsorgane, Ertrag und Feuchtigkeit des Getreides, Verluste. Für die Erfassung all dieser Informationen wird eine Vielzahl von unterschiedlichen Sensoren benötigt, wie Drehzahl-, Winkel-, Neigungs-, Körperschall-, Positions- und Feuchtemesssensoren. Mithilfe dieser Sensoren ist es möglich, die wesentlichen Aufgaben in den Maschinen zu automatisieren. Ziel ist es, die fahrzeugführende Person zu entlasten und die Prozesse optimal ablaufen zulassen. Automatisiert werden in heutigen Maschinen, [27]:

- automatische Schneidwerksführung – Für einen gleichmäßigen Materialtransport innerhalb der Maschine ist es wichtig, dass das Getreide immer in der gleichen Höhe abgeschnitten wird. Kufenförmige Tastsensoren messen die Höhe des Schneidwerks über dem Boden, und mit einer Regelung wird das Schneidwerk in konstanter Höhe gehalten.

- automatische Lenkung – Die Ziele der automatisierten Lenkung sind zum einen die Entlastung der fahrzeugführenden Person und ein optimales Ausnutzen der Arbeitsbreite der Maschine. Bei den Lenksystemen unterscheidet man optische Systeme, die die Bestandskante erfassen, GPS-gestützte Spurhaltungssysteme oder Kombinationen aus beidem.
- automatische Systeme zur Einstellung der Dresch- und Abscheidesysteme – Für die Gewährleistung geringer Ernteverluste bei gleichzeitig hoher Flächenleistung ist es notwendig, die verschiedenen Parameter der Dresch- und Abscheideorgane permanent zu überwachen und anzupassen. In der Regel geht man in zwei Stufen vor. In einer ersten Stufe wird die Maschine grundlegend für das jeweilige Erntegut eingestellt. Die zweite Stufe findet während des Betriebes statt. Mithilfe von Informationen über die Eigenschaften des zu dreschenden Gutes, den Feuchtigkeitsgehalt des Ernteguts, die Körnerverluste, den Bruchkornanteil, die Fahrgeschwindigkeit, die durchgesetzte Erntemenge, die Drehzahlen der Arbeitsorgane und die Einstelldaten der Dresch- und Abscheideorganen werden die Komponenten manuell oder automatisch eingestellt. Generelles Ziel sollte es sein, dass die Verluste weniger als 1 % der durchgesetzten Erntemenge betragen. Gemessen werden diese entweder manuell, z. B. durch Auffangschalen, über die der Mähdrescher fährt und die die Verluste an Körnern und Bruchkorn sammeln. Bei automatischen Systemen werden hinter dem Rotor oder den Schüttlern sowie im Siebkasten Sensoren montiert. Die an diesen Stellen aus der Maschine fallenden Körner werden von Sensorblechen oder -rohren aufgenommen. Die Körner verursachen Erschütterungen, die sensortechnisch erfasst werden. Der Grund ist, dass ein Teil der Verlustkörner in der Strohmatte bleiben und auch die Knoten in den Strohhalmen die Messung verfälschen. Da diese Art der Messung ungenauer ist als die manuelle, wird die manuelle Verlustmessung oftmals zum Kalibrieren der automatischen Messung verwendet [6, 27].

12.7 Maschinen für die Hackfruchternte

Hackfrüchte sind landwirtschaftliche Nutzpflanzen, die eine mehrmalige mechanische Bodenbearbeitung bzw. Hacken benötigen. Zu diesen Pflanzen zählen Kartoffeln, Futterrüben, Zuckerrüben und Feldgemüse. Im engeren Sinne werden hierunter Pflanzen verstanden, deren erntebaren Fruchtkörper ganz oder zum Teil im Erdboden wachsen, wie Kartoffeln oder Zuckerrüben.

12.7.1 Kartoffelerntemaschinen

Die Ernte von Kartoffeln besteht aus mehreren Schritten:

- Entfernen der oberirdischen Bestandteile bzw. des Kartoffelkrautes
- Roden, d. h. das Aufnehmen der Kartoffeln

- Sieben und Trennen der Kartoffeln von der Erde, dem Kraut und Fremdkörpern wie Steinen
- Aussortieren nicht erwünschter Kartoffeln, z. B. grüne, faule oder kranke Kartoffeln
- Sammeln der Kartoffeln

Für die einzelnen Arbeitsschritte werden entsprechende Maschinen eingesetzt. Krautschläger nutzt man, um das noch grüne Kartoffelkraut zu entfernen. Das Entfernen des Krautes wirkt sich positiv auf die Trennleistung des Kartoffelroders aus. Zum Einsatz kommen hier Schegelmäher, die das Kraut abschlagen, soweit die Kartoffeln noch nicht vollständig abgestorben sind.

Der nächste Arbeitsschritt ist das eigentliche Roden, d. h. das Ausgraben der Kartoffeln aus den Dämmen. Reihenleger sind Roder, die Kartoffeln roden, absieben und in einer Reihe ablegen. In einem zweiten Schritt müssen dann die abgetrockneten Kartoffeln mit einer weiteren Maschine aufgesammelt und vom Feld abgefahren werden. Alternativ werden Bunkerroder eingesetzt. Diese nehmen Kartoffeln auf, sieben die an den Kartoffeln anhaftende Erde ab und trennen das Kartoffelkraut ab. Bunkerroder haben oft die Möglichkeit, dass die Kartoffeln noch verlesen und sortiert werden können. Gesammelt werden dann die geernteten Kartoffeln in einem Bunker [26].

Abb. 12.24 zeigt den Aufbau eines Bunkerroders. Die Kartoffeln werden aus dem Kartoffeldamm mit Scharen aufgenommen. Dazu werden spatenförmige Schare unterhalb der Kartoffeln im Damm geführt. Der Damm wird dabei aufgenommen und auf ein Aufnahmeband geschoben. Das Aufnahmeband besteht aus Stahlstäben, die auf Gurten befestigt sind. Zwischen den Stäben kann die Erde hindurchfallen und die Kartoffeln werden auf dem Siebband weiter nach oben gefördert. Unterhalb des Lasttrumes des Siebbandes befinden sich Rüttelvorrichtungen, die das Siebband in eine Schwingbewegung versetzen können, was die Abtrennung der Erde verbessert. Die Kartoffeln werden zwischen dem Siebband und dem Grobkrautband nach oben gefördert. Dabei nimmt das Grobkrautband das Kartoffelkraut auf, fördert es von den Kartoffeln weg und legt es hinter oder seitlich der Maschine ab. Danach folgt als nächster Schritt das Trennen der Kartoffeln von Fremdkörpern. Hierfür werden Igelbänder, Fingerbänder oder Doppelwalzenabstreifer verwendet. Das Fingerband und das Igelband sind ein mit elastischen Fingern besetzte Förderbänder. Dieses steht schräg oder quer zum Kartoffelförderband. Die elastischen Finger nehmen die Kartoffeln mit und fördern sie auf ein weiteres Förderband. Steine sind schwerer, sodass die elastischen Finger ihnen ausweichen und sie nicht mitnehmen. Die Doppelwalzenabstreifer bestehen aus zwei gegenläufig rotierenden Abstreiferwalzen und stehen schräg zum Gutfluss. Die Kartoffeln werden an ihnen zur Seite umgelenkt. Kleine Fremdkörper und Krautreste werden durch die Walzen hindurchgefördert und von den Kartoffeln getrennt. Vor dem Verleseband wird eine Kombination aus Fingerband und Doppelwalzenabstreiferwalze eingesetzt. Die großen, nicht mitgenommenen Beimengungen lenkt die Doppelabstreiferwalze auf eine Beimengenband um. Da sich hierbei auch Kartoffeln befinden können, müssen diese per Hand ausgelesen werden. Auf dem Verleseband werden die Kartoffeln zum Bunker gefördert. Die Kartoffeln werden vom mitfahrenden Personal

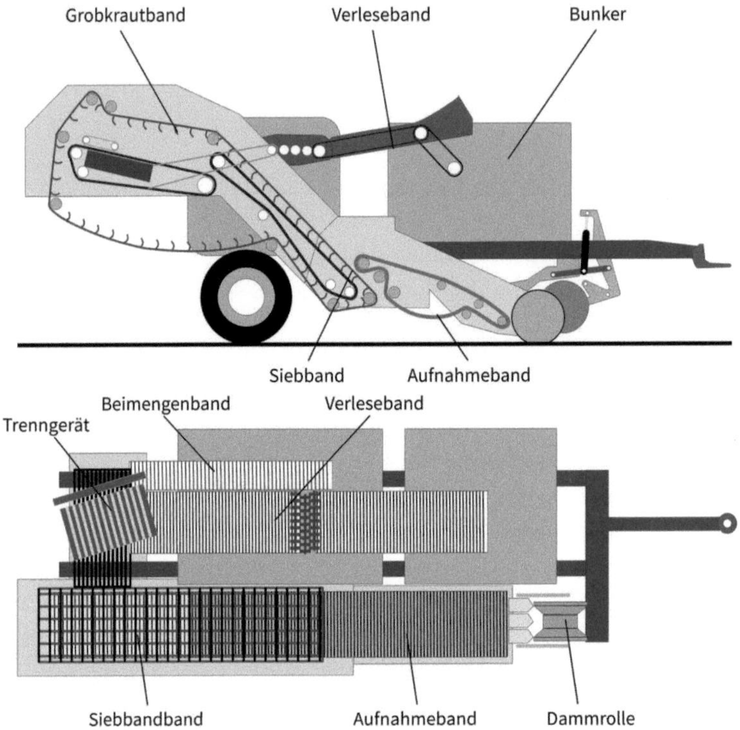

Abb. 12.24 Funktionsweise eines Kartoffelbunkerroders

auf ungewollte Beimengungen oder Kartoffeln abgesucht, die dann manuell entfernt werden. Zum Teil werden Sortierwalzen eingesetzt, die Untergrößen heraus sortieren. Die Kartoffeln werden dann in einem Bunker schonend abgelegt. Der Bunkerboden besteht aus einem hydraulisch angetriebenen Förderband, das zum Entleeren des Bunkers betrieben wird. Auch hier werden die Kartoffeln schonend behandelt. Kartoffelroder arbeiten als ein-, zwei- oder vierreihige gezogene Maschinen. Vierreihige Kartoffelroder werden häufig auch als Selbstfahrer gebaut [6, 26].

12.7.2 Zuckerrübenerntemaschinen

Ähnlich wie die Kartoffelnernte besteht die Ernte von Zuckerrüben aus mehreren Ernteschritten, [30]:

- Abschlagen der Blätter und Köpfen der Rüben
- Roden und Aufnehmen der Rüben
- Reinigen der Rüben
- Sammeln der Rüben
- Verladen der Rüben

Für die Ernte werden gezogene Bunkerroder oder selbstfahrende Vollernter eingesetzt. Zu Beginn der Ernte müssen die Rüben von den Blättern entfernt werden. Hierzu verwendet man einen Schlegelmäher, der das Rübenblatt abschlägt. Eine nachfolgende Köpfvorrichtung schneidet den Blattansatz der Rübe mit einem Messer ab. Das Rübenblatt wird seitlich neben der Maschine oder zwischen den Reihen abgelegt. Der nächste Schritt ist das Roden der Rüben. Hierzu werden Rodeschare seitlich unter die Rüben gezogen, sodass die Rüben aus dem Boden herausgezogen und weitergefördert werden können. Die Reinigung der Rüben übernehmen Siebsterne, die aus sternförmig angeordneten Stahlstäben bestehen. Auf diesen werden die Rüben rollend weitergefördert. Dabei wird die Erde von den Rüben entfernt und abgeschlagen. Nach der Reinigung werden die Rüben in einen Bunker gefördert. Am Rande des Feldes werden die Rüben auf dem Feld in einer großen Miete abgelegt. Zwischen dem Ernten und dem Verladen kann durchaus einige Zeit vergehen, da der Transport durch die Terminierung der Weiterverarbeitung in der Zuckerfabrik bestimmt wird. Für das Verladen der Rüben werden selbstfahrende Rübenreinigungslader eingesetzt. Der Rübenreinigungslader nimmt die Rübenmiete über die komplette Breite auf. Die Rüben werden in der Maschine gereinigt und über Förderbänder auf die auf dem Weg oder der Straße stehenden Lastkraftwagen gefördert [6, 30].

12.8 Transport

In der Landwirtschaft nimmt der Transport der landwirtschaftlichen Güter sowie der Produktionsmittel eine zentrale Position ein. So werden Saatgut, Düngemittel oder die Erntegüter zwischen den drei Bereichen Feld, Betrieb, landwirtschaftlichen Handel und Verarbeitung transportiert. Die zurückzulegenden Entfernungen hängen dabei sehr von der Betriebsstruktur, der Größe und Lage des Betriebes, der Felder sowie den Landhandelsunternehmen ab. Günstigstenfalls befinden sich die Felder in unmittelbarer Nähe zum Hof. Bei sehr großen Betrieben betragen die Feld-Hof-Entfernungen mehrere Kilometer. Die Entfernungen zwischen Betrieb und Landhandel können durchaus mehr als 50 km betragen. Im Durchschnitt werden in der Bundesrepublik Deutschland etwa 500 Mio. Tonnen Güter von den landwirtschaftlichen Betrieben über eine durchschnittliche Strecke von 4 km transportiert [19].

Es wird deutlich, dass die Transportaufgaben sehr vielfältig sind und entsprechend angepasste Technologien erforderlich sind. Die Anforderungen an die Transporttechnik orientieren sich am Transportvolumen, an den Transportwegen und an den Transportzeiten. Einige landwirtschaftliche Güter haben relativ geringe Dichten, sodass das Transportvolumen sehr groß ist, z. B nicht verdichtetes Gras oder Stroh. Durch den Einsatz z. B. von Pressen kann das Volumen reduziert und so mehr Gut bei gleichem Volumen transportiert werden. Ein weiterer wichtiger Aspekt ist, dass sich die Transportzeiten konzentrieren, z. B. in der Ernte. Hier müssen in kürzester Zeit die Güter vom Feld zu den

Lagern oder den weiterverarbeitenden Betrieben gebracht werden. Hieraus resultieren nach Kutzbach folgende Anforderungen, [21]:

- hohe Transportleistung
- Eignung für Schütt- und Stückgüter
- geringer Arbeitsbedarf
- schnelle und gegebenenfalls automatische Übergabe des Gutes an nachgelagerten Transport- und Fördereinrichtungen
- schonende Gutbehandlung
- geringe Verluste
- vielseitige Verwendung
- korrosionsbeständige Werkstoffe
- Bereifung, die einen geringen Bodendruck und einen geringen Rollwiderstand gewährleistet
- Einhaltung gesetzlicher Vorschriften

Für den Transport der Erntegüter vom Feld zur Verarbeitungsstätte können folgende Verfahrensketten genutzt werden, [19]:

- Sammeln der Ernteprodukte in Bunkern auf der Erntemaschine und Umladen auf Transportfahrzeuge am Feldrand
- Sammeln der Ernteprodukte in Bunkern auf der Erntemaschine, Abbunkern am Feldrand und anschließende Verladung auf Transportfahrzeug
- Direktes Überladen der Ernteprodukte von Erntemaschine auf Transportfahrzeuge
- Direktes Überladen der Ernteprodukte von der Erntemaschine auf Überladewagen, Transport zum Feldrand und direktes Überladen auf Transportfahrzeuge
- Direktes Überladen der Ernteprodukte von Erntemaschine in Überladewagen, Transport zum Feldrand, Abladen und anschließende Verladung auf Transportfahrzeuge

12.8.1 Transportmittel

Traktoren werden oft für einen Großteil ihrer Arbeitszeit für Transportarbeiten eingesetzt. In Kombination mit Anhängern werden sie vorwiegend bei kurzen Transportentfernungen vor allem auf dem Feld eingesetzt. Durch die angepasste Bereifung und die hohe Zugkraft können sie auch bei widrigen Verhältnissen noch fahren. Schnellfahrende Traktoren wie Unimog oder JCB-Fastrac können bis zu 80 km/h fahren. Ihr Fahrwerk und ihre Bereifung erlauben das Fahren auf dem Feld zur Durchführung landwirtschaftlicher Arbeiten und auf der Straße, sodass diese Fahrzeuge einen sehr interessanten Kompromiss zwischen LKW und Traktor darstellen. Lastkraftwagen werden in der Landwirtschaft besonders für den Transport über größere Entfernungen eingesetzt, z. B. für den Transport der geernteten Zuckerrüben zu den Zuckerfabriken. Die LKW nutzen hier vornehmlich Straßen und gut befestigte Wege. Hier verbrauchen Traktoren für die gleiche Transportleistung etwa 50 % mehr Kraftstoff. LKW können Geschwindigkeiten bis 80 km/h erreichen, was aber eine Bereifung erfordert, die für die Überfahrt auf dem Feld wenig geeignet ist [19].

Motorkarren sind einfache, selbstfahrende leichte Transportfahrzeuge mit einem tiefen Schwerpunkt. Sie werden vorwiegend im hängigen Gelände eingesetzt.

12.8.2 Anhängerbauformen

Zur Einteilung der Anhängerbauformen empfiehlt sich die Beschreibung der Anhänger nach der Anzahl und Art der Achsen. So werden Einachsanhänger, Tandemachsanhänger und Zweiachsanhänger unterschieden. Ein weiteres beschreibendes Merkmal ist der Aufbau und dessen Funktion. Bei den Aufbauten gibt es die Bauformen Plattform, Mulde und Tank. Bei den Funktionen kann man unterscheiden in Kipper oder Anhänger mit Kratzboden. Ein weiteres wichtiges Merkmal ist die zulässige Geschwindigkeit. Land- oder forstwirtschaftliche Anhänger bis 25 km/h sind in Deutschland von dem Zulassungsverfahren ausgenommen. Sie benötigen kein amtliches Kennzeichen. Sie unterliegen auch nicht der Versicherungs- und Untersuchungspflicht [22].

Vorteilhaft bei Einachsanhängern gegenüber Zweiachsanhängern ist, dass sie sich leichter rangieren lassen – besonders bei der Rückwärtsfahrt. Durch die Deichselstützkraft wird die Hinterachse zusätzlich belastet, was sich positiv auf die Traktionskraft des Traktors oder der Zugmaschine auswirkt. Diese Eigenschaft kann besonders auch bei Fahrten auf dem Feld genutzt werden, sei es als Überladewagen in der Getreideernte, als Ladewagen oder als Düngerstreuer [22].

Vorwiegend für den Straßentransport werden Zweiachsanhänger verwendet. Vorteilhaft ist auch die Eigenschaft, dass die Anhänger als Standwagen genutzt werden können, d. h. man kann sie ohne großen Aufwand am Feldrand abstellen, ohne dass spezielle Stützvorrichtungen wie bei Einachsanhängern notwendig sind [6].,

12.8.3 Anhängevorrichtungen

Für alle Anhänger und gezogenen Geräte gilt, dass sie über eine spezielle Anhängevorrichtung mit der Zugmaschine verbunden werden können. Aus den ursprünglichen Haken und Ösen, mit denen die Anhänger und gezogenen Arbeitsmaschinen mit dem Traktor gekoppelt worden sind, wurden verschiedene Systeme entwickelt, die in Abb. 12.25 in einer Übersicht dargestellt sind. In der Abbildung sind mögliche Kombi-

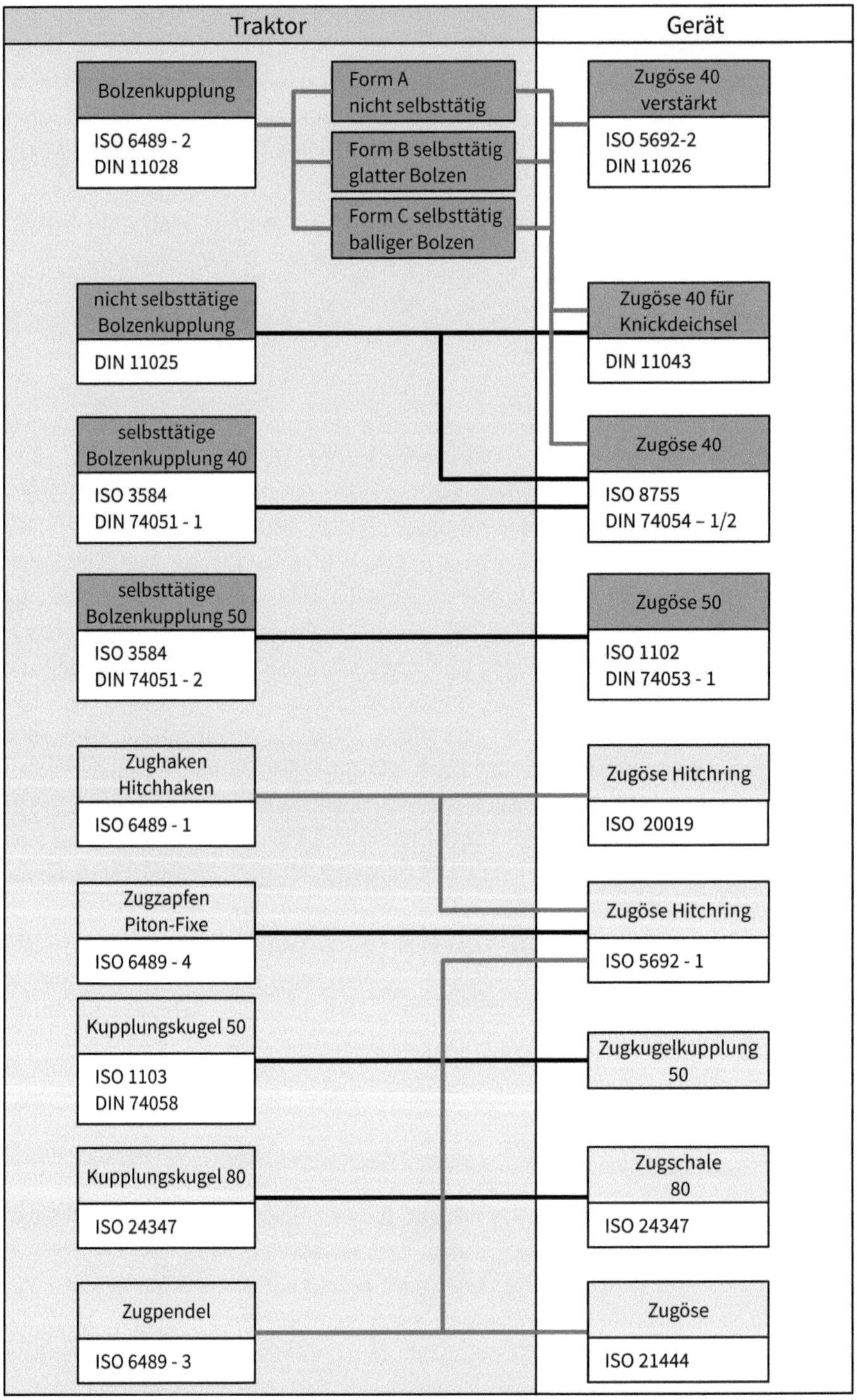

Abb. 12.25 Kombination von in Deutschland eingesetzten Anhängevorrichtungen. Nach [7]

nationen zwischen Traktor und Anhänger bzw. Gerät wiedergegeben. Darüber hinaus werden die relevanten Normen genannt. Für den Einsatz ist wichtig, dass in Deutschland nach der Straßenverkehrs-Zulassungs-Ordnung – StVZO Transportanhänger nur mit bauartgenehmigten Verbindungseinrichtungen mit dem Traktor verbunden werden dürfen. Die Werte für die zulässige Stütz- und Anhängelast der Kupplung werden im Bauartgenehmigungsverfahren festgelegt. Hierbei wird die zulässige Stützlast direkt und die zulässige Anhängelast in Form des D-Wertes angegeben. Der Wert D-Wert ist der theoretische Vergleichswert für die Deichselkraft zwischen Zugfahrzeug und Anhänger und wird als Ausgangswert für die horizontalen Prüfkräfte bei den dynamischen Prüfungen herangezogen [7].

Er kann folgendermaßen berechnet werden [7]:

$$D = g \frac{m_T \cdot m_A}{m_T + m_A} kN \tag{12.1}$$

In dieser Gleichung sind
D Vergleichswert für die Deichselkraft zwischen Zugfahrzeug und Anhänger
g Erdbeschleunigung in m/s^2
m_T die technisch zulässige Gesamtmasse des Traktors in t
m_A Masse des Anhängers in t

Für die Stützlast ist neben der Bauartgenehmigung auch der aktuelle Zustand des Traktors wichtig. Dieser Wert und der D-Wert müssen auf dem Fabrikschild der Anhängevorrichtung angegeben werden. Es sind aber zusätzlich der zulässige Wert des Anhängebocks, die zulässige Achstragfähigkeit der Unterachse aus der Bauteilfestigkeit, die Reifentragfähigkeit, die zulässige Gesamtmasse des Traktors und die zulässige Entlastung der Vorderachse zu beachten. Abb. 12.25 gibt einen Überblick von in Deutschland eingesetzten Anhängevorrichtungen. Folgende Kupplungen werden eingesetzt, [7]:

- Bolzenkupplungen und zugehörige Zugösen

Bolzenkupplungen sind an Traktoren sehr verbreitet. Diese Kupplungen können nicht selbsttätig oder selbsttätig sein. Selbststätig bedeutet hier, dass die Kupplung geöffnet und der Bolzen sich nicht in dem Bereich befindet, wo im gekuppelten Zustand die Zugöse des Anhängers ist. Wenn der Traktor so bewegt wird, dass die Zugöse sich im Zugmaul des Traktors befindet, wird der Bolzen selbsttätig durch die Zugöse geführt und der Anhänger so mit dem Traktor gekoppelt. Bei nicht selbsttätigen Kupplungen muss der Bolzen manuell geführt und verriegelt werden. Diese dürfen am Traktorheck verwendet werden, wenn das Zugmaul vom Fahrersitz aus einsehbar ist und der Kuppelvorgang vom Traktorsitz eingesehen werden kann und von dort aus auch durchführbar ist. Hintergrund dieser Forderung ist, dass sich aus Sicherheitsgründen niemand beim Ankuppeln zwischen dem Traktor und dem Anhänger aufhalten darf. Die Form der Kupplung und der Zugöse ist genormt. Die Stützlast ist bei diesen Kupplungen auf 2000 kg begrenzt. Eine weitere Forderung ist, dass sich die Kupplung in Fahrzeuglängsache gegenüber dem Traktor drehen kann.

- Hitchhaken und Hitchöse

Von diesem System werden zwei Varianten in der Praxis eingesetzt, wobei die Hitchhaken nach DIN 9678 und die Hitchzugöse nach ISO 5692 am häufigsten anzufinden sind. Diese Art der Kupplung ist in der Regel fernbetätigt, indem der Hitchhaken mit den Hubarmen der Dreipunkthydraulik verbunden ist. Alternativ kann auch eine eigene Betätigungshydraulik genutzt werden. Durch das Absenken oder Anheben des Hitchhakens kann der Anhänger abgekuppelt oder angekuppelt werden. Die Verriegelung kann vom Fahrersitz aus erfolgen. Die Stützlast ist nach ISO 6489–1 auf 3 t und die Fahrgeschwindigkeit bei dieser Stützlast auf 40 km/h begrenzt. Im Gegensatz zur Bolzenkupplung kann sich die Hitchkupplung nicht um die Traktorlängsachse drehen.

- Piton-Fixe und Hitchöse

Bei dieser Variante ist der Zughaken fest mit dem Traktor verbunden, sodass zum Koppeln die Deichsel des Anhängers angehoben werden muss. Mittels eines Querbolzens wird die Kupplung gegen das Lösen gesichert. Die Stützlast ist nach ISO 6489–4 ebenfalls auf 3 t und die Fahrgeschwindigkeit bei dieser Stützlast auf 40 km/h begrenzt. Auch diese Kupplung kann sich nicht um die Traktorlängsachse drehen.

- Kugelkopfkupplung

Diese Art der Kupplung gibt es mit Kugelköpfen mit unterschiedlichen Durchmessern. Bei Traktoren ist die Kugelkopfkupplung mit 80 mm Durchmesser sehr verbreitet. Der Kugelkopf ist starr am Traktor montiert und die Schale an der Deichsel des Anhängers. Für das An- und Abkuppeln ist es erforderlich, dass der Anhänger mit einer Hubeinrichtung über die Kugel gehoben wird. Der klappbare Niederhalter wird mit einem Bolzen fixiert, der wiederum gegen Herausrutschen gesichert werden muss. Bei dieser Kupplung sollten zur Vermeidung eines übermäßigen Verschleißes die Kugel und die Kugelschale geschmiert werden. Weiterhin ist es wichtig, dass keine Verschmutzung in die Gleitfläche zwischen Kugel und Kugelschale gelangt. Hierfür wird eine Dichtung eingesetzt. Aufgrund des flächigen Kontaktes und des geringen Spiels dieser Kupplung ist der Fahrkomfort verglichen mit den anderen Kupplungen sehr gut. Die Stützlast kann bei diesen Kupplungen nach ISO 24347 bis zu 40 kN entsprechend 4 t betragen. Die Fahrgeschwindigkeit ist auf 40 km/h begrenzt. In der Landwirtschaft sind auch Kugelkopfkupplungen mit 50 mm anzutreffen, wobei ihre Verbreitung gering ist. Die Kupplung wird häufig auf die

Ackerschiene des Traktors montiert und für den Transport von Auto- und Viehtransportanhängern eingesetzt. Weiterhin werden auch Kugelkopfkupplungen mit 110 mm und 150 mm Durchmesser eingesetzt. Diese Anhängungsart ist nur bei Zugfahrzeugen möglich, bei denen der Kupplungspunkt zwischen den Achsen liegt. Das bedeutet, dass die Fahrzeugkabine im Bereich der Vorderachse liegen muss, z. B. bei leichten Lastkraftwagen oder Systemtraktoren.

- Zugpendel

Zugpendel können auch als Kupplung zwischen Traktor und Anhänger eingesetzt werden. Sie finden besonders Anwendung bei der Kopplung von Arbeitsgeräten wie Scheibenrolleggen.

- Ackerschiene

Ackerschienen wurden bereits bei den ersten Traktoren eingesetzt. Sie besteht aus einer Stahlschiene mit Löchern, die in den Unterlenkern des Heckkrafthebers montiert wird. Das Fangmaul des Arbeitsgerätes wird über die Anhängeschiene geschoben und mit einem Bolzen gekoppelt. Der Bolzen muss gegen Herausfallen gesichert werden. Manche Geräte werden direkt über die Unterlenker mit dem Traktor gekoppelt. Diese Art der Kopplung erlaubt sehr hohe Stützkräfte. Diese werden durch die Hubkraft des Heckkrafthebers, die zulässige Belastung der Hinterachse und die zulässige Entlastung der Vorderachse begrenzt. Für die Kopplung von Transportanhängern ist diese Art der Kupplung aber nicht geeignet.

12.8.4 Lenkung der Anhänger

Für das Manövrieren der Anhänger müssen je nach Anhängerbauform Lenksysteme verwendet werden. Zweiachsige Anhänger benötigen in jedem Fall eine Lenkachse. Man unterscheidet hier die Drehschemellenkung und die Achsschenkellenkung. Bei der Drehschemellenkung wird die Vorderachse, an der die Zugdeichsel befestigt ist, um einen Drehkranz geschwenkt. Diese Lenkung erlaubt eine sehr gute Wendigkeit, wobei die Standsicherheit bei eingeschlagener Achse stark sinkt. Anhänger mit Achsschenkellenkungen sind hier günstiger. Die Betätigung der Lenkung erfolgt durch die Deichsel. Da sich die Position der Aufstandpunkte der Räder kaum verändert, ist die Standsicherheit bei eingeschlagenen Rädern günstiger. Bei Einachsanhängern ist eine Lenkung der Anhängerräder nicht notwendig. Bei Tandem- und Tridemachsen werden aber selbstlenkende oder zwangsgelenkte Achsen eingesetzt, um eine bessere Kurvenfahrt zu ermöglichen, den Boden zu schonen und den Reifenverschleiß zu minimieren. Bei den zwangsgelenkten Systemen unterscheidet man hydraulische oder elektronische Lenkungen. Bei der elektronischen Zwangslenkung erfolgt die Ansteuerung der Achse über den genormten Kugelkopfanschluss am Traktor, eine Lenkstange und einen Sensor, der den Winkel vom Wagen zum Traktor erfasst und diesen über den Lenkcomputer an die Achslenkung weitergibt. Es lassen sich mit ihr verschiedene Lenkkonfigurationen realisieren: So können die Lenkräder am Hang oder auf dem Silo so eingeschlagen werden, dass der Anhänger sich direkt seitlich bewegt. Bei der hydraulischen Zwangslenkung wird jede Lenkbewegung des Schleppers auf den Anhänger übertragen. Bei dieser Variante der Zwangslenkung werden zwei Geberzylinder am Schlepper befestigt. Die Länge der Geberzylinder ändert sich je nach Lenkeinschlag des Traktors. Diese Änderung wird dann zur Verstellung der Lenkzylinder an den Achsen verwendet.

12.8.5 Bremsen

Bei land- und forstwirtschaftlich genutzten Anhängern mit einer durch die Bauart bedingten Höchstgeschwindigkeit von nicht mehr als 25 km/h werden Trommelbremsen mit Innenbremsbacken eingesetzt. Hinsichtlich der zu verwendenden Bremsen und der Art der Bremsbetätigung gibt es bei landwirtschaftlichen Anwendungen verschiedene Varianten. Die Varianten hängen von dem zulässigen Gesamtgewicht des Traktors, der Anhänger sowie der jeweiligen Bremsausrüstung und den bauartbedingten Geschwindigkeiten ab, [6, 28, 42]:

Bei Einachs- und Zweiachsanhängern mit einem Achsabstand von weniger als einem Meter wird keine Bremsanlage benötigt, wenn folgende Bedingungen gelten: Wenn der Zug die für das ziehende Fahrzeug vorgeschriebene Bremsverzögerung erreicht, die Achslast des Anhängers nicht mehr als die Hälfte des Leergewichts des Zugfahrzeugs beträgt und die Achslast des Anhängers nicht größer als 0,75 t ist. Beträgt bei diesen Anhängern die bauartbedingte Höchstgeschwindigkeit nicht mehr als 30 km/h, darf die Achslast bis max. 3 t betragen.

Weite Verbreitung haben Auflaufbremsen bei kleineren Anhängern. Bei diesen schiebt sich beim Abbremsen des Zugfahrzeuges die Zugöse in die Anhängerdeichsel ein. Über eine Kinematik werden so die Bremsbacken der Trommelbremse zur Erzeugung der Bremswirkung betätigt. Ein manuell betätigter Sperrhebel kann die Bewegung der Zugöse behindern, sodass die Bremsung bei Rückwärtsfahrt ausgeschaltet ist. Für den Einsatz dieser Bremsen gilt es, bestimmte Randbedingungen zu beachten: Auflaufbremsen sind bei Einachsanhängern nur zulässig bei einer zulässigen Gesamtmasse von nicht mehr als 8 t und einer bauartbedingten Höchstgeschwindigkeit von nicht mehr als 25 km/h. Sie sind auch nur zulässig bei einer Gesamtmasse bis 8 t und einer bauartbedingten Höchstgeschwindigkeit von nicht mehr als 40 km/h, wenn die Bremse auf alle Räder wirkt. Ebenfalls zulässig sind Auflaufbremsen bei Einachsanhängern, wenn die Gesamtmasse nicht mehr als 3,5 t beträgt, die bauartbedingte Geschwindigkeit größer als 40 km/h ist und die

Bremse auf alle Räder wirkt. Bei Zweiachsanhängern gilt, dass Auflaufbremsen ebenfalls nur bis 8 t zulässiger Gesamtmasse des Anhängers bei einer bauartbedingten Geschwindigkeit bis 25 km/h eingesetzt werden dürfen. Dies gilt auch in Kombinationen von mehreren Anhängern [6].

Werden diese Gesamtgewichte oder die jeweils zulässigen Höchstgeschwindigkeiten überschritten, müssen die Anhänger mit einer Druckmittel-Bremsanlage ausgerüstet sein, was letztendlich auch eine entsprechend ausgerüstete Zugmaschine voraussetzt.

12.9 Maschinen für den Gartenbau und Weinbau

Gartenbau ist ein Zweig der Landwirtschaft, der sich mit dem Anbau von Pflanzen für Nahrungsmittel, medizinische, ästhetische und ökologische Zwecke beschäftigt. Er umfasst eine Vielzahl von Tätigkeiten, darunter die Kultivierung von Obst, Gemüse, Blumen und Zierpflanzen. Der Gartenbau spielt auch eine wichtige Rolle bei der Sicherstellung der Nahrungsmittelversorgung, der Erhaltung der Biodiversität und der Verbesserung der Lebensqualität durch die Schaffung von grünen und ästhetisch ansprechenden Umgebungen. Der Weinanbau kann je nach Umfang und Zielsetzung sowohl dem Gartenbau als auch der Landwirtschaft zugeordnet werden. In beiden Fällen spielt er eine wichtige Rolle in der Produktion von Wein und trägt zur kulturellen und wirtschaftlichen Bedeutung einer Region bei.

Gartenbau und Landwirtschaft sind beide Bereiche der Pflanzenproduktion, aber sie unterscheiden sich in mehreren Aspekten, die in Tab. 12.7 den beschrieben werden:

Tab. 12.7 Unterschiede zwischen Gartenbau und Landwirtschaft

Merkmal	Gartenbau	Landwirtschaft
Skala	Gartenbau wird oft auf kleinerer Fläche betrieben, wie in Gärten, Parks oder Gewächshäusern	Landwirtschaft wird auf größeren Flächen betrieben, wie Feldern und Plantagen.
Pflanzenarten	Anbau von Obst, Gemüse, Blumen und Zierpflanze	Anbau von Nutzpflanzen wie Getreide, Mais, Sojabohnen, Zuckerrüben und Kartoffeln
Maschinentechnik	Es werden Maschinen verwendet, die auf kleineren Flächen eingesetzt werden können. Ein großer Teil der Arbeiten wird manuell erledigt	Es werden großflächige Anbautechniken und Maschinen verwendet
Aufgabe und Zweck	Neben der Nahrungsmittelproduktion spielt der Gartenbau auch eine wichtige Rolle in der Landschaftsgestaltung und der Schaffung von ästhetisch ansprechenden Umgebungen	Kernaufgabe der Landwirtschaft ist die Produktion von Nahrungsmitteln, Futtermitteln und Rohstoffen für die Industrie

Der Einsatz von mobilen Arbeitsmaschinen im Gartenbau hat die Effizienz und Produktivität erheblich gesteigert. Sie ermöglichen es, größere Flächen zu bewirtschaften und die Qualität der Erzeugnisse zu verbessern. Gleichzeitig tragen sie zur Reduzierung des Arbeitsaufwands und zur Schonung der Umwelt bei. Ähnlich wie in der Landwirtschaft nimmt der Grad der Automatisierung der Maschinen und Prozesse stetig zu. Zu nennen sind hier als Beispiel Roboter zum Stechen von Spargel [10, 25] oder Pflückmaschinen von Obst [1] oder Vollernter in der Weinernte [24].

Die Maschinen können wie in der Landwirtschaft nach dem Produktionsprozess der angebauten Kulturen eingeteilt werden:

- Bodenbearbeitung – Gartenfräsen und Pflüge sind wesentliche Maschinen im Gartenbau, die zur Bodenbearbeitung eingesetzt werden. Gartenfräsen werden verwendet, um den Boden zu lockern und zu belüften, was die Wurzelentwicklung der Pflanzen fördert. Diese Maschinen sind besonders nützlich bei der Vorbereitung des Bodens für die Aussaat oder das Pflanzen, da sie eine gleichmäßige und feinkrümelige Bodenstruktur schaffen, die für das Wachstum der Pflanzen optimal ist. Pflüge hingegen werden wie in der Landwirtschaft eingesetzt, um den Boden zu wenden und Unkraut zu beseitigen. Durch das Wenden des Bodens wird organisches Material, wie Pflanzenreste und Kompost, in den Boden eingearbeitet, was die Bodenfruchtbarkeit verbessert. Pflüge tragen somit nicht nur zur Unkrautbekämpfung bei, sondern auch zur Erhöhung des Nährstoffgehalts im Boden, was wiederum das Pflanzenwachstum fördert.
- Aussaat oder Pflanzen – Sämaschinen ermöglichen eine gleichmäßige Verteilung von Samen auf dem Feld. Diese Maschinen sind besonders nützlich für die Aussaat von Getreide, Gemüse und Blumen, da sie eine präzise Platzierung der Samen gewährleisten und somit optimale Wachstumsbedingungen schaffen. Pflanzmaschinen hingegen werden verwendet, um Setzlinge oder Jungpflanzen in den Boden zu setzen. Sie sorgen für eine gleichmäßige Pflanzdichte, die das Wachstum der Pflanzen fördert und den Ertrag maximiert. Darüber hinaus reduzieren Pflanzmaschinen den Arbeitsaufwand erheblich, da sie manuelle Pflanzarbeiten automatisieren.
- Pflanzenpflege – Für diese Aufgabe werden im Gartenbau Rasenmäher und Heckenscheren verwendet. Rasenmäher sind unverzichtbar für die Pflege von Rasenflächen. Sie sorgen für einen gleichmäßigen Schnitt und tragen zur Gesundheit des Rasens bei, indem sie das Wachstum fördern und Unkraut reduzieren. Je nach Anforderungen an die Schnittqualität und die Beschaffenheit des Rasens werden Sichelrasenmäher oder Spindelrasenmäher verwendet. Letztere werden dort verwendet, wo die Pflanzen schonend gemäht werden sollen und das Schnittbild sehr wichtig ist, wie auf Sportplätzen. Heckenscheren werden verwendet, um Hecken und Sträucher zu trimmen und in Form zu halten. Sie sind in verschiedenen Ausführungen erhältlich, darunter manuelle, elektrische und benzinbetriebene Modelle.

- Pflanzenschutz – Sprühgeräte und Spritzen sind wichtige Werkzeuge im Gartenbau, die zum Schutz und zur Erhaltung der Gesundheit von Pflanzen beitragen. Sprühgeräte werden verwendet, um Pflanzenschutzmittel wie Insektizide, Fungizide und Herbizide auf die Pflanzen aufzutragen. Sprühgeräte erzeugen einen feinen Nebel, der gleichmäßig auf die Pflanzen verteilt wird. Die Tropfen sind daher kleiner als bei Spritzen, was die Gefahr der Abdrift erhöht.
- Ernte – Der Aufbau und die Funktion von Erntemaschinen orientieren sich an den zu erntenden Pflanzen. So werden beispielsweise für Zwiebeln oder Möhren Maschinen verwendet, die dem Kartoffelroder ähneln. Im Obstanbau kommen Pflückmaschinen zum Einsatz.

Literatur

1. Baeten J, Donné K, Boedrij S, Beckers W, Claesen E (2008) Autonomous Fruit Picking Machine: A Robotic Apple Harvester. In: Laugier C, Siegwart R (eds) Field and Service Robotics. Springer Berlin Heidelberg, Berlin, Heidelberg, pp. 531–539
2. Baumgärtner P, Leier L, Pütz M, Volckens F (2006) Zukunftsweisender Ackerbau: Bestellverfahren aus der Praxis. DLG-Verlags-GmbH, Frankfurt
3. Beneke F (2019) 8 Futterernte: Kurzgutkette. In: Köller K, Hensel O (eds) Verfahrenstechnik in der Pflanzenproduktion. Verlag Eugen Ulmer, Stuttgart, pp. 190–204
4. Diepenbrock W, Pelzer B, Radtke B (1995) Energiebilanz im Ackerbaubetrieb. Wulf Diepenbrock, Björn Pelzer, Jörn Radtke. Kuratorium für Technik und Bauwesen in der Landwirtschaft, Darmstadt
5. Estler M, Knittel H (1996) Praktische Bodenbearbeitung: Grundlagen, Gerätetechnik, Verfahren, Bewertung, 2., völlig neu überarb. Aufl. DLG-Verl., Frankfurt (Main)
6. Fehr A (2016) Fachkunde Land- und Baumaschinentechnik: Bearbeitet von Berufsschullehrern, Diplom-Ingenieuren und Meistern, 1. Auflage. Verlag Europa-Lehrmittel Nourney Vollmer GmbH & Co. KG, Haan-Gruiten
7. Fröba N, Neukam M, Schauer A, DLG e. V. (2013) DLG-Merkblatt 387 – Anhängevorrichtungen an Traktoren. Groß-Umstadt
8. Haber W, Salzwedel J (1992) Umweltprobleme der Landwirtschaft: Sachbuch Ökologie. Metzler-Poeschel, Stuttgart
9. Horstmann J (1999) Untersuchungen zur Reduzierung von Antriebsschäden im Getriebe eines Scheibenmähwerkes bei Hinderniskontakt, Fortschritt-Berichte VDI Reihe 14, Landtechnik/Lebensmitteltechnik, Düsseldorf
10. Irie N, Taguchi N, Industrial Technology Center of Nagasaki, 2-1303-8 Ikeda, Omura, Nagasaki 856–0026, Japan (2014) Asparagus Harvesting Robot. J Robot Mechatron 26:267–268. doi: https://doi.org/10.20965/jrm.2014.p0267
11. Jahr A, Batos A, Sim H, Martínez J, Zepke S (2012) Eine neuartige Methode zur Bestimmung der Verschleißfestigkeit von Häckslermessern. In: Mit Erfahrung und Innovationskraft zu mehr Effizienz ; 70. internationale Tagung, 6. – 7. November 2012, Karlsruhe. pp 263–270
12. Jünemann D (2012) Halmgutmähen und Halmgutwerben. Jahrbuch Agrartechnik 24. 2012Jahrbuch Agrartechnik 2012:139. doi: 10.24355/DBBS.084-201210110913-17
13. Kanafojski C (1974) Halmfruchterntemaschinen. Verl. Technik, Berlin

14. Kiefer S, Brömstrup D (2013) Intelligenter Pflanzenbau: Teil I Das 3C-Ackerbau-Konzept, 4. Amazonen-Werke, Hasbergen-Gaste
15. Klühs JK (2014) Untersuchung zur Effizienz von Schneidverfahren in der Landwirtschaft. TU Berlin KM-M-035, Berlin
16. Klüßendorf-Feiffer A, Münchhoff K, Feiffer P (2014) Getreideernte: Technik optimal einsetzen. DLG-Verl., Frankfurt am Main
17. Köller K, Hensel O (2019) Verfahrenstechnik in der Pflanzenproduktion. Verlag Eugen Ulmer, Stuttgart
18. Köller K, Müller J (1998) DLG-Merkblatt 306: Moderne Sätechnik für Getreide, Raps und Leguminosen. Deutschen Landwirtschafts-Gesellschaft, Frankfurt am Main
19. Kowalewsky H-H, Landwirtschaftskammer Niedersachsen (2009) Landwirtschaftliche Transporte mit Schlepper oder Lkw
20. Kreyenhagen M (2017) Ein Beitrag zur Entwicklung und Optimierung von Bindeverfahren für Quaderballenpressen. Shaker, Aachen
21. Kutzbach HD (1989) Allgemeine Grundlagen Ackerschlepper Fördertechnik. Parey, Hamburg; Berlin
22. Lochner H, Beckmann C (2011) Agrarwirtschaft: Grundstufe Landwirt : Fachtheorie für Boden, Pflanze, Tier, Technik, Chemie, Physik, Biologie, Züchtung, Ökologie, Landschaftspflege, Artenschutz, Betriebswirtschaft, Buchführung, Datenverarbeitung, Kommunikation, Landwirtschaftliches Fachrechnen, 4. überarb. Aufl., Neuausg. BLV, München
23. Meyer HJ (1992) Spezifischer Energieverbrauch einer Compactrollenpresse. Technische Universität Braunschweig, Braunschweig
24. Morris JR (2007) Development and Commercialization of a Complete Vineyard Mechanization System. hortte 17:411–420. doi: https://doi.org/10.21273/HORTTECH.17.4.411
25. Peebles M, Barnett JJ, Duke M, Lim SH (2020) Robotic Harvesting of Asparagus using Machine Learning and Time-of-Flight Imaging – Overview of Development and Field Trials. In: 2020 IEEE 16th International Conference on Automation Science and Engineering (CASE). IEEE, Hong Kong, Hong Kong, pp. 1361–1366
26. Peters R (2019) 10 Kartoffelanbautechnik. In: Köller K, Hensel O (eds) Verfahrenstechnik in der Pflanzenproduktion. Verlag Eugen Ulmer, Stuttgart, pp. 243–267
27. Rademacher T (2019) 9 Druschfrucht-Erntetechnik. In: Köller K, Hensel O (eds) Verfahrenstechnik in der Pflanzenproduktion. Verlag Eugen Ulmer, Stuttgart, pp. 205–242
28. Schauer A DLG Merkblatt 326 – Bremsen für land- und forstwirtschaftliche Fahrzeuge
29. Schön H, Auernhammer H, Bauer R, Boxberger J, Demmel M, Estler M, Gronauer A, Haidn B, Meyer J, Pirkelmann H, Strehler A, Widmann B (1998) Landtechnik, Bauwesen: Verfahrenstechnik – Arbeit – Gebäude – Umwelt, 9., völlig neubearb. und erw. Aufl. BLV-Verlagsgesellschaft; Landwirtschaftsverlag, München; Münster-Hiltrup
30. Schulze Lammers P (2019) 11 Zuckerrübenernte. In: Köller K, Hensel O (eds) Verfahrenstechnik in der Pflanzenproduktion. Verlag Eugen Ulmer, Stuttgart, pp. 268–286
31. Sohst M (2017) Mähdrescher-Schneidwerke: Welcher Typ passt zu mir? profi 70–73
32. Soucek R, Pippig G, Soucek-Pippig (1990) Maschinen und Geräte für Bodenbearbeitung, Düngung und Aussaat, 1. Aufl. Verl. Technik, Berlin
33. Wallmann G (2006) Gutzuführung für Mähdrescherhäcksler. Shaker, Aachen
34. Wenner H-L, Dörfler J (1980) Die Landwirtschaft, 7., völlig neubearb. Aufl. BLV Verl. Ges, München
35. Wilkens D (1987) Das Verdichten von Halmgütern in Grossballen-Rollpressen. Fortschritt-Berichte VDI Reihe 14, Landtechnik, Lebensmitteltechnik, VDI-Verl., Düsseldorf
36. Wolf-Regett K-P (1989) Verdichtung und Expansion von Halmgut in Normaldruck-Ballenpressen. Fortschrittberichte VDI 14, Landtechnik, Lebensmitteltechnik/Verein Deutscher Ingenieure, VDI-Verl, Düsseldorf

37. (2013) DIN 8588:2013-08, Fertigungsverfahren Zerteilen – Einordnung, Unterteilung, Begriffe
38. (2017) Multi Farming Systems – Multiplanter. https://multifarmingsystems.com.au/products/multiplanter. Accessed 08 Mar 2026
39. (2020) DIN 4220:2020-11, Bodenkundliche Standortbeurteilung – Kennzeichnung, Klassifizierung und Ableitung von Bodenkennwerten (normative und nominale Skalierungen)
40. (2022) DIN 8580:2022-12, Fertigungsverfahren – Begriffe, Einteilung
41. Pflanzenschutzgesetz vom 6. Februar 2012 (BGBl. I S. 148, 1281), das zuletzt durch Artikel 2 Absatz 15 des Gesetzes vom 20. Dezember 2022 (BGBl. I S. 2752) geändert worden ist
42. Straßenverkehrs-Zulassungs-Ordnung vom 26. April 2012 (BGBl. I S. 679), die zuletzt durch Artikel 1 der Verordnung vom 10. Juni 2024 (BGBl. 2024 I Nr. 191) geändert worden ist

Baumaschinen

13

Inhaltsverzeichnis

13.1 Erdbaumaschinen

Der Erdbau umfasst alle Änderungen der äußeren Erdkruste in Bezug auf Lage, Form und Dichte. Zu diesen Arbeiten zählen u. a. [14]:

- Abtragen von Boden
- Ausheben von Gräben und Baugruben
- Gewinnung von Rohstoffen
- Transport von Boden
- Verteilen und Einbau von Baustoffen, z. B. für Straßen und Dämme
- Verdichten von Erdbaustoffen
- Bohren

Neben dem Hoch- und Tiefbau ist der Erdbau ein Teil des Bauwesens und findet in verschiedenen Gebieten Anwendung.

H. J. Meyer, *Mobile Arbeitsmaschinen*, https://doi.org/10.1007/978-3-662-72251-0_13

Abb. 13.1 zeigt in einer Übersicht Grundfunktionen von mobilen Arbeitsmaschinen am Beispiel eines Radladers. Während die maschinenrelevanten Funktionen mehr oder weniger für alle Erdbaumaschinen gelten, hängen die materialrelevanten Funktionen von der jeweiligen Anwendung ab. In der Abbildung wurde exemplarisch eine Kombination gekennzeichnet, die Radlader repräsentiert. Die Grundfunktionen des Radladers sind das Aufnehmen und Transportieren des jeweiligen Gutes mit einer Schaufel. Alternativ zur Schaufel können aber auch andere Arbeitsgeräte wie Stapelgabeln oder Greifer montiert werden, die andere Funktionen ermöglichen.

An den Grundfunktionen von Erdbaumaschinen orientieren sich die einzelnen Maschinenfamilien, wie sie in der DIN EN ISO 6165 genannt werden [14]:

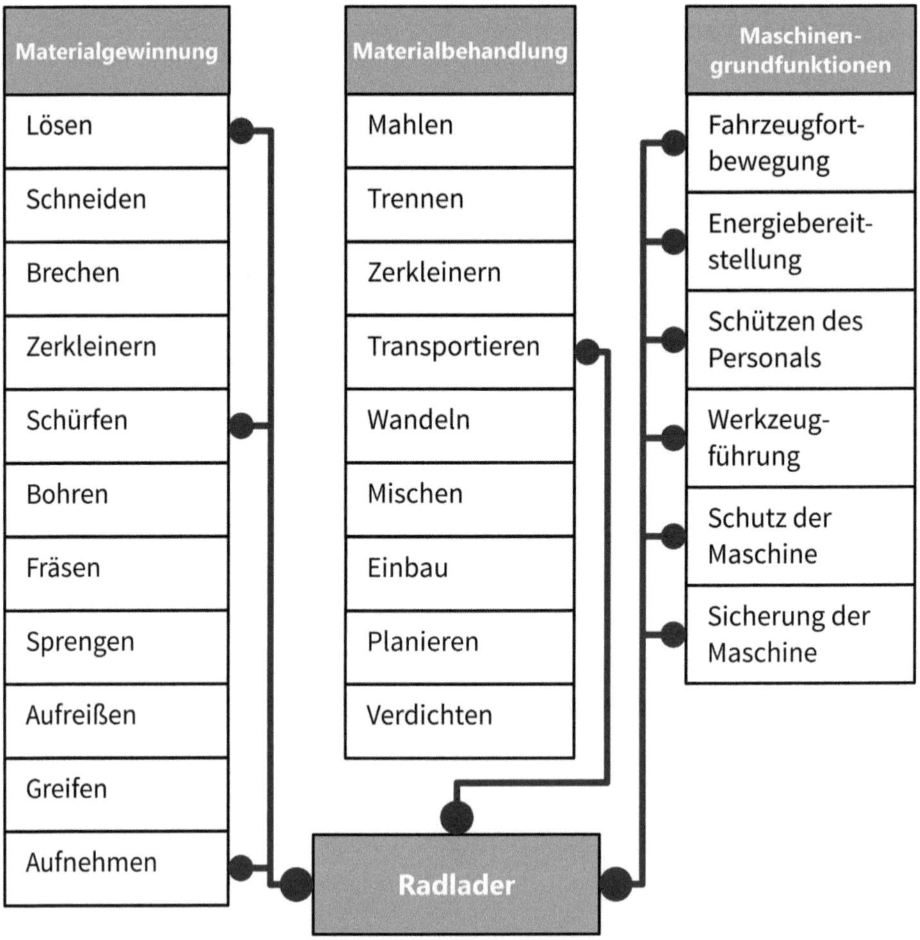

Abb. 13.1 Grundfunktionen von Erdbaumaschinen am Beispiel eines Radladers

- Planiermaschinen – Kernaufgabe der Planiermaschinen ist die Bewegung von Erde mit dem Ziel eine ebene Fläche zu erzeugen. Es handelt sich hierbei um eine selbstfahrende Maschine, an der eine Planiervorrichtung montiert ist. Durch die Fahrbewegung wird das bewegende Material gelöst und geschoben oder auch nur geschoben. Dabei wird das Material verteilt und eingeebnet. Vorwiegend sind diese Maschinen mit einem Raupenfahrwerk ausgerüstet.
- Lader – Lader sind selbstfahrende Maschinen, die mit der vorn am Fahrzeug angebrachten Vorrichtung Material laden und transportieren können. Diese Vorrichtung ist in der Regel eine Frontladerschwinge, an die eine Schaufel montiert ist, die durch die Vorwärtsfahrt in ein Haufwerk hinein befüllt wird.
- Bagger – Bagger sind Maschinen, die primär zum Graben, Heben oder zur Handhabung von Material eingesetzt werden. Sie besitzen Raupen-, Räderfahrwerke oder auch Schreitwerke. In den meisten Fällen besitzen die Maschinen einen um 360° schwenkbaren Oberwagen, an dem die Arbeitsvorrichtung angebracht ist. Der Unterwagen dient der Fortbewegung, wobei beim eigentlichen Arbeiten der Unterwagen nicht bewegt wird.
- Grabenfräsen – Bei diesen selbstfahrenden Maschinen wird mit einer speziellen Vorrichtung ein Graben hergestellt. Hierfür werden Grabenfräsketten, Scheibenräder oder ein Pflug genutzt. Die Grabwerkzeuge heben kontinuierlich den Graben aus, während sich die Maschine bewegt.
- Muldenfahrzeuge – Diese Fahrzeuge, ähnlich den Lastkraftwagen, übernehmen den Transport des Materials auf Baustellen über größere Distanzen. Im Gegensatz zu Lastkraftwagen sind diese Fahrzeuge sehr geländegängig und besitzen eine kippbare Mulde. Unterschieden werden hier Muldenkipper mit Starrahmen, solche mit einem Knickgelenkrahmen, Schwenkmuldenfahrzeuge und gezogene Muldenfahrzeuge.
- Scraper – Bei diesen Maschinen befindet sich zwischen den Achsen eine offene Mulde mit einer Schneidkante. Durch die Fahrbewegung schneidet diese Schneidkante ähnlich einem Hobel einen Bodenspan ab, der in der Mulde gesammelt wird. Scraper gibt es als selbstfahrende und als gezogene Maschinen.
- Grader – Diese selbstfahrenden Maschinen besitzen zwischen der Vorderachse und der Hinterachse ein in der Position verstellbares Schar. Durch die Vorwärtsbewegung planiert das Schar den Untergrund.
- Müllverdichter – Bei diesen selbstfahrenden Fahrzeugen handelt es sich Maschinen, die Radlader ähnlich sind. Sie besitzen eine Planier- oder Ladevorrichtung, mit der der Müll verteilt wird. Die Räder sind mit Hilfsmitteln bestückt, die den Untergrund aus Müll beim Überfahren verdichten und zerkleinern.
- Walzen – Sie sind gezogene oder selbstfahrende Maschinen, die mit einer oder mehreren Walzen den Untergrund verdichten. Neben Stahlbandagen in verschiedenen Formen und Oberflächen kommen auch spezielle Reifen zur Anwendung.
- Rohrleger – Hierbei handelt es sich um selbstfahrende Maschinen mit Raupen- oder Räderfahrwerk, die mit einer Rohrlegereinrichtung mit Hauptrahmen, Lasthebeeinrichtung, einem um einen Drehpunkt schwenkbaren Seitenausleger und Gegen-

gewichten ausgerüstet sind. Ihre Aufgabe ist die Handhabung und das gezielte Ablegen von Rohren und Pipelines in einem vorbereiteten Untergrund.

- Horizontalbohrmaschinen – Das Hauptarbeitsorgan der Horizontalbohrmaschinen ist ein Bohrkopf, mit dem Bohrungen in horizontaler Richtung vorgenommen werden können, um z. B. Tunnel herzustellen.
- Kompaktwerkzeugträger – Hierunter wird in der DIN EN ISO 6165 eine selbstfahrende Maschine verstanden, die sich auf Raupen oder Rädern bewegt und eine Betriebsmasse von weniger als 1500 kg hat. Weiterhin hat sie entweder eine mitgängergeführte Bedienposition oder eine Arbeitsbühne für die stehende Bedienung am Heck der Maschine. Vorne können am Fahrzeug auswechselbare Arbeitselemente oder Hubarme angebracht sein.

Die DIN EN ISO 6165 empfiehlt als eine weitere Möglichkeit zur Einordnung der Erdbaumaschinen eine Struktur nach Art der Steuerung und der Mensch-Maschine-Schnittstelle. Diese Art der Gliederung lässt sich auch sehr gut auf die anderen Arten der mobilen Arbeitsmaschinen übertragen. Die Einordnung erfolgt nach der Art der Steuerung, wie in Abb. 13.2 dargestellt. Es wird hier unterschieden in Maschinen mit einer direkten Steuerung bzw. einer direkten Steuerung der Maschine durch das Maschinenpersonal. Bei Systemen mit einer Fernsteuerung liegt keine direkte Interaktion vor, sondern die Maschinen werden entweder über Kabel oder über eine kabellose Verbindung gesteuert, z. B. über eine Funkverbindung. Das ist z. B. bei sogenannten Grabenwalzen der Fall. Bei den Direktsteuerungen wird in aufsitzenden und nicht aufsitzenden Maschinen unterschieden. Bei aufsitzenden Maschinen kann das Personal sitzend arbeiten, z. B. bei einem Radlader oder Bagger, oder stehend wie bei einer Fräse oder Kleinfertiger. Darüber hinaus gibt es noch mitgängergeführte Geräte. Ein Beispiel hierfür sind Stampfer. Bei den ferngesteuerten Erdbaumaschinen gibt es in dieser Gruppe kabelgebundene ortsbewegliche Maschinen.

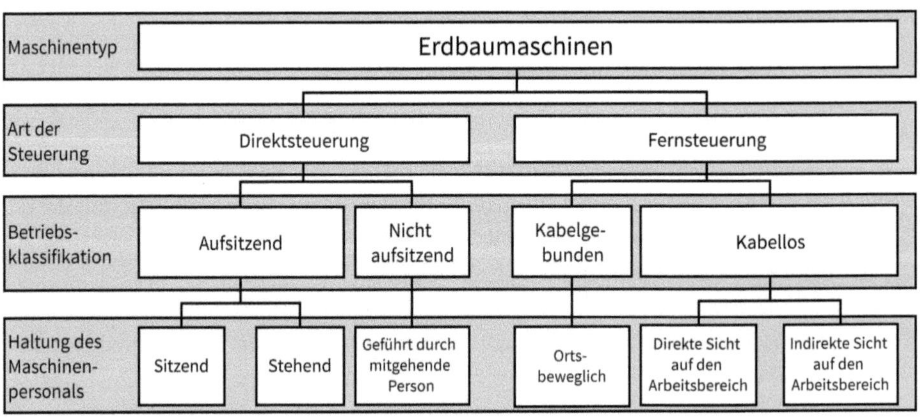

Abb. 13.2 Einordnung von Erdbaumaschinen nach Art der Steuerung und Mensch-Maschine-Schnittstelle

Bei den kabellosen ferngesteuerten Maschinen gibt es die Gruppe, die eine direkte Sicht auf den Arbeitsbereich ermöglicht und eine zweite Gruppe, die eine indirekte Sicht in den Arbeitsbereich erlaubt [14].

13.1.1 Lader

Radlader bzw. Schaufellader sind sehr universell einsetzbare Maschinen, die äußerst mobil sind. Ihre Hauptaufgabe besteht im Lösen der Erde, Laden, Transportieren und Einbauen des Materials [10]. Die Arbeitsebene befindet sich in der Fahrebene, z. T. aber auch geringfügig darunter. Bei den Radladern unterscheidet man:

- Frontlader
- Schwenklader
- Skid-Steer-Lader
- Kompaktlader
- Baggerlader
- Überkopflader
- Teleskoplader
- Bandlader

Kennzeichnendes Merkmal von Schwenkladern ist eine schwenkbare Einrichtung mit der Frontladerschwinge, die von der Maschinenlängsachse aus zur Seite geschwenkt werden kann. Skid-Steer-Lader sind Maschinen, die sich durch ihre besondere Art der Lenkung von den anderen Ladern unterscheiden. Diese Maschinen besitzen seitlich entweder Raupen oder Räder. Gelenkt werden die Lader über die Geschwindigkeitsdifferenz zwischen den beiden Seiten. Der Fahrstand befindet sich direkt zwischen den Raupen oder Rädern. Oftmals sind diese Maschinen relativ klein und werden als Kompaktlader bezeichnet. In der Norm DIN EN ISO 6165 werden diese Maschinen über ihr Gewicht klassifiziert. Danach werden Lader mit Rädern und mit einer Betriebsmasse von 4500 kg und weniger sowie Lader mit Raupen und mit einer Betriebsmasse von 6000 kg und weniger als Kompaktlader bezeichnet. Als Skid-Steer-Lader sind diese Maschinen ausgesprochen wendig und werden in Bereichen eingesetzt, wo der Bewegungsraum stark eingeschränkt ist. Eine weitere Bauform sind Baggerlader. Diese Maschinen besitzen neben einem Frontlader noch einen Heckanbaubagger. Überkopflader werden in solchen Bereichen eingesetzt, wo das Fahren und Wenden der Maschine für einen üblichen Radladerzyklus, z. B. im Y-Zyklus, nicht möglich ist. Das bedeutet, die Maschine besitzt einen Frontlader, dessen Schaufel durch die Vorwärtsbewegung gefüllt wird. Zum Abladen fährt die Maschine rückwärts und die Frontladerschwinge wird über den Fahrstand nach hinten zum Abkippen geschwenkt. Teleskoplader, oft auch Telehandler oder Teleskopstapler genannt, sind Lader, die in der Front eine teleskopierbare Schwinge besitzen, an die verschiedene Arbeitsvorrichtungen montiert werden können, wie Staplergabeln oder Greifer. Sie werden auch besonders in der Landwirtschaft zum Bewegen von Ballen und Futtermitteln eingesetzt. Eine besondere Bauform sind Bandlader, die keine eigentliche Frontladerschwinge besitzen. Bei ihnen befindet sich an der Vorderseite der Maschine eine Aufnahmeeinrichtung, mit der das Fördergut auf ein Förderband geschoben wird. Dieses transportiert das Gut zum weiteren Transport oder Verarbeitung nach hinten. Ein weiteres Unterscheidungsmerkmal ist das Fahrwerk bzw. die Art der Lenkung (Knicklenkung oder Achsschenkellenkung), siehe Kap. 7. Von den genannten Radladerarten hat der Frontlader die größte Bedeutung.

Bei Frontladern ist am Vorderrahmen die Arbeitsausrüstung angebaut. Sie besteht aus einem mehrgliedrigen Getriebe mit Hydraulikzylindern als Antriebe. In der Regel ist an diesem Hubwerk eine Ladeschaufel montiert. Beim Laden von Erde wird die Ladeschaufel in Fahrbahnhöhe geführt. Die gesamte Maschine muss in dieser Position in das Haufwerk hineinfahren, das heißt, die Maschine muss neben dem Fahrwiderstand auch den Eindring- und Füllwiderstand der Schaufel in das Haufwerk überwinden. Anschließend wird die gefüllte Ladeschaufel mithilfe der Hydraulikzylinder in Transportstellung gebracht.

Angetrieben werden Radlader vornehmlich mit Dieselmotoren. Prinzipiell muss der Radlader über Antriebe für die Arbeitsausrüstung, die Lenkung und das Fahren verfügen. Für den Fahrantrieb wird etwa 50 % der vom Dieselmotor abgegebenen Motorleistung benötigt. Weitere 30 % der Energie ist für den Antrieb der Arbeitsausrüstung nötig. Der verbleibende Rest ist für die Lenkung und den Antrieb von Nebenverbrauchern [5].

Die Art des Fahrantriebes ist je nach Leistungsklasse verschieden:

- Radlader kleiner Leistung bis ca. 75 kW – Bei diesen Radlader überwiegt der hydrostatische Fahrantrieb. Der schlechtere Wirkungsgrad hydrostatischer Antriebe gegenüber mechanischen wird durch Kosten- und Anwendungsvorteile aufgehoben. Die maximale Fahrgeschwindigkeit beträgt im Allgemeinen 25 km/h. Als Lenkung werden vorwiegend Achsschenkellenkung eingesetzt.
- Radlader mittlerer Leistung von ca. 75 kW – Bei diesen Radladern werden für den Fahrantrieb Lastschaltgetriebe und Drehmomentwandler eingesetzt. In einigen Maschinen werden auch hydrostatische Fahrantriebe verwendet. Die Lenkung ist entweder eine Knicklenkung oder Achsschenkellenkung. Die maximale Fahrgeschwindigkeit beträgt bei diesen Fahrzeugen 40 km/h.
- Radlader größerer Leistung – Große Radlader werden ausschließlich mit Lastschaltgetriebe, Drehmomentwandler und Knicklenkung ausgerüstet. Die maximale Fahrgeschwindigkeit beträgt 35 bis 45 km/h. Oft besitzen diese Maschinen eine allgemeine Betriebserlaubnis, um am Straßenverkehr teilnehmen zu können [5].

Neben dem Fahrantrieb muss auch die Arbeitsausrüstung mit ausreichend Leistung versorgt werden. Im Allgemeinen sind die Schubkraft und die Schubgeschwindigkeit des Fahrantriebs sowie die Hubkraft und die Hubgeschwindigkeit der Arbeitsausrüstung aufeinander abgestimmt. Ziel ist es, die Arbeitsspielzeit eines Ladevorganges zu minimieren. Zusätzlich wird die Hubkraft für die Gewährleistung einer ausreichenden Standsicherheit begrenzt. Die Arbeitshydraulik besteht in der Regel aus einem offenen System mit Vorsteuerung. Sie dient zur Versorgung der Antriebe für die Lenk- und Ladebewegung und nutzt dafür eine eigene Pumpe. In Abb. 13.3 ist ein Beispiel für einen hydrostatischen Antrieb der Arbeitshydraulik eines Radladers dargestellt [5].

Die Hubfunktion wird über ein Ventil gesteuert, das im Allgemeinen 4 Betriebsstellungen aufweist:

- Heben
- Neutralstellung
- Absenken
- Schwimmstellung

Die Kippfunktion besitzt in der Regel drei Stellungen:

- Zurückkippen
- Neutralstellung
- Vorwärtskippen

In neueren Radladerhydrauliksystemen werden zunehmend auch elektronische Systeme eingesetzt, die u. a. die Automatisierung von Aufgaben und Funktionen ermöglichen. Hierzu zählen z. B. die Kippautomatik, Einstellung von maximaler Hubhöhe und -reichweite sowie von Kippwinkeln. Die Arbeits- und Lenkzylinder werden bei vielen Systemen

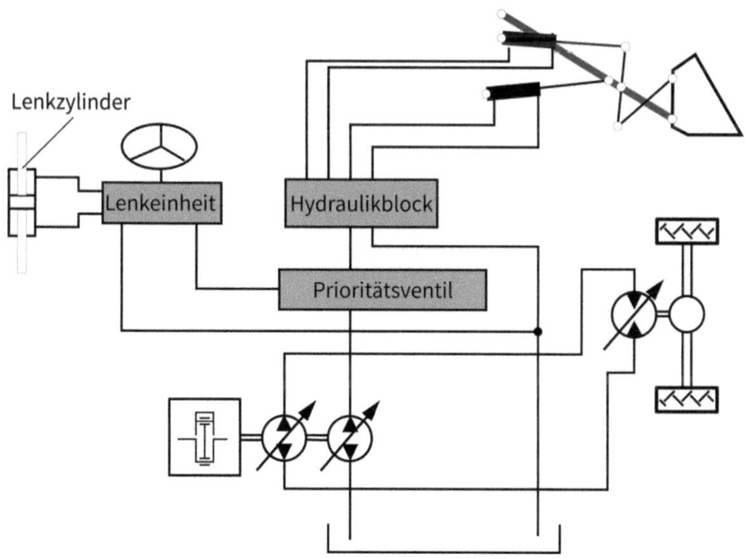

Abb. 13.3 Vereinfachtes Hydraulikschema eines Radladers

von einer Hydraulikpumpe mit Öl versorgt. Aus Sicherheitsgründen muss dann das Lenkaggregat mit einem Prioritätsventil immer mit Vorrang behandelt werden [5].

Die Hub- und Losbrechkraft an der Schaufel wird im Wesentlichen von den Hydraulikzylindern und der verwendeten Kinematik bestimmt. In Abb. 13.4 sind die heute üblichen Kinematiken dargestellt. In heutigen Maschinen wird besonders die Z-Kinematik verwendet, da aufgrund des günstigen Übersetzungsverhältnisses des Schaufelkippzylindermechanismus eine große Losbrechkraft erzeugt werden kann. Die Z-Kinematik bewegt während des Anhebens die Ladeschaufel nach vorn und beim Senken nach hinten. Die Parallelführung ist schlechter als bei der P-Kinematik. Die TP-Kinematik (Torque-Parallel) ist ein Kompromiss zwischen den beiden anderen [5].

Charakteristisch für viele Radladerarbeiten ist der Ladezyklus oder auch Y-Zyklus, wie er in Abb. 13.5 dargestellt ist. Bei diesem fährt der Radlader zu Beginn des Zyklus von der Ausgangsposition A zur Beladestelle B (Bewegung 1 nach 2). Dort nimmt die Maschine das zu transportierende Gut in die Schaufel auf (2). Der Radlader fährt dann wieder zurück zur Ausgangsposition (Bewegung 3 nach 4). Von hier fährt er dann zur Entladestation C, z. B. einem Lastkraftwagen (Bewegung 4 nach 5). Dort wird dann die Schaufel entleert und der Radlader fährt wieder zurück (5) in die Ausgangsposition A und der Zyklus wiederholt sich.

Radlader weisen hinsichtlich des Arbeitsplatzes große Ähnlichkeit mit Traktoren auf. Die Ausrüstung der Maschinen mit Kabinen ist heute Standard. Neben den sicherheits-

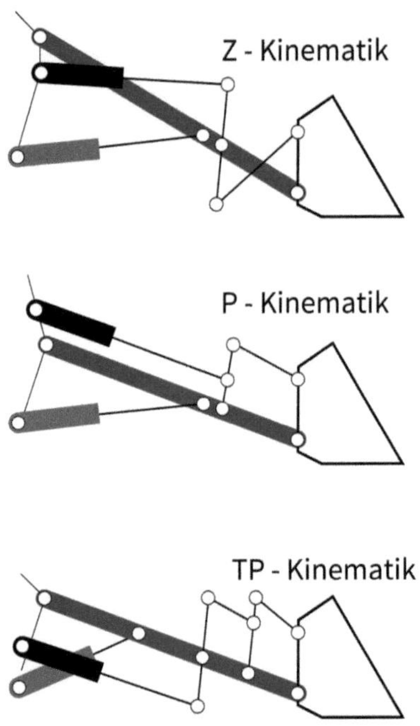

Abb. 13.4 Radladerkinematiken

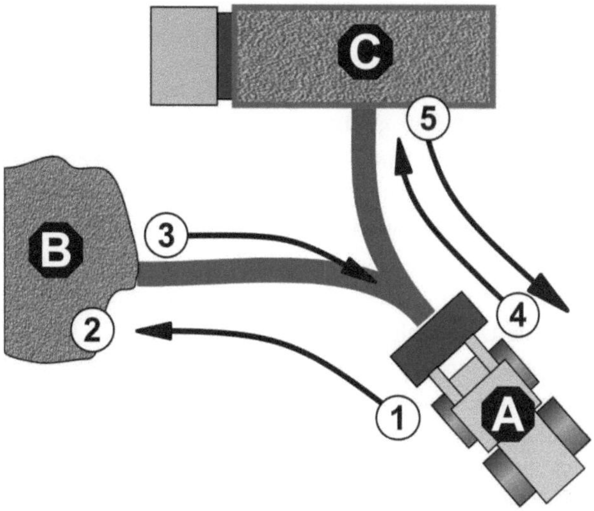

Abb. 13.5 Y-Zyklus bei Radladern

technischen Aspekten ist auch der Komfort von Bedeutung. In der Regel muss die fahrzeugführende Person mehrere Stunden ohne Unterbrechung mit der Maschine arbeiten. Es ist daher notwendig, die Belastungen auf die Person auf ein Minimum zu reduzieren. Allgemein sind die Anforderungen an den Fahrerplatz:

- gute Sichtverhältnisse auf das Arbeitsgerät und die Last während des gesamten Arbeitsspiels
- unbeeinträchtigte Rundumsicht
- großer Türöffnungswinkel
- sicherer und leichter Einstieg in die Kabine
- Klimatisierung der Kabine
- einstellbarer Sitz
- ergonomische Anordnung der Bedienelemente
- gute Schwingungsisolierung und -reduzierung

Das Steuerungskonzept weist ebenfalls große Ähnlichkeit mit Traktoren auf. Zur Kommunikation zwischen Motor, Bedienstand und den weiteren Maschinenkomponenten wird ein CAN-Bussystem verwendet. Die eingesetzten elektronischen Komponenten müssen auf den rauen Baumaschineneinsatz ausgelegt sein, d. h. sie müssen gegen Vibrationen, Wasser und Staub gut geschützt sein. Die eingesetzten Mikrocontroller erlauben heute zusätzlich auch die Automatisierung von Bewegungsvorgängen oder die Überwachung von bestimmten Systemzuständen, um Unfälle zu vermeiden.

13.1.2 Bagger

Bagger sind Lademaschinen, die ein oder mehrere Grabgefäße benutzen. Ein mit nur einem Grabgefäß ausgerüstetes Gerät arbeitet unstetig bzw. zyklisch, d. h. mit zeitlich aufeinanderfolgenden und nur teilweise überlagerten Prozessschritten. Im Gegensatz zu diesen Eingefäßbaggern arbeiten Maschinen mit mehreren Grabwerkzeugen kontinuierlich.

Im Folgenden sollen die sog. Eingefäßbagger bzw. Seil- und Hydraulikbagger näher behandelt werden. Die Vielfalt in dieser Gruppe ist äußerst groß. Zum einen gibt es Maschinen für spezielle Aufgaben. Zum anderen gibt es sehr universell einsetzbare Geräte, die Universalbagger. Das Einsatzgebiet für Eingefäßbagger oder kurz „Bagger" ist das Gewinnen sowie Umschlagen von Gütern aller Art. Hierfür nutzen sie Baggerlöffel, Grab- und Ladewerkzeuge. Heute dominieren die Hydraulikbagger aufgrund der Vorzüge hydraulischer Antriebssysteme gegenüber den Seilantrieben. Diese Seilantriebe werden aber überall dort eingesetzt, wo große Arbeitstiefen erreicht werden müssen, z. B. bei der Herstellung von Bohrlöchern. Die Vorzüge der Hydrostatik bei der Leistungsübertragung und -wandlung kommen ganz besonders beim Bagger zur Geltung [7].

Eingeteilt werden können Hydraulikbagger in Einzweckmaschinen mit nur einer Arbeitsvorrichtung und in Universalbagger, die mit unterschiedlichen Arbeitsgeräten ausgerüstet werden können. Die Bandbreite dieser Maschinen ist äußerst groß. Betrachtet man nur die Eigenmassen, so reichen diese von 0,5 t bis 800 t bei Hydraulikbaggern im Tage- und Erdbau [15]. Die kleineren Geräte von 0,5 t bis 4,5 t Eigenmasse werden häufig als Minibagger bezeichnet [7]. Ein anderes Kriterium zur Einteilung orientiert sich an der Art des Fahrwerkes:

- Raupenbagger besitzen Kettenfahrwerke oder Gummiketten
- Mobilbagger besitzen ein Radfahrwerk

Raupenbagger sind für geringe Fahrgeschwindigkeiten bis 6 km/h ausgelegt. Sie bewegen sich in der Regel nur auf Baustellen und nehmen nicht am öffentlichen Straßenverkehr teil. Mobilbagger bzw. Radbagger hingegen nehmen am normalen Straßenverkehr teil. Ähnlich wie in der Landtechnik ist zu beobachten, dass die Fahrgeschwindigkeiten zunehmen. So werden auch Maschinen angeboten, die 40 km/h als Fahrgeschwindigkeit haben.

Der Grundaufbau eines Hydraulikbaggers ist in Abb. 13.6 dargestellt. Auf einem Fahrwerk, das ein Raupen- oder Räderfahrwerk sein kann, ist der Oberwagen drehbar montiert. Der Oberwagen trägt den Antrieb einschließlich Öl- und Kraftstoffbehälter sowie Kühler, Filter, Steuerventile, Stellteile, Fahrerkabine und das Gegengewicht. Die Anordnung der Komponenten wird durch die Forderung nach einer ausgeglichenen Massenverteilung, den Sichtverhältnissen und der Ergonomie bestimmt.

Eine weitere wichtige Komponente ist die Drehdurchführung bzw. die Verbindung zwischen Oberwagen und Unterwagen. Die hydraulische Leistung für den Fahrantrieb wird zum Unterwagen über eine Drehdurchführung realisiert. Sie ist eine drehbare Leitungsver-

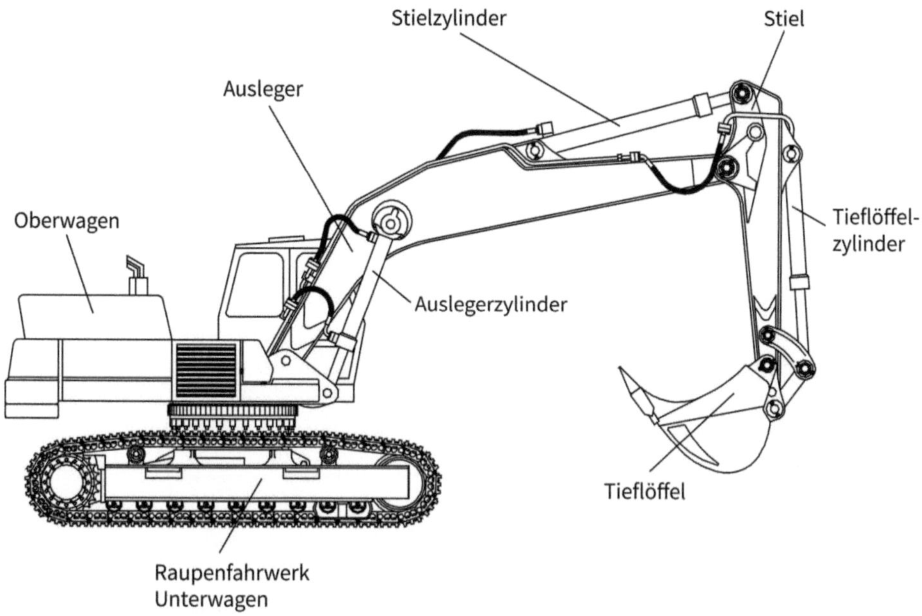

Abb. 13.6 Grundaufbau eines Hydraulikbaggers. (Nach [6])

bindung für die Zuführung von Hydraulikflüssigkeit vom drehenden Oberwagen zu den Fahrantrieben, die im Unterwagen montiert sind.

Bei Baggern ist das Hydrauliksystem eine der Kernkomponenten, da alle Antriebe hydrostatisch angetrieben werden. Die Leistung wird von einem Dieselmotor über ein Pumpenverteilgetriebe auf mehrere Hydraulikkreisläufe aufgeteilt. Kennzeichnend für den Baggereinsatz ist, dass immer mehrere Verbraucher gleichzeitig betätigt werden. Hieraus ergibt sich die Notwendigkeit, Steuerungssysteme einzusetzen, die eine feinfühlige Verstellung der Verbraucher ermöglichen und gleichzeitig energetisch günstig sind. In heutigen Baggern wird der Dieselmotor in der Regel mit seiner Nenndrehzahl betrieben, d. h., die Eingangsdrehzahl der Hydraulikpumpen ist konstant. Über Verstellpumpen wird der Volumenstrom bedarfsabhängig eingestellt. Zunehmend werden in Hydraulikbaggern auch elektrohydraulische Systeme eingesetzt. Durch die Verwendung von Mikrocontrollern ergeben sich neue Möglichkeiten zur Ansteuerung der Hydraulikaggregate sowie der Steuerung und Automatisierung von Arbeitsbewegungen. So ermöglichen diese Steuerungen Teach-In-Funktionen für bestimmte Bewegungsabläufe sowie die Automatisierung von bestimmten Arbeitszyklen. Darüber hinaus ergeben sich auch neue Möglichkeiten in Richtung eines Baggermanagements, bei dem der Dieselmotor nicht mit konstanter Drehzahl betrieben wird. Bei solchen Systemen wird der Dieselmotor bedarfsabhängig optimal eingestellt. Auf diese Weise können Abgasemissionen und der Kraftstoffverbrauch reduziert werden [4, 13].

13.1.3 Grader und Scraper

Grader sind Maschinen, die vornehmlich im Straßenbau eingesetzt werden. Der grundsätzliche Aufbau ist in Abb. 13.7 dargestellt. Die Arbeitsvorrichtung ist ein vielseitig einsetzbares Schar. Dieses ist zwischen der Vorder- und Hinterachse beweglich angebracht. Diese Anordnung führt zu einer Verkleinerung der Vertikalbewegungen des Schares beim Überfahren von Hindernissen. Das Fahrwerk besteht meistens aus luftbereiften Rädern. Neben zweiachsigen Fahrzeugen werden überwiegend dreiachsige eingesetzt, wobei zwei Achsen eine Tandemachse bilden. Die Einzelachse ist die Lenkachse, wobei es aber auch Maschinen mit Allradlenkung oder Knicklenkung gibt.

Angetrieben werden Grader von einem Dieselmotor. Die Motorleistung beträgt zwischen 30 kW und 150 kW. Angetrieben wird in der Regel die Doppelachse bzw. Tandemachse. Der Fahrgeschwindigkeitsbereich liegt zwischen 2 km/h bis 40 km/h und kann mit einem Fahrgetriebe feinstufig an die jeweilige Arbeitsaufgabe angepasst werden. Eingesetzt werden Schaltgetriebe mit bis zu 12 Vorwärtsgängen und 4 Rückwärtsgängen. Das Arbeitsgewicht von Gradern liegt zwischen 5 t bis 35 t. und der Achsabstand liegt zwischen 4,5 m und 7 m. In speziellen Anwendungen finden sich aber auch noch größere Grader [8].

Für den Fahrantrieb werden mechanische Getriebe, z. T. mit hydrodynamischen Wandlern, oder hydrostatische Fahrgetriebe eingesetzt. Die Bedeutung der hydrostatischen An-

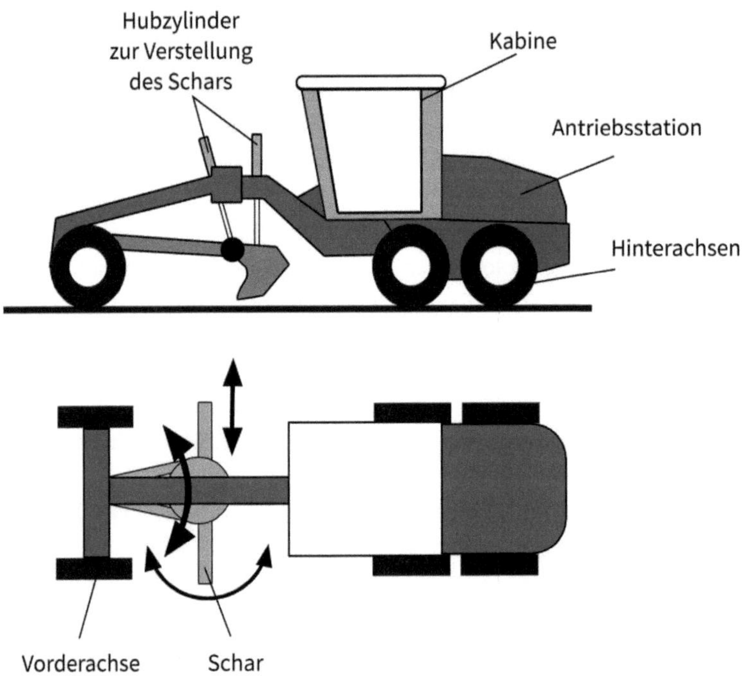

Abb. 13.7 Grader

triebe hat aufgrund der Vorzüge dieser Antriebe in Bezug auf einer freizügigen Anordnung, der Stufenlosigkeit und einem hohen Wandlungsbereich stark zugenommen. Eine kennzeichnende Größe für den Fahrantrieb ist die Nennschubkraft, da durch sie die Leistungsfähigkeit der Maschine bestimmt wird. Die Nennschubkraft ist abhängig von der Motorleistung und dem Eigengewicht der Maschine. Für einen 2 x 2 x 2-Grader beträgt das Verhältnis aus Motorleistung und Eigengewicht etwa 9 kW/t bis 10 kW/t. Für einen 1 x 2 x 3-Grader kann ein Verhältnis von 7 kW/t bis 8 kW/t angenommen werden. Das Kürzel „1 x 2 x 3" bei Gradern bezieht sich auf die Anordnung und Anzahl der Achsen des Fahrzeugs. Die erste Ziffer 1) steht für die Anzahl der gelenkten Achsen. Die zweite Ziffer 2) gibt die Gesamtzahl der Achsen an. Hier hat der Grader insgesamt zwei Achsen. Die dritte Ziffer 3) steht für die Anzahl der angetriebenen Achsen. In diesem Fall sind alle drei Achsen angetrieben.

In Abb. 13.8 sind Scharstellungen eines Graders dargestellt. Durch die besondere Kinematik sind eine Vielzahl von Scharstellungen möglich, die den Grader zu einem vielseitig einsetzbaren Gerät machen.

Scraper nehmen im Gegensatz zum Grader den abgetragenen Erdstoff in einem Kübel auf, transportieren ihn über nicht als zu große Entfernungen (max. einige Kilometer) und bauen das Material dann wieder in dünnen Schichten ein. Je nach Art des Fahrwerkes unterscheidet man luftbereifte Scraper und Scraper mit Raupenfahrwerken, die vorwiegend bei schwierigen Bodenverhältnissen zum Einsatz kommen. Der Schürfkübel ist mehrteilig ausgeführt. Die Vorder- und Rückwand sind relativ zueinander beweglich, sodass das einzubauende Material gerichtet aus dem Behälter gefördert werden kann. Die Schnitttiefe liegt in Abhängigkeit vom Material und der Maschine bei etwa 5 mm bis 200 mm. Die Volumina der Kübel reichen von 1 m^3 bis zu 33 m^3 und die Motorleistung kann bis zu 410 kW betragen [7]. Die Fahrgeschwindigkeit für den Transport des Materials betragen 10 km/h bis zu 40 km/h. Konzeptionell werden die Vorderräder am stärksten

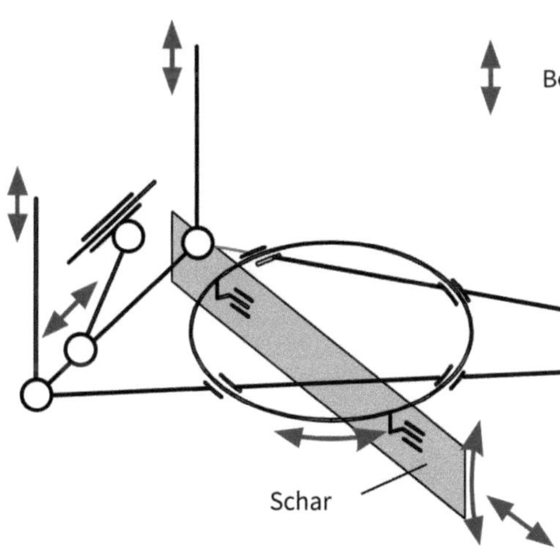

Abb. 13.8 Bewegungsmöglichkeiten des Schars eines Graders

belastet, sodass diese angetrieben werden. Es kommen aber auch Allradantriebe zum Einsatz [9].

13.1.4 Maschinen zur Verdichtung

Ziel der Verdichtung ist im Erdbau eine Erhöhung der Lagerungsdichte und Verringerung des Porenvolumens. Dadurch kann die Festigkeit und Belastbarkeit erhöht werden. Mit den Verdichtungsgeräten sollen Hohlräume zum Einsturz gebracht werden und eine möglichst enge Lagerung der Bodenkörnern erreicht werden. Die eingesetzten Methoden sind in besonderer Art vom Boden abhängig:

- Kies und Sand werden durch Vibration oder Stoß verdichtet. Gleichkörniges Material wird zweckmäßig mit anderem gemischt, um eine flache Siebkennlinie zu erreichen. Die Poren zwischen den groben Körnern sollen möglichst durch kleines Korn aufgefüllt werden, um eine höhere Dichte zu erreichen. Eingesetzte Geräte sind: Vibrationsplatten und Vibrationswalzen.
- Schotter und Gesteinstrümmer können durch Stampfen oder Schlagen verdichtet werden, wobei sperrige Brocken zertrümmert werden. Eingesetzt werden bei diesen Materialien Schlagverdichter, Explosionsstampfer oder Schnellschlagstampfer.
- Schluff und Ton werden durch Walzen bzw. Kneten verdichtet. Dabei muss der Wassergehalt genügend groß sein, um die Bodenreibung zu verringern. Der Wassergehalt darf aber nicht über den durch die Verdichtung angestrebten Porenvolumen liegen, da sonst Wassersättigung eintritt, was plastische Konsistenz negativ beeinflusst. Für die Verdichtung werden vorwiegend Stampffußwalzen eingesetzt.

Der Verdichtungsprozess selber besteht aus mehreren Einzelprozessen:

- Ordnungs-, bzw. Verteilungsprozess
- Destrukturierungsprozess
- Porenwassertransport
- Verschiebungsprozess

Prinzipiell kann man zwei große Gruppen unterscheiden: statisch arbeitende Maschinen und dynamisch arbeitende Maschinen. Eine andere Unterteilung ist in Walzen und Flachrüttlern möglich.

Walzen

Statisch arbeitende Walzen zählen zu den ältesten Verdichtungsgeräten. Es gibt sie in den unterschiedlichsten Formen und Ausprägungen. Man unterscheidet weiterhin nach der Anzahl der Walzkörper in Einachs-, Zweiachs- und Dreiachswalzen bzw. nach ihrer Anordnung Tandem- und Dreiradwalzen. Der Walzkörper selbst kann als Glattmantel, mit sogenannten Schaffüßen, als Gitterrad oder mit Gummirädern ausgebildet sein [3].

Im Erdbau und Straßenbau werden heute aufgrund der besseren Verdichtungswirkung dynamisch arbeitende Walzen eingesetzt. Üblicherweise wird in Walzen eine Vibrationserregung genutzt. In einigen Maschinen wird zusätzlich eine Oszillationserregung verwendet. Durch die Anordnung der Unwuchtmassen und ihrer Drehbewegung ist es möglich, vertikale Schwingungen und Drehschwingungen in die Bandage einzuleiten. Die Vertikalschwingungen entsprechen der Vibration und die Drehschwingungen führen zur Oszillation. Durch eine Kombination beider Bewegungen kann der zu verdichtende Belag entsprechend seiner Verdichtungswilligkeit gezielt bearbeitet werden. Spezielle Mess- und Steuerungssysteme sorgen dafür, dass eine optimale Verdichtung erreicht wird. In diesen Systemen kommt der Messung der Verdichtung eine zentrale Bedeutung zu. Die derzeitigen Systeme basieren auf dem Prinzip, dass Beschleunigungsaufnehmer die Rückprallbeschleunigung kontinuierlich messen und mit dem Ergebnis der vorangegangenen Messung vergleichen. Wird dabei noch eine Verdichtungszunahme registriert, wird signalisiert, dass noch ein weiterer Übergang nötig ist. Die Daten werden zusätzlich für Dokumentationszwecke flächenbezogen gespeichert. Ist z. B. die Vibration so eingestellt, dass die Walze anfängt zu springen, wird der einzubauende Belag mehr oder weniger zerstört, da er uneben wird [3].

Stampfgeräte

Der Vorläufer der Stampfgeräte ist der für Pflasterarbeiten verwendete Handstampfer. Um den stampfenden Effekt zu vergrößern, wurden schwerere Geräte entwickelt, die entweder von Baggern (Freifallstampfer) oder durch Explosionen gehoben werden.

Die Explosionsstampfer werden zur Verdichtung in engen Baugruben und im Bereich von Schächten eingesetzt. Durch das Zünden des Treibstoffgemisches wird die Ramme bis zu 46 cm nach oben geworfen, die dann der Schwerkraft folgend auf den Boden zurück fällt. Dabei wird der Treibstoff verdichtet und erneut entzündet. Die den Boden verdichtende Wirkung wird durch den Druck bei der Explosion, dem Aufprall der Ramme und durch die schnelle Schlagzahl ausgelösten Schwingungen bewirkt. Bei kleinen Stampfern mit einem Gewicht bis etwa 100 kg werden Verdichtungstiefen bis 50 cm und bei schwereren Geräten mit Eigengewichten zwischen 500 und 1200 kg 40 bis 90 cm erreicht. Die Schlagzahl beträgt geräteabhängig 60 bis 80 Rammspiele pro Minute. Die Rüttelstampfer oder auch Vibrostampfer werden wie die Explosionsstampfer bei beengten Platzverhältnissen eingesetzt, sind jedoch mit 60 bis 96 kg leichter und haben eine Sprunghöhe von nur 3 bis 8 cm. Das Mehrfedernschwingsystem wird von Verbrennungs- oder Elektromotoren mit Leistungen um 2 bis 3 kW angetrieben. Die Verdichtungswirkung ergibt sich aus der durch die hohe Schlagzahl von 400 bis 1000 Schlägen pro Minute hervorgerufene Rüttelwirkung. Die auch als Plattenrüttler bezeichneten Rüttel- oder Vibrationsplatten werden mit Verbrennungs- oder Elektromotoren angetrieben. Die Schwingungen werden durch Unwuchten (Kreisschwinger) erzeugt, wobei Bauarten mit gerichteter und ungerichteter Schwingung unterschieden werden. Während kleinere Platten hin- und hergezogen werden müssen, sind größere Geräte selbstgehend und werden mit einer Deichsel gelenkt. Die Arbeitsrichtung, die Geschwindigkeit und die Vibration sind steuerbar [3].

13.2 Straßenbaumaschinen

Für den Bau von Straßen wird eine Vielzahl von unterschiedlichen Maschinen verwendet, die im Folgenden näher behandelt werden sollen.

Abb. 13.9 zeigt exemplarisch den Straßeneinbauprozess. Ausgangspunkt für den Straßenbau ist die Vorbereitung des Untergrundes. Der mit Humus durchsetzte Boden muss zunächst abgetragen werden. Danach wird durch verschiedene Erdbaumaßnahmen der schichtweise Aufbau des Untergrundes durchgeführt, auf den dann abschließend der eigentliche Asphalt- oder Betonstraßenbelag eingebaut wird. Für den Einbau von Straßenbelägen werden Asphaltfertiger und Gleitschalungsfertiger eingesetzt. Während Asphaltfertiger auch für den Einbau spezieller Betonarten geeignet sind, werden Gleitschalungsfertiger ausschließlich für den Einbau von Beton verwendet. Beim Einbau von Asphalt ist eine Endbearbeitung mit Walzen nötig. Beim Einbau von Beton entfällt die Verdichtung durch Walzen. Die Verdichtung erfolgt beim Gleitschalungsfertiger direkt in der Maschine mit speziellen Elementen. Hinter dem Gleitschalungsfertiger werden häufig noch Sondermaschinen zur Erzeugung der gewünschten Oberflächenstruktur eingesetzt.

Asphaltfertiger

Beim Asphaltfertiger wird im Regelfall das Mischgut von einem Lkw in den Materialkübel gekippt. Zunehmend werden sogenannte Beschicker bei großen Straßenbauvor-

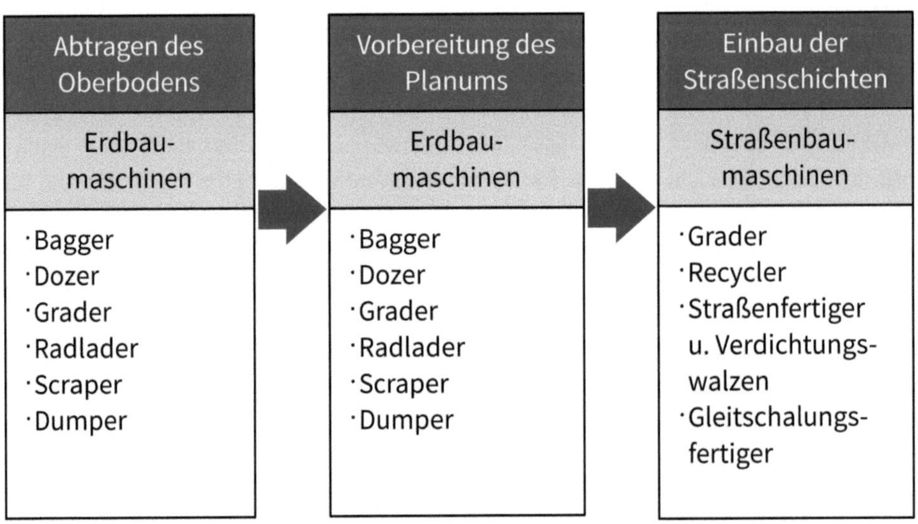

Abb. 13.9 Straßeneinbauprozess mit verwendeten Maschinen

haben eingesetzt. Ein Beschicker befindet sich zwischen dem LKW und dem Asphaltfertiger und fungiert als ein Zwischenspeicher. Diese Kombination erlaubt einen unterbrechungsfreien Einbau, da der Asphaltfertiger beim LKW-Wechsel nicht anhalten muss. Auf diese Weise werden Unebenheiten in Folge des Stoppens des Asphaltfertigers vermieden. Der Materialkübel befindet sich im vorderen Bereich der Maschine. Aus dem Kübel wird das Mischgut mithilfe von Förderketten durch die Maschine gefördert und vor der Einbaubohle abgelegt. Förderschnecken verteilen dann das Material gleichmäßig vor der Einbaubohle. Seitenbleche begrenzen die Verteilbreite. In vielen Fällen kann die Breite frei gewählt werden, da die Bohle aus verschiebbaren Segmenten besteht, die eine Variation der Breite erlauben.

Das eigentliche Einbaugerät ist die Einbaubohle. Beim Asphaltfertiger schwimmt die Einbaubohle auf dem Einbaumaterial. Man spricht hier auch vom „Prinzip der schwimmenden Bohle“. Die Auftriebsverhältnisse hängen von den Gewichtsverhältnissen, dem Anstellwinkel der Bohle, der Vorwärtsgeschwindigkeit und der Viskosität des Einbaumaterials ab.

Die Einbaubohle ist über Zugarme an der Zugmaschine befestigt. Der Zugpunkt bzw. Koppelpunkt des Zugarmes an der Maschine ist so gewählt, dass er sich etwa in der Mitte des Fahrwerkes befindet. Das führt dazu, dass sich Nickbewegungen des Fahrzeuges nicht auf die Einbaubohle auswirken. Soll die Einbaustärke verändert werden, muss der Anlenkpunkt der Zugarme in der Höhe verändert werden. Da die Veränderung sich aufgrund des Prinzips Schwimmens der Einbaubohle nur langsam auswirkt, ist der Höhenausgleich langwellig und für den Fahrkomfort besonders günstig. Für die Steuerung werden heute ausschließlich elektronische Nivelliersysteme eingesetzt. Diese erlauben ein getrenntes Ansteuern des linken und rechten Anlenkpunktes der Einbaubohle [1].

In der Bohle selbst sind zusätzliche Verdichtungsorgane angebracht. Mit einem Stampfmesser bzw. Tamper wird das Mischgut vor die Bohle gestopft und verdichtet. Zusätzlich werden Vibrationselemente oder Pressleisten für eine weitere Steigerung der Dichte eingesetzt. Für einen qualitativ hochwertigen Einbau des heißen Asphaltmischgutes ist es notwendig, die Verdichtungsorgane der Bohle zu heizen, die mit dem Einbaumaterial im Kontakt sind. Hierzu werden elektrische Systeme eingesetzt, die die notwendige elektrische Energie von einem Generator bekommen, der vom Dieselmotor angetrieben wird. Weiterhin gibt es Gas- und Flüssigkeitsheizsysteme, die über Brenner die Glättbleche der Bohle erwärmen. Die Arbeitsbreiten von Asphaltfertigern reichen von ca. 1 m bis 16 m, wobei Schichtstärken von bis zu 0,35 m möglich sind. Eine entsprechende Materiallogistik vorausgesetzt, lassen sich mit großen Straßenfertigern mehr als 1000 t/h Material einbauen Die Zugmaschine besteht aus einem Rahmen, an dem das Fahrwerk montiert ist. Weiterhin beinhaltet sie die Antriebsstation mit Dieselmotor, Getriebe, Kühler und Hydrauliksystem. Im oberen Teil ist der Fahrstand, sodass von dort gut in den Materialkübel und den Bohlenbereich eingesehen werden kann. Bei den Fahrwerken kommen Räderfahrwerke und Raupenfahrwerke zum Einsatz. Die Raupenfahrwerke bestehen aus zwei hydrostatisch angetriebenen Fahrketten, die elektronisch geregelt werden. Neben Stahlketten werden auch Gummibänder verwendet. Räderfahrwerke besitzen meistens 3 Achsen mit einem großen Antrieb im Heck und kleinen Rädern, die unterhalb des Materialkübels sind. In der Regel werden 2 Achsen angetrieben. Es gibt aber auch Allradantriebe. Räderfahrwerke haben den Vorteil, dass Fahrgeschwindigkeiten bis 20 km/h möglich sind. Raupenfahrwerke erlauben dagegen nur Fahrgeschwindigkeiten bis etwa 6 km/h und Raupenfahrwerke mit Gummibänder Fahrgeschwindigkeiten bis 16 km/h. Raupenfahrwerke besitzen aber eine bessere Traktion und sind unempfindlicher gegenüber Bodenunebenheiten, sodass mit ihnen der Bau ebenerer Straßen möglich ist [1].

Um den Anforderungen einer gleichmäßigen Belagdichte und einer hohen Ebenheit gerecht werden zu können, ist ein unterbrechungsfreier und gleichmäßiger Prozess nötig. Unterbrechungsfrei kann nur gearbeitet werden, wenn mit einem selbstfahrenden Materialzwischenspeicher gearbeitet wird, der das Einbaumaterial von den LKWs aufnimmt und an den Fertiger geregelt weitertransportiert. In den meisten Fällen muss aber aus baulichen Gründen (zu kleines Baulos, geringes Budget) auf einen solche Beschicker, der als Zwischenspeicher fungiert, verzichtet werden. Aus diesem Grund müssen der Fahrantrieb sowie alle Antriebe für den Materialtransport regelbar sein. Die Führungsgröße für die einzelnen Regelkreise ist die Materialmenge. Für die Messung der jeweiligen Materialmengen in den entsprechenden Transportbereichen werden entweder mechanische Materialtaster oder Ultraschall-Abstandssensoren verwendet, deren Messwerte in digitalen Steuerungen weiterverarbeitet werden [2].

Um die Festigkeit des Asphaltbelages zu gewährleisten, ist es notwendig, diesen zu verdichten. Die wesentliche Verdichtung erfolgt im Straßenfertiger durch die Bohle. Die nachfolgenden Walzen werden zum Erreichen der geforderten Enddichte verwendet. Folgende Verdichtungselemente werden eingesetzt [1]:

- Tamper /Stampfleiste – Das erste Verdichtungsorgan ist der Tamper. Hierbei handelt es sich um eine über eine Exzenterwelle angetriebene Stampferleiste. Der Hub wird durch den Exzenterradius bestimmt und kann in Stufen verstellt werden. Je nach Material liegt der Hub bei 2-7 mm. Eine weitere Einflussgröße ist die Antriebsdrehzahl. Diese liegt in einem Bereich von ca. 600 min^{-1} bis 2400 min^{-1}.
- Doppelstampfer – Eine andere Möglichkeit besteht in der Verwendung eines Doppelstampfers. Dieser wird über Exzenter angetrieben.
- Vibrationserreger – Bei der überwiegenden Zahl von Bohlen wird das Prinzip der Vibration für die Verdichtung des Belages verwendet. Üblicherweise wird hierzu ein Vibrationserreger auf das Glättblech der Bohle montiert, der hydraulisch oder mechanisch angetrieben wird und in seiner Frequenz einstellbar ist.
- Pressleisten – Pressleisten ähneln einem Tamper. Sie werden aber über Druckimpulse angetrieben. Dieser Druckimpuls wird über die Leiste in den Belag eingebracht und führt zu seiner Verdichtung.

Für das Einhalten der geforderten geometrischen Abmessungen des Straßenbauwerkes werden Nivelliersysteme eingesetzt. Diese elektronischen Systeme, die auch bei Gradern,

Dozern, Gleitschalungsfertigern und Fräsen eingesetzt werden, haben folgende Aufgabe [11]:

- Regelung der Position des Arbeitswerkzeuges
- Regelung der Höhe und Neigung des Arbeitswerkzeuges
- Regelung der Position des Arbeitswerkzeuges

Bei Asphaltfertigern erfolgt die Nivellierung über die Verstellung der Höhe des Bohlenzugpunktes an der Zugmaschine.

Gleitschalungsfertiger

Für den Einbau von Betondecken werden heute vorwiegend Gleitschalungsfertiger eingesetzt. Kennzeichnend für diese Maschinen sind folgende Merkmale [1]:

- Mitschleppen der „gleitenden Schalung"
- Hintereinander Anordnung der Arbeitsorgane für die Funktionen:
  - Verteilen des angelieferten Betons
  - Verdichten des Betons mit Innenrüttlern
  - Fertigen
  - Setzen von Dübel und Ankern
  - Glätten
  - Profilieren

Abb. 13.10 zeigt den Aufbau eines Gleitschalungsfertigers. Die Arbeitsorgane sind in einem Rahmen mit Raupenfahrwerken montiert. Im Gegensatz zu Asphaltfertigern erfolgt die Nivellierung über Anheben bzw. Absenken des Rahmens der Maschine. Der Rahmen

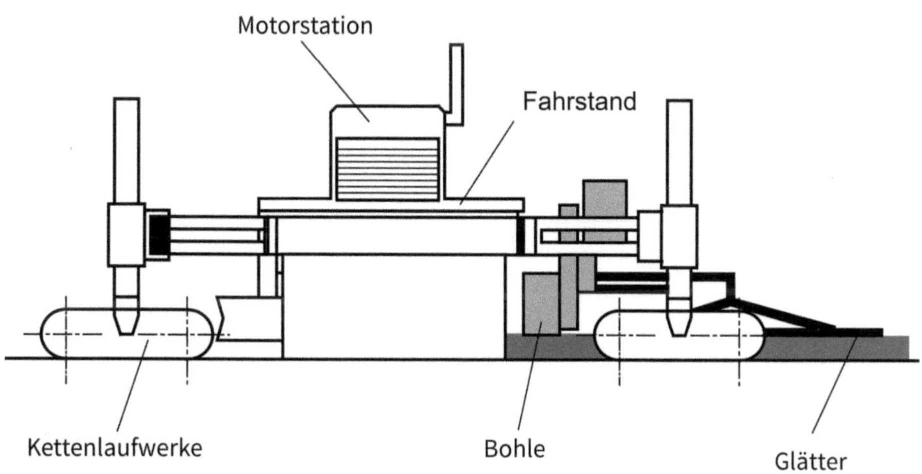

Abb. 13.10 Gleitschalungsfertiger

ist hierzu über hydraulisch betätigte Hubsäulen mit den Raupenfahrwerken verbunden. Ähnlich wie bei Asphaltfertigern wird ein Dieselmotor für den Antrieb verwendet. Dieser versorgt das hydraulische und das elektrische System mit der nötigen Energie. Die installierte Motorleistung reicht von 79 kW bei kleineren Maschinen bis zu 300 kW. Die Fahrwerke bestehen bei kleineren Geräten aus drei Raupenfahrwerken und bei größeren aus vier. Die maximalen Arbeitsbreiten betragen 16 m und die Einbaustärken bis zu 0,45 m.

13.2.1 Maschinen für die Instandsetzung von Straßen

Die Alterung der Straßenbaumaterialien sowie die ständige Belastung der Beläge führen dazu, dass die Funktion der Straße nur durch gezielte Maßnahmen erhalten bleiben kann. Der Maschineneinsatz ist abhängig vom jeweiligen Schadbild des Belages und der Größe der zu bearbeitenden Beläge. Abb. 13.11 zeigt die Prozesskette der Straßeninstandhaltung. Man unterscheidet folgende Verfahren für Asphaltbeläge [12]:

- Reshape – Rückverformung des Belages ohne Mischgutzugabe
- Regrip – Wiederherstellung der Griffigkeit
- Repave – Einbau einer neuen Schicht mit Ergänzungsmischgut
- Remix – Einbau des abgefrästen Materials unter Zugabe von Ergänzungsmischgut

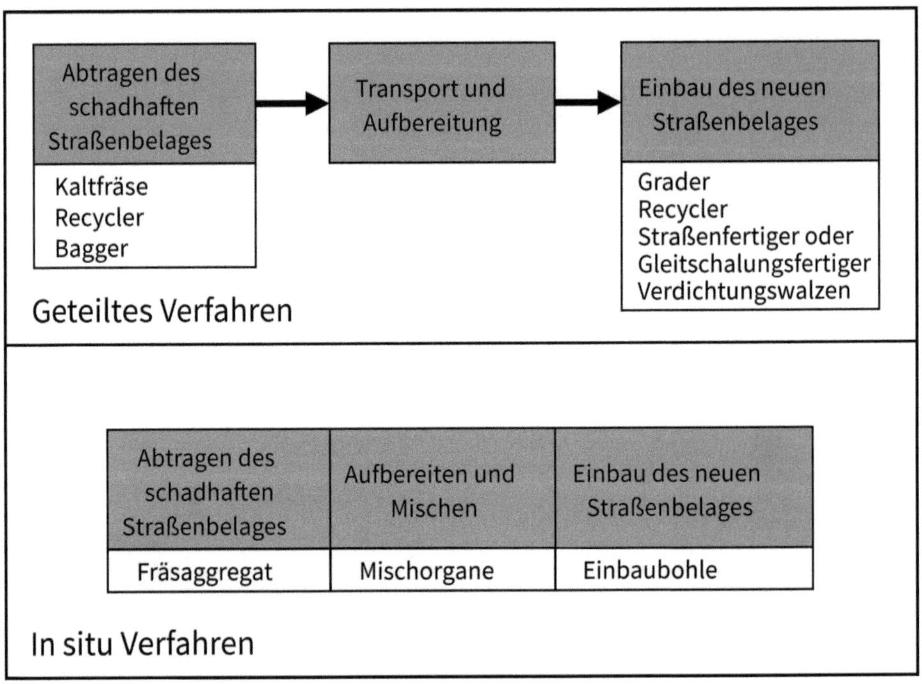

Abb. 13.11 Prozesskette Straßeninstandhaltung

- Remix Plus – Veränderung der Asphaltzusammensetzung in Verbindung mit dem Einbau einer neuen Deckschicht

Das Remix-Verfahren wird in der Regel in situ durchgeführt. Das heißt, die einzelnen Teilprozesse Abtragen, Mischen, Zugabe von Zuschlagsstoffen, Einbauen und Verdichten finden in einem Durchgang statt. Das Repave-Verfahren ist im Allgemeinen absätzig, d. h. nach dem Abtragen z. B. durch Fräsen wird zeitversetzt das Asphaltmaterial mit Asphaltfertigern eingebaut und mit Walzen verdichtet.

Von zentraler Bedeutung innerhalb des Straßeninstandhaltungsprozesses ist das Abtragen des schadhaften Belages. Für Asphalt und z. T. für Betonbeläge werden hierzu Kaltfräsen eingesetzt. Bei diesen treibt der Dieselmotor in der Regel über einen Riemenantrieb die Fräswalze an. Auf der Fräswalze sind Rundschaftmeißel als Schneidwerkzeug in austauschbare Meißelhalter montiert. Die Bestückung der Walze und die Größe und Art der Meißel bestimmt das Anwendungsgebiet. Zur Vermeidung der Staubentwicklung wird die Eingriffsstelle mit Wasser besprüht. Das abgetragene Material wird von der Fräswalze auf ein Förderband übergeben, dass das Material auf einen LKW übergeben kann [1].

Bei Kleinfräsen werden vorwiegend Radfahrwerke mit 3 oder 4 Rädern eingesetzt. Die Arbeitsbreite dieser Maschinen reicht von 0,25 m bis 1,2 m. Großfräsen haben Arbeitsbreiten von bis zu 2,2 m. Die Motorleistung beträgt dann ca. 600 kW. Fräsen werden je nach Maschinengröße mit Räder- oder mit Raupenfahrwerken ausgerüstet. Angetrieben werden die Fahrwerke über Hydromotoren. Die Räder sowie auch die Raupenfahrwerke der Großfräsen sind an Hubsäulen montiert, die am Fahrwerk der Fräse befestigt sind. Die Frästiefe wir über Anheben oder Absenken der Maschine eingestellt und mithilfe von elektronischen Nivelliersystemen geregelt [1].

Eine große Ähnlichkeit mit Kaltfräsen haben Recycler. Sie sind Maschinen, die den schadhaften Belag abtragen und aufbereiten. Hierzu werden häufig verschiedene Bindemittel (Binder), wie Schaumbitumen, Zement oder Bitumen dem aufzubereitenden Material zugefügt. Anstelle eines Fräsrotors wie bei Kaltfräsen ist der mit Rundschaftmeißeln bestückte Rotor für das Fräsen und Mischen von gefrästem Material mit den Zuschlagstoffen konzipiert. Bei diesen Fahrzeugen werden Rad- und Kettenfahrwerke eingesetzt. eingesetzt. Die Arbeitsbreiten betragen bis zu 3,05 m, die Arbeitstiefe bis zu 0,5 m und die installierte Motorleistung beträgt bis zu 500 kW. Für den Prozess der in situ Straßeninstandhaltung werden komplexe Maschinen verwendet. In diesen Maschinen sind die Arbeitsfunktionen Fräsen, Brechen, Fördern, Zusatz von Bindemitteln, Mischen, Verteilen und Vorverdichten integriert und werden in einem Durchgang durchgeführt, was zu erheblichen Zeiteinsparungen und geringen Verkehrsbehinderungen führt. Mit einem solchen Gerät sind Arbeitsbreiten von 4,2 m möglich [1].

Literatur

1. Budny E, Chlosta M, Meyer HJ, Skibniewski MJ (2009) Construction Machinery. In: Grote K-H, Antonsson EK (eds) Springer handbook of mechanical engineering. Springer, New York, pp 1149–1266
2. Buschmann M, Grundl R, Meyer HJ (2000) Belagfertiger mit leistungsstarker und anpassungsfähiger Technik. Tiefbau 772–778
3. Floss R (2001) Grundprinzipien der Vibrationsverdichtung, Verdichtung von Boden und Felsgestein, Verdichtung von Asphaltschichten, 1. Aufl. BOMAG, Boppard
4. Forche J (2007) Antriebsmanagement eines Hydraulikbaggers. Shaker, Aachen
5. Geimer M, Pohlandt C (2014) Grundlagen mobiler Arbeitsmaschinen. KIT Scientific Publishing, Karlsruhe
6. Holländer C (1998) Untersuchungen zur Beurteilung und Optimierung von Baggerhydrauliksystemen. VDI-Verl., Düsseldorf
7. König H (2011) Erdbaugeräte. In: König H (ed) Maschinen im Baubetrieb: Grundlagen und Anwendung. Vieweg+Teubner, Wiesbaden, pp 85–168
8. Kunze G (2020) Baumaschinen. In: Bender B, Göhlich D (eds) Dubbel Taschenbuch für den Maschinenbau 3: Maschinen und Systeme. Springer Berlin Heidelberg, Berlin, Heidelberg, pp 497–509
9. Kunze G, Göhring H, Jacob K, Scheffler M (2009) Baumaschinen: Erdbau- und Tagebaumaschinen ; mit 147 Tabellen, 1. Aufl [Nachdr.]. Vieweg, Wiesbaden
10. Lemser D (2002) Radlader sind nicht nur Baumaschinen. Schüttgut 298–309
11. Meyer HJ (2003) Anwendung von geodätischen Positionsmesssystemen in Straßenbaumaschinen. Series: Schriftenreihe der Forschungsvereinigung Bau- und Baustoffmaschinen eV (FVB), März 2003, Heft Nr 23
12. Velske S (1993) Straßenbautechnik, 3., überarbeitete Auflage. Werner, Düsseldorf
13. Weber J, Lautner E (2004) Intelligente Baumaschinensteuerungen und alternative Antriebssysteme. Heft 26:41–48
14. (2013) DIN EN ISO 6165:2013-03, Erdbaumaschinen – Grundtypen – Identifizierung und Begriffe. Beuth Verlag, Berlin
15. Miningbagger – Liebherr. https://www.liebherr.com/de-de/mining/produkte/miningbagger/miningbagger-3814142. Accessed 8 Feb 2026

Forstmaschinen 14

Inhaltsverzeichnis

Menschen nutzen Wälder von jeher vielfältig. Sie sind einerseits Lebensraum und andererseits Rohstoffquelle für Baumaterialien, Energie und die Ernährung. Für die Ernährung kommen Beeren und andere pflanzliche Früchte in Frage sowie die Bejagung von Wildtieren. Auch wurden die Wälder als sogenannte Hudewälder oder Hutewälder als Futterquelle für die Nutztiere genutzt. In diesen wurde das Vieh getrieben und es versorgte sich z. B. mit Eicheln oder Bucheckern. Holz ist der Ausgangsrohstoff für Baumaterialien zum Hausbau oder Möbel. Auch wird Holz als Brennstoff genutzt. Entweder als getrocknetes Holz oder als Holzkohle, die besonders bis zur Neuzeit wichtig für die Metallverarbeitung war.

Die Entwicklung von Wäldern wird besonders durch das Klima geprägt. In Mitteleuropa gab es während den Eiszeiten ausgedehnte Wälder aus Eichen, Buchen, Erlen und Nadelbäumen. Nach der letzten Eiszeit vor etwa 16000 Jahren begann eine erneute Bewaldung mit der heutigen Vegetation. Im 18. Jahrhundert ging die Nutzung des Waldes für die

H. J. Meyer, *Mobile Arbeitsmaschinen*,
https://doi.org/10.1007/978-3-662-72251-0_14

Tab. 14.1 Gesamteinschlag nach Holzartengruppen [6].

Insgesamt	Eiche und Roteiche	Buche und sonstiges Laubholz	Kiefer und Lärche	Fichte, Tanne, Douglasie und sonstiges Nadelholz
1000 m^3 (ohne Rinde)	1000 m^3 (ohne Rinde)	1000 m^3 (ohne Rinde)	1000 m^3 (ohne Rinde)	1000 m^3 (ohne Rinde)
82957	1755,3	9071,1	10058,2	62072,4

Viehhaltung nach und nach zurück. Der hohe Holzverbrauch führte im 19. Jahrhundert dazu, dass zunehmend Flächen gezielt aufgeforstet wurden, um der Holznot entgegenzuwirken. Es wurde eine nachhaltige, planmäßige Waldwirtschaft entwickelt. Die für die Aufforstung gewählten Baumarten orientierten sich in erster Linie an dem Bedarf, aber auch an den Standortbedingungen. Auf Grund des Bedarfs wurden aber oft nicht standortgerechte Nadelbäume wie Kiefern und Fichten angepflanzt. Mit der Industrialisierung nahm die Bedeutung von Holz als Werkstoff für technische Erzeugnisse und als Baustoff ab. So verdrängten Stahl und Kunststoffe Holz aus den Maschinen und als Baustoff. Auch ersetzten Kohle und Erdöl mit ihrer höheren Energiedichte Holz als Energiequelle [3].

In Deutschland werden etwa 32 % der Flächen bzw. 11.419.124 ha forstwirtschaftlich genutzt. Bestimmend für den Anteil sind die topographischen und klimatischen Bedingungen. So ist der Waldanteil in Bundesländern wie Rheinland-Pfalz (43 %) bedeutend höher als in Schleswig-Holstein (12 %). Forstwirtschaft wird oft an solchen Standorten betrieben, wo Ackerbau wirtschaftlich nicht möglich oder sinnvoll ist [1]. Tab. 14.1 zeigt für Deutschland den Gesamteinschlag nach Holzartengruppen. Dominierend sind vor allem Nadelhölzer mit einem Anteil von mehr als 75 % [6].

Wie in der Landwirtschaft war die Wald- bzw. Forstarbeit menschliche Handarbeit bis weit in das 20. Jahrhundert. Auch heute ist noch ein großer Teil von Forstarbeiten Handarbeit. Technische Hilfsmittel wie Äxte und Sägen wurden aber zunehmend durch mit Verbrennungsmotoren angetriebene Kettensägen ersetzt, die aber manuell geführt werden. Bereits früh wurde Technik für den schweren Abtransport der Holzstämme genutzt, z. B. mit angetriebenen Seilwinden und Rückesystemen.

Bei der Mechanisierung der Forstarbeit werden ähnliche Ziele wie in der Landwirtschaft verfolgt (Kap. 12). Hierzu zählen:

- Verbesserung der Arbeitsproduktivität
- Rationalisierung der Arbeitsverfahren
- Verbesserung der Ökologie
- Reduzierung der Umweltbelastungen
- Schonung der Böden und Gewässer
- Verringerung des Energiebedarfs
- Erschließung und Nutzung alternativer Rohstoffe und Energien
- Wiederverwendung von Roh- und Energiestoffen
- Reduzierung der Arbeitszeit

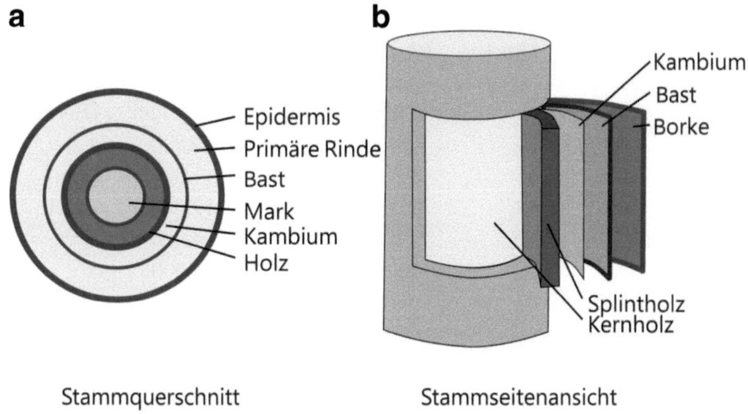

Abb. 14.1 a.) Schematische Darstellung des Querschnittes eines Baumstammes. b.) Stamm eines Baumstammes mit seinen Organteilen. Nach [3]

- Verbesserung der Arbeitsbedingungen für Menschen
- Verbesserung der Ergonomie

Wesentliche Unterschiede gegenüber der Landwirtschaft bestehen darin, dass Wälder häufig dort anzutreffen sind, die wenig für eine landwirtschaftliche Nutzung geeignet sind. Die Gründe hierfür können das Klima, die Topographie, die Bodenverhältnisse oder auch die Lage zu menschlichen Siedlungen sein.

14.1 Eigenschaften von Holz

Eines der wesentlichen Ziele der Forstwirtschaft ist die Gewinnung von Holz in den verschiedensten Arten. Unter Holz wird das harte Gewebe von Bäumen und Sträuchern verstanden. Abb. 14.1 zeigt den Aufbau eines Baumstammes. Der Stamm mit den Zweigen des Baumes wird als Spross bezeichnet. Der Stamm besteht aus verschiedenen Geweben. Um den Stammkern, dem Mark, bildet sich eine schützende Haut. Zwischen der Haut und dem Stammkern befindet sich das Kambium. Dieses liegt zwischen der Rinde und dem Holz, das beim Wachsen Holzzellen nach innen und Rindenzellen nach außen abgibt. Das Holz im Querschnitt hat zwei wesentliche Aufgaben. Zum einen liefert es die Festigkeit, zum anderen übernimmt es den Transport von Wasser mit den darin gelösten Nährstoffen. Der Wassertransport wird von den zuletzt gebildeten Jahressringen übernommen, die auch als Splintholz bezeichnet werden. Im Laufe der Zeit wird der Stamm immer dicker. Dabei transportieren die älteren Jahresringe immer weniger Wasser. Sie bilden dann das nicht mehr aktive Innenholz. Im Innersten des Sprosses liegt das sogenannte Mark, das der Stoffspeicherung dient. Die vom Kambium nach außen gebildeten Zellen ergeben die Rinde. Diese besteht aus der Innenrinde, dem Bast, und der Außenrinde, der Borke [3].

Tab. 14.2 Werkstoffeigenschaften von Hölzern. Nach [4]

	Dichte in kg/m³	Zug (axial) in N/mm²	Druck (axial) in N/mm²	Biegung (quer) in N/mm²	Schub (axial) in N/mm²	E-Modul in N/mm²	Resistenzklasse n. DIN EN 350–2
Fichte	470	80	40	68	7,5	10.000	4
Kiefer	520	100	45	80	10	11.000	3 o. 4
Lärche	590	105	48	93	9	12.000	3 o. 4
Birke	650	137	60	120	12	14.000	5
Buche	690	135	60	120	10	14.000	5
Eiche	670	110	52	95	11,5	13.000	2
Esche	690	130	50	105	13	13.000	5
Robinie	730	148	60	130	16	13.500	1 o. 2
Sipo	590	110	58	100	9,5	11.000	2
Azobé	1060	180	95	180	14	17.000	1

Tab. 14.2 zeigt einige Materialkennwerte für ausgewählte Holzarten, die besonders auch bei der Auslegung und Gestaltung von Forstmaschinen beachtet werden müssen. Ebenso ist die Verwendung des Holzes relevant. Die Werkstoffe mit Holz können folgendermaßen eingeteilt werden, [4]:

- Vollholzwerkstoffe, z. B. Sperrholz, Funierschichtholz
- Furnierwerkstoffe, wie Sperrholz, Furnierschichtholz
- Spanwerkstoffe, z. B. Spanplatten, Oriented Strand Board (OSB-Platten)
- Faserwerkstoffe, wie Mitteldichte Faserplatten
- Verbundwerkstoffe, z. B. Tischlerplatten Parkettverbundplatten

14.2 Einteilung von Forstmaschinen

Viele Arbeiten in der Forstwirtschaft werden immer noch manuell durchgeführt. Das ist oft darin begründet, dass das Gelände schwierig ist und der Einsatz entsprechend geeigneter Fahrzeuge sehr kostenintensiv ist. Darüber hinaus schränken große Stammdurchmesser von Bäumen den Einsatz von Holzerntemaschinen ein. Aus diesen Gründen ist die handgeführte Motorsäge in der Forstwirtschaft derzeit nicht wegzudenken. Bei diesen Motorsägen wird ein luftgekühlter Zweitakt-Vergasermotor für den Antrieb verwendet. Zunehmend werden auch elektrisch angetriebene Motorsägen angeboten, die die elektrische Energie über eine Stromleitung oder einen mitgeführten Akkumulator erhalten. Der Motor treibt eine Sägekette an, die in einer Führungsschiene läuft. Die Führungsschiene hat die Aufgabe, die Kette abzustützen und sicher zu führen. Die Kette selbst besteht aus Kettengliedern mit Schneidezähnen und Treibgliedern, die in der Führungsschiene laufen und in die das vom Motor angetriebene Kettenrad eingreift. Für unterschiedliche

Anwendungszwecke werden angepasste Ketten angeboten. Für leichte Fällarbeiten und das Fällen von Schwachholz werden sehr häufig leichte Motorsägen mit etwa 3 kW Motorleistung und einer Schnittlänge von bis zu 40 cm eingesetzt. Diese Maschinen haben ein Gewicht von bis zu 5 kg. Für das Fällen von sehr starken Bäumen werden schwere Motorsägen verwendet. Diese können bis zu 10 kg wiegen, eine Motorleistung von bis zu 6,5 kW haben und eine Schnittlänge von 65 cm und mehr aufweisen [3].

Ähnlich wie in der Landwirtschaft kann man Forstmaschinen einteilen in:

- Maschinen für die Bodenbearbeitung – Eine Bodenbearbeitung, wie in der Landwirtschaft, ist in der Forstwirtschaft die Ausnahme. Dennoch werden spezielle Forstpflüge eingesetzt, um die bestehende Vegetationsschicht aufzureißen, damit junge Baumpflanzen gepflanzt werden können. Diese Pflüge werden im Heckkraftheber eines Traktors angebaut. Der Pflug ist meistens einfurchig. Das Schar ist v-förmig und besitzt Streichbleche, die von der Mitte ausgehend den Boden links und rechts wendend seitlich ablegen. Bei Pflügen entsteht eine v-förmige Furche, in der dann die Jungpflanzen gesetzt werden können. Weitere Maschinen sind Kultivatoren, die aus Scheiben oder Sternen bestehen, die über den Waldboden gezogen werden. Dabei wird die Vegetation des Waldbodens streifenförmig oder punktförmig geöffnet. Als Beispiel sei hier der Kulla-Kultivator genannt. Bei diesem zieht der Traktor ein drehbares Rad, an der sich an vier Flügeln Eingriffswerkzeuge befinden. Diese greifen grubberartig in die Humusschicht und in die Bodenvegetation ein, sodass beim Drehen des Rades der Boden freigelegt wird. Die Arbeitstiefe beträgt etwa 10 cm. Diese Bodenöffnungen sind nun für die Bepflanzung oder die Naturverjüngung geeignet [5].
- Maschinen zum Legen und Pflanzen – Bei diesen Maschinen wird der Boden geöffnet und meistens wird manuell die Pflanze in dieses Loch gesteckt. Danach wird der Boden um die Pflanze mit Andruckwalzen oder -rädern festgedrückt, damit die Pflanze mehr Halt hat und besser anwächst. Es werden auch Maschinen angeboten, bei denen das Pflanzaggregat mit einer Bodenfräse oder einem anderen Bodenbearbeitungsgerät gekoppelt wird. Die Bandbreite der Maschinen reicht von Maschinen zum Setzen kleiner Baumsetzlinge bis zum Pflanzen größerer Bäume.
- Maschinen für die Düngung und Pflanzenschutz – Für die Düngung können ähnliche Maschinen wie in der Landwirtschaft eingesetzt werden. In der Regel wird aber kaum gedüngt. Auch Pflanzenschutzmaßnahmen haben in der Forstwirtschaft eine geringere Bedeutung als in der Landwirtschaft. Mechanische Pflanzenschutzmaßnahmen sind das Mulchen oder das Freischneiden mit dem Ziel, die Wachstumsbedingungen für die angepflanzten Nutzbäume zu verbessern. Sind die Bestände stark durch Schädlinge gefährdet, werden auch chemische Mittel versprüht.
- Maschinen für Ernte und Transport – Die Ernte von Holz in den unterschiedlichsten Formen ist in der Forstwirtschaft eines der wichtigsten Arbeitsgebiete. Im Folgenden werden die technischen Systeme hierfür näher vorgestellt.

14.3 Rückeschlepper

Rückeschlepper, die oft auch als Forstschlepper bzw. -traktor bezeichnet werden, verwendet man vornehmlich für die Holzbringung bzw. das Rücken. Darüber hinaus gibt es aber noch weitere forstwirtschaftliche Arbeiten, die den Einsatz von Traktoren erfordern. Morat et al. teilen die Arbeiten in drei Gruppen ein, [3]:

- Holzernte
  - Zufallbringen von Bäumen, indem der zu fällende Baum beim Fällen in eine Richtung gezogen wird. Dies kann mit einer Seilwinde erfolgen oder der Traktor bringt die erforderliche Zugkraft durch die Fahrbewegung auf.
  - Transport des geschlagenen Langholzes mit Hilfe einer Seilwinde, einer Rückezange, einer Polderhilfseinrichtung oder einem Langholzwagen.
  - Holzbringung aus einem nicht befahrbaren Bereich mit Hilfe eines Kurzstreckenseilkranes.
  - Transport von Kurzholz mit Hilfe von einem Kranrückewagen, einem Rückewagen oder einer Rückezange.
  - Antrieb von Arbeitsgeräten wie eines Anbauprozessors, eines Anbauharvesters, einer Anbauspaltmaschine oder eines Anbauhackers.
- Kulturbetrieb
  - Freiräumen von Hiebsflächen mit entsprechenden Anbaumaschinen.
  - Bodenbearbeitung mit Forstpflug oder Grubber.
  - Antreiben und Ziehen von Pflanzgeräten.
  - Kultur- und Landschaftspflegearbeiten mit Mähwerken oder Mulchgeräten.
- Forstschutz
  - Ausbringung von Pflanzenschutz- und Düngemitteln.
  - Antrieb von Arbeitsmaschinen zum Bau von Zäunen oder anderen forstwirtschaftlichen Einrichtungen.
  - Waldbrandbekämpfung, z. B. Grubbern und Transport und Verteilung von Löschwasser.
- Weginstandhaltung
  - Ziehen und Antreiben von Wegepflegegeräten.
  - Mähen von Banketten.
  - Freischneiden von Lichtraumprofilen, Heckenschneiden.
  - Räumen von Gräben.

Die Rückeschlepper können grob in zwei Gruppen unterteilt werden: zum einen in landwirtschaftliche Schlepper mit Forstausrüstung, zum anderen in Forstspezialschlepper. Bei den landwirtschaftlichen Schleppern mit Forstausrüstung handelt es sich um konventionelle Traktoren, oft allradangetriebene Standardtraktoren, die unterschiedlich stark an die Anwendung in der Forstwirtschaft angepasst sind. Für die Verwendung von konventionellen Traktoren spricht deren vergleichsweise günstiger Anschaffungspreis.

Damit aus einem landwirtschaftlichen Traktor ein Forsttraktor wird, sind umfassende Anpassungen und oft auch Umbauten notwendig, die die Anschaffungskosten der Basismaschine übersteigen können. Die Bandbreite der Anpassungen reicht von einer im Heckkraftheber angebauten Seilwinde über spezielle Schutzbügel und Motorschutz bis zu kompletten Forstausrüstungen. Hierzu zählen z. B. Seilwinde, Rückezange, Frontpolderschild, Rückeschild und besondere Sicherheitseinrichtungen wie Unterbodenschutz, Schutzgitter vor der Heckscheibe, Kühler und Beleuchtungseinrichtungen, spezielle Forstreifen und -felgen.

Forstspezialschlepper werden in weitaus geringeren Stückzahlen hergestellt. Sie sind spezielle, für die Anwendungen in der Forst entwickelte Fahrzeuge, die sich in ihrem Aufbau und ihrer Ausstattung von landwirtschaftlichen Traktoren unterscheiden. So fehlen oft die Zapfwelle oder die standardisierten Anbaumöglichkeiten von Anbaugeräten. Die ersten Forsttraktoren wurden in der zweiten Hälfte des 20. Jahrhunderts in Nordamerika entwickelt. Sie waren vom Grundaufbau knickgelenkte Fahrzeuge. Bezeichnet als Skidder werden sie in Kombination mit Seil- oder Zangenwerkzeugen für den Transport von Langholz eingesetzt. Beim Skidder werden die zu rückenden Baumstämme von einer Zange im Heck des Fahrzeuges aufgenommen und angehoben. Auf diese Weise werden dann die Baumstämme aus dem Wald gezogen. Das nicht angehobene Ende der Baumstämme schleift dabei über den Waldboden. Das Fahrzeug besteht aus einem Vorder- und Hinterwagen, die über ein besonderes Knickgelenk verbunden sind. Der Vorder- und der Hinterwagen haben jeweils mindestens eine Achse. Der Vorderwagen trägt meistens den Motor, die Kabine und ein Frontpolderschild. Der Hinterwagen trägt eine Seilwinde und ein anhebbares Rückeschild. Dieses Konzept ergibt eine für das Rücken günstige Lastverteilung von 60 % auf der Vorderachse und 40 % auf der Hinterachse. Das Fahrwerk mit dem Knickgelenk muss so konzipiert werden, dass es auch größeren Bodenunebenheiten gut folgen kann. Zangenschlepper haben im Heck eine große Zange, mit der die zu transportierenden Bäume gegriffen und angehoben werden. Bei diesen Fahrzeugen ist ein Aufnehmen der Baumstämme vom Fahrstand aus möglich. So sind höhere Rückeleistungen verglichen mit Rückeschleppern, die mit Seilwinden arbeiten, möglich [3].

Das beschriebene Konzept der Skidder wurde für den Transport und die Bergung von Kurzholz weiterentwickelt. Diese Fahrzeuge sind Tragschlepper oder Kurzholzrückezüge, die auch als Forwarder bezeichnet werden (Abb. 14.2). Unter Kurzholz werden Stämme von 2 m bis 6 m verstanden, die besonders bei Durchforstungen anfallen. Ausgerüstet werden die Forwarder mit einem Kran, der die Baumstämme aufnimmt und auf dem Tragwagen ablegt. Die Reichweite des Krans beträgt 6 bis 10 m. Die Fahrgestelle dieser Maschinen haben 6 oder 8 Räder, um möglichst bodenschonend arbeiten zu können. Der Vorder- und der Hinterwagen sind mit ungefederten Starrachsen ausgerüstet. Am Hinterwagen kommen zwei Bogie-Radträger zum Einsatz. Diese auch als Bogie-Achse bezeichnete Konstruktion besteht aus besteht aus 4 Rädern, über die das Gewicht der Maschine gleichmäßiger auf einer größeren Kontaktfläche verteilt wird als bei einer einfachen Achse. Dadurch ergeben sich geringere Bodendrücke. Generell ist eine bodenschonende Befahrung in der Forstwirtschaft sehr wichtig. Das ist vor allem darin begründet, dass Waldboden

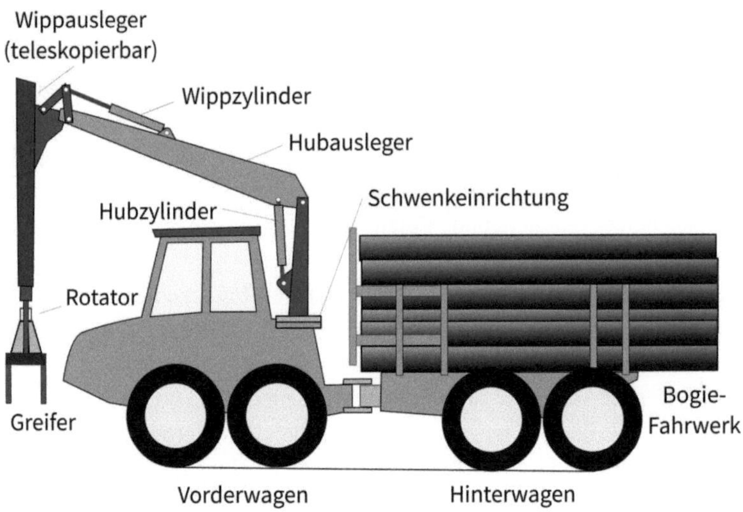

Abb. 14.2 Forwarder mit Ladekran.

äußerst empfindlich ist. Da keine Bodenbearbeitung vorgenommen wird, muss sich der Boden anders als in der Landwirtschaft selber regenerieren. So sind Schäden auf Grund der Befahrung oft noch nach Jahren sichtbar und damit vorhanden [2].

Kennzeichnend für Bogie-Achsen ist, dass an jeder Seite des Harvesters zwei Räder über ein gemeinsames Drehlager verbunden sind. Aufgrund dieser Konstruktion hebt sich der Maschinenkörper beim Überfahren eines Hindernisses weniger weit und die seitliche Neigung wird dadurch reduziert. Dadurch erhöht sich die Kippsicherheit der Maschine. Zu dieser Gruppe der Forstschlepper zählen weiterhin die Klemmbankschlepper. Eine Klemmbank ist eine Vorrichtung, die es ermöglicht, Baumstämme oder Holzstämme sicher zu greifen und zu halten. Ein Ladekran hebt die Stämme in die Klemmbank. Die Klemmbank hat zangenförmige Greifer, die die abgelegten Stämme auf der Bank fest einklemmen. Das andere Ende der Stämme schleift beim Transport auf den Boden [3]

14.4 Maschinen zum Holzrücken und -verarbeitung

14.4.1 Seilwinden

Mit Hilfe von Seilwinden werden die Baumstämme im Wald zu den Rückegassen für den weiteren Transport gezogen. Das Grundprinzip besteht darin, dass das Seil um den Stamm geschlungen und mit einem Anschlagmittel verspannt wird. Eine Winde zieht dann das Seil ein. Man unterscheidet Aufbau- und Anbauseilwinden. Die Anbauseilwinden werden vorwiegend an die Dreipunktaufhängung des Traktors montiert und entweder über die Zapfwelle oder über die Traktorhydraulik angetrieben. Aufbauseilwinden werden am

Traktor fest installiert. Diese Maschinen werden vornehmlich für den professionellen Forsteinsatz verwendet. Hier dominieren dann auch Doppeltrommelausführungen. Beim Forsteinsatz werden Seilwinden mit Bergstützen oder einem Rückeschild kombiniert. Diese sollen den Stand des Traktors stabilisieren. Auch kann der eingezogene Stamm leicht angehoben werden, sodass der Stamm leichter gezogen werden kann. Bei den einfachen Varianten, die am Traktor im Heckkraftheber angebaut werden, ist die Seiltrommel oft direkt im Rückeschild integriert. Eine weitere Variante besteht in einer auf einem Fahrgestell montierten Seilwinde. Dieses Fahrgestell wird ebenfalls im Heckkraftheber montiert. Durch das Fahrgestell kann so die Hinterachse des Traktors gezielt be- und entlastet werden. Bezeichnet wird diese Variante auch als Rückewagen [3].

Beim forstwirtschaftlichen Einsatz von Seilwinden gibt es drei Betriebszustände:

- Ausziehen des Seils – Für das Ausziehen des Seils muss die Seiltrommel frei drehbar sein. Damit das Seil keine Schlaufen bildet und beim Ausziehen nachläuft, wird eine Schleifbremse verwendet. Für das Umschlingen des Stammes werden spezielle Seile oder Ketten verwendet.
- Heranziehen des Stamms an den Traktor – Beim Heranziehen, dem Beiseilen, wird die Seiltrommel entweder über die Traktorzapfwelle oder über einen Hydraulikmotor angetrieben. Hilfreich ist es, wenn die Einzugsgeschwindigkeit variiert werden kann.
- Halten des Stammes – In diesem Zustand wird die Seiltrommel vom Antrieb abgekuppelt und gebremst.

Gesteuert werden die Seilwinden entweder mechanisch, elektro-hydraulisch oder elektro-pneumatisch. Bei den elektronisch gesteuerten Varianten kommen heute oft funkferngesteuerte Systeme zur Anwendung, die den Komfort, die Arbeitsleistung aber vor allem auch die Arbeitssicherheit erhöhen.

14.4.2 Rückekrane und Rückezangen

Krane sind Hebezeuge, deren Hauptfunktion das Heben und Verladen von Lasten ist. Weit verbreitet sind Auslegerkrane, die häufig an Forwardern oder Holztransport-Lastkraftwagen montiert sind. Auch werden sie an Traktoren als Rückekrane montiert. Ebenfalls in diese Kategorie fallen Rückezangen. Hierbei handelt es sich um kurze Ausleger mit großen Greifern. Mit diesen kann auch stärkeres Stammholz transportiert werden. Da der Abtransport mit Rückezangen ein dichtes Heranfahren an den gefällten Stamm erfordert, wird der Waldboden stark belastet. Aus diesem Grund sollten die Stämme aus dem Bestand z. B. in Rückegassen abgelegt werden, um dann mit Rückzangen weitertransportiert zu werden.

Bei den Bauformen der Ausleger von Rückekranen gibt es vielfältige Varianten. Einfache Systeme besitzen einen starren Ausleger. Verbreitet sind aber auch teleskopierbare Ausleger, mit denen größere Aktionsradien möglich werden. Hierbei gilt in besonderer

Weise die Standsicherheit zu beachten. Durch Pratzen am Traktor oder Rückwagen oder auch durch ein Polderschild kann eine entsprechende Abstützung und Sicherung vorgenommen werden [2].

14.4.3 Rückewagen

Rückewagen sind spezielle Anhänger, die von Traktoren gezogen werden. Sie werden hauptsächlich für den Transport von Kurzholz verwendet. Die Zuladungskapazitäten bewegen sich zwischen 3 t und 12 t. Mit Hilfe von Schwenkdeichseln kann die Wendigkeit des Zuges noch erhöht werden. Bei größeren Rückewagen ist eine besonders bodenschonende Bereifung nötig. Aus diesem Grund werden solche Anhänger mit Bogie-Achsen ausgerüstet. In schwierigem Gelände werden auch Rückewagen mit Triebachsen verwendet. Diese können mechanisch über die Wegzapfwelle des Traktors angetrieben werden. Heute werden überwiegend hydraulisch angetriebene Triebachsen für diese Funktion eingesetzt. Die hydraulische Leistung wird in diesem Fall vom Traktor zur Verfügung gestellt. Ebenfalls vom Traktor kommt die hydraulische Leistung für einen Auslegerkran, der auf einem Rückewagen oft montiert ist [2].

14.4.4 Tragseilanlagen

In besonders schwierigem Gelände sind besondere Maschinen nötig, um das geschlagene Holz abtransportieren zu können. Ein Beispiel sind steile Hanglagen, die auf Grund der Hangneigung mit Rad- oder Raupenfahrzeugen nicht befahren werden können. Aber auch für Wälder in Feuchtgebieten und Mooren können solche Anlagen eingesetzt werden. Ein wichtiger Nebeneffekt ist, dass der Boden geschont wird. Bei der Nutzung von Tragseilanlagen müssen Voraussetzungen geschaffen werden:

- Maschinenstandort – Für den Einsatz ist der Anschluss der Anlage an eine befahrbare Straße nötig. Zu diesem muss das Holz aus dem nicht befahrbaren Bereich transportiert werden, damit es dann auf die Fahrzeuge für den Weitertransport umgeladen werden kann. Dieser Standort muss so befestigt sein, dass die Standsicherheit der hier stehenden Seilkrananlage gegeben ist.
- Verankerungspunkte – Neben den berg- oder talseitigen Verankerungspunkten der Seilkrananlage werden im Gelände selber Stützpunkte benötig. Das können auch stabile Bäume für die Zwischenstützen sein.
- Hangneigung – Bei Anlagen, die die Gravitation für den Transport des Holzes nutzen, ist eine Geländeneigung von mindestens 15 % nötig. Die maximale Geländeneigung beträgt bei solchen Anlagen 100 % bis 120 %.

In der Praxis werden mobile und halbstationäre Seilkrananlagen verwendet. Die Stämme werden entweder freischwebend oder im Kopfhoch-Verfahren über ein vorgespanntes Tragseil abtransportiert. Aktuelle Tragseilanlagen sind als Kippmastseilanlagen auf selbstfahrenden Trägerfahrzeugen bzw. Anhängern mit separatem Antriebsaggregat aufgebaut. Alternativ gibt es auch Anbaugeräte für den Heckkraftheber von Traktoren. Die Reichweiten betragen bei Kleinkippmastanlagen bis zu 500 m. Die Lasten liegen etwa bei 1,5 t. Mittlere und Großkippmastanlagen haben Arbeitsbereiche von bis zu 800 m. Sie können 2,5 t bis 5 t bewegen. Bei halbstationären Anlagen ist der Arbeitsbereich mit 1500 m noch weitaus größer. Für den Transport wird entweder die Gravitationskraft in Folge der Hangneigung genutzt oder angetriebene Seilkranautomaten in sogenannten Allterrainanlagen [3].

14.4.5 Hacker, Säge-, Spalt und Entrindungsmaschinen

Die Bedeutung von Holz als regenerativer Rohstoff hat in den letzten Jahren besonders auf Grund der Forderung nach einer Reduzierung der CO2-Emissionen stark zugenommen. Damit Holz in modernen Feuerungsanlagen genutzt werden kann, empfiehlt sich die Verarbeitung des Kurz-, Schwach- und Restholzes zu Hackschnitzeln. Prinzipiell können alle Holzarten zu Hackschnitzel verarbeitet werden. Bevorzugt gehackt werden die nicht verwertbaren Resthölzer mit geringem Durchmesser, wie Baumkronen oder Äste. Aber auch Holz aus Energieholzplantagen wird entsprechend gehackt.

Als Hackwerkzeug werden entweder eine Messerscheibe, Messertrommel oder eine konischen Schnecke verwendet. Angetrieben wird das Hackwerkzeug entweder mechanisch oder über eine Gelenk- bzw. Zapfwelle mithilfe eines Hydraulikmotors. Folgende Bauarten werden in der Praxis eingesetzt:

- Hacker für den Dreipunktanbau.
- Hacker zum Anhangen mit Ein- oder Zweifachachse.
- Hacker zum Aufbauen auf Forwardern mit und ohne Hackgut-Container.
- eigenständige Großhacksysteme mit Containern (Erzeugung von Energiehackschnitzeln).

Zur Gewinnung von Kaminholz müssen die Stämme auf Stücke mit einer Länge von 1 m und weniger zersägt werden. Darüber hinaus ist der Stammdurchmesser für Kamine oft zu groß, sodass die Stämme noch in Längsrichtung gespalten werden müssen. Für das Sägen und Spalten gibt es jeweils eigene Maschinen. Es werden aber auch Säge-Spaltautomaten angeboten, in denen das Zusägen und das Spalten automatisch abläuft. Mobile Anlagen werden dabei meistens über die Zapfwelle eines Traktors angetrieben.

Eine weitere wichtige Aufbereitungsarbeit für Stammholz ist die Entrindung der Stämme. Da mittlerweile die holzverarbeitende Industrie wie Sägewerke eigene stationäre

Großanlagen einsetzen, ist die Entrindung der Stämme im Wald rückläufig. Zur Anwendung kommen hier:

- Gliederzug – Auf einem ist der Kran für die Holzzufuhr montiert, auf einem Anhänger befindet sich das Entrindungsaggregat mit dem Ablegekran.
- Sattelzugmaschine mit Aufliegertieflader – Auf dem Sattel der Sattelzugmaschine ist der Ablegekran montiert und auf dem Tieflader befindet sich das Entrindungsaggregat und der Aufnahmekran
- Zwei Lastkraftwagen – Auf dem einen Lastkraftwagen ist der Aufnahmekran für die Holzzufuhr montiert. Auf dem anderen Lastkraftwagen befinden sich das Entrindungsaggregat und der Ablegekran [3].

14.5 Holzerntemaschinen

Für eine hochmechanisierte Holzernte wird das Fällen, Entasten und Ablängen der Stämme von geeigneten Maschinen übernommen. Es werden zwei Gruppen von Holzerntemaschinen unterschieden, [3]:

- Prozessoren – Diese Aufarbeitungsmaschinen werden für die Arbeiten Vorliefern, Entasten, Einschneiden, Vermessen und Ablegen des Holzes verwendet. Anbauprozessoren werden im Heckkraftheber des Forsttraktors montiert. Die Baumstämme werden mit einem Kran oder auch mit Seilwinden dem Prozessor zugeführt. Kompakt- oder Aufbauprozessoren unterscheiden sich von den Anbauprozessoren darin, dass sie auf einem Trägerfahrzeug montiert sind. Auch bei diesen wird ein Kran genutzt, um den Baumstamm in den Prozessor einlegen zu können.
- Harvester – Unter Harvestern versteht man in der Forstwirtschaft eine Maschine, die für die Arbeiten Fällen, Vorrücken, Entasten, Vermessen, Einschneiden und Ablegen verwendet wird. Die zentrale Baugruppe ist das Harvesteraggregat, das beweglich an einem Kranausleger montiert ist. Abb. 14.3 zeigt den prinzipiellen Aufbau eines Harvesters. Bei den Harvester-Aggregaten unterscheidet man in Ein-Griff- und Zwei-Griff-Aggregate. Der Unterschied besteht darin, dass mit dem Ein-Griff-Harvester Fällen und die Prozessorarbeiten mit einem Aggregat durchgeführt werden können. Beim Zwei-Griff Harvester sind hierfür zwei Aggregate notwendig. Letztendlich haben sich daher die Ein-Griff-Harvester durchgesetzt. Das Harvesteraggregat besteht aus einer Zange, die den Baum umfasst. Im unteren Teil des Aggregats befindet sich eine Kettensäge, die so geschwenkt wird, dass sie in einem Hirnschnitt den Baum fällt. Vorschubwalzen ziehen den Stamm dann durch das Aggregat. Dabei wird dieser mit Entastungsmessern entastet. Mit Hilfe von Sensoren wird die Länge des Stamms und dessen Durchmesser gemessen und für die Berechnung des Holzvolumens verwendet. Damit ist die computerunterstützte Dokumentation der Erntearbeiten möglich [7].

Abb. 14.3 Harvester.

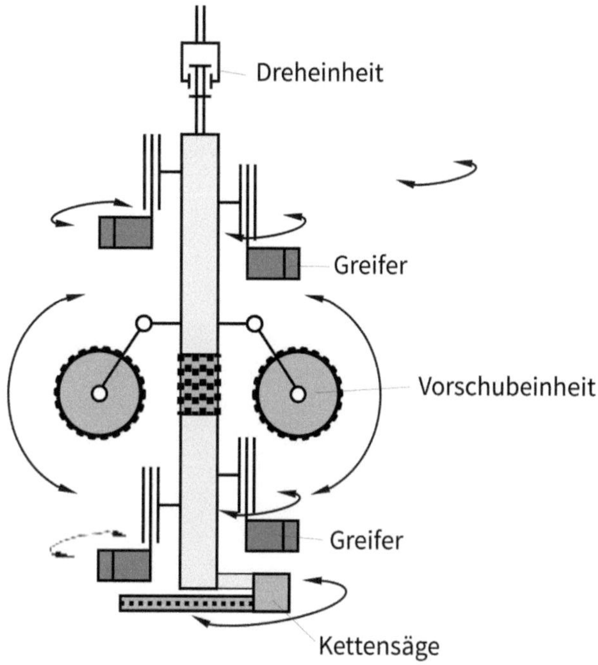

Als Trägerfahrzeug kommen spezielle Rad, Raupen oder Schreitfahrzeuge zum Einsatz. Auf diesen wird dann der Kran mit dem Harvester montiert. Bei den Radfahrwerken kommen Fahrwerke mit 4, 6 oder 8 Rädern zum Einsatz, oft auch mit Bogie-Achsen und Bogie-Bändern. Auf wenig tragfähigen Böden, wie in Bruchwäldern werden sehr häufig modifizierte Raupenbagger als Basisfahrzeug genutzt. In bergigem Gelände werden spezielle Radfahrwerke oder auch Schreitfahrwerke verwendet. Generell schränkt der Kranausleger den Aktionsradius der Maschine ein, so dass je nach Aktionsradius Rückegassen gebildet werden müssen, auf denen der Harvester fährt und arbeitet.

Literatur

1. Bundesministerium für Ernährung und Landwirtschaft (BMEL) (2024) Der Wald in Deutschland – Ausgewählte Ergebnisse der vierten Bundeswaldinventur. Bonn
2. Fehr A (2016) Fachkunde Land- und Baumaschinentechnik: Bearbeitet von Berufsschullehrern, Diplom-Ingenieuren und Meistern, 1. Auflage. Verlag Europa-Lehrmittel Nourney Vollmer GmbH & Co. KG, Haan-Gruiten
3. Morat J (2015) Der Forstwirt, 6th ed. Ulmer, Stuttgart
4. Niemz P, Sonderegger WU (2021) Holzphysik: Eigenschaften, Prüfung und Kennwerte, 2nd ed. Carl Hanser Verlag GmbH & Co. KG, München

5. Posselt K, Huth F, Wagner S, Barkhausen A, Müller M (2011) Kulla-Kultivator fördert Kiefern-Naturverjüngung. AFZ Der Wald 27–32
6. (2022) Land- und Forstwirtschaft, Fischerei Forstwirtschaftliche Bodennutzung – Holzeinschlagstatistik – Statistisches Bundesamt
7. KESLA harvester heads DEU (Harvesteraggregate). In: issuu. https://issuu.com/keslaoyj/docs/2019_5_harvester_heads_bochure_deu_lores_final. Accessed 08 Feb 2026

Kommunalmaschinen

15

Inhaltsverzeichnis

Zu dieser Gruppe mobiler Arbeitsmaschinen zählen solche, deren Einsatzgebiete im Kommunalbereich liegen. Da viele in diesem Bereich anfallenden Arbeiten den land- und bauwirtschaftlichen Arbeiten sehr ähnlich sind, handelt es sich bei Kommunalmaschinen oft um speziell angepasste Land- und Baumaschinen. Ähnlich verhält es sich mit den Fahrzeugen. Häufig kommen hier angepasste Traktoren oder umgebaute Lastkraftwagen zum Einsatz. Tab. 15.1 gibt eine Übersicht über Aufgabenbereiche innerhalb der Kommunaltechnik, einschließlich der entsprechenden Arbeiten und Maschinen. Es ist anzumerken, dass Maschinen für den kommunalen Bereich oft speziell für die Anwendungen hergestellt werden.

Als Zug- oder Trägerfahrzeuge werden vorwiegend Traktoren eingesetzt. Einachstraktoren und Kleintraktoren werden in Bereichen eingesetzt, in denen eine hohe Wendigkeit auf kleinen Flächen sowie eine gute Geländegängigkeit gefordert ist. Man findet sie daher oft in der Grünflächenpflege in Städten. Einachstraktoren werden oft auch bei Straßenmeistereien für das Mähen von größeren Straßenböschungen verwendet, die mit Mähwerken an Auslegern nicht erreichbar sind. In Straßenmeistereien werden zudem häufig schnelllaufende Traktoren eingesetzt, da größere Entfernungen zurückgelegt werden müssen. An diesen Fahrzeugen werden die Arbeitsgeräte montiert, z. B. ein Schneepflug oder ein Mähaggregat an einem Ausleger.

H. J. Meyer, *Mobile Arbeitsmaschinen*,
https://doi.org/10.1007/978-3-662-72251-0_15

Tab. 15.1 Maschinen für den Kommunalbereich

Kommunaler Aufgabenbereich	Arbeiten/Verfahren	Maschinen/Hauptfunktionen
Straßenreinigung und -erhaltung	• Reinigen der Straße (trocken und/oder mit Wasser) • Reinigen von Verkehrseinrichtungen	Kehrmaschinen • Kehren • Kehren mit Wasserunterstützung • Absaugen der Verschmutzung • Absaugen der Reinigungsflüssigkeit
Park- und Grünflächenpflege	• Mähen • Aufsammeln des Mähguts • Mulchen • Häckseln	• Mähwerke – Sichelmäher – Spindelmäher • Mulchmähwerke • Stationäre Häcksler für Bäume, Äste und Grünschnitt • Aufsammelpressen • Aufsammelmaschinen • Vertikutiermaschinen • Schleppen • Düngerstreuer
Winterdienst	• Schneeräumen • Streuen von Streusalz, Splitt oder abstumpfenden Materialien	• Schneepflüge • Schneefräsen • Streumaschinen
Abfallentsorgung	• Abfall Sammeln • Abfall Verteilen • Abfall Verdichten	• Müllfahrzeuge • Müllkompaktor
Feuerlöschsysteme	• Transport von Personal, Technik und Löschmittel • Pumpen	• Löschfahrzeuge • Tanklöschfahrzeuge • Hubrettungsfahrzeuge

Typische Trägerfahrzeuge sind Frontsitztraktoren, bei denen im Frontbereich das Arbeitsgerät montiert wird. Auf diese Weise kann der Arbeitsraum vom Fahrstand aus sehr gut eingesehen werden. Abb. 15.1 zeigt einen schematischen Aufbau eines typischen Lasten- und Geräteträgerfahrzeuges. Die Kabine ist bei diesem Fahrzeug in der Front des Fahrzeuges. Hier befindet sich ein Anbauraum für Geräte, wie Schneepflug, Ausleger, Kehraggregate usw. Die Leistung für das Arbeitsgerät kann mechanisch, hydraulisch und elektrisch bereitgestellt werden. Weiterhin sind hier Schnittstellen für die Signalübertragung und Steuerung des Anbaugerätes vorgesehen. Als mechanische Koppelstelle werden hier oft der Frontkraftheber oder spezielle Schnellwechselsysteme verwendet. Im Heck des Fahrzeuges befinden sich meist die gleichen Schnittstellen, z. B. für den Anbau und den Betrieb eines Streuers. Darüber hinaus ist im Heck auch noch eine Anhängekupplung vorhanden. Oberhalb des Rahmens befindet sich ein weiterer Anbauraum für eine Ladefläche oder für Anbaugeräte [2].

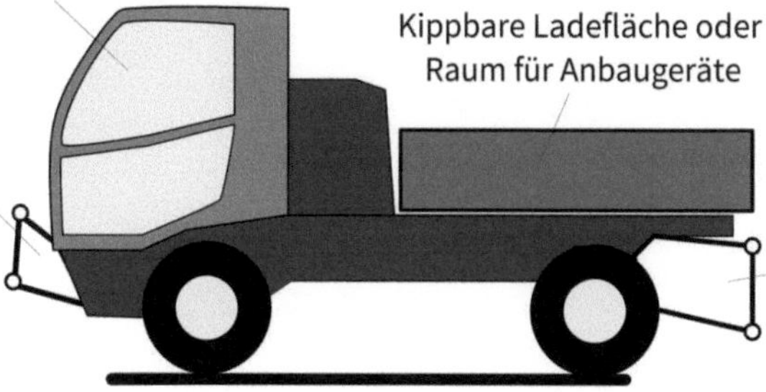

Abb. 15.1 Kommunales Lasten- und Geräteträgerfahrzeug

Angetrieben werden die Fahrzeuge mit einem Dieselmotor mit bis zu 220 kW und Fahrgeschwindigkeiten bis zu 89 km/h. Als Getriebe kommen schaltbare, lastschaltbare oder hydrostatische Getriebe zur Anwendung [5].

15.1 Maschinen für Grünflächenpflege

Im Kommunalbereich nimmt die Pflege von Grünflächen einen besonderen Raum ein. Unter Grünflächen werden Rasen- und Begrünungsflächen sowie Gehölzflächen verstanden. Rasen- und Begrünungsflächen stellen im weiten Sinne Grasland dar und dienen vorrangig Zwecken des Boden- und Wasserschutzes, der Freizeit, der Erholung und des Sports. In diesem Zusammenhang sind sie auch funktional zu erhalten. Die Nutzung und damit die Belastungen sind stark unterschiedlich. Ein Rasen auf einem Golfplatz benötigt eine andere Pflege als die Grünflächen in einem Landschaftspark (Tab. 15.2). Daraus ergibt sich, dass unterschiedliche Maschinen und Verfahren der Grünflächenpflege nötig sind. Hinzu kommt die Dynamik der Vegetation, die mehrmalige Pflegeeinsätze notwendig macht. Die Arbeiten dienen der Steigerung des Erholungswertes der Landschaft (Garten, Parks, Landschaften, Sportplätze), zur Sicherung aus verkehrstechnischen Gründen (Straßenbegleitgrün, Bahntrassen und Schifffahrtswege) sowie dem Naturschutz. Zur naturnahen Grünflächenpflege werden folgende Ansätze verfolgt:

- Einsatz von naturnahen Pflegeeingriffen, z. B. Verzicht auf Herbizide oder Reduzierung der Rasenschnitthäufigkeit.
- Standortgerechte Pflege entsprechend der Beanspruchung und Nutzung.
- Technologien zum Erhalt naturnaher Lebensräume.

Abb. 15.2 zeigt eine Übersicht der Bauarten von Maschinen für die Grünflächenpflege. Je nach Anwendungsbereich kommen unterschiedliche Mähverfahren zum Einsatz. Bei Zierrasen und Golfrasen empfehlen sich Spindelmäher, da sie ein besseres Schnittbild liefern und weniger spezifische Leistung benötigen als Rotationsmähverfahren. Letztere sind

Tab. 15.2 Eigenschaften von Rasentypen. Nach [2, 4]

Rasentyp	Anwendungsbereich	Eigenschaften	Pflegeanspruchrüche	Mähhäufigkeit
Zierrasen	Repräsentationsgrün	dichte teppichartige Narbe aus feinblättrigen Gräsern, Belastbarkeit gering	hoch bis sehr hoch	>2 × pro Woche
Gebrauchsrasen	öffentliches Grün, Wohnsiedlungen, Hausgärten und Ähnliches	Belastbarkeit mittel, widerstandsfähig gegen Trockenheit	mittel bis hoch	1 × pro Woche
Strapazierrasen	Sport- und Spielflächen,Liegewiesen, Parkflächen	Belastbarkeit hoch (ganzjährig)	mittel bis sehr hoch	1 × pro Woche
Landschaftsrasen (Extensivrasen)	überwiegend extensiv genutzte und/oder gepflegte Flächen im öffentlichen und privaten Grün, in der Landschaft, an Verkehrswegen, für Rekultivierungsflächen, artenreiche, wiesenähnliche Flächen	Rasen mit großer Variationsbreite je nach Ziel und Standort, z. B. Erosionsschutz, Widerstandsfähigkeit auf extremen Standorten, Grundlage zur Entwicklung von standortgerechten Biotopen, im Regelfall nicht oder nur wenig belastbar	gering bis mittel, in Sonderfällen bis sehr hoch	1 bis 2 × pro Jahr

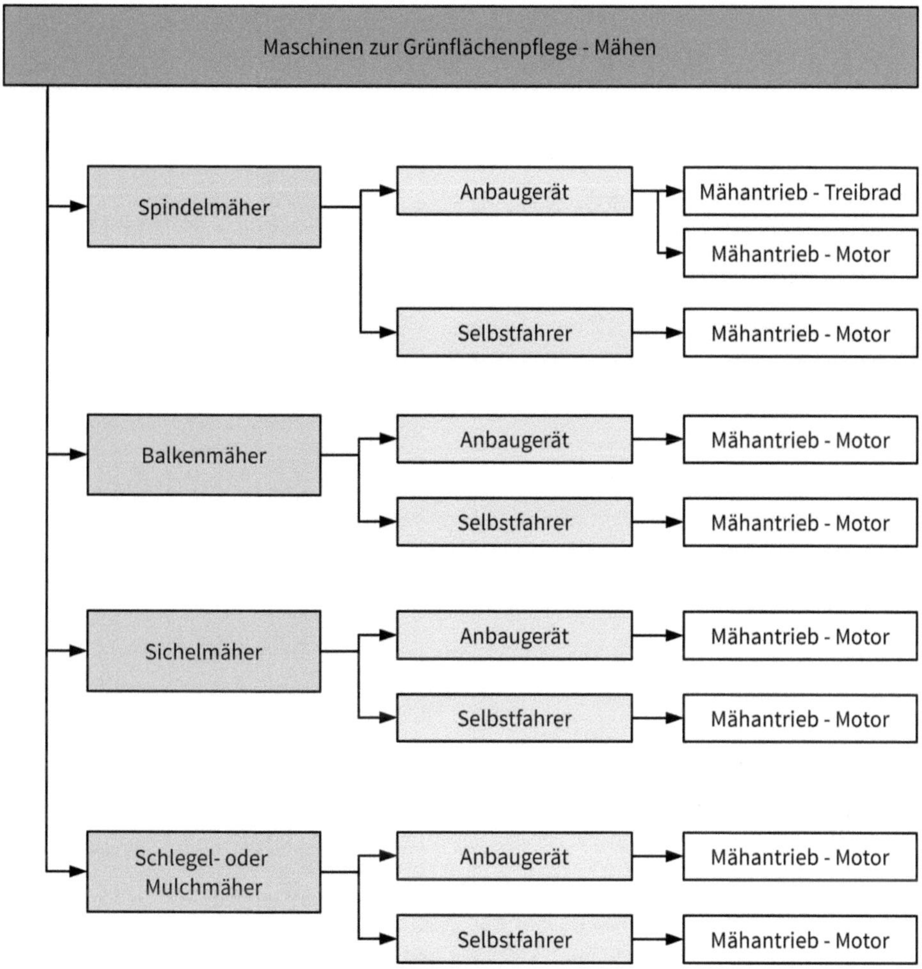

Abb. 15.2 Maschinen für Grünflächenpflege – Mähen

jedoch unempfindlicher gegenüber Fremdkörpern, und ihre Werkzeuge weisen eine längere Standzeit auf. Diese Mähverfahren kommen daher überall dort zum Einsatz, wo die Anforderungen an das Schnittbild nicht allzu hoch sind und eher rauere Einsatzbedingungen vorherrschen – z. B. bei Landschaftsrasen. Grundsätzlich gibt es bei allen Mähverfahren sowohl Anbaugeräte als auch selbstfahrende Maschinen. In der Regel wird das Mähaggregat über einen Motor angetrieben. Lediglich Spindelmäher können aufgrund ihres geringen spezifischen Leistungsbedarfs über ein Treibrad betrieben werden.

Maschinenart	Untergruppe	Nutzbarer Rauminhalt m³	Anwendung								
			Fußgängerzone; Gehweg	Befestigte Parkfläche	Marktplatz	Straße	Landstraße	Parkplatz	Kraftfahrstraße/ Autobahn	Flugfeld	Industrie-reinigung
Lkw-Aufbaukehr-maschine	Groß	> 4	--	--	o	+	+	+	+	+	+
	Klein	≤ 4	o	o	+	+	+	+	o	o	o
Selbstfahrende Kehrmaschine	Maxi- Kompakt-Kehrmaschine	> 2,5	o	--	+	+	+	+	o	o	+
	Kompakt-Kehrmaschine	≤ 2,5	+	+	+	+	o	+	-	-	+
	Midi-Kompakt-Kehrmaschine	≤ 1	+	+	+	o	-	o	-	-	+
	Midi-Kompakt-Kehrmaschine	≤ 1									
	Mini-Kompakt-Kehrmaschine	≤ 0,2	+	+	+	-	-	o	-	-	+
Angehängte Kehrmaschine	mit Sammel-einrichtung		o	o	o	o	o	o	-	o	o
	ohne Sammel-einrichtung		o	o	o	o	o	o	-	o	o

Abb. 15.3 Kehrmaschinenarten und ihre Anwendungen. Nach [3]

15.2 Kehrmaschinen

Eine ebenfalls größere Gruppe innerhalb der Kommunalmaschinen sind die Kehrmaschinen. Ihre primäre Aufgabe ist die Reinigung von Flächen im öffentlichen Bereich. Die Maschinen müssen dabei Verunreinigungen lösen, aufnehmen und speichern. Zum Lösen werden vorwiegend Rotationsbesen verwendet, die seitlich oder unter dem Fahrzeug angebracht sind. Die Besen transportieren die Verunreinigungen zu einem Saugschacht, über den das Material in einen Auffangbehälter gelangt.

Bei besonders hartnäckigen Verschmutzungen werden unterstützend Kratzschienen eingesetzt, die beispielsweise auf der Straße verklebte Erdreste abbrechen und entfernen. Zusätzlich wird häufig Wasser mit Hochdruck auf die Oberfläche gespritzt, um ebenfalls verklebte Verschmutzungen zu lösen. Die dabei entstehende Schmutzflüssigkeit wird anschließend aufgesaugt und in den Auffangbehälter geleitet.

Abb. 15.3 zeigt eine Übersicht an Kehrmaschinenbauarten mit ihren Anwendungen. Es ist der Abbildung zu entnehmen, dass die Bandbreite der Maschinenarten sehr groß ist. Sie reicht von kleinen Kompaktmaschinen mit Auffangbehältern unter 0,2 m^3 bis zu sehr großen, auf Lastkraftwagen montierten Maschinen, bei den der Auffangbehälter größer al 4 m^3 sein kann [3].

15.3 Maschinen für die Abfallbeseitigung

Die Sammlung, Verarbeitung und Entsorgung von Abfällen ist eine zentrale Aufgabe der Kommunen. Die hierfür benötigten mobilen Arbeitsmaschinen umfassen sowohl Abfallsammelfahrzeuge als auch Abfallkompaktoren und Bagger, die für den Umschlag und die Verdichtung des Abfalls eingesetzt werden. Letztere sind meist modifizierte Erdbaumaschinen wie Radlader oder Bagger. Abfall- bzw. Müllkompaktoren sind spezielle Radlader, die mit stahlschaufelwalzenähnlichen Rädern den Abfall auf Deponien verdichten und mit einem Schild verteilen.

Abfallsammelfahrzeuge sind Lastkraftwagen, die mit einem Abfallsammelbehälter ausgerüstet sind. Je nach Abfallart sowie Größe und Typ des Abfallbehälters werden diese Fahrzeuge mit einer entsprechend geeigneten Lade- und Entleerungsvorrichtung ausgestattet. Üblicherweise befindet sich diese Vorrichtung am Heck des Fahrzeugs. Es sind jedoch auch Fahrzeuge im Einsatz, die eine seitliche oder frontseitige Aufnahme besitzen. Diese Maschinen eignen sich besonders für den Einmannbetrieb – das heißt, der Abfallbehälter wird automatisch vom Fahrzeug gegriffen und entleert. Die fahrzeugführende Person kann die Betätigung direkt vom Fahrstand aus steuern.

Am weitesten verbreitet sind jedoch die Hecklader. Bei diesen Maschinen befindet sich die Ladevorrichtung am Heck. In eine Öffnung wird entweder manuell – z. B. Sperrmüll oder Abfallsäcke – eingeworfen, oder die Abfallbehälter werden mittels einer Kippvorrichtung angehoben und entleert. Der Abfall fällt dann in die Öffnung. Die Abfallbehälter werden vom Personal in die Kippvorrichtung eingehängt oder befestigt. Nach dem Entleeren müssen sie wieder manuell von der Ladevorrichtung entfernt werden.

Für einen effektiven Abfallsammelprozess ist es wichtig, dass der Abfall im Sammelbehälter verdichtet wird, damit während eines Ladezyklus möglichst viel Material transportiert werden kann. Hierfür kommen verschiedene Verdichtungssysteme zum Einsatz:

- Rotopressystem – Bei diesem System ist der Aufsammelbehälter eine drehbare Trommel. Der in die Mulde gekippte Abfall wird durch die drehende Bewegung der Trommel nach innen transportiert. Dafür sind in der Trommel Stegbleche verantwortlich, die wie eine Förderschnecke arbeiten. Hierbei wird der Abfall oft auch noch zerkleinert. Zum Entleeren wird die Heckklappe nach oben geklappt und die Trommel andersherum gedreht, sodass der Abfall nach hinten transportiert wird. Damit ähnelt dieser Förderprozess dem eines Betonmischers.

- Pressplattensystem – Bei diesem System wird der Abfall in eine Mulde gekippt. Eine Pressplatte drückt den Abfall zunächst nach innen und dann nach oben. Der Abfall drückt so gegen eine bewegliche Vorderwand des Behälters. Je voller der Behälter wird, desto mehr bewegt sich die Vorderwand nach vorne. Durch die Drücke der Pressplatte und den Widerstand der beweglichen Vorderwand kann der Verdichtungsdruck beeinflusst werden. Für die Entleerung wird die Heckladeeinrichtung nach oben geklappt. Die bewegliche Vorderwand wird dann nach hinten gedrückt, sodass der Abfall aus der Maschine gelangt.
- Systeme, bestehend aus einem absetzbaren, geschlossenen Container und getrennter Befüllung. Das besondere Merkmal ist die Trennung zwischen dem Einsammeln des Abfalls durch ein spezialisiertes Pressfahrzeug und dem Weitertransport zur Behandlungsstelle.
- Container, die – wie bei Abrollkippern – durch Schrägstellen entladen werden. Problematisch ist bei stark verdichtetem oder haftendem Abfall, dass das Material allein durch Schwerkraft nicht vollständig entladen wird. Dennoch werden diese Systeme häufig für Anwendungen genutzt, bei denen Mülltonnen automatisiert entleert und teilweise auch gereinigt werden.

15.4 Feuerwehrfahrzeuge

Feuerwehren nutzen für die Bekämpfung von Bränden je nach Brandsituation verschiedene technische Systeme und Hilfsmittel. Zu den mobilen Arbeitsmaschinen zählen auch die Feuerwehrfahrzeuge.

- Löschfahrzeuge – Diese Gruppe reicht von kleinen Fahrzeugen mit teilweise tragbaren Pumpen bis zu großen Tanklöschfahrzeugen. Sie besitzen große Wassertanks für den Einsatz in Gebieten ohne ausreichende Wasserversorgung. In der Regel handelt es sich um speziell umgebaute Lastkraftwagen. Der Grundaufbau sieht oft folgendermaßen aus:
  - Fahrgestell – Das Basisfahrzeug ist oft ein Lkw-Chassis, auf dem der Aufbau montiert ist.
  - Aufbau – Der Aufbau besteht aus verschiedenen Abteilen für Ausrüstung, Wassertank und Pumpen.
  - Wassertank – Falls vorhanden, handelt es sich um einen großen Tank, der mehrere Tausend Liter Wasser fassen kann.
  - Pumpe – Die Pumpe saugt das Wasser aus dem Tank oder einer externen Quelle und leitet es unter hohem Druck zu den Schläuchen.

- Schläuche und Strahlrohre – Flexible Schläuche und verschiedene Strahlrohre werden zur gezielten Wasserabgabe verwendet.
- Geräteraum – Im Geräteraum befinden sich Abteile für die Lagerung von Ausrüstung wie Atemschutzgeräte, Werkzeuge, Schläuche und Rettungsgeräte.
- Leiter – Einige Löschfahrzeuge sind mit ausfahrbaren Leitern ausgestattet, um Zugang zu höheren Stockwerken zu ermöglichen.

Hubrettungsfahrzeuge – Bei Hubrettungsfahrzeugen unterscheidet man zwischen Fahrzeugen mit Drehleitern und solchen mit Teleskopmasten. Auf dem Fahrgestell – meist ebenfalls ein Lkw-Chassis – wird die Hubrettungseinheit montiert. Diese besteht aus einer Leiter oder einem Teleskopmast, an dessen Ende sich in der Regel ein Rettungskorb befindet, der Personen sicher aufnehmen kann, z. B. zur Rettung aus höheren Stockwerken.

Der Grundaufbau besteht aus den folgenden Baugruppen:

- Fahrgestell – Das Basisfahrzeug ist meist ein Lkw-Chassis, auf dem der Aufbau montiert ist.
- Hubrettungseinheit – Diese ist eine ausfahrbare Leiter oder ein Teleskopmast, der Höhen von bis zu 30 Metern oder mehr erreichen kann.
- Korb – Ein Rettungskorb am Ende der Leiter oder des Masts, in dem Personen sicher transportiert werden können.
- Steuerungseinheit – Die Steuerungseinheit wird für die Steuerung und Positionierung der Leiter oder des Masts verwendet.
- Wasserfuhrung – Einige Hubrettungsfahrzeuge sind mit Wasserleitungen ausgestattet, die es ermöglichen, Wasser direkt aus dem Korb auf das Feuer zu spritzen.

Die beschriebenen Maschinen und Fahrzeuge spielen eine entscheidende Rolle in der Aufrechterhaltung und Verbesserung der öffentlichen Infrastruktur im kommunalen Bereich. Sie ermöglichen es, vielfältige Aufgaben effizient und effektiv zu bewältigen, von der Reinigung und Instandhaltung der Straßen bis hin zur Pflege von Grünflächen und der Abfallentsorgung.

Darüber hinaus wird in diesem Bereich intensiv an der Entwicklung und Implementierung autonomer Maschinen und Roboter gearbeitet [1]. Diese Technologien haben das Potenzial, die Effizienz und Sicherheit in der kommunalen Arbeit erheblich zu steigern. Autonome Maschinen können repetitive oder gefährliche Aufgaben übernehmen und so die Arbeitsbedingungen für das Personal verbessern. Allerdings sind mit dem Einsatz autonomer Systeme auch Herausforderungen verbunden, darunter regulatorische Fragen und die Akzeptanz in der Bevölkerung. Die Integration dieser Technologien erfolgt schrittweise und wird von umfassenden Tests begleitet, um die Zuverlässigkeit und Sicherheit zu gewährleisten.

Literatur

1. Gupta A (2025) System design for optimized operations of a fleet of autonomous urban service robots. Technische Universität Berlin
2. Harms H-H (2001) Kommunaltechnik und Landschaftspflege. Vorlesungsmanuskript. Technische Universität Braunschweig
3. (2008) DIN EN 15429-1:2008-01, Kehrmaschinen – Teil 1: Klassifizierung und Begriffe; Deutsche Fassung EN 15429-1:2007
4. (2018) DIN 18917:2018-07, Vegetationstechnik im Landschaftsbau – Rasen und Saatarbeiten
5. Unimog Geräteträger – Technische Daten. https://special.mercedes-benz-trucks.com/de/der-unimog-geraetetraeger/technische-daten.html. Accessed 08 Feb 2026

Flurfördermaschinen – Maschinen für den Warenumschlag und Transport

16

Inhaltsverzeichnis

Die Eigenschaft mobiler Arbeitsmaschinen, bestimmte Arbeitsfunktionen ortsunabhängig auszuführen, wird auch in anderen Bereichen wie der Industrie, dem Warentransport und dem täglichen Leben genutzt. In der Regel werden Maschinen für die Handhabung und den Transport von Gütern verwendet. Aber auch in der Medizin kommen sie zum Beispiel beim Heben und Transportieren von Patienten zum Einsatz. Allgemein werden diese Maschinen als Flurförderfahrzeuge bezeichnet, die je nach Bauart Güter und Lasten befördern, heben, ziehen, schieben, stapeln oder ein- und auslagern können. Ein wesentliches Merkmal ist, dass sie sich auf dem Boden bewegen und für den innerbetrieblichen Einsatz bzw. für die Nutzung in Räumen konzipiert sind [1].

16.1 Einteilung von Flurförderfahrzeugen

Für eine Einteilung der Maschinen empfiehlt sich die in der VDI-Richtlinie 3586 beschriebene Struktur. Bei dieser erfolgt die Benennung der Flurförderfahrzeuge an Hand von vier Teilen, die zu einem Kurzzeichen zusammengestellt werden, [3]:

- Benennung für den Fahr- und Hubantrieb
- Benennung für die Bedienung

H. J. Meyer, *Mobile Arbeitsmaschinen*,
https://doi.org/10.1007/978-3-662-72251-0_16

- Benennung für die Benutzung
- Benennung für Zwangsführung oder Zwangslenkung
- Benennung zusätzlicher Informationen zur Tragfähigkeit, den Abmessungen des Lastaufnahmemittels, des Hubgerüsts und dem Lastaufnahmemittel

In Abb. 16.1 ist das Konzept wiedergegeben, wie nach der VDI-Richtlinie 3586 Flurförderfahrzeuge eingeteilt werden können. Die Zuordnung der Maschine zu einer Gruppe erfolgt über die ersten vier Symbole. Das Kurzzeichen ESK beschreibt einen Elektro-Fahrerstand-Kommissionierer, während „EAVIS" einen batteriebetriebenen, elektrofahrerlosen Gabelhubwagen beschreibt, der induktiv zwangsgelenkt wird. Die weiteren Symbole des Kurzzeichens geben maschinenspezifische Daten wie Abmessungen an.

Bei den Antrieben kommen neben dem Handbetrieb auch Verbrennungsmotoren und elektrische Antriebe zur Anwendung. Anders als bei Traktoren oder Baumaschinen ist der Anteil elektrisch angetriebener Flurförderzeuge sehr groß. Der Grund liegt darin, dass ein großer Teil der Flurförderzeuge für den innerbetrieblichen Gütertransport in geschlossenen Räumen eingesetzt wird. Verbrennungsmotoren sind hierfür aufgrund der Abgasemissionen wenig geeignet. Bei einigen Staplern wie Gegengewichtsstaplern, Portalstaplern und Schleppern werden auch Hybridantriebe verwendet. Diese bestehen in der Regel aus einem Dieselmotor, der mit einem Elektromotor oder einem hydraulischen Antrieb kombiniert wird. Insbesondere bei der Kombination aus Dieselmotor, Elektromotor und Batterie ist ein zeitweises abgasfreies Fahren in geschlossenen Hallen möglich.

Bei vielen Flurförderzeugen ist das Heben und Senken einer Last eine zentrale Funktion. Hierfür wird ein Hubgerüst verwendet, das aus einem bzw. mehreren Hubrahmen besteht, die ineinander auf Rollen verschoben werden können. Der äußere Hubrahmen ist am Fahrzeugrahmen befestigt. Die inneren Hubrahmen können innerhalb des äußeren Rahmens auf Rollen vertikal verfahren. Am innersten Hubrahmen befindet sich die Aufnahme für die Hubgabeln. Bei Gabelstaplern kann das gesamte Hubgerüst mittels Hydraulikzylindern geneigt, verschoben oder gedreht werden. Das ermöglicht eine leichtere Auf- und Abgabe der Last. Als Antrieb für das Hubgerüst werden Hydraulikzylinder eingesetzt, die über eine Hubkette die Hubrahmen gegenüber dem äußeren Rahmen vertikal verschieben und so die Last anheben. Für das Absenken wird die Schwerkraft genutzt. Mittels Stromregelventilen kann die Geschwindigkeit des Absenkens eingestellt werden. Aufgrund des definierten Ölvolumens für das Heben der Last über den gesamten Hubbereich sind Rekuperationslösungen möglich. Das bedeutet: Beim Absenken der Last wird das Öl in einen hydraulischen Speicher umgeleitet. Die gespeicherte Energie kann dann beim erneuten Anheben der Last genutzt werden. Die Hubgeschwindigkeiten bewegen sich im Bereich von 0,2 m/s bis 0,6 m/s. Aus Sicherheitsgründen wird die Geschwindigkeit des Senkens auf 0,5 m/s begrenzt. Die Hubhöhen können bis zu 17 m betragen [1].

Für die unterschiedlichsten Anwendungsfälle wurden entsprechend geeignete Lastaufnahmevorrichtungen entwickelt. Für die üblichen Paletten werden vorwiegend Gabeln verwendet, wobei der Abstand zwischen den Gabelzinken entsprechend dem Aufbau der Palette angepasst werden kann. Diese Verstellung erfolgt bei einfachen Geräten manuell,

Aufbau des Kurzzeichens: 1 | 2 | 3 | 4 | 5 | 6 | 7 | 8

Merkmal				Kennbuchstabe
1. Antrieb	Handbetrieb			H
	Kraftantrieb	Verbrennungsmotor	Benzin	B
			Diesel	D
			Gas	T
		Elektromotor	Batterie	E
			Extern	N
		Hybridantrieb		Y
2. Bedienung	Mitgängergeführt			G
	Fahrerstand			S
	Fahrersitz			F
	Hebbarer Fahrerplatz			K
	Fahrerlos			A
3. Bauform	Gabelstapler			G
	Wagen			W
	Schlepper			Z
	Quergabelstapler			Q
	Schubstapler			S
	Schubmaststapler			M
	Gabelhochhubwagen und Gabelhochhubwagen mit Initialhub			V
	Gabelhubwagen, Hand-Gabelhubwagen			U
	Dreiseitenstapler mit Schwenkgabel			L
	Dreiseitenstapler mit C-Gabel			C
	Dreiseitenstapler – Kommissionierer			L
	Zweiseitenstapler			B
	Kommissionierer			K
	Portalstapler			E
	Reachstacker (Flurförderzeug mit veränderlicher Reichweite)			J
4. Leitlinienführung	Zwangsführung			Z
	Zwangslenkung	Mechanisch zwangsgeführt		R
		Optisch zwangsgelenkt	laserbasiert	L
			infrarotbasiert	F
		Virtuell zwangsgelenkt		V
		Elektron. zwangsgelenkt	induktiv	I
			transponderbasiert	T
			Satellitennavigation	S
		andere		O
5. Tragfähigkeit			Angabe in kg/100	
6. Abmessungen des Lastaufnahmemittels			Kräfte in N; Maße in mm	
7. Benennung des Hubgerüsts			Verwendung von Kennbuchstaben nach VDI 3593	
8. Lastaufnahmemittel			Angabe nach VDI 3578	

Abb. 16.1 Zusammensetzung des Kurzeichen von Flurförderzeugen. Nach [3]

es gibt jedoch auch Varianten mit hydraulischer Verstellung. Weitere Vorrichtungen sind Ballenklammern, Teppichdorne, Fassklammern, Schüttgutschaufeln, Räumschilde oder Montagebühnen. Große Container werden mit einem speziellen Tragrahmen, dem sogenannten Spreader, von oben aufgenommen.

16.2 Bauformen

Die VDI-Richtlinie 3586 empfiehlt für die Einteilung der Flurförderzeuge folgende Gliederung, [3]:

- Gabelhubwagen, Hand-Gabelhubwagen
- Gabelhochhubwagen und Gabelhochhubwagen mit Initialhub
- Gabelstapler
- Wagen
- Schlepper
- Quergabelstapler
- Schubstapler
- Schubmaststapler
- Dreiseitenstapler mit Schwenkgabel
- Dreiseitenstapler mit C-Gabel
- Dreiseitenstapler – Kommissionierer
- Zweiseitenstapler
- Kommissionierer
- Portalstapler
- Reachstacker (Flurförderzeug mit veränderlicher Reichweite)

Ein weiteres Merkmal ist die Art des Betriebs. In diesem Fall beschreibt das Merkmal, ob das Flurförderzeug handbetrieben oder motorisch betrieben ist. Der einfache Handgabelhubwagen ist handbetrieben und wird zum Be- und Entladen von LKWs eingesetzt. Ein anderes Anwendungsbeispiel ist der Transport von Lasten auf Paletten in der Produktion oder im Handel. Bei größeren Lasten, weiteren Wegen und größeren Hubhöhen werden Niederhub- oder Gabelhochhubwagen verwendet. Bei diesen Maschinen werden die Hauptfunktionen in der Regel batterieelektrisch angetrieben. Das heißt, sie besitzen einen Fahrantrieb und einen Hubantrieb, die beide ihre Antriebsenergie von einer Batterie erhalten.

Als Spreizenstapler bezeichnet man Maschinen, die feste Radarme besitzen. Diese liegen so weit auseinander, dass zwischen ihnen die Last mit den Gabelzinken direkt vom Boden aufgenommen werden kann.

Von ihrer Konzeption her sind Gegengewichtsstapler sehr vielseitig einsetzbar, was ihre weite Verbreitung erklärt. Ihr Haupteinsatzgebiet ist das Be- und Entladen von Lagern, das Transportieren von Paletten oder von Materialkörben in der Produktion. Mit einer Schaufel ausgerüstet können sie auch Schüttgüter transportieren. Ihre Bezeichnung ist darauf zurückzuführen, dass sie ein Gegengewicht besitzen, das notwendig ist, weil sich die Position der Last außerhalb der Radaufstandsfläche befindet. Sie bestehen aus einem Fahrzeugrahmen mit drei oder vier Rädern. Die Räder und der Rahmen sind ungefedert. Das neigbare Hubgerüst befindet sich unmittelbar vor der Vorderachse. Gelenkt wird das Fahrzeug mit dem Hinterrad bzw. den Hinterrädern. Dadurch sind die Fahrzeuge sehr wendig. Für den Einsatz in Räumen und Hallen sind diese Maschinen mit einem Elektroantrieb ausgerüstet. Beim Einsatz im Freien und für den Transport großer Lasten werden auch Maschinen mit Verbrennungsmotoren verwendet. Die Bereifung besteht aus Vollgummireifen.

Eine weitere Bauart sind Schubstapler. Hierbei handelt es sich um Maschinen zum Ein- und Ausstapeln von Regallagern. Bei diesen Maschinen kann das Lastaufnahmemittel in Fahrzeuglängsrichtung bewegt werden. Auf diese Weise kann die Last vom Boden oder von LKW-Ladeflächen aufgenommen werden. Sie kann dann nach hinten bewegt werden, sodass der Stapler kürzer als ein Gabelstapler und damit wendiger ist.

Eine weitere Gruppe wird als Mehrwegestapler bezeichnet. Hierbei handelt es sich um Quer- oder Schubmaststapler, bei denen die Räder in beliebigen Winkeln zur Fahrtrichtung schwenkbar sind. Dadurch sind diese Maschinen sehr wendig. Bei den Querstaplern ist das Hubgerüst in der Mitte des Fahrzeugs quer zur Fahrtrichtung angeordnet. Bei der Lastaufnahme und -abgabe steht das Hubgerüst bündig zur Seitenwand des Fahrzeugs. Das Hubgerüst kann weiterhin quer zur Fahrzeuglängsachse eingefahren werden. So kann die Last auf der Plattform des Fahrzeugs abgelegt werden. Ein besonderes Einsatzgebiet dieser Maschinen ist der Transport von Langgut.

Ebenfalls zur Gruppe der Stapler gehören die Schmalgangstapler. Hier unterscheidet man weiterhin Seitenstapler, Dreiseitenstapler und Hochregalstapler, die besonders in hohen Regallagern zum Einsatz kommen. Teilweise sind diese Maschinen auch mit Kabinen ausgestattet, sodass sie sich gut für das Kommissionieren von Waren eignen. Mithilfe eines speziellen Lastaufnahmemittels nehmen sie die Güter seitlich auf. Die Arbeitshöhe kann sehr groß sein. Dabei muss beachtet werden, dass sich die Last außerhalb der Radaufstandsfläche befindet. Für Waren, die auftragsbezogen zusammengestellt werden müssen – d. h. kommissioniert werden –, ist es wichtig, dass die fahrzeugführende Person die zu bearbeitende Ware in den Lagerflächen erreichen kann. Aus diesem Grund werden besonders in Hochregallagern hebbare Kabinen eingesetzt [3].

Auf Flughäfen oder in Bahnhöfen werden häufig Schlepper und Schleppzüge verwendet. Hierbei handelt es sich um Fahrzeuge, die das Gepäck auf Wagen transportieren. Die Fahrgeschwindigkeiten können bis zu 20 km/h betragen. Bei diesen Maschinen werden verbrennungsmotorische Antriebe für Anwendungen im Freien verbaut, während in Hallen elektrisch betriebene Fahrzeuge dominieren. Für die Berechnung und Auslegung wird auf die Norm DIN 15172 [4] und auf die VDI-Richtlinie VDI 3973 [2] verwiesen.

Zur Gruppe der Flurförderzeuge gehören auch die Portalstapler, die zum Umschlag von Containern verwendet werden. Sie werden auch als Straddle-Carrier bezeichnet. Diese Maschinen bestehen aus einem verfahrbaren Portal. In diesem Portal wird der zu transportierende Container mit einem Spreader aufgenommen. Der Spreader ist ein spezieller Tragrahmen für die standardisierten Container. Da mit diesen Maschinen die Container übereinander gestapelt werden können, sind diese Maschinen oft ausgesprochen hoch. Werden vier Container übereinander gestapelt, beträgt die Höhe unterhalb des Portals mindestens 12 m [1].

16.3 Fahrerlose Transportsysteme

In vielen Produktionsbereichen werden zunehmend fahrerlose Transportsysteme eingesetzt. Dies ist überall dort besonders sinnvoll, wo die Fahrwege exakt festgelegt werden können. Die Fahrzeuge werden entweder über Leitlinien geführt oder sie fahren spurungebunden. Bei den spurgebundenen Leitlinien kommen unterschiedliche Systeme zum Einsatz. Die Bandbreite reicht von mechanischen Führungen über stromdurchflossene Leitungen bis hin zu reflektierenden oder magnetischen Streifen. Sensoren erfassen die entsprechenden Leitlinien und steuern das Fahrzeug entsprechend.

Bei den spurungebundenen Systemen wird das Fahrzeugumfeld mit speziellen Sensoren erfasst. Auch hier kommen verschiedene Technologien zum Einsatz, wie etwa GPS, Ultraschall oder Laserscanner. Zu beachten ist, dass die Geschwindigkeit bei diesen Systemen auf Schrittgeschwindigkeit begrenzt ist.

Literatur

1. Bruns R (2020) Flurförderzeuge. In: Bender B, Göhlich D (eds) Dubbel Taschenbuch für den Maschinenbau 3: Maschinen und Systeme. Springer Berlin Heidelberg, Berlin, Heidelberg, pp. 395–405
2. (2018) VDI 3973: 2018-07, Kraftbetriebene Flurförderzeuge Schleppzüge mit ungebremsten Anhängern
3. (2022) VDI 3586: 2022-09, Flurförderzeuge Begriffe, Kurzzeichen, Beispiele
4. (2023) DIN 15172: 2023-03, Kraftbetriebene Flurförderzeuge – Schlepper und schleppende Flurförderzeuge – Zugkraft, Anhängelast

Stichwortverzeichnis

H. J. Meyer, *Mobile Arbeitsmaschinen*, https://doi.org/10.1007/978-3-662-72251-0

MIX
Papier aus verantwortungsvollen Quellen
Paper from responsible sources
FSC® C105338

If you have any concerns about our products,
you can contact us on
ProductSafety@springernature.com

In case Publisher is established outside the EU,
the EU authorized representative is:
Springer Nature Customer Service Center GmbH
Europaplatz 3, 69115 Heidelberg, Germany

Printed by Libri Plureos GmbH
in Hamburg, Germany